U0232370

国家出版基金项目
NATIONAL PUBLICATION FOUNDATION

"十三五"国家重点出版物出版规划项目

持久性有机污染物
POPs 研究系列专著

持久性有机污染物的水污染控制化学方法与原理

全　燮　于洪涛／著

科学出版社
北京

内 容 简 介

高级氧化还原技术可利用高活性自由基分解难降解有机物,是分解水中持久性有机污染物(POPs)极具前景的技术。本书介绍催化臭氧氧化、非均相类芬顿、活化过硫酸盐氧化、电化学和光催化等典型高级氧化还原技术在水中POPs等难降解性有机物去除研究方面的应用基础研究成果。重点介绍以强化高级氧化还原过程为目标的高效催化材料的设计和制备方法、新型反应器的构建、与其他技术的耦合方法和原理等。

本书可作为环境科学与工程学科高年级本科生和研究生的学习用书,同时也可供水污染控制领域的科技工作者、政府相关领域管理者阅读参考。

图书在版编目(CIP)数据

持久性有机污染物的水污染控制化学方法与原理 / 全燮,于洪涛著. —北京:科学出版社,2019.1

(持久性有机污染物(POPs)研究系列专著)

"十三五"国家重点出版物出版规划项目　国家出版基金项目

ISBN 978-7-03-060475-0

Ⅰ. ①持… Ⅱ. ①全… ②于 Ⅲ. ①持久性-有机污染物-水污染-污染控制-研究 Ⅳ. ①X520.6

中国版本图书馆CIP数据核字(2019)第016283号

责任编辑:朱　丽　杨新改 / 责任校对:杜子昂
责任印制:肖　兴 / 封面设计:黄华斌

科学出版社 出版

北京东黄城根北街 16 号
邮政编码:100717
http://www.sciencep.com

北京通州皇家印刷厂 印刷

科学出版社发行　各地新华书店经销

*

2019 年 1 月第 一 版　开本:720×1000 1/16
2019 年 1 月第一次印刷　印张:29 1/2　插页:2
字数:575 000

定价:168.00 元

(如有印装质量问题,我社负责调换)

《持久性有机污染物（POPs）研究系列专著》
丛书编委会

丛 书 序

持久性有机污染物（persistent organic pollutants，POPs）是指在环境中难降解（滞留时间长）、高脂溶性（水溶性很低），可以在食物链中累积放大，能够通过蒸发–冷凝、大气和水等的输送而影响到区域和全球环境的一类半挥发性且毒性极大的污染物。POPs 所引起的污染问题是影响全球与人类健康的重大环境问题，其科学研究的难度与深度，以及污染的严重性、复杂性和长期性远远超过常规污染物。POPs 的分析方法、环境行为、生态风险、毒理与健康效应、控制与削减技术的研究是最近 20 年来环境科学领域持续关注的一个最重要的热点问题。

近代工业污染催生了环境科学的发展。1962 年，*Silent Spring* 的出版，引起学术界对滴滴涕（DDT）等造成的野生生物发育损伤的高度关注，POPs 研究随之成为全球关注的热点领域。1996 年，*Our Stolen Future* 的出版，再次引发国际学术界对 POPs 类环境内分泌干扰物的环境健康影响的关注，开启了环境保护研究的新历程。事实上，国际上环境保护经历了从常规大气污染物（如 SO_2、粉尘等）、水体常规污染物［如化学需氧量（COD）、生化需氧量（BOD）等］治理和重金属污染控制发展到痕量持久性有机污染物削减的循序渐进过程。针对全球范围内 POPs 污染日趋严重的现实，世界许多国家和国际环境保护组织启动了若干重大研究计划，涉及 POPs 的分析方法、生态毒理、健康危害、环境风险理论和先进控制技术。研究重点包括：①POPs 污染源解析、长距离迁移传输机制及模型研究；②POPs 的毒性机制及健康效应评价；③POPs 的迁移、转化机理以及多介质复合污染机制研究；④POPs 的污染削减技术以及高风险区域修复技术；⑤新型污染物的检测方法、环境行为及毒性机制研究。

20 世纪国际上发生过一系列由于 POPs 污染而引发的环境灾难事件（如意大利 Seveso 化学污染事件、美国拉布卡纳尔镇污染事件、日本和中国台湾米糠油事件等），这些事件给我们敲响了 POPs 影响环境安全与健康的警钟。1999 年，比利时鸡饲料二噁英类污染波及全球，造成 14 亿欧元的直接损失，导致该国政局不稳。

国际范围内针对 POPs 的研究，主要包括经典 POPs（如二噁英、多氯联苯、含氯杀虫剂等）的分析方法、环境行为及风险评估等研究。如美国 1991~2001 年的二噁英类化合物风险再评估项目，欧盟、美国环境保护署（EPA）和日本环境厅先后启动了环境内分泌干扰物筛选计划。20 世纪 90 年代提出的蒸馏理论和蚂蚱跳效应较好地解释了工业发达地区 POPs 通过水、土壤和大气之间的界面交换而长距离迁移到南北极等极地地区的现象，而之后提出的山区冷捕集效应则更加系统地解释了高山地区随着海拔的增加其环境介质中 POPs 浓度不断增加的迁移机理，从而为 POPs 的全球传输提供了重要的依据和科学支持。

2001 年 5 月，全球 100 多个国家和地区的政府组织共同签署了《关于持久性有机污染物的斯德哥尔摩公约》（简称《斯德哥尔摩公约》）。目前已有包括我国在内的 179 个国家和地区加入了该公约。从缔约方的数量上不仅能看出公约的国际影响力，也能看出世界各国对 POPs 污染问题的重视程度，同时也标志着在世界范围内对 POPs 污染控制的行动从被动应对到主动防御的转变。

进入 21 世纪之后，随着《斯德哥尔摩公约》进一步致力于关注和讨论其他同样具 POPs 性质和环境生物行为的有机污染物的管理和控制工作，除了经典 POPs，对于一些新型 POPs 的分析方法、环境行为及界面迁移、生物富集及放大，生态风险及环境健康也越来越成为环境科学研究的热点。这些新型 POPs 的共有特点包括：目前为正在大量生产使用的化合物、环境存量较高、生态风险和健康风险的数据积累尚不能满足风险管理等。其中两类典型的化合物是以多溴二苯醚为代表的溴系阻燃剂和以全氟辛基磺酸盐（PFOS）为代表的全氟化合物，对于它们的研究论文在过去 15 年呈现指数增长趋势。如有关 PFOS 的研究在 Web of Science 上搜索结果为从 2000 年的 8 篇增加到 2013 年的 323 篇。随着这些新增 POPs 的生产和使用逐步被禁止或限制使用，其替代品的风险评估、管理和控制也越来越受到环境科学研究的关注。而对于传统的生态风险标准的进一步扩展，使得大量的商业有机化学品的安全评估体系需要重新调整。如传统的以鱼类为生物指示物的研究认为污染物在生物体中的富集能力主要受控于化合物的脂–水分配，而最近的研究证明某些低正辛醇–水分配系数、高正辛醇–空气分配系数的污染物（如HCHs）在一些食物链特别是在陆生生物链中也表现出很高的生物放大效应，这就向如何修订污染物的生态风险标准提出了新的挑战。

作为一个开放式的公约，任何一个缔约方都可以向公约秘书处提交意在将某一化合物纳入公约受控的草案。相应的是，2013 年 5 月在瑞士日内瓦举行的缔约方大会第六次会议之后，已在原先的包括二噁英等在内的 12 类经典 POPs 基础上，新增 13 种包括多溴二苯醚、全氟辛基磺酸盐等新型 POPs 成为公约受控名单。目前正在进行公约审查的候选物质包括短链氯化石蜡（SCCPs）、多氯萘（PCNs）、六氯丁二烯（HCBD）及五氯苯酚（PCP）等化合物，而这些新型有机污染物在我国均有一定规模的生产和使用。

中国作为经济快速增长的发展中国家，目前正面临比工业发达国家更加复杂的环境问题。在前两类污染物尚未完全得到有效控制的同时，POPs 污染控制已成为我国迫切需要解决的重大环境问题。作为化工产品大国，我国新型 POPs 所引起的环境污染和健康风险问题比其他国家更为严重，也可能存在国外不受关注但在我国环境介质中广泛存在的新型污染物。对于这部分化合物所开展的研究工作不但能够为相应的化学品管理提供科学依据，同时也可为我国履行《斯德哥尔摩公约》提供重要的数据支持。另外，随着经济快速发展所产生的污染所致健康问题在我国的集中显现，新型 POPs 污染的毒性与健康危害机制已成为近年来相关研究的热点问题。

随着 2004 年 5 月《斯德哥尔摩公约》正式生效，我国在国家层面上启动了对 POPs 污染源的研究，加强了 POPs 研究的监测能力建设，建立了几十个高水平专业实验室。科研机构、环境监测部门和卫生部门都先后开展了环境和食品中 POPs 的监测和控制措施研究。特别是最近几年，在新型 POPs 的分析方法学、环境行为、生态毒理与环境风险，以及新污染物发现等方面进行了卓有成效的研究，并获得了显著的研究成果。如在电子垃圾拆解地，积累了大量有关多溴二苯醚（PBDEs）、二噁英、溴代二噁英等 POPs 的环境转化、生物富集/放大、生态风险、人体赋存、母婴传递乃至人体健康影响等重要的数据，为相应的管理部门提供了重要的科学支撑。我国科学家开辟了发现新 POPs 的研究方向，并连续在环境中发现了系列新型有机污染物。这些新 POPs 的发现标志着我国 POPs 研究已由全面跟踪国外提出的目标物，向发现并主动引领新 POPs 研究方向发展。在机理研究方面，率先在珠穆朗玛峰、南极和北极地区"三极"建立了长期采样观测系统，开展了 POPs 长距离迁移机制的深入研究。通过大量实验数据证明了 POPs 的冷捕集效应，在新的源汇关系方面也有所发现，为优化 POPs 远距离迁移模型及认识 POPs 的环境归宿做出了贡献。在污染物控制方面，系统地摸清了二噁英类污染物的排放源，获得了我国二噁英类排放因子，相关成果被联合国环境规划署《全球二噁英类污染源识别与定量技术导则》引用，以六种语言形式全球发布，为全球范围内评估二噁英类污染来源提供了重要技术参数。以上有关 POPs 的相关研究是解决我国国家环境安全问题的重大需求、履行国际公约的重要基础和我国在国际贸易中取得有利地位的重要保证。

我国 POPs 研究凝聚了一代代科学家的努力。1982 年，中国科学院生态环境研究中心发表了我国二噁英研究的第一篇中文论文。1995 年，中国科学院武汉水生生物研究所建成了我国第一个装备高分辨色谱/质谱仪的标准二噁英分析实验室。进入 21 世纪，我国 POPs 研究得到快速发展。在能力建设方面，目前已经建成数十个符合国际标准的高水平二噁英实验室。中国科学院生态环境研究中心的二噁英实验室被联合国环境规划署命名为 "Pilot Laboratory"。

2001 年，我国环境内分泌干扰物研究的第一个 "863" 项目 "环境内分泌干扰物的筛选与监控技术" 正式立项启动。随后经过 10 年 4 期 "863" 项目的连续资助，形成了活体与离体筛选技术相结合，体外和体内测试结果相互印证的分析内分泌干扰物研究方法体系，建立了有中国特色的环境内分泌污染物的筛选与研究规范。

2003 年，我国 POPs 领域第一个"973"项目"持久性有机污染物的环境安全、演变趋势与控制原理"启动实施。该项目集中了我国 POPs 领域研究的优势队伍，围绕 POPs 在多介质环境的界面过程动力学、复合生态毒理效应和焚烧等处理过程中 POPs 的形成与削减原理三个关键科学问题，从复杂介质中超痕量 POPs 的检测和表征方法学；我国典型区域 POPs 污染特征、演变历史及趋势；典型 POPs 的排放模式和运移规律；典型 POPs 的界面过程、多介质环境行为；POPs 污染物的复合生态毒理效应；POPs 的削减与控制原理以及 POPs 生态风险评价模式和预警方法体系七个方面开展了富有成效的研究。该项目以我国 POPs 污染的演变趋势为主，基本摸清了我国 POPs 特别是二噁英排放的行业分布与污染现状，为我国履行《斯德哥尔摩公约》做出了突出贡献。2009 年，POPs 项目得到延续资助，研究内容发展到以 POPs 的界面过程和毒性健康效应的微观机理为主要目标。2014 年，项目再次得到延续，研究内容立足前沿，与时俱进，发展到了新型持久性有机污染物。这 3 期"973"项目的立项和圆满完成，大大推动了我国 POPs 研究为国家目标服务的能力，培养了大批优秀人才，提高了学科的凝聚力，扩大了我国 POPs 研究的国际影响力。

2008 年开始的"十一五"国家科技支撑计划重点项目"持久性有机污染物控制与削减的关键技术与对策"，针对我国持久性有机物污染物控制关键技术的科学问题，以识别我国 POPs 环境污染现状的背景水平及制订优先控制 POPs 国家名录，我国人群 POPs 暴露水平及环境与健康效应评价技术，POPs 污染控制新技术与新材料开发，焚烧、冶金、造纸过程二噁英类减排技术，POPs 污染场地修复，废弃 POPs 的无害化处理，适合中国国情的 POPs 控制战略研究为主要内容，在废弃物焚烧和冶金过程烟气减排二噁英类、微生物或植物修复 POPs 污染场地、废弃 POPs 降解的科研与实践方面，立足自主创新和集成创新。项目从整体上提升了我国 POPs 控制的技术水平。

目前我国 POPs 研究在国际 SCI 收录期刊发表论文的数量、质量和引用率均进入国际第一方阵前列，部分工作在开辟新的研究方向、引领国际研究方面发挥了重要作用。2002 年以来，我国 POPs 相关领域的研究多次获得国家自然科学奖励。2013 年，中国科学院生态环境研究中心 POPs 研究团队荣获"中国科学院杰出科技成就奖"。

我国 POPs 研究开展了积极的全方位的国际合作，一批中青年科学家开始在国际学术界崭露头角。2009 年 8 月，第 29 届国际二噁英大会首次在中国举行，来自世界上 44 个国家和地区的近 1100 名代表参加了大会。国际二噁英大会自 1980 年召开以来，至今已连续举办了 38 届，是国际上有关持久性有机污染物（POPs）研究领域影响最大的学术会议，会议所交流的论文反映了当时国际 POPs 相关领域的最新进展，也体现了国际社会在控制 POPs 方面的技术与政策走向。第 29 届国际二噁英大会在我国的成功召开，对提高我国持久性有机污染物研究水平、加速国际化进程、推进国际合作和培养优秀人才等方面起到了积极作用。近年来，我国科学家多次应邀在国际二噁英大会上作大会报告和大会总结报告，一些高水平研究工作产生了重要的学术影响。与此同时，我国科学家自己发起的 POPs 研究的国内外学术会议也产生了重要影响。2004 年开始的"International Symposium on Persistent Toxic Substances"系列国际会议至今已连续举行 14 届，近几届分别在美国、加拿大、中国香港、德国、日本等国家和地区召开，产生了重要学术影响。每年 5 月 17~18 日定期举行的"持久性有机污染物论坛"已经连续 12 届，在促进我国 POPs 领域学术交流、促进官产学研结合方面做出了重要贡献。

本丛书《持久性有机污染物（POPs）研究系列专著》的编撰，集聚了我国 POPs 研究优秀科学家群体的智慧，系统总结了 20 多年来我国 POPs 研究的历史进程，从理论到实践全面记载了我国 POPs 研究的发展足迹。根据研究方向的不同，本丛书将系统地对 POPs 的分析方法、演变趋势、转化规律、生物累积/放大、毒性效应、健康风险、控制技术以及典型区域 POPs 研究等工作加以总结和理论概括，可供广大科技人员、大专院校的研究生和环境管理人员学习参考，也期待它能在 POPs 环保宣教、科学普及、推动相关学科发展方面发挥积极作用。

我国的 POPs 研究方兴未艾，人才辈出，影响国际，自树其帜。然而，"行百里者半九十"，未来事业任重道远，对于科学问题的认识总是在研究的不断深入和不断学习中提高。学术的发展是永无止境的，人们对 POPs 造成的环境问题科学规律的认识也是不断发展和提高的。受作者学术和认知水平限制，本丛书可能存在不同形式的缺憾、疏漏甚至学术观点的偏颇，敬请读者批评指正。本丛书若能对读者了解并把握 POPs 研究的热点和前沿领域起到抛砖引玉作用，激发广大读者的研究兴趣，或讨论或争论其学术精髓，都是作者深感欣慰和至为期盼之处。

2015 年 1 月于北京

前　　言

持久性有机污染物(POPs)的水处理技术一直是水污染控制领域的重点和难点。由于 POPs 的生物难降解性，传统的生化处理技术不能有效去除水中的 POPs。高级氧化还原等现代化学技术是去除水中 POPs 极具前景的技术途径。但是，去除效率低、成本高成为制约该类技术实际应用的主要问题。

从 20 世纪 90 年代起，作者课题组就开始了对以 POPs 为代表的水中难降解性有机污染物控制技术的研究工作。比较系统地开展了零价铁还原技术、催化臭氧氧化技术、非均相类芬顿技术、活化过硫酸盐氧化技术、光催化技术、电化学技术等去除难降解性有机污染物的研究。重点研究了反应原理和动力学过程，以及强化反应效率的方法和原理，期望能降低技术的运行成本，达到实际应用目标。经过二十余年的研究，作者对水中难降解性有机污染物去除技术原理和方法的认识不断加深，积累了一定的研究经验和应用基础研究成果，并进行了一些中试设备研发及实际应用方面的探索。在国内参加会议时，经常有青年科研工作者和研究生与作者探讨水污染控制技术方面的学术问题，在为我国水污染控制化学技术研究队伍不断壮大，青年才俊辈出感到欣慰的同时，也深感国内缺乏这类技术的相关书籍。此时，恰逢江桂斌院士承担了《持久性有机污染物(POPs)研究系列专著》丛书编著工作，应科学出版社邀请，着手整理了课题组在现代化学技术去除水中 POPs 和难降解性有机污染物方面的工作，以期能够为本领域的研究工作者提供有益参考。

本书重点介绍了作者课题组研究的去除水中 POPs 等难降解性有机物的五种现代化学技术。这些技术包括：催化臭氧氧化技术、非均相类芬顿技术、硫酸根自由基氧化技术、光催化技术、电化学技术。对于每种技术均系统地说明了分解 POPs 的一般性化学原理、相关材料的制备方法、构效关系、工艺条件和处理效率。对处于逻辑主线上的内容介绍得尽可能详细，使读者能够深入理解作者的学术思想，并在此基础上取得更高水平的创新成果。

作者指导的博士研究生王冠龙、高聪、王晶、赵坤、刘艳明和李晓娜参与了初稿的编写，陈硕副教授校对了全书手稿。

水污染控制化学技术的发展日新月异，限于时间和精力，本书内容难免存在疏漏，欢迎读者给予批评与建议，帮助作者在修订过程中对本书进行补充和完善。

作　者

2018 年 5 月

目　　录

第1章 绪 论

本章导读

- 持久性有机污染物的定义和来源，并列举典型持久性有机污染物。
- 介绍可用于降解水中持久性有机污染物的热处理技术、微生物技术和各类高级氧化技术。

1.1 持久性有机污染物简介

持久性有机污染物(persistent organic pollutants，POPs)的主要特点是很难光解或生物分解、有毒、生物累积、亲脂和半挥发。这些特点意味着 POPs 必然会在环境中长期存在并容易在大气中长距离迁移[1]。联合国环境规划署(United Nations Environment Programme，UNEP)、欧洲联盟(European Union，EU，以下简称欧盟)、联合国欧洲经济委员会(United Nations Economic Commission For Europe，UNECE)、美国环境保护署(United States Environmental Protection Agency，USEPA)、加拿大环保部门都各自提出了长距离迁移性、持久性和生物累积性的标准[2]，以 UNEP 为例，当化合物的蒸气压小于 1000 Pa、大气氧化半衰期大于 2 d 时，认为其具有长距离迁移性；当化合物在水、土壤、底泥中的半衰期分别大于 60 d、180 d、180 d 时，认为其具有持久性；当化合物的生物富集因子(bioaccumulation factor，BAF)或生物浓缩因子(bioconcentration factor，BCF)大于 5000 时，认为其具有生物累积性。

早期的 POPs 来自火山喷发、森林大火等自然过程。自从 1945 年有机氯农药开始生产和使用后，人工生产的 POPs 逐渐成为主要来源。POPs 可以经多种途径进入环境。例如：作为农药使用不可避免地进入土壤，作为阻燃剂或防腐剂使用时可以挥发进入空气，作为溶剂在干洗、脱脂工业中使用则极容易进入地表水，长期堆放的固体垃圾中的 POPs 会渗透到地下水中，此外冶金、造纸、水泥生产等工业过程和固体废物燃烧过程也会产生 POPs 并排放到大气和水环境中。由于具有半挥发性，进入环境中的 POPs 可以进入大气层，在风的作用下全球迁移，因此在大气颗粒物表面、土壤、水体和底泥中均发现有 POPs；这些 POPs 很容易被鸟类或鱼类随食物摄入体内。环境毒理学研究表明，POPs 可以通过呼吸、皮肤接触、饮水和进食、母婴传播等方式进入人体，具有致癌性、遗传毒性、神经毒性，能够干扰内分泌系统、免疫系统。

1962 年《寂静的春天》出版后，国际社会开始关注 POPs 并陆续制定了一些旨在控制 POPs 的政府间协议，其中最权威的是 2001 年通过的《关于持久性有机污染物的斯德哥尔摩公约》（以下简称《斯德哥尔摩公约》）。该公约选择部分产量大、用途广的 POPs 进行优先控制，经过不断的补充，截至 2018 年 6 月，《斯德哥尔摩公约》官网（http://chm.pops.int/）上列出的禁止使用和限制使用的 POPs 以及正在审核的 POPs 共计 31 种，见表 1-1 和表 1-2。

表 1-1 《斯德哥尔摩公约》禁止使用和限制使用的 POPs 名单

序号	中文名	英文名	类别
1	艾氏剂	aldrin	杀虫剂，已禁用
2	氯丹	chlordane	杀虫剂，已禁用
3	十氯酮(开蓬)	chlordecone	杀虫剂，已禁用
4	十溴二苯醚	decabromodiphenyl ether	商用十溴二苯醚主要成分，已禁用
5	狄氏剂	dieldrin	杀虫剂，已禁用
6	异狄氏剂	endrin	杀虫剂，已禁用
7	七氯	heptachlor	杀虫剂，已禁用
8	六溴联苯	hexabromobiphenyl	阻燃剂，已禁用
9	六溴环十二烷	hexabromocyclododecane(HBCDD)	工业化学品，已禁用
10	六溴二苯醚和七溴二苯醚	hexabromodiphenyl ether and heptabromodiphenyl ether	商用八溴二苯醚主要组分，已禁用
11	六氯苯	hexachlorobenzene(HCB)	杀虫剂、工业化学品、非故意生产物，已禁用
12	六氯丁二烯	hexachlorobutadiene	工业化学品、非故意生产物，已禁用
13	α-六氯环己烷	alpha-hexachlorocyclohexane	杀虫剂，已禁用
14	β-六氯环己烷	beta-hexachlorocyclohexane	杀虫剂，已禁用
15	林丹	lindane	杀虫剂，已禁用
16	灭蚁灵	mirex	杀虫剂，已禁用
17	五氯苯	pentachlorobenzene	杀虫剂、工业化学品、非故意生产物，已禁用
18	五氯苯酚及其盐和酯	pentachlorophenol and its salts and esters	杀虫剂，已禁用
19	多氯联苯	polychlorinated biphenyls(PCBs)	工业化学品、非故意生产物，已禁用
20	多氯化萘	polychlorinated naphthalenes(PCNs)	工业化学品、非故意生产物，已禁用
21	短链氯化石蜡	short-chain chlorinated paraffins(SCCPs)	阻燃剂、润滑剂、密封剂、绝缘材料，已禁用

续表

序号	中文名	英文名	类别
22	硫丹及其相关异构体	technical endosulfan and its related isomers	杀虫剂，已禁用
23	四溴二苯醚和五溴二苯醚	tetrabromodiphenyl ether and pentabromodiphenyl ether	商用五溴二苯醚主要组分，已禁用
24	毒杀芬	toxaphene	杀虫剂，已禁用
25	滴滴涕	dichlorodiphenyltrichloroethane（DDT）	杀虫剂，限制使用
26	全氟辛基磺酸及其盐和全氟辛基磺酰氟	perfluorooctane sulfonic acid（PFOS），its salts and perfluorooctane sulfonyl fluoride	电子工业、泡沫灭火剂、照片成像、液压液、纺织品，限制使用
27	多氯代二苯并二噁英	polychlorinated dibenzo-p-dioxins（PCDDs）	不完全燃烧产物，非故意生产物
28	多氯代二苯并呋喃	polychlorinated dibenzofurans（PCDFs）	非故意生产物

表 1-2 《斯德哥尔摩公约》正在审核的 POPs 名单

序号	中文名	英文名	类别
1	三氯杀螨醇	dicofol	杀虫剂
2	全氟辛酸及其盐和相关化合物	perfluorooctanoic acid（PFOA），its salts and PFOA-related compounds	表面活性剂，乳化剂
3	全氟己基磺酸及其盐和相关化合物	perfluorohexane sulfonic acid（PFHxS），its salts and PFHxS-related compounds	有机中间体

另外，1998 年泛欧环境部长会议《关于长距离越境空气污染公约》框架下的持久性有机污染物协议书和 2004 年欧盟发表的题为《化学污染：委员会想从世界上清除更多的肮脏物质》的新闻稿均提出将多环芳烃列入优先控制 POPs 名单。

除了以上优先控制的 POPs，人类活动向环境系统排放大量有毒有害化学品，其中许多化学品毒性高，具有致癌、致畸、致突变、内分泌干扰和损伤 DNA 等效应，严重威胁人类健康和生态系统安全。这些有毒污染物的自然降解过程非常缓慢，传统的物理化学和生物处理技术对这类污染物的处理效率很低，因此也具有持久性。为了管理这些有毒污染物，世界各国都明确了优先控制的有毒污染物名单，例如适合我国国情的"水中优先控制污染物"名单有 68 种，包括偶氮染料在内的有机污染物 58 种；美国环境保护署规定的"水中优先控制污染物"名单包括 129 种污染物，其中有机污染物 114 种；德国公布的"水中有害物质"名单则包括 120 种污染物。这些有毒有害污染物种类繁多，有代表性的包括持久性有毒物质(persistent toxic substance，PTS)、药物与个人护理品(pharmaceuticals and personal care products，PPCPs)和内分泌干扰物(endocrine disrupting chemicals，EDCs)等。

PTS 是指具有持久性和生物累积性的有毒物质，其组成包括所有的 POPs，此外还包括有机汞、有机铅、有机锡等有机金属化合物和阿特拉津、辛基酚、壬基酚等有机毒性污染物。

具代表性的 PPCPs 包括羟氨苄青霉素、氯氨苄青霉素、苯氧甲基青霉素、叠氮红霉素、诺氟沙星、罗红霉素、盐酸四环素、磺胺甲噁唑、克拉霉素、多西环素、四环素、恩氟沙星等抗生素，以及用于避孕、减肥、催眠、降压、止痛的药物及人工合成麝香。

EDCs 也称环境激素，包括多氯联苯、多溴联苯、滴滴涕、六氯苯、艾氏剂、狄氏剂等典型 POPs，以及双酚 A、邻苯二甲酸酯类、烷基酚类、硝基苯类等工业化合物，17α-乙炔基雌二醇(EE_2)、17β-雌二醇(E_2)、己烷雌酚(DES)、孕酮雄甾酮、睾酮等性激素。

1.2　POPs 污染控制技术概述

由于 POPs 的持久性，即使已被禁止或限制使用，已经进入环境的 POPs 还将具有长期危害，而且《斯德哥尔摩公约》未涵盖的 POPs 仍然在使用，所以必须从源头的清洁生产、排放端的处理技术、政府监管政策和浓度监控技术等多个渠道控制并消除 POPs 的威胁。

对于含 POPs 浓度较高且便于集中处理的固体垃圾、受污染土壤、底泥等，可以采用安全填埋、深井灌注等方法进行物理隔离，也可以采用原位玻璃化进行固定，还可以通过高温焚烧彻底分解；或者将碱金属、碱土金属、重碳酸盐或氢氧化物等强碱性粉末与固体废物混合，在 Fe 粉催化下，持续加热促使 POPs(目前报道的研究工作主要围绕氯代有机物)与强碱反应，可以实现 90%以上的脱氯效率。这些技术比较成熟，大部分已经实际应用，其详细内容可以参考固体废物处理方面的书籍。

对于含高浓度 POPs 的工业污水，可以使用催化湿式氧化(catalytic wet air oxidation，CWAO)、超临界水氧化(supercritical water oxidation，SWO)等方法。CWAO 是在一定的温度、压力和催化剂的作用下，经空气氧化，使污水中的有机物氧化分解成 CO_2 和 H_2O 等无害物质的技术。目前已经验证能够被 CWAO 技术有效处理的 POPs 包括：PCDDs、PCDFs 和 PCBs[3]，以及形成 PCDDs 的前驱体——氯苯[4]。SWO 是在温度和压力超过水的临界值(374.3℃和 22.1 MPa)条件下，以氧气(或空气中的氧气)作为氧化剂，以超临界水作为反应介质，使水中的有机物与氧化剂在均相中发生强烈氧化反应的过程。当水处于超临界状态时，其密度减小到与气相密度相等，介电常数下降，从而使有机物溶解度增加。这种条件下氧气、水和污染物互溶成均一相，有利于有机物降解反应的进行，此外压力条件也有利于反应动力学。超临界水氧化法可以在短时间内迅速破坏 PCDD/Fs[5]

和降解 PCBs[6]。

污水处理厂中的微生物工艺也是处理 POPs 的有效方法。其作用机理分为吸附和降解两部分。POPs 在污水处理的初级阶段吸附到悬浮固体上，然后沉淀进入污泥。例如活性污泥工艺中，预处理阶段主要是污泥吸附起作用，能够有效地去除 PCBs、七氯和林丹[7]。活性污泥依靠细胞壁与 POPs 的相互作用吸附 POPs。活细胞和死细胞都可以吸附林丹和联苯，作用力是细胞壁与 POPs 的物理吸附；革兰氏菌干细胞吸附林丹的作用力为疏水力和范德瓦耳斯力；细胞壁带负电的真菌依靠氢离子作为连接桥配基形成物理键吸附同样带负电的林丹分子；真菌死细胞可从水溶液中去除五氯硝基苯，细胞壁和其他细胞组分都对吸附过程有贡献；短小芽孢杆菌可吸附多种 PCDFs，由于死细胞胞外聚合物的作用，其吸附力强于活细胞。

虽然 POPs 的特点之一是难以生物分解，但却有一些特殊微生物能够分解特定的 POPs。表 1-3 列出了 POPs 对应的有效微生物。微生物降解 POPs 成本较低，但是一般比较耗时。表 1-4 列示了典型的微生物分解 POPs 所需时间。

表 1-3　降解 POPs 的有效微生物

POPs	有效微生物	文献
艾氏剂	镰孢霉菌和青霉菌	[8]
狄氏剂	芽孢杆菌和假单胞菌	[8]
DDT	白腐真菌	[8]
七氯	芽孢杆菌、镰孢霉菌、小单孢菌、诺卡氏菌、曲霉菌、根霉菌和链球菌	[8]
γ-HCH	梭状芽孢杆菌和埃希氏菌降解	[8]
PCBs	假单胞菌、伯克氏菌属、无色(杆)菌属、丛毛单胞菌属、雷氏菌属、不动杆菌属、红球菌属和芽孢杆菌	[9]

表 1-4　典型的 POPs 微生物分解速率

POPs	被微生物分解速率	文献
α-HCH 和 β-HCH	20～40 天，100%	[10]
γ-HCH 和 δ-HCH	102 天，100%	[10]
1,2-二氯苯	2～3 周，90%	[11]
1,4-二氯苯、1,2,3-三氯苯和 1,3,5-三氯苯	202～230 小时，80%	[12]
1,2-二氯苯	2 天，100%	[13]
氯苯	7 天，54%	[14]

由于 POPs 的亲脂疏水性，经过较长距离的流动后，水中的 POPs 浓度较低，一般在 ng/L。对于低浓度 POPs 的地表水、地下水或生活污水处理厂二沉池出水，处理方法包括吸附、过滤和各类高级氧化还原技术。吸附技术特别适合去除水中低浓度污染物，对疏水性物质尤其有效。根据文献报道，典型的吸附剂如粉末活

性炭、颗粒活性炭、活性炭纤维、改性膨润土、活性蒙脱石等都显示出具有吸附富集POPs的能力，对PCBs、HCB[15]等POPs的去除率能够达到90%，出水符合废水排放标准。过滤技术主要考虑POPs分子尺寸与分离膜孔径相对关系。POPs分子尺寸很小，只有反渗透(孔径<1 nm)和纳滤(1 nm<孔径<10 nm)能够有效将其截留。反渗透的缺点是处理速度慢、产水率低。

高级氧化技术(advanced oxidation technologies，AOTs)采用紫外光、γ射线、催化臭氧、芬顿(Fenton)反应、电化学、光催化、超声、微波等手段，在常温常压下活化 O_2、H_2O、H_2O_2、O_3、过硫酸盐等原位产生高活性氧化物种(如•OH、$O_2^{•-}$、$SO_4^{•-}$等)，以其高氧化性分解和转化难降解性污染物，具有活性高、反应彻底、无二次污染等优点。以•OH为例，其氧化性仅次于单质氟，可以氧化分解包括二噁英类(PCDDs 和 PCDFs)、各类农药和抗生素等在内的几乎所有难降解有机物。随着对过程机理研究的不断深入，人们逐渐认识到除了通过氧化过程分解污染物外，一些过程(如电化学、光催化等)也可以产生电子、•H、R•(有机物分解过程的中间产物)等强还原性物种通过还原途径分解污染物。例如光催化过程中，光生电子可以参与还原 POPs 脱卤的反应。因此，本书中将氧化和还原过程合并称为高级氧化还原技术(advanced oxidation & reduction technologies)。但是考虑到"AOTs"已成为约定俗成的表达形式，已被本领域内的学者广泛接受。因此本书沿用这一形式，但其内涵不限于氧化过程，也包括一些还原过程。

1. 光催化技术

光催化技术利用半导体光催化材料被光激发产生的光生空穴和光生电子引发氧化还原反应。主要有两种氧化还原反应途径：一是直接氧化还原，该途径利用光生空穴直接氧化或光生电子直接还原污染物；二是间接氧化还原，该途径是光生空穴和光生电子首先与表面吸附态 O_2 或 H_2O 等物质反应产生•OH、$O_2^{•-}$等多种强氧化性(或•H 等强还原性)自由基，这些活性自由基与污染物发生氧化还原反应将其彻底分解成 CO_2 和水或转化为无毒或低毒性物质。因此，光催化技术被认为是水污染控制技术中最具应用前景的技术之一。

在分解低浓度毒性污染物的过程中，•OH 氧化的间接氧化反应起主要作用。其主要过程是•OH 攻击 C—H 键，夺得 H 原子形成水分子，同时使污染物失去 H 原子处于激发态。激发态有机物的 C—C 键很容易被 O_2 氧化切断[16]，从而最终被分解成 CO_2 和水[17]。直链烷烃、醇、芳香烃等多种污染物一般均经过•OH 氧化过程分解。但是，针对不同的污染物，发挥作用的自由基也会不同。如卤代酚类化合物的毒性与苯环上卤素原子数目有关，苯环上卤素原子越多其毒性越大，对环境的危害也越大，因此脱卤是处理该类污染物的首要目标。苯环上卤素原子越多，卤素原子与碳之间的强共价键就越容易被还原性强的活性物质攻击而断裂，所以光催化降解卤代酚主要通过光生电子主导的还原脱卤过程[18]。而对于全氟类化合物，由于分子结构中不含 C—H 键且 C—F 键键能很高，使得•OH 无法抽取质子发生氧化反应，此时须利用光生空穴直接与其反应。如宽禁带半导体 In_2O_3 价带空穴氧化电位 2.8 V，能够通过全氟辛酸与 In_2O_3 之间的双配位或桥接构型直接攻击 C—F 键，并最终氧化分解全氟辛酸[19]。

提高光生电荷分离效率是提高污染物光催化分解效率的关键。许多研究证实，通过光催化材料的异质结构设计，利用其内建电场驱动光生电荷定向迁移，抑制光生电荷复合，是提高光催化效率的有效方法。较早出现的涉及污染控制领域的异质结，按能带类型可以分为 p-n、n-n 和 Schottky 型[20]。例如，石墨烯与硅构成的 Schottky 结对多溴二苯醚的分解动力学常数是非异质结材料的 5 倍[21]。近年来出现的隧道结、Z 体系和有机半导体异质结光催化材料也表现出高效降解毒性污染物的潜力。同时，通过构建低维纳米半导体材料、在分子水平上调控其结构，可有效抑制光生电子-空穴对的复合及提高光生载流子分离效率，从而使其具有较相应的块体半导体材料更加优异的光催化性能。

近年来发展起来的一些新型功能材料为提高和改善光催化性能提供了有利契机。MOFs（metal-organic frameworks，金属有机骨架）材料、煅烧 MOFs 得到的氧化物和碳化 MOFs 与半导体构成的复合物等三类多孔材料是最近受到关注的光催化材料。MOFs 为多孔结构的配位聚合物晶体，由链状有机分子通过共价键连接中心金属原子组成，与沸石和分子筛非常相似。它们独特的多孔结构能够吸附污染物，将自由基与污染物的反应限制在狭窄的孔道中，而产物小分子则可以容易地迁移出去，因此自由基的作用得到加强，进而提高了对毒性污染物的分解能力。例如 MOFs 材料 MIL-100（Fe）能够高效光催化分解布洛芬、茶碱和双酚 A 等毒性污染物，快速吸附污染物是其分解效率较高的原因[22]。此外，具有较好前景的光催化材料还包括基于等离子体共振纳米 Au、Ag 的复合催化剂，纳米尺寸的尖晶石（如 $ZnFe_2O_4$、$CaFe_2O_4$ 等）[23]，钙钛矿（如 $Bi_{5-x}La_xTi_3FeO_{15}$ 等）[24]。基于上述催化体系的光-电耦合体系，可实现环境微界面电子的高效分离和转移，促进高浓度活性氧物种（reactive oxygen species，ROS）等活性物种形成，从而提高催化去除水中低浓度污染物的效率。但总体而言，因其光能效率低导致处理成本高等问题依然是制约光催化技术在污染控制中实际应用的关键问题。因此，研发高效光催化材料和发展与其他技术的耦合联用方法是该技术在水污染控制领域的主要发展方向[25]。

2. 电化学技术

电化学技术利用电子引发反应，具有清洁、高效、无需添加化学试剂、环境友好、操作条件温和、易于操作控制等优点，是典型的深度处理技术之一。污染物的电化学分解存在直接氧化还原和间接氧化还原两种途径。在直接氧化还原过程中，污染物在阳极失电子或在阴极得电子被氧化或还原而分解。在间接氧化还原过程中，阳极可以通过电化学氧化 H_2O、OH^- 或者 O_2 产生强氧化性物种 $\cdot OH$、$O_2^{\cdot -}$ 和 O_3 等，阴极能电化学还原 O_2、H^+ 或 H_2O 产生 $HO_2^{\cdot}$、H_2O_2、$\cdot H$ 等 ROS，然后通过 ROS 分解污染物。$\cdot OH$ 和 $HO_2^{\cdot}$ 同属于强氧化剂，不但能无选择性地氧化大部分有机污染物，还能与电极表面材料反应，生成高价态的氧化物，进而氧化分解污染物。$\cdot H$ 则可对污染物加氢还原，降低污染物的毒性。例如，许多研究报道证实，多种卤代有机物(如氯酚、氯苯、多氯联苯、多溴二苯醚)均可被电化学催化还原脱卤，形成对应的母体碳氢化合物，原卤代有机物的毒性消失。脱卤产物在电化学作用下可进一步氧化分解。当水溶液中存在氧化性自由基的前驱体，如 $S_2O_8^{2-}$ 或者 Cl^- 等时，电化学过程还能催化产生 $SO_4^{\cdot -}$ 和 $HClO$。$SO_4^{\cdot -}$ 的氧化电位为 2.5～3.1 V(高于 $\cdot OH$)，其应用 pH 范围比 $\cdot OH$ 更广，比 $\cdot OH$ 更具优势。

电极材料是实现高效电化学氧化还原的关键。优良的电极材料应具有分解水过电势高、催化性能好、产生 ROS 快等特点。目前，通过电化学氧化作用产生 ROS 性能较好的电极材料主要有硼掺杂金刚石(boron-doped diamond，BDD)、PbO_2、$Ce-PbO_2$、SnO_2、$Sb-Bi-SnO_2$、RuO_2 等[26-29]。还原 O_2 产生活性氧的阴极材料以金属及其合金(Au、$Pd-Au$、$Pt-Hg$)、石墨、碳纳米管、石墨烯、多孔碳等材料为主。最近研究发现，B、N、S 等原子掺杂能引起石墨类碳材料的表面电荷极化，可能会显著提高其产 $HO_2^{\cdot}$ 和 H_2O_2 活性[30, 31]。此外，贵金属 Pd、Ag 和 Pt 等对产生 $\cdot H$ 具有较高的活性[32]。

电化学技术已应用于抗生素、酚类、农药等污染物的水处理研究中[33]。尽管该技术具有去除水中低浓度毒性污染物的潜力，但 ROS 产量少、速度慢、成本高等因素一直制约其应用。POPs 的氧化还原电位通常很高，直接电化学降解这类污染物需要很高的能耗，而且大部分电极材料的析氢析氧过电位低，导致电化学降解污染物的过程中发生严重的电解水副反应，降低了污染物的降解速率和能效。因此，发展能量效率高、经济适用的电化学氧化技术仍然是该领域的重要研究方向。

3. 芬顿(Fenton)技术

H_2O_2 是经济且环境友好的氧化剂，但其标准氧化电位(E^o=1.77 V)较低，不能完全矿化难降解污染物。当存在 Fe^{2+} 等过渡金属离子时，通过 Fe^{2+} 与 H_2O_2 之间的电子转移将 H_2O_2 活化分解为 $\cdot OH$。$\cdot OH$ 具有强的氧化性，标准氧化还原电位(E^o=2.80 V)仅次于氟，因此能够降解大部分有机污染物，适用于难降解污水的处理。经典的 Fenton 反应是在以 H_2O_2 和溶解性 Fe^{2+} 构成的 Fenton 试剂作用下，在水溶液中发生的均相氧化还原反应。目前该技术已在酚类、染料、多氯联苯、农药等难降解有机物降解中被广泛研究[34-36]，并被应用于焦化废水、印染废水等实际污水的处理中[37, 38]。但是，传统的 Fenton 反应 pH 适应范围窄，仅适用于酸性条件，且反应后形成大量铁泥难以回收利用。这些问题阻碍了该技术的推广应用。

为了解决这一问题，近年来，非均相催化剂的研究成为该领域的热点。已证明具有催化作用的非均相催化剂包括 Fe_3O_4、CuO 等过渡金属氧化物、活性炭、钙钛矿($BiFeO_3$)、尖晶石($CuFe_2O_4$、$MnFe_2O_4$ 等)及氯氧化铁等。非均相催化反应机理与均相 Fenton 反应类似，通过催化剂与 H_2O_2 之间的电子转移实现 H_2O_2 的活化[39, 40]。近期报道，尖晶石及 Cu、Mn、V 等掺杂的铁氧化物催化剂较传统铁氧化物具有更好的催化能力[41, 42]。通过表征发现 Cu、Mn 等活性组分的加入除了自身具有催化 H_2O_2 的能力外，还能够加快 Fe^{3+} 转化为 Fe^{2+}，因此从两方面提高了其催化产生•OH 的能力。但是，总体而言，非均相催化 Fenton(或类 Fenton)反应的效率低，主要原因是非均相催化剂的活性比均相催化剂差，而且存在催化剂溶出和稳定性不高等问题。因此，开发高效、稳定的催化剂是此领域的重要发展方向。

4. 催化臭氧氧化技术

臭氧氧化是理解催化臭氧氧化的基础。臭氧氧化分解有机污染物的反应途径有两种：一种是 O_3 直接氧化有机污染物；另一种是 O_3 转化为 ROS(如•OH、$O_2^{•-}$、O•等)间接氧化有机污染物。O_3 标准氧化电位为 2.07 V，直接氧化能力不够强，通常只能氧化不饱和键(如碳碳双键)，使其降解为小分子酸，不能完全矿化；而臭氧间接氧化利用 O_3 分解产生的氧化能力更强的•OH，能够无选择性地分解有机污染物为 CO_2 和水，但是，在只有 O_3 存在的条件下，利用 O_3 分解产生•OH 的速率较慢，需通过引入催化剂等加快过程速率。

催化臭氧氧化技术是在催化剂存在下进行的臭氧氧化技术。根据催化剂在水中存在的形态可以分为均相催化臭氧氧化和非均相催化臭氧氧化技术。均相催化臭氧氧化技术利用过渡金属离子作为催化剂来催化降解废水中的污染物，常用的有：Mn(Ⅱ)、Fe(Ⅱ)、Fe(Ⅲ)、Co(Ⅱ)及 Cu(Ⅱ)等。主要有两种反应机理[43]：①过渡金属离子引发链式反应，促进 O_3 分解生成 $HO_2^{•-}$ 并进一步生成•OH 等 ROS；②有机物分子和过渡金属离子络合，再通过臭氧分子的作用将其降解。均相催化臭氧氧化技术能提高污染物的分解效率和臭氧的利用率，但金属离子的回收再利用较难，易造成水体的二次污染，不利于实际应用。非均相催化臭氧氧化技术主要利用过渡金属氧化物作为催化剂来催化降解废水中的污染物,常用的有：MnO_2、Al_2O_3、TiO_2、Fe_2O_3、FeOOH 及 MnOOH 等。近年来，一些研究者发现碳基材料和钙钛矿材料也具有一定的催化臭氧氧化能力。研究证明这些材料能有效促进水中臭氧分解，进而在此过程中促进生成•OH 等 ROS，进而强化对难降解性有机物的分解[44, 45]。非均相催化剂的应用能解决均相催化反应中催化剂回收难的问题，但是，目前非均相催化剂的活性不高，不能满足水处理的需求，需进一步研发更高效的催化剂。

5. 硫酸根自由基氧化技术

过硫酸盐在催化剂存在下，可被转化和分解成 $SO_4^{\cdot-}$，$SO_4^{\cdot-}$ 的标准氧化还原电位为 2.5～3.1 V，属强氧化剂，且 pH 适应范围比 Fenton 试剂宽，可降解大部分污染物。同时，由于氧化反应机理不同，$SO_4^{\cdot-}$ 能够降解·OH 无法降解的 PFOA[46]。但是，该反应须用 Co^{2+} 等有毒金属离子作催化剂，存在环境风险。光、电、超声等新型现代手段的耦合联用，有可能强化活化过硫酸盐产生 $SO_4^{\cdot-}$ 过程，使其成为一种高效的实用技术。

虽然臭氧氧化、Fenton 反应等 AOTs 单元技术已经在水中难降解污染物的控制中得到一定应用，但处理效率仍然不能满足应用需求，而且目标污染物及部分毒性中间产物不能完全矿化。因此，如何进一步提高 ROS 产生效率，进而提高污染物的去除效率是需解决的关键科学问题。

研究表明，不同技术的耦合、联用，能够产生协同效果，可显著提高 ROS 的产生和污染物的分解效率。已报道的耦合联用技术包括：O_3/H_2O_2、O_3/UV、$O_3/UV/H_2O_2$ 氧化技术等。O_3/H_2O_2 氧化技术将 O_3 与 H_2O_2 耦合，O_3 与 H_2O_2 之间具有协同作用，反应过程中 H_2O_2 会部分离解生成 HO_2^-，能显著加快 O_3 的分解生成·OH 的过程[47]，从而加快反应速率，提高臭氧的利用率和有机污染物的去除率。O_3/UV 氧化技术利用紫外光强化臭氧氧化作用，在 UV 辐射下，O_3 与 H_2O 反应产生 H_2O_2，加快 O_3 分解过程中生成·OH，另外 H_2O_2 在 UV 辐射下也能产生·OH[48]，进而提高了对污染物的分解效率。又如，在光催化过程中，通过外加偏压，驱动光生电荷定向移动，有效抑制光生电荷的复合，可显著提高光电催化效率。光催化与特异性生物酶相结合对特定污染物的耦合协同降解，可实现生物酶与光催化材料间电子的快速迁移和对污染物的强化降解，也是值得关注的研究方向。这些事实证明，AOTs 单元技术之间或与其他技术的耦合、协同作用是显著提高 ROS 的产生和对污染物分解效率的有效途径。同时，研究发现，不同 AOTs 技术能够优先去除特定的毒性。例如臭氧处理废水，遗传毒性削减达到 90%，但致突变性升高，后续砂滤能够进一步降低废水的致突变效应[49]。再如臭氧技术有利于去除废水的氧化损伤效应，而紫外技术则有利于去除废水的糖皮质激素效应[50]。光电催化技术对于五氯苯酚废水芳香烃受体效应的去除效率，显著高于直接光解和光催化技术[51]。因此，从毒性去除和生态安全性角度考虑，耦合联用技术比单元技术表现出显著的优越性。

AOTs 单元技术之间的耦合联用研究尽管已有报道(如 O_3/H_2O_2、O_3/UV、$O_3/UV/H_2O_2$ 等)，但仍处于起步阶段，亟待开展创新性和系统性的研究。存在的主要问题有：耦合机制和方式相对单一，耦合、协同作用机理及构效关系尚不清楚，耦合联用技术的器件与组件化研究不足，不能为耦合联用技术的实际应用提供有效技术支撑。因此，基于 AOTs 技术的耦合联用技术的主要发展方向分析如下：①研发基于 AOTs 的新型耦合联用技术，揭示耦合、协同作用机理。例如，AOTs 单元技术与膜分离技术的耦合，电化学技术与 $SO_4^{\cdot-}$ 氧化技术的耦合等。可以预期，这些新型耦合技术将出现显著的协同效应，提高处理效率。②对已有的 $O_3/UV/H_2O_2$ 等耦合联用技术，深入研究协同作用机制，探索应用新材料和新方法强化协同作用的途径，阐明耦合作用加速自由基生成速度的原理。③开展基于 AOTs 的耦合联用技术的毒性污染物去除和毒性削减效果以及生态安全性评价的研究。

1.3　本书的内容和目标

本书内容包括典型高级氧化还原技术及多技术耦合降解 POPs 的原理、催化剂的制备方法、基于上述原理和材料的水处理中试装置，以及对氯代 POPs、各种酚类、抗生素类污染物的高效降解。

本书旨在向水和废水处理相关的高校、企业、管理部门的科技人员和管理者介绍 POPs 水污染控制相关知识基础、技术方法和原理、研究进展等，为进一步开展 POPs 水污染控制研究和风险管理提供有益参考。

参 考 文 献

[1] Quante M, Ebinghaus R, Flöser G. Persistent Pollution—Past, Present and Future. Berlin Heidelberg: Springer-Verlag, 2011, 49.

[2] Muir D, Howard P. Are there other persistent organic pollutants? A challenge for environmental chemists. Environmental Science & Technology, 2006, 40: 7157-7166.

[3] Mitoma Y, Tasaka N, Takase M, Masuda T, Tashiro H, Egashira N. Calcium-promoted catalytic degradation of PCDDs, PCDFs, and coplanar PCBs under a mild wet process. Environmental Science & Technology, 2006, 40: 1849-1854.

[4] Taralunga M, Mijoin J, Magnoux P. Catalytic destruction of chlorinated POPs—Catalytic oxidation of chlorobenzene over PtHFAU catalysts. Applied Catalysis B: Environmental, 2005, 60: 163-171.

[5] Swallow K, Killilea W. Comment on "Phenol oxidation in super-critical water: Formation of dibenzofuran, dibenzo-p-dioxin, and related compounds". Environmental Science & Technology, 1992, 26(9): 1849-1850.

[6] 韦朝海, 晏波, 胡成生. PCBs 的超(亚)临界水催化氧化及还原裂解. 化学进展, 2007, 19(9): 1275-1281.

[7] Katsoyiannis A, Samara C. Persistent organic pollutants (POPs) in the conventional activated sludge treatment process: Fate and mass balance. Environmental Research, 2005, 97: 245-257.

[8] 董玉瑛, 冯霄. 持久性有机污染物分析和处理技术研究进展. 环境污染治理技术与设备, 2003, 4(6): 49-55.

[9] Pieper D. Aerobic degradation of polychlorinated biphenyls. Applied Microbiology and Biotechnology, 2005, 67(2): 170-191.

[10] Quintero J, Moreira M, Feijoo G, Lema J. Anaerobic degradation of hexachlorocyclohexane isomers in liquid and soil slurry systems. Chemosphere, 2005, 61: 528-536.

[11] Guerin T. *Ex-situ* bioremediation of chlorobenzenes in soil. Journal of Hazardous Materials, 2008, 154(1/3): 9-20.

[12] Adebusoye S, Picardal F, Ilori M, Amund O, Fuqua C, Grindle N. Aerobic degradation of di- and trichlorobenzenes by two bacteria isolated from polluted tropical soils. Chemosphere, 2007, 66(10): 1939-1946.

[13] Monferrán M, Echenique J, Wunderlin D. Degradation of chlorobenzenes by a strain of *Acidovorax avenae* isolated from a polluted aquifer. Chemosphere, 2005, 61: 98-106.

[14] Nishino S, Spain J, Belcher L, Litchfield C. Chlorobenzene degradation by bacteria isolated from contaminated groundwater. Applied and Environmental Microbiology, 1992, 58(5): 1719-1726.

[15] Pavoni B, Drusian D, Giacometti A, Zanette M. Assessment of organic chlorinated compound removal from aqueous matrices by adsorption on activated carbon. Water Research, 2006, 40: 3571-3579.

[16] Fujishima A, Rao T, Tryk D. Titanium dioxide photocatalysis. Journal of Photochemistry and Photobiology C: Photochemistry Reviews, 2000, 1: 1-21.

[17] Gaya U, Abdullah A, Heterogeneous photocatalytic degradation of organic contaminants over titanium dioxide: A review of fundamentals, progress and problems. Journal of Photochemistry and Photobiology C: Photochemistry Reviews, 2008, 9: 1-12.

[18] Yin L, Niu J, Shen Z, Chen J. Mechanism of reductive decomposition of pentachlorophenol by Ti-doped β-Bi_2O_3 under visible light irradiation. Environmental Science & Technology, 2010, 44: 5581-5586.

[19] Li X, Zhang P, Jin L, Shao T, Li Z, Cao J. Efficient photocatalytic decomposition of perfluorooctanoic acid by indium oxide and its mechanism. Environmental Science & Technology, 2012, 46: 5528-5534.

[20] 于洪涛, 全燮. 纳米异质结光催化材料在环境污染控制领域的研究进展. 化学进展, 2009, 21(2/3): 406-419.

[21] Yu H, Chen S, Fan X, Quan X, Zhao H. A structured macroporous silicon/graphene heterojunction for efficient photoconversion. Angewandte Chemie International Edition, 2010, 49: 5106-5109.

[22] Liang R, Luo S, Jing F, Shen L, Qin N, Wu L. A simple strategy for fabrication of Pd@MIL-100(Fe) nanocomposite as a visible-light-driven photocatalyst for the treatment of pharmaceuticals and personal care products (PPCPs). Applied Catalysis B: Environmental, 2015, 176-177: 240-248.

[23] Li H, Zhou Y, Tu W, Ye J, Zou Z. State-of-the-art progress in diverse heterostructured photocatalysts toward promoting photocatalytic performance. Advanced Functional Materials, 2015, 25: 998-1013.

[24] Naresh G, Mandal T. Excellent sun-light-driven photocatalytic activity by Aurivillius layered perovskites, $Bi_{5-x}La_xTi_3FeO_{15}$ (x=1,2). ACS Applied Materials & Interfaces, 2014, 6: 21000-21010.

[25] Dong H, Zeng G, Tang L, Fan C, Zhang C, He X, He Y. An overview on limitations of TiO_2-based particles for photocatalytic degradation of organic pollutants and the corresponding countermeasures. Water Research, 2015, 79: 128-146.

[26] Yu H, Wang H, Quan X, Chen S, Zhang Y. Amperometric determination of chemical oxygen demand using boron-doped diamond（BDD）sensor. Electrochemistry Communications, 2007, 9: 2280-2285.

[27] Niu J, Lin H, Xu J, Wu H, Li Y. Electrochemical mineralization of perfluorocarboxylic acids （PFCAs）by Ce-doped modified porous nanocrystalline PbO_2 film electrode. Environmental Science & Technology, 2012, 46, 10191-10198.

[28] Yang S, Kim D, Park H. Shift of the reactive species in the Sb-SnO_2-electrocatalyzed inactivation of *E. coli* and degradation of phenol: Effects of nickel doping and electrolytes. Environmental Science & Technology, 2014, 48, 2877-2884.

[29] Zhuo Q, Deng S, Yang B, Huang J, Yu G. Efficient electrochemical oxidation of perfluorooctanoate using a Ti/SnO_2-Sb-Bi anode. Environmental Science & Technology, 2011, 45: 2973-2979.

[30] Wiggins-Camacho J, Stevenson K. Indirect electrocatalytic degradation of cyanide at nitrogen-doped carbon nanotube electrodes. Environmental Science & Technology, 2011, 45: 3650-3656.

[31] Fellinger T, Hasché F, Strasser P, Antonietti M. Mesoporous nitrogen-doped carbon for the electrocatalytic synthesis of hydrogen peroxide. Journal of the American Chemical Society, 2012, 134: 4072-4075.

[32] Durante C, Isse A, Sandonà G, Gennaro A. Electrochemical hydrodehalogenation of polychloromethanes at silver and carbon electrodes. Applied Catalysis B: Environmental, 2009, 88: 479-489.

[33] Särkkä H, Bhatnagar A, Sillanpää M. Recent developments of electro-oxidation in water treatment—A review. Journal of Electroanalytical Chemistry, 2015, 754: 46-56.

[34] Emine B, Mustafa K. Advanced oxidation of Reactive Blue 181 solution: A comparison between Fenton and sono-Fenton process. Ultrasonics Sonochemistry, 2014, 21: 1881-1885.

[35] Dercov K, Vrana B, Tandlich R, Šubov L. Fenton's type reaction and chemical pretreatment of PCBs. Chemosphere, 1999, 39: 2621-2628.

[36] Mitsika E, Christophoridis C, Fytianos K. Fenton and Fenton-like oxidation of pesticide acetamiprid in water samples: Kinetic study of the degradation and optimization using response surface methodology. Chemosphere, 2013, 93: 1818-1825.

[37] 谢成, 晏波, 韦朝海, 等. 焦化废水 Fenton 氧化预处理过程中主要有机污染物的去除. 环境科学学报, 2007, 27（7）: 1102-1105.

[38] Zhang J, Chen S, Zhang Y, Quan X, Zhao H, Zhang Y. Reduction of acute toxicity and genotoxicity of dye effluent using Fenton-coagulation process. Journal of Hazardous Materials, 2014, 274: 198-204.

[39] Lin S, Gurol M. Catalytic decomposition of hydrogen peroxide on iron oxide: Kinetics, mechanism, and implications. Environmental Science & Technology,1998, 32: 1417-1423.

[40] Phan A, Lee C, Doyle F, Sedlak D. A silica-supported iron oxide catalyst capable of activating hydrogen peroxide at neutral pH values. Environmental Science & Technology, 2009, 43: 8930-8935.

[41] Yang S, He H, Wu D, Chen D, Liang X, Qin Z, Fan M, Zhu J, Yuan P. Decolorization of methylene blue by heterogeneous Fenton reaction using $Fe_{3-x}Ti_xO_4$ ($0 \leqslant x \leqslant 0.78$) at neutral pH values. Applied Catalysis B: Environmental, 2009, 89: 527-535.

[42] Liang X, Zhu S, Zhong Y, Zhu J, Yuan P, He H, Zhang J. The remarkable effect of vanadium doping on the adsorption and catalytic activity of magnetite in the decolorization of methylene blue. Applied Catalysis B: Environmental, 2010, 97: 151-159.

[43] Kasprzyk-Hordern B, Ziółek M, Nawrocki J. Catalytic ozonation and methods of enhancing molecular ozone reactions in water treatment. Applied Catalysis B: Environmental, 2003, 46(4): 639-669.

[44] Dong Y, Yang H, He K, Song S, Zhang A. β-MnO_2 nanowires: A novel ozonation catalyst for water treatment. Applied Catalysis B: Environmental, 2009, 85(3): 155-161.

[45] Sui M, Sheng L, Lu K, Tian F. FeOOH catalytic ozonation of oxalic acid and the effect of phosphate binding on its catalytic activity. Applied Catalysis B: Environmental, 2010, 96: 94-100.

[46] Hisao H, Ari Y, Etsuko H, Taniyasu S, Yamashita N, Kutsuna S. Efficient decomposition of environmentally persistent perfluorocarboxylic acids by use of persulfate as a photochemical oxidant. Environmental Science & Technology, 2005, 39: 2383-2388.

[47] Staehelin J, Hoigne J. Decomposition of ozone in water: Rate of initiation by hydroxide ions and hydrogen peroxide. Environmental Science & Technology, 1982, 16(10): 676-681.

[48] Peyton G, Glaze W. Destruction of pollutants in water with ozone in combination with ultraviolet radiation. 3. Photolysis of aqueous ozone. Environmental Science & Technology, 1988, 22(7): 761-767.

[49] Magdeburg A, Stalter D, Schlüsener M, Ternes T, Oehlmann J. Evaluating the efficiency of advanced wastewater treatment: Target analysis of organic contaminants and (geno-) toxicity assessment tell a different story. Water Research, 2014, 50: 35-47.

[50] Jia A, Escher B, Leusch F, Tang J, Prochazka E, Dong B, Snyder E, Snyder S. *In vitro* bioassays to evaluate complex chemical mixtures in recycled water. Water Research, 2015, 80: 1-11.

[51] Liu W, Quan X, Cui Q, Ma M, Chen S, Wang Z. Ecotoxicological characterization of photoelectrocatalytic process for degradation of pentachlorophenol on titania nanotubes electrode. Ecotoxicology and Environmental Safety, 2008, 71: 267-273.

第 2 章　催化臭氧氧化技术

本章导读

- 介绍臭氧氧化和催化臭氧氧化技术的基本原理及常见的臭氧催化剂(金属氧化物、碳材料、复合金属氧化物等)。
- 利用多孔载体、多孔催化剂、pH 调控的均相/非均相转换、掺杂非金属元素等四种改善催化剂性能的方法。
- 举例说明催化臭氧氧化与膜分离耦合技术对水中污染物的去除特性。

2.1　臭氧氧化及催化臭氧氧化概述

由于闪电、阳光中紫外线照射等自然过程都能在空气中产生臭氧，因此人们对臭氧的认识比较早。公认的臭氧研究起点是 1840 年，德国化学家 C. F. Schönbein 发现电解稀硫酸以及磷在潮湿空气中燃烧时散发出的味道来源于同一种物质，他称这种物质为 ozone(臭氧)。1857 年，德国科学家 Werner von Siemens 基于等离子体放电原理制作了第一个具有实用价值的臭氧发生器，为臭氧在水处理领域的应用奠定了基础。

臭氧在水处理领域中首先应用于消毒，1900 年之后，德国在威斯巴登镇和帕德伯恩建立了大型中试装置。1906 年，法国尼斯市率先在给水工艺中加入臭氧消毒单元。在 POPs 降解方面，由于臭氧的标准氧化电位为 2.07 V，其氧化能力仅能把不饱和键氧化到饱和键为止，因此氧化 POPs 的产物一般是羧酸，难以实现完全矿化。此外，臭氧在水中分解速率较快而降解污染物的速率慢，因此，大部分臭氧没有用于分解污染物，利用率较低。向反应体系中添加催化剂可以把臭氧转化成氧化能力更强、与有机物反应速度更快的 •OH 等高活性自由基，进而实现快速分解和矿化 POPs。催化臭氧反应包括均相和非均相两类。典型的均相催化剂包括 Mn^{2+}、Fe^{2+}、Fe^{3+}、Cu^+、Cr^{3+}、Ni^{2+}、Co^{2+}、Zn^{2+}、Cu^{2+}、Ag^+、Cd^{2+}等金属阳离子，这些阳离子溶于水，与臭氧和污染物接触充分，传质效率高，所以反应速率较高。但是溶解态的催化剂难以回收或循环利用，只能随水排放或形成污泥外排，不但导致成本升高，而且会对生态环境产生不良影响。非均相催化剂包括金属氧化物、负载的金属氧化物、改性碳材料等。非均相催化体系易于回收再利用，但催化活性和传质效率不如均相催化体系。因此，如何提高催化活性和改善传质效率是非均相催化臭氧氧化领域的研究重点。

2.1.1 臭氧氧化分解 POPs 的基本原理

臭氧氧化是一种常用的污染控制技术，通常用于水处理消毒、脱色和空气净化等。臭氧可破坏有机物的双键、苯环等结构，是相对清洁和环境友好的氧化剂。

臭氧分子的分子构型呈"V"形，有极性，具有图 2-1 中两种结构，三个氧原子分别带正电、负电和不带电。臭氧对双键的破坏遵循 Criegee 机理：第一步是臭氧分子与构成双键的两个碳原子发生环加成反应，双键变成单键；第二步是 C—C 断裂，生成羟基化产物和取代基产物；第三步是生成羧酸和无机酸。臭氧对双键的环加成反应有时能产生 H_2O_2，对分解 POPs 也有一定贡献[1]。臭氧分解含双键的有机物受空间位阻影响。例如含有烯烃基团的孕酮，其共轭羰基是吸电子基团，空间位阻很小，因而可与臭氧分子中带负电的一端接触，以较为温和的速率反应，速率常数是 480 L/(mol·s)，反应过程中孕酮的六元环断裂，生成醛或羟基，降低了孕酮的生物危害[2]。除草剂异狄氏剂和氯丹的母体是顺-1,2-二氯乙烯，其 C=C 的每一个 C 原子上各有一个 Cl 原子，形成异狄氏剂和氯丹后，C 原子上又连接了其他取代基，造成空间位阻，限制了 O_3 分子靠近双键参与加成反应，因此这两种除草剂难以被臭氧氧化[3]。

图 2-1　臭氧分子结构

臭氧对苯环的攻击方式是臭氧的缺电子氧被苯环上的富电子位吸引，臭氧夺取电子、氧化苯环。因此臭氧对含苯环 POPs 的分解速率常数与取代基电子效应有关。取代基的电子效应用取代基常数 $\sigma\rho$ 表示，其中 σ 由取代基性质和其在苯环上的位置决定，ρ 由反应类型决定。例如—Cl 的电负性为 3.16，具有吸电子的诱导效应，而—Cl 与苯环形成的共轭体系具有供电子效应，综合起来其电子效应是较弱的吸电子，故 $\sigma\rho$ 为 0.05。类似的，典型取代基—OH 和—NO_2 的取代基常数分别为–0.88 和 0.47。取代基常数越正，表示苯环 π 电子云越弱，被亲电子的臭氧加成的速度就越慢。羟基(—OH)和氨基(—NH_2)是供电子基团，硝基(—NO_2)、羧基(—COOH)和卤素取代基(—Cl、—Br、—I)是吸电子基团。供电子取代基有利于臭氧氧化苯环，吸电子取代基则抑制反应。例如苯酚被臭氧氧化的动力学常数比氯苯高 3 个数量级。包含—OH、—Cl、—NO$_2$ 取代基的几种典型 POPs 被臭氧加成的动力学常数如表 2-1 所示。

表 2-1　取代基对臭氧分解 POPs 反应动力学常数的影响

POPs	四环素	五氯苯酚	三氯生	五氯联苯醚	硝基苯
供电子基团及数量	—OH×5	—OH	—OH		
吸电子基团及数量		—Cl×5	—Cl×3	—Cl×5	—NO$_2$
k [L/(mol·s)]	$1.9×10^6$	$>3×10^5$	$1.3×10^3$	<0.05	$9×10^{-2}$

O$_3$ 分子氧化双键和苯环的产物一般是单键或羧酸，不能完全矿化。在溶液 pH 较高时，臭氧与 OH$^-$ 发生反应生成 HO$_2^-$，HO$_2^-$ 可引发一系列反应最终产生 •OH，矿化 POPs。产生自由基的主要反应式如下[4,5]：

$$O_3 + OH^- \longrightarrow HO_2^- + O_2 \tag{2-1}$$

$$O_3 + HO_2^- \longrightarrow •OH + O_2^{•-} + O_2 \tag{2-2}$$

$$O_3 + O_2^{•-} \longrightarrow O_3^{•-} + O_2 \tag{2-3}$$

$$O_3^{•-} \rightleftharpoons O^{•-} + O_2 \tag{2-4}$$

$$O^{•-} + H_2O \longrightarrow •OH + OH^- \tag{2-5}$$

$$•OH + O_3 \longrightarrow HO_2^• + O_2 \tag{2-6}$$

影响臭氧分解反应的主要因素包括水质、溶液 pH 和温度。①水中的 OH$^-$、H$_2$O$_2$、Fe^{2+} 可引起臭氧分解，中间产物是 HO$_2^-$，然后引发链式反应产生•OH。水中的碳酸根可捕获•OH，因此，不利于臭氧氧化分解 POPs。水中的天然有机物成分复杂，对臭氧分解产生•OH 的作用因成分不同而不同。Br$^-$ 则容易被氧化成有毒的溴酸盐，如果同时存在天然有机物，还能出现溴胺等副产物。②O$_3$ 分解产生•OH 只能在较高 pH 时进行。pH 小于 12 时，臭氧分解产生•OH 的速率很慢，此时进行的主要是臭氧直接氧化分解污染物的反应。而实际水的 pH 范围一般在 6～8，所以需要添加催化剂才能实现 •OH 的快速产生。③温度变化对臭氧在水中的溶解度有一定影响(表 2-2)。臭氧分解速率随温度增加而加快。没有催化剂条件下，1%浓度的臭氧在常温常压空气中的半衰期在 16 h 左右[6]，分解反应式为 2O$_3$ ⟶ 3O$_2$。20℃和 1 个标准大气压条件下，臭氧在水中的溶解度约为 12.5 mmol/L，是氧气在水中溶解度的 10 倍左右。0℃时臭氧的溶解度约为室温时的 2 倍，因此低温有利于提高水中溶解臭氧的量。实际水处理过程中，由于臭氧发生器产生臭氧的速率有限，因此水中的臭氧浓度只有 0.1 mmol/L，其半衰期在 20 min 左右。

表2-2　不同温度下臭氧和氧气的溶解度

温度(℃)	0	10	20	30	40	50
O_3 溶解度 (mmol/L)	22.6	15.8	12.5	7.7	5.6	3.7
O_2 溶解度 (mmol/L)	2.19	1.62	1.26	1.1	0.93	0.77

2.1.2　催化臭氧氧化分解POPs的基本原理

含双键和苯环的 POPs 被臭氧直接氧化的产物通常是含有羟基、醛和羧酸的小分子，仍然会对生态和人体健康产生不良影响。虽然臭氧分解能产生一系列可以矿化 POPs 的自由基，但需要强碱性条件，不适合大多数实际情况。臭氧氧化催化剂可以强化臭氧氧化技术中·OH 的生成速率及生成量，进而提高水体中臭氧的利用率和有机污染物的矿化率，近年来成为研究重点。但由于催化臭氧氧化过程复杂、影响因素多，对其催化机理仍存在一些争议[7]，目前被大多数学者认可的催化机理为自由基反应机理及表面配位络合机理。

1. 自由基反应机理

自由基理论认为臭氧与催化剂表面的羟基发生一系列反应产生的·OH 是降解污染物的主要氧化物种。表面羟基数量由催化剂种类决定，元素掺杂或氧化处理可在碳材料表面形成羟基，且表面羟基的数量可通过改变掺杂元素、掺杂比例及氧化处理的参数来调控；金属氧化物与待处理水体接触后，吸附的水分子与金属氧化物上金属阳离子 (Lewis 酸位) 发生配位解离产生表面羟基。不同的金属氧化物所带表面羟基密度不同，例如 α-FeOOH、β-FeOOH 和 γ-FeOOH 的表面具有不同的羟基密度。表面羟基存在形态受溶液 pH 影响，当溶液 pH 高于材料表面零电荷点 (pH_{pzc}) 时，表面羟基以 M-O^- 形式存在；当溶液 $pH < pH_{pzc}$ 时，表面羟基以 M-OH_2^+ 形式存在；当溶液 $pH = pH_{pzc}$ 时，表面羟基以 M-OH 形式存在。

当溶液 $pH = pH_{pzc}$ 时，臭氧与表面羟基反应产生·OH 的反应式如下 (式中 M 代表一个金属位)[8]：

$$O_3 + \equiv M^{n+}\text{-OH} \longrightarrow \equiv M^{n+}\text{-}O_3^{\cdot} + \cdot OH \tag{2-7}$$

或
$$O_3 + \equiv M^{n+}\text{-OH} \longrightarrow \equiv M^{n+1} + O_2^{\cdot-} + HO_2^{\cdot} \tag{2-8}$$

式 (2-7) 产生的 $\equiv M^{n+}\text{-}O_3^{\cdot}$ 继续按照下面的途径反应：

$$\equiv M^{n+}\text{-}O_3^{\cdot} \longrightarrow \equiv M^{n+}\text{-}O^{\cdot} + O_2 \tag{2-9}$$

$$O_3 + \equiv M^{n+}\text{-}O^{\cdot} \longrightarrow O_2 + \equiv M^{n+1} + O_2^{\cdot-} \tag{2-10}$$

式 (2-8) 产生的 $HO_2^{\cdot}$ 可进一步分解成 $O_2^{\cdot-}$ 和 H^+，$O_2^{\cdot-}$ 按如下途径反应生成·OH：

$$O_2^{\bullet-} + O_3 \longrightarrow O_3^{\bullet-} + O_2 \tag{2-11}$$

$$O_3^{\bullet-} + H^+ \longrightarrow HO_3^{\bullet} \tag{2-12}$$

$$HO_3^{\bullet} \longrightarrow \bullet OH + O_2 \tag{2-13}$$

当溶液 pH 低于 pH_{pzc} 时，催化剂表面也可以与水分子反应生成表面水合阳离子($M\text{-}OH_2^+$)。表面 $\equiv M^{n+}\text{-}OH_2^+$ 和 O_3 按照式(2-14)至式(2-18)反应产生 •OH 并进一步矿化 POPs 等有机污染物。

$$O_3 + \equiv M^{n+}\text{-}OH_2^+ \longrightarrow \equiv M^{n+}\text{-}\bullet OH^+ + HO_3^{\bullet} \tag{2-14}$$

$$2O_3 + \equiv M^{n+}\text{-}OH \longrightarrow \equiv M^{n+1}\text{-}O_2^{\bullet-} + HO_3^{\bullet} + O_2 \tag{2-15}$$

$$\equiv M^{n+}\text{-}\bullet OH^+ + H_2O \longrightarrow \equiv M^{n+}\text{-}OH_2^+ + \bullet OH \tag{2-16}$$

$$\equiv M^{n+1}\text{-}O_2^{\bullet-} + O_3 + H_2O \longrightarrow \equiv M^{n+}\text{-}OH + O_2 + HO_3^{\bullet} \tag{2-17}$$

$$HO_3^{\bullet} \longrightarrow \bullet OH + O_2 \tag{2-18}$$

2. 表面配位络合理论

表面配位络合理论适用于容易被催化剂吸附的污染物，被吸附后，污染物分解反应的活化能降低，反应速率加快。以一价铜 Cu（Ⅰ）催化臭氧分解草酸的反应为例，首先臭氧氧化 Cu（Ⅰ）生成 Cu（Ⅱ），Cu（Ⅱ）吸附草酸阴离子形成络合物，O_3 氧化-Cu（Ⅱ）$C_2O_4^{2-}$ 生成-Cu（Ⅲ）$C_2O_4^{2-}$ 络合物，络合物分子内发生电子转移产生 Cu（Ⅱ）和激发态草酸阴离子，而激发态的草酸阴离子很容易被臭氧或氧气氧化成 CO_2。主要的反应过程如下：

$$O_3 + Cu（Ⅰ） \longrightarrow O_3^- + Cu（Ⅱ） \tag{2-19}$$

$$\text{-}Cu（Ⅱ）C_2O_4^{2-} + O_3 \longrightarrow \text{-}Cu（Ⅲ）C_2O_4^{2-} + O_3^- \tag{2-20}$$

$$\text{-}Cu（Ⅲ）C_2O_4^{2-} \longrightarrow \equiv Cu（Ⅱ） + C_2O_4^{\bullet-} \tag{2-21}$$

$$C_2O_4^{\bullet-} + O_2 \longrightarrow 2CO_2 + O_2^- \tag{2-22}$$

氧化铈-O_3 体系分解苯酚的过程原理也很类似。由于具有氧缺陷，氧化铈中含有部分 Ce^{3+}，Ce^{3+} 催化臭氧产生各种自由基的过程中自身被氧化成 Ce^{4+}，Ce^{4+} 从吸附在氧化铈表面的有机污染物中夺取电子氧化有机物，自身被还原成 Ce^{3+}，完成催化剂的循环。主要反应式如下[9]：

产生自由基：

$$Ce(III)O_2 + O_3 + H^+ \longrightarrow Ce(IV)O_2 + HO_3^\cdot \tag{2-23}$$

$$HO_3^\cdot \longrightarrow \cdot OH + O_2 \tag{2-24}$$

催化剂复原:

$$Ce(IV)O_2 + 污染物 \longrightarrow Ce(IV)O_2\text{-}污染物 \tag{2-25}$$

$$Ce(IV)O_2\text{-}污染物 \longrightarrow Ce(III)O_2 + 氧化产物 \tag{2-26}$$

吸附是这个过程的重要步骤,其效率受催化剂的零电荷点、溶液 pH 和污染物解离常数等影响。当 pH 小于零电荷点时,催化剂表面带正电。此时,如果污染物处于阴离子态,则吸附得到增强。如果处于分子态则不会增强吸附。例如,当溶液 pH 小于 3 时,苯酚以分子态存在,难以吸附到 CeO_2 上,O_3 也不会被 CeO_2 分解进而产生·OH。因此,O_3 直接氧化是苯酚分解的主要途径。如果 pH 大于零电荷点,催化剂表面带负电,则优先吸附阳离子或带正电的基团,不利于吸附和分解带负电的污染物。

2.1.3 常见的非均相催化剂

常见的固体催化剂包括金属氧化物和碳材料。可以通过以下三种方式改善单一金属氧化物催化性能:①使用载体增加催化剂活性位点的暴露,所用载体多为多孔、大比表面积材料,如活性炭、分子筛等;②复合多种金属氧化物产生协同效应;③通过元素掺杂提高催化剂活性。因此按照单一金属氧化物、复合金属氧化物、负载的金属氧化物及碳材料的顺序介绍各类臭氧氧化催化剂。

1. 金属氧化物

目前,研究较多的金属氧化物包括 MnO_2、Al_2O_3、TiO_2、CeO_2、$FeOOH$ 等。MnO_2 是研究较为广泛的金属氧化物催化剂之一。已有 MnO_2 催化臭氧氧化分解阿特拉津、苯酚、诺氟沙星、对乙酰氨基酚、双酚 A 等 POPs 的相关研究报道。当 pH 小于零电荷点时,MnO_2 表面带正电,表面羟基或金属元素 Mn(IV) 首先吸附带负电的污染物离子或基团(例如草酸阴离子、富电子苯环),然后通过如下两种途径矿化污染物:第一种是再吸附一个 O_3 分子,促使二者在 MnO_2 表面反应矿化有机物,反应完成后 MnO_2 携带表面羟基或阳离子继续下一次催化反应。第二种是直接氧化矿化有机物,同时高价锰被还原成低价锰,然后在 O_3 氧化作用下使低价锰恢复成高价,完成催化剂的复原。MnO_2 有 α、β、γ、δ、λ、ε 等 6 种常见晶型。在中性条件下,对 4-硝基酚的催化臭氧氧化过程表明 α-MnO_2 的催化性能最强。

　　Al_2O_3 是另一种较为常用的臭氧催化剂。在 Al_2O_3 作用下，臭氧分解速率可提高 1 倍。对于在 Al_2O_3 上吸附量很少的化合物(例如：芳香烃和醚类)，Al_2O_3 没有表现出催化臭氧氧化活性。而在 Al_2O_3 上有很高吸附量的天然有机物质却能够被高效降解，降解效率是单独臭氧降解效率的 2 倍。因此，有机物在催化剂上的吸附是其催化臭氧氧化的关键。Al_2O_3 是两性固体，既有 Lewis 酸位[$AlOH(H^+)$]又有碱位($Al-OH$)。催化臭氧氧化一段时间后，污染物分解产生的羧酸吸附在碱位上，所以只有酸位能够继续活化臭氧。高温煅烧使用后的 Al_2O_3 催化剂可以恢复其 Lewis 碱位。

　　TiO_2 也可活化臭氧，文献报道 TiO_2 催化臭氧氧化过程可矿化草酸、苯酚、硝基苯等污染物。大多数实验结果表明金红石型 TiO_2 的催化活性高于锐钛矿型 TiO_2，污染物在催化剂上的吸附是其被降解的关键步骤，表面羟基是主要的活性点位。当反应 pH 等于 TiO_2 零电荷点时，催化活性最高。TiO_2 在去除药物残留方面也具有很好的催化活性，催化臭氧产生的•OH 能够有效矿化卡马西平和萘普生的臭氧氧化副产物[10]。•OH 在 pH=5 时较易产生，而在中性环境下受到抑制。

　　由于铁的地球丰度高且没有毒性，因此 Fe_2O_3、FeOOH 和铁酸盐等作为臭氧催化剂受到广泛重视。Fe_2O_3 分为 $\alpha-Fe_2O_3$ 和 $\gamma-Fe_2O_3$ 两个晶型，$\gamma-Fe_2O_3$ 具有一定铁磁性，$\alpha-Fe_2O_3$ 则可以被磁性材料吸引，可通过磁性将其从溶液中回收，因此即使催化剂颗粒很小也不会流失。小颗粒催化剂与臭氧和水中污染物之间的传质条件要优于较大颗粒。相对于其他铁氧化物催化剂，Fe_2O_3 表面的 Lewis 酸位最多。掺杂其他金属有助于提高铁氧化物的磁性分离效果和表面活性位。钴、锰共掺杂 $\gamma-Fe_2O_3$ 能提高其铁磁性，而且由于掺杂带来的 $Fe(III)$、$Co(II)$、$Mn(II)$ 等多种价态，使催化剂表面的 Lewis 酸位相对于未掺杂的 $\gamma-Fe_2O_3$ 增加。臭氧与吸附在催化剂表面的水分子 Lewis 酸位上解离吸附产生的表面羟基相互作用，导致各类活性氧物种的产生。

　　FeOOH 包括四个晶型：针铁矿($\alpha-FeOOH$)、四方纤铁矿($\beta-FeOOH$)、纤铁矿($\gamma-FeOOH$)和六方纤铁矿($\delta-FeOOH$)。其中针铁矿对臭氧的催化分解能力最强。FeOOH 催化分解臭氧受 pH 影响。溶液 pH 等于 pH_{pzc} 时，FeOOH 表面羟基以 Fe—OH 形式存在，反应机理如下[11]：

$$-Fe-OH + O_3 \longrightarrow -Fe-OH(O_3) \longrightarrow -FeO^\bullet + HO_3^\bullet \qquad (2-27)$$

$$-FeO^\bullet + H_2O \longrightarrow -Fe-OH + \bullet OH \qquad (2-28)$$

$$HO_3^\bullet \longrightarrow H^+ + O_3^{\bullet-} \qquad (2-29)$$

$$HO_3^\bullet \longrightarrow \bullet OH + O_2 \qquad (2-30)$$

$$O_3^{\bullet-} + H_2O \longrightarrow \bullet OH + O_2 + OH^- \tag{2-31}$$

显然 O_3 在催化剂表面产生的 $\bullet OH$ 是主要的氧化物种，这就决定了分解 POPs 的反应发生在催化剂表面，而且 POPs 的矿化率相对于臭氧氧化过程显著提高。例如，用 FeOOH 催化臭氧降解硝基苯，去除率是单独用臭氧氧化的 3 倍[12]。

用 H_2O_2 氧化铁屑即可在铁屑表面形成 FeOOH，投入到臭氧催化体系后，一旦表面的 FeOOH 脱落，内部的 Fe 可被 O_3 重新氧化成 FeOOH。这种催化剂价格低廉、活性高、性能稳定，具有比较高的应用价值。

CeO_2 是研究得较深入的一种臭氧催化剂，能通过铈阳离子价态变化进行催化反应。臭氧能把 CeO_2 中的 Ce^{3+} 氧化成 Ce^{4+} 并生成氧化性自由基，吸附在催化剂上的污染物向 Ce^{4+} 传递一个电子把 Ce^{4+} 还原成 Ce^{3+} 并产生氧缺陷，以氧缺陷为反应中心，吸附在催化剂上且失去一个电子的污染物与自由基反应并被分解，然后脱附，完成一个催化循环。在这一过程中，表面的 Ce^{3+} 是引发催化反应的关键因素。CeO_2 颗粒尺寸越小，表面积与总体积之比越大，形成的 Ce^{3+} 越多，催化活性就越高。

2. 复合金属氧化物

在催化臭氧氧化过程中，多种金属氧化物复合可以产生协同效应。例如，PdO 可以催化臭氧分解生成氧化性很高的表面氧原子，但臭氧分子可以与表面氧原子反应，与降解污染物互为竞争过程。CeO_2 的引入可以增强 Pd 与表面原子氧之间的作用力，降低表面原子氧与臭氧分子之间的反应速率，增强污染物降解速率，从而达到协同作用[13]。前文提到臭氧能把 CeO_2 中的 Ce(III) 氧化成 Ce(IV) 并生成活性氧自由基。在该催化过程中，表面的 Ce(III) 是引发催化反应的关键因素。通过将 CeO_2 与 TiO_2 复合，Ce—O—Ti 键可以显著提高催化剂中 Ce(III) 的含量，从而促进污染物的降解[14]。臭氧在 Fe_2O_3 表面的 Lewis 酸性位点（Fe^{3+}）上可以转化为表面 $\bullet OH$ 和 $O_2^{\bullet-}$，在 Al_2O_3 表面的 Lewis 酸性位点（Al^{3+}）上可以转化为表面氧原子。通过将 Fe_2O_3 与 Al_2O_3 复合，形成的 Fe_2O_3-Al_2O_3 结构可以进一步强化臭氧分解生成活性氧自由基，进而显著提高污染物去除效率[15]。

尖晶石结构的铁酸盐如 $MnFe_2O_4$、$MgFe_2O_4$、$CuFe_2O_4$、$NiFe_2O_4$ 等结构稳定、具有丰富的氧缺陷和表面羟基，而且具有磁性，可以方便地通过磁场分离。这些铁酸盐催化分解臭氧的能力较强。例如，$MnFe_2O_4$ 催化臭氧产生 $\bullet OH$ 的数量及对典型 POPs 的矿化率相对单独臭氧氧化过程均提高数倍。其原因是 $MnFe_2O_4$ 中除了 Fe^{3+}/Fe^{2+}、Mn^{3+}/Mn^{2+} 外，Mn^{3+}/Fe^{2+} 也可以形成催化循环。pH 对尖晶石结构催化臭氧分解 POPs 的影响有如下三个方面。首先，碱性溶液中的 OH^- 有利于 O_3 分解产生 $\bullet OH$。其次，$MnFe_2O_4$ 零电荷点是 7.21，当溶液 pH 小于 7.21、等于 7.21 和大于 7.21 时，$MnFe_2O_4$ 表面的电荷分别为正、零和负，以 $MnFe_2O_4$-OH_2^+、

$MnFe_2O_4$-OH、$MnFe_2O_4$-O^- 的形式存在。随着 pH 升高，催化剂表面的净电荷有利于吸引 O_3 分子中的缺电子氧原子。最后，对于可电离的 POPs，pH 高于 POPs 的酸解离常数(pK_a)时，其以阴离子形态存在；pH 低于 pK_a 时，POPs 以分子态存在。O_3 分子易于攻击带负电的位置，分解 POPs 阴离子的动力学常数相对于 POPs 分子有数量级的提高。在报道的尖晶石铁酸盐中，$MgFe_2O_4$ 催化分解臭氧的速率最快。一方面，$MgFe_2O_4$ 中 Mg 1s、Fe 2p 的 XPS 峰相对于 MgO 和 Fe_2O_3 中的峰都有轻微化学位移，说明 Mg 和 Fe 之间存在类似 $MnFe_2O_4$ 的协同作用。另一方面，Mg 原子量和电负性均小于 Fe 原子，因此 $MgFe_2O_4$ 中晶格氧的电子密度高于铁氧化物，有利于 O_3 的亲电反应。另外，相对于 Ni、Cu 和 Mn，Mg 毒性小，降低了因金属析出引起的环境风险，更适合用于水处理。

钙钛矿的一般分子式是 ABO_3，其中 A 和 B 是两种金属阳离子，O 是氧负离子，可以看作是一种复合型氧化物，在非均相催化领域有着广泛的应用。在钙钛矿分子结构中，A 一般为镧系元素和碱金属，B 为过渡金属元素。钙钛矿的优势在于 A 和 B 有很大的选择空间，可以通过改变 A 和 B 的元素组成或者部分替换来调节其表面性质和电子传递能力，构成 $A_{1-x}A_xB_{1-y}B_yO_{3\pm\delta}$ 型的催化剂。

3. 负载的金属氧化物

使用载体负载金属氧化物能够显著提高其比表面积、增加活性位点的暴露、加快传质过程，而这些是提高金属氧化物催化性能的常见手段之一。介孔材料孔径范围为 2~50 nm，具有比表面积大、孔道有序、孔径分布范围窄等特点。在实现提高催化剂比表面积、增加活性位点暴露的同时，其孔道还可以作为反应"容器"，把臭氧、催化剂和污染物限制在狭小空间内，可以形成有利的传质条件。因此，目前所用催化剂载体多为介孔材料，如分子筛、介孔氧化锆、介孔氧化铝等。

分子筛 MCM-41 是最常用的载体，其成分是 SiO_2 或含铝的 SiO_2，孔径通常在 2~10 nm 范围内。MCM-41 的缺点是稳定性差以及表面张力限制臭氧进入介孔，不利于催化反应。另一种常用的载体材料是 SBA-15，其主要成分是 SiO_2，孔径超过 10 nm，有利于传质。SBA-15 中 SiO_2 表面与化学吸附的水分子发生配位，生成均匀分布的表面羟基结构(Si—OH)。金属阳离子如 Al^{3+} 等可以取代 Si—OH 基团中的氢位形成 Al^{3+}—O—Si 结构，因此制备的催化剂中金属氧化物可以在载体上高度分散。同时，SiO_2 表面含有大量 Lewis 酸性位点，可以进一步促进催化剂的催化性能。已报道的 SBA-15 上负载的臭氧催化剂包括 CuO、Fe_2O_3、Al_2O_3、CeO_2 等，处理的污染物包括乙酸、布洛芬、邻苯二甲酸二甲酯等。

介孔 ZrO_2 表面同样会与化学吸附的水分子发生配位，生成均匀分布的表面羟基结构(Zr—OH)。制备过程中，通过形成 $M^{2+/3+}$—O—Zr 结构使得负载在 ZrO_2 表面的金属氧化物(如 MnO_x、CoO_x 等)分散性较高。同时由于 ZrO_2 表面 Zr—OH

与金属氧化物之间的强相互作用，制备的催化剂金属离子不易溶出，具有良好的稳定性。

介孔 Al_2O_3 是另一种重要的介孔载体，其表面 Lewis 酸性位点能够催化分解臭氧产生•OH，负载了催化剂后，催化臭氧氧化能力会更高。Ag、Fe、Mn、Co、Cu、Ni 等金属催化剂均可负载于 Al_2O_3。多孔道 Al_2O_3 陶瓷的孔道尺寸通常为几毫米，作为臭氧催化剂支撑相对于介孔材料的过水压力损失更小，可以方便地做成连续流动反应器，是适合应用的载体[16]。

4. 碳材料

传统理论认为，纯净的碳元素自身没有催化性能。但是，碳材料能够利用表面基团和缺陷催化臭氧分解产生•OH。相对于金属氧化物，碳材料没有金属溶出的缺点。碳材料还有很好的吸附性能和电子迁移性能，在催化臭氧氧化去除污染物的过程中，吸附和催化氧化两种功能具有协同作用。其缺点是碳材料自身会被臭氧氧化，催化性能不够稳定。除了作为催化剂，碳材料也可作为催化剂的载体使用。

常用的碳材料是活性炭(activated carbon，AC)，其表面的离域电子(π-π 电子)及碱性基团(如羧基)被认为是臭氧分解的活性中心。π-π 电子先与 2 个水分子结合，脱除一个 OH^-，在碳材料上留下带正电的 OH_3^+；臭氧分子中带负电的氧原子被碳材料表面 OH_3^+ 吸附，与水反应并失去两个电子转化成 OH^-；未与水反应的臭氧则与生成的 OH^- 开始链式反应，生成 HO_2^-、$HO_2^·$、H_2O_2、•OH 等一系列基团，氧化分解被吸附在活性炭表面的或水中的污染物。酸性条件下很难生成•OH，此时，臭氧直接氧化或者其他氧化性物种氧化起主导作用。酸性条件下，富含碱性基团的活性炭具有更好的催化效果，但是在催化过程中，碱性基团被臭氧逐渐氧化，催化效果有所降低。

碳纳米管(carbon nanotubes，CNTs)是重要的臭氧催化剂，其结构与 AC 区别很大。AC 由随机交叉排布的碳片和碳带堆积而成，而 CNTs 由若干层石墨烯卷曲成同轴圆筒状，除了两端和缺陷，大部分表面是完整的苯环结构。结构差异导致 AC 表面有很多含氧基团所以偏碱性，而 CNTs 表面基团较少、接近中性。由于 AC 表面离域 π-π 电子数量远低于 CNTs，孔道结构的传质内阻高于 CNTs，因此，其电子迁移性能和传质效率不如 CNTs。但是，在碳材料催化臭氧氧化反应过程中，碳表面碱性活性点位的消耗与酸性含氧基团的累积会导致其催化性能降低，在惰性气体保护下，高温煅烧可以将酸性含氧基团转化为碱性基团。

要获得较高的催化性能，还要综合考虑 CNTs 零电荷点、目标物的可离子化性能和溶液 pH 等因素。仍以 CNTs 催化臭氧氧化分解草酸为例，CNTs 零电荷点在 6.0 左右，草酸在 pH 1.0 开始出现解离态。在 pH 1.0～6.0 之间，CNTs 表面带正电，而电离的草酸根带负电，有利于污染物在催化剂表面的吸附。因此，草酸分解速率应该逐渐增加。但是，这一上升趋势仅维持到 pH 3.0 左右就开始下降。这是因为随着 pH 向 CNTs 零电荷点接近，CNTs 表面正电荷越来越少，吸附能力逐渐减弱。pH 超过 6.0 后，CNTs 表面带负电，开始排斥草酸根。但是文献报道的实验结果证明，其分解速率反而重新开始增加。这是因为当 pH 超过 6.0 后，CNTs 催化剂的表面反应不再是分解污染物的主体，臭氧自身分解产生的•OH 数量增加，从而实现对污染物的分解。由此可见，污染物被分解导致的溶液 pH 变化对臭氧催化氧化速率影响较大，开发在宽 pH 范围具有催化效果的催化剂很有意义。目前已经有研究者开始关注这个问题，通过将 CNTs 与零价铁复合，结合二者的优势，可使臭氧催化氧化过程在 pH 3～9 范围内高效矿化污染物[17]。

碳纳米纤维(carbon nanofiber，CNF)也被用作臭氧催化材料，除了与 CNTs 一样能产生•OH 外，CNF 长径比高于 CNTs，不但可以缠绕在一起形成独立结构，还可以固定在载体材料上，避免 CNTs 容易流失的问题。在堇青石、碳毡或煅烧金属纤维等基底上生长多孔碳纤维复合催化剂显示出良好催化臭氧氧化性能。使用常用的半序批式反应器或新颖的连续流反应器都可以快速矿化草酸。还有报道将 CNF 固定在多孔道陶瓷膜上，在孔道内形成湍流，改善臭氧、污染物、催化剂三者的接触条件，显著加速了农药类 POPs 的矿化[18]。

石墨烯氧化物(graphene oxide，GO)表面有很多含氧基团，能够有效地分解臭氧产生•OH。还原氧化石墨烯(reduced graphene oxide，rGO)是由 GO 还原得到的，因此保持了 sp^2 C 结构且带有一些缺陷和含氧基团。相对于 GO，rGO 中碳原子构成的 π-π 键不但增加了电子云密度，而且电子迁移率显著提高。这些特点加快了 O_3 与含氧基团的亲电反应。尽管少层石墨烯的导电性与 rGO 接近，但由于表面完全没有含氧基团，分解臭氧较慢。因此，GO、rGO 和少层石墨烯三者中，rGO 分解 O_3 速率最快。向催化剂/O_3 体系中添加•OH 捕获剂后，发现 GO 产生的•OH 最多，rGO 产生的•OH 最少，原因是其富电子的羰基充当活性点位，产生的不是•OH，而是超氧自由基($O_2^{•-}$)和单线态氧($^1O_2$)。rGO 作为臭氧催化剂，其稳定性需要提高，失活的原因是表面积和表面含氧基团的减少。用 N 或 P 原子掺杂 rGO 可以改变 rGO 的结构，创造新的分解臭氧活性位。以磺胺甲硝唑为目标物，N 掺杂和 P 掺杂的 rGO/O_3 体系分解污染物的动力学常数接近，为未掺杂 rGO 的 1.5 倍[19]。

碳材料如 CNTs、AC 等不但具有催化臭氧分解的性能，还可以作为载体负载过渡金属或过渡金属氧化物，使催化剂同时具备金属和多孔材料的催化性能，从而进一步提升催化剂的处理效果。CeO_2 催化臭氧氧化时，以 AC 为载体，总有机碳(total organic carbon，TOC)去除效率更高。不同于 CNTs 和 AC 单独做催化剂的情况，负载催化剂后，催化剂与载体具有相互作用：碳材料表面的 π-π 电子可以传递电子给金属氧化物，促进高价金属阳离子向低价阳离子转化(如促进 Ce^{4+} 向 Ce^{3+} 的转化)，进而进一步强化催化剂催化臭氧分解生成活性自由基，提高污染物降解效率[20]。在碳微米球上负载催化剂催化臭氧氧化分解水杨酸(药物和化妆品中的成分)实验中，发现在没有催化剂时，碳微球能够吸附臭氧并分解，产生 OH^- 和其他基团但不能产生•OH。负载催化剂后，碳微球表面的自由电子有助于金属氧离子还原，低价阳离子能够把臭氧分解成•OH，因此提高了矿化能力[21]。

2.2　提高催化臭氧氧化材料性能的方法

2.2.1　多孔载体

提高催化剂比表面积是改善其催化效率的重要方法。比表面积增加后，丰富的孔道既可暴露更多的活性位点，又能促进污染物与催化剂的接触反应，增强传质过程，催化性能相对于无孔催化剂显著提升。通常通过浸渍法将催化剂活性组分负载在载体上来提高活性位点的暴露，但该制备方法存在活性组分分布不均匀的问题，一些活性组分进入载体孔道中，形成孔道堵塞，在一定程度上消弱了孔道表面积，限制了催化活性的提高。因此，制备具有高比表面积、高传质效率且活性组分均匀分布于载体上的催化剂具有重要科学价值和实用意义。

在多孔载体上负载催化材料可实现上述目标。例如介孔硅纳米球(KCC-1)负载 MnO_x 臭氧氧化催化剂[22]，其制备步骤如下：以硝酸锰和硅酸四乙酯分别作为锰和硅的前驱体，以溴代十六烷基吡啶(cetylpyridinium bromide，CPB)为模板，于 120℃水热反应 4 h，洗涤烘干后置于马弗炉中 550℃条件下煅烧 6 h 得到产物。为了叙述方便，Mn/Si 摩尔比为 Y 制备的产物命名为 MnO_x-Y/KCC-1。

用扫描电子显微镜(scanning electron microscope，SEM)和透射电子显微镜(transmission electron microscope，TEM)观察制备的 KCC-1 和 MnO_x-Y/KCC-1 得知(如图 2-2 所示)，负载 MnO_x 并未改变 KCC-1 的形貌，二者具有相似的纤维球状结构，直径为 250～350 nm。电感耦合等离子体(inductively coupled plasma，ICP)结果验证了 Mn 被成功地掺入 KCC-1 中，但从 MnO_x-Y/KCC-1 的 TEM 图中观测不到团聚的 MnO_x 颗粒，且 MnO_x-Y/KCC-1 未表现出 MnO_x 的特征峰，表明所制备的催化剂 Mn 含量较低且均匀分布在载体中。能量色散 X 射线光谱(energy dispersive X-ray spectroscopy，EDS)分析结果进一步验证了 Mn 在 KCC-1 中是均匀分布的。对催化剂 X 射线光电子能谱(X-ray photoelectron spectroscopy，XPS)谱图进行分析，发现制备的 MnO_x-Y/KCC-1 中 Mn 以 Mn(Ⅱ)、Mn(Ⅲ)及 Mn(Ⅳ)三种价态形式混合存在。

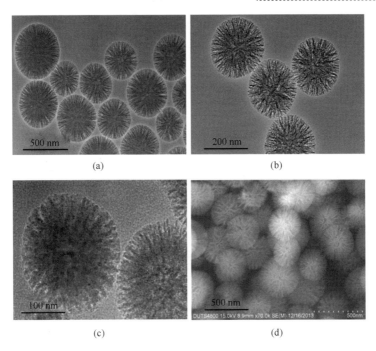

图 2-2　(a)KCC-1 的 TEM 图，(b)、(c)MnO$_x$-0.013/KCC-1 的 TEM 图，
(d)MnO$_x$-0.013/KCC-1 的 SEM 图

MnO$_x$-Y/KCC-1 催化剂的比表面积和孔径分布可由氮气吸附-脱附等温线获得。由表 2-3 得知，制备的 MnO$_x$-Y/KCC-1 比表面积约为 400 m^2/g，平均直径约为 3.4 nm。对于不同 Mn/Si 摩尔比的 Mn 掺入，KCC-1 的比表面积和平均孔径相近，进一步表明 Mn 的引入对 KCC-1 的结构影响很小。

表 2-3　催化剂的 Mn 掺入量、比表面积、总孔容及平均孔径

样品	Mn/Si (摩尔比)	实际 Mn 掺入量 (%，质量分数)	比表面积 (m^2/g)	平均孔径(nm)	总孔容 (cm^3/g)
KCC-1	—	—	416	3.41	0.44
MnO$_x$-0.008/ KCC-1	0.008	0.30	400	3.36	0.75
MnO$_x$-0.01/ KCC-1	0.01	0.70	413	3.36	0.71
MnO$_x$-0.013/ KCC-1	0.013	1.10	391	3.39	0.70
MnO$_x$-0.02/ KCC-1	0.02	2.00	398	3.35	0.71

在草酸浓度 90 mg/L、催化剂投加量 0.25 g/L、臭氧浓度 20 mg/L、初始 pH 3.8

条件下考察 Mn 掺入量对 MnO$_x$-Y/KCC-1 催化臭氧氧化性能的影响。对照催化剂为 MnO$_x$-0.013/MCM-41，其制备过程与 MnO$_x$-Y/KCC-1 相同，区别是载体为 MCM-41 型分子筛（Mobil Composition of Matter No. 41，MCM-41）。结果如图 2-3(a) 所示，吸附实验表明单独 KCC-1、MnO$_x$-0.013/MCM-41 和 MnO$_x$-0.013/KCC-1 在 60 min 内对草酸的吸附能力很弱（<8%）。单独臭氧氧化去除草酸的反应速率很慢，可以忽略不计。加入 MnO$_x$-Y/KCC-1 后，草酸的去除显著加快，且随着 Mn 掺入量的增加，草酸的去除率呈现上升的趋势，最高为 MnO$_x$-0.013/KCC-1 达到 85%。当 Mn/Si 摩尔比由 0.013 提升至 0.02 时，草酸的去除未见明显加快。这是由于过量的 Mn 掺入会扭曲 KCC-1 的纤维结构，使得 KCC-1 的活性组分不能得到充分暴露。图 2-3(b) 显示，在 60 min 的反应时间内，MnO$_x$-0.013/MCM-41 对草酸的去除率为 60%，明显低于 MnO$_x$-0.013/KCC-1。这是由于 KCC-1 的纤维状散开的孔道比 MCM-41 的圆柱状孔道更有利于活性位点与污染物及臭氧分子的接触，因此催化性能更高。

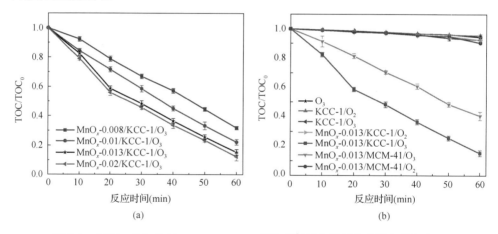

图 2-3　(a) Mn 掺入量对 MnO$_x$-Y/KCC-1 催化臭氧氧化降解草酸效率的影响，
(b) 不同催化剂对催化臭氧氧化降解草酸效率的影响

稳定性是评判催化剂性能的重要指标。三次重复实验中，MnO$_x$-0.013/KCC-1 催化臭氧降解草酸的效率没有明显下降且有逐渐稳定的趋势，草酸去除率分别为 85%、82% 和 82%。该结果表明制备的 MnO$_x$-0.013/KCC-1 稳定性较好，可重复使用。反应 60 min 后，溶液中的 Mn 离子浓度为 0.05 mg /L，为 MnO$_x$-0.013/KCC-1 中总锰量的 2%。而 MnO$_x$-0.013/MCM-41 中 Mn 的溶出量为 1.2 mg/L，比前者高 23 倍，表明 MnO$_x$-0.013/KCC-1 结构能够抑制 Mn 的析出。

一般情况下，催化剂分解臭氧分子的速率越快，产生活性氧自由基的能力越强。因此，考察了密闭反应器中不同催化剂对溶液中臭氧分解速率的影响。单独臭氧氧化(不投加催化剂)过程中，由于臭氧的自分解，溶液中臭氧浓度缓慢下降。当加入 MnO$_x$-0.013/MCM-41 或 MnO$_x$-0.013/KCC-1 后，溶液中臭氧的分解速率显著提高，且 MnO$_x$-0.013/KCC-1 对臭氧分解的促进效果更为显著。对臭氧浓度变化进行动力学分析发现其符合一级动力学，结果如图 2-4 所示。MnO$_x$-0.013/KCC-1 催化臭氧分解的一级动力学常数为 0.13 min^{-1}，分别是单独臭氧和 MnO$_x$-0.013/MCM-41 催化臭氧分解过程的 13 倍和 2.2 倍。说明 MnO$_x$-0.013/KCC-1 可以有效地吸附和分解臭氧，进而产生活性氧自由基的可能性增加。

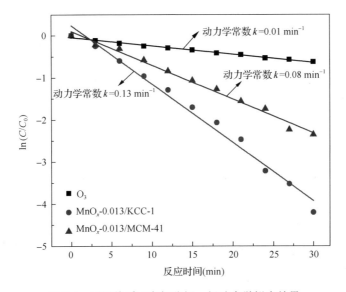

图 2-4　不同体系下臭氧分解一级动力学拟合结果

　　磷酸盐是一种比 H$_2$O 碱性强的 Lewis 碱，金属氧化物表面羟基基团(—OH)作为 Lewis 酸性位点，易被磷酸盐取代。如果向 MnO$_x$-0.013/KCC-1 催化臭氧降解草酸体系加入磷酸盐导致降解效率下降，则可以说明表面羟基是 MnO$_x$-0.013/KCC-1 的活性点。为了查明表面羟基的作用，首先以重水(D$_2$O)作为溶剂取代催化剂表面—OH，然后加入磷酸盐后，使用衰减全反射傅里叶变换红外光谱法(attenuated total reflection Fourier transformed infrared spectroscopy，ATR-FTIR)观测表面基团变化。如图 2-5 所示，磷酸盐加入后，MnO-OD 位于 2460.66 cm^{-1} 和 1202.25 cm^{-1} 处特征峰强度显著降低，同时可以观测到位于 804 cm^{-1} 和 1078.23 cm^{-1} 处磷酸盐的特征峰。该结果说明磷酸盐可以取代 MnO$_x$-0.013/KCC-1 表面的—OH。在 MnO$_x$-0.013/KCC-1 催化臭氧过程中加入磷酸盐时，发现草酸的去除率得到明显的抑制。结合降解实验和 ATR-FTIR 表征结果，可以确定金属氧化物表面—OH 为催化活性位点。

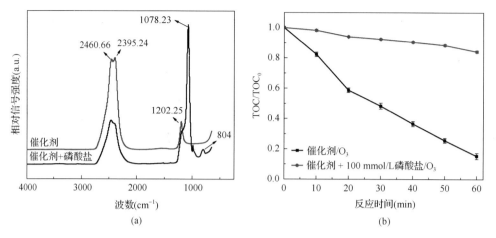

图 2-5 （a）MnO$_x$-0.013/KCC-1/D$_2$O 表面的 ATR-FTIR 图，（b）磷酸盐对
MnO$_x$-0.013/KCC-1 催化臭氧降解草酸的影响

对苯二甲酸被•OH 捕获生成的 2-羟基对苯二甲酸荧光响应较高，常被用作•OH 指示剂。向体系中加入对苯二甲酸后的荧光测试结果如图 2-6 所示。在 MnO$_x$-0.013/KCC-1/O$_3$ 体系中，可以检测到 2-羟基对苯二甲酸位于 425 nm 处的荧光特征信号，且信号的强度随着反应时间延长而增强。相同反应时间，MnO$_x$-0.013/KCC-1/O$_3$ 对应的荧光强度显著高于单独臭氧氧化过程的荧光强度，表明 MnO$_x$-0.013/KCC-1 强化了臭氧分解生成•OH 的过程。

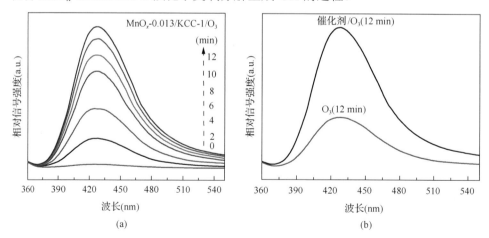

图 2-6 （a）不同反应时间 MnO$_x$-0.013/KCC-1/O$_3$ 体系中 2-羟基对苯二甲酸的荧光信号强度，（b）反应 12 min 时单独臭氧和 MnO$_x$-0.013/KCC-1/O$_3$ 体系中 2-羟基对苯二甲酸的荧光信号强度

通过叔丁醇（*tert*-butanol，TBA）捕获实验进一步考察了•OH 在 MnO$_x$-0.013/KCC-1/O$_3$ 体系降解草酸过程中的贡献比例。如图 2-7 所示，当加入 5 mmol/L TBA 时，

反应 1 h 后草酸的去除率由初始的 85% 降低到 27%。进一步增加 TBA 的投加量至 10 mmol/L，草酸的去除几乎完全被抑制。该结果表明在 MnO$_x$-0.013/KCC-1/O$_3$ 体系降解草酸过程中，•OH 为反应的主要活性氧物种。

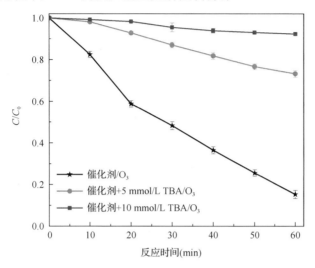

图 2-7　不同浓度 TBA 对 MnO$_x$-0.013/KCC-1/O$_3$ 体系降解草酸的影响

通过对比不同 pH（2.0、3.8、6.0 及 9.0）时 MnO$_x$-0.013/KCC-1 的催化性能，发现草酸的去除率高低依次为 pH 3.8>pH 2.0>pH 6.0>pH 9.0。制备的 MnO$_x$-0.013/KCC-1 催化剂的零电荷点为 4.0，表明 MnO$_x$-0.013/KCC-1 催化臭氧降解草酸的活性位点为 Mn-OH 和 Mn-OH^{2+}。当溶液 pH 在催化剂零电荷点附近时，MnO$_x$-0.013/KCC-1 表面基团主要以—OH 形式存在，产生的•OH 是降解草酸的主要活性物种。当溶液 pH 小于催化剂零电荷点时，MnO$_x$-0.013/KCC-1 表面基团主要以—OH^{2+} 形式存在，此时草酸的降解主要通过表面反应进行。

2.2.2　多孔催化剂

ABO$_3$ 钙钛矿型复合氧化物具有结构可控、热稳定性好、催化效率高及价格低廉等优点，可通过异原子取代改变 A 或 B 位价态、引入缺陷结构等可能的催化活性位点，逐渐成为催化领域的研究热点。但目前已报道的用于催化臭氧氧化过程的钙钛矿催化剂制备方法单一，且局限关注于催化臭氧氧化的活性及动力学过程。探究钙钛矿比表面积与催化活性的构效关系、制备方法对催化活性的影响以及其催化臭氧氧化机理对理解钙钛矿催化臭氧氧化具有重要价值。

锰和铁的储备量高、环境友好且催化臭氧氧化活性高，选为 B 位组分。采用纳米铸型法制备了介孔 LaMO$_3$（M = Mn、Fe）钙钛矿[23]。具体过程描述如下：以 SBA-15 为模板，La(NO$_3$)$_3$·6H$_2$O、Mn(NO$_3$)$_2$ 或 Fe(NO$_3$)$_3$·9H$_2$O 分别为 A、B 位前驱体，利用柠檬酸引发络合反应，然后将得到的凝胶于马弗炉中 500℃煅烧 5 h，用 2 mol/L NaOH 溶液洗涤 3～4 次去除 SBA-15 模板，得到 LaMO₃(M = Mn、Fe) 钙钛矿催化剂，命名为 NC-LaMO₃(M = Mn、Fe)。为了比较制备方法对钙钛矿催化臭氧性能的影响，利用柠檬酸法制备了块体 LaMO₃(CA-LaMO₃)及单一金属氧化物 Mn₃O₄ 和 Fe₂O₃ 作为对照。

NC-LaMnO₃、NC-LaFeO₃、CA-LaMnO₃ 及 CA-LaFeO₃ 的比表面积以及孔径通过氮气吸附-脱附等温线测定。由表 2-4 得知，两种方法制备的 LaMnO₃ 及 LaFeO₃ 钙钛矿均为介孔结构，但纳米铸型法制备的 NC-LaMnO₃、NC-LaFeO₃ 比表面积明显高于柠檬酸法制备的 CA-LaMnO₃ 及 CA-LaFeO₃，表明制备过程中 SBA-15 模板的引入有利于提高 LaMO₃(M = Mn、Fe) 的比表面积。

表 2-4 催化剂的比表面积、总孔容及平均孔径

样品	比表面积(m^2/g)	平均孔径(nm)	总孔容(cm^3/g)
CA-LaMnO₃	15	3.08	0.06
CA-LaFeO₃	8.89	3.06	0.03
NC-LaMnO₃	119.60	7.70	0.33
NC-LaFeO₃	92.25	4.90	0.33
Mn₃O₄	10.37	3.43	0.043
Fe₂O₃	7.00	3.50	0.023

材料本身的晶体结构通过 X 射线衍射(X-ray diffraction，XRD)仪进行表征[图 2-8(a)]，纳米铸型法和柠檬酸法制备的 LaMnO₃ 与标准卡 PDF#75-0440，LaFeO₃ 与标准卡 PDF#75-0541 均表现出良好的一致性。柠檬酸法制备的 Mn₃O₄ 和 Fe₂O₃ 分别与标准卡 PDF#80-0382 和 PDF#73-2234 一致[图 2-8(b)]，说明该方法制备的单一金属氧化物同样具备较好的结晶度。

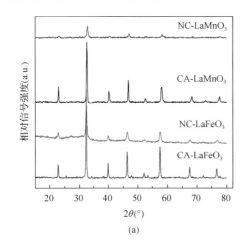

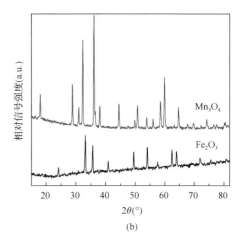

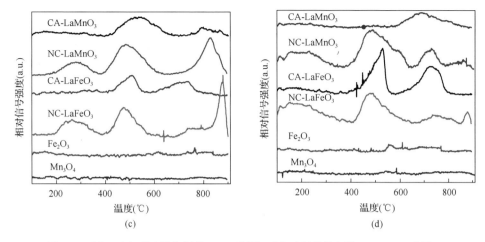

图 2-8　(a)、(b) 不同催化剂的 XRD 谱图，(c) 不同催化剂的 TPD-NH$_3$ 谱图，
(d) 不同催化剂的 TPD-CO$_2$ 谱图

酸、碱性位点的数量可以间接体现催化剂活性位点的数量，可利用程序升温脱附 (TPD)-NH$_3$ 和 TPD-CO$_2$ 实验检测催化剂表面的酸性和碱性位点。TPD-NH$_3$ 和 TPD-CO$_2$ 图中相对低温对应的峰为弱酸或碱性位点，相对高温对应的峰则为强酸或碱性位点。结果如图 2-8 (c) 和 (d) 所示，两种方法制备的 LaMO$_3$ 均体现出多种 TPD-NH$_3$ 和 TPD-CO$_2$ 峰，且纳米铸型法制备的 NC-LaMnO$_3$、NC-LaFeO$_3$ 的峰强度显著高于柠檬酸法制备的 CA-LaMnO$_3$ 及 CA-LaFeO$_3$。这是由于纳米铸型法制备的 LaMO$_3$ 比表面积更大从而导致更多的酸、碱性位点的暴露。檬酸法制备的 Mn$_3$O$_4$ 和 Fe$_2$O$_3$ 均未检测到明显的 TPD-NH$_3$ 和 TPD-CO$_2$ 信号，表明该方法制备的 Mn$_3$O$_4$ 和 Fe$_2$O$_3$ 表面酸性和碱性位点数量极少。对比所制备催化剂的比表面积及孔径大小，说明提高催化剂的比表面积和孔径大小有利于提高表面活性位点的暴露。

在 2-氯酚浓度 50 mg/L、催化剂投加量 0.3 g/L、臭氧浓度 20 mg/L、初始 pH 5.6 条件下，考察 LaMO$_3$ 对 2-氯酚催化臭氧氧化性能。如图 2-9 所示，单独臭氧氧化对 2-氯酚的矿化率很慢，在 75 min 的反应时间内，仅去除 25% 的 TOC。加入催化剂后，2-氯酚的矿化率显著增加。矿化率由高到低依次为 NC-LaMnO$_3$＞NC-LaFeO$_3$＞CA-LaMnO$_3$＞CA-LaFeO$_3$＞Mn$_3$O$_4$＞Fe$_2$O$_3$，75 min 内分别对应的 TOC 去除率为 80%、68%、50%、43%、39% 及 33%。纳米铸型法制备的 LaMO$_3$ 表现出最高的 TOC 去除率，其次为柠檬酸法制备的 LaMO$_3$，最后为柠檬酸法制备的金属氧化物，该趋势与上述 TPD-NH$_3$ 和 TPD-CO$_2$ 中酸碱位点含量高低结果一致。2-氯酚降解生成的小分子酸副产物会引起溶液 pH 的降低，考察反应过程中溶液的 pH 变化，发现单独臭氧氧化过程中溶液的 pH 由初始的 5.6 降至反应终点的 3.4，而

NC-LaMnO$_3$/O$_3$ 体系中反应的终点 pH 为 5.18。单独臭氧氧化反应终点时溶液 pH 低于 NC-LaMnO$_3$/O$_3$ 体系，说明 NC-LaMnO$_3$/O$_3$ 体系可以有效地降解小分子酸副产物，而单独臭氧氧化不能有效地将其降解。

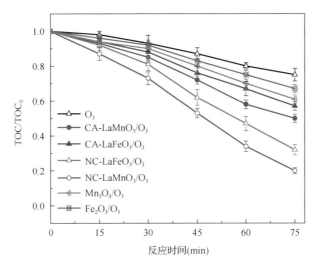

图 2-9　不同催化剂对催化臭氧氧化降解 2-氯酚 TOC/TOC$_0$ 随时间的变化

　　催化剂的稳定性和重复性是评判催化剂性能的重要指标。三次重复实验中，NC-LaMnO$_3$ 催化氧化臭氧降解 2-氯酚的催化效率没有明显下降且具有逐渐稳定的趋势，TOC 去除率分别为 80%、70% 和 70%，表明制备的 NC-LaMnO$_3$ 具备良好的重复利用性。测定反应 75 min 后溶液中的锰离子溶出浓度仅为 0.1 mg/L。为考察催化剂反应前后的变化，对反应后的 NC-LaMnO$_3$ 进行 XRD 和 BET（Brunauer-Emmett-Teller）表征。发现反应前后催化剂的晶型和物理参数均没有明显改变，表明制备的 NC-LaMnO$_3$ 稳定性良好。

　　通过热重分析（thermogravimetric analysis，TGA）测定 NC-LaMnO$_3$ 表面羟基（—OH）含量为 1.58 mmol/g。磷酸盐碱性比 H$_2$O 强，可以取代金属氧化物表面—OH。为验证催化剂表面—OH 为催化臭氧活性位点，进行了磷酸盐干扰实验。首先考察磷酸盐取代 NC-LaMnO$_3$ 表面—OH 过程。ATR-FTIR 实验以重水（D$_2$O）作为溶剂取代催化剂表面—OH，结果如图 2-10 所示。当磷酸盐加入时，MnO-OD 位于 2478 cm^{-1} 和 1202 cm^{-1} 处特征峰强度显著降低，同时可以观测到位于 939 cm^{-1} 和 1082 cm^{-1} 处磷酸盐的特征峰。该结果说明磷酸盐可以取代 NC-LaMnO$_3$ 表面—OH。在 NC-LaMnO$_3$ 催化臭氧过程中加入 90 mmol/L 磷酸盐时，发现 TOC 的去除率得到明显的抑制。该结果说明金属氧化物表面—OH 为催化活性位点。

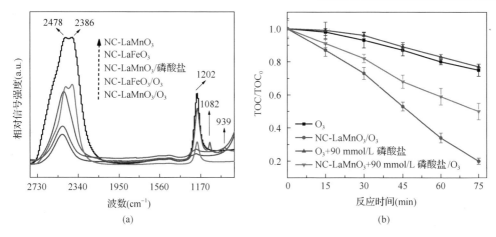

图 2-10　(a) NC-LaMnO$_3$/D$_2$O 表面的 ATR-FTIR 图，(b) 磷酸盐对 NC-LaMnO$_3$ 催化臭氧降解 2-氯酚 TOC 去除效率的影响

通过荧光实验得出 NC-LaMnO$_3$/O$_3$ 体系降解 2-氯酚的过程中·OH 为活性氧自由基。对苯二甲酸可以被·OH 捕获生成具有高荧光响应的 2-羟基对苯二甲酸，可以作为·OH 指示剂。荧光测试结果如图 2-11 所示。在 NC-LaMnO$_3$/O$_3$ 体系中，可以检测到 2-羟基对苯二甲酸位于 425 nm 处的荧光特征信号，且信号的强度随着反应的进行而增强。与单独臭氧氧化过程的荧光信号相比，NC-LaMnO$_3$ 的加入显著增强了该信号强度，表明 NC-LaMnO$_3$ 的引入进一步强化了臭氧分解生成·OH 的过程。为进一步验证 NC-LaMnO$_3$ 催化臭氧产生·OH 的过程，在荧光实验过程中投加 TBA 捕获·OH。结果显示 TBA 加入后，荧光信号明显减弱，表明该信号

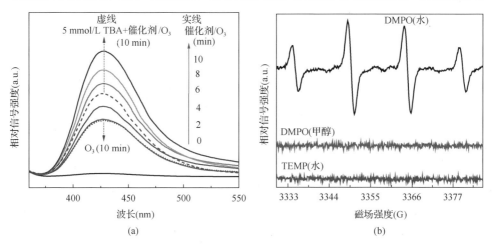

图 2-11　(a) 不同反应时间 NC-LaMnO$_3$/O$_3$ 体系中 2-羟基对苯二甲酸的荧光信号强度，(b) O$_3$ 和 NC-LaMnO$_3$ 存在下不同体系的 EPR 谱图

为•OH 氧化对苯二甲酸产生的。在高纯水反应体系中，5,5-二甲基-1-吡咯啉-N-氧化物 (5,5-dimethyl-1-pyrroline-N-oxide，DMPO) 和 2,2,6,6-四甲基哌啶胺 (2,2,6,6-tetramethylpiperidine，TEMP) 可作为•OH 和 $^1O_2$ 的捕获剂，而用甲醇替代高纯水可增强 DMPO 对 $O_2^{\cdot-}$ 的捕获。电子顺磁共振 (electron paramagnetic resonance，EPR) 实验捕捉到了 DMPO-•OH 的信号但没有 DMPO-$O_2^{\cdot-}$ 和 TEMP-$^1O_2$ 的信号，表明该体系中仅存在•OH。

利用碳酸氢盐作为•OH 捕获剂考察•OH 在 NC-LaMnO$_3$/O$_3$ 体系降解 2-氯酚过程中去除 TOC 的贡献比例，结果如图 2-12 所示。当加入 10 mg/L 碳酸氢盐，单独臭氧降解 2-氯酚 TOC 的去除率受到明显抑制，进一步提升碳酸氢盐的浓度至 300 mg/L 时，TOC 去除率抑制增加不明显。在 NC-LaMnO$_3$/O$_3$ 体系中加入 10 mg/L 的碳酸氢盐时，TOC 的去除率得到了轻微的促进，这是由低浓度的碳酸氢盐是臭氧分解•OH 的促进剂引起的。当进一步提升碳酸氢盐的浓度至 300 mg/L 时，TOC 去除率受到了明显抑制，表明•OH 为 NC-LaMnO$_3$/O$_3$ 体系中的主要活性物种。

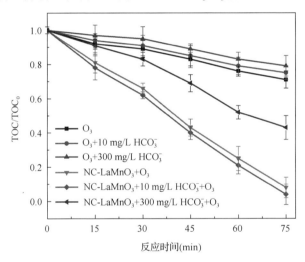

图 2-12 不同浓度碳酸氢盐对多种体系降解 2-氯酚过程 TOC 去除率的影响

为揭示 Mn(II) 在该体系催化过程中的变化情况，分析了 NC-LaMnO$_3$ 催化剂在反应前后的 XPS 谱图。如图 2-13 所示，反应前后的 NC-LaMnO$_3$ 在 642.0 eV 处表现出的特征峰是由锰氧化物的 Mn 2p$_{3/2}$ 轨道自旋产生。分峰结果显示 Mn^{4+} 由反应前的 42.6% 增加至反应后的 51.0%，而 Mn^{3+} 由反应前的 57.5% 降低至反应后的 49.0%，表明在催化过程中一部分的 Mn^{3+} 被氧化生成了 Mn^{4+}。根据 O 1s 谱分峰结果，反应前后的 NC-LaMnO$_3$ 在 529.55 eV 和 531.06 eV 位置处均表现出了特征峰，这两处特征峰分别是由表面晶格氧 (O$_L^{2-}$) 和表面吸附氧 (O$_A$) 引起的。催化剂表面的 O$_L^{2-}$ 和—OH 在氧化还原反应中扮演重要角色。O$_L^{2-}$ 由反应前的 55.8% 降低至反应后的 42.7%，而 O$_A$ 由反应前的 44.3% 增加至反应后的 57.3%。反应后 O$_A$

的增加可能是由表面—OH 基团的增加引起的，而 O_L^{2-} 的含量下降表明 O_L^{2-} 促进了 Mn^{4+} 向 Mn^{3+} 的转变。以上结果表明，在 NC-LaMnO$_3$/O$_3$ 体系中，O_L^{2-} 和 O_A 均起到了重要作用。

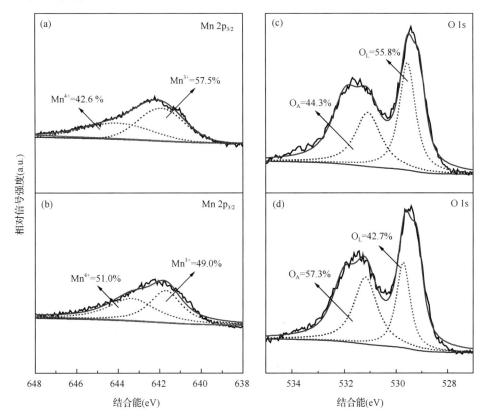

图 2-13　(a)、(b) 反应前后 NC-LaMnO$_3$ 的 Mn 2p 谱，(c)、(d) 反应前后 NC-LaMnO$_3$ 的 O 1s 谱

　　根据上述实验结果，NC-LaMnO$_3$ 催化臭氧化的可能机理描述如下：首先，H$_2$O 吸附到催化剂表面形成表面—OH 基团，然后臭氧分子因静电引力与表面 MnOH^{2+} 结合，分解产生 HO$_2^{\cdot}$、HO$_3^{\cdot}$ 和 •OH，降解 2-氯酚和中间产物，并最终实现 TOC 的去除。同时，Mn^{3+} 将电子传递给臭氧分子而转化为 Mn^{4+}。为保持电荷平衡，晶格氧将 Mn^{4+} 还原为 Mn^{3+} 同时产生氧空穴。随着氧空穴的产生，催化剂表面吸氧能力增强，臭氧吸附到催化剂表面并补充到氧空位，相应的，Mn^{3+} 被氧化成 Mn^{4+}。总体来说，在 NC-LaMnO$_3$/O$_3$ 体系中，Mn^{3+}/Mn^{4+} 和 O^{2-}/O$_2$ 循环起到了重要作用：NC-LaMnO$_3$ 表面的 Mn^{3+} 传递电子给臭氧，促进其分解产生活性氧物种，然后利用表面晶格氧实现了催化剂表面 Mn^{3+}/Mn^{4+} 的循环。

2.2.3 均相/非均相间的自转换

如前所述，根据催化剂形态的不同，催化臭氧氧化技术可分为均相催化和非均相催化。均相催化臭氧氧化技术主要利用过渡金属离子作为催化剂，催化活性高但金属离子回收困难。非均相催化剂容易回收再利用，但催化活性通常低于其同金属均相催化过程。如果能使非均相催化剂在反应过程中实现均相催化，反应结束后以非均相形式回收，则能最大限度地发挥均相催化和非均相催化的优势，对实际应用具有重要价值。

基于这个思路，笔者设计了一种将非均相催化剂均相化的方法，具体过程描述如下：首先将锰离子通过离子交换作用固定在碳纳米管表面含氧基团上，得到锰离子键合碳纳米管复合材料[Mn(II)-CNTs]。Mn(II)表示吸附在 CNT 上的二价锰，这是为了与溶液中的锰离子(Mn^{2+})区分。由于臭氧降解酚类污染物时会产生如马来酸、草酸及乙酸等小分子酸副产物，使催化臭氧氧化过程中溶液的 pH 逐渐降低，在低 pH 环境中，Mn(II)从 CNTs 脱附进入溶液，以均相反应形式催化臭氧降解污染物，随着反应的进行，产生的小分子酸被降解，溶液 pH 上升，Mn(II)重新与 CNTs 表面基团结合，从而可以方便地回收再利用。

制备 Mn(II)-CNTs 催化剂之前先酸化处理 CNTs 以去除杂质并引入表面含氧基团，然后将酸化后的碳纳米管超声分散在超纯水中，加入四水氯化锰，调节 pH 至 4.5，引发离子交换过程，使 Mn(II)与 CNTs 键合，洗涤、干燥后制得 Mn(II)-CNTs。用 SEM 和 TEM 观察酸化处理后的 CNTs 和制备的 Mn(II)-CNTs，Mn 元素键合步骤没有改变 CNTs 形貌，EDS 扫描观测到 Mn 元素均匀分布在 CNTs 表面的图像，表明 Mn 离子成功地负载到了 CNTs 表面。通过拉曼(Raman)光谱来分析催化剂的石墨化程度和缺陷情况，未酸化处理的与酸化处理后的碳纳米管均在 1340 cm^{-1} 和 1570 cm^{-1} 处出现了 D 峰和 G 峰。D 峰体现的是 sp^3 杂化碳结构及一些无序结构，G 峰体现的是 sp^2 杂化碳即高度有序的石墨碳结构。D 峰和 G 峰的相对强度(I_D/I_G)越高说明石墨化程度越低或缺陷越多。Raman 谱显示酸化后 CNTs 的 I_D/I_G 值显著提高，说明酸化过程在碳纳米管表面引入了含氧基团，降低了其表面的石墨化程度。

Mn(II)-CNTs 的 XPS 总谱图出现了 C、O 及 Mn 的特征峰，进一步证明了 Mn(II)-CNTs 催化剂中 Mn 离子被成功地负载在碳纳米管表面。C 1s 谱的分峰结果显示 C 元素以 sp^2 C—C(284.6 eV)、sp^3 C—C(285.4 eV)、C—O(286.4 eV)、C=O(287.1 eV)、—C=O(288.8 eV)以及 π-π 离域电子(290.8 eV)形式存在，其中 C—O、C=O、—C=O、π-π 的含量分别为 5.1%、3.9%、6.1%、6.0%。ICP 结果显示 Mn(II)-CNTs 中 Mn 离子的负载量为 1.85%(质量分数)。而用含有少量含氧基团[包含 C—O(0.5%)、—C=O(0.9%)]的 CNTs 与 Mn 离子在 pH=4.5 时进行离

子交换, ICP 结果显示 Mn 离子负载量仅为 0.04%(质量分数)。该结果表明 CNTs 表面的含氧基团是键合 Mn 离子的反应位点。

为实现 Mn(Ⅱ)-CNTs 固体催化剂的均相化, 臭氧催化过程中, 应使溶液 pH 发生先降低后升高地变化, 以引发催化剂表面的 Mn(Ⅱ)可逆地脱附-吸附。当溶液 pH 高于碳材料的零电荷点 pH_{pzc} 时, 碳材料表面荷负电而金属离子带正电, 二者间最主要的作用力是静电引力。溶液 pH 越高, 碳材料表面带负电性越强, 越有利于金属离子在其表面的吸附过程。相反, pH 越低越有利于脱附。因此, 首先考察 Mn(Ⅱ)-CNTs/O₃ 体系降解苯酚过程中溶液 pH 的变化情况, 结果如图 2-14 所示。在单独臭氧氧化降解苯酚过程中, 反应 30 min 后溶液 pH 从初始的 6.2 降到 3.5, 并保持在 3.5 左右直到 90 min 反应结束。在 Mn(Ⅱ)-CNTs 催化臭氧氧化降解苯酚过程中, 溶液 pH 初始变化规律与单独臭氧氧化过程相似(从 6.2 降到 3.5 左右), 但随着反应进行溶液 pH 出现了缓慢上升, 在 90 min 反应结束时升至 4.5。臭氧降解苯酚的过程中会生成多种酸性中间产物, 造成溶液 pH 的下降, 随着反应的进行, 生成的小分子酸被降解, 溶液 pH 又上升。在单独臭氧氧化降解苯酚的过程中, 90 min 反应结束时溶液 pH 未出现上升的趋势, 说明单独臭氧氧化不能有效地降解反应过程中生成的小分子酸副产物。而 Mn(Ⅱ)-CNTs 催化体系可有效降解产生的小分子酸, 因此溶液 pH 上升。

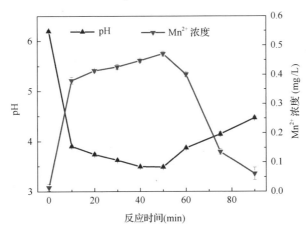

图 2-14　Mn(Ⅱ)-CNTs/O₃ 体系降解苯酚过程中溶液 pH 和 Mn^{2+} 浓度的变化

苯酚浓度: 20 mg/L, 催化剂投加量: 0.028 g/L, 臭氧浓度: 10 mg/L, 初始 pH: 6.2

Mn(Ⅱ)-CNTs/O₃ 降解苯酚过程中, 溶液中 Mn 离子浓度变化如图 2-14 所示。随着 pH 下降, 溶液中 Mn 离子浓度逐渐上升, 并在反应 50 min 时达到最高值 0.48 mg/L, 此时溶液中的 Mn 离子为 Mn(Ⅱ)-CNTs 催化剂中 Mn 总含量的 92%。溶液 pH 的下降使 CNTs 表面负电性减弱, Mn(Ⅱ)-CNTs 催化剂表面的 Mn 离子与碳纳米管表面的静电作用力减弱, 导致部分 Mn 离子从碳纳米管表面脱附进入溶液中, 可实现均相催化臭氧氧化过程。随着小分子酸副产物被氧化降解，溶液的 pH 呈现上升趋势，Mn 离子与 CNTs 表面的静电作用力增强，溶液中的 Mn 离子又重新被吸附到催化剂表面，在 90 min 反应结束时，溶液中 Mn 离子的浓度降至 0.06 mg/L，从而实现催化剂的回收。

初始 pH 6.2 条件下，催化剂投加量 0.028 g/L、臭氧浓度 10 mg/L、初始浓度 20 mg/L 的苯酚溶液的 TOC 去除率如图 2-15 所示。Mn(II)-CNTs 对苯酚的吸附能力较弱，90 min 后 TOC 去除率仅为 3.0%。单独臭氧氧化及 CNTs 催化臭氧氧化降解苯酚 90 min 后，TOC 的去除率分别为 33% 和 45%。MnO_2 催化臭氧降解苯酚的 TOC 去除率为 80%。然而，反应结束时溶液中 Mn^{2+} 溶出量达到 0.25 mg/L，此浓度的 Mn^{2+} 在 90 min 内催化臭氧降解苯酚所贡献的 TOC 去除率达到 70%。Mn(II)-CNTs/O_3 体系在 90 min 反应时间内 TOC 去除率达到 95%，与均相 Mn^{2+}/O_3 体系 TOC 去除效果（96%）相差无几。该结果表明，Mn(II)-CNTs 催化剂优于单独 CNTs 和固相 MnO_2 催化剂的催化臭氧氧化降解苯酚的性能，且可以达到均相 Mn^{2+}/O_3 体系效果。值得注意的是，在反应 60～90 min 时间段由于溶液 pH 升高，溶液中的 Mn^{2+} 重新吸附到 CNTs 表面，此阶段 Mn(II)-CNTs/O_3 体系中 Mn^{2+} 浓度明显低于 Mn^{2+}/O_3 体系。然而，在此阶段该体系的 TOC 去除率与均相 Mn^{2+}/O_3 体系几乎相同，这是因为 CNTs 本身也具备一定的催化臭氧氧化降解污染物能力。该结果表明，在 Mn(II)-CNTs/O_3 体系中，CNTs 在作为 Mn 离子载体的同时也作为催化臭氧氧化的催化剂为降解污染物作出了一定的贡献。

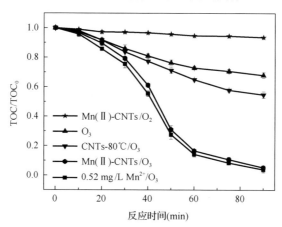

图 2-15　苯酚降解过程中 TOC/TOC_0 随时间变化曲线

除苯酚之外，Mn(II)-CNTs/O_3 体系对双酚 A、硝基酚、对苯二酚及 2,4-二羟基苯甲酸均表现出较高的 TOC 去除效果。在污染物浓度 20 mg/L、催化剂投加量 0.028 g/L、臭氧浓度 10 mg/L 条件下，90 min 反应对双酚 A、硝基酚、对苯二酚及 2,4-二羟基苯甲酸的 TOC 去除率分别为 85%、96%、98% 以及 91%。不同酚类污染物反应过程中溶液 pH 的变化规律与降解苯酚时相似，均呈现出先降低后升高的趋势。该结果表明，Mn(Ⅱ)-CNTs/O₃ 体系均相化降解酚类污染物具有普适性。

催化剂的稳定性和可重复利用性是评判催化剂实用性的重要指标。Mn(Ⅱ)-CNTs 催化臭氧氧化降解苯酚过程中，TOC 的去除率在三次重复实验中呈现逐渐下降趋势，分别为 95%、91% 和 85%。这是由回收后的 Mn(Ⅱ)-CNTs 中 Mn 离子相对含量下降所致。ICP 分析结果表明，第一次回收的 Mn(Ⅱ)-CNTs 中 Mn 离子的负载量由初始的 1.85% 降至 1.63%（质量分数），Mn 损失量为 0.03 mg，损失量与反应结束时溶液中残余的 Mn 量一致。为提高 Mn 的回收率，第一次反应结束后，利用 0.1 mol/L NaOH 调节溶液的 pH 至 5.0，并搅拌 10 min 使 Mn 离子在碳纳米管表面实现吸附平衡，此时 ICP 结果显示溶液中的 Mn^{2+} 浓度为未检出。该过程回收的 Mn(Ⅱ)-CNTs 催化臭氧氧化降解苯酚的 TOC 去除率可以达到 95%，表明 Mn(Ⅱ)-CNTs 催化剂具有可再生的经济适用性。

Mn(Ⅱ)-CNTs/O₃ 体系中的锰存在两种形态，即负载在 CNTs 表面的 Mn(Ⅱ) 以及溶解在溶液中的 Mn^{2+}。其中，溶液中的 Mn^{2+} 是实现均相催化活性的关键。为验证这一观点，考察了不同溶液中 Mn^{2+} 浓度对苯酚矿化率的影响。通过改变初始 pH 调节 Mn(Ⅱ)-CNTs/O₃ 体系中 Mn(Ⅱ) 的脱附量，进而改变溶液中 Mn^{2+} 的浓度。图 2-16 结果显示：在单独臭氧氧化和均相 Mn^{2+} 催化臭氧氧化过程中，溶液在 pH = 6.2 和 pH = 7.8 条件下的 TOC 去除率没有显著不同；在 Mn(Ⅱ)-CNTs/O₃ 体系中，溶液在 pH = 6.2 条件下的 TOC 去除率显著高于 pH = 7.8。考察 Mn(Ⅱ)-CNTs/O₃ 体系溶液中 Mn^{2+} 浓度时发现，反应 50 min 后 Mn^{2+} 浓度达到最高值，此时在 pH = 6.2 条件下溶液中的 Mn^{2+} 浓度为 0.48 mg/L，而在 pH = 7.8 条件下为 0.28 mg/L。

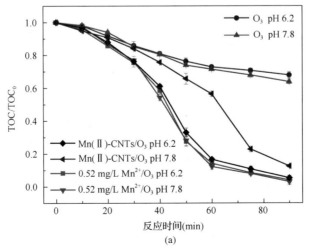

(a)

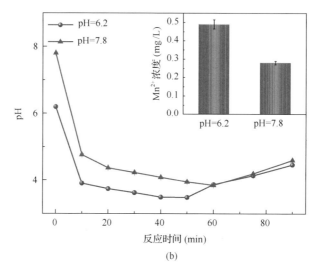

(b)

图 2-16　(a) TOC/TOC$_0$ 随时间变化曲线，(b) 不同初始 pH 的 Mn(Ⅱ)-CNTs/O$_3$ 体系反应
过程中 pH 变化曲线，插图是反应 50 min 时溶液中 Mn^{2+} 浓度

该结果说明溶液中的 Mn^{2+} 较吸附在 CNTs 表面的 Mn(Ⅱ) 具备更强的催化臭氧氧化降解有机物性能。

通过 EPR 实验分析了 Mn(Ⅱ)-CNTs/O$_3$ 体系中产生的活性氧种类。因为一般认为均相 Mn^{2+} 可以强化臭氧氧化过程中·OH 的生成，所以首先利用 5-叔丁氧羰基-5-甲基-1-吡咯啉-*N*-氧化物 (5-*tert*-butoxycarbonyl-5-methyl-1-pyrroline-*N*-oxide，BMPO) 作为·OH 捕获剂，超纯水为溶剂，测定了 BMPO-·OH 的 EPR 信号，结果如图 2-17(A) 所示。在单独臭氧氧化和 CNTs/O$_3$ 体系中，没有检测到 BMPO-·OH 的 EPR 信号；在均相 Mn^{2+}/O$_3$ 和 Mn(Ⅱ)-CNTs/O$_3$ 体系中，观测到 1∶2∶2∶1 的 BMPO-·OH 信号，说明 Mn^{2+} 可以强化臭氧氧化过程中·OH 的生成。然而，在未加入苯酚的 Mn(Ⅱ)-CNTs/O$_3$ 体系中检测不到 BMPO-·OH 的 EPR 信号，但利用 HCl 调节溶液 pH 至 3.5 时，则可以检测到信号。该结果进一步说明溶液中的 Mn^{2+} 较吸附在 CNTs 表面的 Mn(Ⅱ) 具备更强的强化臭氧氧化生成·OH 的性能。然后利用 BMPO 作为 O$_2^{\cdot-}$ 捕获剂，甲醇为溶剂，测定了 BMPO-O$_2^{\cdot-}$ 的 EPR 信号，以及利用 TEMP 为 ^{1}O$_2$ 捕获剂，测定了 TEMP-^{1}O$_2$ 的 EPR 信号。结果如图 2-17(B) 所示：在 Mn(Ⅱ)-CNTs/O$_3$ 体系中，可以检测到 BMPO-O$_2^{\cdot-}$ 以及 TEMP-^{1}O$_2$ 的 EPR 特征信号，说明该体系中还产生了 O$_2^{\cdot-}$ 以及 ^{1}O$_2$。以上结果表明，在 Mn(Ⅱ)-CNTs/O$_3$ 降解酚类体系中，·OH、O$_2^{\cdot-}$、^{1}O$_2$ 均为反应的活性氧物种。

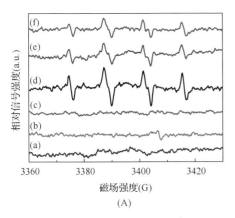 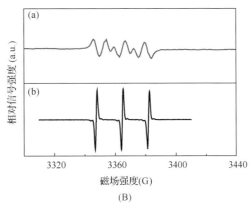

图 2-17　(A)不同反应体系在反应 30 min 时 BMPO-•OH 的 EPR 谱图：(a)单独臭氧氧化；(b)CNTs/O$_3$ 体系；(c)Mn(Ⅱ)-CNTs/O$_3$ 体系(未投加苯酚)；(d)Mn(Ⅱ)-CNTs/O$_3$ 体系(投加苯酚)；(e)Mn^{2+}/O$_3$ 体系；(f)Mn(Ⅱ)-CNTs/O$_3$ 体系(未投加苯酚，用 HCl 调节溶液 pH 至 3.5)[苯酚浓度：20 mg/L(a, b, d 及 e)，催化剂投加量：0.028 g/L(b~f)，臭氧浓度：10 mg/L，BMPO 浓度：25 mmol/L，初始 pH：6.2(a~e)]。(B) Mn(Ⅱ)-CNTs/O$_3$ 体系在反应 30 min 时以 BMPO(a)和 TEMP(b)为捕获剂的 EPR 谱图(苯酚浓度：20 mg/L，催化剂投加量：0.028 g/L，臭氧浓度：10 mg/L，BMPO/TEMP 浓度：25 mmol/L，初始 pH：6.2)

　　为揭示 Mn(Ⅱ)在该体系催化过程中的变化情况，分析了 Mn(Ⅱ)-CNTs 催化剂在反应前后的 XPS 谱图。根据 Mn 2p 谱分峰结果[图 2-18(a)]，反应前后的 Mn(Ⅱ)-CNTs 在 653.4 eV 和 641.5 eV 处均表现出了特征峰，这两处特征峰分别是由锰氧化物的 Mn 2p$_{1/2}$ 和 Mn 2p$_{3/2}$ 轨道自旋产生。不同价态的锰氧化物的 Mn 2p$_{1/2}$ 和 Mn 2p$_{3/2}$ 轨道自旋的结合能十分接近。因此，仅利用 Mn 2p 谱图难以辨别 Mn 的价态。但二者的 Mn 2p 谱图均在约 646 eV 位置出现了较宽的 Mn(Ⅱ)特征峰，表明反应前后的催化剂中均含有 Mn(Ⅱ)。不同价态 Mn 的 3s 峰分裂幅度(ΔE)不同，ΔE 值随着 Mn 价态的升高而降低，Mn(Ⅱ)、Mn(Ⅲ)及 Mn(Ⅳ)的 ΔE 值分别为 6.1 eV、5.3 eV 和 4.7 eV，可以作为判断 Mn 价态的指标。因此，为考察 Mn(Ⅱ)在催化剂中所占总 Mn 量的比例，分析了反应前后 Mn(Ⅱ)-CNTs 的 Mn 3s 谱[图 2-18(b)]。反应前后的催化剂均出现两重分裂峰，反应前 ΔE 为 6.1 eV，反应后降为 5.5 eV。以上结果表明，反应后的 Mn(Ⅱ)-CNTs 催化剂中的 Mn 除了 Mn(Ⅱ)，一部分 Mn(Ⅱ)在催化过程中被转化生成了相对高价态的 Mn。

　　Mn^{2+}/O$_3$ 体系在反应结束时，过滤后的溶液呈现紫色，而 Mn(Ⅱ)-CNTs/O$_3$ 体系过滤后的溶液为无色。为了判断紫色是否由 Mn^{7+} 引起，检测了 Mn^{2+}/O$_3$ 体系和 Mn(Ⅱ)-CNTs/O$_3$ 体系反应过程中 Mn^{7+} 浓度，结果见图 2-19。在 Mn^{2+}/O$_3$ 体系

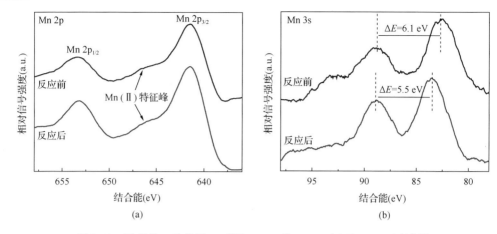

图 2-18　反应前、反应后 Mn(Ⅱ)-CNTs 的 Mn 2p(a) 及 Mn 3s(b) 谱图

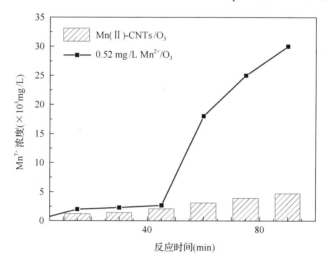

图 2-19　Mn(Ⅱ)-CNTs/O$_3$ 及 Mn^{2+}/O$_3$ 体系溶液中 Mn^{7+} 浓度随时间变化曲线

中，反应 50 min 后，溶液中 Mn^{7+} 的浓度呈现显著上升趋势；在 Mn(Ⅱ)-CNTs/O$_3$ 体系中，溶液中 Mn^{7+} 的浓度一直保持低浓度，未出现上升趋势。该结果说明 Mn^{2+}/O$_3$ 体系中部分 Mn^{2+} 最终转化为了 Mn^{7+}，而 Mn(Ⅱ)-CNTs/O$_3$ 体系仅有很少部分的 Mn^{2+} 最终转化为 Mn^{7+}。

　　根据上述实验结果，Mn(Ⅱ)-CNTs 催化臭氧氧化的可能机理如下：由于溶液 pH 的下降，吸附在 CNTs 表面的 Mn(Ⅱ) 从其表面脱附进入溶液中，积累在溶液中的 Mn(Ⅱ) 催化臭氧生成·OH，在此过程中 Mn(Ⅱ) 转化为 Mn^{3+}；溶液中 Mn^{3+} 的稳定性很差，极易转变为 Mn^{2+} 和 Mn^{4+}；在酸性条件下，Mn^{4+} 可以与溶液中生成的中间产物反应，将其转化为 CO$_2$ 和 H$_2$O，同时自身转变为 Mn^{2+}。Mn^{4+} 还可能被臭氧氧化生成 Mn^{7+}；Mn^{7+} 具有较强的标准氧化电位[$E^{\ominus}$ (MnO$_4^-$, 8H$^+$/Mn^{2+}) = 1.51 V *vs.*

NHE]，可以氧化降解溶液中生成的中间产物。前面提到在反应结束时，Mn(Ⅱ)-CNTs/O₃ 体系溶液中 Mn⁷⁺的浓度低于 Mn²⁺/O₃ 体系，该现象可能是因为溶液中的 Mn⁷⁺也可以与碳纳米管反应转化为 MnO₂ 附着于碳纳米管表面上，这与上述 XPS 结果中反应后催化剂 Mn 3s 的 ΔE 值降低一致。Mn⁷⁺与碳纳米管之间的这种反应有助于反应后 Mn(Ⅱ)的回收再利用，说明在该体系中，碳纳米管不仅是 Mn(Ⅱ)载体和催化剂，也对反应后 Mn(Ⅱ)的回收再利用起到了有益的作用。

2.2.4　非金属元素掺杂的碳材料

基于过渡金属或金属氧化物的催化剂催化活性通常较高，但往往不可避免地存在金属离子溶出所造成的二次污染问题，限制了该技术在实际水处理过程中的应用。碳纳米材料具有环境友好、稳定性好、强度高、比表面积大、价格低廉和来源丰富等特点。其中，碳纳米管在表面活性点位、孔隙结构和电子传递能力等方面优于其他碳材料，可解决金属离子溶出的问题。但是，如何提高碳基材料的催化活性是需解决的关键问题。

杂原子掺杂可以改变碳纳米管表面的电学性质，为催化反应提供更多可能的催化位点。通过引入富电子原子(如 N、S、P、F)或者贫电子原子(如 B)，可以改变碳材料表面的电荷分布并形成缺陷，形成新的活性中心，从而使其具有良好的催化活性。富电子掺杂可以提高掺杂位点周边碳原子的正电性，促进臭氧的亲核反应。氟是电负性(3.98)最强的元素，因此对亲核反应的促进效应最明显。另一方面，碳材料中杂原子的掺杂位点通常发生在 sp² C—C 位点处，因此，杂原子掺杂往往会破坏碳材料 π-π 离域电子结构，导致材料导电性下降，不利于氧化还原型催化反应的发生。但以氢氟酸为氟源，直接利用水热法合成氟化石墨烯，氟取代位点为含氧基团的 C 原子(sp³ C—C 位点)上，不会破坏材料 sp² C—C 结构。结合以上两点分析，F 掺杂可能是提高碳材料催化臭氧氧化性能的有效途径。

为证实上述思路，制备出 F 掺杂的 CNTs，并进行了典型污染物的催化臭氧氧化分解研究[24]。掺杂之前，首先将 CNTs 在 7 mol/L HNO₃ 溶液中分别于 80℃、100℃、120℃及 150℃加热 6 h，冷却后用超纯水冲洗至中性，烘干备用。为了叙述方便，处理温度为 x℃制备的碳纳米管命名为 CNTs-x。将酸洗后的碳纳米管加入到一定浓度(0.15～0.60 mol/L)的 HF 溶液中室温搅拌 24 h，洗涤、烘干后得到不同氟化程度的 F-CNTs。HF 浓度为 y mol/L 时制备的 F-CNTs 命名为 F-CNTs-y-x。为了比较掺杂元素电负性对 CNTs 催化臭氧性能的影响，制备了氮掺杂碳纳米管(N-CNTs)作为对照。处理温度为 x℃制备的 N-CNTs 命名为 N-CNTs-x。

TEM 观察表明氟原子的掺杂量不会改变 CNTs 形貌。F-CNTs 催化剂的比表面积和孔径分布通过氮气吸附-脱附等温线的方法测定。由表 2-5 得知，CNTs、F-CNTs-0.15、F-CNTs-0.30、F-CNTs-0.45 及 F-CNTs-0.60 的比表面积分别为

204.0 m²/g、200.3 m²/g、190.5 m²/g、197.9 m²/g 及 192.4 m²/g，且均为中孔结构，孔径在 10～12 nm 范围内。不同量的氟掺杂对 CNTs 的比表面积、总孔容和孔径影响不大，表明氟的引入对 CNTs 孔结构影响很小。

表 2-5　F-CNTs 催化剂的比表面积、总孔容及孔径

样品	比表面积(m²/g)	平均孔径(nm)	总孔容(cm³/g)
CNTs	204.0	11.72	0.619
F-CNTs-0.15	200.3	10.89	0.559
F-CNTs-0.30	190.5	12.04	0.633
F-CNTs-0.45	197.9	10.72	0.503
F-CNTs-0.60	192.4	11.94	0.548

不同氟掺杂量的 F-CNTs 的 XPS 谱中只有 C、F、O 三种元素的峰。其中结合能 690 eV 处的 F 1s 峰随制备过程 HF 浓度升高而增强。F-CNTs-0.15、F-CNTs-0.30、F-CNTs-0.45 及 F-CNTs-0.60 氟化程度(原子分数)分别为 1.67%、1.98%、2.17% 及 2.36%。单独 CNTs 的 C 1s 谱分峰结果显示包含 sp^2 C—C(284.6 eV)、sp^3 C—C (285.4 eV)、C—O(286.4 eV)、C=O(287.1 eV)、—C=O(288.8 eV)以及 π-π 离域电子相互作用(290.8 eV)等 6 个小峰，含量见表 2-6。F-CNTs 的 C 1s 谱图除了这 6 个峰外，还多出了 289.5 eV 和 292.2 eV 处出现的 C—F 和 C—F$_2$ 特征峰，说明 F-CNTs 中的氟为共价掺杂。氟掺杂后 CNTs 的 sp^2 C—C 比例与 CNTs 相比并未降低，表明氟的掺杂位点位于 sp^3 杂化碳结构上，氟掺杂过程在 CNTs 表面并未破坏材料表面的 sp^2 杂化碳结构。因此，该方法制备的氟化碳纳米管的电子传递性能不会降低，更有利于催化反应的进行。F 掺杂对 CNTs 的 XRD 谱和 Raman 谱影响不明显，同样说明了氟化之后的碳纳米管仍保持高度有序的石墨结构。

表 2-6　CNTs 和 F-CNTs 的 XPS 谱图中各成分含量

样品	sp^2 C—C	sp^3 C—C	C—O	C=O	—C=O	π-π	C—F	C—F$_2$
CNTs	80.0%	1.5%	1.4%	5.4%	3.2%	8.5%	—	—
F-CNTs	80.4%	0.7%	1.1%	4.5%	1.7%	8.2%	1.7%	1.6%

在草酸浓度 2 mmol/L、催化剂投加量 0.05 g/L、臭氧浓度 20 mg/L、初始 pH 2.8 条件下，考察 F-CNTs 催化臭氧氧化性能。对照催化剂为 CNTs、氮掺杂 CNTs (N-CNTs)及商业 MnO$_2$、ZnO$_2$、Fe$_2$O$_3$ 和 Al$_2$O$_3$。吸附实验表明单独 CNTs 和不同氟掺杂量的 F-CNTs 在 90 min 内对草酸的吸附能力均<5.0%。催化臭氧氧化对草酸的降解结果如图 2-20 所示。臭氧氧化草酸的反应速率很慢[$k<0.04$ L/(mol·s)]，在 90 min 的反应时间里，仅去除 5.6% 的草酸。加入 CNTs 时，草酸去除率增至 45%。加入 F-CNTs 后，催化效率进一步提升，F-CNTs-0.15、F-CNTs-0.30、F-CNTs-0.45

及 F-CNTs-0.60 催化臭氧氧化在 90 min 的反应时间内对草酸的降解率分别为 60%、73%、83% 及 62%，普遍高于未掺杂的 CNTs。

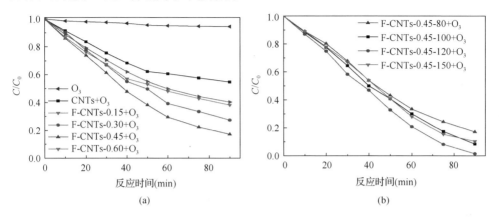

图 2-20　(a) 氟掺杂量对 F-CNTs 催化臭氧氧化降解草酸效率的影响，(b) 不同酸化温度对 F-CNTs 催化臭氧氧化降解草酸效率的影响

随 F 掺杂量提高，F-CNTs-0.15、F-CNTs-0.30、F-CNTs-0.45 的草酸去除率随之增加，但继续增加到 0.60 后，草酸去除率反而降低。这可能是因为氟掺杂会增加碳材料的疏水性，掺杂后使 CNTs 的水接触角由 21.04° 增加到 42.17°。CNTs 表面疏水性增加导致其在水中的分散度降低，削弱了催化臭氧的能力。为了避免这个不利影响，对 CNTs 进行 F 掺杂时也要进行表面亲水基团修饰，以保证其在水相中的分散程度。对 CNTs 进行酸化处理可以引入—COOH、—OH 等亲水性表面含氧基团。将 F-CNTs-0.45 分散在 7 mol/L HNO_3 溶液中，分别在 80℃、100℃、120℃ 及 150℃ 加热 6 h，制备的样品分别命名为 F-CNTs-0.45-80、F-CNTs-0.45-100、F-CNTs-0.45-120 及 F-CNTs-0.45-150。随着酸化温度由 F-CNTs-0.45-80 升高到 F-CNTs-0.45-120 的过程中，F-CNTs 催化臭氧降解草酸的去除率上升至 98%。说明酸处理引入的含氧基团提高了材料的亲水性，弥补了 F 掺杂的不足。继续提高酸化温度至 150℃ 时，F-CNTs-0.45-150 分解草酸的去除率下降至 92%。这是因为 CNTs 的酸化处理会破坏碳纳米管表面的 sp^2 C—C 结构，引入 sp^3 C—C，降低材料的电子传递能力，从而减弱其催化性能。

将 F-CNTs 与 N-CNTs 和典型金属氧化物 ZnO、Al_2O_3、Fe_2O_3 及 MnO_2 催化臭氧氧化降解草酸性能进行对比。制备的氮掺杂量（质量分数）为 1.91%、1.57% 及 1.17% 对应的催化剂分别为 N-CNTs-400、N-CNTs-500 及 N-CNTs-600。从图 2-21 中可以看出：反应 1.5 h 后，未掺杂的碳纳米管 CNTs-400 降解草酸量为 50%，氮掺杂碳纳米管 N-CNTs-400、N-CNTs-500 及 N-CNTs-600 降解草酸量分别为 53%、58% 及 54%。与氟掺杂的碳纳米管相比，氮的掺杂并未显著提高 CNTs 的催化臭氧氧化性能。这可能是因为氟的电负性比氮更强，氟具有更强的吸电子能力，从而使其周边的碳原子所带的正电性更高，可以进一步促进臭氧吸附并分解生成活性自由基的能力，加快草酸去除的效率。ZnO、Al$_2$O$_3$、Fe$_2$O$_3$ 在 1.5 h 反应时间内降解草酸的效率分别为 27%、20% 及 72%，同时反应终点时对应的 Zn、Al 及 Fe 的溶出量分别为 21.60 mg/L、0.28 mg/L 及 0.22 mg/L。只有 MnO$_2$ 表现出了与 F-CNTs 相当的催化性能，但在 1.5 h 的反应时间内，MnO$_2$ 对草酸的吸附量高达 40%，且反应终点时锰的溶出量为 4.92 mg/L，超出国家重金属离子排放水相关标准[GB 8978—2002，Mn（2 mg/L）]。通过与 N-CNTs 及传统金属氧化物催化剂（ZnO、Al$_2$O$_3$、Fe$_2$O$_3$ 和 MnO$_2$）催化臭氧氧化降解草酸性能对比结果表明：本研究制备的 F-CNTs 催化剂是一种性能优良的臭氧催化剂。

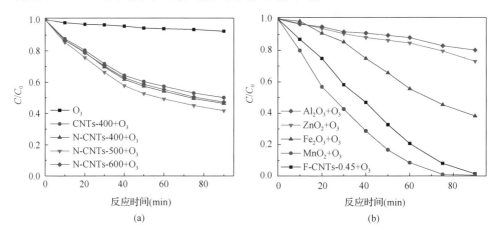

图 2-21　（a）N-CNTs/O$_3$ 体系中草酸降解曲线图，（b）ZnO、Al$_2$O$_3$、Fe$_2$O$_3$ 和 MnO$_2$
催化臭氧体系中草酸降解曲线图
草酸浓度：0.2 mmol/L，催化剂投加量：0.05 g/L，臭氧浓度：20 mg/L，初始 pH：2.8

进一步考察了草酸浓度、臭氧浓度、催化剂投加量和溶液 pH 对 F-CNTs 催化性能的影响。草酸的降解效率随着草酸浓度的增大（1.5～2.5 mmol/L）而减弱，说明污染物浓度高时催化效率低。当臭氧浓度从 3.2 mg/min 增加到 6.4 mg/min 时，草酸的降解率逐渐升高；当催化剂投加量从 0.02 g/L 增加到 0.08 g/L 时，草酸的降解率也逐渐升高。因此，臭氧浓度和催化剂投加量提高都会提高催化效率。

为研究初始溶液 pH 对草酸降解效率的影响，考察了 F-CNTs/O$_3$ 体系在不同初始 pH 条件下（通过 Na$_2$HPO$_4$ 和 KH$_2$PO$_4$ 调控）降解草酸的性能，结果如图 2-22 所示。草酸的 pK_{a1} = 1.27 及 pK_{a2} = 4.27，当 pH = 2.8 时主要以 HC$_2$O$_4^-$ 形态存在，而 pH$_{pzc}$ = 3.0 的 CNTs 在 pH = 2.8 时表面带正电，显然 HC$_2$O$_4^-$ 易于被 CNTs 吸附，所以此时降解率最高，达到 83%。当溶液初始 pH 逐渐增加到 7.2 时，草酸的降解率逐渐降低到 53%，表明近中性 pH 时该体系对草酸的降解效率有待提高。有效的方法是在 Ar 气氛下高温煅烧 F-CNTs。例如，900℃热处理 2 h 的样品(F-CNTs-0.45-900)在 pH = 6.5 的条件下催化臭氧降解草酸的效率为 78%，比未经高温热处理的样品降解草酸的效率提高了 27%，几乎与未高温处理的样品在 pH 2.8 时的性能一致。这个数据说明 F-CNTs 可在较宽的 pH 范围催化臭氧分解有机物。

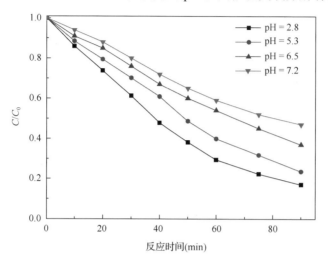

图 2-22　溶液初始 pH 对 F-CNTs/O$_3$ 体系降解草酸的影响

同时，进一步考察了 F-CNTs/O$_3$ 体系对 4-氯酚、4-硝基酚及苯酚的降解性能。结果显示，该体系在 pH = 6.5 条件下对苯酚、4-氯酚及 4-硝基酚的矿化效果显著，90 min 内 TOC 的去除率分别为 72%、87% 和 56%。催化剂的稳定性和重复性是评判催化剂性能的重要指标。如图 2-23 所示，三次重复实验中，F-CNTs 催化臭氧

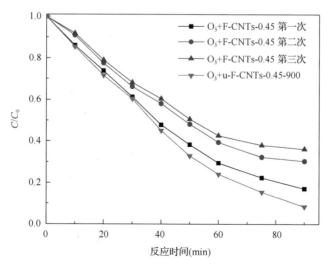

图 2-23　三次重复实验中草酸浓度随时间变化曲线

降解草酸的去除率分别为 83%、70% 和 65%，呈逐渐下降的趋势。在 Ar 气氛下对第三次回收的催化剂 900℃热处理 2 h(u-F-CNTs-0.45-900)后，其催化臭氧降解草酸的性能完全恢复，反应 90 min 后草酸的去除率为 92%。反应 90 min 后溶液中的氟离子浓度为 0.01 mg/L，为 F-CNTs 中总氟量的 0.9%，表明该催化剂具有良好的稳定性。

催化剂对臭氧分子分解速率的影响可以间接体现催化剂催化臭氧分子分解生成活性氧自由基的能力。因此，考察了密闭反应器中不同催化剂对溶液中臭氧分解速率的影响。结果如图 2-24 所示，单独臭氧(不投加催化剂)过程中，溶液中臭氧浓度缓慢下降，这是由于臭氧的自分解导致的。当加入单独 CNTs 后，溶液中臭氧的分解速率显著提高，20 min 后残留臭氧浓度不足初始浓度的 10%，说明 CNTs 可促进臭氧分解。当加入 F-CNTs 后，溶液中臭氧的分解速率进一步提高，2.5 min 后溶液中残留臭氧就降到 10% 以下，说明掺杂 F 元素有利于 CNTs 吸附和分解臭氧，产生活性氧自由基的可能性增加。

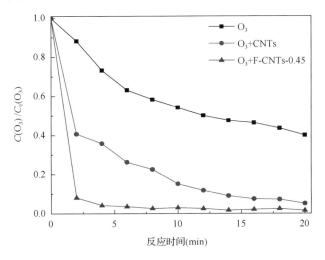

图 2-24　溶液中的臭氧浓度随时间变化曲线

通过 EPR 测试考察了 F-CNTs/O$_3$ 体系降解草酸过程中产生的活性氧自由基种类。改性碳材料催化臭氧可能产生的主要活性自由基有•OH、O$_2^{\cdot-}$ 和 ^{1}O$_2$。为了检测活性自由基，选用 BMPO 作为分子探针捕获•OH 和 O$_2^{\cdot-}$，选用 TEMP 捕获 ^{1}O$_2$。BMPO-O$_2^{\cdot-}$ 捕获实验在乙醇溶液中进行，结果如图 2-25(a)所示。在单独臭氧氧化体系中，没有检测到 BMPO-O$_2^{\cdot-}$ 的 EPR 信号，在 CNTs/O$_3$ 和 F-CNTs/O$_3$ 体系中均观测到 BMPO-O$_2^{\cdot-}$ 的 EPR 信号，且 F-CNTs/O$_3$ 体系的信号更强，表明单独 CNTs 可以促进臭氧分解生成 O$_2^{\cdot-}$，掺氟后可强化其催化臭氧分解生成 O$_2^{\cdot-}$ 的能力。BMPO-•OH 捕获实验在水相进行，结果如图 2-25(b)所示。在单独臭氧氧化、

CNTs/O$_3$ 和 F-CNTs/O$_3$ 体系中，均未检测到 BMPO-•OH 的 EPR 特征信号，说明•OH 不是主要活性氧物种。TEMP-^{1}O$_2$ 捕获实验在水相中进行，测试结果如图 2-25(c) 所示。在单独臭氧氧化、CNTs/O$_3$ 和 F-CNTs/O$_3$ 体系中，均可以检测到 TEMP-^{1}O$_2$ 的三重峰特征信号，信号的强度顺序为 F-CNTs/O$_3$＞CNTs/O$_3$＞O$_3$，表明 CNTs 的氟化进一步强化了其催化臭氧分解生成 ^{1}O$_2$ 的过程。以上结果表明，在 F-CNTs/O$_3$ 降解草酸体系中，O$_2$$^{\cdot-}$ 以及 ^{1}O$_2$ 为反应的主要活性氧物种。

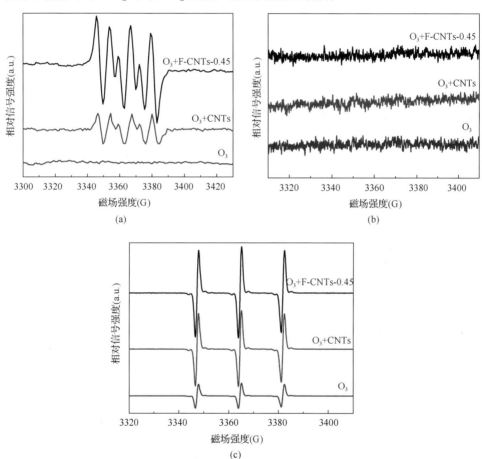

图 2-25　不同体系在反应 5 min 时的 EPR 谱图
(a) BMPO-O$_2$$^{\cdot-}$谱图；(b) BMPO-•OH 谱图；(c) TEMP-^{1}O$_2$ 谱图

为了探究 F-CNTs 催化臭氧降解草酸过程中的活性位点，对反应前后的 F-CNTs 进行了 XPS 表征。前文提到，将反应后的 F-CNTs 催化剂进行一定条件下的热处理可以使反应后的催化剂恢复初始催化臭氧氧化降解草酸的高性能。通过对比反应前和反应后[图 2-26(a)]催化剂的 XPS C 1s 谱图可知，F-CNTs 表面的羰基(C═O)

和羧基(—C=O)基团比例发生了明显变化: C=O 由反应前的 4.5%降低到反应后的 3.2%,—C=O 由反应前的 1.7%显著增加到反应后的 6.6%。从图 2-26(b)中可以看出,把反应后的 F-CNTs 热处理后,其表面的 C=O 比例和—C=O 比例分别为 6.5%和 0.8%,表明热处理可以将碳材料表面的部分—C=O 转化为 C=O 基团。这个结果可以解释上述热处理后 F-CNTs 催化剂的催化性能恢复现象。

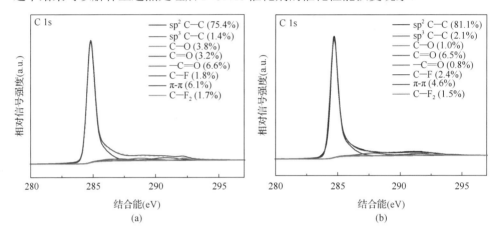

图 2-26　F-CNTs-0.45 的 C 1s 谱图

（a）F-CNTs-0.45 反应后；（b）反应后的 F-CNTs-0.45 热处理后

2.3　催化臭氧氧化耦合膜分离技术

非均相催化臭氧氧化降解 POPs 是多步反应,一般需要较长的停留时间才能完全矿化。在实际水处理中,停留时间长意味着占地面积大、能耗高。而膜分离技术可以将污染物截留在分离层表面,如果用臭氧催化材料制备分离膜表面层,无需增加水处理过程的停留时间即可实现污染物与催化材料的充分接触,不但能够高效分解 POPs,还可以缓解膜污染提高水处理效率。目前,催化臭氧氧化耦合膜分离领域的研究热点是提高臭氧催化剂活性。

2.3.1　复合金属氧化物催化臭氧氧化分离膜的制备方法及性能

催化臭氧氧化耦合膜分离的基本形式是将臭氧催化剂负载在多孔陶瓷基体上,以臭氧氧化催化剂为分离层。这种结合可以实现有机污染物的分离和分解同时进行,不仅可以提高有机污染物的去除效率,同时有利于缓解膜污染现象,在低浓度高毒性废水和微污染地表水的处理过程中有着潜在的应用价值。

1. 复合金属氧化物催化臭氧氧化分离膜的制备

1）陶瓷膜支撑体的制备

工业陶瓷膜的外形主要有板式、单通道管式、多通道管式三种类型，一般具有非对称的微观结构，由支撑体、中间层以及膜层三部分组成。支撑体往往采用颗粒尺寸较大的粉体材料经过混合、成型、高温烧结等工段制备而成，通常有几毫米的厚度，为陶瓷膜提供机械强度。中间层又称过渡层，通常有十几到几十微米的厚度，主要目的是调节支撑体的孔径和表面光洁度，为涂覆分离层提供了良好的过渡结构。膜层一般有几十纳米到几个微米厚度，是主要的分离作用层。这种非对称结构可以在相同的机械强度下，实现膜通量的最大化、制作成本最小化。因此，非对称结构陶瓷膜是一种经济可行、可工业化应用的膜结构。

管式膜适合连续流处理方式。为制备管式膜，首先应制备陶瓷支撑体[14]，制备流程为球磨→筛分→搅拌→炼泥→陈化→压制成型。详细信息如下：首先将烧结助剂高岭土（15%，质量分数）、TiO_2（1%，质量分数）与主料 Al_2O_3 粉体球磨 12 h，使粉体颗粒尺寸一致并充分混合；接着将粉料筛分后，转移到搅拌机中，加入羧甲基纤维素（CMC）、聚乙烯醇（PVA）、聚乙二醇（PEG）6000 的水溶液以及桐油，搅拌 12 h 得到塑性浆料；其后，将浆料放入真空炼泥机中进行炼泥，重复炼泥三次以完全脱除浆料中的微气泡，并使有机添加剂更均匀；紧接着，将炼制好的泥料放入温度和湿度恒定的箱体中陈化 48 h，然后进行挤出成型，干燥后得到形状规则的管式陶瓷膜支撑体胚体，再经高温煅烧得到管式陶瓷膜支撑体。

2）催化剂的制备

CeO_2 可以促进臭氧分解产生强氧化性的•OH，从而提高催化臭氧化过程的效率。为了增加单纯氧化铈材料的热稳定性，可将氧化钛掺杂入氧化铈中形成 Ce-Ti 复合氧化物材料作为单纯氧化铈的替代材料应用于各种催化反应中。而采用溶胶-凝胶法制备的 Ce-Ti 复合氧化物具有高比表面积、高活性、可控的孔结构以及活性位分布均匀等特点。溶胶-凝胶法制备 Ce-Ti 复合氧化物催化剂的过程如下：在剧烈搅拌下，将 6 mL 四异丙醇钛加入 75℃的 100 mL 水中，完全水解后，加入 1.72 mL 浓硝酸；持续搅拌 2 h 后，待完全胶溶后，按不同的 Ce^{2+}/Ti^{4+} 摩尔比加入硝酸铈；所得溶胶在 70℃下恒温干燥 24 h 得到 Ce-Ti 复合凝胶，然后分别在 673 K、823 K、923 K 下煅烧，得到不同配比的 Ce-Ti 复合氧化物催化剂，并按照不同配比标记为 Ce(x)Ti。

采用如下装置(图 2-27)评价 Ce-Ti 复合催化剂的催化活性，该装置主要由臭氧发生器、鼓泡催化臭氧化反应器、臭氧吸收器三个部分组成。实验过程中，分别以 2,4-二氯酚和草酸为目标污染物，通过测定目标物去除率及 TOC 去除率考察催化剂配比对催化剂活性的影响。具体实验条件如下：2,4-二氯酚浓度为 100 mg/L；草酸浓度为 50 mg/L；催化剂剂量为 0.1 g/L；臭氧气体浓度为 50 mg/L；反应时间为 180 min。

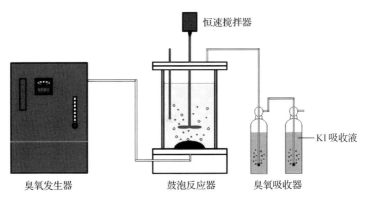

图 2-27　催化臭氧化装置示意图

3) 陶瓷膜中间层的制备

陶瓷膜中间层采用浸渍提拉法制备，具体过程如下：将一定量的聚乙烯醇(PVA)溶解于水中，添加颗粒尺寸为 200~300 nm 的金红石型 TiO_2 粉体并不断搅拌，形成具有一定黏度的涂膜浆料备用；使用前将上述浆料超声分散 15 min，增加浆料中 TiO_2 颗粒的分散性，然后将陶瓷膜支撑体浸入涂膜浆料中使用实验室自制涂膜装置进行涂覆，浸渍时间为 60 s，提拉速度为 100 μm/s，涂覆两次，干燥后在真空条件下 1000℃煅烧形成具有一定厚度的 TiO_2 中间层。

4) Ce-Ti 复合陶瓷膜的制备

分别采用浸渍提拉法和旋转涂膜法制备管式和板式 Ce-Ti 复合陶瓷超滤膜，具体过程如下：向 Ce-Ti 复合溶胶中加入一定量的甲基纤维素(M-20)，制成涂膜液，分别用实验室自制的管式膜涂膜装置和旋转涂膜机进行涂覆。对于旋转涂膜法，取 2 mL 涂膜液滴在上述具有 TiO_2 中间层的板式陶瓷膜支撑体上，稳定 10 s后，开启旋转涂膜机，转速为 1500 r/min，旋转时间为 0.5 min，Ce-Ti 溶胶在膜面上形成一层湿膜，接着经过干燥、煅烧(673 K、823 K、923 K)后形成 Ce-Ti 复合陶瓷超滤膜。对于浸渍提拉法，将上述具有 TiO_2 中间层的管式陶瓷膜支撑体固定于管式膜涂覆装置上，用蠕动泵将涂膜液打入膜管内，静置 60 s 后，按 100 μm/s 的速度将涂膜液泵出，得到 Ce-Ti 湿膜，经过干燥、煅烧后得到 Ce-Ti 复合陶瓷超滤膜。

Ce-Ti 复合催化膜制备过程中，成膜助剂 M-20 的浓度和煅烧温度是影响催化膜结构的主要因素。图 2-28 是不同甲基纤维素添加量下，Ce-Ti 复合膜层的 SEM 图。从图中可以看出，随着甲基纤维素的浓度（质量分数）增加（从 0.1% 增加到 0.3% 和 0.5%），Ce-Ti 复合膜层的厚度从 500 nm 分别增加到 1.5 μm 和 4 μm。而且当甲基纤维素的浓度增加到 0.5% 时，从图 2-28（c）可以中看出，Ce-Ti 复合膜层和支撑体之间出现剥离，不利于形成连续的膜层结构。因此 0.3% 的 M-20 浓度是形成连续膜层且负载量较大的适宜浓度。

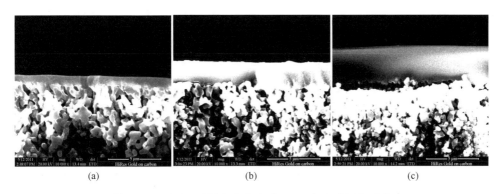

图 2-28　不同甲基纤维素浓度对 Ce-Ti 复合膜层的影响
(a) 0.1%；(b) 0.3%；(c) 0.5%

煅烧温度对 Ce-Ti 复合膜层的影响十分显著。当煅烧温度为 673 K 时，陶瓷膜表面光滑完整，没有裂纹；而当煅烧温度增高到 823 K 时，Ce-Ti 复合膜层表面出现较小的裂纹和少量起皮，但整体结构完整度仍然较好，能够满足应用的要求；当温度升高到 923 K 时，可以看到大量裂纹，膜面被分割为多个小块，膜结构整体性被破坏。因此，在 Ce-Ti 复合催化膜的制备过程中，煅烧温度最好不高于 823 K，否则不利于膜面结构的完整性。对 823 K 下煅烧的 Ce-Ti 复合膜层的 TEM 图显示，Ce-Ti 复合膜层具有多孔结构，且孔分布较为均匀。

2. 复合金属氧化物催化臭氧氧化分离膜的性能

采用催化臭氧氧化膜分离装置对 Ce-Ti 复合催化膜在连续运行过程中的性能进行了评价。图 2-29 是装置的示意图，该装置主要由臭氧发生器、气液混合泵、陶瓷膜组件、原水及出水储罐以及废气吸收器等部分组成。实验过程中，原水经过气液混合泵与臭氧混合后，进入装载了 Ce-Ti 复合膜的陶瓷膜组件进行分离及催化反应，滤出水进入出水储罐；臭氧气体浓度由发生器的电压调节，进入混合泵的气体流量通过气体流量计调节；进入膜组件的液体流量通过液体流量计调节，系统压力通过阀门调节。

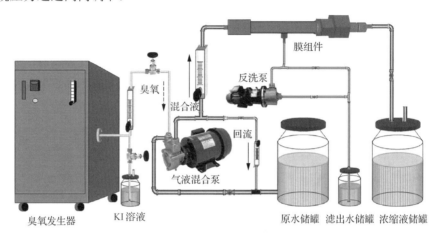

图 2-29　催化臭氧氧化分离膜装置的示意图

1) Ce-Ti 复合催化剂表征和性能评价

采用比表面积和孔隙度分析仪分析 Ce-Ti 催化材料的比表面积和孔径分布，结果如图 2-30 所示。图 2-30(a) 显示，在不同温度下煅烧的 Ce-Ti 复合膜层都具有Ⅳ型氮气吸附-脱附等温线，这表明 Ce-Ti 复合膜层具有典型的介孔结构。当煅烧温度为 673 K 时，在 p/p_0 为 0.4~0.9 之间出现了滞回环，说明该温度下制备的 Ce-Ti 复合膜层的孔径分布较窄且孔径较小。随着煅烧温度的升高，滞回环明显向 p/p_0 值较高的区域移动，说明 Ce-Ti 复合膜层的孔径逐渐增大。图 2-30(b) 是不同煅烧温度下 Ce-Ti 复合膜层的孔径分布图，从图中可以看出，随着煅烧温度的升高，Ce-Ti 复合层的孔径不断增大，孔分布也逐渐变宽。以 BET(Brunauer-Emmett-Teller) 和 BJH (Barrett-Soyner-Halenda) 方法计算 Ce-Ti 复合催化剂的比表面积及平均孔径，结果表明在 673 K 下煅烧的 Ce-Ti 复合膜层的孔径为 7.6 nm，比表面积为 80.0 m²/g；在 823 K 下煅烧的催化剂孔径为 9.0 nm，比表面积为 71.3 m²/g；而在 923 K 下煅烧的催化剂孔径增加到 12.6 nm，比表面积则减小到 49.7 m²/g。可见，煅烧温度对 Ce-Ti 复合膜层的孔结构和比表面积有很大影响，从而进一步影响 Ce-Ti 催化层的催化臭氧氧化能力。

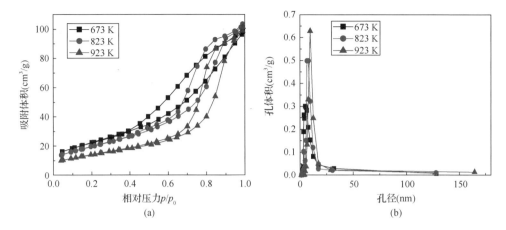

图 2-30 Ce-Ti 复合膜层的 (a) 氮气吸附-脱附曲线和 (b) 孔径分布曲线

XRD 谱图结果显示：对于不同温度下煅烧的 Ce-Ti 复合膜层，其 XRD 谱图中仅有立方型 CeO_2 的特征峰 ($2\theta = 28.96°$、$33.52°$、$48.00°$、$56.68°$)，并没有出现 TiO_2 晶体衍射峰。而随着煅烧温度的升高，立方型 CeO_2 的峰型少许变窄，峰强也有稍微增加，表明 TiO_2 的存在抑制了 CeO_2 晶粒的团聚，增加了 CeO_2 在 TiO_2 颗粒上的分布，从而有利于提高催化剂的活性。根据谢乐公式 (Scherrer equation) 计算 Ce-Ti 复合膜层的颗粒大小为 13.5 nm± 0.3 nm，这与透射电镜分析结果基本一致。

在制备 Ce-Ti 复合催化陶瓷超滤膜之前，以 2,4-二氯酚和草酸为目标污染物考察了 Ce/Ti 摩尔比对催化活性的影响。如图 2-31(a) 所示，臭氧可以有效分解 2,4-二氯酚，在 60 min 以内去除率可以达 98.5%，其反应动力学常数为 0.069 min^{-1} (表 2-7)。而 Ce-Ti 复合氧化物和 CeO_2 催化剂可以加速 2,4-二氯酚的分解过程，对于 O_3/Ce(0.6)Ti 和 O_3/Ce(0.8)Ti 体系，其反应动力学常数分别增大至 0.270 min^{-1} 和 0.373 min^{-1}，相比单独臭氧氧化过程至少增加了 3 倍。然而，臭氧对于 TOC 的去除效率却很低[图 2-31(b)]，反应 180 min 去除率仅约 40%。加入催化剂显著加快了 TOC 的去除，对于 Ce(0.6)Ti 和 Ce(0.8)Ti 催化剂，180 min 内 TOC 去除率可达 90%，与 CeO_2 相比，提高约 20%。随着 Ce/Ti 摩尔比的增加，催化剂的催化活性先增加后降低，在 Ce/Ti 摩尔比为 0.6∶1 和 0.8∶1 时，Ce-Ti 复合氧化物催化剂表现出最好的催化活性。此外，还以草酸为目标污染物对催化剂的活性进行了考察，如图 2-31(c) 所示，单独臭氧很难氧化分解草酸，导致草酸的去除率较低。而催化剂的加入促进了草酸的氧化分解。从图中可以看出，Ce(0.6)Ti 在这一过程中

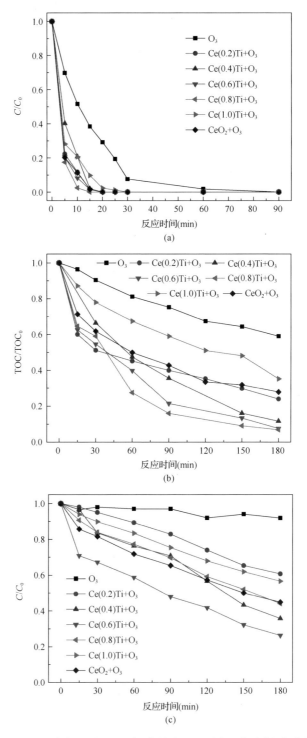

图 2-31　不同 Ce/Ti 摩尔比对 2,4-二氯酚(a)和 TOC(b)、草酸(c)去除率的影响

的催化活性最高,可以将草酸去除率提高至约 75%,其反应动力学常数为 0.0066 min^{-1},是臭氧氧化过程的 162 倍。

表 2-7　臭氧及催化臭氧氧化 2,4-二氯酚和草酸的反应动力学常数

项目	2,4-二氯酚		草酸	
	动力学常数(k, min^{-1})	R^2	动力学常数(k, min^{-1})	R^2
O_3	0.069	0.97	0.0000407	0.74
O_3+Ce(0.2)Ti	0.269	0.93	0.00287	0.98
O_3+Ce(0.4)Ti	0.248	0.87	0.00561	0.97
O_3+Ce(0.6)Ti	0.270	0.98	0.0066	0.97
O_3+Ce(0.8)Ti	0.373	0.99	0.00432	0.99
O_3+Ce(1.0)Ti	0.174	0.97	0.00314	0.99
O_3+CeO$_2$	0.256	0.95	0.00419	0.99

2) 陶瓷膜中间层对膜性能的影响

图 2-32 是 TiO$_2$ 陶瓷膜中间层剖面的 SEM 图。从图 2-32(a)中可以看出,TiO$_2$ 颗粒堆积紧密,在陶瓷膜支撑体表面形成 10 μm 厚的中间层。图 2-32(b)是图 2-32(a)的局部放大,可以看出中间层中 TiO$_2$ 颗粒尺寸与原料 TiO$_2$ 的原始尺寸基本一致,颗粒烧结形成孔道结构,孔径约为 100 nm。

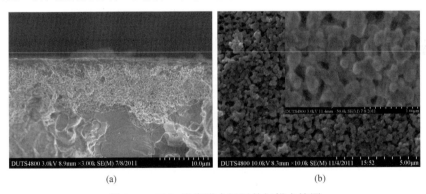

(a)　　　　　　　　　　　(b)

图 2-32　TiO$_2$ 陶瓷膜中间层的扫描电镜图

液液排除法是测量陶瓷微滤膜孔径分布的常用方法。当多孔陶瓷膜的膜孔道被一种液体(浸润剂)充满时,另一种与该浸润剂互不相溶的液体(渗透剂)要通过膜孔所需的压力与陶瓷膜孔径之间满足特定的数学关系,因此可通过测量没有浸润剂(干膜)及有浸润剂充满膜孔(湿膜)时的压力变化计算出孔径分布。液液排除法结果如图 2-33(a)所示:TiO$_2$ 陶瓷膜中间层的孔径分布较窄,平均孔径约为 124 nm。

图 2-33(b) 显示 TiO$_2$/Al$_2$O$_3$ 支撑体的通量和过膜压力之间呈良好的线性关系,当过膜压力为 0.1 MPa 时,通量为 398.5 L/(m^2·h),当压力增加到 0.4 MPa 时,其通量也增大到 1253.6 L/(m^2·h)。所得 TiO$_2$/Al$_2$O$_3$ 支撑体对于颗粒尺寸为 50 nm 的聚苯乙烯微球的截留率超过 90%,说明其截留颗粒尺寸为 50 nm,相比于 Al$_2$O$_3$ 支撑体有明显提高。

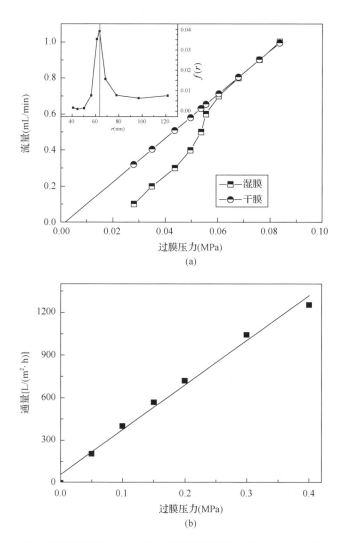

图 2-33　TiO$_2$ 陶瓷膜中间层的(a)通过液液排除法测量孔径分布、(b)纯水通量

3）Ce-Ti 复合催化膜的通量及截留性能

对比了在 673 K 与 823 K 下煅烧的 Ce-Ti 复合膜的通量及截留能力。从图 2-34 中可以看出，煅烧温度对陶瓷膜的通量影响较大，在 673 K 下煅烧制备的 Ce-Ti 复合陶瓷膜的通量仅为 40 L/(m² · h · bar)[①]，是 823 K 下煅烧制备的 Ce-Ti 复合陶瓷膜的 1/2。但是对于 PEG 分子，两种膜具有相近的截留能力，说明当煅烧温度从 673 K 升高到 823 K 时，由于膜面 Ce-Ti 复合氧化物颗粒之间的收缩与烧结，使膜孔隙率大幅提高，但是膜孔径并没有明显增加，所以最终表现为通量升高而截留能力却没有明显变化。因此，在对 Ce-Ti 复合催化膜水处理性能进行评价的实验中，为了得到更高的处理能力，主要选用 823 K 下煅烧的复合膜。以不同分子质量的 PEG 测定膜的截留能力，结果表明，Ce-Ti 复合催化膜的截留分子质量[图 2-34（b）]为 80000 Da，根据经验公式 $r = 0.33M_W^{0.46}$ 可以计算出其相对应的膜孔径为 12 nm，与比表面积和孔隙度分析仪测得的孔径基本一致。

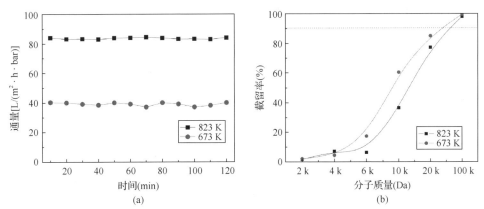

图 2-34　不同煅烧温度制备的 Ce-Ti 复合催化膜的通量曲线（a）、截留能力曲线（b）

4）Ce-Ti 复合催化膜的水处理性能

采用图 2-27 中介绍的间歇式臭氧化反应装置考察了臭氧氧化对四环素及 UV_{254} 的去除能力，结果显示臭氧化可以分解 34% 的四环素，同时对水中 UV_{254} 的去除率低于 5%。图 2-35 是 Ce-Ti 复合催化膜-臭氧耦合工艺对含四环素的模拟地表水中四环素和 UV_{254} 的去除率。从图 2-35（a）中可以看出，不加入臭氧的情况下，陶瓷膜对四环素有一定的截留能力，但是随着时间的加长，膜面截留的四环素浓度增大，形成浓度较高的附着层。由于浓差极化作用导致四环素去除率在 6 h 后明显降低，仅有 10% 左右。而对于腐植酸类物质[图 2-35（b）]，Ce-Ti 复合催化膜能够对其中分子量比较大的部分实现截留，其去除率基本保持在 50% 左右。

_____

① bar 为非法定单位，1 bar=10^5 Pa。

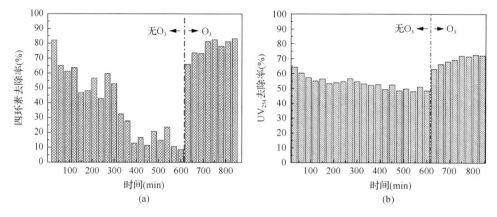

图2-35　Ce-Ti复合催化膜与臭氧耦合工艺对四环素(a)和UV$_{254}$(b)的去除率

　　而当臭氧加入到膜处理系统以后，由于臭氧氧化和催化臭氧氧化作用，四环素和UV$_{254}$的去除率都有所增加。其中，四环素的去除率增加到了80%以上。而间歇性实验表明，臭氧氧化对四环素的去除率仅能达到34%左右。同时，UV$_{254}$的去除率也提高到了72%。通过对比实验数据可以看出，Ce-Ti复合催化膜在有机物去除方面具有催化臭氧氧化和膜分离的耦合协同效应，四环素和UV$_{254}$的去除率比单独臭氧氧化过程和膜分离过程二者的去除率之和分别提高了36%和17%。其机理为臭氧在Ce-Ti催化膜表面进行化学吸附并分解产生吸附态的活性氧自由基，进一步与水作用，生成具有更强氧化能力的•OH，非选择性地氧化水体中的有机物质，从而增加了污染物的去除率。

2.3.2　多级孔结构分离层对催化臭氧氧化分离膜性能的提高作用

　　商品化的陶瓷膜通常是通过逐层减小涂覆颗粒的尺寸来实现对膜孔径的精确控制的，这种方法在制备非对称结构陶瓷膜的过程中是非常有效的，但不利于需要在陶瓷膜上涂敷催化材料的情况，不但限制了催化功能层的比表面积，而且由于在成型的陶瓷膜上负载催化剂的方法有限，可选的催化材料受到限制。利用纳米棒形状的臭氧氧化催化材料构建膜的分离层，因纳米棒单体交叠可形成发达的孔道、暴露的催化活性位多、比表面积高、孔道发达、传质阻力小，可有效克服上面提到的缺点[25]。

1. 多级孔结构分离层及其催化臭氧氧化分离膜的制备方法

1) 板式陶瓷膜支撑体的制备

板式陶瓷膜支撑体制备流程如下：首先将烧结助剂高岭土(15%，质量分数)、TiO$_2$(1%，质量分数)与主料Al$_2$O$_3$粉体球磨12 h，使粉料充分混合均匀，并通过球磨让粉体颗粒尺寸更均匀；接着将粉料筛分后，转移到搅拌机中，加入 CMC、PVA、PEG 6000 的水溶液以及桐油，搅拌 12 h 得到塑性浆料；将浆料放入真空炼泥机中进行炼泥，重复炼泥三次以完全脱除浆料中的微气泡，并使有机添加剂更均匀；将炼制好的泥料放入温度和湿度恒定的箱体中陈化 48 h，使泥料中的水分和有机添加剂分散更均匀；然后将得到的泥料放置在空气中自然晾干，得到分散良好的干料，经过研磨筛分得到颗粒均匀的混合粉料；最后，取一定质量的粉料在压制成型机中压制成具有一定直径和厚度的板式陶瓷膜，再经高温烧制后得到具有一定孔径结构的板式陶瓷膜支撑体。

2）Ti-Mn 溶胶的制备步骤

将 0.9 g 非离子型表面活性剂 Pluronic® F-127 溶于 20 mL 乙醇中；剧烈搅拌下，逐滴加入 5 mL 四异丙醇钛、1.427 mL 醋酸、0.769 mL 硝酸锰（溶液质量分数为 50%）和 1.5 mL 高纯水；搅拌 60 min 后得到黄色透明的 Ti/Mn 摩尔比为 1∶0.1 的 Ti-Mn 复合溶胶，通过纳米粒度仪分析其平均粒径为 26 nm。

3）纳米棒组装 TiO_2/Al_2O_3 复合膜（MPTM）的制备

采用浸渍提拉法制备纳米棒组装 TiO_2/Al_2O_3，具体过程如下：将一定量的 PVA 溶解于水中，添加颗粒尺寸为 200～300 nm 的金红石型 TiO_2 粉体并不断搅拌，形成具有一定黏度的涂膜浆料备用；使用前将上述浆料超声分散 15 min，然后使用实验室自制涂膜装置对平板型 Al_2O_3 膜支撑体进行涂覆，涂覆次数为两次，最后经过干燥后，在空气氛中 800℃煅烧 1 h 后，升温至 1200℃煅烧 1 h，在 Al_2O_3 支撑体上制成具有一定厚度的 TiO_2 纳米棒膜层。

4）多级孔结构催化膜（HPCM）的制备

使用自制的真空浸渍装置制备多级孔结构催化膜。以上述所得纳米棒组装型 TiO_2/Al_2O_3 复合膜作为载体膜，制备介孔 Ti-Mn 催化剂负载的多级孔结构催化膜。其具体制备过程（图 2-36）如下：将载体膜放入广口瓶中，密封后开启真空泵，让膜片在真空环境中放置 10 min；将真空漏斗中的 50 mL Ti-Mn 溶胶放入玻璃瓶中，并迅速关闭真空塞；保持真空直到膜面没有气泡冒出为止；将涂覆后的膜片在 50℃下干燥 12 h，然后分别在 400℃、550℃、650℃下煅烧 2 h，得到 Ti-Mn 介孔催化剂负载的多级孔结构催化膜。

2. 多级孔结构分离层及其催化臭氧氧化分离膜的性能

1）性能评价设备

采用膜分离-臭氧耦合装置对 Ti-Mn 负载多级孔结构催化膜在半连续运行过程中的性能进行了评价。图 2-37 是板式膜-臭氧耦合实验系统的流程示意图，该装置

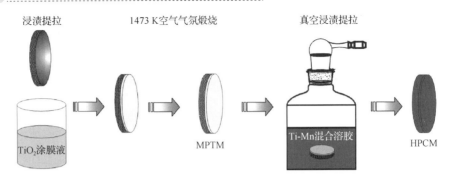

图 2-36　Ti-Mn 负载的多级孔结构催化膜的制备流程图,其中 MPTM 表示纳米棒组装
TiO$_2$/Al$_2$O$_3$复合膜,HPCM 表示多级孔结构催化膜

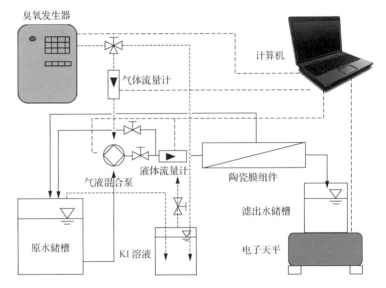

图 2-37　板式膜-臭氧耦合实验系统流程图

主要由臭氧发生器、气液混合泵、陶瓷膜组件、原水及滤出水储槽以及废气吸收器等部分组成。实验过程中,原水经过气液混合泵与臭氧混合后,进入装载了**Ti-Mn** 负载多级孔结构催化膜的组件中进行膜分离及催化反应,滤出水进入出水瓶中,并通过电子天平测量质量变化,进而计算运行过程中通量的变化情况;臭氧气体浓度由发生器的电压调节,进入混合泵的气体流量通过气体流量计调节;进入膜组件的液体流量通过液体流量计调节,系统压力通过调节阀门进行改变。

2) 纳米棒组装 TiO$_2$/Al$_2$O$_3$ 复合膜的表征与分析

纳米棒组装 TiO$_2$/Al$_2$O$_3$ 复合膜是通过高温空气氛煅烧实现 TiO$_2$ 纳米颗粒的可控生长制备而成的。图 2-38 展示了纳米棒组装 TiO$_2$/Al$_2$O$_3$ 复合膜的表面及断面结构。从图 2-38(a)中可以看出,TiO$_2$/Al$_2$O$_3$ 复合膜的膜面结构均匀,是由直径为 200 nm

左右，长度为 10 μm 的 TiO$_2$ 纳米棒交织成的。图 2-38(b) 是膜面结构的放大图，从中可看出 TiO$_2$ 纳米棒组装形成的膜面孔径约为 2 μm，而从其断面的 SEM 图 [图 2-38(c)] 中可以看出 TiO$_2$ 纳米棒组装成的膜层厚度约为 20 μm。

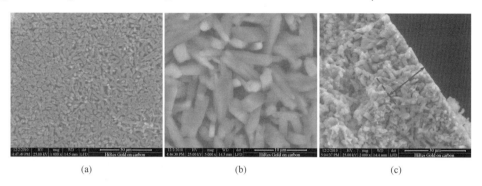

(a)　　　　　　　　　　(b)　　　　　　　　　　(c)

图 2-38　纳米棒组装 TiO$_2$/Al$_2$O$_3$ 复合膜的表面及断面 SEM 图

(a)膜表面结构；(b)膜面结构放大图；(c)膜断面结构图

对纳米棒组装 TiO$_2$/Al$_2$O$_3$ 复合膜的通量进行分析(图 2-39)，结果表明纳米棒组装 TiO$_2$/Al$_2$O$_3$ 复合膜的纯水通量与过膜压力呈良好的线性关系。在过膜压力为 0.1 MPa 时，纯水通量为 1080.6 L/(m^2·h) 的条件下，当过膜压力增加到 0.4 MPa 时，其纯水通量也增加到近 4500 L/(m^2·h)。对其截留性能分析发现，所得纳米棒组装 TiO$_2$/Al$_2$O$_3$ 复合膜对于颗粒尺寸为 50 nm 的聚苯乙烯微球的截留率超过 90%，说明其截留颗粒尺寸为 50 nm，相比于 Al$_2$O$_3$ 支撑体有明显提高。

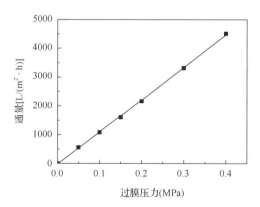

图 2-39　纳米棒组装 TiO$_2$/Al$_2$O$_3$ 复合膜的通量

为了考察 TiO$_2$ 纳米棒组装陶瓷膜的生成机理，研究了煅烧温度及时间对陶瓷膜中间层的表面形态及 TiO$_2$ 颗粒的生长状况的影响，从图 2-40(a) 中可以看出当煅烧温度为 800℃时，膜面是由松散的 TiO$_2$ 颗粒堆积而成；当温度升高到 1000℃

时[图 2-40(b)]，TiO$_2$ 颗粒之间出现烧结和融合，而且有一些棒状结构出现，这可能是后期棒状材料生长的种子；当煅烧温度达到 1200℃时[图 2-40(c)]，膜面出现了完整的 TiO$_2$ 棒状结构，这些棒状 TiO$_2$ 组装成中间层，显著增加了中间层的表观膜孔径；当温度维持在 1200℃，但是煅烧时间由 60 min 增加到 80 min 时[图 2-40(d)]，形成的 TiO$_2$ 纳米棒开始出现熔化现象，继续将煅烧时间延长到 120 min[图 2-40(e)]，最终形成蜂窝状膜面结构。因此，煅烧是制备 TiO$_2$ 纳米棒组装陶瓷膜中间层的关键因素。

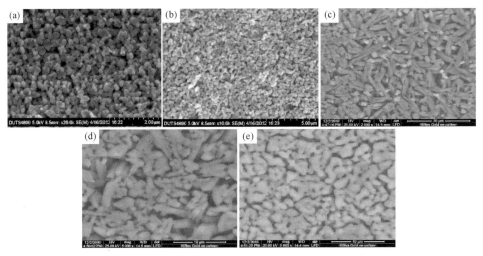

图 2-40　不同煅烧温度下 TiO$_2$/Al$_2$O$_3$ 复合膜的表面形态
(a) 1073 K；(b) 1273 K；(c) 1473 K-60 min；(d) 1473 K-80 min；(e) 1473 K-120 min

对不同温度下煅烧所得 TiO$_2$/Al$_2$O$_3$ 复合膜的纯水通量进行表征(图 2-41)，发

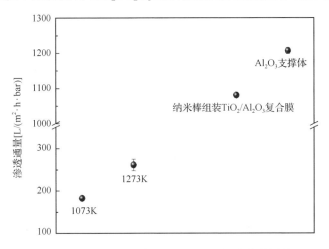

图 2-41　不同煅烧温度下 TiO$_2$/Al$_2$O$_3$ 复合膜的通量

现随着煅烧温度的升高,膜纯水通量也不断增加,特别是 TiO_2 纳米棒生长成型后,其通量迅速增加到 1080.6 L/($m^2 \cdot$ h $\cdot$ bar),说明 TiO_2 纳米棒的形成很大程度上增加了膜的孔隙率,减小了膜的渗透阻力。与 Al_2O_3 支撑体相比,纳米棒组装 TiO_2/Al_2O_3 复合膜的纯水通量仅减小了约 120 L/($m^2 \cdot$ h $\cdot$ bar),说明 TiO_2 纳米棒膜层对膜面阻力的贡献很小。

3) 多级孔分离层的表征

以纳米棒组装 TiO_2/Al_2O_3 复合膜作为催化剂载体,采用真空浸渍沉积法负载介孔 Ti-Mn 催化剂。煅烧后形成具有多级孔结构的催化陶瓷膜。如图 2-42 所示,多级孔结构催化膜的膜层是由 TiO_2 纳米棒组装成的大孔骨架结构及介孔 Ti-Mn 催化剂填充的二级介孔结构组成。由于 TiO_2 骨架结构的孔隙较大,在真空浸渍系统的压力驱动下,Ti-Mn 溶胶很容易渗入 Al_2O_3 支撑体内部孔道,形成催化剂涂覆层,提高了催化剂的负载量,最大限度地利用了 TiO_2/Al_2O_3 复合膜的负载能力,同时也在一定程度上增加了所得催化膜的比表面积和反应活性位点,增强了膜的臭氧催化性能。

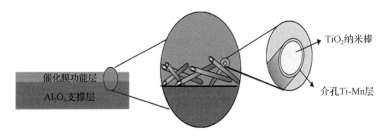

图 2-42　多级孔结构催化膜的结构示意图

图 2-43 对比了负载介孔 Ti-Mn 催化剂前后陶瓷膜表面形态的变化。从图中可以看出,负载催化剂后,膜的表面形态产生明显变化,然而介孔 Ti-Mn 催化剂没有在膜面形成连续的涂层。从图 2-43 (b) 中可以看出,Ti-Mn 催化剂负载于 TiO_2 纳米棒状颗粒的表面,TiO_2/Al_2O_3 载体膜的原有孔道仍能清晰辨认出来,说明在所得催化陶瓷膜的膜面结构中,不仅维持了纳米棒组装型的 TiO_2/Al_2O_3 陶瓷膜的原有孔道结构,而且也包含介孔 Ti-Mn 催化剂所形成的二级孔道结构,从而构成了多级孔道结构催化陶瓷膜。这种催化陶瓷膜的优点在于不仅可以保持载体膜通量大的特性,而且增加了催化剂的负载量和催化膜的比表面积。

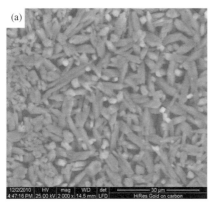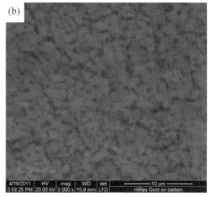

图 2-43　负载介孔 Ti-Mn 催化剂前后的陶瓷膜表面形态
(a)纳米棒组装 TiO$_2$/Al$_2$O$_3$复合膜；(b)多级孔结构催化膜

图 2-44 所示为多级孔结构催化膜内部颗粒的 TEM 图。所表征的颗粒是从陶瓷膜支撑体内部取出的，具有一定的代表性。从图中可以看出，Ti-Mn 催化剂在颗粒表面形成负载层，具有典型的多孔结构。催化剂颗粒大小约为 10 nm，其厚度约为 100 nm。进一步证实了真空浸渍法制备的多级孔结构催化膜是由载体膜的原有一级孔道结构和 Ti-Mn 催化涂层的二级孔道结构组成。同时，载体膜的支撑体也被充分利用成为催化剂载体，实现了对陶瓷膜催化剂负载能力的最大限度利用。

图 2-44　负载介孔 Ti-Mn 催化剂的陶瓷膜 TEM 图

通过 EDS 进一步分析了催化剂中的 Ti 和 Mn 元素在陶瓷膜中的分布，分析结果如图 2-45 和图 2-46 所示。从图 2-45 中可以看出，Ti 和 Mn 均匀分布在陶瓷膜表面，说明采用 Ti-Mn 复合溶胶涂覆的催化膜中，催化剂的分布较为均匀；而图 2-46 的结果证明介孔 Ti-Mn 催化剂可以进入陶瓷膜的内孔道，进一步证明了真空浸渍法制备的多级孔结构催化膜可以实现对陶瓷膜整体的充分利用,从而增加了催化剂的负载量以及陶瓷膜的比表面积。因此,采用这种催化陶瓷膜可以提高催化膜的催化剂负载量,能够在臭氧-膜耦合工艺中展现出较好的臭氧催化能力。

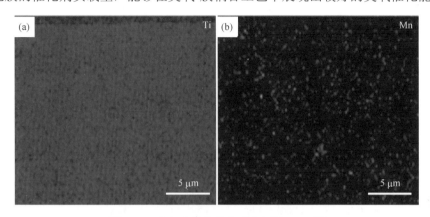

图 2-45　多级孔结构催化膜表面的 EDS 图

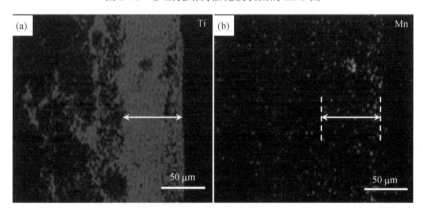

图 2-46　多级孔结构催化膜断面的 EDS 图

图 2-47 是不同温度煅烧条件下 Ti-Mn 复合催化剂的氮气吸附-脱附等温曲线图和孔径分布图。从图中可以看出,煅烧温度对催化剂孔结构的影响十分显著,随着温度的升高,催化剂的平均孔径明显增大。如图 2-47(a) 所示,煅烧温度在 673 K 和 823 K 时,Ti-Mn 复合催化剂的氮气吸附-脱附等温曲线出现典型的 H2 型滞回环,说明在此条件下,Ti-Mn 复合催化剂具有典型的介孔结构,而其出现的相对压力分别在 p/p_0 为 0.4～0.7 以及 0.5～0.9 之间,说明孔径较小,孔径分布较窄;而当煅烧温度升高到 923 K 时,滞回环不再是 H2 型,说明催化剂的介孔结构在煅烧过程中遭到破坏。图 2-47(b) 所示为催化剂的孔径分布随煅烧温度的变化,从图中可以看出,在 673 K 煅烧下,其孔径为 3.5 nm;当温度升高到 823 K 时,其孔径增加到 10.6 nm;继续升高煅烧温度到 923 K 时,其孔径增加到 29.5 nm。

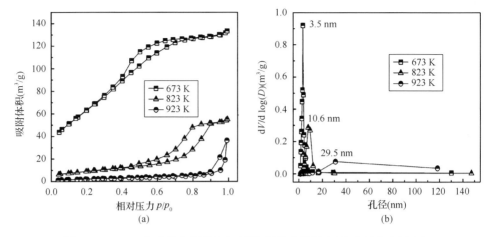

图 2-47 Ti-Mn 复合催化层的氮气吸附-脱附曲线图(a)和孔径分布图(b)

图 2-48 所示为 Ti-Mn 催化剂的晶型结构随着煅烧温度变化而变化。在 673 K 时，只有锐钛矿型 TiO$_2$(101)晶面($2\theta = 25.4°$)的特征峰出现，说明在这一煅烧温度下，催化剂的晶体结构并没有完全形成，锰氧化物可能也以无定形态存在，不利于催化剂的稳定；当温度升高到 823 K 时，谱图中出现了锐钛矿型 TiO$_2$ 的特征峰，也出现了金红石型 TiO$_2$ 的特征峰($2\theta = 27.4°$、$36.04°$、$41.28°$、$54.32°$、$56.64°$、$69.04°$、$69.8°$)，说明部分锐钛矿型 TiO$_2$ 已经转变成金红石型 TiO$_2$，但是仍然没有锰氧化物的晶体结构出现。其主要可能原因是：①锰氧化物仍然是无定形态；②锰氧化物已经形成晶体形态，但是晶体颗粒太小，并不能在 XRD 中检测到。但是当温度升高到 923 K 时，Mn$_2$O$_3$ 的特征峰($2\theta = 22.96°$、$32.84°$、$45.08°$、$49.20°$、$54.96°$、$65.60°$)均被检测出来，说明此煅烧条件下，形成了颗粒较大的锰氧化物，这也是导致催化剂的介孔结构坍塌的主要原因。

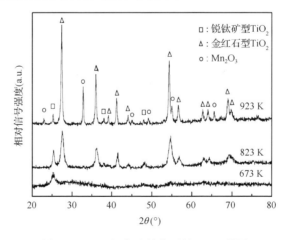

图 2-48 Ti-Mn 复合催化层的 XRD 谱图

通过 XPS 方法分析了 Ti-Mn 复合催化剂中 Ti 和 Mn 的存在形态。图 2-49 所示为 Ti-Mn 催化层的 XPS 全谱图，图 2-50 为 Ti 和 Mn 的局部 XPS 谱图。从图中可以看出，Ti 的 Ti $2p_{3/2}$ 和 Ti $2p_{1/2}$ 峰分别出现在 458.2 eV 和 463.9 eV，说明 Ti 主要以 Ti^{4+} 存在。而对于 Mn 元素，Mn 的 2p 轨道峰分别出现在 641.8 eV 和 653.6 eV，但是由于 Mn^{2+} 到 Mn^{4+} 的 2p 轨道峰之间的差值非常小（小于 1.0 eV），很难用于区分 Mn 的价态。因此，图 2-50(b) 中的 Mn 2p 轨道峰说明 Mn 在 Ti-Mn 复合催化剂中可能是以 $Mn^{2+/3+/4+}$ 的形式存在的。

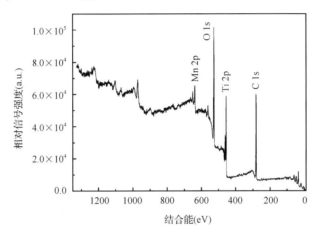

图 2-49　823 K 煅烧的 Ti-Mn 复合氧化物催化剂的 XPS 全谱图

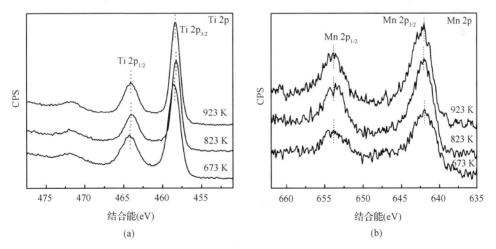

图 2-50　Ti-Mn 复合氧化物催化剂的 XPS 谱图

(a) Ti；(b) Mn

4) 多级孔结构陶瓷膜的通量及截留性能

图 2-51 所示为多级孔结构催化膜与纳米棒组装陶瓷膜的截留能力对比。从图中可以看出，介孔 Ti-Mn 催化剂负载后，陶瓷膜对分子质量大于 4000 Da 的 PEG 分子的截留能力并没有明显变化，这说明催化剂的负载并没有堵塞原有的膜孔道，而只是在颗粒表面形成介孔催化层；而对于分子质量小于 4000 Da 的 PEG 分子的截留能力却有一定增加，这可能是由于介孔催化剂的负载增加了膜的吸附性能，部分分子质量小于 4000 Da 的 PEG 分子由于其分子大小和催化剂孔径相匹配，很容易进入催化剂孔道，所以其截留能力有所增加。而负载后的陶瓷膜的通量经测定为 380.6 L/(m²·h·bar)，较为负载前的膜通量[1080.7 L/(m²·h·bar)]有一定减小。

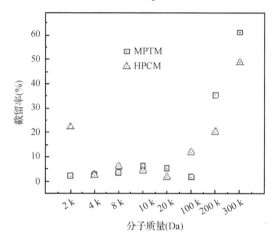

图 2-51　多级孔结构催化膜与纳米棒组装陶瓷膜的截留能力图
MPTM 表示纳米棒组装 TiO₂/Al₂O₃ 复合膜，HPCM 表示多级孔结构催化膜

5) 多级孔结构陶瓷膜水处理性能评价

图 2-52 对比了 Ti-Mn 催化剂负载前后陶瓷膜在处理模拟印染废水的性能，反应条件为 COD_{Cr}：310.3 mg/L，臭氧剂量：2.5 mg/L，膜面压差：2 bar。从图 2-52(a) 中可以看出，在没有臭氧加入的情况下，运行 300 min 后，膜通量降低了 71.3%，这主要是染料在膜面的富集导致的；在未负载催化剂的载体膜与臭氧结合过程中，在相同的运行时间内，通量降低了 84.6%，相比于单独膜分离过程，膜污染现象反而有所加重，这主要是由于臭氧化过程使活性红-3BS 发生了部分分解反应，产生了富含—SO₃H 和—NH₂ 基团的中间产物，加剧了水体中颗粒物的团聚以及其在膜面的富集，从而加重了膜污染；对于 Ti-Mn 催化剂负载后的催化膜，通量可以稳定在纯水通量的 50% 左右，相比于无催化剂负载的陶瓷膜提高了近 40%。图 2-52(b) 对比了不同反应条件下水体中的色度、COD_{Cr}、苯胺的去除效果。从图中

可以看出，单独膜分离过程对污染物的去除率较低；而臭氧化作用可以有效去除苯胺和色度，但对 COD_{Cr} 的去除率仅有约 10%；未负载催化剂的载体膜与臭氧结合过程对 COD_{Cr} 的去除相对于单独臭氧氧化无明显提高；而介孔 Ti-Mn 催化剂修饰的多级孔结构催化膜与臭氧的耦合过程中，COD_{Cr} 的去除率大幅提高，达到了 38.0%，与载体膜相比提高了约 25.0%。通过对比臭氧加入前后污染物的去除率以及膜通量变化，可以看出臭氧氧化和催化臭氧氧化对于水体中有机污染的去除和膜污染的缓解都有很大帮助。这是由于 Ti-Mn 复合氧化物强化了臭氧产生羟基自由基，从而增强了污染物的去除效率、减缓了膜污染过程。

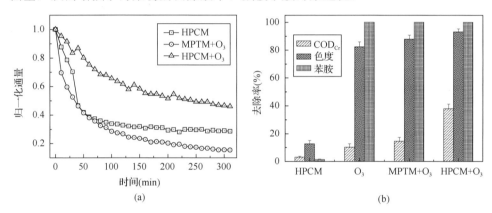

图 2-52　MPTM 和 HPCM 在臭氧膜耦合工艺中的应用性能对比

(a)通量变化；(b)污染物去除率，图中 MPTM 表示纳米棒组装 TiO_2/Al_2O_3 复合膜，HPCM 表示多级孔结构催化膜

此外，多级孔结构催化膜的结构也是影响其催化性能的重要因素。首先，填充在大孔骨架结构中的介孔 Ti-Mn 催化剂可以为臭氧和污染物的吸附和反应提供较大的比表面积和较多活性位点；其次，通过真空浸渍法在压力的驱动下，使介孔 Ti-Mn 催化剂渗入陶瓷膜支撑体内部，增加了催化剂的负载量，使催化臭氧氧化反应过程不仅在膜层结构中进行，而且延续到支撑体内部的孔道中，最大限度利用了陶瓷膜的负载能力；另外，多级孔结构也可以强化臭氧和有机物在膜结构中的传质作用，有利于臭氧与有机物在催化剂表面的吸附与接触反应。

为了研究臭氧加入剂量对多级孔结构催化膜通量和污染物去除率的影响，在图 2-52 数据基础上考察了臭氧剂量 0.6 mg/L、1.2 mg/L、5.0 mg/L 的通量及去除率，结果如图 2-53 所示。当臭氧加入剂量在 0~2.5 mg/L 的范围内时，COD_{Cr} 和色度的去除率随着臭氧剂量的增加而不断增加，并在臭氧剂量为 2.5 mg/L 时达到最大值，分别为 38.0%和 93.1%，进一步增大臭氧剂量，COD_{Cr} 和色度的去除率没有明显增加。

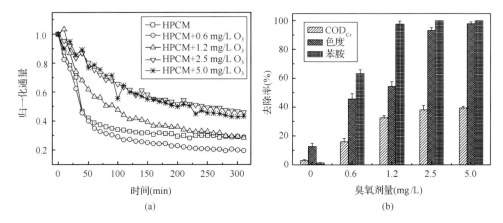

(a)　　　　　　　　　　　　　(b)

图 2-53　臭氧剂量对多级孔结构催化膜在处理模拟印染废水中的通量和污染物去除率的影响
(a)通量变化；(b)污染物去除率对比

　　为了确定这一技术的应用领域和处理能力，进一步考察了进水 COD_{Cr} 对水中 COD_{Cr}、色度以及苯胺去除率的影响。从图 2-54 中可以看出，当进水 COD_{Cr} 超过 200 mg/L 时，COD_{Cr} 的去除率最高达到 46.2%；而对于 COD_{Cr} 小于 200 mg/L 的废水，COD_{Cr} 去除率可以达到 70%，且出水 COD_{Cr} 小于 50 mg/L，能够达到国家废水排放标准。该结果表明，这一耦合工艺在废水的深度处理领域具有实际应用价值。

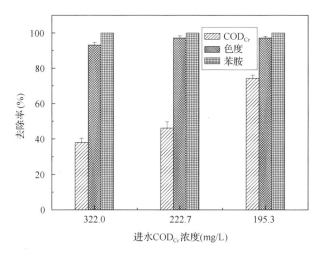

图 2-54　不同进水 COD_{Cr} 对污染物去除率的影响

2.3.3　催化臭氧氧化分离膜的中试设备及性能

在上述工作基础上，研制了纯水通量 100 m³/d 的催化臭氧氧化膜分离装置，并在某化工园区污水处理厂做了现场试验。该厂进水来自周边化工企业，经生化法处理后 COD 等指标不能达到国家排放标准。该中试装置由三部分构成，首先是粗滤部分，用于过滤污水处理厂出水中的悬浮颗粒物，保护膜组件；核心单元是催化臭氧氧化功能膜组件，用于分离并分解污染物；最后是活性炭部分，用于分解过量臭氧。三部分设备整合到一个集装箱内，形成集成装置[26]。图 2-55 和图 2-56 分别为中试设备流程图和中试设备实物图。

该设备具体流程如下：二级生化出水由进水泵经粗滤器和精滤器泵入缓冲罐待处理；缓冲罐内污水同臭氧由气液混合泵同时泵入膜组件中，膜组件渗出液经活性炭过滤器和精滤器后进入产水罐，膜组件浓缩液回流至缓冲罐继续待处理。其中，粗滤器和精滤器分别由 10 μm 和 5 μm 的 PP 滤棉填装而成；膜组件由 14 根所制的负载二氧化锰臭氧催化剂陶瓷膜组装而成，且膜组件间可采用多种串并联组合方式以应对不同出水水质的需求。膜组件的操作压力通过调节气液混合泵输出功率进行控制，臭氧投加量通过调节臭氧发生器功率控制。该设备备有反洗泵，可适时地抽取产水罐内的产水冲洗膜组件以维持膜通量处在较高的水平。

图 2-57 考察了膜操作压力对膜通量的影响。结果显示随着操作压力上升，膜通量逐渐提高。压力在 0.1～0.2 MPa 时，随时间延长膜通量缓慢下降，膜污染不严重；当操作压力达 0.25 MPa 时，膜通量随时间延长迅速下降，膜污染严重。在各个操作压力下，膜后出水 COD 均在 40 mg/L 以下，达到国家排放标准。

膜操作压力的提高会加快污水的过膜速率，减少污染物的反应时间，因此，高操作压力下 COD 的去除应有所下降，然而实验结果与上述推论并不一致。图 2-58 显示了不同膜操作压力下膜前后水质的 COD 对比图。由图得知，不同膜操作压力下 COD 去除的绝对值基本相同，约为 30 mg/L，表明选取范围的膜操作压力对 COD 的去除基本没有影响。其可能的原因是污染物过膜时间已经足以满足其催化臭氧氧化的反应时间。综合膜通量和出水水质结果，优化的操作压力条件为 0.2 MPa。

图 2-59 考察了臭氧投加量对 COD 去除的影响。当臭氧投加量从 1.5 mg/L 增加到 2.5 mg/L 时，膜通量显著提高。而继续增加臭氧投加量到 3 mg/L 时，膜通量改善不明显。随着臭氧投加量的增加，COD 去除率略有增加，且在各个臭氧投加量下，COD 值均在 50 mg/L 以下，达到国家排放标准。综上所述，选择臭氧投加量为 2.5 mg/L。

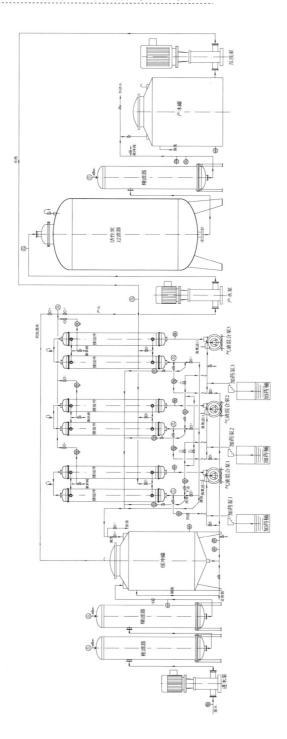

图 2-55　中试设备流程图

CI、PI、FIC、PIC 都是仪表传感器，分别代表电导率指示、压力指示、流量指示和控制、压力指示和控制，这些传感器与控制系统连接，可将适时数据传送到计算机，部分带控制功能的还可通过计算机调控参数

图 2-56　中试设备实物照片

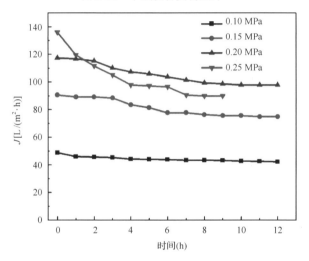

图 2-57　膜操作压力对膜通量的影响

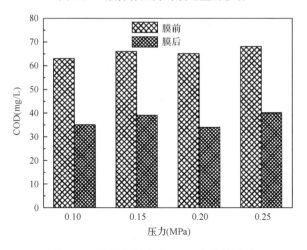

图 2-58　膜操作压力对 COD 去除的影响

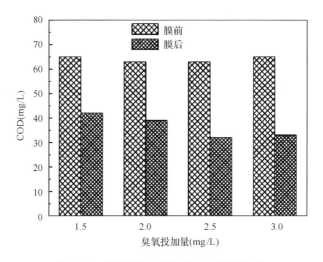

图 2-59 臭氧投加量对 COD 去除的影响

设备连续运行 30 天的膜通量和不同单元出水 COD 的变化趋势见图 2-60 和图 2-61。结果显示，30 天连续运行中，膜通量保持稳定；膜单元出水的 COD 均低于 50 mg/L，膜处理后经过活性炭柱后的出水 COD 均在 40 mg/L 以下，色度为1，悬浮颗粒物完全去除，大肠杆菌被膜组件完全分离，出水无检出。

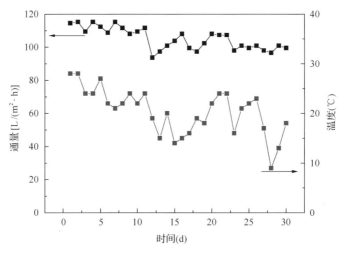

图 2-60 膜通量的变化趋势

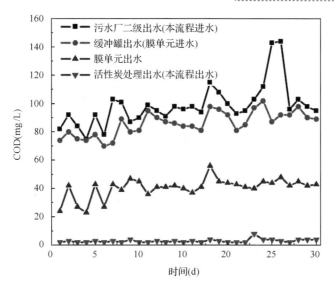

图 2-61　各节点出水 COD 的变化

2.4　本章小结

不断提高臭氧氧化催化剂的性能、抑制金属离子溶出、开发高效催化剂组件及设备是催化臭氧氧化分解 POPs 技术研究领域的发展方向。

多级孔道结构的催化剂是提高催化性能的有效途径，以介孔材料为载体或者制备出无载体的多级孔道结构催化剂均可提高催化剂比表面积、暴露更多的活性位点，促进污染物与催化剂的接触反应以及传质过程，进而强化其催化效率。对碳材料进行掺杂、氧化、负载等处理后可调控碳材料对均相催化剂的吸附性能、对污染物及产物的吸附-脱附性能、提高掺杂位点周边碳原子的正电性，促进臭氧的亲核反应，同时解决碳材料催化臭氧氧化效率不高和金属离子溶出的问题。

催化臭氧氧化耦合膜分离技术是一种高效反应装置，利用膜的截留作用延长催化剂与污染物接触时间，使催化臭氧氧化反应得以充分进行。该设备具有高效去除污染物、减缓膜污染、提高通量、方便回收催化剂、抑制金属溶出等多种功效，是一种可行的应用技术。

参 考 文 献

[1] Sonntag C. 水和污水处理的臭氧化学. 刘正乾, 译. 北京: 中国建筑工业出版社, 2016: 71.

[2] Barron E, Deborde M, Rabouan M, Mazellier P, Legube B. Kinetic and mechanistic investigations of progesterone reaction with ozone. Water Research, 2006, 40(11): 2181-2189.

[3] Yao C, Haag W. Rate constants for direct reactions of ozone with several drinking water contaminants. Water Research, 1991, 25(7): 761-773.

[4] Buhler R, Staehelin J, Hoigné J. Ozone decomposition in water studied by pulse radiolysis. 1. HO_2/O_2^- and HO_3/O_3^- as intermediates. The Journal of Physical Chemistry, 1984, 88(12): 2560-2564.

[5] Staehelin J, Buhler R E, Hoigné J. Ozone decomposition in water studied by pulse radiolysis. 2. OH and HO_4 as chain intermediates. The Journal of Physical Chemistry, 1984, 88(24): 5999-6004.

[6] 储金宇, 吴春笃, 陈万金, 陈志刚. 臭氧技术及应用. 北京: 化学工业出版社, 2002: 23.

[7] Nawrocki J. Catalytic ozonation in water: Controversies and questions. Discussion paper. Applied Catalysis B: Environmental, 2013, 142: 465-471.

[8] Beltrán F J. 水和废水的臭氧反应动力学. 周云端译. 北京: 中国建筑工业出版社, 2007: 196.

[9] Pinheiro da Silva M, Soeira L, Daghastanli K, Martins T, Cuccovia I, Freire R, Isolani P. CeO_2-catalyzed ozonation of phenol: The role of cerium citrate as precursor of CeO_2. Journal of Thermal Analysis and Calorimetry, 2010, 102(3): 907-913.

[10] Rosal R, Rodríguez A, Gonzalo M, García-Calvo E. Catalytic ozonation of naproxen and carbamazepine on titanium dioxide. Applied Catalysis B: Environmental, 2008, 84(1-2): 48-57.

[11] Park J S, Choi H, Cho J. Kinetic decomposition of ozone and parachlorobenzoic acid (pCBA) during catalytic ozonation. Water Research, 2004, 38(9): 2285-2292.

[12] Zhang T, Lu J, Ma J, Qiang Z. Comparative study of ozonation and synthetic goethite-catalyzed ozonation of individual NOM fractions isolated and fractioned from a filtered river water. Water Research, 2008, 42(6-7): 1563-1570.

[13] Zhang T, Li W, Croué J. Catalytic ozonation of oxalate with a cerium supported palladium oxide: An efficient degradation not relying on hydroxyl radical oxidation. Environmental Science & Technology, 2011, 45(21): 9339-9346.

[14] Zhu Y, Quan X, Chen F, Fan X, Feng Y. CeO_2-TiO_2 coated catalytic membrane for treatment of tetracycline in drinking water using a combined membrane and ozone system. Science of Advanced Materials, 2012, 4: 1191-1199.

[15] Bing J, Hu C, Nie Y, Yang M, Qu J. Mechanism of catalytic ozonation in Fe_2O_3/Al_2O_3@SBA-15 aqueous suspension for destruction of ibuprofen. Environmental Science & Technology, 2015, 49(3): 1690-1697.

[16] Rosal R, Gonzalo M S, Rodríguez A, Perdigón-Melón J A, García-Calvo E. Catalytic ozonation of atrazine and linuron on MnO_x/Al_2O_3 and MnO_x/SBA-15 in a fixed bed reactor. Chemical Engineering Journal, 2010, 165(3): 806-812.

[17] Wang J, Bai Z. Fe-based catalysts for heterogeneous catalytic ozonation of emerging contaminants in water and wastewater. Chemical Engineering Journal, 2017, 312: 79-98.

[18] Restivo J, Órfão J J, Pereira M F, Garcia-Bordejé E, Roche P, Bourdin D, Houssais B, Coste M, Derrouiche S. Catalytic ozonation of organic micropollutants using carbon nanofibers supported on monoliths. Chemical Engineering Journal, 2013, 230: 115-123.

[19] Yin R, Guo W, Du J, Zhou X, Zheng H, Wu Q, Chang J, Ren N. Heteroatoms doped graphene for catalytic ozonation of sulfamethoxazole by metal-free catalysis: Performances and mechanisms. Chemical Engineering Journal, 2017, 317: 632-639.

[20] Gonçalves A G, Órfão J M, Pereira M F. Ceria dispersed on carbon materials for the catalytic ozonation of sulfamethoxazole. Journal of Environmental Chemical Engineering, 2013, 1(3): 260-269.

[21] Hewer T L, Soeira L S, Brito G E, Freire R S. One-pot green synthesis of cerium oxide-carbon microspheres and their catalytic ozonation activity. Journal of Materials Chemistry A, 2013, 1(20): 6169-6174.

[22] Afzal S, Quan X, Chen S, Wang J, Muhammad D. Synthesis of manganese incorporated hierarchical mesoporous silica nanosphere with fibrous morphology by facile one-pot approach for efficient catalytic ozonation. Journal of Hazardous Materials, 2016, 318: 308-318.

[23] Afzal S, Quan X, Zhang J. High surface area mesoporous nanocast LaMO$_3$ (M= Mn, Fe) perovskites for efficient catalytic ozonation and an insight into probable catalytic mechanism. Applied Catalysis B: Environmental, 2017, 206: 692-703.

[24] Wang J, Chen S, Quan X, Yu H. Fluorine-doped carbon nanotubes as an efficient metal-free catalyst for destruction of organic pollutants in catalytic ozonation. Chemosphere, 2018, 190: 135-143.

[25] Zhu Y, Chen S, Quan X, Zhang Y, Gao C, Feng Y. Hierarchical porous ceramic membrane with energetic ozonation capability for enhancing water treatment. Journal of Membrane Science, 2013, 431: 197-204.

[26] Zhang J, Yu H, Quan X, Chen S, Zhang Y. Ceramic membrane separation coupled with catalytic ozonation for tertiary treatment of dyestuff wastewater in a pilot-scale study. Chemical Engineering Journal, 2016, 3: 19-26.

第 3 章 芬 顿 技 术

本章导读

- 介绍均相芬顿技术、非均相类芬顿技术的基本原理及主要催化剂。
- 说明通过构造多孔结构、元素掺杂、调控电子云、添加促进剂等手段增加活性点位、强化污染物向催化剂传质、加速 Fe(III) 还原成 Fe(II) 的方法，最终实现提高非均相催化 H_2O_2 产生 •OH 的效率。

3.1 芬顿技术概述

H_2O_2 是一种环境友好的氧化剂，但其标准氧化电位 (1.77V) 较低，难以矿化 POPs 等难降解污染物。1894 年，法国科学家芬顿 (H. J. H. Fenton) 发现将 Fe^{2+} 与 H_2O_2 在酸性条件下混合能够氧化多种有机物，为纪念这位科学家，将"$Fe^{2+} + H_2O_2$"命名为 Fenton (芬顿) 试剂。利用芬顿试剂氧化降解有机污染物的方法称为芬顿技术，而使用除 Fe^{2+} 以外催化剂活化 H_2O_2 的方法可以称为类芬顿技术。芬顿技术和类芬顿技术具有操作简单、启动快、反应条件温和、环境友好、无需外加能量等优点，有望在实际废水处理中广泛应用。

3.1.1 均相芬顿技术基本原理

均相芬顿技术以 Fe^{2+} 为催化剂，以 H_2O_2 为氧化剂，通过 Fe^{2+} 与 H_2O_2 之间的电子转移将 H_2O_2 活化分解为 •OH，能够矿化包括 POPs 在内的大部分难降解有机污染物。均相芬顿反应机理包括自由基机制和高价铁机制。自由基机制认为 Fe^{2+} 催化 H_2O_2 分解产生的强氧化性 •OH 是氧化污染物的活性物种，而高价铁机制认为芬顿体系中起氧化作用的强氧化性活性物种是高价铁。

在自由基机理中[1-3]，首先 Fe^{2+} 与 H_2O_2 络合形成 $Fe[H_2O_2]^{2+}$ 中间物，然后在络合物内发生电子转移生成 •OH[式 (3-1)]，在此过程中 Fe^{2+} 被氧化成 Fe^{3+}，之后 Fe^{3+} 与 H_2O_2 或者 $HO_2^•$ 反应生成 Fe^{2+}[式 (3-2) 和式 (3-3)]，完成催化剂的再生使芬顿反应连续不断地进行。其中 H_2O_2 还原 Fe^{3+} 为 Fe^{2+} 的反应是整个过程的限速步骤。

$$Fe^{2+}+H_2O_2 \longrightarrow Fe[H_2O_2]^{2+} \longrightarrow Fe^{3+}+\cdot OH+OH^-$$
$$k = (4.0\sim8.0) \times 10 \text{ L}/(\text{mol} \cdot \text{s}) \tag{3-1}$$

$$Fe^{3+}+H_2O_2 \longrightarrow Fe^{2+}+HO_2^{\cdot}+H^+$$
$$k = (2.0\sim2.7) \times 10^{-3} \text{ L}/(\text{mol} \cdot \text{s}) \tag{3-2}$$

$$Fe^{3+}+HO_2^{\cdot} \longrightarrow Fe^{2+}+H^++O_2 \tag{3-3}$$

依据污染物结构，•OH 降解污染物的方式包括电子转移[式(3-4)]、双键或者苯环亲电加成[式(3-5)]、烷基或者羟基脱氢[式(3-6)]，反应式中的 R 代表苯环或烃基链：

$$\cdot OH+R—H \longrightarrow [R—H]^{\cdot+}+OH^- \tag{3-4}$$

$$\cdot OH+CR^2{=}CR^2 \longrightarrow CR_2(OH)—CR_2^{\cdot} \tag{3-5}$$

$$\cdot OH+R—H \longrightarrow R^{\cdot}+H_2O \tag{3-6}$$

1932 年 Bray 和 Gorin[4]提出高价铁机理，Fe^{2+} 与 H_2O_2 首先络合生成 $Fe(H_2O_2)^{2+}$ [式(3-7)]，然后络合物内发生内球双电子转移生成 FeO^{2+}[式(3-8)]。

$$Fe^{2+}+H_2O_2 \longrightarrow [Fe(H_2O_2)]^{2+} \tag{3-7}$$

$$[Fe(H_2O_2)]^{2+} \longrightarrow [FeO]^{2+}+H_2O \tag{3-8}$$

两种机理并不矛盾，高价铁与水反应也是生成•OH 的途径[式(3-9)][5]，芬顿体系中可能同时存在高价铁和•OH。

$$[FeO]^{2+}+H_2O \longrightarrow \cdot OH+Fe^{3+}+OH^- \tag{3-9}$$

FeO^{2+}降解污染物只有一种方式就是电子转移[式(3-10)]，而•OH 可通过加成、脱氢或者电子转移等三种途径降解污染物，因此，如果污染物降解过程出现只能通过脱氢或加成反应得到的产物，则可判断•OH 是主要的氧化基团。

$$[FeO]^{2+}+R—H+H_2O \longrightarrow [R—H]^{\cdot+}+Fe^{3+}+2OH^- \tag{3-10}$$

均相芬顿技术降解污染物的性能与溶液初始 pH、H_2O_2 浓度以及催化剂浓度等反应条件关系密切。其中对降解性能影响最大的反应条件是溶液 pH。均相芬顿体系最佳 pH 在 3 左右，随着 pH 升高，催化效率降低。这是因为 pH 决定铁离子在溶液中的形态，当溶液 pH>4 时，部分 Fe^{2+}在溶液中还是以离子态形式存在，但是大部分 Fe^{3+}都生成 $Fe(OH)_3$沉淀，难以转化为 Fe^{2+}，导致芬顿反应速率显著降低直至停止。随着 H_2O_2 浓度的增加，芬顿反应产生•OH 数量提高。但当 H_2O_2

浓度超过一定值时，•OH 浓度不再继续升高反而开始降低，这是因为过量的 H_2O_2 与•OH 反应生成低活性的自由基（$HO_2^•/O_2^{•-}$），见式（3-11）。随着催化剂浓度增加，产生•OH 数量增加，但当催化剂的量达到某一值后，继续增加催化剂量会猝灭•OH。

$$\text{•OH} + H_2O_2 \longrightarrow HO_2^• + H_2O \tag{3-11}$$

3.1.2　非均相类芬顿技术基本原理

虽然均相芬顿反应产生•OH 速率快、降解污染物效率高、操作也很简单，但仍然存在几个突出的问题：①反应需在酸性条件下进行，反应前的酸化处理使运行费提高；②催化剂为溶解态铁离子，无法回收利用，造成催化剂浪费；③生成大量铁泥。非均相类芬顿反应有望解决均相芬顿反应过程存在的问题，因此越来越受到关注。

在非均相类芬顿技术中，有机污染物的分解反应包括以下五个步骤：①污染物向催化剂扩散；②污染物吸附在催化剂表面；③污染物在催化剂表面被氧化分解；④产物从催化剂表面脱附；⑤产物扩散到液相。污染物除了通过第③步在催化剂表面被吸附的•OH 或≡Fe(III)降解，也可以被扩散到溶液中的•OH 降解。以最常见的铁氧化物催化剂为例，•OH 的产生原理如式（3-12）至式（3-18）所示[6,7]。首先，H_2O_2 与固态催化剂表面的三价铁≡Fe(III)形成表面配合物≡Fe(III)-H_2O_2，在配合物中 H_2O_2 与金属元素之间发生可逆电子转移，生成过氧化物自由基 $HO_2^•$ 及还原态的≡Fe(II)，之后≡Fe(II)可与 H_2O_2 反应生成•OH。在这些循环反应过程中产生的•OH 和 $HO_2^•$ 不仅能与催化剂表面的 Fe(III) 和 Fe(II) 反应，还能与吸附态的 H_2O_2 反应。

$$\equiv\text{Fe(III)} + H_2O_2 \longrightarrow \equiv\text{Fe(III)}-H_2O_2 \tag{3-12}$$

$$\equiv\text{Fe(III)}-H_2O_2 \longrightarrow \equiv\text{Fe(II)} + HO_2^• + H^+ \tag{3-13}$$

$$\equiv\text{Fe(II)} + H_2O_2 \longrightarrow \equiv\text{Fe(III)} + \text{•OH} + OH^- \tag{3-14}$$

$$\equiv\text{Fe(III)} + HO_2^•/O_2^{•-} \longrightarrow \equiv\text{Fe(II)} + (O_2 + H^+)/O_2 \tag{3-15}$$

$$\equiv\text{Fe(II)} + \text{•OH} \longrightarrow \equiv\text{Fe(III)} + OH^- \tag{3-16}$$

$$H_2O_2 + \text{•OH} \longrightarrow HO_2^• + H_2O \tag{3-17}$$

$$\equiv\text{Fe(II)} + (HO_2^• + H^+)/(O_2^{•-} + 2H^+) \longrightarrow \equiv\text{Fe(III)} + H_2O_2 \tag{3-18}$$

除了可变价金属之外，催化剂中氧空穴也可以与 H_2O_2 反应得到活性氧自由基[8,9]。

氧空穴具有离域电子，与 H_2O_2 接触时可以将电子通过 π 键转移给 H_2O_2，使 H_2O_2 中 O—O 键断裂，最后生成·OH。

非均相催化剂按活性组分不同主要包括两类：第一类是过渡金属氧化物，如 Fe_3O_4、Cu_2O 及 Co_3O_4 等；第二类为含有丰富含氧基团或缺陷的改性碳材料，如经过热处理或者碱液刻蚀的活性炭及碳布、羧基化的氧化石墨烯等。

第一类催化剂中最典型的是铁氧化物。铁元素的地球储量非常丰富，铁氧化物在自然界中广泛存在，具有环境友好、无毒、廉价等优点。其中，Fe_3O_4、$FeOOH$ 及 Fe_2O_3 等都具有催化 H_2O_2 产·OH 的能力[10-12]。文献报道以铁氧化物为催化剂的非均相类芬顿反应能够有效地降解阿特拉津、双酚 A、氧氟沙星、2-氯酚及喹啉等难降解污染物。除了铁之外，其他过渡金属氧化物例如 CuO、MnO_2 及 Co_3O_4 等也可作为类芬顿反应的催化剂[13-15]。与铁氧化物催化剂反应机理相似，这些过渡金属氧化物通过可变价金属与 H_2O_2 之间的电子转移产生·OH。复合金属氧化物如钙钛矿（$BiFeO_3$ 及 $LaFeO_3$）、尖晶石（$MnFe_2O_4$）等也是常见的非均相类芬顿催化剂[16-18]，相比于单一金属氧化物催化剂，复合金属氧化物催化剂的活性更高。例如铁酸铋（$BiFeO_3$）催化 H_2O_2 产生·OH 的活性比 Fe_3O_4 高一个数量级。

与金属氧化物相比，碳材料没有金属离子溶出的问题。但碳材料本身不具备分解 H_2O_2 的能力，必须在其表面修饰酸碱基团或缺陷位才能实现高效分解 H_2O_2 产·OH。所以调控碳材料表面结构、引入有助于催化 H_2O_2 产·OH 的活性位是碳基材料用于芬顿反应的关键。碳材料表面碱性基团主要有吡喃酮、色烯、二酮或醌族、表面离域 π 电子等，酸性基团主要有内酯酸、环状过氧化物及羧基等。碱性基团具有给电子能力，可以将电子传递给活性炭，促进电子从活性炭到 H_2O_2 的转移，加快 H_2O_2 的分解及·OH 的生成；而酸性基团不利于 H_2O_2 在催化剂表面的分解[19,20]。

铁基催化剂催化性能好且无毒，是类芬顿技术领域的研究热点。目前该类催化剂的缺点是暴露活性位点数量有限和 Fe(III) 转化成 Fe(II) 的速率慢，对应的解决策略是增加催化剂暴露活性位点和促进 Fe(III) 的还原反应。

3.2　多孔结构非均相催化剂及催化过程强化机理

3.2.1　多孔载体

过渡金属氧化物催化剂比表面积低，活性位点暴露少，导致催化活性不高。将催化剂负载到高比表面积的多孔载体上可有效增加催化剂的暴露活性位，且多孔道结构有利于反应物与活性位的接触，因此是提高催化剂活性的重要方法。活性氧化铝（activated alumina）是一种高分散度的多孔固体材料，有较大的比表面积

$(150\sim300\ \text{m}^2/\text{g})$ 和丰富的孔道结构，具备良好的吸附性能、表面活性、热稳定性等，所以被广泛地用作催化剂载体。

以活性氧化铝为载体，通过浸渍法负载 Fe_2O_3[21]，制备过程如下：首先，将活性氧化铝酸洗和水洗后烘干，之后投加到 6% 的硝酸铁溶液中浸渍 $10\sim20\ \text{h}$，过滤后用去离子水洗涤 $2\sim3$ 次，接着在 $100\sim120\,℃$ 下干燥，最后在 $450\,℃$ 下煅烧得到 Fe_2O_3/Al_2O_3 催化剂。Fe_2O_3/Al_2O_3 的 XRD 谱图中，$2\theta=37.9°$、$46.0°$、$66.8°$ 的三个强峰对应活性氧化铝，$2\theta=24.4°$、$33.4°$、$35.8°$、$49.6°$、$54.6°$ 的峰对应 Fe_2O_3，说明催化剂由活性氧化铝和 Fe_2O_3 晶体组成。

以苯酚为目标污染物考察 Fe_2O_3/Al_2O_3 催化活性。首先将苯酚与催化剂投加到 250 mL 三口烧瓶中，混合均匀后加入 H_2O_2，继续搅拌至反应结束。反应条件如下：苯酚浓度为 281.3 mg/L，催化剂投加量为 40 g/L，H_2O_2 浓度为 0.24 g/L，温度控制在 $60\,℃$，反应时间 120 min。对比了 H_2O_2 氧化、Fe_2O_3/Al_2O_3 吸附、Al_2O_3 及 Fe_2O_3/Al_2O_3 催化芬顿等过程中苯酚的降解，实验结果如表 3-1 所示。

表 3-1　Fe_2O_3/Al_2O_3 催化 H_2O_2 分解苯酚的性能

催化剂		H_2O_2 (g/L)	原液 TOC (mg/L)	处理液 TOC (mg/L)	TOC 去除率(%)
种类	量(g/L)				
—	—	0.24	208.9	201.9	3.4
Fe_2O_3/Al_2O_3	40	0	208.9	189.5	9.3
Al_2O_3	40	0.24	208.9	194.6	8.85
Fe_2O_3/Al_2O_3	40	0.24	208.9	40.5	80.6

反应 120 min 后，当 Fe_2O_3/Al_2O_3 与 H_2O_2 同时存在时，TOC 去除率达到 80.6%。而对于仅有 Fe_2O_3/Al_2O_3 催化剂的吸附过程、仅有 H_2O_2 的化学氧化过程、Al_2O_3 载体和 H_2O_2 共存的对照实验，TOC 去除率均低于 10%。将 Fe^{2+} 催化 H_2O_2 的均相芬顿也作为对照，当 H_2O_2 量为 0.24 g/L，H_2O_2：$Fe^{2+}=7$ 时，均相芬顿反应过程的 TOC 去除率为 82.3%，仅比 Fe_2O_3/Al_2O_3 催化 H_2O_2 体系高 1.7%，表明 Fe_2O_3/Al_2O_3 是一种高效的非均相催化剂。除了苯酚之外，进一步考察了使用 Fe_2O_3/Al_2O_3 的类芬顿体系对 4-硝基酚及酸性橙Ⅱ的降解性能。在 4-硝基酚及酸性橙Ⅱ的初始浓度分别为 499 mg/L 和 435 mg/L、催化剂投加量为 40 g/L、H_2O_2 浓度为 0.24 g/L、反应温度控制在 $60\,℃$ 条件下反应 120 min，4-硝基酚和酸性橙Ⅱ的 TOC 去除率分别为 79.9% 和 77.0%。说明该体系对多种有机物具有矿化能力。

采用原子吸收法测定反应 120 min 后溶出铁离子浓度为 0.19 mg/L，远低于欧盟规定的铁离子排放标准(2 mg/L)。进一步考察 Fe_2O_3/Al_2O_3 重复利用性，使用过的 Fe_2O_3/Al_2O_3 催化剂回收后不做任何处理连续使用 19 次，TOC 去除率均在 72.4% 以上(图 3-1)，表明催化剂稳定性较好。将连续使用 19 次后的催化剂置于马弗炉内 450℃下焙烧 2 h，然后再次催化 H_2O_2 氧化苯酚，TOC 去除率恢复到 83.0%，表明热处理可起到再生催化剂的作用。

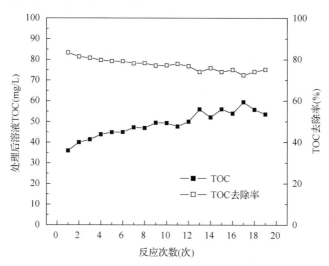

图 3-1　循环利用次数对 Fe_2O_3/Al_2O_3 催化 H_2O_2 降解苯酚 TOC 及 TOC 去除率的影响
苯酚浓度：281.3 mg/L，初始 TOC 浓度：208.9 mg/L，催化剂投加量：40 g/L，
H_2O_2 浓度：0.24 g/L，反应温度：60℃

3.2.2　多孔催化剂

虽然使用多孔载体可以提高催化剂暴露的活性位，但载体与催化剂的物化性质不同，在溶胀、热膨胀、机械冲刷等作用下，催化剂容易从载体上脱落。直接把催化剂制成大比表面积的多孔结构则可以避免脱落，长时间保持高效催化活性。

铁基金属有机骨架（MOFs）化合物作为一类新型多孔材料，是由有机配体和铁离子或铁氧簇通过配位作用形成的具有二维或三维结构的网状骨架化合物，具有高比表面积（约 1000 m²/g）、高孔隙率、高度分散的铁位点等特性，这些特性有利于反应物与活性位点的接触，因此铁基 MOFs 有望成为新型高效的 H_2O_2 催化材料。由于 H_2O_2 是一种 Lewis 碱，倾向于吸附在 Lewis 酸位上面，而不饱和配位铁是典型的 Lewis 酸位，因此应选择具有不饱和配位铁的铁基 MOFs 作为活化 H_2O_2 的催化材料。MIL-53-Fe、MIL-88B-Fe 和 MIL-101-Fe 是由不同铁氧簇结构和相同有机配体（对苯二甲酸）构成的三种不同铁基 MOFs，其组成及结构见表 3-2 和图 3-2。在这些 MOFs 中部分铁会与水或者一些阴离子配体（Cl⁻或者 OH⁻）配位，经过热处理去除这类配体会形成一些不饱和配位铁，可以作为催化反应的活性中心。

表 3-2　**MIL-53-Fe、MIL-88B-Fe 及 MIL-101-Fe 的组成及结构**

铁基 MOFs	MIL-53-Fe	MIL-88B-Fe	MIL-101-Fe
铁氧簇	$FeO_4(OH)_2$	Fe_3-μ_3-oxo	Fe_3-μ_3-oxo
有机配体	对苯二甲酸	对苯二甲酸	对苯二甲酸
整体结构	菱形孔通道组成三维结构	双锥笼状结构及六边形孔通道组成	两种不同大小的笼状结构组成

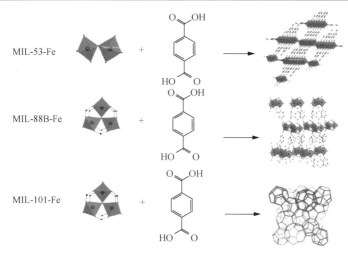

图 3-2　MIL-53-Fe、MIL-88B-Fe 及 MIL-101-Fe 的组成及结构

　　三种铁基 MOFs 的制备方法如下[22]：①MIL-53-Fe 的制备，将 6 mmol $FeCl_3 \cdot 6H_2O$ 和 6 mmol 对苯二甲酸溶解到 30 mL 的 *N,N*-二甲基甲酰胺溶液中，将混合物放入 100 mL 聚四氟乙烯水热反应釜中，在 150℃下反应 12 h，反应后所得橙色固体用 *N,N*-二甲基甲酰胺、甲醇及水分别清洗，最后将产物在 110℃下干燥 12 h。②MIL-88B-Fe 的制备，将 6 mmol $FeCl_3 \cdot 6H_2O$ 和 4.1 mmol 对苯二甲酸溶解到 30 mL 的 *N,N*-二甲基甲酰胺溶液中，之后将 2.4 mL 的 NaOH（2 mol/L）溶液缓慢滴加至上述溶液中，搅拌均匀后放入 100 mL 聚四氟乙烯水热反应釜中，在 100℃反应 12 h，待温度降至室温后取出反应釜，将得到的橙色固体分离，用 *N,N*-二甲基甲酰胺、甲醇及水分别清洗后在 110℃下干燥 12 h。③MIL-101-Fe 的制备，将 6 mmol $FeCl_3 \cdot 6H_2O$ 和 4.8 mmol 对苯二甲酸溶解到 53 mL 的 *N,N*-二甲基甲酰胺溶液中并且转移至 100 mL 聚四氟乙烯水热反应釜，在 110℃反应 24 h 后将所得橙色固体粉末用 *N,N*-二甲基甲酰胺、甲醇及水分别清洗，最后将产物在 110℃下干燥 12 h。

　　图 3-3 是铁基 MOFs 的扫描电子显微镜（scanning electron microscope，SEM）图。MIL-88B-Fe 具有六角双棱锥体形貌，颗粒长度为 0.8～1 μm，宽度为 0.1 μm；MIL-101-Fe 具有八面体结构，颗粒大小约为 1～2 μm；MIL-53-Fe 颗粒比 MIL-88B-Fe 及 MIL-101-Fe 大，约为 20 μm。

图 3-3　铁基 MOFs 的 SEM 图

(a) MIL-53-Fe；(b) MIL-88B-Fe；(c) MIL-101-Fe

采用氮气吸附-脱附等温线分析铁基 MOFs 的比表面积以及孔径分布 (图 3-4)。通过 BET 法计算得出 MIL-53-Fe、MIL-88B-Fe 和 MIL-101-Fe 的比表面积分别为 56.7 m²/g、165.4 m²/g 和 229.3 m²/g。孔径分布结果表明铁基 MOFs 孔径分布较宽：MIL-53-Fe 存在 1.7 nm 左右的微孔和 3.3 nm 左右的介孔；MIL-88B-Fe 的孔径以 1 nm 及 1.7 nm 左右微孔为主，并且存在 3.3 nm 左右的介孔；MIL-101-Fe 则主要以 1 nm 左右的微孔为主。

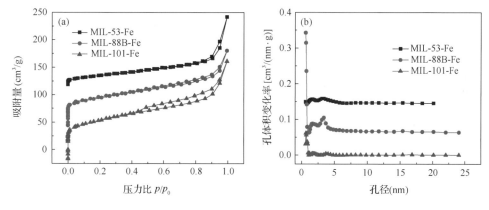

图 3-4　铁基 MOFs 表征结果

(a) 氮气吸附-脱附等温线；(b) 孔径分布曲线

以苯酚为目标污染物考察铁基 MOFs 的催化活性。首先将 100 mL 的 50 mg/L 的苯酚溶液置于 250 mL 圆底烧瓶中，用 H_2SO_4 或 NaOH 调节溶液初始 pH 后将催化剂 (0.1 g/L) 投加到溶液中，超声混合 2 min，随后加入 H_2O_2 开始反应，反应过程连续机械搅拌，每隔 5 min 取出 1 mL 反应液，经 0.22 μm 滤膜过滤后加入 20 μL 的 1 mol/L 异丙醇/硫代硫酸钠猝灭溶液中残留的自由基。实验结果如图 3-5 所示。

当有 H_2O_2 无铁基 MOFs 时，苯酚浓度几乎没有变化，表明 H_2O_2 无法降解苯酚。吸附实验结果表明三种铁基 MOFs 在 30 min 内对苯酚吸附率分别为 1%（MIL-53-Fe）、11%（MIL-88B-Fe）和 2%（MIL-101-Fe）。当 H_2O_2 和铁基 MOFs 同时存在时，苯酚浓度明显下降，说明铁基 MOFs 催化 H_2O_2 可高效分解苯酚。反应30 min 后，MIL-53-Fe、MIL-88B-Fe 和 MIL-101-Fe 催化芬顿体系对苯酚的去除率分别为 9%、99%和 62%。在这三种铁基 MOFs 中，MIL-88B-Fe 催化活性最高，根据三种 MOFs 的比表面积以及孔径分布分析结果，推测 MIL-88B-Fe 的高活性与其高比表面积及宽孔径分布有关。

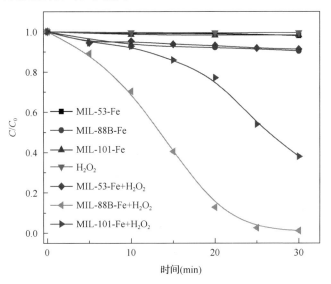

图 3-5　铁基 MOFs 催化 H_2O_2 降解苯酚 C/C_0 随时间变化曲线，由于数据十分接近，MIL-53-Fe
降解苯酚的曲线被 MIL-88B-Fe 及 H_2O_2 对应的曲线覆盖
催化剂投加量：0.1 g/L，H_2O_2 浓度：15 mmol/L，苯酚浓度：50 mg/L，初始 pH：4.0，温度：20℃

将 MIL-88B-Fe 与一些传统非均相类芬顿催化剂（Fe_2O_3、α-FeOOH 和 Fe_3O_4）进行对比（图 3-6），结果表明 MIL-88B-Fe 催化 H_2O_2 降解苯酚的动力学常数比 Fe_2O_3、α-FeOOH 和 Fe_3O_4 高出 1～2 个数量级。并且发现 MIL-88B-Fe/H_2O_2 体系中苯酚矿化率达到 44%，而 Fe_2O_3、α-FeOOH 和 Fe_3O_4 催化 H_2O_2 降解苯酚的矿化率均低于 5%，表明 MIL-88B-Fe 催化活性最高。通过改变初始反应条件考察催化剂量、H_2O_2 浓度、溶液初始 pH 及温度因素对 MIL-88B-Fe 催化降解苯酚效率影响，发现降低溶液初始 pH、增加催化剂投加量及增大 H_2O_2 浓度，以及提高反应温度都有利于增加催化效率。

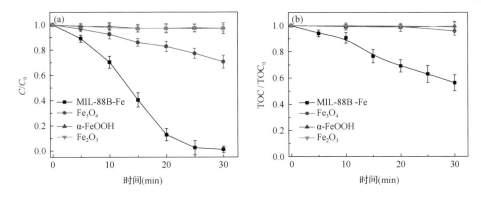

图 3-6 不同催化剂降解效果对比

(a) 苯酚降解 C/C_0 随时间变化曲线；(b) TOC/TOC_0 随时间变化曲线（催化剂投加量：0.1 g/L，H_2O_2 浓度：15 mmol/L，苯酚浓度：50 mg/L，初始 pH：4.0，温度：20℃）

通过连续多次降解苯酚实验和检测反应过程中 Fe 的溶出情况来评价 MIL-88B-Fe 的重复性及稳定性。四次重复实验中[图 3-7(a)]，MIL-88B-Fe 催化 H_2O_2 降解苯酚的去除率分别为 99%、99%、98% 和 99%，催化效率基本保持不变。为考察反应前后催化剂的变化，对反应后催化剂进行 XRD、SEM 及 IR 表征，发现反应前后催化剂晶型及结构等几乎没有变化，表明 MIL-88B-Fe 在芬顿反应中稳定性较好，可重复使用。通过电感耦合等离子体原子发射光谱法测定 MIL-88B-Fe 在重复使用过程中铁离子溶出情况，如图 3-7(b)所示，铁离子溶出浓度随反应时间增加而增多，在四次重复实验中，反应 30 min 后，溶出铁离子浓度分别为 0.68 mg/L、0.73 mg/L、0.84 mg/L 和 0.82 mg/L，这些数值均低于欧盟规定的废水中铁离子排放标准限值（2 mg/L）。为了进一步了解溶出的铁离子对催化反应的贡献，考察了溶出铁离子催化 H_2O_2 降解苯酚的效果。研究结果表明，溶出铁离子催化 H_2O_2 降解苯酚的去除占整个催化体系降解效果的 2% 左右，说明非均相催化起主要作用。

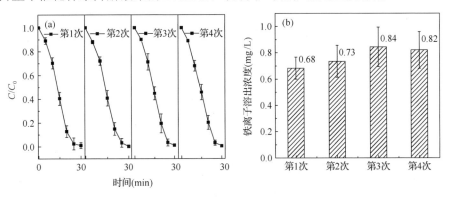

图 3-7 (a) 循环利用次数对 MIL-88B-Fe 催化 H_2O_2 降解苯酚的影响；(b) 循环利用过程中铁离子溶出浓度

催化剂投加量：0.1 g/L，H_2O_2 浓度：15 mmol/L，苯酚浓度：50 mg/L，初始 pH：4.0，温度：20℃

5,5-二甲基-1-吡咯啉-*N*-氧化物(DMPO)能与•OH 或者 O$_2^{\cdot-}$ 等自由基快速结合形成特定的电子顺磁共振(EPR)光谱,可间接检测和识别活性氧自由基。因此,将 DMPO 作为自由基捕获剂,分析 MIL-88B-Fe 催化 H$_2$O$_2$ 降解污染物过程中的活性自由基的种类,结果如图 3-8(a)所示。对于只有 H$_2$O$_2$ 没有 MIL-88B-Fe 的反应过程,DMPO-•OH 的 1∶2∶2∶1 特征信号非常微弱;当 MIL-88B-Fe 和 H$_2$O$_2$ 共存时,DMPO-•OH 的信号峰明显变强;对于 MIL-88B-Fe、H$_2$O$_2$ 和•OH 猝灭剂叔丁醇(TBA)共存的体系,EPR 谱图中没有出现 DMPO-•OH 的特征信号,说明•OH 是 MIL-88B-Fe 催化 H$_2$O$_2$ 生成的主要活性基团。在苯酚降解实验中[图 3-8(b)],对 MIL-88B-Fe 和 H$_2$O$_2$ 共存体系添加 10 mmol/L 叔丁醇时,苯酚降解率从 99% 降到 83%,而继续增加叔丁醇浓度到 200 mmol/L 时,苯酚降解率降至 5%,说明 MIL-88B-Fe 催化芬顿体系中•OH 是降解苯酚的主要活性物种。

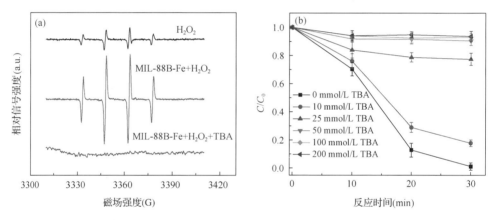

图 3-8 (a)不同条件下 DMPO-•OH 的 EPR 谱图;(b)不同叔丁醇(TBA)浓度对 MIL-88B-Fe
催化 H$_2$O$_2$ 降解苯酚效果的影响
催化剂投加量:0.1 g/L,H$_2$O$_2$ 浓度:15 mmol/L,苯酚浓度:50 mg/L,初始 pH:4.0,温度:20℃

H$_2$O$_2$ 是一种 Lewis 碱,易于吸附到 MIL-88B-Fe 上不饱和配位铁(Lewis 酸位点)上,可以推断 MIL-88B-Fe 上不饱和配位铁为活性位点。磷酸盐是一种比水及 H$_2$O$_2$ 碱性强的 Lewis 碱,更易于与催化剂表面上不饱和配位铁结合。为了进一步确定 MIL-88B-Fe 中活性位点,将 10 mmol/L 磷酸盐加入 MIL-88B-Fe-H$_2$O$_2$ 反应体系中,发现苯酚的降解被完全抑制[图 3-9(a)]。通过 ATR-FTIR 技术表征在磷酸盐存在条件下催化剂对 H$_2$O$_2$ 的吸附情况:在磷酸盐及 MIL-88B-Fe 混合溶液中加入 H$_2$O$_2$,搅拌 15 min 后,通过 0.22 μm 滤膜滤出催化剂进行 ATR-FTIR 表征[图 3-9(b)],发现加入 H$_2$O$_2$ 后的催化剂 ATR-FTIR 谱图中没有出现 H$_2$O$_2$ 中 O—O(1400 cm^{-1}、1195 cm^{-1} 和 1080 cm^{-1})的特征峰,表明磷酸盐会阻碍 H$_2$O$_2$ 在催化剂上的不饱和配位铁吸附,从而阻碍 H$_2$O$_2$ 与 MIL-88B-Fe 进一步反应生成•OH。

为考察 MIL-88B-Fe 中铁价态在催化过程中的变化情况，分析了 MIL-88B-Fe 在反应前后的 X 射线光电子能谱(XPS)，结果见图 3-9(c)。反应前 MIL-88B-Fe 在 725.7 eV 和 711.8 eV 位置处均出现了两处特征峰，分别是由 Fe 2p$_{1/2}$ 和 Fe 2p$_{3/2}$ 轨道自旋产生。Fe 2p$_{3/2}$ 分峰结果显示，反应前 MIL-88B-Fe 的铁主要以三价铁形式存在，经过芬顿反应后，MIL-88B-Fe 上 Fe 2p$_{1/2}$ 和 Fe 2p$_{3/2}$ 出峰位置向低结合能方向偏移(724.0 eV 和 710.9 eV)，表明反应后 MIL-88B-Fe 发生了价态变化。分峰结果显示反应后 MIL-88B-Fe 上同时存在三价铁和二价铁，说明反应过程中部分三价铁转化成二价铁。

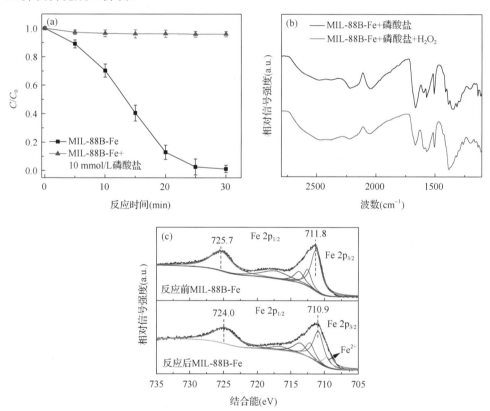

图 3-9　(a)磷酸盐对 MIL-88B-Fe 降解苯酚效果的影响；(b)ATR-FTIR 谱图；
(c)反应前后 MIL-88B-Fe 的 2p XPS 谱图

基于上述结果，MIL-88B-Fe 催化 H$_2$O$_2$ 降解污染物的机理被推断如下[式(3-19)至式(3-23)]：首先，H$_2$O$_2$ 吸附到 MIL-88B-Fe 上的不饱和配位铁或者 Cl$^-$等配位的铁上；之后与 MIL-88B-Fe 之间发生电子转移，部分 MIL-88B-Fe(III)被还原成 MIL-88B-Fe(II)，MIL-88B-Fe(II)再与 H$_2$O$_2$ 反应生成·OH；最后·OH 氧化降解溶液中污染物。

$$\equiv Fe(III)-L+H_2O_2 \longrightarrow \equiv Fe(III)(H_2O_2)+L \qquad (3-19)$$
$$(L=H_2O \text{ 或阴离子配体})$$

$$\equiv Fe(III)(H_2O_2) \longrightarrow \equiv Fe(II)+HO_2^\cdot +H^+ \qquad (3-20)$$

$$\equiv Fe(II)+H_2O_2 \longrightarrow \equiv Fe(III)+\bullet OH+OH^- \qquad (3-21)$$

$$\equiv Fe(III)+HO_2^\cdot \longrightarrow \equiv Fe(II)+O_2+H^+ \qquad (3-22)$$

$$C_6H_5OH+\bullet OH \longrightarrow CO_2+H_2O \qquad (3-23)$$

3.3 催化剂中 Fe(III)/Fe(II)循环过程的强化方法与原理

在非均相类芬顿反应过程中•OH 的生成速率与 Fe(III)还原成 Fe(II)(反应限速步骤)速率密切相关，加快 Fe(III)还原生成 Fe(II)，对于提高非均相类芬顿催化效率是非常重要的。

3.3.1 过渡金属元素掺杂

铜也具有活化 H_2O_2 产•OH 的能力，通过 Cu(I)与 H_2O_2 之间的电子转移催化 H_2O_2 分解生成•OH，并且由于 Cu(II)/Cu(I)的氧化还原电位(E°=0.17 V)低于 Fe(III)/Fe(II)氧化还原电位(E°=0.77 V)，Cu(I)可以还原 Fe(III)生成 Fe(II)，因此掺杂 Cu 到催化剂中，不仅可以提供催化 H_2O_2 分解成•OH 的活性位，还可以促进 Fe(III)转换成 Fe(II)，从而提高催化剂活性。

1. Cu 掺杂 MIL-88B-Fe

采用溶剂热法制备 Cu 掺杂 MIL-88B-Fe[23]。首先将仅 $Fe(NO_3)_3$ 以及摩尔比分别为 4∶1、3∶2 及 1∶1 的 $Fe(NO_3)_3$ 和 $Cu(NO_3)_2$ 加入到含有有机配体对苯二甲酸的 *N,N*-二甲基甲酰胺中。混合物在 100℃下反应 12 h，过滤、清洗后得到的样品分别标记为 MIL-88B-Fe、MIL-88B-Fe/$Cu_{4∶1}$、MIL-88B-Fe/$Cu_{3∶2}$ 和 MIL-88B-Fe/$Cu_{1∶1}$，其形貌见图 3-10。由 SEM 图可以看出通过溶剂热法合成的四种催化剂整体呈现六角双棱锥体形貌且分布均匀。Cu 的掺杂未明显改变催化剂晶体的形状，但对晶体的尺寸有较大影响。MIL-88B-Fe 晶体平均尺寸约为 0.8 μm，随着 Cu 掺杂量的提高，晶体平均尺寸不断减小，当晶体中 Fe 和 Cu 的摩尔比为 1∶1 时，MIL-88B-Fe/$Cu_{1∶1}$ 的平均大小为未掺杂晶体的一半，约为 0.4 μm。

图 3-10 不同掺杂比例的铁铜双金属 MOFs（MIL-88B-Fe/Cu）SEM 图
(a) MIL-88B-Fe； (b) MIL-88B-Fe/Cu$_{4:1}$； (c) MIL-88B-Fe/Cu$_{3:2}$； (d) MIL-88B-Fe/Cu$_{1:1}$

图 3-11 为不同掺杂比例的 MIL-88B-Fe/Cu 的 XRD 谱图，从图中看出 MIL-88B-Fe/Cu 与 MIL-88B-Fe 晶体 XRD 峰位置基本相同；但随着制备过程中铜盐投加量的增加，在 $2\theta =11°$ 左右的衍射峰强度降低，说明掺杂 Cu 改变了 MIL-88B-Fe/Cu 暴露的优势晶面。

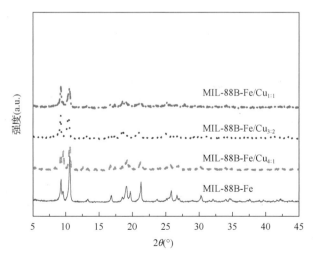

图 3-11 不同掺杂比例的 MIL-88B-Fe/Cu 催化剂的 XRD 谱图

通过能量色散 X 射线光谱仪对 MIL-88B-Fe、MIL-88B-Fe/Cu$_{4:1}$、MIL-88B-Fe/Cu$_{3:2}$ 和 MIL-88B-Fe/Cu$_{1:1}$ 四种催化剂进行元素分析，发现四种催化剂中 C 和 O 的比例基本保持不变，Fe 的比例分别为 5.36%、5.34%、4.99%、4.96%，随着制备过程中铜盐投加量的增加，样品中的 Fe 含量呈下降趋势。而 Cu 的比例分别为 0.00%、0.20%、0.22%、0.25%，说明溶剂热方法能够把 Cu 掺进 MIL-88B-Fe 中，且掺杂浓度随着制备过程中铜盐投加量的增加而增加。

氮气吸附-脱附等温线测试结果显示，MIL-88B-Fe、MIL-88B-Fe/Cu$_{4:1}$、MIL-88B-Fe/Cu$_{3:2}$ 和 MIL-88B- Fe/Cu$_{1:1}$ 的比表面积分别为 165.4 m^2/g、215.7 m^2/g、235.4 m^2/g、154.0 m^2/g。四种催化剂的平均孔径分别为 1.7 nm、1.5 nm、2.6 nm、2.8 nm，孔容分别为 1.6 cm^3/g、3.4 cm^3/g、2.9 cm^3/g、2.2 cm^3/g。由比表面积和孔径分布的表征数据可知，掺杂 Cu 对 MIL-88B-Fe 的比表面积和孔径分布产生较大影响。

在苯酚浓度为 50 mg/L、催化剂投加量为 0.15 g/L、H$_2$O$_2$ 浓度为 16 mmol/L、初始 pH 为 4.0 的条件下，考察 Cu 掺杂对 MIL-88B-Fe 催化活性影响，实验结果如图 3-12 所示。在只有催化剂没有 H$_2$O$_2$ 的吸附过程中，MIL-88B-Fe、MIL-88B-Fe/Cu$_{4:1}$、MIL-88B-Fe/Cu$_{3:2}$ 及 MIL-88B-Fe/Cu$_{1:1}$ 四种催化剂对苯酚去除率分别为 18%、17%、14%、16%。只有 H$_2$O$_2$ 没有催化剂时，苯酚去除率仅为 2%，说明单独 H$_2$O$_2$ 氧化分解苯酚的能力很弱。在催化剂与 H$_2$O$_2$ 共存条件下，反应 30 min 后，MIL-88B-Fe、MIL-88B-Fe/Cu$_{4:1}$、MIL-88B-Fe/Cu$_{3:2}$ 及 MIL-88B-Fe/Cu$_{1:1}$ 对苯酚去除率分别为 94%、98%、100% 及 95%。由此可见，在一定范围内提高 Cu 掺杂量可以提升 MIL-88B-Fe 催化 H$_2$O$_2$ 处理目标污染物的效果，但过高的掺杂量会使得催化效果下降，其中 MIL-88B-Fe/Cu$_{3:2}$ 的催化活性最高。

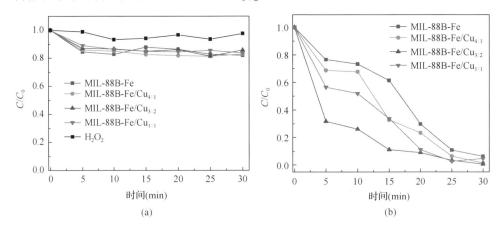

图 3-12　(a) H$_2$O$_2$ 氧化及不同掺杂比例的 MIL-88B-Fe/Cu 对苯酚吸附情况，
(b) Cu 掺杂对 MIL-88B-Fe 催化 H$_2$O$_2$ 降解苯酚效果的影响

催化剂投加量：0.15 g/L，H$_2$O$_2$ 浓度：16 mmol/L，苯酚浓度：50 mg/L，初始 pH：4.0，温度：20℃

将 MIL-88B-Fe/Cu$_{3:2}$ 催化 H$_2$O$_2$ 降解污染物性能与一些常见非均相催化剂 α-FeOOH、Fe$_2$O$_3$、BiFeO$_3$ 对比。如图 3-13 所示，催化反应进行 30 min 后，MIL-88B-Fe/Cu$_{3:2}$、α-FeOOH、Fe$_2$O$_3$、BiFeO$_3$ 对苯酚的去除率分别为 100%、47%、7%、9%。TOC 去除率分别为 37%、10%、2%、2%。可见，MIL-88B-Fe/Cu$_{3:2}$ 的催化活性显著高于传统常见非均相催化剂。

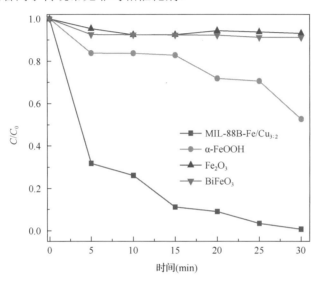

图 3-13　不同催化剂催化降解苯酚效果对比

催化剂投加量：0.15 g/L，H$_2$O$_2$ 浓度：16 mmol/L，苯酚浓度：50 mg/L，初始 pH：4.0，温度：20℃

为了评估 MIL-88B-Fe/Cu$_{3:2}$ 对其他污染物的降解能力，选择双酚 A 和 4-硝基酚作为目标物进一步考察 MIL-88B-Fe/Cu$_{3:2}$ 的催化性能。反应 30 min 后，MIL-88B-Fe/Cu$_{3:2}$-H$_2$O$_2$ 体系对双酚 A 的降解率达到了 70%，对 4-硝基酚的降解率达到了 55%，说明 MIL-88B-Fe/Cu$_{3:2}$-H$_2$O$_2$ 体系对污染物的催化分解具有普适性，能降解多种难降解有机污染物。为了考察催化剂的稳定性及重复利用性，芬顿反应结束后将催化剂回收再次投加到含 H$_2$O$_2$ 和目标污染物的溶液中测试性能。连续三次重复实验，苯酚的去除率分别为 100%、96% 及 94%，说明 MIL-88B-Fe/Cu$_{3:2}$ 具有较高稳定性，可以重复利用。

以 DMPO 作为自由基捕获剂，通过 EPR 检测 MIL-88B-Fe/Cu$_{3:2}$-H$_2$O$_2$ 体系产生自由基类型，当 MIL-88B-Fe/Cu$_{3:2}$ 和 H$_2$O$_2$ 共存时，检测到 DMPO-•OH 的 1：2：2：1 特征信号，说明•OH 是 MIL-88B-Fe/Cu$_{3:2}$ 催化 H$_2$O$_2$ 反应生成的主要活性自由基。在苯酚降解实验中，向反应体系添加•OH 猝灭剂叔丁醇后，发现苯酚的降解被完全抑制，表明•OH 是降解苯酚的主要活性物种。

用 X 射线光电子能谱分析 MIL-88B-Fe 及 MIL-88B-Fe/Cu$_{3:2}$ 中铁的价态，结果见图 3-14(a)和(b)。725 eV 附近的 Fe 2p$_{1/2}$ 和 711 eV 附近的 Fe 2p$_{3/2}$ 是 Fe 的两个最强特征峰，对 MIL-88B-Fe 及 MIL-88B-Fe/Cu$_{3:2}$ 谱图进行分峰，结果显示 MIL-88B-Fe 中铁为三价，而在 MIL-88B-Fe/Cu$_{3:2}$ 中则同时存在三价和二价的铁，由此可见，Cu 的掺杂使 MIL-88B-Fe 中的部分 Fe(III)转换成 Fe(II)。采用线性扫描伏安法(linear sweep voltammetry，LSV)测定 MIL-88B-Fe 及 MIL-88B-Fe/Cu$_{3:2}$ 中铁的氧化还原电位，从图 3-14(c)中可以看出，MIL-88B-Fe 中 Fe(III)还原为 Fe(II)的电位约为 0.32 V，而 MIL-88B-Fe/Cu$_{3:2}$ 的还原电位约为 0.34 V，表明 Cu 掺杂使催化还原性能有所提高。从图中还可以看出 MIL-88B-Fe/Cu$_{3:2}$ 上的还原电流明显高于 MIL-88B-Fe，说明在 MIL-88B-Fe/Cu$_{3:2}$ 上有更多的 Fe(III)被还原为 Fe(II)，这归因于掺杂 Cu 加速了催化剂内部电子转移。

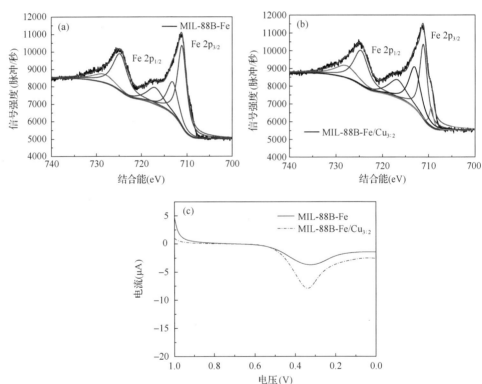

图 3-14　(a)MIL-88B-Fe 的 Fe 2p XPS 谱图；(b)MIL-88B-Fe/Cu$_{3:2}$ 的 Fe 2p XPS 谱图；(c)MIL-88B-Fe 及 MIL-88B-Fe/Cu$_{3:2}$ 的线性扫描伏安曲线

2. Cu 掺杂 BiFeO$_3$

BiFeO$_3$ 是一种典型钙钛矿型复合氧化物，具有稳定性高、结构可调节及价格低廉等优点。用非 Fe 金属原子取代部分 Fe 不仅可引入新的活性组分，同时可加快不同金属间的电子转移，进而提高催化活性。

下面以 Cu 掺杂 $BiFeO_3$($BiFe_{1-x}Cu_xO_3$) 为例，说明 Cu 掺杂对钙钛矿材料催化 H_2O_2 性能的改善作用。采用溶胶-凝胶法制备 $BiFeO_3$ 及 $BiFe_{1-x}Cu_xO_3$[24]。首先，将一定比例的 $Bi(NO_3)_3$、$Fe(NO_3)_3$ 及 $Cu(NO_3)_2$ 溶于乙二醇甲醚中，待硝酸盐完全溶解后再加入柠檬酸作为络合剂，搅拌均匀后加入一定量的乙二醇分散剂，然后 60℃ 加热 1 h，再将其置于烘箱中 100℃ 干燥得到干凝胶，最后 500℃ 煅烧 3 h，即可制得 $BiFe_{1-x}Cu_xO_3$。配制溶胶时不用 $Cu(NO_3)_2$ 即可得到 $BiFeO_3$。

$BiFeO_3$ 和 $BiFe_{0.8}Cu_{0.2}O_3$ 形貌如图 3-15 所示。$BiFeO_3$ 是由粗糙的球型小颗粒组成，而当掺杂 Cu 以后，催化剂出现了一些不规则的柱状结构，表明 Cu 的掺杂可能改变了 $BiFeO_3$ 形貌或者引入一些杂质。在 $BiFeO_3$ 及 $BiFe_{0.8}Cu_{0.2}O_3$ 上均能观察到一些颗粒间的团聚现象，这可能是由颗粒之间的静电势和磁性引力所致。

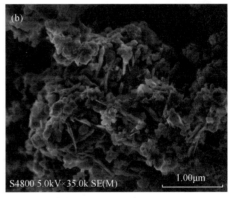

图 3-15　(a) $BiFeO_3$ 和 (b) $BiFe_{0.8}Cu_{0.2}O_3$ 的 SEM 图

掺杂 Cu 对 $BiFeO_3$ 晶体结构的影响可通过 XRD 进行表征。$BiFeO_3$ 和不同 Cu 掺杂量的 $BiFe_{1-x}Cu_xO_3$ 的谱图[图 3-16 (a)]均出现斜菱方钙钛矿的衍射峰(JCPDS 卡 No. 20-169)。掺杂 Cu 后 $BiFe_{1-x}Cu_xO_3$ 衍射峰强度变弱，这可能是由于 Cu 进入 $BiFeO_3$ 晶格降低了其结晶度，在 $BiFe_{1-x}Cu_xO_3$ 的 XRD 谱图中出现了 Bi_2O_3 和 $Bi_{25}FeO_{40}$ 的衍射峰，表明向 $BiFeO_3$ 掺杂 Cu 会生成一些杂质。通过分析氮气吸附-脱附等温曲线得到 $BiFeO_3$ 和 $BiFe_{1-x}Cu_xO_3$ 的比表面积，如图 3-16 (b)所示，$BiFeO_3$ 和 $BiFe_{1-x}Cu_xO_3$ 的氮气吸附-脱附等温曲线均符合Ⅳ类等温曲线，表明催化剂中均存在介孔结构。根据吸附等温线计算得出 $BiFeO_3$、$BiFe_{0.9}Cu_{0.1}O_3$、$BiFe_{0.8}Cu_{0.2}O_3$ 及 $BiFe_{0.7}Cu_{0.3}O_3$ 的比表面积分别为 10 m^2/g、15 m^2/g、17 m^2/g 和 20 m^2/g，可见 Cu 掺杂使样品的比表面积稍有增加。

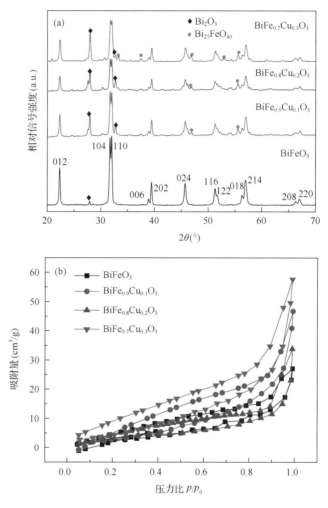

图 3-16　BiFeO₃ 和 Cu 掺杂 BiFeO₃ 的表征结果
(a) XRD 图；(b) 氮气吸附-脱附等温线

在苯酚浓度为 10 mg/L、催化剂投加量为 0.5 g/L、H_2O_2 浓度为 10 mmol/L、初始 pH 为 4.0 条件下，考察 $BiFe_{1-x}Cu_xO_3$ 的催化活性。结果如图 3-17(a) 所示，在只有催化剂 ($BiFe_{1-x}Cu_xO_3$) 没有 H_2O_2 的吸附过程约有 10% 的苯酚被吸附去除。当反应体系中同时存在催化剂和 H_2O_2 时，反应 120 min 后，$BiFeO_3$、$BiFe_{0.9}Cu_{0.1}O_3$ 和 $BiFe_{0.8}Cu_{0.2}O_3$ 体系的苯酚降解率分别为 44%、74% 和 87%。苯酚的降解符合准一级动力学反应，$BiFeO_3$、$BiFe_{0.9}Cu_{0.1}O_3$ 和 $BiFe_{0.8}Cu_{0.2}O_3$ 催化降解苯酚的反应动力学常数分别为 0.004 min⁻¹、0.010 min⁻¹、0.016 min⁻¹，表明随着 Cu 掺杂量的提高 (从 $x=0$ 到 $x=0.2$)，$BiFeO_3$ 催化活性增强。然而，进一步提高 Cu 的掺杂量至 0.3 时，苯酚降解率下降至 81%，这可能与 Cu 掺杂所引入的杂质相 Bi_2O_3 和 $Bi_{25}FeO_{40}$

有关，这些杂质可能会覆盖催化剂表面的活性位点。

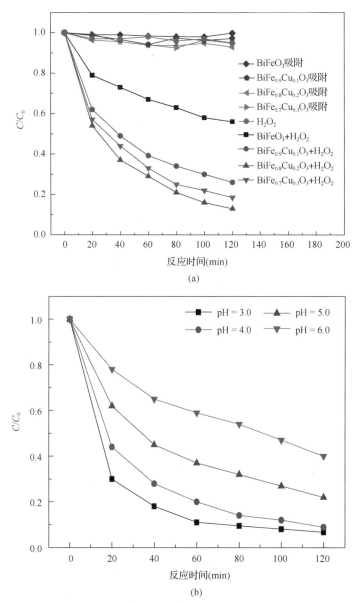

(a)

(b)

图 3-17　(a) Cu 掺杂量对 $BiFe_{1-x}Cu_xO_3$ 催化 H_2O_2 降解苯酚效果的影响，(b) 反应初始 pH 对 $BiFe_{0.8}Cu_{0.2}O_3$ 催化 H_2O_2 降解苯酚效果的影响

苯酚浓度：10 mg/L，催化剂投加量：0.5 g/L，H_2O_2 浓度：10 mmol/L，pH：4.0

反应初始 pH 对 $BiFe_{0.8}Cu_{0.2}O_3$ 催化芬顿降解苯酚效果的影响如图 3-17(b) 所示。$BiFe_{0.8}Cu_{0.2}O_3$ 活化 H_2O_2 的能力随着 pH 的降低而逐渐增强，但当反应初始 pH

升高至 6.0 时，催化剂 $BiFe_{0.8}Cu_{0.2}O_3$ 仍表现出较好的催化活性。可见 $BiFe_{0.8}Cu_{0.2}O_3$ 在较宽的 pH 范围具有良好催化活性。Fe_3O_4 和 FeOOH 是传统非均相类芬顿催化剂，作为对照，考察了它们催化 H_2O_2 降解苯酚的性能。$BiFe_{0.8}Cu_{0.2}O_3$、Fe_3O_4 及 FeOOH 催化 H_2O_2 降解苯酚的反应动力学常数分别为 0.019 min^{-1}、0.004 min^{-1}、0.004 min^{-1}。显然 $BiFe_{0.8}Cu_{0.2}O_3$ 相比于传统非均相类芬顿催化剂具有更高催化活性。

除了苯酚外，$BiFe_{0.8}Cu_{0.2}O_3$-H_2O_2 体系对 4-硝基酚、双酚 A 和阿特拉津也表现出了很好的降解能力，反应 120 min 后，$BiFe_{0.8}Cu_{0.2}O_3$ 对 4-硝基酚、双酚 A 和阿特拉津的降解率分别为 98%、58% 和 75%。此结果说明 $BiFe_{0.8}Cu_{0.2}O_3$-H_2O_2 体系能够降解多种难降解有机污染物。催化剂重复使用四次，$BiFe_{0.8}Cu_{0.2}O_3$ 对苯酚去除率仍能达到 83%。利用 ICP 测定了反应 120 min 后 Cu 和 Fe 的溶出量分别为 0.79 mg/L 和 0.029 mg/L（均低于欧盟废水排放标准限值：Fe＜2.0 mg/L、Cu＜2.0 mg/L），说明催化剂 $BiFe_{0.8}Cu_{0.2}O_3$ 具有较好的稳定性。

利用 5-叔丁氧羰基-5-甲基-1-吡咯啉-*N*-氧化物（5-*tert*-butoxycarbonyl-5-methyl-1-pyrroline-*N*-oxide，BMPO）作为自由基捕获剂，BMPO 可以与•OH 或者 $O_2^{\bullet-}$ 等自由基快速结合形成特定的 EPR 光谱，其灵敏度优于以前提到的 DMPO。通过 EPR 检测 $BiFe_{0.8}Cu_{0.2}O_3$-H_2O_2 体系中产生自由基类型，结果如图 3-18（a）所示，当反应体系中只有 H_2O_2 或者催化剂与 H_2O_2 共存时，都出现 1∶2∶2∶1 的 BMPO-•OH 加合物的特征峰，但 $BiFe_{0.8}Cu_{0.2}O_3$-H_2O_2 中的特征峰强度明显大于单纯 H_2O_2 的特征峰强度。此外，自由基的猝灭实验中可以发现，当反应中存在 300 mmol/L 叔丁醇时，苯酚的降解被完全抑制。以上结果说明•OH 在该降解反应中是主要的活性物种。

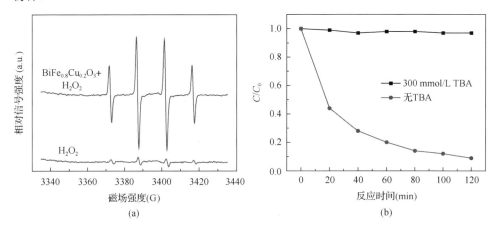

图 3-18　(a) $BiFe_{0.8}Cu_{0.2}O_3$ 催化 H_2O_2 分解过程中 BMPO-•OH 的 EPR 谱图，(b) 叔丁醇（TBA）对苯酚降解效果的影响

苯酚浓度：10 mg/L，催化剂投加量：0.5 g/L，H_2O_2 浓度：10 mmol/L，pH：4.0

为了考察 BiFeO$_3$ 和 BiFe$_{0.8}$Cu$_{0.2}$O$_3$ 中各种元素的价态变化，对其进行了 XPS 测定。Fe 2p 的 XPS 谱图如图 3-19 所示。位于 726.6 和 711.2 eV 的两个峰分别对应 Fe 2p$_{1/2}$ 和 Fe 2p$_{3/2}$。Fe 2p$_{3/2}$ 分峰结果显示出 BiFeO$_3$ 和 BiFe$_{0.8}$Cu$_{0.2}$O$_3$ 的表面同时存在 Fe(III) 和 Fe(II)。通过计算得出 BiFeO$_3$ 表面 Fe(III)/Fe(II) 比例为 1.4∶1，而 BiFe$_{0.8}$Cu$_{0.2}$O$_3$ 表面 Fe(III)/Fe(II) 比例为 1.1∶1，说明当掺杂 Cu 进入 BiFeO$_3$ 时，有助于 Fe(III) 转化成 Fe(II)。催化剂 BiFe$_{0.8}$Cu$_{0.2}$O$_3$ 在反应之后 XPS 谱图见图 3-19(d)，其表面 Fe(III)/Fe(II) 比例为 1.4∶1，而反应后的 BiFeO$_3$ 表面 Fe(III)/Fe(II) 比例为 2.0∶1。显然，反应后 BiFe$_{0.8}$Cu$_{0.2}$O$_3$ 中 Fe(II) 的比例要高于 BiFeO$_3$。这可能是由于 Fe(III)/Fe(II) 的氧化还原电位(E°=0.77 V) 远大于 Cu(II)/Cu(I) 的氧化还原电位(E°=0.17 V)，在催化剂 BiFe$_{0.8}$Cu$_{0.2}$O$_3$ 中 Fe(III) 被 Cu(I) 还原生成了更多的 Fe(II)。因此，Cu 掺杂到 BiFeO$_3$ 中可以促进 Fe(III) 还原成 Fe(II)，加快反应过程中 Fe(III)/Fe(II) 循环。

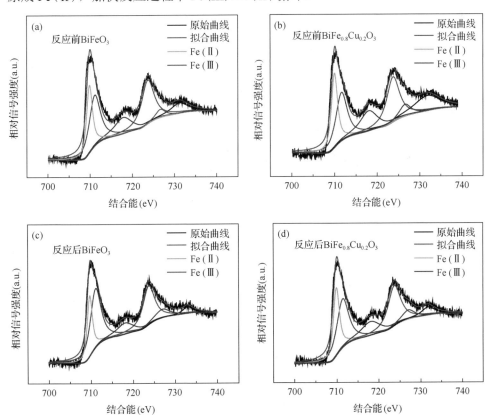

图 3-19 (a)反应前 BiFeO$_3$ 的 Fe 2p 的 XPS 谱图，(b)反应前 BiFe$_{0.8}$Cu$_{0.2}$O$_3$ 的 Fe 2p 的 XPS 谱图，(c)反应后 BiFeO$_3$ 的 Fe 2p 的 XPS 谱图，(d)反应后的 BiFe$_{0.8}$Cu$_{0.2}$O$_3$ 的 Fe 2p 的 XPS 谱图

图 3-20 是催化剂 BiFe$_{0.8}$Cu$_{0.2}$O$_3$ 反应前后 Cu 2p 的 XPS 谱图。结合能为

932.5 eV 和 951.8 eV 的峰是 Cu(Ⅰ)的特征峰，结合能为 954.2 eV 和 934.0 eV 是 Cu(Ⅱ)的特征峰。催化剂 BiFe$_{0.8}$Cu$_{0.2}$O$_3$ 反应前和反应后表面 Cu(Ⅱ)/Cu(Ⅰ)的比例分别为 1.1∶1 和 1.3∶1。反应后催化剂表面的 Cu(Ⅱ)的比例增加，推断是由于 BiFe$_{0.8}$Cu$_{0.2}$O$_3$ 表面的 Cu(Ⅰ)被氧化从而 Cu(Ⅱ)的比例增大。

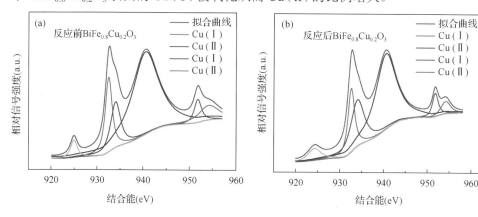

图 3-20　(a)反应前 BiFe$_{0.8}$Cu$_{0.2}$O$_3$ 的 Cu 2p 的 XPS 谱图，(b)反应后
BiFe$_{0.8}$Cu$_{0.2}$O$_3$ 的 Cu 2p 的 XPS 谱图

　　根据以上结果，推断•OH 的生成机理如下[式(3-24)到式(3-29)]：首先 H$_2$O$_2$ 与催化剂表面的 Fe(Ⅱ)进行氧化还原反应生成•OH[式(3-24)]。Cu(Ⅰ)也具有催化 H$_2$O$_2$ 产•OH 的能力[式(3-25)]。同时，Cu(Ⅱ)能够与 HO$_2^•$反应生成 Cu(Ⅰ)，达到 Cu(Ⅱ)和 Cu(Ⅰ)循环的目的[式(3-27)]，此外，Fe(Ⅲ)被 Cu(Ⅰ)还原成 Fe(Ⅱ)[式(3-28)]，提高催化剂中 Fe(Ⅱ)的含量，从而促进了反应过程中•OH 的生成。该过程可能是提高催化剂催化活性的关键步骤。最后反应过程中生成的•OH 氧化降解污染物直至最终将其分解成水及二氧化碳。

$$\equiv Fe(Ⅱ)+H_2O_2 \longrightarrow \equiv Fe(Ⅲ)+•OH+OH^- \tag{3-24}$$

$$\equiv Cu(Ⅰ)+H_2O_2 \longrightarrow \equiv Cu(Ⅱ)+•OH+OH^- \tag{3-25}$$

$$H_2O_2+•OH \longrightarrow HO_2^•+H_2O \tag{3-26}$$

$$\equiv Cu(Ⅱ)+HO_2^• \longrightarrow \equiv Cu(Ⅰ)+O_2+H^+ \tag{3-27}$$

$$\equiv Cu(Ⅰ)+\equiv Fe(Ⅲ) \longrightarrow \equiv Cu(Ⅱ)+\equiv Fe(Ⅱ) \tag{3-28}$$

$$有机污染物+•OH \longrightarrow CO_2+H_2O \tag{3-29}$$

3.3.2 Fe(Ⅲ)电子云密度的调控

催化剂电子云密度是影响其氧化还原性能的重要指标。通过降低 Fe(Ⅲ)电子云密度可以增加其得电子能力，进而加快 Fe(Ⅲ)还原为 Fe(Ⅱ)，提高非均相类芬顿催化剂的催化效率。

利用 MOFs 材料结构可调节特性，在 MIL-88B-Fe 的有机配体上修饰电负性不同基团(X= —NO$_2$、—Br、—H、—CH$_3$、—NH$_2$)，其修饰基团的电负性排序为 —NO$_2$>—Br>—H>—CH$_3$>—NH$_2$。电负性越强则表面吸电子能力越强，进而使得 Fe(Ⅲ)上电子云密度越低。以 2-X-对苯二甲酸(X= —NO$_2$、—Br、—H、—CH$_3$、—NH$_2$)作为有机配体[23]，通过溶剂热法制备 MIL-88B(Fe)-X(X= —NO$_2$、—Br、—H、—CH$_3$、—NH$_2$)。MIL-88B(Fe)-NO$_2$ 及 MIL-88B(Fe)-Br 是将相同摩尔比的 FeCl$_3$ 和 2-硝基-对苯二甲酸及 2-溴-对苯二甲酸分别溶解到水及 N,N-二甲基甲酰胺中，混合物在 100℃下反应 12 h，产物即为 MIL-88B(Fe)-NO$_2$ 及 MIL-88B(Fe)-Br。MIL-88B(Fe)-CH$_3$ 是将相同摩尔比的高氯酸盐和 2-甲基-对苯二甲酸溶解到甲醇中，混合物在 100℃下反应 48 h 得到。将相同摩尔比的 FeCl$_3$ 和对苯二甲酸及 2-氨基-对苯二甲酸分别溶解到 N,N-二甲基甲酰胺中，加入一定量 2 mmol/L 的氢氧化钠溶液，之后混合物在 100℃下反应 12 h，产物即为 MIL-88B(Fe)-H 及 MIL-88B(Fe)-NH$_2$。用扫描电镜观察到 MIL-88B(Fe)-X 的颗粒尺寸为 1～2 μm。其中 MIL-88B(Fe)-Br 是八面体的形貌，而其他 MIL-88B(Fe)-X(X= —NO$_2$、—H、—CH$_3$、—NH$_2$)都是六角双棱锥形貌(图 3-21)。MIL-88B(Fe)-NH$_2$、MIL-88B(Fe)-CH$_3$、MIL-88B(Fe)-H、MIL-88B(Fe)-Br、MIL-88B(Fe)-NO$_2$ 的比表面积分别是 81.7 m^2/g、198.9 m^2/g、71.9 m^2/g、19.9 m^2/g、36.5 m^2/g，表明修饰基团的电负性对 MIL-88B(Fe)的形貌及结构具有一定影响。

通过红外光谱及 XPS 表征考察—NO$_2$、—Br、—H、—CH$_3$、—NH$_2$ 基团是否成功修饰到 MIL-88B(Fe)-X 上。图 3-22(a)是 MIL-88B(Fe)-X(X= —NO$_2$、—Br、—H、—CH$_3$、—NH$_2$)的红外光谱。1255～688 cm^{-1} 处的峰是由于对苯二甲酸的平面收缩引起的。在 MIL-88B(Fe)-NH$_2$ 的谱图中，在 3464 cm^{-1} 和 3327 cm^{-1} 处出现的两个峰是由于氨基对苯二甲酸中氨基的不对称和对称振动引起的。在 MIL-88B(Fe)-CH$_3$ 的光谱中，位于 2980 cm^{-1} 附近的峰是甲基(—CH$_3$)特征峰。在 MIL-88B(Fe)-NO$_2$ 中位于约 1528 cm^{-1} 处的峰是由硝基取代基(—NO$_2$)的不对称伸缩引起的。由于—Br 谱带通常位于 FTIR 光谱的指纹区(680～515 cm^{-1} 或 670～400 cm^{-1})处，很难通过 FTIR 确认 Br 的存在。为了确认 Br 基团成功修饰到 MIL-88B(Fe)中，使用 XPS 表征 MIL-88B(Fe)-X 的元素组成。图 3-22(b)为 MIL-88B(Fe)-X 的 XPS 全谱图。在 MIL-88B(Fe)-Br 谱图中，观察到两个表示 Br 的峰(189 eV 和 70 eV)。XPS 和 FTIR 结果表明在 MIL-88B(Fe)-X 中成功地修饰了不同电负性的基团(—NO$_2$、—Br、—H、—CH$_3$、—NH$_2$)。

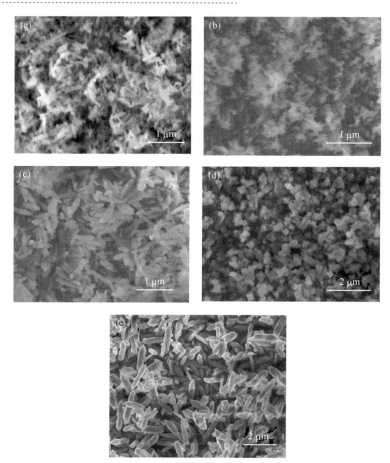

图 3-21 MIL-88B(Fe)-X 的 SEM 图

(a)MIL-88B(Fe)-NH₂; (b)MIL-88B(Fe)-CH₃; (c)MIL-88B(Fe)-H; (d)MIL-88B(Fe)-Br; (e)MIL-88B(Fe)-NO₂

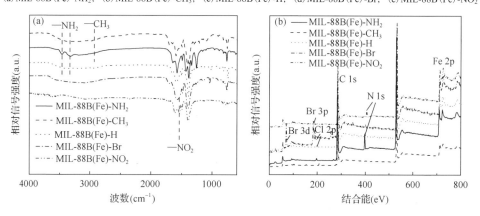

图 3-22 (a)MIL-88B(Fe)-X(X=—NO₂、—Br、—H、—CH₃ 及—NH₂)的 FTIR 谱图; (b)MIL-88B(Fe)-X 的 XPS 全谱图

图 3-23 为 MIL-88B(Fe)-X(X= —NO₂、—Br、—H、—CH₃、—NH₂)的 Fe 2p 的 XPS 谱图。结合能约为 711 eV 和 725 eV 的两个峰分别对应 Fe $2p_{3/2}$ 和 Fe $2p_{1/2}$ 的特征峰，718 eV 和 732 eV 附近的峰分别为 Fe $2p_{3/2}$ 和 Fe $2p_{1/2}$ 两个卫星峰。XPS 谱图中元素结合能是表征其电子密度的方法之一，在 MIL-88B(Fe)-X 中 Fe $2p_{3/2}$ 的结合能随着修饰取代基(—NH₂<—CH₃<—H<—Br<—NO₂)的电负性增加而增加。因为高结合能意味着电子更接近核心，表明元素电子密度低。因此，MIL-88B(Fe)-X 中铁的电子密度随着取代基(—NH₂<—CH₃<—H<—Br<—NO₂)的电负性增加而降低，这种现象是由于吸电子取代基(—NO₂ 和—Br)可以吸引 Fe 上电子，从而导致 Fe 的电子密度降低和结合能的增加。

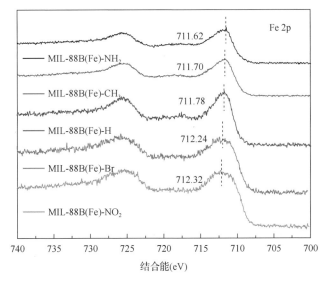

图 3-23　MIL-88B(Fe)-X (X= —NO₂，—Br，—H，—CH₃ 及—NH₂)的 Fe 2p 的 XPS 谱图

利用 DMPO 作为自由基捕获剂，采用 EPR 检测 MIL-88B(Fe)-X/H₂O₂ 体系中产生自由基类型。如图 3-24(a)所示，在 MIL-88B(Fe)-X/H₂O₂ 体系中检测到 DMPO-•OH 加合物的 1∶2∶2∶1 的四个特征峰，表明在反应中生成的主要活性物种为•OH。此外使用香豆素作为•OH 捕获剂，由于香豆素可以快速与•OH 反应生成高度荧光产物(7-羟基香豆素)，通过荧光光谱分析仪(PL)可以半定量分析 MIL-88B(Fe)-X/H₂O₂ 体系中生成的•OH。结果如图 3-24(b)所示，在催化剂或 H₂O₂ 单独存在时，在 450 nm 处(7-羟基香豆素)没有检测到 PL 信号。在 MIL-88B(Fe)-X 和 H₂O₂ 共同存在条件下，反应 5 min 后，在 450 nm 处获得明显的 PL 信号[图 3-24(b)]。因为 PL 信号强度与•OH 的含量成正比，•OH 的相对浓度可以表示为 $\Delta F=F–F_0$，其中 F_0 是香豆素初始峰的荧光峰强度。图 3-24(c)为荧光信号强度(ΔF)随反应时间变化曲线。可以看出，MIL-88B(Fe)-X 的催化活性遵循以下顺序：MIL-88B(Fe)-NO₂>

MIL-88B(Fe)-Br＞MIL-88B(Fe)-H＞MIL-88B(Fe)-CH$_3$＞MIL-88B(Fe)-NH$_2$，这与修饰基团的电负性顺序(即—NO$_2$＞—Br＞—H＞—CH$_3$＞—NH$_2$)一致，表明提高修饰基团的电负性可以提高非均相类芬顿催化效率。

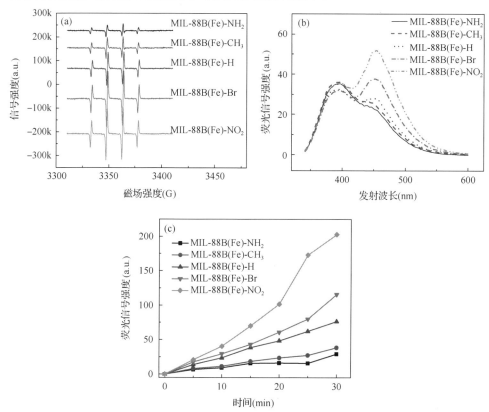

图 3-24 (a) MIL-88B(Fe)-X 催化 H$_2$O$_2$ 分解过程中 DMPO-•OH 的 EPR 谱图，(b)不同反应过
程中的荧光信号(激发波长为 332 nm)，(c)荧光信号强度(ΔF)随反应时间变化曲线
催化剂投加量：0.1 g/L，H$_2$O$_2$ 浓度：16 mol/L，香豆素浓度：0.5 mmol/L，初始 pH：4.0，温度：20℃

进一步通过污染物降解实验考察 MIL-88B(Fe)-X 催化活性。在苯酚浓度为 50 mg/L、催化剂投加量为 0.1 g/L、H$_2$O$_2$ 浓度为 16 mmol/L、初始 pH 为 4.0 条件下，考察 MIL-88B(Fe)-X 催化 H$_2$O$_2$ 降解苯酚效果，结果如图 3-25 所示。在仅有 H$_2$O$_2$ 存在下，苯酚降解几乎可以忽略，表明单独的 H$_2$O$_2$ 不能降解苯酚。仅有 MIL-88B(Fe)-X 不加 H$_2$O$_2$ 时，苯酚被吸附去除率低于 9%。当同时存在 MIL-88B(Fe)-X 和 H$_2$O$_2$ 时，反应 30 min 后，MIL-88B(Fe)-NH$_2$、MIL-88B(Fe)-CH$_3$ 和 MIL-88B(Fe)-H 对苯酚的去除率分别 30%、36%和 95%，而在 MIL-88B(Fe)-Br 和 MIL-88B(Fe)-NO$_2$ 催化体系中反应 25 min，苯酚去除率即达到 100%。

MIL-88B(Fe)-NH$_2$、MIL-88B(Fe)-CH$_3$、MIL-88B(Fe)-H、MIL-88B(Fe)-Br、MIL-88B(Fe)-NO$_2$ 的苯酚降解符合准一级动力学，速率常数分别为 0.01 min^{-1}、0.02 min^{-1}、0.13 min^{-1}、0.15 min^{-1} 和 0.22 min^{-1}，此结果进一步证明提高 MIL-88B(Fe)-X 中修饰基团的电负性有利于提高催化效率。将 MIL-88B(Fe)-NO$_2$ 与一些传统非均相类芬顿催化剂（Fe$_2$O$_3$、α-FeOOH、Fe$_3$O$_4$）及均相芬顿催化剂（Fe^{2+}）进行比较可以发现，MIL-88B(Fe)-NO$_2$ 催化活性与均相芬顿催化剂（Fe^{2+}）相当，比传统非均相类芬顿催化剂（Fe$_2$O$_3$、α-FeOOH、Fe$_3$O$_4$）高 2～3 个数量级。除了苯酚外，MIL-88B(Fe)-NO$_2$ 还可以高效降解双酚 A、4-硝基酚、亚甲基蓝及磺胺甲噁唑等具有不同类型结构的难降解性有机物。反应 30 min 后，双酚 A、4-硝基酚、亚甲基蓝及磺胺甲噁唑的去除率分别为 100%、88%、58% 及 92%。这些结果说明该催化剂对不同结构的污染物均有较好的催化分解作用。

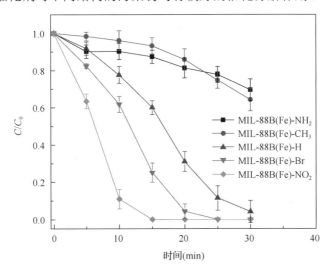

图 3-25　MIL-88B(Fe)-X 催化 H$_2$O$_2$ 降解苯酚效果

催化剂投加量：0.1 g/L，H$_2$O$_2$ 浓度：16 mmol/L，苯酚浓度：50 mg/L，初始 pH：4.0，温度：20℃

为了考察修饰基团对 MIL-88B(Fe)-X 吸附 H$_2$O$_2$ 的影响，采用密度泛函理论（density functional theory，DFT）计算了 H$_2$O$_2$ 在 MIL-88B(Fe)-X 的吸附能（E_{ads}），计算公式如下：

$$E_{ads}=E_{H_2O_2+MIL\text{-}88B(Fe)\text{-}X}-E_{H_2O_2}-E_{MIL\text{-}88B(Fe)\text{-}X}$$

式中，$E_{H_2O_2+MIL\text{-}88B(Fe)\text{-}X}$ 是 H$_2$O$_2$ 吸附到 MIL-88B(Fe)-X 上的总能量，$E_{H_2O_2}$ 和 $E_{MIL\text{-}88B(Fe)\text{-}X}$ 分别是 H$_2$O$_2$ 分子和 MIL-88B(Fe)-X 的能量。计算结果显示，MIL-88B(Fe)-NH$_2$、MIL-88B(Fe)-CH$_3$、MIL-88B(Fe)-H、MIL-88B(Fe)-Br、MIL-88B(Fe)-NO$_2$ 的 E_{ads} 分别为 –21.47 eV、–8.71 eV、–15.14 eV、–14.45 eV、

–22.31 eV。一般 E_{ads} 的绝对值越大吸附越容易，在 MIL-88B(Fe)-X 上吸附 H_2O_2 的 E_{ads} 排序为 MIL-88B(Fe)-NO$_2$ > MIL-88B(Fe)-NH$_2$ > MIL-88B(Fe)-H > MIL-88B(Fe)-Br > MIL-88B(Fe)-CH$_3$，此顺序与图 3-26(a)横坐标显示的苯酚降解动力学常数的顺序不一致，表明 H_2O_2 在催化剂上的吸附并不是决定 MIL-88B(Fe)-X 活性的重要原因。

由 XPS 结果可知，MIL-88B(Fe)-X 上 Fe(III)的电子云密度随着修饰基团电负性的增强而降低，为了考察电子密度变化对 MIL-88B(Fe)-X 中 Fe(III)的还原性能影响，对 MIL-88B(Fe)-X 进行线性扫描伏安法(LSV)测试，结果如图 3-26(b)所示。MIL-88B(Fe)-NH$_2$、MIL-88B(Fe)-CH$_3$、MIL-88B(Fe)-H、MIL-88B(Fe)-Br 和 MIL-88B(Fe)-NO$_2$ 中 Fe(III)/Fe(II)的氧化还原电位分别为 0.29 V、0.30 V、0.32 V、0.33 V 和 0.35 V，这与 MIL-88B(Fe)-X 的催化活性顺序一致[图 3-26(a)]。随

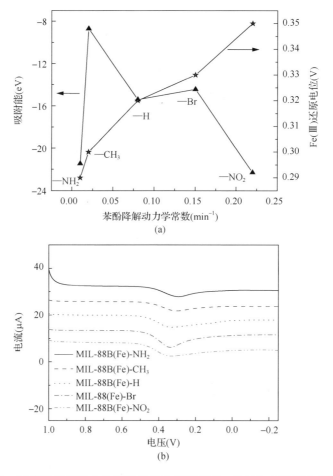

图 3-26 (a)苯酚降解动力学常数与 H_2O_2 吸附能 E_{ads} 及 MIL-88B(Fe)-X 氧化还原电位之间关系图，(b)MIL-88B(Fe)-X 的线性扫描伏安曲线

着修饰基团电负性的增高，MIL-88B(Fe)-X 中 Fe(Ⅲ)/Fe(Ⅱ)氧化还原电位越高，表明 Fe(Ⅲ)越容易还原成 Fe(Ⅱ)，即 Fe(Ⅲ)/Fe(Ⅱ)氧化还原循环更容易。这可能是因为修饰基团电负性增强会降低铁的电子密度，促进 Fe(Ⅲ)还原为 Fe(Ⅱ)，加快 Fe(Ⅲ)/Fe(Ⅱ)的循环。

图 3-27(a)～(e)为反应过程 10 min 时 MIL-88B(Fe)-X 的 Fe 2p 的 XPS 谱图，从

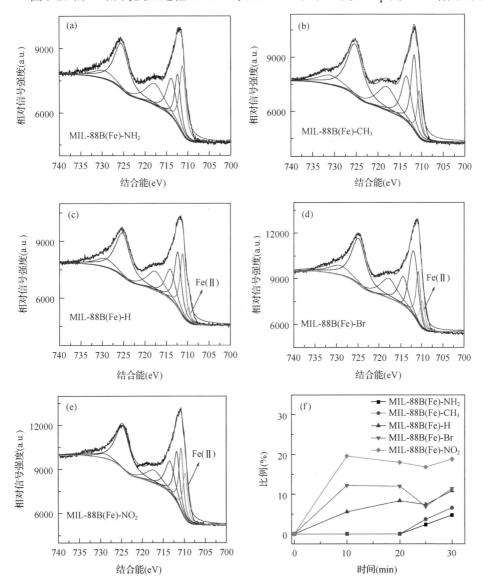

图 3-27　(a)～(e)反应 10 min 后 MIL-88B(Fe)-X 的 Fe 2p 的 XPS 谱图；(f)反应过程中 MIL-88B(Fe)-X 上 Fe(Ⅱ)/[Fe(Ⅱ)+Fe(Ⅲ)]的比例随时间变化曲线

催化剂投加量：0.1 g/L，H$_2$O$_2$ 浓度：16 mmol/L，苯酚浓度：50 mg/L，初始 pH：4.0，温度：20℃

图中可以看出反应 10 min 后，MIL-88B(Fe)-NH₂ 和 MIL-88B(Fe)-CH₃ 中只存在 Fe(III)，表明没有 Fe(III) 还原为 Fe(II)。在 MIL-88B(Fe)-H、MIL-88B(Fe)-Br 和 MIL-88B(Fe)-NO₂ 中，约 6%、12% 和 16% 的 Fe(III) 被还原为 Fe(II)。图 3-27(f) 为 MIL-88B(Fe)-X 反应过程中 Fe(II)/[Fe(II)+Fe(III)] 的比例随时间变化曲线，可以看出，在反应过程中，MIL-88B(Fe)-X 中 Fe(III) 被还原为 Fe(II) 比例随着修饰基团电负性增强而增大。LSV 和 XPS 的结果表明，修饰基团的电负性增强会提高 MIL-88B(Fe)-X 催化芬顿反应效率，这可归因于高电负性基团会降低 Fe(III) 电子密度，加快 Fe(III) 还原为 Fe(II)。

3.3.3 反应物对 Fe(III)/Fe(II) 循环过程的自强化作用

污染物可以作为电子供体将 Fe(III) 还原为 Fe(II)，促进 Fe(III)/Fe(II) 循环。从热力学角度来说，当污染物的氧化还原电位低于 Fe(III)/Fe(II) 的氧化还原电位时，污染物能够将 Fe(III) 还原为 Fe(II)，加快 Fe(III)/Fe(II) 循环，进而提高非均相类芬顿催化效率。亚甲基蓝(methylene blue, MB)是一种常见染料，其结构复杂，难以生物降解。MB 的氧化还原电位($E = -0.09$ V)较低，因此可以将 MIL-100-Fe ($E = 0.33$ V)中 Fe(III) 还原为 Fe(II)，促进 Fe(III)/Fe(II) 循环[23]。

MIL-100-Fe 可通过水热反应制备。SEM 观察到 MIL-100-Fe 为正八面体结构，颗粒尺寸为 1~2 μm。由氮气吸附-脱附曲线得出 MIL-100(Fe) 的比表面积为 1379.2 m²/g，孔容积为 0.7 cm³/g，平均孔径为 3.3 nm。图 3-28 为 MIL-100-Fe 的 Zeta 电位与 pH 关系曲线，当 Zeta 电位为 0 时的 pH 为 1.2，即 MIL-100-Fe 的零电荷点(pH$_{pzc}$ 为 1.2)，当溶液 pH 高于 1.2 时，MIL-100-Fe 表面带负电，易吸附带正电物质；当溶液 pH 低于 1.2 时，MIL-100-Fe 表面带正电。

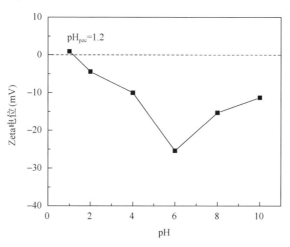

图 3-28　MIL-100-Fe 的 Zeta 电位-pH 关系曲线

在 MB 浓度为 100 mg/L、催化剂投加量为 0.1 g/L、H_2O_2 浓度为 16 mmol/L、初始 pH 为 4.0 条件下，考察 MIL-100-Fe 催化 H_2O_2 降解 MB 效果。图 3-29 为 H_2O_2 氧化，MIL-100-Fe 吸附及 MIL-100-Fe 催化芬顿等过程中 MB 浓度随时间变化曲线。在仅有 H_2O_2 存在下，反应 180 min 后，MB 降解几乎可以忽略，这表明单独的 H_2O_2 不能降解 MB。在仅有 MIL-100-Fe 存在时，MB 的去除率为 28%，这可能是由于 MB 在 MIL-100-Fe 上吸附造成的。当 MB 在 MIL-100-Fe 吸附 30 min 达到吸附饱和之后，向反应体系中加入 H_2O_2，发现溶液中 MB 浓度在加入 H_2O_2 后的 10 min 从 73 mg/L 升高至 84 mg/L，之后随着反应进行 MB 浓度快速降低到 17 mg/L，推测在加入 H_2O_2 后 10 min 内的 MB 浓度升高是因为溶液中 H_2O_2（$pK_a = 11.7$）与 MB（$pK_a \approx 12.0$）都带正电，会竞争吸附到带负电的 MIL-100-Fe 表面。而随着反应进行，MB 浓度的降低是因为 MIL-100-Fe 催化 H_2O_2 生成了一些高氧化性自由基来降解溶液中 MB。

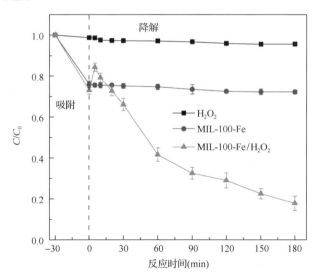

图 3-29　H_2O_2 氧化、MIL-100-Fe 吸附及 MIL-100-Fe/H_2O_2 竞争吸附、催化过程中亚甲基蓝浓度随时间变化曲线

催化剂投加量：0.1 g/L，H_2O_2 浓度：16 mmol/L，MB 浓度：100 mg/L，初始 pH：4.0，温度：20℃

进一步考察 MIL-100-Fe 催化 H_2O_2 降解氧化还原电位较高的污染物如苯酚（$E=$ 1.02 V）、4-硝基酚（$E = 1.24$ V）的性能，结果如图 3-30 所示。反应 180 min 后，苯酚及 4-硝基酚的去除率分别为 5% 及 4%，远低于 MB 的去除率。其中 MB 降解的一级动力学常数比其他两种污染物降解动力学常数至少高 9 倍。TOC 分析结果显示 MB、苯酚及 4-硝基酚的 TOC 去除率分别为 49%、5% 和 4%。以上结果表明，

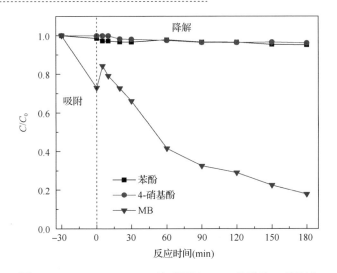

图 3-30　MIL-100-Fe/H₂O₂ 体系降解 MB、苯酚及 4-硝基酚

催化剂投加量：0.1 g/L，H₂O₂ 浓度：16 mmol/L，污染物浓度：100 mg/L，初始 pH：4.0，温度：20℃

在 MIL-100-Fe/H₂O₂ 催化体系中 MB 的降解效果最好。这可能是因为 MB 的氧化还原电位（$E = -0.09$ V）比 MIL-100-Fe（$E = 0.33$ V）低，理论上 MB 可以还原 MIL-100-Fe（Ⅲ）生成 MIL-100-Fe（Ⅱ），因此加快了·OH 的生成，提高了污染物的降解效率。

　　为了证实这一推论，考察了同时存在两种污染物时的降解情况。如图 3-31（a）所示，只有苯酚一种污染物时，反应 3 h MIL-100-Fe 催化 H₂O₂ 降解苯酚的去除率不到 3%；当体系中既有苯酚又有 MB 时，反应 3 h 苯酚去除率提高到 63%，其降解动力学常数比单独苯酚降解时提高了一个数量级；MB 的去除率（72%）比单独降解 MB 时有略微降低，这可能是因为混合污染物体系中苯酚对·OH 的竞争。当 4-硝基酚与 MB 混合时，可观察到类似的现象，如图 3-31（b）所示，反应 3 h 后

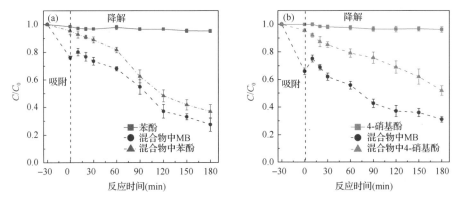

图 3-31　MIL-100-Fe/H₂O₂ 体系降解混合污染物：（a）MB 与苯酚；（b）MB 与 4-硝基酚

催化剂投加量：0.1 g/L，H₂O₂ 浓度：16 mmol/L，污染物浓度：100 mg/L，初始 pH：4.0，温度：20℃

4-硝基酚的去除率为 49%,降解动力学常数相比只有 4-硝基酚一种污染物的情况提高了一个数量级。上述结果表明 MB 可以提高 MIL-100-Fe/H$_2$O$_2$ 体系对污染物的降解效率,这可能是因为 MB 的还原能力较强,加快了 Fe(III) 还原为 Fe(II) 的反应速率,从而提高了 •OH 产生速率。

为了证实 MB 可将 MIL-100-Fe(III) 中的三价铁还原为二价铁,用 XPS 分析了与 MB 反应 30 min 后的 MIL-100-Fe 的价态,如图 3-32(a) 所示,分峰结果显示反应后 MIL-100-Fe 上 Fe(II) 的比例为 21%,高于反应前 MIL-100-Fe 上面 Fe(II) 的比例 (2%),说明在 MIL-100-Fe 与 MB 反应过程中,MB 将部分 Fe(III) 还原为 Fe(II)。作为对比,与苯酚反应后 MIL-100-Fe 上的 Fe(II) 为 4%,与反应前 MIL-100-Fe 上面 Fe(II) 的比例几乎没有差别,说明氧化还原电位低于 MIL-100-Fe 是污染物对 Fe(III)/Fe(II) 循环起到促进作用的关键条件。

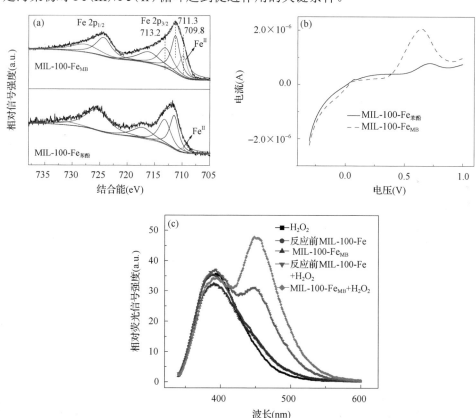

图 3-32 (a) 与 MB 及苯酚反应后 MIL-100-Fe 的 Fe 2p 的 XPS 谱图,(b) MIL-100-Fe 分别与苯酚及 MB 反应后的线性扫描伏安曲线,(c) 不同反应过程中的荧光信号

催化剂投加量:0.1 g/L,H$_2$O$_2$ 浓度:16 mmol/L,污染物浓度:100 mg/L,初始 pH:4.0,温度:20℃

图 3-32(b) 为分别与苯酚及 MB 反应后的 MIL-100-Fe 的线性扫描伏安曲线，在 0.65 V 附近出现的峰为催化剂上面 Fe(II) 到 Fe(III) 的氧化峰，可以看出与 MB 反应后的 MIL-100-Fe 上面的氧化峰电流明显高于与苯酚反应后的 MIL-100-Fe，说明与 MB 反应后的 MIL-100-Fe 中 Fe(II) 比例提高。此结果进一步证明 MB 可以将 MIL-100-Fe(III) 还原为 MIL-100-Fe(II)。为了考察与 MB 反应后 MIL-100-Fe 催化 H_2O_2 分解生成•OH 的情况，采用香豆素作为•OH 捕获剂，通过荧光光谱仪分析生成的•OH，结果如图 3-32(c) 所示。在 450 nm 处出现的峰为香豆素与•OH 反应产物 7-羟基香豆素的特征峰，其中与 MB 反应后 MIL-100-Fe 催化 H_2O_2 体系在 450 nm 处的荧光强度明显高于 MIL-100-Fe 催化 H_2O_2 体系，说明 MB 与 MIL-100-Fe 反应后有助于催化 H_2O_2 生成•OH，这是因为 MB 可以促进 MIL-100-Fe(III) 还原为 MIL-100-Fe(II)，有助于提高芬顿催化效率。

3.4 本 章 小 结

改善非均相芬顿反应的效率，关键是研发高效活化 H_2O_2 的催化剂，归纳本章内容可得到以下结论：

(1) 使用多孔材料作为载体支撑催化剂或者在催化剂中构造多孔结构可以提高催化剂比表面积，暴露更多的催化活性位，并且促进反应物到活性位的传质，这是提高非均相类芬顿过程降解污染物效率的通用方法。

(2) 通过对催化剂进行元素掺杂可以加快还原 Fe(III) 生成 Fe(II) 的反应速率，从而提高催化 H_2O_2 产•OH 的效率及分解污染物的效率。也可以利用反应体系中氧化还原电位低于 Fe(III)/Fe(II) 标准电位的污染物实现加速 Fe(III)/Fe(II) 循环，这一结论对于处理含有多种污染物的实际废水具有参考价值。

(3) 降低催化剂中 Fe(III) 电子云密度可以提高其氧化还原电位，改善 Fe(III)/Fe(II) 的转换，从而促进 H_2O_2 分解产生•OH。在铁基金属有机骨架材料的有机配体上修饰具有吸电子效应的基团是降低 Fe(III) 电子云密度的有效方法。

这些研究结果有助于提高芬顿技术处理实际水的效率和理解其过程机制。

参 考 文 献

[1] Goldstein S, Meyerstein D. Comments on the mechanism of the "Fenton-like" reaction. Accounts of Chemical Research, 1999, 32(7): 547-550.

[2] Tratnyek P, Grundl T, Haderlein S. Aquatic redox chemistry. Washington DC: American Chemical Society, 2011(1071): 177-197.

[3] Wiegand H, Orths C, Kerpen K, Lutze H, Schmidt T. Investigation of the iron–peroxo complex in the Fenton reaction: Kinetic indication, decay kinetics, and hydroxyl radical yields. Environmental Science & Technology, 2017, 51（24）: 14321-14329.

[4] Bray W, Gorin M. Ferryl ion, a compound of tetravalent iron. Journal of the American Chemical Society, 1932, 54（5）: 2124-2125.

[5] Bossmann S, Oliveros E, Göb S, Siegwart S. Dahlen E, Payawan L, Straub M, Wörner M, Braun A. New evidence against hydroxyl radicals as reactive intermediates in the thermal and photochemically enhanced Fenton reactions. Journal of Physical Chemistry A, 1998, 102（102）: 5542-5550.

[6] Lin S, Gurol M. Catalytic decomposition of hydrogen peroxide on iron oxide: Kinetics, mechanism and implications. Environmental Science & Technology, 1998, 32（10）: 1417-1423.

[7] Huang C, Huang Y. Comparison of catalytic decomposition of hydrogen peroxide and catalytic degradation of phenol by immobilized iron oxides. Applied Catalysis A: General, 2008, 346: 140-148.

[8] Lee Y, Lago R, Fierro J, González J. Hydrogen peroxide decomposition over $Ln_{1-x}A_xMnO_3$ （Ln=La or Nd and A=K or Sr） perovskites. Applied Catalysis A: General, 2001, 215（1）: 245-256.

[9] Li H, Shang J, Yang Z, Shen W, Ai Z, Zhang L. Oxygen vacancy associated surface Fenton chemistry: Surface structure dependent hydroxyl radicals generation and substrate dependent reactivity. Environmental Science & Technology, 2017, 51（10）: 5685-5694.

[10] Kwan W, Voelker B. Rates of hydroxyl radical generation and organic compound oxidation in mineral-catalyzed-Fenton-like systems. Environmental Science & Technology, 2003, 37（6）: 1150-1158.

[11] Andreozzi R, Apuzzo A, Marotta R. Oxidation of aromatic substrates in water/goethite slurry by means of hydrogen peroxide. Water Research, 2002, 36（19）: 4691-4698.

[12] Hermanek M, Zboril R, Medrik I, Pechousek J, Gregor C. Catalytic efficiency of iron（III）oxide in decomposition of hydrogen peroxide: Competition between the surface area and crystallinity of nanoparticles. Journal of The American Chemical Society, 2007, 129:10929-10936.

[13] Lyu L, Zhang L, Wang Q, Nie Y, Hu C. Enhanced Fenton catalytic efficiency of γ-Cu-Al_2O_3 by σ-Cu^{2+}-ligand complexes from aromatic pollutant degradation. Environmental Science & Technology, 2015, 49: 8639-8647.

[14] Zhang L, Nie Y, Hu C, Hu X. Decolorization of methylene blue in layered manganese oxide suspension with H_2O_2. Journal of Hazardous Materials, 2011, 190（1）: 780-785.

[15] Saputra E, Muhammad S, Sun H, Ang H, Tadé M, Wang S. A comparative study of spinel structured Mn_3O_4, Co_3O_4 and Fe_3O_4 nanoparticles in catalytic oxidation of phenolic contaminants in aqueous solutions. Journal of Colloid and Interface Science, 2013, 407（10）: 467-473.

[16] Luo W, Zhu L, Nan W, Tang H, Cao M, She Y. Efficient removal of organic pollutants with magnetic nanoscaled $BiFeO_3$ as a reusable heterogeneous Fenton-like catalyst. Environmental Science & Technology, 2010, 44（5）: 1786-1791.

[17] Rusevova K, Köferstein R, Rosell M, Richnow H, Kopinke F, Georgi A. LaFeO$_3$ and BiFeO$_3$ perovskites as nanocatalysts for contaminant degradation in heterogeneous Fenton-like reactions. Chemical Engineering Journal, 2014, 239（3）: 322-331.

[18] Valdés-Solís T, Valle-Vigón P, Álvarez S, Marbán G, Fuertes A. Manganese ferrite nanoparticles synthesized through a nanocasting route as a highly active Fenton catalyst. Catalysis Communications, 2007, 8（12）: 2037-2042.

[19] Domínguez C, Ocón P, Quintanilla A, Casas J, Rodriguez J. Highly efficient application of activated carbon as catalyst for wet peroxide oxidation. Applied Catalysis B: Environmental, 2013, 140-141: 663-670.

[20] Santos V, Pereira M, Faria P, Órfão J. Decolourisation of dye solutions by oxidation with H$_2$O$_2$ in the presence of modified activated carbons. Journal of Hazardous Materials, 2009, 162（2）: 736-742.

[21] 杜肖. H$_2$O$_2$氧化非均相催化剂的研制及应用. 大连: 大连理工大学, 2004.

[22] Gao C, Chen S, Quan X, Yu H, Zhang Y. Enhanced Fenton-like catalysis by iron-based metal organic frameworks for degradation of organic pollutants. Journal of Catalysis, 2017, 356: 125-132.

[23] 高聪. 铁基金属有机框架化合物催化H$_2$O$_2$降解有机污染物性能及机理研究. 大连: 大连理工大学, 2018.

[24] 毛捷. 铜掺杂铁酸铋活化双氧水降解有机污染物的研究. 大连: 大连理工大学, 2018.

第4章 硫酸根自由基氧化技术

本章导读

- 活化过硫酸盐产生硫酸根自由基($SO_4^{\bullet-}$)的基本原理。
- 零价铁、钙钛矿和元素掺杂多孔碳活化过硫酸盐产 $SO_4^{\bullet-}$ 的效率和基本原理，以及影响 $SO_4^{\bullet-}$ 产率及污染物分解效率的主要因素及影响规律。

4.1 硫酸根自由基简介

第 2 章中催化臭氧氧化和第 3 章中芬顿过程均以强氧化性的•OH 为主要氧化性物种分解 POPs。在 pH=0 和 14 时，•OH 的氧化电位分别为 2.72 V 和 1.89 V[1]，氧化能力非常强，但•OH 半衰期短(10^{-6} s)，且对各类有机物无选择地降解，因此对降解 POPs 的效率受到易分解小分子有机物的影响。硫酸根自由基($SO_4^{\bullet-}$)的氧化能力比•OH 强(pH=0 和 14 时氧化电位分别为 3.1 V 和 2.5 V[2])，半衰期是•OH 的 30 倍以上[3, 4]。更重要的是 $SO_4^{\bullet-}$ 易于进攻给电子官能团，如具有 π 电子的芳香环物质及含有不饱和键的有机物质，而与吸电子基团，如硝基(—NO_2)及羰基(C=O)的反应相对困难[5, 6]。因此，$SO_4^{\bullet-}$ 对难降解有机污染物具有选择性，适合用于分解 POPs。

$SO_4^{\bullet-}$ 与有机物的反应机理与•OH 类似，包括电子转移、氢提取以及亲电加成。表 4-1 是三种机理的适用范围及反应方程式。

表 4-1　$SO_4^{\bullet-}$氧化有机物的三种方式

作用方式	有机物范围	反应方程式
脱氢反应	饱和有机化合物，如烷烃、醇类、醚类	$SO_4^{\bullet-} + RH \longrightarrow HSO_4^- + R^\bullet$
加成反应	含有不饱和键的有机化合物，如烯烃	$SO_4^{\bullet-} + H_2C{=}CHR \longrightarrow {^-}OSO_2OC\,H_2{-}C^\bullet HR$
电子转移	芳香类有机化合物	$SO_4^{\bullet-} + \langle\!\!\!\bigcirc\!\!\!\rangle{-}R \longrightarrow SO_4^{2-} + \langle\!\!\!\bigcirc\!\!\!\rangle{-}R$

产生 $SO_4^{\bullet-}$ 的方式是活化过一硫酸盐(peroxymonosulfate，PMS)或者过二

硫酸盐（peroxydisulfate，PDS）。其中，PMS 常以过硫酸氢钾复合盐（Oxone，$2KHSO_5 \cdot KHSO_4 \cdot K_2SO_4$）的形式出现，是一种用途广泛且环境友好的酸式过氧化物氧化剂，其有效成分是 $KHSO_5$，在水中以 HSO_5^- 形式存在。而 PDS 在水中常以 $S_2O_8^{2-}$ 的形式存在。PMS 与 PDS 稳定、无毒、水溶性好，其氧化电位分别为 1.82 V 和 2.01 V，常作为氧化剂使用。PMS 及 PDS 都含有不稳定的 O—O 键，O—O 键中的氧为–1 价，易于接收外来电子使 O—O 键断裂，产物为 $SO_4^{\bullet-}$。过硫酸盐被分解产生 $SO_4^{\bullet-}$ 的过程称作过硫酸盐活化，主要的活化方式包括光活化[7]、热活化[8]和过渡金属催化[9][式(4-1)～式(4-4)]。光活化和热活化常需消耗大量能量，且需要复杂的反应设备。而金属催化可在常温常压下进行，反应设备简单，易于操作，因而相关研究较多。

$$S_2O_8^{2-} \xrightarrow{hv} 2SO_4^{\bullet-} \tag{4-1}$$

$$S_2O_8^{2-} \xrightarrow{\triangle} 2SO_4^{\bullet-} \tag{4-2}$$

$$M^{n+} + S_2O_8^{2-} \longrightarrow M^{(n+1)+} + SO_4^{\bullet-} + SO_4^{2-} \tag{4-3}$$

$$M^{n+} + HSO_5^- \longrightarrow M^{(n+1)+} + SO_4^{\bullet-} + OH^- \tag{4-4}$$

过渡金属离子活化过硫酸盐的反应活性顺序为 $Ni^{2+} < Fe^{3+} < Mn^{2+} < V^{3+} < Ce^{3+} < Fe^{2+} < Ru^{3+} < Co^{2+}$[9]。其机理（以 Co^{2+}/PMS 体系为例）如反应式(4-5)～式(4-10)所示：

$$Co^{2+} + H_2O \longrightarrow CoOH^+ + H^+ \tag{4-5}$$

$$CoOH^+ + HSO_5^- \longrightarrow CoO^+ + SO_4^{\bullet-} + H_2O \tag{4-6}$$

$$CoO^+ + 2H^+ \longrightarrow Co^{3+} + H_2O \tag{4-7}$$

$$Co^{3+} + HSO_5^- \longrightarrow Co^{2+} + SO_5^{\bullet-} + H^+ \tag{4-8}$$

$$Co^{2+} + SO_4^{\bullet-} \longrightarrow Co^{3+} + SO_4^{2-} \tag{4-9}$$

$$SO_4^{\bullet-} + 污染物 \longrightarrow 中间产物 \longrightarrow CO_2 + H_2O \tag{4-10}$$

虽然均相 Co^{2+} 能高效活化过硫酸盐生成 $SO_4^{\bullet-}$，但该过程也存在很多问题。首先，均相催化剂回收分离过程操作复杂且增加成本。其次，Co^{2+} 对 pH 依赖性较大，pH 过低时式(4-5)难以进行，不利于反应生成 $CoOH^+$ 活性物质；而 pH 过高时钴离子沉淀，造成催化性能下降。更为重要的是，Co^{2+} 有毒，排放到环境中会对人类以及生态产生不良影响[10, 11]。

在第 3 章中已经论述了非均相催化体系具有催化剂回收容易、不依赖 pH、可抑制金属溶出等优势，是解决均相反应面临问题的有效途径。最早发现的具有活化过硫酸盐性能的非均相催化剂是 Co_3O_4[12]，虽然非均相催化在一定程度上弥补了均相催化过程的不足，但是非均相催化传质效率低、催化剂易于团聚、Co^{3+}还原为 Co^{2+} 的速率很慢，这些问题导致催化活性较低。此外，并不能杜绝钴离子溶出。因此，开发高效、环境友好的非均相催化剂用于活化过硫酸盐分解难降解有机物是本领域的研究热点。目前的研究主要集中于以下三个方面：①开发无毒或毒性低于 Co 的金属和金属化合物催化剂；②构建复合金属氧化物催化剂提高活化过硫酸盐性能；③制备高效碳基催化剂避免金属溶出。

4.2 零价铁活化过硫酸盐

由于铁元素的地壳丰度高、无毒且价格便宜，铁基过硫酸盐活化催化剂受到了广泛关注。Fe^{2+} 均相活化 PDS 产生 $SO_4^{\cdot-}$ 的反应过程如式(4-11)和式(4-12)所示[13]。与 Co^{2+} 均相体系类似，首先，Fe^{2+} 存在需要酸性条件，中性或碱性条件下易析出沉淀；其次，Fe^{2+} 具有还原性，过量的 Fe^{2+} 会消耗 $SO_4^{\cdot-}$，影响对污染物的降解效率；第三，Fe^{2+} 活化过硫酸盐的限速步骤是 Fe^{3+} 还原为 Fe^{2+}，由于 Fe^{2+}/Fe^{3+} 氧化还原电位仅为 0.77 V，该反应较难进行。

$$Fe^{2+} + S_2O_8^{2-} \longrightarrow Fe^{3+} + SO_4^{\cdot-} + SO_4^{2-} \tag{4-11}$$

$$Fe^{3+} + S_2O_8^{2-} + H_2O \longrightarrow Fe^{2+} + SO_5^{\cdot-} + SO_4^{2-} + 2H^+ \tag{4-12}$$

零价铁 (Fe^0) 是一种廉价、易得的强还原剂。Fe^0/Fe^{2+} 氧化还原电位仅为 −0.44 V，很容易被过硫酸盐氧化生成 Fe^{2+}，Fe^{2+} 进一步活化过硫酸盐生成 $SO_4^{\cdot-}$。同时，Fe^0 可以促进 Fe^{3+} 向 Fe^{2+} 的还原，进而提高过硫酸盐活化效率。Fe^0 作为过硫酸盐活化催化剂还具有如下优点：①Fe^0 替代亚铁盐可以避免引入其他阴离子，出水中少量 Fe^0 很容易去除；②与传统的 Fenton 体系相比，废水处理之后，Fe^0 体系中的 Fe^{2+} 和 Fe^{3+} 浓度明显降低；③与铁盐相比，采用 Fe^0 不仅节省了开支，而且加速了 Fe^0 表面三价铁和二价铁之间的循环；④溶液的酸度不需要调节，反应可以在近中性的条件下进行，适用性更广。

氯酚类化合物具有芳环和氯原子，毒性很强，已被我国列为水中优先控制污染物。氯酚抗氧化能力强，很难用常规的方法处理，具有持久性。$SO_4^{\cdot-}$ 氧化能力强，是去除氯酚类污染的重要手段。为了评估 Fe^0 活化过二硫酸钠(PDS/Fe^0 体系)产生 $SO_4^{\cdot-}$ 对氯酚类污染物的降解效果，以初始浓度为 0.156 mmol/L 的 4-氯酚(4-chlorophenol, 4-CP)为目标污染物，在 0.78 mmol/L 过硫酸钠溶液及室温条件下，考察 Fe^0 加入量对 4-CP 降解率的影响，结果如图 4-1 所示。当 Fe^0 加入量在 0～0.20 g/L 范围时，随着 Fe^0 加入量的增加，4-CP 的降解率也逐渐增加；但进一步提高 Fe^0 加入量为 0.40 g/L 时，4-CP 降解率开始降低。4-CP 降解符合一级反应动力学方程，Fe^0 加入量为 0.02 g/L、0.10 g/L、0.20 g/L、0.40 g/L 对应的速率常数分别为 0.002 min^{-1}、0.016 min^{-1}、0.036 min^{-1}、0.020 min^{-1}。可见，在此体系中 Fe^0 加入量有一个最佳值，过低或过高都不利于 4-CP 的降解。无 Fe^0 时，4-CP 几乎没有降解，说明室温下过硫酸钠对 4-CP 降解率的影响可以忽略不计。只有 Fe^0 没有过硫酸钠时，4-CP 浓度几乎没有减少，这说明 Fe^0 对 4-CP 的吸附也可忽略。因此，4-CP 的降解主要依靠活化过硫酸盐产生 $SO_4^{\cdot-}$ 的氧化作用。

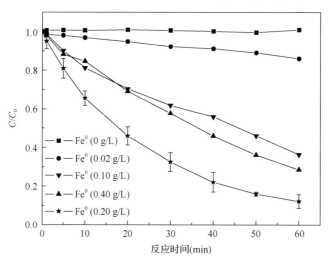

图 4-1 Fe^0 加入量对 4-CP 降解率的影响

$[4\text{-CP}]_0 = 0.156$ mmol/L，$[\text{PDS}]_0 = 0.78$ mmol/L，$[Fe^0]_0 = 0 \sim 0.40$ g/L，室温

为了进一步确定 Fe^0 在 PDS/Fe^0 体系中所起的作用，改变 Fe^0 加入量，考察了反应过程中亚铁离子浓度的变化（见图 4-2）。在 0.02～0.40 g/L 范围内，随着 Fe^0 加入量的增大，溶液中亚铁离子浓度逐渐增加，4-CP 降解率先增大后减小。这说明在 PDS/Fe^0 体系中亚铁离子能促进催化体系性能的提升，但过多的亚铁离子捕获了 $SO_4^{\cdot-}$，导致催化性能下降。

为了比较 Fe^0 与不同价态铁离子对 4-CP 降解效率的影响，考察了亚铁离子和三价铁离子在 PDS 体系对 4-CP 降解率的影响。如图 4-3 所示，与亚铁离子和三价铁离子活化 PDS 体系相比，Fe^0 体系中 4-CP 降解率显著提高。反应 4 h 后，4-CP 在 Fe(II)/PDS 和 Fe(III)/PDS 体系的降解率分别为 31% 和 17%；而在 Fe^0/PDS 体系，在反应 1 h 后，4-CP 降解率就达到了 88%。SEM 观察发现，未使用的 Fe^0 表面呈现光滑的不规则片状。反应一段时间后，由于被溶解或腐蚀 Fe^0 表面发生不规则的变化，出现褶皱、裂缝且较为蓬松。随着反应时间的延长，Fe^0 表面的这种不规则变化越来越显著。

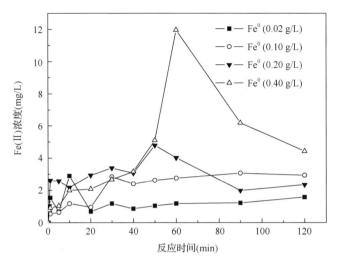

图 4-2　PDS/Fe^0 体系中亚铁离子浓度的变化趋势

[4-CP]$_0$ = 0.156 mmol/L, [PDS]$_0$ = 0.78 mmol/L, [Fe^0]$_0$ = 0～0.40 g/L, 室温

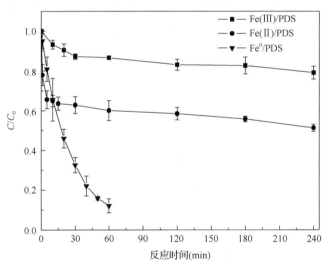

图 4-3　Fe^0 在近中性条件下以及亚铁离子和三价铁离子在酸性条件下对 4-CP 降解率的影响

[4-CP]$_0$ = 0.156 mmol/L, [PDS]$_0$ = 0.78 mmol/L; [Fe(II)]$_0$ = 3.12 mmol/L, [Fe(III)]$_0$ = 3.12 mmol/L,

[PDS]$_0$ = 3.12 mmol/L, pH = 3.0 ± 0.1

　　pH 是影响 Fe^0 形态的重要因素。低 pH 促进零价铁的腐蚀，提高反应效率。高 pH 条件容易促成氢氧化物沉淀，阻碍反应进行。从图 4-4 中可以看出，在 pH 3.0 只有 Fe^0 没有过硫酸盐条件下，4-CP 的降解率只有 12%；而在 Fe^0/PDS 体系中，pH 3.0 和 pH 6.0 条件下，4-CP 降解率分别为 86% 和 80%。pH 6.0 时 4-CP 降解率与 pH 3.0 非常接近。由于近中性 pH 更接近实际水处理，本节后面的研究中 pH 均为 6.0。

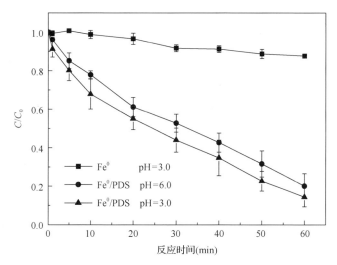

图 4-4 溶液 pH 对 4-CP 降解率的影响

[4-CP]$_0$ = 0.156 mmol/L, [PDS]$_0$ = 0.78 mmol/L, [Fe^0]$_0$ = 0.20 g/L, 室温

叔丁醇是一种自由基猝灭剂，与•OH 反应的速率常数为 10^8 L/(mol•s)（式 4-13），而与 SO$_4^{•-}$的反应速率常数只有 10^5 L/(mol•s)[式(4-14)]，因此溶液中同时存在 SO$_4^{•-}$和•OH 时，叔丁醇优先猝灭•OH。另一种自由基猝灭剂甲醇与•OH 或 SO$_4^{•-}$的反应速率常数分别为 10^9 L/(mol•s) 和 10^7 L/(mol•s)[式(4-15)和式(4-16)]，可同时清除两种自由基。为了识别 Fe^0/PDS 体系中起主要作用的氧化物种，在反应体系中加入了浓度为 4-CP 浓度 10000 倍的甲醇和叔丁醇，其对 4-CP 降解效率的影响如图 4-5 所示。在没有自由基猝灭剂的条件下，4-CP 降解率为 88%；加入叔丁醇后 4-CP 降解受到部分抑制，加入甲醇后 4-CP 降解几乎被完全抑制，说明•OH 和 SO$_4^{•-}$共同参与氧化污染物，甲醇对 4-CP 降解率抑制比叔丁醇多出的部分是 SO$_4^{•-}$的作用，对比加入猝灭剂对 4-CP 降解的抑制程度，得出 SO$_4^{•-}$为 Fe^0/PDS 体系主要的活化物种。

$$(CH_3)_3COH+•OH \longrightarrow •CH_2C(CH_3)_2OH+H_2O \quad k_1= 3.8\sim7.6\times10^8 \text{ L/(mol•s)}$$
$$(4-13)$$

$$(CH_3)_3COH+SO_4^{•-} \longrightarrow •CH_2C(CH_3)_2OH+HSO_4^- \quad k_2= 4.0\sim9.1\times10^5 \text{ L/(mol•s)}$$
$$(4-14)$$

$$CH_3OH+•OH \longrightarrow •CH_2OH+H_2O \quad k_3= 0.8\sim1.0\times10^9 \text{ L/(mol•s)}$$
$$(4-15)$$

$$CH_3OH+ SO_4^{•-} \longrightarrow •CH_2OH + HSO_4^- \quad k_4= 0.9\sim1.3\times10^7 \text{ L/(mol•s)}$$
$$(4-16)$$

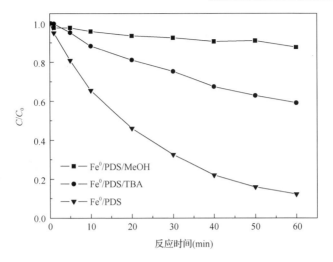

图 4-5　PDS/Fe^0 体系自由基猝灭剂甲醇和叔丁醇的加入对 4-CP 降解率的影响

[4-CP]$_0$ = 0.156 mmol/L, [PDS]$_0$ = 0.78 mmol/L, [Fe^0]$_0$ = 0.20 g/L, [甲醇]$_0$ = 1.56 mol/L, [叔丁醇]$_0$ = 1.56 mol/L, 室温

　　离子色谱分析表明, 在 4-CP 降解的过程中, 体系中会有氯离子和硫酸根离子生成, 它们的变化趋势如图 4-6 所示。从图 4-6 可以看出, 在 2 h 的反应时间内, 随着 4-CP 浓度的降低, 氯离子和硫酸根离子浓度逐渐增大, 最后趋于稳定。这说明在降解过程中, 苯环上的氯转化成氯离子, 过硫酸钠在体系中被还原成硫酸根离子。溶液中的氯离子浓度基本符合物料平衡, 从而证实 4-CP 完全降解。用液相色谱测试反应过程中不同时间段的水样, 结果如图 4-7 所示。保留时间 14 min 处的主峰为 4-CP, 其峰面积随着反应时间的延长而减小, 说明 4-CP 被降解。色谱图中的一些小峰属于降解产物, 具体化学组成需要进一步验证。

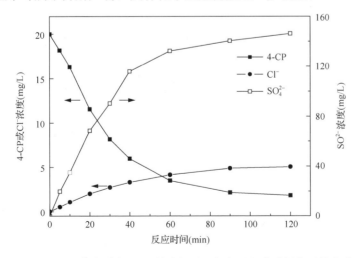

图 4-6　PDS/Fe^0 体系中 4-CP 的降解以及氯离子和硫酸根离子的生成

[4-CP]$_0$ = 0.156 mmol/L, [PDS]$_0$ = 0.78 mmol/L, [Fe^0]$_0$ = 0.20 g/L, 室温

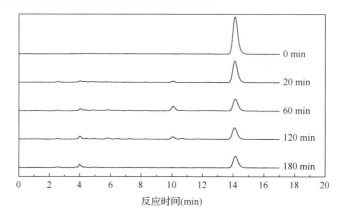

图 4-7 典型的 4-CP 降解液相色谱图

为了进一步明确 4-CP 在 Fe^0/PDS 体系中的氧化降解产物，通过气相色谱/质谱联用(GC/MS)检测 4-CP 在降解过程中的中间产物。检测结果表明，产物包括对氯苯酚、对苯二酚和小分子有机酸丁二酸和乙二酸。对于初始 pH 为 6.0 的 Fe^0/PDS 体系，4-CP 降解过程中溶液的 pH 不断降低。这是因为产物中盐酸和小分子有机酸丁二酸和乙二酸浓度不断增加，另一方面，过硫酸盐分解也会产生硫酸氢盐副产物(HSO$_4^-$，pK_a = 1.92)，从而也会导致溶液 pH 有所降低[式(4-17)和式(4-18)]。

$$S_2O_8^{2-} + H_2O \longrightarrow 2HSO_4^- + 1/2O_2 \tag{4-17}$$

$$HSO_4^- \longrightarrow SO_4^{2-} + H^+ \tag{4-18}$$

根据以上实验结果推测零价铁活化 PDS 的机理如下：零价铁(E° = −0.447 V *vs.* NHE)是较强的还原剂，PDS(E° = 2.01 V *vs.* NHE)是较强的氧化剂，所以 Fe^0 与 PDS 容易反应生成 SO$_4^{2-}$ 和 Fe^{2+}[式(4-19)]，Fe^{2+} 活化 PDS 生成 SO$_4^{\bullet-}$[式(4-20)]。同时，Fe^0 可逐步释放 Fe^{2+}[式(4-21)和式(4-22)]，避免了过量的亚铁离子捕获 SO$_4^{\bullet-}$ 而抑制催化性能[式(4-23)]，并通过加速三价铁和二价铁之间的循环提高反应效率[式(4-24)]。

$$S_2O_8^{2-} + Fe^0 \longrightarrow 2SO_4^{2-} + Fe^{2+} \tag{4-19}$$

$$S_2O_8^{2-} + Fe^{2+} \longrightarrow SO_4^{\bullet-} + SO_4^{2-} + Fe^{3+} \tag{4-20}$$

$$Fe^0 \longrightarrow Fe^{2+} + 2e^- \tag{4-21}$$

$$Fe^0 + O_2 + 2H_2O \longrightarrow 2Fe^{2+} + 4OH^- \tag{4-22}$$

$$SO_4^{\bullet-} + Fe^{2+} \longrightarrow SO_4^{2-} + Fe^{3+} \tag{4-23}$$

$$2Fe^{3+} + Fe^0 \longrightarrow 3Fe^{2+} \tag{4-24}$$

4.3 钙钛矿活化过硫酸盐

钙钛矿是 ABO_3 结构的复合金属氧化物,其中 A 位阳离子通常是稀土或者碱土金属,而 B 位阳离子通常是过渡金属[14],在不改变钙钛矿结构的前提下,A 位和 B 位可使用不同价态和半径的金属阳离子,这为修饰和调整钙钛矿的物理化学性质提供了很大的灵活性。B 位取代的钙钛矿引入一定数量的氧空位作为新的 PMS 活性位点,可提高活化过硫酸盐的效率;两种金属之间形成稳定的化学键,可有效抑制金属溶出,提高催化剂稳定性[15]。

4.3.1 钙钛矿催化剂制备与表征

根据文献报道,A 位为稀土元素 La,B 位为过渡金属 Co 时,钙钛矿的催化性能较高。另一方面,第 3 章已经提到,在钙钛矿 B 位掺杂其他金属元素可通过不同金属间的电子迁移提高催化活性,这一规律也适用于钙钛矿催化过硫酸盐[16]。因此,设计了 $LaCo_{1-x}M_xO_3$(M=Mn、Fe、Cu)催化剂,希望在催化活性较高的 $LaCoO_3$ 基础上通过金属掺杂进一步提高活化过硫酸盐的性能。

采用以柠檬酸为有机络合剂的溶胶-凝胶法制备 $LaCo_{1-x}M_xO_3$。主要步骤是将六水合硝酸镧、六水合硝酸钴分别与三种金属盐(九水合硝酸铁、三水合硝酸铜、硝酸锰)溶液中的一种以及柠檬酸充分混合搅拌至凝胶状,用坩埚送入马弗炉中 700℃煅烧,得到 Fe、Cu、Mn 三种 B 位取代的钙钛矿粉末。三种粉末分别命名为 $LaCo_{0.8}Fe_{0.2}O_3$、$LaCo_{0.8}Mn_{0.2}O_3$ 和 $LaCo_{0.8}Cu_{0.2}O_3$。通过调节六水合硝酸钴和三水合硝酸铜的比例(4:1、3:2、2:3、1:4),得到四种 Cu 取代量的钙钛矿粉末并分别命名为 $LaCo_{0.8}Cu_{0.2}O_3$、$LaCo_{0.6}Cu_{0.4}O_3$、$LaCo_{0.4}Cu_{0.6}O_3$、$LaCo_{0.2}Cu_{0.8}O_3$,未掺杂 Cu 和完全取代的样品分别命名为 $LaCoO_3$ 和 $LaCuO_3$。

$LaCo_{1-x}M_xO_3$ 样品的扫描电镜图如图 4-8 所示。从图中可以看出,样品是由球形颗粒聚集而成的,具有多孔泡沫结构,且 Fe、Cu 和 Mn 三种元素 B 位取代后不会改变钙钛矿的原始形貌。相对于 $LaCo_{0.8}Fe_{0.2}O_3$ 和 $LaCo_{0.8}Cu_{0.2}O_3$,$LaCo_{0.8}Mn_{0.2}O_3$ 的颗粒聚集程度和孔隙率均有所减小。此外,Fe、Cu 和 Mn 三种 B 位取代钙钛矿的尺寸均在 100~200 nm。

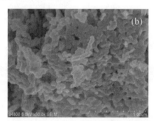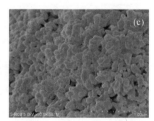

图 4-8 B 位取代元素钙钛矿催化剂的 SEM 图

(a)$LaCo_{0.8}Fe_{0.2}O_3$; (b)$LaCo_{0.8}Cu_{0.2}O_3$; (c)$LaCo_{0.8}Mn_{0.2}O_3$

Cu 取代量不同的钙钛矿催化剂的扫描电镜图(图 4-9)显示 LaCoO$_3$ 是由球形颗粒聚集而成的，具有多孔泡沫结构，Cu 取代后仍呈现出与 LaCoO$_3$ 相同的形貌，但是 LaCuO$_3$ 催化剂呈现出独立的块状结构。随着 Cu 取代量的增加，钙钛矿催化剂的颗粒聚集程度有所加强且孔结构部分堵塞，导致其孔隙率降低。此外，LaCoO$_3$、LaCo$_{0.8}$Cu$_{0.2}$O$_3$ 和 LaCuO$_3$ 催化剂的尺寸为 100~200 nm，而 LaCo$_{0.6}$Cu$_{0.4}$O$_3$、LaCo$_{0.4}$Cu$_{0.6}$O$_3$ 和 LaCo$_{0.2}$Cu$_{0.8}$O$_3$ 催化剂的尺寸为 50~100 nm。TEM 可以观察到比 SEM 更微观的形貌，LaCo$_{0.6}$Cu$_{0.4}$O$_3$ 的 TEM 图见图 4-10(a)。钙钛矿呈多孔结构，与 SEM 一致。图 4-10(b) 为 LaCo$_{0.6}$Cu$_{0.4}$O$_3$ 的高分辨透射电镜(HRTEM)图，显示晶格间距为 0.28 nm 和 0.39 nm，分别对应 LaCoO$_3$ 的($\bar{1}$10) 和(110)晶面，但略有增大[LaCoO$_3$ 钙钛矿的($\bar{1}$10)面晶格间距 0.27 nm、(110)面晶格间距 0.38 nm]。

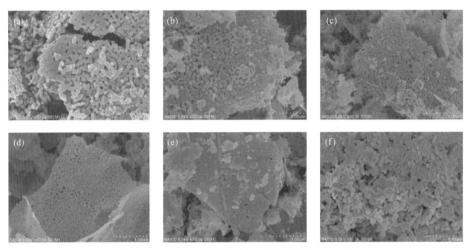

图 4-9　不同 Cu 取代量钙钛矿催化剂的 SEM 图

(a) LaCoO$_3$；(b) LaCo$_{0.8}$Cu$_{0.2}$O$_3$；(c) LaCo$_{0.6}$Cu$_{0.4}$O$_3$；(d) LaCo$_{0.4}$Cu$_{0.6}$O$_3$；(e) LaCo$_{0.2}$Cu$_{0.8}$O$_3$；(f) LaCuO$_3$

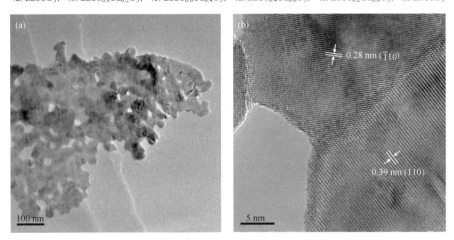

图 4-10　钙钛矿 LaCo$_{0.6}$Cu$_{0.4}$O$_3$ 的(a) TEM 图及(b) HRTEM 图

B 位取代元素不同的钙钛矿催化剂的 XRD 图如图 4-11(a)所示：通过比对 JCPDS 卡(No. 01-084-0848)可知，钙钛矿催化剂均为斜方六面体结构，且 Fe、Cu 和 Mn 三种元素 B 位取代后钙钛矿的晶型并未发生改变。这说明已成功制备出 Fe、Cu 和 Mn 取代的镧钴钙钛矿。Cu 取代量不同的钙钛矿催化剂的 XRD 图如图 4-11(b) 所示：通过比对 JCPDS 卡(No. 01-084-0848)可知，当 Cu 取代量小于等于 0.6 时，制备的钙钛矿为斜方六面体结构，而当 Cu 取代量大于 0.6 时，出现了 La_2CuO_4 的杂峰。这说明铜取代量较低时，$LaCo_{1-x}Cu_xO_3$ 能保持钙钛矿的晶型，但铜取代量超过一定程度后 $LaCo_{1-x}Cu_xO_3$ 发生相变，钙钛矿峰型逐渐减弱，而 La_2CuO_4 的峰型逐渐尖锐，故 $LaCoO_3$、$LaCo_{0.8}Cu_{0.2}O_3$、$LaCo_{0.6}Cu_{0.4}O_3$ 和 $LaCo_{0.4}Cu_{0.6}O_3$ 均为纯相，而 $LaCo_{0.2}Cu_{0.8}O_3$ 和 $LaCuO_3$ 则出现杂相。此外，钙钛矿的衍射峰向低角度方向偏移，这是由于铜的半径(Cu：0.73 Å)大于钴的半径(Co：0.63 Å)，从而导致晶胞参数的增大。

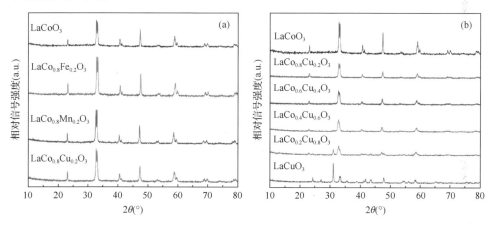

图 4-11　B 位不同取代元素钙钛矿的 XRD 图(a)及不同 Cu 取代量钙钛矿的 XRD 图(b)

通过分析氮气吸附-脱附等温线获得不同 Cu 取代量钙钛矿的比表面积、孔径分布和孔容。$LaCoO_3$、$LaCo_{0.8}Cu_{0.2}O_3$、$LaCo_{0.6}Cu_{0.4}O_3$、$LaCo_{0.4}Cu_{0.6}O_3$、$LaCo_{0.2}Cu_{0.8}O_3$ 和 $LaCuO_3$ 的比表面积分别为 32.2 m^2/g、55.3 m^2/g、150.1 m^2/g、50.9 m^2/g、31.7 m^2/g 和 42.2 m^2/g。随着 Cu 取代量的增加，钙钛矿的比表面积和总孔容有先增加后降低的趋势。钙钛矿的氮气吸附-脱附等温线属于Ⅳ型，具有明显宽滞后环，表明钙钛矿中存在微孔(<2 nm)和介孔(2～50 nm)两种孔道结构。钙钛矿的这种多级孔结构可以有效减小传质阻力，有利于氧化物和污染物传输到钙钛矿表面。

钙钛矿中 Cu、Fe、Mn 的实际取代量是通过电感耦合等离子体原子发射光谱的方法测定。由表 4-2 可以得出，三种钙钛矿中钴和取代元素的实际含量与制备过程中其水合硝酸盐的配比几乎一致，故以 $LaCo_{0.8}Fe_{0.2}O_3$、$LaCo_{0.8}Cu_{0.2}O_3$ 和 $LaCo_{0.8}Mn_{0.2}O_3$ 分别表示 Fe、Cu 和 Mn 取代量为 0.2 的钙钛矿。表 4-3 为不同 Cu

取代量钙钛矿中 Co 和 Cu 的实际含量，该结果与制备过程中的六水合硝酸钴和三水合硝酸铜的配比几乎一致，这间接证实了所制备催化剂确为不同 Cu 取代量的钙钛矿。因此，以 $LaCo_{0.8}Cu_{0.2}O_3$、$LaCo_{0.6}Cu_{0.4}O_3$、$LaCo_{0.4}Cu_{0.6}O_3$ 和 $LaCo_{0.2}Cu_{0.8}O_3$ 分别表示 Cu 取代量为 0.2、0.4、0.6 和 0.8 的钙钛矿。

表 4-2　不同取代元素钙钛矿的实际组成

钙钛矿	B 位金属的摩尔占比			
	Co	Fe	Cu	Mn
$LaCo_{0.8}Fe_{0.2}O_3$	0.79	0.21	—	—
$LaCo_{0.8}Cu_{0.2}O_3$	0.83	—	0.17	—
$LaCo_{0.8}Mn_{0.2}O_3$	0.76	—	—	0.24

表 4-3　不同 Cu 取代量钙钛矿的实际组成

钙钛矿	B 位金属的摩尔占比	
	Co	Cu
$LaCo_{0.8}Cu_{0.2}O_3$	0.83	0.17
$LaCo_{0.6}Cu_{0.4}O_3$	0.65	0.35
$LaCo_{0.4}Cu_{0.6}O_3$	0.38	0.62
$LaCo_{0.2}Cu_{0.8}O_3$	0.18	0.82

使用 X 射线光电子能谱仪测定钙钛矿的元素组成。图 4-12 是 $LaCoO_3$ 和 $LaCo_{0.4}Cu_{0.6}O_3$ 的 XPS 谱图。结合能为 530 eV、780 eV 和 830 eV 处均出现了特征峰，分别对应为 O 1s、Co 2p 和 La 3d 的峰，这说明样品中包含镧、钴和氧。而 $LaCo_{0.4}Cu_{0.6}O_3$ 在结合能 930 eV 处还存在 Cu 2p 的特征峰，表明催化剂中含有铜，也证实了钴被铜取代。

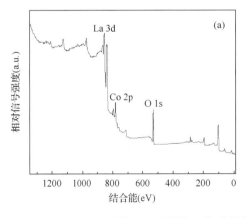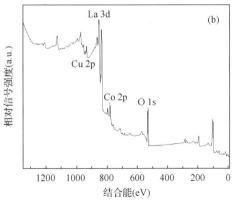

图 4-12　不同 Cu 取代量钙钛矿催化剂的 XPS 谱图

(a) $LaCoO_3$；(b) $LaCo_{0.4}Cu_{0.6}O_3$

4.3.2　钙钛矿催化剂的催化降解性能研究

为了考察取代元素对钙钛矿活化过硫酸盐降解有机物性能的影响，以苯酚为目标污染物考察了 $LaCo_{0.8}M_{0.2}O_3$（M=Fe、Mn 或 Cu）的 PMS 催化活性。如图 4-13 所示，在只有钙钛矿没有过硫酸盐的条件下，苯酚几乎没有去除，这说明钙钛矿对苯酚的吸附作用可忽略。而在 $LaCo_{0.8}M_{0.2}O_3$（M=Mn、Fe、Cu）/PMS 体系中，苯酚被不同程度地降解。其中，$LaCo_{0.8}Cu_{0.2}O_3$ 表现出最好的催化 PMS 降解苯酚的性能，12 min 内可实现苯酚的完全降解。不同取代元素催化剂的 PMS 催化活性顺序为：$LaCo_{0.8}Cu_{0.2}O_3 > LaCo_{0.8}Fe_{0.2}O_3 > LaCo_{0.8}Mn_{0.2}O_3 > LaCoO_3$。$LaCo_{0.8}M_{0.2}O_3$（M=Mn、Fe、Cu）/PMS 的苯酚降解曲线符合准一级动力学。$LaCo_{0.8}Cu_{0.2}O_3$ 的动力学常数为 0.24 min^{-1}，分别是 $LaCoO_3$、$LaCo_{0.8}Fe_{0.2}O_3$ 和 $LaCo_{0.8}Mn_{0.2}O_3$ 的 18.5 倍、6.5 倍和 1.6 倍。可见，Cu 取代的钙钛矿催化剂具有最佳的催化 PMS 活性。

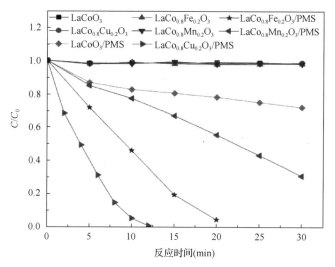

图 4-13　不同取代元素对钙钛矿催化降解苯酚性能的影响

苯酚浓度：20 mg/L，PMS 浓度：0.20 g/L，催化剂投加量：0.10 g/L，温度：25℃

Cu 取代量对钙钛矿催化降解性能也会产生重要影响。当 Cu 取代量为零时，$LaCoO_3$ 催化 PMS 降解苯酚的速率较弱，而随着 Cu 取代量的增加，苯酚降解的速率增大。这可能是由于钙钛矿 $LaCoO_3$ 中的 Co 以+3 价形式存在，而对 PMS 活化起作用的是 Co^{2+}，所以未取代时钙钛矿活化 PMS 的能力有限。随着 Cu 的 B 位取代，Co^{3+} 被 Cu^+ 还原为 Co^{2+}。此外，Cu^+ 也可活化 PMS，且对 PMS 有络合作用，有利于吸附 PMS 从而提高活化效率。当 Cu 取代量为 0.6 时，苯酚降解的速率达到最大。但是，随着取代量的继续增大，体系中 Co 的含量不足以高效地活化 PMS 产生活性自由基。不同 Cu 取代量催化剂对 PMS 催化活性顺序为：

$LaCo_{0.4}Cu_{0.6}O_3 > LaCo_{0.6}Cu_{0.4}O_3 > LaCo_{0.8}Cu_{0.2}O_3 > LaCo_{0.2}Cu_{0.8}O_3 > LaCuO_3 >$ $LaCoO_3$。$LaCo_{0.4}Cu_{0.6}O_3$/PMS 体系的苯酚降解动力学常数为 $0.30\ \mathrm{min}^{-1}$，分别是 $LaCoO_3$、$LaCo_{0.8}Cu_{0.2}O_3$、$LaCo_{0.6}Cu_{0.4}O_3$、$LaCo_{0.2}Cu_{0.8}O_3$ 和 $LaCuO_3$ 的 18.5 倍、 1.25 倍、1.15 倍、1.5 倍和 13.6 倍。综上所述，Cu 取代量为 0.6 的钙钛矿催化剂 具有最优的 PMS 催化活性。

以苯酚作为目标污染物，比较了 Cu 取代量为 0.6 时 $LaCo_{0.4}Cu_{0.6}O_3$ 与非均相 Co_3O_4 以及均相 Co^{2+} 的催化降解性能。由图 4-14 可见，在单独催化剂存在的条件 下，苯酚几乎没有被降解，这表明三种催化剂对苯酚的吸附非常有限。此外，只 有 PMS 没有催化剂时，苯酚几乎不降解。而在催化剂和 PMS 共存条件下，苯酚 的去除率明显增加。说明催化剂活化 PMS 产生强氧化性自由基是苯酚降解的主要 原因。其中，$LaCo_{0.4}Cu_{0.6}O_3$/PMS 表现出最优的苯酚降解效率，12 min 内可实现 苯酚的完全降解。对照实验选用常用的非均相催化剂 Co_3O_4 和均相催化剂 Co^{2+}， 它们活化过硫酸盐降解苯酚的去除率分别为 11% 和 82%，说明 $LaCo_{0.4}Cu_{0.6}O_3$ 活 化 PMS 的性能比常见非均相催化剂更强，甚至优于均相催化体系。Co_3O_4、Co^{2+} 和 $LaCo_{0.4}Cu_{0.6}O_3$ 活化 PMS 降解苯酚的动力学常数分别为 $0.0056\ \mathrm{min}^{-1}$、 $0.060\ \mathrm{min}^{-1}$ 和 $0.30\ \mathrm{min}^{-1}$。$LaCo_{0.4}Cu_{0.6}O_3$/PMS 催化降解苯酚的动力学常数分别为 Co_3O_4/PMS 和 Co^{2+}/PMS 的 53.6 倍和 5.0 倍。由此可见，在相同实验条件下，不 同催化剂活化 PMS 降解苯酚的能力先后顺序为：$LaCo_{0.4}Cu_{0.6}O_3 > Co^{2+} > Co_3O_4$， 这表明 $LaCo_{0.4}Cu_{0.6}O_3$ 是活化 PMS 产生活性自由基的高效催化剂，可快速分解苯 酚等污染物。

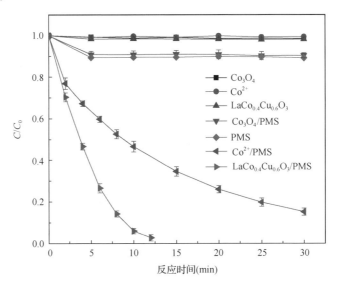

图 4-14　反应体系对钙钛矿催化降解苯酚性能的影响

苯酚浓度：20 mg/L，PMS 浓度：0.20 g/L，Co^{2+} 浓度：0.04 g/L，非均相催化剂投加量：0.10 g/L，温度：25℃

通过电感耦合等离子体原子发射光谱测定苯酚降解过程中 $LaCo_{0.4}Cu_{0.6}O_3$ 的金属溶出，ICP 结果表明 $LaCo_{0.4}Cu_{0.6}O_3$ 在催化 PMS 降解苯酚的过程中钴的溶出为 1.37 mg/L，显著低于文献报道的含钴钙钛矿常见的溶出浓度(酸性 9 mg/L，碱性 5 mg/L[17])。测试 1.37 mg/L Co^{2+} 活化 PMS 对苯酚的降解率，12 min 内仅降解 26% 的苯酚，说明 $LaCo_{0.4}Cu_{0.6}O_3$/PMS 体系中对苯酚降解起主要作用的是 $LaCo_{0.4}Cu_{0.6}O_3$。通过测定总有机碳(TOC)含量确定 $LaCo_{0.4}Cu_{0.6}O_3$/PMS 体系对苯酚的矿化能力。当 PMS 浓度只有 0.20 g/L 条件下，60 min 内苯酚的 TOC 去除率达到 30%，表明 $LaCo_{0.4}Cu_{0.6}O_3$/PMS 体系可催化苯酚矿化。

进一步考察了 $LaCo_{0.4}Cu_{0.6}O_3$/PMS 体系对其他几种典型污染物如农药阿特拉津(Atrazine)、染料罗丹明 B(RhB)和抗生素磺胺甲噁唑(SMX)的催化降解性能。如图 4-15 所示，12 min 内 $LaCo_{0.4}Cu_{0.6}O_3$/PMS 体系可完全降解阿特拉津、罗丹明 B 和磺胺甲噁唑，表明 $LaCo_{0.4}Cu_{0.6}O_3$ 催化 PMS 对多种难降解有机污染物均具有高效的降解能力。

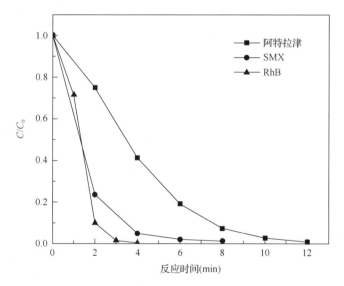

图 4-15　$LaCo_{0.4}Cu_{0.6}O_3$/PMS 对几种典型污染物的降解性能
污染物浓度：20 mg/L，PMS 浓度：0.20 g/L，催化剂投加量：0.10 g/L，温度：25℃

为了进一步研究 $LaCo_{0.4}Cu_{0.6}O_3$ 的催化降解性能，考察了初始 pH、反应温度、催化剂投加量、PMS 浓度等几个关键参数的影响。

图 4-16(a)为初始 pH 对 $LaCo_{0.4}Cu_{0.6}O_3$ 催化 PMS 降解苯酚的影响。当 pH 为 4.6～9.0 时，苯酚在 12 min 内几乎完全降解，在中性(pH=7.0)条件下，苯酚的降解速率最快。由于 $LaCo_{0.4}Cu_{0.6}O_3$ 的 pH_{pzc} 为 10.92，当 pH<10.92 时 $LaCo_{0.4}Cu_{0.6}O_3$

带正电。PMS 在酸性和中性条件下的主要存在形式是 $HSO_5^{-[18]}$，酸性条件有利于带正电的催化剂吸附 HSO_5^-，而碱性条件下吸附被削弱，导致 $SO_4^{\cdot-}$ 产量低，进而分解污染物性能下降。例如，当初始 pH 增加到 10.9 时，苯酚的去除效率显著下降。pH 在 4.6～9.0 范围内钙钛矿 $LaCo_{0.4}Cu_{0.6}O_3$ 均能高效催化 PMS 降解苯酚，比 $Fe(II)$-H_2O_2 的 Fenton 高级氧化技术适应的 pH 范围广，说明 $LaCo_{0.4}Cu_{0.6}O_3$/PMS 体系具有比较好的实用性。

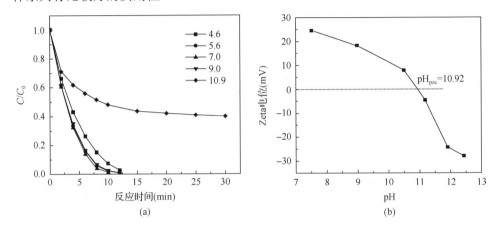

图 4-16　(a) 初始 pH 对钙钛矿催化降解性能的影响，(b) 钙钛矿 $LaCo_{0.4}Cu_{0.6}O_3$
在不同 pH 条件下的零电荷点

苯酚浓度：20 mg/L，PMS 浓度：0.20 g/L，催化剂投加量：0.10 g/L，温度：25℃

图 4-17 为反应温度对钙钛矿 $LaCo_{0.4}Cu_{0.6}O_3$ 催化 PMS 降解苯酚的影响。随着反应温度的升高，苯酚的降解速率加快，说明 PMS 活化是吸热反应，高温有利于活化 PMS 生成活性自由基。通常，活化能越低反应越容易进行。通过 Arrhenius 方程（$\ln K = -\dfrac{1}{RT}E_a + \ln A$）计算，得出 $LaCo_{0.4}Cu_{0.6}O_3$ 催化 PMS 降解苯酚的活化能为 19.2 kJ/mol，远低于已报道的 Co/活性炭 (59.7 kJ/mol)[19]、磁性 Fe_3O_4/碳球/Co (49.1 kJ/mol)[20]、介孔 Co_3O_4 (51.9 kJ/mol)[21] 和 $CoFe_2O_4$/TiO_2 纳米管 (70.56 kJ/mol)[22]，说明 $LaCo_{0.4}Cu_{0.6}O_3$ 比上述催化剂更易于活化 PMS。

图 4-18 为催化剂投加量对 $LaCo_{0.4}Cu_{0.6}O_3$ 催化 PMS 降解苯酚的影响。当催化剂投加量从 0.02 g/L 增加到 0.10 g/L 时，苯酚的降解速率常数从 0.04 min^{-1} 提高到 0.30 min^{-1}，增量为 7 倍以上。但投加量从 0.10 g/L 增加到 0.20 g/L 时，速率常数从 0.30 min^{-1} 提高到 0.62 min^{-1}，增量只有 1 倍。降解速率的提高幅度放缓是由于过量自由基之间发生了猝灭反应[23]。

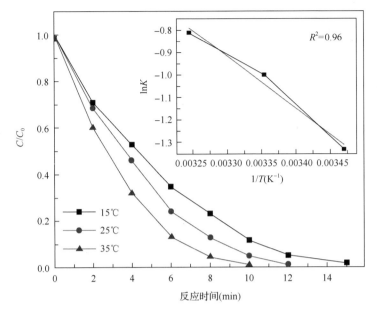

图 4-17　反应温度对钙钛矿催化降解性能的影响

苯酚浓度：20 mg/L，PMS 浓度：0.20 g/L，催化剂投加量：0.10 g/L

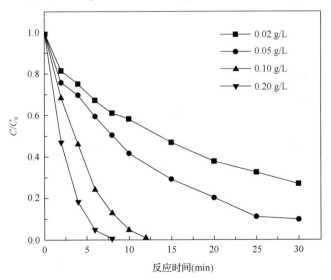

图 4-18　催化剂投加量对钙钛矿催化降解性能的影响

苯酚浓度：20 mg/L，PMS 浓度：0.20 g/L，温度：25℃

图 4-19 为 PMS 浓度对 $LaCo_{0.4}Cu_{0.6}O_3$ 催化 PMS 降解苯酚的影响。当 PMS 浓度分别为 0.05 g/L 和 0.10 g/L 时，由于氧化剂的投加量不足，苯酚去除率分别仅达到 48% 和 71%。当 PMS 浓度增加到 0.20 g/L 和 0.30 g/L 时，苯酚完全降解，所

需时间分别是 12 min 和 6 min，对应的动力学常数分别为 0.30 min^{-1} 和 0.52 min^{-1}。这些结果表明 PMS 浓度增加可显著加快苯酚分解速率，但一旦浓度超过一定数值后，PMS 对自由基的猝灭作用占主导地位，开始抑制污染物降解[24]。

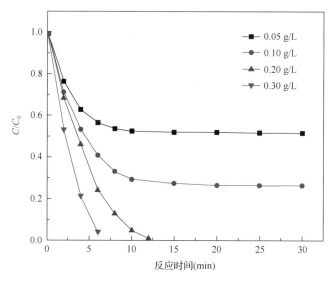

图 4-19　PMS 浓度对钙钛矿催化降解性能的影响

苯酚浓度：20 mg/L，PMS 浓度：0.20 g/L，温度：25℃

为了研究 LaCo$_{0.4}$Cu$_{0.6}$O$_3$ 的稳定性，通过 SEM、XRD 和 ICP 等表征手段考察了其反应前后的形貌、结构和金属含量变化。图 4-20 表明反应前后 LaCo$_{0.4}$Cu$_{0.6}$O$_3$ 的形貌和结构没有明显变化。而 XPS 的结果表明反应后 LaCo$_{0.4}$Cu$_{0.6}$O$_3$ 中 Co 和 Cu 的含量仅有微弱减少，说明 LaCo$_{0.4}$Cu$_{0.6}$O$_3$ 具有良好的稳定性。

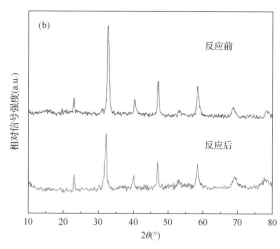

图 4-20　反应前后 LaCo$_{0.4}$Cu$_{0.6}$O$_3$ 的 SEM 图（a）和 XRD 图（b）

4.3.3　降解过程的活性物种识别

通常认为，催化活化 PMS 的过程可以产生三种活性自由基，包括硫酸根自由基($SO_4^{\bullet-}$)、羟基自由基($\bullet OH$)和过硫酸根自由基 $SO_5^{\bullet-}$。通过 EPR/DMPO 实验来检测 $LaCo_{0.4}Cu_{0.6}O_3$ 催化 PMS 过程中产生的自由基。如图 4-21 所示，在单纯 DMPO 和 PMS+DMPO 体系中没有出现明显的特征信号。而当加入 $LaCo_{0.4}Cu_{0.6}O_3$ 后，DMPO-$\bullet OH$($\alpha_N=\alpha_H=14.9$ G) 和 DMPO-$SO_4^{\bullet-}$加合物($\alpha_N=13.2$ G，$\alpha_H=9.6$ G，$\alpha_H=1.48$ G，$\alpha_H=0.78$ G)的特征信号出现[25]，表明 $SO_4^{\bullet-}$ 和$\bullet OH$ 均存在于 $LaCo_{0.4}Cu_{0.6}O_3$/PMS 体系中。

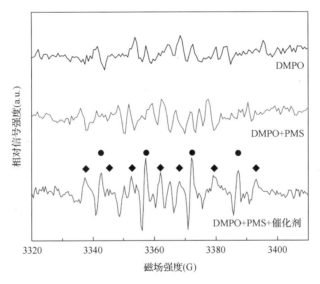

图 4-21　不同反应体系的 EPR 谱图

●: DMPO-$\bullet OH$，◆: DMPO-$SO_4^{\bullet-}$

以叔丁醇和乙醇作为自由基猝灭剂，对反应过程中的主要活性自由基进行了鉴定。叔丁醇是$\bullet OH$ 猝灭剂，而乙醇被广泛用作$\bullet OH$ 和 $SO_4^{\bullet-}$的共猝灭剂[26]。图 4-22 为猝灭实验中 $LaCo_{0.4}Cu_{0.6}O_3$/PMS 体系降解苯酚的性能变化。向反应体系中加入 0.4 mol/L 叔丁醇后，苯酚降解效率在 12 min 内从 100%降至 94%，而加入 0.4 mol/L 乙醇可以使苯酚降解效率在 12 min 内从 100%降至 48%，这表明$\bullet OH$ 和 $SO_4^{\bullet-}$均存在于 $LaCo_{0.4}Cu_{0.6}O_3$/PMS 体系中且 $SO_4^{\bullet-}$的数量大于$\bullet OH$。苯酚降解没有完全停止意味着其他自由基可能参与反应。根据文献报道[27]，单线态氧($^1O_2$)可能存在于 PMS 活化过程中。因此，推测 $LaCo_{0.4}Cu_{0.6}O_3$/PMS 体系会产生 $^1O_2$。组氨酸是 $^1O_2$ 的有效猝灭剂[27]。当同时加入 0.4 mol/L 乙醇和 0.4 mol/L 组氨酸后，苯酚的去除率从 100%降至 10%，考虑到单独加 0.4 mol/L 乙醇可使去除率从 100%降到 48%，说明从 48%降到 10%是 $^1O_2$ 被组氨酸猝灭的结果。上述结果表明•OH（苯酚去除率 6%）、$SO_4^{•-}$（苯酚去除率 46%）和 $^1O_2$（苯酚去除率 38%）均存在于 $LaCo_{0.4}Cu_{0.6}O_3$ 催化 PMS 降解苯酚的反应体系中，且 $SO_4^{•-}$ 是 $LaCo_{0.4}Cu_{0.6}O_3$/PMS 体系中的主要活性自由基。

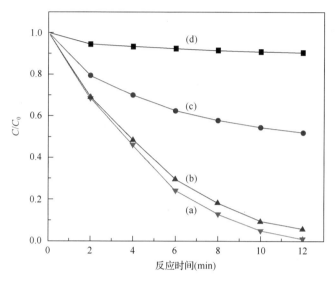

图 4-22　猝灭实验中 $LaCo_{0.4}Cu_{0.6}O_3$/PMS 体系降解苯酚的性能

(a)没有任何猝灭剂；(b)0.4 mol/L 叔丁醇；(c)0.4 mol/L 乙醇；(d)0.4 mol/L 乙醇+4 mol/L L-组氨酸

（反应条件：苯酚浓度：20 mg/L，PMS 浓度：0.20 g/L，催化剂投加量：0.10 g/L，温度：25℃）

4.4　掺杂多孔碳活化过硫酸盐

金属及金属氧化物催化剂，例如 4.2 节的零价铁和 4.3 节的钙钛矿活化过硫酸盐体系都存在金属溶出。只有使用非金属催化剂才有可能完全避免。碳材料不含金属，且表面含氧基团具有催化过硫酸盐的活性，是金属氧化物和金属复合氧化物催化剂的替代材料。碳材料活化 PMS 的效率取决于碳对 PMS 的吸附性能、碳材料表面基团的种类和数量、碳材料电子传递能力等。目前关于碳基 PMS 催化剂研究主要分为两类：一类是对碳材料表面功能化，如修饰含氧基团、构建缺陷等[26, 27]；另一类是对碳材料掺杂 N、B、P 等元素。本书仅探讨第二类材料。在诸多掺杂元素中，氮元素被研究得最多。这是由于氮的电负性（3.04）高于碳（2.55），掺杂的氮原子会吸引邻位碳原子的电子使碳原子带正电，促进对带负电的过硫酸盐的吸附；氮掺杂能提高碳材料的 Fermi 能级，改善碳材料电子传递的能力[28, 29]。

多孔碳材料因其高的比表面积、多级孔结构、良好的导电性以及可调控的物理化学性质而广泛应用于能源以及环境领域[30-32]的研究。从过硫酸盐活化的角度来说，多孔碳高的比表面积能够促进过硫酸盐的吸附以及暴露更多的催化活性位点；多孔结构能够减小过硫酸盐的传质阻力，促进过硫酸盐与催化剂的接触反应；多孔碳本身的缺陷结构有利于实现元素掺杂改性来提升其催化活性。因此，多孔碳是理想的过硫酸盐催化材料，对多孔碳掺氮是提高其催化活性的重要途径。

4.4.1　氮掺杂多孔碳活化过硫酸盐

报道的氮掺杂碳材料的制备方法通常需要外加氮源，难以精确控制氮掺入碳骨架的量，而且含有吡啶氮、吡咯氮和石墨氮等多种氮形态，无法判定氮掺杂量和形态对催化性能的影响规律。金属有机骨架（MOFs）由金属团簇及有机配体组成，一些 MOFs 的有机配体含有氮元素，无需额外的氮源即可通过碳化制备出氮掺杂碳材料[33, 34]。氮掺杂多孔碳的氮含量及氮形态可通过选择不同的 MOFs 前驱体及改变碳化温度进行调控，使研究氮含量、氮形态与催化性能间的构效关系成为可能。

1. 氮掺杂多孔碳的制备与表征

氮掺杂多孔碳（nitrogen-doped porous carbon，NPC）制备方法简单，首先高温碳化含氮 MOFs，然后酸洗去除金属杂质即可。为了探究氮含量对 NPC 催化性能的影响，选择氮含量（质量分数）为 24.7%、6.28 %、5.16%及 0%的 ZIF-8（锌基 MOF）、IRMOF-3（锌基 MOF）、NH_2-MIL-53（铝基 MOF）及 MOF-5（锌基 MOF）为前驱体，这些 MOFs 的结构、化学式及氮含量如图 4-23 所示。在 1000℃下碳化得到不同含氮量的 NPC，命名为 NPC_{ZIF-8}、$NPC_{IRMOF-3}$、$NPC_{NH_2-MIL-53}$，以及不含氮的 PC_{MOF-5}。随着碳化温度升高，氮形态由相对不稳定的吡啶氮、吡咯氮转变为相对稳定的石墨氮结构，氮形态可能的变化如图 4-24 所示。为了探究氮形态对 NPC 催化性能的影响，以 ZIF-8 为前驱体通过改变碳化温度（800℃、900℃、1000℃及 1100℃）制备出具有不同氮形态的 NPC 材料，简写为 NPC_{ZIF-8}-800、NPC_{ZIF-8}-900、NPC_{ZIF-8}-1000、NPC_{ZIF-8}-1100。

名称	ZIF-8	IRMOF-3	NH₂-MIL-53(Al)	MOF-5
化学式	$Zn(MeIM)_2$	$Zn_4O(NH_2BDC)_3$	$Al(OH)(NH_2BDC)_3$	$Zn_4O(BDC)_3$
氮含量	24.7%	6.28%	5.16%	0%

图 4-23　含氮 MOFs 的结构式及其氮含量[35]

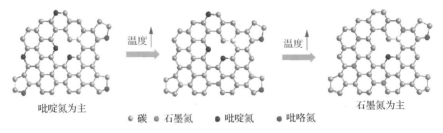

吡啶氮为主   石墨氮为主

● 碳 ● 石墨氮 ● 吡啶氮 ● 吡咯氮

图 4-24   氮形态随温度变化图

用扫描电镜观察 ZIF-8、IRMOF-3、NH₂-MIL-53、MOF-5 及其对应的 NPC 的形貌(图 4-25)。碳化后的多孔碳与前驱体颗粒形状相同,但是粒径明显减小。以 ZIF-8 为例,碳化后的多孔碳保持了与 ZIF-8 相同的菱形十二面体结构,但是尺寸由前驱体的 375 nm 减小到 170 nm。这可能是由碳化过程中含氧官能团的损失以及一些挥发性金属如锌(沸点为 908℃[36])的挥发导致的。

图 4-25   (a) ZIF-8、IRMOF-3、NH₂-MIL-53 及 MOF-5,(b) 碳化后的 NPC 的 SEM 图

NPC 的氮气吸附-脱附等温线及孔径分布如图 4-26(a)所示。NPC_{ZIF-8} 和 $NPC_{NH_2-MIL-53}$ 表现出 I 类吸附等温线的特征(微孔结构的典型特点),而 $NPC_{IRMOF-3}$ 和 PC_{MOF-5} 则表现出 IV 类吸附等温线(介孔-微孔结构的典型特点)的特征。说明各种多孔碳具有不同的孔径分布,有的以微孔(孔径小于 2 nm)为主,有的则以 2~50 nm 的介孔为主。图 4-26(a)的插图是孔径分布测试结果,NPC_{ZIF-8} 和 $NPC_{NH_2-MIL-53}$ 主要以小于 2 nm 的微孔为主,存在少量 14~18 nm 的介孔。而 $NPC_{IRMOF-3}$ 和 PC_{MOF-5} 则存在小于 2 nm 的微孔,2~14 nm 以及 14~18 nm 的介孔。根据吸附等温线,NPC_{ZIF-8}、$NPC_{NH_2-MIL-53}$、$NPC_{IRMOF-3}$ 以及 PC_{MOF-5} 的比表面积分别为 998 m²/g、787 m²/g、1069 m²/g 及 754 m²/g。该数值明显高于氮掺杂石墨烯或氮掺杂碳纳米管(通常小于 200 m²/g)[37],高比表面积有利于催化剂与 PMS 以及污染物的吸附接触,也能提供更多暴露的活性位点用于催化反应。

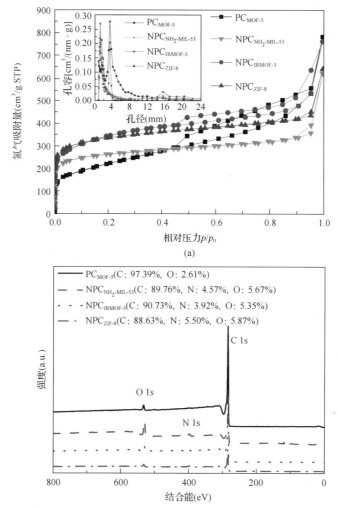

图 4-26　(a) NPC 的氮气吸附脱附等温线(嵌入图为孔径分布图)，
(b) 不同 NPC 的元素组成(原子分数)

NPC 的化学成分如图 4-26(b) 所示：XPS 谱图中以碳峰为主，没有金属的特征峰。这是由于锌在高温下挥发(金属锌的沸点为 908℃)[36]而金属铝被酸洗去除，没有残留的金属，所以多孔碳催化性能不是残留金属引起的。NPC$_{ZIF-8}$、NPC$_{NH_2-MIL-53}$ 及 NPC$_{IRMOF-3}$ 中都出现了氮元素的 XPS 特征峰，氮含量(原子分数)分别为 5.50%、4.57% 及 3.92%，表明 N 元素掺杂深入多孔碳骨架内。

为了进一步了解 NPC 材料的结构性质，进行了拉曼及 XRD 表征。拉曼表征结果如图 4-27(a) 所示。NPC 材料均在 1360 cm^{-1} 与 1580 cm^{-1} 出现了碳的 D 峰与 G 峰。D 峰代表杂原子掺杂导致的缺陷或碳表面本身的缺陷，G 峰代表碳材料高度有序的石墨碳结构。D 峰与 G 峰峰高的比值(I_D/I_G)则反映了材料本身的石墨化程度，比值越小代表碳的石墨化程度越高。通过拉曼光谱可以得出不同 NPC 的 I_D/I_G 值均在 1.0 左右，说明材料具有相似的石墨化程度。材料本身的晶体结构通过 XRD 进行表征，结果如图 4-27(b)所示。不同 NPC 都有 25° 和 44° 的两个特征峰，分别代表碳的 (002) 及 (100) 晶面，表示存在 sp^2 杂化的碳结构。另外，不同多孔碳材料的这两个峰的半峰宽明显不同(半峰宽越大晶粒尺寸越小)，说明材料晶体尺寸存在差异；没有观察到金属的衍射峰，说明不存在金属杂质，与 XPS 结果相一致。

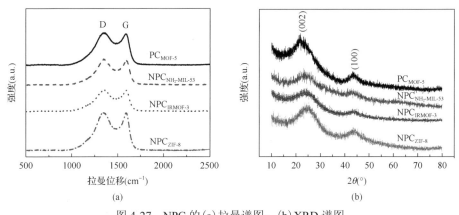

图 4-27　NPC 的(a)拉曼谱图；(b)XRD 谱图

2. NPC 活化 PMS 降解有机污染物性能

以苯酚为目标物，考察了不同温度碳化的 NPC 对 PMS 的催化活性。当催化体系中仅有 NPC 时，NPC 通过吸附可去除 20% 的苯酚。加入 PMS 后，苯酚浓度明显下降。800℃ 碳化的 NPC 在 60 min 内对苯酚去除率为 96%，对于 1000℃ 碳化的 NPC，50 min 内苯酚被完全降解。1100℃ 碳化的 NPC 对苯酚的去除率却明显下降。NPC/PMS 体系中苯酚降解符合准一级动力学，反应动力学常数从 0.048 min^{-1}（NPC$_{ZIF-8}$-800）提高到了 0.079 min^{-1}（NPC$_{ZIF-8}$-1000）。1000℃ 碳化后 NPC$_{ZIF-8}$ 降解苯酚的反应动力学常数是其 800℃ 碳化后的 1.6 倍，1100℃ 碳化的 NPC 降解苯酚的反应动力学常数下降至 0.053 min^{-1}。因此，ZIF-8 在 1000℃ 下碳化得到的 NPC 具有最佳催化性能。因此选取 1000℃ 作为碳化温度对不同氮含量的 MOFs 材料进行碳化，获得不同氮含量的 NPC。

以苯酚为目标物，考察不同氮含量的 NPC（NPC$_{ZIF-8}$、NPC$_{NH_2-MIL-53}$、NPC$_{IRMOF-3}$ 以及 PC$_{MOF-5}$）的催化活性，并以均相 Co^{2+}（报道过的最优的 PMS 催化剂）及多相 Co_3O_4 催化剂作为对照。如图 4-28(a)所示，单独 PMS 条件下苯酚浓度没有变化，表明 PMS 不具备降解苯酚的能力；而仅有 NPC 存在时，苯酚的去除率接近 20%，这是由于多孔碳吸附了苯酚；当达到吸附平衡并加入 PMS 后，体系中苯酚的浓度明显下降，四种 NPC/PMS 体系中，苯酚去除率从高到低的顺序为 NPC$_{ZIF-8}$/PMS（100%）> NPC$_{IRMOF-3}$/PMS（98%）> NPC$_{NH_2-MIL-53}$/PMS（90%）> PC$_{MOF-5}$/PMS（73%）。该结果表

明 NPC 催化 PMS 的性能优于未掺杂的多孔碳。作为对照的均相 Co^{2+}/PMS 和非均相
Co_3O_4/PMS 体系的苯酚去除率分别为 82% 与 25%，表明 NPC 的催化性能不但明显优
于非均相 Co_3O_4 催化剂，甚至比均相 Co^{2+} 更好。苯酚在 NPC/PMS 体系中的降解过程
符合准一级动力学。计算得到 NPC_{ZIF-8}/MPS、$NPC_{IRMOF-3}$/PMS、$NPC_{NH_2-MIL-53}$/PMS、
PC_{MOF-5}/PMS 及 Co_3O_4/PMS 催化降解苯酚的速率常数分别为 $0.079\ min^{-1}$、$0.059\ min^{-1}$、
$0.035\ min^{-1}$、$0.018\ min^{-1}$ 以及 $0.0062\ min^{-1}$ [图 4-28（a）]。NPC_{ZIF-8}/PMS 催化苯酚的降
解动力学常数是 PC_{MOF-5}/PMS 的 4.4 倍，同时也是 Co_3O_4/PMS 的 12.7 倍。

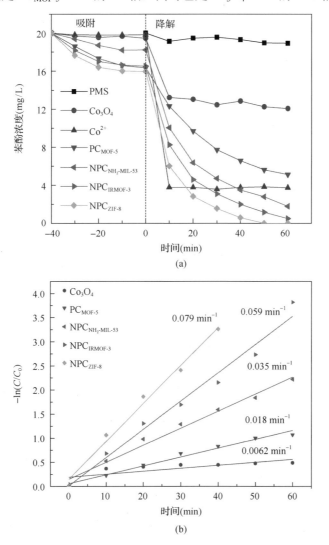

图 4-28　不同体系降解苯酚过程中苯酚浓度随时间变化曲线（a）和
苯酚降解的动力学曲线（b）

苯酚浓度：20 mg/L，催化剂投加量：0.2 g/L，PMS 浓度：1.6 mmol/L，初始 pH：7.0，温度：25℃

为了探究 NPC/PMS 催化体系对苯酚的矿化能力，测定了降解过程中的总有机碳含量（TOC）。如图 4-29 所示，NPC_{ZIF-8}/PMS 体系的 TOC 去除率最高，达到 63%，而 $NPC_{IRMOF-3}$/PMS、$NPC_{NH_2-MIL-53}$/PMS 及 PC_{MOF-5}/PMS 的 TOC 去除率则分别为 58%、53% 以及 45%。在相同反应条件下，Co_3O_4/PMS 和 Co^{2+}/PMS 对 TOC 去除率分别只有 20% 和 26%。通过比较发现，不同 NPC/PMS 体系矿化能力与它们降解苯酚性能一致，证实 NPC 可催化分解苯酚直至矿化。

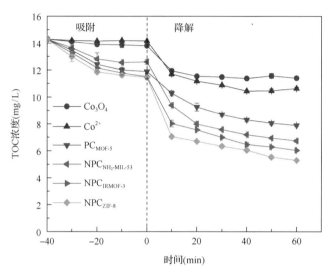

图 4-29　不同体系降解苯酚过程中 TOC 随时间的变化曲线

苯酚浓度：20 mg/L，催化剂投加量：0.2 g/L，PMS 浓度：1.6 mmol/L，初始 pH：7.0，温度：25℃

为了进一步考察 NPC 的催化活性，选择其他难降解污染物如双酚 A（BPA，内分泌干扰物）、罗丹明 B（RhB，阳离子型染料）和甲基橙（MO，阴离子型染料）作为目标物。如图 4-30 所示，60 min 内，NPC_{ZIF-8}/PMS 催化体系几乎可以完全去除 20 mg/L 的双酚 A 和甲基橙，相同浓度罗丹明 B 的去除率也可达到 90%，证实了 NPC/PMS 体系可以对多种难降解污染物实现有效去除。降解效率的差异可通过 $SO_4^{·-}$ 氧化污染物的选择性解释。$SO_4^{·-}$ 亲电子，易于攻击含苯环、不饱和双键以及含有酚羟基等给电子基团的有机物。降解效果最好的双酚 A 及苯酚都含有苯环和酚羟基，而甲基橙中含有苯环以及电子云密度较高的偶氮基团，因而这三种污染物易于遭受 $SO_4^{·-}$ 的攻击。相比之下，罗丹明 B 结构复杂较难降解，但是 NPC/PMS 体系依然能对其实现有效降解。

催化剂投加量、PMS 浓度、温度以及 pH 是影响过硫酸盐催化剂水处理性能的重要指标。催化剂投加量对其催化性能的影响如图 4-31（a）所示：苯酚的降解随着催化剂含量的增加而增强，降解过程的动力学常数从 0.0068 min^{-1}（催化剂投加量为 0.05 g/L）增大到 0.21 min^{-1}（催化剂投加量为 0.3 g/L）。此现象是由于催化剂

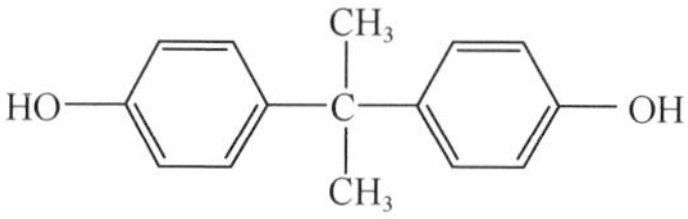

BPA

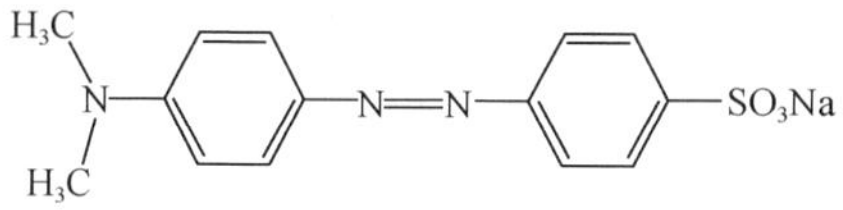

MO

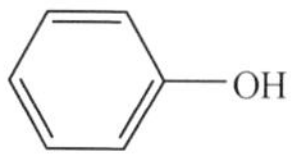

苯酚

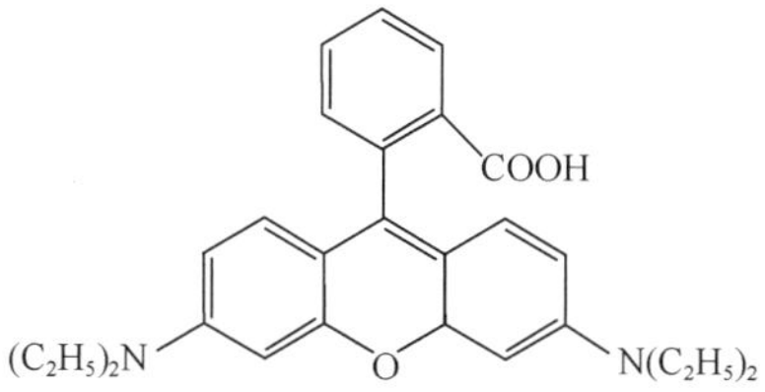

RhB

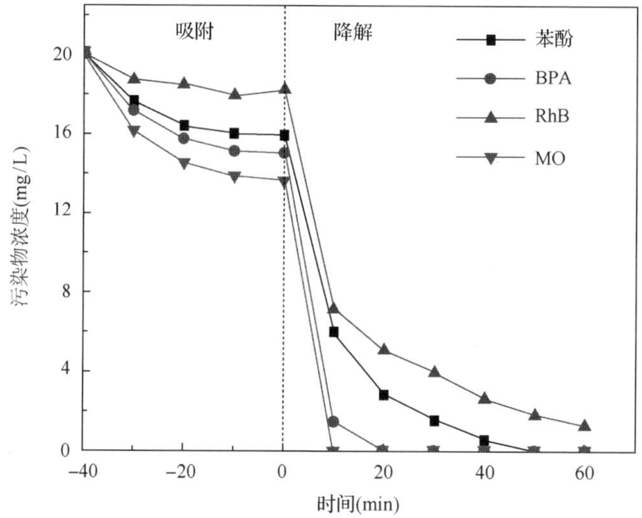

图 4-30　NPC_{ZIF-8} 对不同污染物的催化降解曲线

污染物浓度：20 mg/L，催化剂投加量：0.2 g/L，PMS 浓度：1.6 mmol/L，初始 pH：7.0，温度：25℃

增加提供了更多的活性位点，进而与 PMS 反应生成更多的活性自由基用于污染物的降解去除。同样，如图 4-31(b)所示，苯酚的降解随着 PMS 含量的增加而增大，降解过程的动力学常数从 0.011 min^{-1}(PMS 浓度为 0.3 mmol/L)增加到 0.079 min^{-1}(PMS 浓度为 1.6 mmol/L)。然而继续增加 PMS 至 3.3 mmol/L 时，降解效率仅略微增加，这是由过多的 PMS 与 $SO_4^{\bullet-}$反应生成过硫酸根自由基($SO_5^{\bullet-}$)造成的，该自由基的氧化还原电位仅为 1.1 V，不利于反应速率的提升，如式(4-25)所示：

$$HSO_5^- + SO_4^{\bullet-} \longrightarrow SO_4^{2-} + SO_5^{\bullet-} + H^+ \qquad k = 1 \times 10^5\ L/(mol \cdot s) \qquad (4\text{-}25)$$

环境温度对 NPC 催化性能的影响如图 4-31(c)所示。从图中得知，NPC 的催化性能在 25～45℃范围内变化较小，在 25℃、35℃及 45℃下苯酚降解动力学常数分别为 0.079 min^{-1}、0.094 min^{-1} 及 0.12 min^{-1}。反应的活化能通常能够反映反应进行的难易程度，根据不同温度下的反应动力学常数及 Arrhenius 方程（$\ln K = -\dfrac{1}{RT}E_a + \ln A$）计算得出该材料催化 PMS 的活化能为 14.0 kJ/mol，该值低于碳纳米管（43.8 kJ/mol）[38]、石墨烯（84.0 kJ/mol）[38]、氮掺杂碳纳米管（36.0 kJ/mol）[39] 和氮掺杂石墨烯（18.6 kJ/mol）[40] 等已报道的 PMS 催化剂的活化能数值，证实 NPC 相比于这些催化剂更有利于 PMS 的活化。

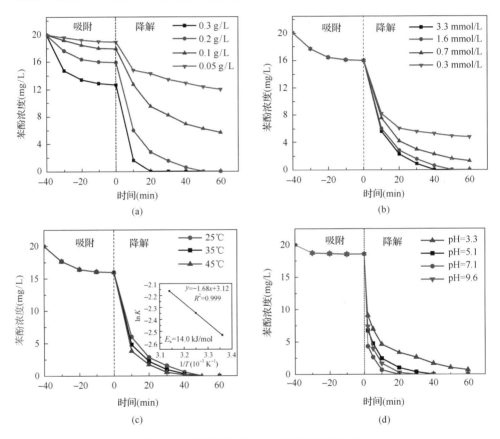

图 4-31　不同条件对 NPC 催化性能的影响
(a) 催化剂投加量；(b) PMS 浓度；(c) 温度；(d) pH

NPC 在不同 pH 条件下的催化性能如图 4-31(d) 所示：NPC 在较宽的 pH 范围（3.3～9.6）仍能保持高的催化性能。此现象可能是由两方面原因造成的：第一，碳材料不会像 Fe^{3+} 一样在碱性条件下沉淀，而是可在宽 pH 下保持活性；第二，$SO_4^{\cdot-}$ 在宽 pH 范围（2～9）内均能保持高氧化能力。此外，从图中可以看出 NPC 在 pH 为 7.1 时催化性能高于酸性或碱性条件。酸性不利于苯酚降解的原因是，当 pH 为

3.3～7.1 时，PMS 以 HSO_5^- 形式存在，此时氢离子易于和 HSO_5^- 中过氧键（O—O）的氧原子形成氢键[41]，因而阻止 HSO_5^- 接触带正电的 NPC（pH_{pzc}=6.7）。碱性不利于苯酚降解的原因是，当 pH 为 9.6 时，HSO_5^- 会发生自分解反应，同时带负电的 NPC 与带负电的 PMS 之间存在静电排斥作用，不利于催化剂与 PMS 的吸附接触。

高级氧化技术常用于工业废水的深度处理，而工业废水的二级出水中化学需氧量（chemical oxygen demand，COD）的含量依旧很高（通常为 100 mg/L 左右，对应 42 mg/L 苯酚）。另一方面，实际地表水或废水中富含无机离子如碳酸氢根与氯离子。研究表明[40]，这些离子会捕获自由基抑制污染物降解。因此，考察苯酚浓度及无机离子对 NPC/PMS 催化体系性能的影响可以判断该催化体系能否用于实际应用。如图 4-32 所示，当苯酚浓度从 20 mg/L 增加到 50 mg/L 时，苯酚降解动力学常数从 0.079 min^{-1} 下降到 0.011 min^{-1}，此现象可能是由于苯酚浓度过高，而有限的 PMS 无法生成更多的自由基来氧化降解这些苯酚，导致降解效率的下降。尽管催化效率下降，NPC/PMC 体系在 60 min 内对 50 mg/L 苯酚的去除率仍接近 60%，出水苯酚浓度接近 20 mg/L（对应 COD=47 mg/L），达到国家 COD 排放标准（COD＜50 mg/L）。

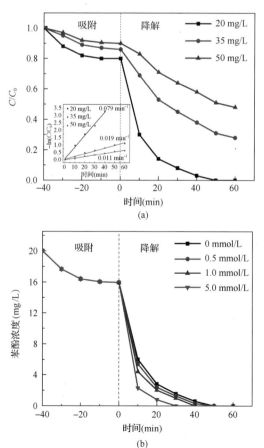

(a)

(b)

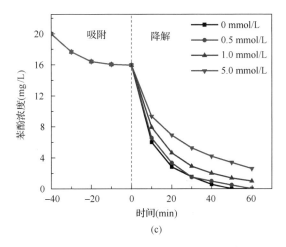

图 4-32 (a)苯酚浓度,(b)碳酸氢根及(c)氯离子对苯酚降解效率的影响

此外,地表水中广泛存在碳酸氢根(浓度为 0.1~50 mg/L),通常碳酸氢根对自由基具有捕获作用,可以捕获体系中存在的 $SO_4^{\bullet-}$ 或 $\bullet OH$ 产生氧化还原电位为 1.78 V 的碳酸根自由基($CO_3^{\bullet-}$),具体反应如式(4-26)所示:

$$HCO_3^- + SO_4^{\bullet-} \longrightarrow SO_4^{2-} + CO_3^{\bullet-} + H^+ \qquad k = 1.6 \times 10^6 \text{ L/(mol} \cdot \text{s)} \qquad (4\text{-}26)$$

在 NPC/PMS 体系中,当碳酸氢根的浓度从 0 mmol/L 增加到 5.0 mmol/L 时,苯酚去除率明显增加,且 5.0 mmol/L HCO_3^- 存在时,苯酚能在 30 min 内得到彻底去除。该结果说明碳酸氢根对 PMS 活化具有促进作用,这可能是由于亲电性的 PMS 容易被亲核试剂攻击,因而具有亲核氧原子的碳酸氢根易于与 PMS 反应使其活化,进而提高其催化性能。而作为另外一种自由基捕获剂,氯离子可以与 $SO_4^{\bullet-}$ 或 $\bullet OH$ 反应生成氯自由基,反应如式(4-27)、式(4-28)和式(4-29)所示。

$$Cl^- + SO_4^{\bullet-} \longrightarrow Cl^{\bullet} + SO_4^{2-} \qquad k = 2.8 \times 10^8 \text{ L/(mol} \cdot \text{s)} \qquad (4\text{-}27)$$

$$\bullet OH + Cl^- \longrightarrow HOCl^{\bullet-} \qquad k = 4.3 \times 10^9 \text{ L/(mol} \cdot \text{s)} \qquad (4\text{-}28)$$

$$HOCl^{\bullet-} + H^+ \longrightarrow Cl^{\bullet} + H_2O \qquad k = 2.6 \times 10^{10} \text{ L/(mol} \cdot \text{s)} \qquad (4\text{-}29)$$

当水中氯离子的浓度从 0 mmol/L 增加到 5.0 mmol/L 时,苯酚的去除率呈现出逐渐下降的趋势,表明氯离子能够捕获自由基,导致催化性能的降低。这是因为氯自由基($Cl^{\bullet}$)的氧化还原电位为 2.09 V,明显低于硫酸根自由基。因此,如果 $SO_4^{\bullet-}$ 被消耗生成氯自由基,催化降解污染物性能就会呈现出下降趋势。

NPC$_{ZIF-8}$ 的稳定性如图 4-33 所示。以降解苯酚为例，NPC$_{ZIF-8}$ 在其第二次与第三次重复使用后，苯酚的去除率从初始的 100% 下降到了 66% 与 54%。去除率下降可能是由于降解中间产物吸附在 NPC 的表面占据了活性位点。为了验证猜想，将 NPC 在 300℃氮气氛围煅烧 1 h 进行再生。结果发现 NPC 的催化活性在高温处理后几乎恢复到原有性能(对苯酚的去除率再次达到 100%)，说明高温煅烧使中间产物分解或者脱附，从而恢复催化性能。然而，热再生恢复过程需要消耗较多能量。因而尝试了碱洗等其他经济可行的方法。如图 4-33 所示，碱洗的结果显示 NPC 在经过 2 mol/L NaOH 溶液处理后其对苯酚的降解性能恢复到 98%，表明 NPC 表面被酸性中间产物覆盖，而碱洗去除了表面吸附的酸性物质，恢复了催化活性。

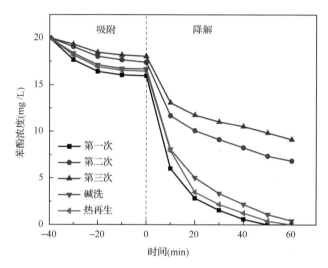

图 4-33　NPC 的稳定性及再生测试

苯酚浓度：20 mg/L，初始 pH：7.0，催化剂：0.2 g/L，PMS：1.6 mmol/L，温度：25℃

为了考察 NPC 在反应前后的形貌、结构变化，采用扫描电镜、拉曼光谱、X 射线光电子能谱对反应前后的催化剂进行了表征。图 4-34(a) 和 (b) 分别为 SEM 图和拉曼光谱，它们显示 NPC 在降解苯酚前后的形貌与石墨化程度均没有发生变化，表明 NPC 的结构没有被破坏、性质没有改变，说明稳定性较高。XPS 结果说明再生后的 NPC 的氮含量相比之前有略微减少，而氧含量有略微增加，这可能是由自由基氧化引起的。以上结果说明 NPC 可通过热处理或碱处理再生。此实验也进一步证实 NPC 活化 PMS 去除水中难降解性污染物技术具有实用化前景。

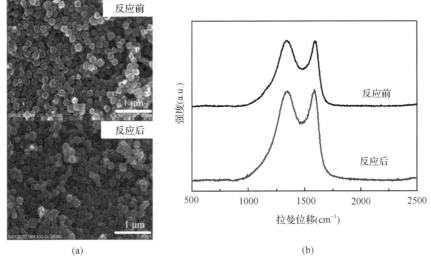

(a)

(b)

图 4-34　(a)SEM 图：反应前后 NPC 的形貌对比；(b)拉曼光谱：反应前后 NPC 的前后对比

采用自由基猝灭实验来考察 NPC/PMS 催化体系中存在的自由基种类及相对含量。图 4-35 是投加•OH 猝灭剂叔丁醇(TBA)时 NPC/PMS 体系降解苯酚的结果。当 TBA 与 PMS 的摩尔比为 500∶1 时，苯酚的降解动力学常数从 0.079 min^{-1} 下降至 0.051 min^{-1}。当二者比例持续增加至 2000∶1 时，动力学常数降低到 0.016 min^{-1}。苯酚降解速率的降低表明体系中存在•OH，如反应式(4-30)所示。相比之下，当体系中加入•OH 和 $SO_4^{\bullet-}$ 捕获剂甲醇时，苯酚降解速率下降更加显著。当甲醇与 PMS 投加比例为 2000∶1 时，苯酚降解动力学常数从 0.079 min^{-1} 降低到 0.0076 min^{-1}，表明催化体系中也存在 $SO_4^{\bullet-}$[如反应式(4-31)所示]。然而，在 2000∶1 的甲醇与 PMS 摩尔比下，仍有 40%的苯酚被降解，说明体系中存在另一种机理——非自由基过程。非自由基过程是指 NPC 作为电子传递媒介，促进电子从污染物传递给 PMS，导致污染物被降解，但此过程中并没有活性自由基产生[39]。因此，在 NPC/PMS 体系中，自由基过程与非自由基过程的共同作用使苯酚被高效降解去除；而在自由基过程中，$SO_4^{\bullet-}$ 起主要作用。

$$HSO_5^- + e^- \longrightarrow \bullet OH + SO_4^{2-} \tag{4-30}$$

$$HSO_5^- + e^- \longrightarrow SO_4^{\bullet-} + OH^- \tag{4-31}$$

为了探究 NPC 的催化机理，首先考察了比表面积对 NPC 催化性能的影响。通过归一化处理，计算了 NPC 单位比表面积的反应速率常数，结果表明反应速率由大到小为 $NPC_{ZIF-8} > NPC_{IRMOF-3} > NPC_{NH_2-MIL-53} > PC_{MOF-5}$。表明 NPC 的比表面积并不是影响催化性能的主要因素，还有其他因素影响了 NPC 的催化性能。

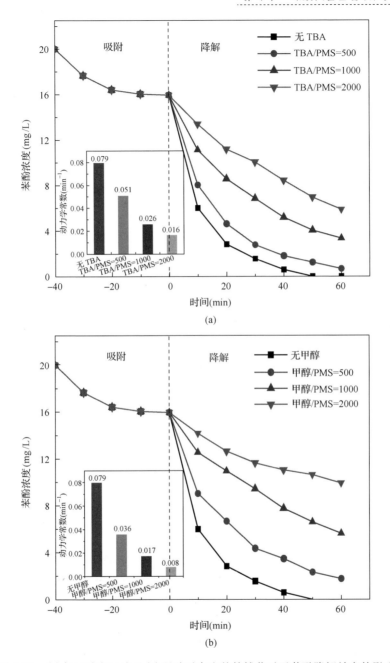

图 4-35　(a)叔丁醇(TBA)及(b)甲醇对自由基的捕获对于苯酚降解效率的影响

　　为了研究氮形态的影响,利用 XPS 的高分辨谱图对 NPC 的氮形态进行分析,通过拟合发现在结合能为 398.4 eV、399.8 eV 及 400.9 eV 的位置出现了三个特征峰,分别对应吡啶氮(氮原子取代六元环中的碳)、吡咯氮(氮原子取代五元环中的碳)以及石墨氮(氮取代 sp^2 杂化的碳)[36]。NPC 氮形态的分布及含量如图 4-36(a)所示。从图 4-36(a)得知:NPC$_{ZIF-8}$ 具有最高数量的石墨氮(3.73%,原子分数)。虽然 NPC$_{IRMOF-3}$ 具有较低的氮含量,但其石墨氮的含量达到了 2.76%(原子分数),该数值甚至高于 NPC$_{NH_2-MIL-53}$(1.77%,原子分数)。结果表明,石墨氮可能在 NPC 催化 PMS 过程中起重要作用。

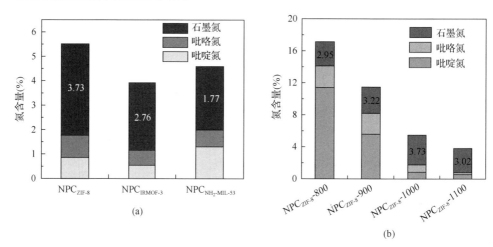

图 4-36 (a)NPC$_{ZIF-8}$、NPC$_{IRMOF-3}$ 及 NPC$_{NH2-MIL-53}$ 的不同氮形态含量,(b)NPC$_{ZIF-8}$-800、NPC$_{ZIF-8}$-900、NPC$_{ZIF-8}$-1000 及 NPC$_{ZIF-8}$-1100 中不同氮形态的含量

为了探究石墨氮在 PMS 活化过程中的作用,对 ZIF-8 在不同温度下碳化得到的 NPC 的氮形态分布进行了分析。NPC 的氮形态分布如图 4-36(b)所示。随着碳化温度从 800℃升高至 1100℃,石墨氮含量逐渐增加并在 1000℃时达到了最大值;然而其他氮形态,如吡啶氮和吡咯氮的含量减少,表明此过程中吡啶氮或吡咯氮逐渐转化为了稳定性更高的石墨氮。NPC$_{ZIF-8}$-800 的石墨氮含量为 2.95%(原子分数),而 NPC$_{ZIF-8}$-1000 的石墨氮含量增加到了 3.73%(原子分数),然而 NPC$_{ZIF-8}$-1100 中石墨氮的含量却下降到了 3.03%(原子分数)。虽然 NPC$_{ZIF-8}$-1000 的氮含量比 NPC$_{ZIF-8}$-900 或 NPC$_{ZIF-8}$-800 更低,但 NPC$_{ZIF-8}$-1000 具有最好的 PMS 活化性能。

在 PMS 活化过程中,石墨氮的存在也可能有利于电子从碳表面传递给 PMS 分子。为了证实这一推断,采用交流阻抗谱(EIS)考察了 NPC/PMS 界面的电子传递性能。在 EIS 谱图中,电子传递阻力(R_{CT})大小等同于半圆的直径。正常情况下,半圆直径越小说明电子传递阻力越小。如图 4-37 所示,NPC 的电子传递阻力大小关系为:NPC$_{ZIF-8}$<NPC$_{IRMOF-3}$< NPC$_{NH_2-MIL-53}$。相比于不掺氮多孔碳 PC$_{MOF-5}$,NPC 具有更低的电子传递阻力,表明氮掺杂促进了 NPC/PMS 界面间的电子传递,增强了 PMS 在 NPC 上的活化效率。此外,具有更高石墨氮含量的 NPC 表现出了更低的电子传递阻力。结果表明,具有良好电子传递性能的石墨氮结构有益于 PMS 活化。

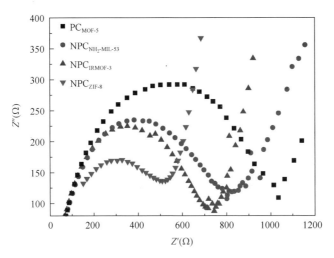

图 4-37　几种 NPC 与 PC_{MOF-5} 的电化学交流阻抗谱

扫描速率：5 mV/s，频率范围：$0.1 \times 10^6 \sim 2 \times 10^6$ Hz，[硫酸钠] = 0.01 mol/L，[PMS] = 1.6 mmol/L

3. 氮掺杂多孔碳活化 PMS 产硫酸根自由基的机理

为了进一步阐明 PMS 在 NPC 上的活化机理，依据密度泛函理论(density functional theory, DFT)计算了 PMS 在氮掺杂碳上的吸附能及其与 PMS 之间的电子传递情况。分别构建了三种不同的 PMS 吸附的碳平面模型：PMS 吸附在单纯的碳平面、PMS 吸附在石墨氮掺杂的碳平面及 PMS 吸附在吡啶氮/吡咯氮掺杂的碳平面，如图 4-38 所示。PMS 在碳上的吸附能(E_{ads})是通过公式 $E_{ads}=E_{PMS+C}-E_{PMS}-E_C$ 计算得到的。E_{PMS+C} 为 PMS 及其吸附的碳模型的能量之和，而 E_{PMS} 和 E_C 则分别代表单独 PMS 及单独碳模型的能量。通常吸附能越小表示 PMS 越容易吸附在碳平面上。计算得出 PMS 吸附在单独碳平面上的吸附能为–0.891 eV(表 4-4)，而当 PMS 吸附在吡啶氮/吡咯氮掺杂的碳平面上时，吸附能下降到–0.897 eV。当 PMS 吸附在石墨氮掺杂的碳平面上时，吸附能为–1.418 eV，是这三种模型的最小值，证明石墨氮掺杂有利于 PMS 在碳上的吸附。

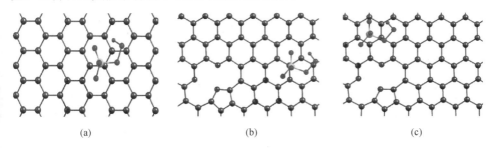

图 4-38　DFT 计算：PMS 吸附在(a)碳平面；(b)邻近石墨氮的碳；(c)邻近吡啶氮/吡咯氮的碳
黑色、蓝色、红色、绿色和黄色分别代表 C、N、O、H 和 S 原子

另外，通过马利肯(Mulliken)布局分析法计算了不同碳模型的电荷分布情况[42]。结果表明，氮掺杂改变了原有碳平面的电荷分布，使邻近氮原子的碳原子带正电，由于氮的电负性(3.04)高于碳的电负性(2.55)，会吸取邻近碳原子上的电子使其带正电。然而，邻近石墨氮的碳原子表现出比邻近吡啶氮或吡咯氮的碳原子更高的正电荷数，说明石墨氮能诱导邻位碳原子带更多的正电荷，这有利于吸附带负电的PMS。当PMS吸附在不同的碳平面上时，碳表面所带的正电荷数值增大，表明碳与PMS之间存在电子传递作用。表4-4总结了碳和PMS间的电荷传递数值，从表中可以看出氮掺杂增强了碳与PMS之间的电子传递；当PMS吸附于石墨氮邻位的碳上时，由碳传递给PMS的电子数值最大。该结果充分说明石墨氮在NPC活化PMS中起到关键作用(由于石墨氮可更显著地改变邻位碳原子的电荷分布并激活碳原子，促进了PMS在碳表面的吸附及解离过程，增加了PMS的活化效率)。

表4-4 PMS在碳平面、石墨氮掺杂碳及吡啶氮/吡咯氮掺杂碳上的
吸附能 E_{ads} 及电子传递数 Q

碳模型	碳平面	石墨氮掺杂碳	吡啶氮/吡咯氮掺杂碳
E_{ads}(eV)	−0.891	−1.418	−0.897
Q(e)	−0.024	−0.070	−0.056

4.4.2 钴、氮共掺杂多孔碳活化过硫酸盐

虽然氮掺杂能够诱导邻位碳原子带正电，增强碳与PMS之间的吸附以及电子传递。然而，单独的氮掺杂对碳原子的电子云分布影响有限，因此对活化PMS的性能调控能力有限。相比于单元素掺杂，元素共掺杂可能具有更高的催化性能[43, 44]，这一方面是由于不同电负性的元素会改变碳平面的电荷分布与电子传递的性能，同时元素共掺杂也可引入新的催化活性位点。

研究表明，过渡金属(Co 或 Fe)掺杂能减小碳的电子逸出功，提高碳的电子给出能力[45, 46]，而前面提到，氮掺杂则会提高碳的 Fermi 能级，增强碳的电子传递能力。据此推测，采用过渡金属和氮共掺杂的方式有望协同增强碳平面的电子传递能力，激活更多碳原子用于 PMS 活化。而且，两者共掺杂易于形成金属-氮配位结构($M-N_x$)。该结构具有以下特点：①吸电子能力强，不仅能诱导邻位碳原子带正电，也能更好地激活碳上的 π 电子，加速电子的流动[47]，这有利于带负电的 PMS 在碳上的吸附以及活化。②结构稳定，能够有效抑制过渡金属的溶出，增强催化剂的稳定性[47]。③由于金属本身具有多变的价态以及空的 3d 轨道[48]，使其有可能作为新的活性位点吸附并活化 PMS。然而，目前过渡金属、氮共掺杂的碳材料的制备过程及方法比较复杂，难以实用化。MOFs 由金属离子与有机配体构成，且许多 MOFs 富含过渡金属(钴、铁、锌等)及含氮的有机配体，是碳化制

备过渡金属、氮共掺杂多孔碳材料的理想前驱体。其中，ZIF-67(Co 基 MOF)与
ZIF-8(Zn 基 MOF)具有相同的有机配体和构型，且 Co 与 Zn 的原子尺寸接近，可
用 Co 替换 ZIF-8 中的 Zn 得到具有不同 Co 取代量的 ZIF-8。以该 MOFs 为前驱体
可以制备得到具有不同钴含量的钴、氮共掺杂多孔碳，为探究钴含量对催化剂催
化活性的影响以及催化剂构效关系的建立提供便利。

1. 钴、氮共掺杂多孔碳的制备及表征

Co 取代的 ZIF-8 的制备：将六水合硝酸锌及六水合硝酸钴按照 Zn^{2+}/Co^{2+} 的摩
尔比为 40∶1、20∶1、5∶1、0(设定锌和钴的总摩尔数固定在 5.65 mmol)分别溶
入乙醇中，然后将 2-甲基咪唑的甲醇溶液(3.7 g 2-甲基咪唑溶于 80 mL 甲醇中)与
以上溶液混合后在室温下搅拌 24 h，并经过离心、干燥。将 Co 取代的 ZIF-8 在
1000℃下碳化后，利用酸洗处理去除不稳定的金属颗粒。不同 Co 取代 ZIF-8 的结
构构型及其碳化后的钴含量(由 ICP 测定)如图 4-39 所示，推测随着钴含量的增加，
更多钴原子会掺杂进入碳中，而当钴含量过高时，则会出现钴团聚以及碳包钴的
结构。为方便表述，将不同钴含量的 Co-N-PC 分别简写为 NPC(ZIF-8，无钴掺杂)、
CoNPC-1.72、CoNPC-3.07、CoNPC-7.78 及 CoNPC-10.3。

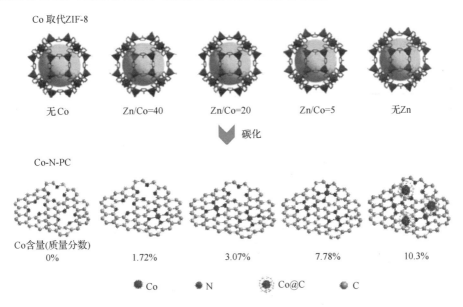

图 4-39　以钴取代的 ZIF-8 为前驱体构建的不同钴含量(ICP 测定)的钴、氮共掺杂多孔碳

不同钴掺杂 ZIF-8 及其对应的钴掺杂多孔碳的扫描电镜图如图 4-40 所示：从
图中可以看出，ZIF-8 是菱形十二面体，钴取代后没有改变 ZIF-8 的原有形貌。碳
化后，钴、氮共掺杂多孔碳保持了原有 MOFs 前驱体的形貌，但是其尺寸有所减小，

这可能是由含氧官能团的损失及沸点低的锌金属挥发造成的。例如，CoNPC-7.78碳化前的尺寸在 100 nm 左右，碳化后的尺寸在 60 nm 左右。

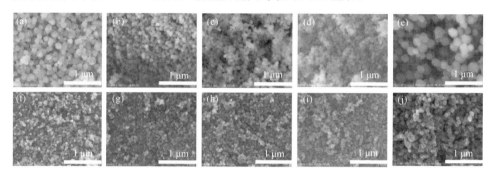

图 4-40　钴取代 ZIF-8 在不同 Zn/Co 摩尔比下的(a) 0、(b) 5、(c) 20、(d) 40、(e) 无钴掺杂及对应的多孔碳 (f) CoNPC-10.3、(g) CoNPC-7.78、(h) CoNPC-3.07、(i) CoNPC-1.72、(j) NPC 的 SEM 图

通过透射电子显微镜观察到的钴、氮共掺杂多孔碳的形貌如图 4-41 所示。从图中可以看出 CoNPC-1.72 或 CoNPC-3.07 主要由绒毛状的碳结构组成。CoNPC-7.78 及 CoNPC-10.3 的碳平面中出现了几纳米的颗粒。通过近距离观察[图 4-41 (d) 的内嵌图]可以看出，这些纳米颗粒被石墨层包裹（晶格间距为 0.342 nm），结晶晶格间距为 0.208 nm，对应于钴的 (111) 晶面。由于石墨碳层的保护作用，酸洗过程没有使钴纳米颗粒溶解。

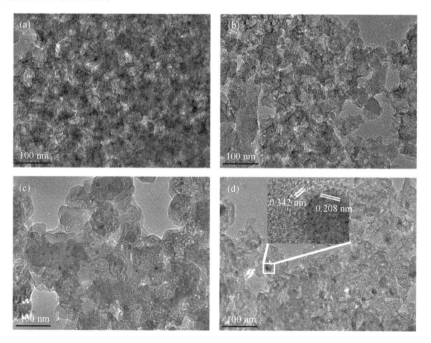

图 4-41　(a) CoNPC-1.72、(b) CoNPC-3.07、(c) CoNPC-7.78 及 (d) CoNPC-10.3 的 TEM 图

钴、氮共掺杂多孔碳的比表面积和孔径分布可通过测定材料的氮气吸附-脱附等温线得到。由图 4-42 得知，不同钴、氮共掺杂多孔碳的氮气吸附-脱附等温线多为 IV 型，表明存在介孔与微孔两种孔结构。CoNPC-10.3、CoNPC-7.78、CoNPC-3.07、CoNPC-1.72 及 NPC 的比表面积分别为 211 m²/g、387 m²/g、564 m²/g、584 m²/g 及 998 m²/g。从图中可以看出：比表面积和孔容随着钴含量的增加呈现出逐渐减小的趋势，表明钴的存在降低了多孔碳的比表面积并影响了其孔道结构。图 4-42 中的嵌入图是不同多孔碳的孔径分布图。从图中可看出不同钴、氮共掺杂多孔碳的孔径存在微孔(孔径<2 nm)及介孔(2～50 nm)。该多级多孔结构有利于反应物的传质，提高催化反应速率。

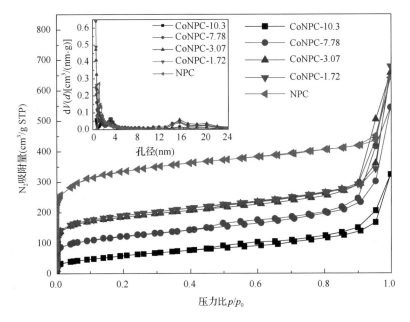

图 4-42　钴、氮共掺杂多孔碳的氮气吸附脱附等温线

内嵌图为钴、氮共掺杂多孔碳的孔径分布图

表 4-5 总结了钴、氮共掺杂多孔碳的元素组成情况。钴的含量(原子分数)从 CoNPC-1.72 的 0.80%增加到了 CoNPC-10.3 的 1.47%，这与 ICP 测定的结果一致。同时，氮含量(原子分数)从 NPC 的 5.19%增加至 CoNPC-3.07 的 7.58%，随后却逐渐减小到 CoNPC-7.78 的 6.99%及 CoNPC-10.3 的 4.00%。该现象表明，钴掺杂会影响氮掺杂的量，少量的钴掺杂能促进氮掺杂量的提高，但过量的钴掺杂会损坏氮掺杂的位点并导致氮含量的降低，该现象与 Ōya 等[49]的研究结果一致。

表 4-5　不同钴氮共掺杂多孔碳的元素含量（%，原子分数）

样品	C	N	O	Co
CoNPC-10.3	84.75	4.00	9.78	1.47
CoNPC-7.78	86.18	6.99	5.54	1.29
CoNPC-3.07	85.02	7.58	6.38	1.02
CoNPC-1.72	85.53	5.84	7.83	0.80
NPC	88.92	5.19	5.14	0

图 4-43（a）是不同钴、氮共掺杂多孔碳的拉曼谱图。从图中可以看出，在 1360 cm^{-1} 处存在 D 峰，该峰体现了面内缺陷的情况。在 1580 cm^{-1} 处的 G 峰代表了高度有序的热解石墨峰，说明了多孔碳中存在高度结晶的石墨碳结构。D 峰和 G 峰的相对强度（I_D/I_G 比）通常代表材料的石墨化程度，该值越小说明石墨化程度越高。从图中可以看出 I_D/I_G 的比例随着钴含量的增大而逐渐减小，说明钴含量的增加可以增强碳的石墨化程度，与 Ōya 等[49]的研究结果相一致。增强的石墨化程度表明有更多 sp^2 杂化的碳结构形成。sp^2 杂化的碳结构通常具有大量可自由移动的 π 电子，这有利于提高材料本身的电子传递能力，有助于提高该材料活化 PMS 的性能。为了分析 Co-N-PC 的晶体结构，测定了不同 Co-N-PC 的 XRD 谱图。图 4-43（b）说明未掺入钴的 NPC 中只存在碳的（002）峰及（100）峰，而通过 XRD 图可以看出，随着钴含量的增加，出现了钴的（111）峰和（200）峰，说明在一定钴含量下出现了钴的纳米晶体，且其峰型随着钴含量增加而更加尖锐，这与 TEM 结果一致。此外，碳的（002）峰随着钴含量的增加也变得更加尖锐，说明钴能够促进碳的石墨化过程，该结论与拉曼光谱的测试结果一致。

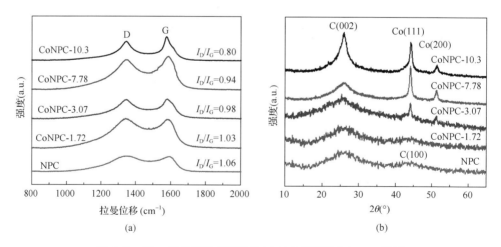

图 4-43　钴、氮共掺杂多孔碳的（a）拉曼谱图及（b）XRD 谱图

2. 钴、氮共掺杂多孔碳活化 PMS 降解有机污染物性能

以苯酚为目标物，考察了钴、氮共掺杂多孔碳活化 PMS 的性能，并以 NPC、钴含量为 7.78%（质量分数）的钴掺杂多孔碳（CoPC）为对照。单独 PMS 存在时，60 min 后苯酚浓度几乎没有改变，说明 PMS 本身并不具有降解苯酚的性能。而当只加入钴、氮共掺杂多孔碳时，苯酚去除率低于 15%，这可能是由苯酚在催化剂表面吸附引起的。当加入 PMS 后，可以看出苯酚的浓度呈现出明显的下降，表明 PMS 被活化生成了强氧化性自由基氧化苯酚。NPC/PMS 催化系统在 60 min 内可以去除 45%的苯酚，CoPC/PMS 体系可以在 60 min 内去除 75%的苯酚。相比之下，CoNPC-7.78/PMS 体系在 20 min 内对苯酚的去除率就达到将近 100%。该结果表明，钴、氮共掺杂多孔碳的高活性主要归结于钴和氮的共掺杂作用。如图 4-44(a) 所示，钴、氮共掺杂多孔碳的催化性能随着钴和氮含量的增加而逐渐增强，且在钴含量为 1.29%（原子分数）、氮含量为 6.99%（原子分数）时达到最大值。然而，当 Co-N-PC 的钴含量继续增大至 1.47%而氮含量下降至 4.00%时，Co-N-PC 的催化性能下降，说明钴、氮共掺杂多孔碳的性能取决于钴和氮两者的含量，任何元素含量的下降都有可能降低催化剂的催化性能。通过分析降解曲线可以看出，催化 PMS 降解苯酚的过程符合一级动力学，计算了不同钴、氮共掺杂多孔碳的动力学常数，结果如图 4-44(b) 所示。CoNPC-10.3、CoNPC-7.78、CoNPC-3.07、CoNPC-1.72、CoPC 及 NPC 的反应动力学常数分别达到了 $0.13\ min^{-1}$、$0.30\ min^{-1}$、$0.058\ min^{-1}$、$0.042\ min^{-1}$、$0.017\ min^{-1}$ 及 $0.0062\ min^{-1}$。通过计算得出 CoNPC-7.78 的动力学常数分别约为 CoPC 和 NPC 的 17.6 倍和 48.4 倍，表明钴、氮共掺杂后产生了协同作用，显著增强了碳催化降解苯酚的性能。

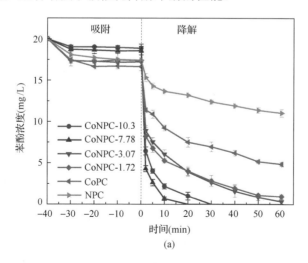

(a)

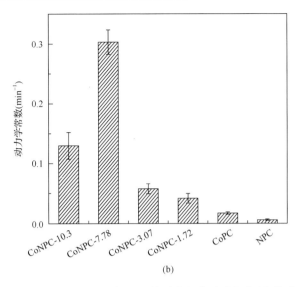

(b)

图 4-44　钴、氮共掺杂多孔碳/PMS 体系降解苯酚过程中(a)苯酚浓度随
时间变化曲线和(b)苯酚降解的动力学常数

催化剂投加量：0.05 g/L，PMS 浓度：1.6 mmol/L，苯酚浓度：20 mg/L，温度：25℃，初始 pH：7.0

TOC 去除率通常用于评价污染物的矿化程度，如图 4-45 所示。苯酚降解过程中，NPC/PMS 和 CoPC/PMS 体系分别去除了大约 27%和 44%的 TOC。而且随着钴和氮同时掺入多孔碳中，TOC 去除率有了明显的提升，CoNPC-1.72、CoNPC-3.07、CoNPC-7.78 及 CoNPC-10.3 对苯酚的 TOC 去除率分别达到了 65%、66%、75%以及 68%。TOC 去除性能的顺序与苯酚降解性能的顺序相一致，表明 CoNPC/PMS 催化体系能够对污染物进行有效矿化。

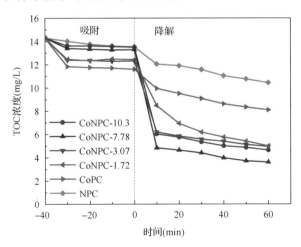

图 4-45　钴、氮共掺杂多孔碳降解苯酚过程中 TOC 随时间变化曲线

催化剂投加量：0.05 g/L，PMS 浓度：1.6 mmol/L，苯酚浓度：20 mg/L，温度：25℃，初始 pH：7.0

以双酚 A(BPA，内分泌干扰物)、阿特拉津(Atrazine，农药)及磺胺甲噁唑(sulfamethoxazole，SMX，抗生素)为目标物，进一步考察了 Co-N-PC/PMS 体系的性能。作为对照，考察了相同浓度的均相 Co^{2+}(报道过的最优的 PMS 催化剂)对这些污染物的降解效果。CoNPC-7.78/PMS 体系在 60 min 内可以有效去除苯酚、双酚 A、阿特拉津及磺胺甲噁唑，且降解效率明显优于均相 Co^{2+}/PMS 体系。图 4-46 计算出不同污染物降解过程的一级动力学常数，CoNPC-7.78 对苯酚、双酚 A、阿特拉津及磺胺甲噁唑的降解动力学常数分别是均相钴离子的 3.4 倍、2.6 倍、2.8 倍及 1.6 倍，说明 CoNPC-7.78 催化性能优于传统均相钴离子催化。此外，通过降解曲线可知，使用钴、氮共掺杂催化剂的体系对苯酚、双酚 A 及磺胺甲噁唑的降解效率明显优于阿特拉津。这可能是由亲电子的 $SO_4^{-\cdot}$ 比 •OH 更易攻击芳香环化合物或者富电子基团造成的。因此，酚类物质如苯酚或双酚 A 及含有富电子的苯胺基团的磺胺甲噁唑更易于被亲电子的 $SO_4^{-\cdot}$ 攻击而被氧化。虽然阿特拉津不含苯环结构，但 CoNPC-7.78/PMS 体系依然能对其进行有效分解。

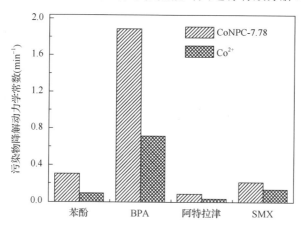

图 4-46　CoNPC-7.78 和均相 Co^{2+} 催化降解污染物的动力学常数

催化剂投加量：0.05 g/L，PMS 浓度：1.6 mmol/L，污染物浓度：20 mg/L，温度：25℃，初始 pH：7.0

为了评估 CoNPC-7.78 的催化性能，将其与已报道的 PMS 催化剂进行比较。催化剂的催化活性以比速率常数(污染物降解动力学常数除以单位容积催化剂比表面积)作为衡量标准，结果如表 4-6 所示。在相同条件下，单位质量 CoNPC-7.78 催化降解苯酚的比速率常数是氮掺杂石墨烯(NG-700)，氮掺杂碳纳米管(N-CNT)，氮、硫共掺杂石墨烯(SNG-0.3)，α-氧化锰及周期性的介孔磷酸铝包覆的钴离子(Co^{2+}@PMAP)的 1.1~42.8 倍。相同条件下，单位质量 CoNPC-7.78 催化降解双酚 A 的比速率常数是 $Fe_{0.8}Co_{2.2}O_4$ 和 $Fe_1Mn_5Co_4$-N@C 的 12.4 倍及 1.4 倍。上述结果证明，CoNPC-7.78 是一种性能优良的 PMS 催化剂。

表 4-6 不同 PMS 催化剂的反应参数及催化性能对比

催化剂及其投加量(g/L)	比表面积 (m^2/g)	PMS(g/L)	污染物(mg/L)	去除率	催化活性 [L/($m^2 \cdot$ min)]	参考文献
Co^{2+}@PMAP(0.400)	511	1.8	苯酚(10)	100%(50 min)	3.62×10^{-4}	[50]
α-MnO_2(0.400)	148	2.0	苯酚(25)	100%(20 min)	6.06×10^{-3}	[51]
$Fe_{0.8}Co_{2.2}O_4$(0.100)	62	0.2	BPA(20)	95%(60 min)	7.90×10^{-3}	[52]
NG-700(0.100)	227.5	2.0	苯酚(20)	100%(30 min)	1.40×10^{-2}	[40]
N-CNT(0.200)	258.5	2.0	苯酚(20)	100%(40 min)	4.53×10^{-4}	[39]
SNG-0.3(0.200)	69.1	2.0	苯酚(20)	100%(90 min)	3.18×10^{-3}	[24]
$Fe_1Mn_5Co_4$-N@C(0.100)	66	0.2	BPA(20)	100%(10 min)	7.27×10^{-2}	[53]
CoNPC-7.78(0.050)	387	0.5	苯酚(20)	100%(20 min)	1.55×10^{-2}	本工作
CoNPC-7.78(0.050)	387	0.5	BPA(20)	100%(5 min)	9.82×10^{-2}	本工作

在后续实验中,考察了催化剂投加量、PMS 浓度、温度及 pH 对催化性能的影响。如图 4-47(a)所示,苯酚降解效率随着催化剂投加量的增大而增大。所有的降解过程均符合准一级动力学过程。苯酚降解的动力学常数从 0.012 min^{-1}(催化剂投加量 0.012 g/L)增加到 1.6 min^{-1}(催化剂投加量 0.100 g/L)[图 4-47(a)]。高的催化剂投加量可以提供更多的活性位点与 PMS 反应,进而产生更多活性自由基以提高苯酚的降解率。

高的 PMS 浓度也会导致更高的催化效率。当 PMS 浓度从 0.3 mmol/L 增加到 1.6 mmol/L 时,苯酚的降解动力学常数从 0.024 min^{-1} 增加到 0.30 min^{-1}[图 4-47(b)]。然而,当 PMS 浓度增加至 3.2 mmol/L 时,动力学常数仅有小幅增长(从 0.30 min^{-1} 增加到 0.64 min^{-1})。之前提到 $SO_4^{\cdot-}$ 或者 $\cdot$OH 会被过量的 PMS 捕获,因此,当 PMS 浓度继续增大时,PMS 会捕获自由基造成降解率的增长变缓。

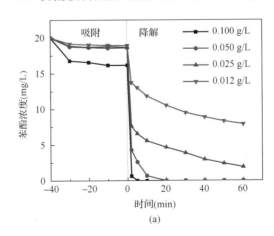

(a)

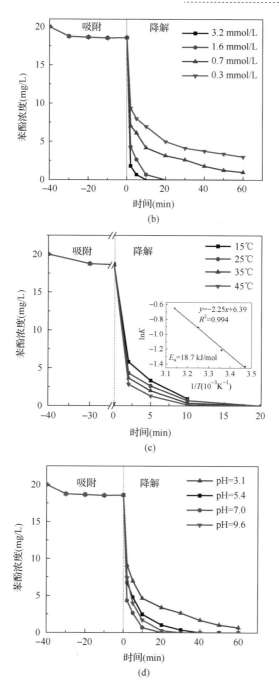

图 4-47　(a)催化剂投加量、(b)PMS 浓度、(c)温度、(d)pH 对苯酚降解效率的影响

温度对苯酚降解率的影响如图 4-47(c)所示。在温度为 15℃、25℃、35℃及 45℃时，苯酚降解的动力学常数分别为 0.28 min^{-1}、0.30 min^{-1}、0.34 min^{-1} 及 0.40 min^{-1}，即随温度的升高而增大。根据阿伦尼乌斯方程计算得到反应体系活化能。CoNPC/PMS 体系中反应活化能为 18.7 kJ/mol[图 4-47(c)的内嵌图]，该值低于碳纳米管(43.8 kJ/mol)[38]、石墨烯(84.0 kJ/mol)[38]、氮掺杂碳纳米管(36.0 kJ/mol)[39]的活化能数值，表明 Co-N-PC 催化剂更适合活化 PMS。

图 4-47(d)说明 CoNPC/PMS 催化体系能在 pH 3.1～9.6 的范围内保持高的催化活性。该 pH 范围涵盖了大部分自然水体和一般废水可能出现的 pH 范围。从图中得知，在 pH 为 7.0 时，苯酚降解效率达到最大。然而，在偏酸性和偏碱性条件下，降解性能会有所降低。根据 PMS 的 pK_a 值(pK_{a1} 小于 0，而 pK_{a2} 等于 9.4[18])，在 pH 为 3.1～7.0 的范围内，PMS 以 HSO_5^- 的形式存在。在酸性 pH 条件下，氢离子易于和 HSO_5^- 中过氧键(O—O)的氧原子形成氢键，因而阻止了 HSO_5^- 和带正电的钴、氮共掺杂多孔碳(pH_{pzc} 为 7.9)接触，导致多孔碳催化性能的下降。而当 pH 为 9.6 时，HSO_5^- 发生自分解，同时带负电的钴、氮共掺杂多孔碳与带负电的 PMS 间产生静电排斥作用，不利于两者接触，导致降解效率的下降。实验表明，CoNPC/PMS 催化系统具有比传统 Fenton 技术更好的 pH 适应能力。

催化剂的稳定性和重复性是考察其能否实际应用的重要依据。如图 4-48(a)所示，随着 CoNPC-7.78 重复使用次数的增加，其催化活性逐渐下降。五次重复使用后，CoNPC-7.78 对苯酚的降解动力学常数从 0.30 min^{-1} 下降到了 0.033 min^{-1}。4.4.1 节的研究结果表明，碳催化剂催化性能的下降源于酸性中间产物在催化剂表面的吸附，而碱处理是实现催化剂再生的一种经济有效的方式。为验证以上猜测，采用 pH 为 9 的氢氧化钠溶液对 CoNPC-7.78 进行清洗再生。从图 4-48 中可以看出，再生后的 CoNPC-7.78 恢复了良好的催化性能，其催化降解苯酚的动力学常数增加到了 0.23 min^{-1}，这一结果证实 CoNPC-7.78 催化性能的下降可能是由吸附在表面的有机酸引起的。重复实验中每次反应过程钴溶出的情况如图 4-48(b)所示，钴溶出量随着重复使用次数的增多而逐渐减小；从初始的 0.12 mg/L 的钴溶出减小到 0.02 mg/L。钴最大溶出百分比为 3%，相比于其他钴基非均相催化剂如 $Fe_{0.32}Co_{0.68}/\gamma-Al_2O_3@C$(16%)[54]、$LiCoPO_4$(10%)[55] 及 Co/SBA-15(7%)[56]，Co-N-PC 的钴溶出情况明显改善，说明 Co-N-PC 催化剂具有良好的稳定性。这是由于钴、氮共掺杂多孔碳中存在稳定的钴-氮配位结构，该配位结构的结合能(781.8 eV)高于钴金属中 Co—Co 键的结合能(778.2 eV)[57]，因此有效抑制了钴溶出。

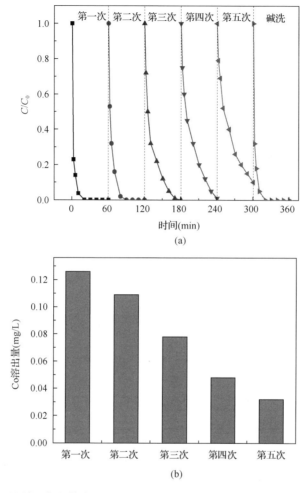

图 4-48 (a)钴、氮共掺杂多孔碳降解苯酚重复性实验中苯酚浓度变化曲线，
(b)重复实验中 CoNPC-7.78 在每次反应过程中钴溶出情况

常见的炼油废水的二级出水中含有大量难降解的芳香环化合物(如酚类)，这类物质难以被传统的物理、化学以及生物的方法去除，导致二级出水中依然含有高的化学需氧量(COD)，无法满足污水排放标准。基于硫酸根自由基的高级氧化技术适用于降解含芳香环的有机化合物。因此，选取某石化废水处理厂的炼油废水二级出水作为目标物，考察了 CoNPC-7.78/PMS 催化体系对二级出水的处理性能。该二级出水的 COD_{Cr} 92 mg/L(TOC 23 mg/L)，高于国家污水排放标准(GB 18918—2002)中对 COD 的限值(50 mg/L)。实验结果如图 4-49 所示，图(a)表明在经过 CoNPC-7.78/PMS 催化体系的不同投加量催化剂处理后，出水 COD_{Cr} 的数值均低于 50 mg/L，满足国家排放标准。而且，当催化剂投加量从 0.05 g/L 增加到

0.2 g/L 时，COD_{Cr} 去除率从 48%逐渐增大到 57%，TOC 去除率从 53%增大到 65% [图 4-49(b)]，该结果表明 COD_{Cr} 去除率和 TOC 去除率都能随催化剂投加量的增大而增加。以上结果说明，CoNPC-7.78/PMS 体系能有效处理炼油废水二级出水。该催化体系也同样适用于其他含芳香环化合物的废水(如染料废水、焦化废水等)的深度处理。

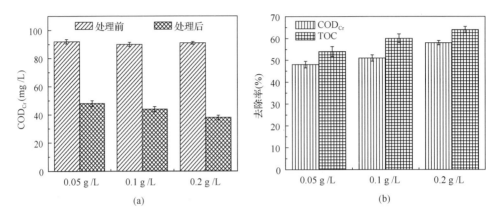

图 4-49 (a)不同 CoNPC-7.78 投加量下水样处理前后 COD_{Cr}，
(b)不同 CoNPC-7.78 投加量下的 COD_{Cr} 和 TOC 去除率
PMS 浓度：3.2 mmol/L；温度：25℃；初始 pH：6.73

3. 钴、氮共掺杂多孔碳的催化机理

采用甲醇和叔丁醇分别作为•OH 和 $SO_4^{\bullet-}$ 的捕获剂，加入到反应体系中对相应自由基进行捕获，探讨钴、氮共掺杂多孔碳催化体系中何种自由基对污染物的分解作出贡献，结果如图 4-50(a)与(b)所示。苯酚去除率随着体系中叔丁醇(•OH 捕获剂)浓度的增加略微下降。当体系中叔丁醇与 PMS 的摩尔比为 2000 时，降解苯酚的动力学常数从 0.30 min^{-1} 下降至 0.099 min^{-1}，该结果说明•OH 存在于催化体系中。相比而言，当甲醇(•OH 和 $SO_4^{\bullet-}$ 捕获剂)加入到催化体系时，苯酚去除率有了明显降低。当体系中甲醇与 PMS 的摩尔比达到 2000 时，降解苯酚的动力学常数下降至 0.0032 min^{-1}，说明 $SO_4^{\bullet-}$ 是反应体系的分解苯酚的主要活性物种。从图 4-50 中可以看出，尽管甲醇的加入显著抑制了苯酚的分解，但当甲醇与 PMS 的摩尔比达到 2000 时，仍有大约 40%的苯酚被降解，表明该过程存在其他降解机理，如 PMS 直接氧化的非自由基机理。

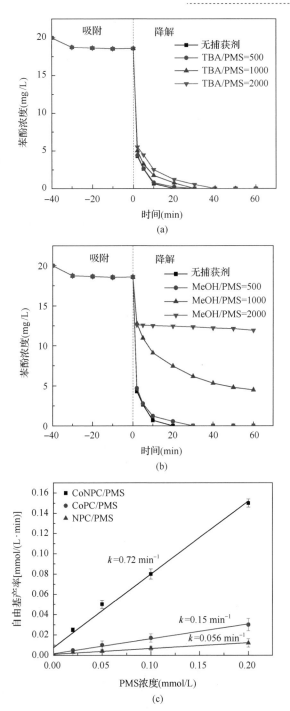

图 4-50　自由基捕获实验：催化体系中加入(a)叔丁醇与(b)甲醇(MeOH)对苯酚降解的性能的影响；(c)$SO_4^{\cdot-}$的产率与 PMS 浓度的关系

为进一步评估 CoNPC 活化 PMS 生成 $SO_4^{\cdot-}$ 的性能，利用苯甲酸作为探针（苯甲酸与硫酸根自由基的反应速率高达 1.2×10^9 L/(mol·s)，根据式(4-32)和式(4-33)计算了 CoNPC/PMS 催化体系产生 $SO_4^{\cdot-}$ 的速率常数[58]。

$$V_{SO_4^{\cdot-}} = k_{SO_4^{\cdot-},BA}[BA][SO_4^{\cdot-}] = k_{BA}[BA] \tag{4-32}$$

$$k_{SO_4^{\cdot-}} = V_{SO_4^{\cdot-}}/[PMS] \tag{4-33}$$

式(4-32)中，$V_{SO_4^{\cdot-}}$ 表示 $SO_4^{\cdot-}$ 产生速率，$k_{SO_4^{\cdot-},BA}$ 表示 $SO_4^{\cdot-}$ 和苯甲酸的二级反应速率常数，[BA]和[$SO_4^{\cdot-}$]表示 BA 和 $SO_4^{\cdot-}$ 的初始浓度。$k_{SO_4^{\cdot-},BA}[SO_4^{\cdot-}]$等于苯甲酸降解过程中的一级反应速率常数 k_{BA}，因此可用 BA 初始浓度与 k_{BA} 的乘积计算出 $V_{SO_4^{\cdot-}}$ 的数值。式(4-33)中，$k_{SO_4^{\cdot-}}$ 表示 $SO_4^{\cdot-}$ 的产生速率常数，其值为 $SO_4^{\cdot-}$ 产生速率 $V_{SO_4^{\cdot-}}$ 与 PMS 初始浓度[PMS]的比值，即二者拟合曲线的斜率。

Co-N-PC/PMS、CoPC/PMS 及 NPC/PMS 催化体系中 $SO_4^{\cdot-}$ 生成速率与 PMS 浓度的关系曲线如图 4-50(c)所示。经过拟合计算，Co-N-PC/PMS 体系的 $k_{SO_4^{\cdot-}}$ 为 0.72 min^{-1}，分别为 CoPC/PMS(0.15 min^{-1})和 NPC/PMS 体系(0.056 min^{-1})的 4.8 倍和 12.9 倍，显然 PMS 浓度相同时 Co-N-PC 体系生成 $SO_4^{\cdot-}$ 最快，表明钴、氮共掺杂可以产生协同作用，显著增强 $SO_4^{\cdot-}$ 的产率。

由于催化剂高的比表面积能为其提供更多的活性位点，一般认为，催化剂的比表面积越高越有利于催化反应的进行。对于本研究制备的钴、氮共掺杂的多孔碳材料而言，其比表面积具有如下的大小顺序：CoNPC-1.72＞CoNPC-3.07＞CoNPC-7.78＞CoNPC-10.30，而它们的催化反应速率则呈现出另一种截然不同的顺序关系：CoNPC-7.78＞CoNPC-10.30＞CoNPC-3.07＞CoNPC-1.72。该结果表明，比表面积对于钴、氮共掺杂多孔碳的催化性能而言并非关键因素，还存在其他因素影响催化剂的性能。

从图 4-44 的结果来看，钴、氮共掺杂可以明显提高碳材料的催化性能。然而，钴、氮共掺杂多孔碳的性能并不是单一地随钴或者氮含量的增加而增强。当钴(路易斯酸)和氮(路易斯碱)同时掺杂进入碳平面时，钴和氮易于形成配位结构，这种配位结构具有强的吸电子能力，能改变碳平面的电子结构，使邻位碳原子带正电；同时，该结构还能提高催化剂的最高占据分子轨道(HOMO)，增强催化剂给出电子的能力[59]，这些特点能促进 PMS 的吸附以及活化。因此，钴-氮配位结构的存在能提高钴、氮共掺杂多孔碳的 PMS 催化活性。为了证实该推测并探究不同钴、氮共掺杂多孔碳中的钴-氮配位情况，分析了钴、氮共掺杂多孔碳中氮形态的分布情况。发现钴、氮共掺杂多孔碳中存在吡啶氮、钴原子与氮原子的配位结构($Co-N_x$)、石墨氮、吡咯氮及氮氧化物这五种氮形态。而 NPC 中只存在吡啶氮、石墨氮、吡咯氮及氮氧化物四种氮形态。为了更清晰地表现 $Co-N_x$ 结构在钴、氮共掺杂多孔碳中的分布情况，根据不同氮形态的含量分布及总氮含量对 Co-N$_x$ 的含量进行了计算，如表 4-7 所示。Co-N$_x$ 的含量随着钴含量的增加而逐渐增加，并在 CoNPC-7.78 达到最大值(1.83%，原子分数)。当进一步增大钴掺杂量时，Co-N$_x$ 的含量却呈现出明显的下降趋势，CoNPC-10.30 中 Co-N$_x$ 含量仅占 1.04%(原子分数)。结合钴、氮共掺杂多孔碳的元素组成数据，对该现象进行了分析。从 CoNPC-1.72 到 CoNPC-7.78，钴含量和氮含量均呈现出逐渐增加的趋势，促使钴-氮配位结构含量的增加。然而 CoNPC-10.30 中过量的钴掺杂降低了氮的掺杂程度，导致了 Co-N$_x$ 含量的减小。

表 4-7　钴、氮共掺杂碳的氮形态分布(%，原子分数)

样品	NPC	CoNPC-1.72	CoNPC-3.07	CoNPC-7.78	CoNPC-10.30
氧化态氮	0.93	1.34	1.52	0.77	0.48
石墨氮	1.19	1.40	1.97	1.82	0.92
吡咯氮	1.35	0.82	1.21	1.18	0.68
钴-氮配位	0	1.28	1.59	1.83	1.04
吡啶氮	1.71	0.99	1.29	1.39	0.88

通过分析钴、氮共掺杂多孔碳催化降解苯酚的反应动力学常数与 Co-N$_x$ 含量的关系，不难发现，具有最高 Co-N$_x$ 含量的 CoNPC-7.78 对苯酚的降解效果最好。该结果说明 Co-N$_x$ 在钴、氮共掺杂多孔碳活化 PMS 过程中起到重要作用。

为了阐明 PMS 在钴、氮共掺杂多孔碳上的活化机理，使用 DFT 计算了 PMS 在三种不同的多孔碳模型上的吸附以及解离过程。三种多孔碳模型分别为钴、氮共掺杂碳模型，钴掺杂碳模型和氮掺杂碳模型。PMS 在钴、氮共掺杂多孔碳模型上的解离过程如图 4-51(a)所示：首先，PMS 通过其中的氧原子与钴、氮共掺杂碳的钴中心连接。解离过程中，过氧键(O—O)的键长从吸附态的 1.45 Å 延长到过渡态的 3.09 Å，并最终分解为·OH 和 SO$_4^{·-}$，其中·OH 吸附在邻位氮位点上，而 SO$_4^{·-}$ 吸附在钴中心上，该过程的反应势能的变化如图 4-52(a)所示。通过计算得出，钴、氮共掺杂多孔碳只需要克服 31.2 kJ/mol 的反应势垒，表明钴、氮共掺杂多孔碳能有效传递电子给 PMS 使其被活化。根据马利肯(Mulliken)电荷布局分析，计算出不同模型中 PMS 吸附前后的电荷变化，这一电荷变化也可反映碳传递电子给 PMS 的能力。钴、氮共掺杂碳传递给 PMS 的电子数为 0.70 e$^-$。PMS 在钴掺杂碳上的吸附、解离情况如图 4-51(b)所示。在钴掺杂碳上，PMS 首先与钴原子连接，PMS 的 O—O 键从吸附态的 1.44 Å 增加到了过渡态的 3.20 Å 并解离为表面连接的·OH 和 SO$_4^{·-}$，生成的·OH 和 SO$_4^{·-}$ 分别吸附在钴中心和离钴第二近的碳位点上。此过程的反应势垒为 67.7 kJ/mol[图 4-51(b)]，约为钴、氮共掺杂碳活化 PMS 反应势垒的 2.2 倍。从钴掺杂碳传递给 PMS 的电子数为 0.60 e⁻。

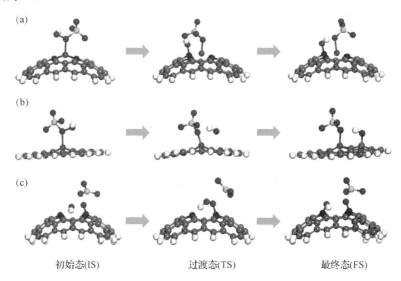

图 4-51　DFT 计算：PMS 在(a)钴、氮共掺杂碳，(b)钴掺杂碳及(c)氮掺杂碳上的活化原理
灰色、浅蓝色、深蓝色、红色、黄色、白色分别代表 C、Co、N、O、S 及 H 原子

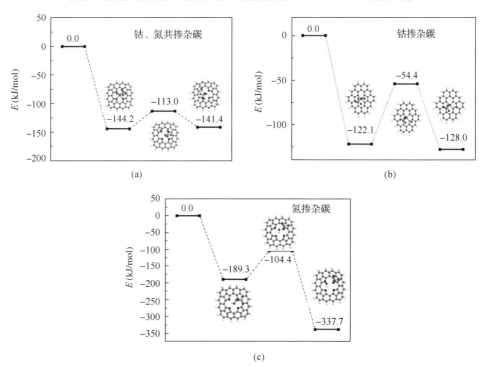

图 4-52　PMS 在(a)钴、氮共掺杂碳，(b)钴掺杂碳及(c)氮掺杂碳上活化过程的势能谱图

　　然而，PMS 在氮掺杂碳上的活化机理与其在钴、氮共掺杂碳上的活化机理明显不同。如图 4-51(c)所示，PMS 与吡咯氮原子连接。有趣的是，O—O 键键长在吸附前后并没有发生变化，相比之下，S—O 键的键长发生了明显的改变。在吸附态时键长就提高了 0.72 Å，并且 PMS 随后在过渡态解离为 $SO_3^{\cdot-}$ 以及 —OOH 基团。最后，—OOH 的 O—O 键断裂并与 $SO_3^{\cdot-}$ 连接形成 $SO_4^{\cdot-}$ 以及 •OH，分别吸附在邻近的氮位点上。此过程从吸附态到过渡态的反应势垒为 85.0 kJ/mol[图 4-52(c)]，是三个模型中最高的。因此，上述结果表明氮掺杂碳对 PMS 的活化需要更复杂的反应路径以及更高的反应势垒。通过马利肯电荷布局的分析，只有 0.22 e^- 从氮掺杂碳传递到了 PMS 分子上。

　　通过 DFT 计算还探讨了钴、氮共掺杂对碳电子结构的影响，进一步揭示钴、氮共掺杂的协同作用原理以及可能存在的活性点位。Duan 等[24, 40]的研究表明在碳催化剂活化 PMS 过程中，带正电的碳原子可能是催化 PMS 的活性位点，PMS 易于吸附在活性碳原子上并接受碳上的电子而解离。另一方面，Wang 等[60]发现碳原子的催化活性取决于其电荷以及自旋分布，具有高的电荷及自旋数值(>0.15)的碳原子最有可能成为催化活性位点。三种模型中具有高电荷或自旋数(>0.15)的碳原子比例及最大的电荷或自旋数值均列在表 4-8 中。从表 4-8 可以看出，氮掺杂可以显著提高碳上的正电荷数，但不会改变碳的自旋分布，氮掺杂碳上不存在自旋分布。相比较而言，钴掺杂不仅可以导致碳电荷分布的改变，也可以改变碳上的自旋分布，使碳原子的自旋数增大。钴、氮共掺杂的碳材料具有最多的含高电荷或自旋数(>0.15)的碳原子，并且还具有最大的自旋数(2.65)以及电荷数(0.74)。上述结果说明钴、氮共掺杂可以产生协同作用显著增加碳原子的自旋或电荷密度，进而产生更多的碳活性用于 PMS 催化过程。另外，从表中也可以看出钴原子也具有高的自旋和电荷数值，表明钴原子也是催化 PMS 的活性位点之一。

　　基于上述分析，碳材料中同时掺杂钴和氮原子可以分别改变碳原子的自旋分布以及电荷分布，促进电子从碳表面传递到 PMS 使其活化。相反，单独钴或氮掺杂的碳材料由于其较少的表面活性位点及较弱的电子传递能力，需要更高的反应势垒用于 PMS 活化。

表 4-8　钴氮共掺杂碳、氮掺杂碳及钴掺杂碳的原子电荷及自旋分布

模型	最大自旋分布(自旋>0.15)[a]	最大电荷分布(电荷>0.15)[a]
钴、氮共掺杂碳	2.65(9.4%)	0.74(39.6%)
氮掺杂碳	0	0.25(38.4%)
钴掺杂碳	1.96(2.4%)	0.61(22.0%)

a.括号中的数值代表了具有电荷分布或自旋分布数值大于 0.15 的原子占模型中总原子数的比例。

4.5　本章小结

本章总结了零价铁、LaCo$_{1-x}$M$_x$O$_3$型钙钛矿以及掺杂多孔碳三种催化剂活化过硫酸盐降解有机污染物的性能、反应体系中自由基类型以及催化机理等，主要结论如下：

（1）零价铁作为亚铁离子的源可以活化 PDS，产生活性物种 SO$_4^{\cdot-}$进一步降解 4-CP。零价铁加入量对 4-CP 降解率影响较大，随着零价铁加入量的增加，4-CP 降解率先增加后降低。零价铁主要以亚铁离子的形态活化 PDS。近中性的条件下，PDS/Fe^{0}体系是以 SO$_4^{\cdot-}$为主的氧化反应机制。

（2）利用溶胶-凝胶法制备得到不同 B 位取代元素的钙钛矿 LaCo$_{1-x}$M$_x$O$_3$（M= Fe，Mn，Cu）。B 位取代钙钛矿的催化降解性能明显优于未取代的钙钛矿，且 Cu 取代钙钛矿的催化降解性能优于 Fe 和 Mn 取代的钙钛矿。此外，钙钛矿的催化降解性能随着 Cu 取代量的增加先增高后降低，性能最优的钙钛矿催化剂活化 PMS 降解苯酚的动力学常数分别是 Co^{2+}和 Co$_3$O$_4$的 6 倍和 53.6 倍。SO$_4^{\cdot-}$、•OH 和 ^{1}O$_2$ 三种自由基均存在于 LaCo$_{1-x}$M$_x$O$_3$/PMS 体系中，其中 SO$_4^{\cdot-}$是主要存在的自由基。Co^{2+}/Co^{3+}氧化还原的快速循环在钙钛矿高效催化降解性能中起主导作用，Cu 的取代加快了 Co^{3+}还原为 Co^{2+}，进而促进 PMS 活化产生更多的 SO$_4^{\cdot-}$。

（3）利用含氮 MOFs 构建的氮掺杂多孔碳具有良好的 PMS 活化性能，反应生成 SO$_4^{\cdot-}$以及•OH 两种活性自由基。氮掺杂多孔碳的催化性能明显优于不掺氮的多孔碳，甚至优于均相的 Co^{2+}。石墨氮含量越高的氮掺杂多孔碳，其催化性能越高，性能最优的氮掺杂多孔碳催化降解苯酚的动力学常数是不掺杂氮多孔碳的4.4倍。利用 Co 掺杂的 ZIF-8 为前驱体碳化制备的钴、氮共掺杂多孔碳催化剂能高效活化 PMS 产生 SO$_4^{\cdot-}$。钴、氮共掺杂多孔碳活化 PMS 表现出钴氮协同作用，其催化降解苯酚的动力学常数分别是氮掺杂多孔碳及钴掺杂多孔碳的 48.4 倍与 17.6 倍，是均相 Co^{2+}的 3.4 倍。钴、氮共掺杂多孔碳的催化性能随着钴-氮配位结构（Co-N$_x$）的增加而增强，且该结构可有效抑制钴溶出。DFT 计算揭示钴和氮掺杂能分别改变碳的自旋分布以及电荷分布，协同激活大量碳原子，提高碳平面的电子传递性能，进而促进电子由碳传递给 PMS 使其 O—O 键断裂产生活性自由基。

参 考 文 献

[1] Schwarz H A, Dodson R W. Equilibrium between hydroxyl radicals and thallium（II）and the oxidation potential of •OH（aq）. The Journal of Physical Chemistry, 1983, 88（16）: 3643-3647.

[2] Olmez-Hanci T, Arslan-Alaton I. Comparison of sulfate and hydroxyl radical based advanced oxidation of phenol. Chemical Engineering Journal, 2013, 224: 10-16.

[3] Yang Y, Pignatello J J, Ma J, Mitch W A. Comparison of halide impacts on the efficiency of contaminant degradation by sulfate and hydroxyl radical-based advanced oxidation processes (AOPs). Environmental Science & Technology, 2014, 48(4): 2344-2351.

[4] Oh W D, Dong Z, Lim T T. Generation of sulfate radical through heterogeneous catalysis for organic contaminants removal: Current development, challenges and prospects. Applied Catalysis B: Environmental, 2016, 194: 169-201.

[5] Anipsitakis G P, Dionysiou D D, Gonzalez M A. Cobalt-mediated activation of peroxymono-sulfate and sulfate radical attack on phenolic compounds. Implications of chloride ions. Environmental Science & Technology, 2006, 40(3): 1000-1007.

[6] Neta P, Madhavan V, Zemel H, Fessenden R W. Rate constants and mechanism of reaction of sulfate radical anion with aromatic compounds. Journal of the American Chemical Society, 1977, 99(1): 163-164.

[7] He X, Armah A, Dionysiou D D. Destruction of cyanobacterial toxin cylindrospermopsin by hydroxyl radicals and sulfate radicals using UV-254 nm activation of hydrogen peroxide, persulfate and peroxymonosulfate. Journal of Photochemistry and Photobiology A: Chemistry, 2013, 251: 160-166.

[8] Johnson R L, Tratnyek P G, Johnson R O B. Persulfate persistence under thermal activation conditions. Environmental Science & Technology, 2008, 42(24): 9350-9356.

[9] Anipsitakis G P, Dionysiou D D. Radical generation by the interaction of transition metals with common oxidants. Environmental Science & Technology, 2004, 38(13): 3705-3712.

[10] Léonard A, Lauwerys R. Mutagenicity, carcinogenicity and teratogenicity of cobalt metal and cobalt compounds. Mutation Research/Reviews in Genetic Toxicology, 1990, 239(1): 17-27.

[11] Fang F, Kong L, Huang J, Wu S, Zhang K, Wang X, Zhen B, Wang J, Huang X, Liu J. Removal of cobalt ions from aqueous solution by an amination graphene oxide nanocomposite. Journal of Hazardous Materials, 2014, 270: 1-10.

[12] Anipsitakis G P, Stathatos E, Dionysiou D D. Heterogeneous activation of oxone using Co_3O_4. The Journal of Physical Chemistry B, 2005, 109(27): 13052-13055.

[13] Kolthoff I M, Medalia A I, Raaen H P. The reaction between ferrous iron and peroxides. IV. Reaction with potassium persulfate. Journal of the American Chemical Society, 1951, 73(4): 1733-1739.

[14] Zhu J J, Li H L, Zhong L Y, Xiao P, Xu X, Yang X, Zhao Z, Li J. Perovskite oxides: Preparation, characterizations, and applications in heterogeneous catalysis. ACS Catalysis, 2014, 4: 2917-2940.

[15] Yang Q, Choi H, Al-Abed S R, Dionysiou D D. Iron-cobalt mixed oxide nanocatalysts: Heterogeneous peroxymonosulfate activation, cobalt leaching, and ferromagnetic properties for environmental applications. Applied Catalysis B: Environmental, 2009, 88(3): 462-469.

[16] Huang G, Wang C, Yang C, Guo P, Yu H. Degradation of bisphenol A by peroxymonosulfate catalytically activated with $Mn_{1.8}Fe_{1.2}O_4$ nanospheres: Synergism between Mn and Fe. Environmental Science & Technology, 2017, 51(21): 12611-12618.

[17] Su C, Duan X G, Miao J, Wang S, Shao Z. Mixed conducting perovskite materials as superior catalysts for fast aqueous-phase advanced oxidation: A mechanistic study. ACS Catalysis, 2017, 7: 388-397.

[18] Betterton E A, Hoffmann M R. Oxidation of aqueous sulfur dioxide by peroxymonosulfate. The Journal of Physical Chemistry, 1988, 92(21): 5962-5965.

[19] Shukla P, Sun H, Wang S, Ang H M, Tadé M. Activated carbon supported cobalt catalysts for advanced oxidation of organic contaminants in aqueous solution. Applied Catalysis B: Environmental, 2010, 100: 529-534.

[20] Wang Y, Sun H, Ang H M, Tadé M O, Wang S. Magnetic Fe_3O_4/carbon sphere/cobalt composites for catalytic oxidation of phenol solutions with sulfate radicals. Chemical Engineering Journal, 2014, 245: 1-9.

[21] Deng J, Feng S, Zhang K, Zhang T, Ma X. Heterogeneous activation of peroxymonosulfate using ordered mesoporous Co_3O_4 for the degradation of chloramphenicol at neutral pH. Chemical Engineering Journal, 2017, 308: 505-515.

[22] Du Y, Ma W, Liu P, Zou B, Ma J. Magnetic $CoFe_2O_4$ nanoparticles supported on titanate nanotubes ($CoFe_2O_4$/TNTs) as a novel heterogeneous catalyst for peroxymonosulfate activation and degradation of organic pollutants. Journal of Hazardous Materials, 2016, 308: 58-66.

[23] Liu J, Zhao Z, Shao P, Shao, P, Cui F. Activation of peroxymonosulfate with magnetic Fe_3O_4-MnO_2 core-shell nanocomposites for 4-chlorophenol degradation. Chemical Engineering Journal, 2015, 262: 854-861.

[24] Duan X, Donnell K O, Sun H, Wang Y, Wang S. Sulfur and nitrogen Co-doped graphene for metal-free catalytic oxidation reactions. Small, 2015, 25: 3036-3044.

[25] Duan X, Ao Z, Sun H, Indrawirawan S, Wang Y, Kang J, Liang F, Zhu Z, Wang S. Nitrogen-doped graphene for generation and evolution of reactive radicals by metal-free catalysis. ACS Applied Materials & Interfaces, 2015, 7(7): 4169-4178.

[26] Yang S, Xiao T, Zhang J, Chen Y, Li L. Activated carbon fiber as heterogeneous catalyst of peroxymonosulfate activation for efficient degradation of Acid Orange 7 in aqueous solution. Separation and Purification Technology, 2015, 143: 19-26.

[27] Wang Y, Ao Z, Sun H, Duan X, Wang S. Activation of peroxymonosulfate by carbonaceous oxygen groups: Experimental and density functional theory calculations. Applied Catalysis B: Environmental, 2016, 198: 295-302.

[28] Guo D, Shibuya R, Akiba C, Saji S, Kondo T, Nakamura J. Active sites of nitrogen-doped carbon materials for oxygen reduction reaction clarified using model catalysts. Science, 2016, 351(6271): 361-365.

[29] Lai L, Potts J R, Zhan D, Wang L, Poh C K, Tang C, Gong H, Shen Z, Lin J, Ruoff R S. Exploration of the active center structure of nitrogen-doped graphene-based catalysts for oxygen reduction reaction. Energy & Environmental Science, 2012, 5(7): 7936-7942.

[30] Wang D W, Li F, Liu M, Lu G Q, Cheng H M. 3D aperiodic hierarchical porous graphitic carbon material for high-rate electrochemical capacitive energy storage. Angewandte Chemie, 2008, 120(2): 379-382.

[31] Amali A J, Sun J K, Xu Q. From assembled metal-organic framework nanoparticles to hierarchically porous carbon for electrochemical energy storage. Chemical Communications, 2014, 50(13): 1519-1522.

[32] Khin M M, Nair A S, Babu V J, Murugan R, Ramakrishna S. A review on nanomaterials for environmental remediation. Energy & Environmental Science, 2012, 5(8): 8075-8109.

[33] James S L. Metal-organic frameworks. Chemical Society Reviews, 2003, 32(5): 276-288.

[34] Furukawa H, Cordova K E, O'Keeffe M, Yaghi O M. The chemistry and applications of metal-organic frameworks. Science, 2013, 341(6149): 1230444.

[35] Park K S, Ni Z, Côté A P, Choi J Y, Huang R, Uribe-Romo F J, Chae H K, O'Keeffe M,Yaghi O M. Exceptional chemical and thermal stability of zeolitic imidazolate frameworks. Proceedings of the National Academy of Sciences, 2006, 103(27): 10186-10191.

[36] Zhang L, Su Z, Jiang F, Yang L, Qian J, Zhou Y, Li W, Hong M. Highly graphitized nitrogen-doped porous carbon nanopolyhedra derived from ZIF-8 nanocrystals as efficient electrocatalysts for oxygen reduction reactions. Nanoscale, 2014, 6(12): 6590-6602.

[37] Sun H, Kwan C, Suvorova A, Ang H M, Tadé M O, Wang S. Catalytic oxidation of organic pollutants on pristine and surface nitrogen-modified carbon nanotubes with sulfate radicals. Applied Catalysis B: Environmental, 2014, 154: 134-141.

[38] Sun H, Liu S, Zhou G, Ang H M, Tadé M O, Wang S. Reduced graphene oxide for catalytic oxidation of aqueous organic pollutants. ACS Applied Materials & Interfaces, 2012, 4(10): 5466-5471.

[39] Duan X, Sun H, Wang Y, Kang J, Wang S. N-doping-induced nonradical reaction on single-walled carbon nanotubes for catalytic phenol oxidation. ACS Catalysis, 2014, 5(2): 553-559.

[40] Yang Y, Pignatello J J, Ma J, William A M. Comparison of halide impacts on the efficiency of contaminant degradation by sulfate and hydroxyl radical-based advanced oxidation processes (AOPs). Environmental Science & Technology, 2014, 48(4): 2344-2351.

[41] Zhang T, Zhu H, Croué J P. Production of sulfate radical from peroxymonosulfate induced by a magnetically separable $CuFe_2O_4$ spinel in water: Efficiency, stability, and mechanism. Environmental Science & Technology, 2013, 47(6): 2784-2791.

[42] Duan X, Sun H, Ao Z, Wang G, Wang S. Unveiling the active sites of graphene-catalyzed peroxymonosulfate activation. Carbon, 2016, 107: 371-378.

[43] Liang J, Jiao Y, Jaroniec M, Jaroniec, M, Qiao, S. Sulfur and nitrogen dual-doped mesoporous graphene electrocatalyst for oxygen reduction with synergistically enhanced performance. Angewandte Chemie International Edition, 2012, 51(46): 11496-11500.

[44] Zhao Z, Xia Z. Design principles for dual-element-doped carbon nanomaterials as efficient bifunctional catalysts for oxygen reduction and evolution reactions. ACS Catalysis, 2016, 6(3): 1553-1558.

[45] Deng D, Yu L, Chen X, Wang G, Jin L, Pan X, Bao X. Iron encapsulated within pod-like carbon nanotubes for oxygen reduction reaction. Angewandte Chemie International Edition, 2013, 52(1): 371-375.

[46] Aijaz A, Masa J, Rösler C, Xia W, Weide P, Botz A J, Muhler M. Co@Co_3O_4 encapsulated in carbon nanotube-grafted nitrogen-doped carbon polyhedra as an advanced bifunctional oxygen electrode. Angewandte Chemie International Edition, 2016, 55(12): 4087-4091.

[47] Palaniselvam T, Kashyap V, Bhange S N, Baek J B, Kurungot S. Nanoporous graphene enriched with Fe/Co-N active sites as a promising oxygen reduction electrocatalyst for anion exchange membrane fuel cells. Advanced Functional Materials, 2016, 26(13): 2150-2162.

[48] Bocquet A E, Mizokawa T, Morikawa K, Fujimori A, Barman S R, Maiti K, Sarma D D, Tokura Y, Onoda M. Electronic structure of early 3d-transition-metal oxides by analysis of the 2p core-level photoemission spectra. Physical Review B, 1996, 53(3): 1161-1169.

[49] Ōya A, Ōtani S. Catalytic graphitization of carbons by various metals. Carbon, 1979, 17(2): 131-137.

[50] Zhu Y P, Ren T Z, Yuan Z Y. Co^{2+}-loaded periodic mesoporous aluminum phosphonates for efficient modified Fenton catalysis. RSC Advances, 2015, 5(10): 7628-7636.

[51] Saputra E, Muhammad S, Sun H, Ang H M, Tadé M O, Wang S. Different crystallographic one-dimensional MnO_2 nanomaterials and their superior performance in catalytic phenol degradation. Environmental Science & Technology, 2013, 47(11): 5882-5887.

[52] Li X, Wang Z, Zhang B, Ahmed M A, Wang J. $Fe_xCo_{3-x}O_4$ nanocages derived from nanoscale metal-organic frameworks for removal of bisphenol A by activation of peroxymonosulfate. Applied Catalysis B: Environmental, 2016, 181: 788-799.

[53] Li X, Ao Z, Liu J, Sun H, Rykov A I, Wang J. Topotactic transformation of metal-organic frameworks to graphene-encapsulated transition-metal nitrides as efficient Fenton-like catalysts. ACS Nano, 2016, 10(12): 11532-11540.

[54] Bao Z, Ye L, Fang B, Zhao L. Synthesis of $Fe_{0.32}Co_{0.68}/\gamma\text{-}Al_2O_3@$ C nanocomposite for depth treatment of dye sewage based on adsorption and advanced catalytic oxidation. Journal of Materials Chemistry A, 2017, 5(14): 6664-6676.

[55] Lin X, Ma Y, Wan J, Wang Y. $LiCoPO_4$(LCP) as an effective peroxymonosulfate activator for degradation of diethyl phthalate in aqueous solution without controlling pH: Efficiency, stability and mechanism. Chemical Engineering Journal, 2017, 315: 304-314.

[56] Hu L, Yang X, Dang S. An easily recyclable Co/SBA-15 catalyst: Heterogeneous activation of peroxymonosulfate for the degradation of phenol in water. Applied Catalysis B: Environmental, 2011, 102(1): 19-26.

[57] Kong A, Kong Y, Zhu X, Han Z, Shan Y. Ordered mesoporous Fe(or Co)-N-graphitic carbons as excellent non-precious-metal electrocatalysts for oxygen reduction. Carbon, 2014, 78: 49-59.

[58] Liang S X, Jia Z, Zhang W C, Li X F, Wang W M, Lin H C, Zhang L C. Ultrafast activation efficiency of three peroxides by $Fe_{78}Si_9B_{13}$ metallic glass under photo-enhanced catalytic oxidation: A comparative study. Applied Catalysis B: Environmental, 2018, 221: 208-218.

[59] Jiang W J, Gu L, Li L, Zhang L J, Wan L J. Understanding the high activity of Fe-N-C electrocatalysts in oxygen reduction: Fe/Fe_3C nanoparticles boost the activity of Fe-N_x. Journal of the American Chemical Society, 2016, 138(10): 3570-3578.

[60] Wang S, Zhang L, Xia Z, Roy A, Chang D W, Baek J B, Dai L. BCN graphene as efficient metal-free electrocatalyst for the oxygen reduction reaction. Angewandte Chemie International Edition, 2012, 51(17): 4209-4212.

第 5 章 电化学技术

本章导读

- 介绍电化学氧化、电化学还原、电增强吸附和电芬顿技术去除 POPs 的基本原理和常用材料。
- 电化学还原方面,分析不同碳材料电还原降解持久性卤代有机物的性能、主要影响因素和原理。
- 电增强吸附方面,以碳纳米管为例总结电增强吸附工艺参数对吸附效果的影响规律,并介绍基于活性炭纤维的连续流电增强吸附装置及电化学再生吸附材料的方法。
- 电芬顿技术方面,从增强催化材料产 H_2O_2 性能和促进 H_2O_2 活化生成 •OH 两个方面介绍电芬顿技术降解 POPs 的原理和性能提高的方法。

5.1 电化学技术分类、基本原理和常用材料

与前面介绍的催化臭氧氧化、芬顿氧化和活化过硫酸盐氧化相比,电化学氧化还原技术具有设备简单、自动化程度高、占地面积小、处理周期短、兼具气浮、絮凝、杀菌等优点,可有效去除难以生物降解的持久性有机污染物。因此,电化学技术在环境污染控制领域越来越受到关注。针对 POPs 的去除,本节重点介绍电化学氧化、电化学还原、电增强吸附和电芬顿技术等四种技术的基本原理和常用材料。

5.1.1 电化学氧化技术

1. 基本原理

电化学氧化可分为直接氧化和间接氧化。直接氧化是指目标物在阳极表面直接失去电子被氧化;间接氧化是指一些非目标物分子首先在电极表面发生电子交换反应生成活性氧物种,然后这些活性氧物种再氧化目标物。对于分解水中 POPs 而言,阳极氧化水分子产生的•OH 是最主要的活性氧物种;此外,水中的溶解氧

在阴极得电子产生的 $O_2^{\cdot-}$、$HO_2^{\cdot}$、H_2O_2 等也是常见的活性氧物种。活性氧物种在电极表面生成之后，可以向溶液体相扩散一段距离，在溶液中氧化 POPs。因此，间接电化学氧化过程由生成活性氧物种的电化学过程和氧化 POPs 的均相反应过程组成。由于间接电化学氧化发生在溶液中，显然比仅能在电极表面发生的直接电化学氧化作用范围更大，因此更具优势。

环境电化学领域常用的是金属氧化物阳极，基于金属氧化物的电化学反应过程如式(5-1)～式(5-6)所示[1]，同时存在直接氧化和间接氧化。式中 M 代表金属、下标 x 代表金属氧化物 MO_x 中 O 原子与金属 M 原子的正常化学计量比值，MO_{x+1} 是活性氧进入金属氧化物的晶格而形成的高价态氧化物。首先，H_2O 或 OH 在金属氧化物阳极表面上失去一个电子形成吸附态•OH[式(5-1)]，该吸附态•OH 与金属氧化物 MO_x 发生氧化反应，吸附态•OH 中的 O 原子进入金属氧化物 MO_x 晶格，使 MO_x 被氧化成 MO_{x+1}[式(5-2)]。因此，阳极表面可能存在两种状态的"活性氧"，一种是物理吸附的活性氧即吸附态•OH，另一种是化学吸附的活性氧即进入氧化物晶格中的氧原子。当无可被氧化的污染物时，物理吸附的活性氧和化学吸附活性氧转化成氧气[式(5-3)和式(5-4)]。而存在污染物(R)时，物理吸附的•OH 可将其分解直至矿化[式(5-5)]，化学吸附的活性氧 MO_{x+1} 将其选择性氧化[不能矿化，式(5-6)]。

$$MO_x + H_2O \longrightarrow MO_x(\cdot OH) + H^+ + e^- \tag{5-1a}$$

$$MO_x + OH^- \longrightarrow MO_x(\cdot OH) + e^- \tag{5-1b}$$

$$MO_x(\cdot OH) \longrightarrow MO_{x+1} + H^+ + e^- \tag{5-2}$$

$$MO_x(\cdot OH) \longrightarrow 1/2\, O_2 + MO_x + H^+ + e^- \tag{5-3}$$

$$MO_{x+1} \longrightarrow 1/2\, O_2 + MO_x \tag{5-4}$$

$$R + MO_x(\cdot OH)_z \longrightarrow CO_2 + MO_x + zH^+ + ze^- \tag{5-5}$$

$$R + MO_{x+1} \longrightarrow RO + MO_x \tag{5-6}$$

在上述电化学氧化过程中，当式(5-2)的反应速率比式(5-1)的快时，阳极表面物理吸附态的•OH 大部分转化为 MO_{x+1}，此时污染物氧化按式(5-6)进行，其电流效率取决于反应(5-6)与反应(5-4)的速率之比。由于它们都是纯化学步骤，反应(5-6)的电流效率与阳极电位无关。当反应(5-2)的速率显著慢于反应(5-1)时，阳极表面产生的吸附态•OH 主要用于直接氧化污染物[式(5-5)]，此时电流效率取决于反应(5-5)与反应(5-3)的速率之比，由于这两个反应都是电化学过程，因此阳极电位是决定反应效率的关键因素。

2. 常用阳极材料

电化学反应主要发生在电极/溶液的界面(直接电化学氧化)及附近区域(间接电化学氧化),反应性能与电极表面性质密切相关,电极既是电子导体也是催化材料,其性质决定反应速率和效率。因此,研发高活性电极材料是提高反应性能的关键。目前,电化学氧化方面研究较多的阳极材料是金属氧化物和硼掺杂金刚石。电极基体多选用金属、合金、硅或导电玻璃等具有一定导电性的材料。

(1)钛基氧化物涂层电极,又称形稳型阳极(dimensionally stable anode, DSA)。DSA 是在 Ti、Zr、Ta、Nb 等金属基体上沉积一层几微米厚的金属氧化物薄膜构成的电极,钛基 DSA 是最主要的形式。DSA 的出现,克服了石墨、铂、铅基合金、二氧化铅等传统电极存在的缺点,解决了日常生活和生产中遇到的许多问题,例如 RuO_2 和 TiO_2 涂层电极可使电解氯化钠产 Cl_2 和 $NaOH$ 反应的工作电压显著降低、电流密度显著增大、电极寿命延长,具有节约能量、增大产量和降低成本等作用,被誉为氯碱工业的革命技术。DSA 在氧化水中污染物方面的应用始于 20 世纪 90 年代。典型的电极材料包括 Ti/IrO_2、Ti/SnO_2、Ti/RuO_2、Ti/PbO_2 等,能有效地分解卤代酚等污染物及其中间产物。充分发挥 DSA 电极的性能需要关注三个关键问题:第一要抑制电极失活,由于钛基体和涂层热膨胀系数不同,制备过程的热处理工序容易在涂层和基底间产生缝隙,在电化学氧化过程中涂层脱落导致电极失活;为了延长电极使用寿命,通常在基体与表面活性层之间增加中间层,或通过减小活性层颗粒尺寸、增加分散性来加强涂层与基体的结合力。第二要提高析氧电位,分解水产氧是电化学氧化的主要副反应,抑制产氧可提高电能利用效率。第三是提高催化活性,降低分解污染物反应的工作电压,DSA 电极可通过电氧化产生含氧或含氯活性物种(•OH、O_3、OCl^-)氧化降解污染物,通过 Sb、Bi、Ce、Ni 等金属掺杂 DSA 电极可调控活性物种种类,提高电极的活性和稳定性。

(2)Ebonex 电极。Ebonex 电极是 Ti_4O_7、Ti_5O_9 等具有氧缺陷的 Magneli 相氧化钛电极的商品名。Magneli 相氧化钛电极析氧过电势高、导电性与石墨类似、优于传统 DSA 电极,具有超过 10 年的使用寿命,已被证明可有效分解抗生素、卤代酚等 POPs。

(3)硼掺杂金刚石(boron-doped diamond, BDD)电极。BDD 近年来已经成为环境电化学与环境工程领域的研究热点。金刚石由碳原子组成,与石墨、无定形碳同属碳的同素异形体。金刚石属于原子晶体,每个碳原子都与相邻的四个碳原子以 sp^3 杂化方式形成共价单键,四个 sp^3 杂化轨道的对称轴指向正四面体的四个角,而四面体每个顶点的碳原子为相邻四个正四面体共用,从而组成无限的三维骨架形状的金刚石晶体结构。这种晶体结构导致金刚石的禁带宽达 5.5 eV,电阻率高达 10^{16} Ω·cm,属于绝缘材料。元素掺杂可以提高金刚石的导电性,p 型掺杂金刚石的掺杂元素以硼为主，n 型掺杂金刚石的掺杂元素主要为氮和磷，掺杂后的金刚石是良好的半导体材料，具有优良的机械稳定性和电化学稳定性。从电化学氧化角度看，掺杂不但可引入缺陷增加催化反应的活性点位，还能引起材料表面的电子云密度发生改变，促进电催化过程的电子传递，在一定程度上降低了反应的势垒，提高了电催化反应的效率。因此，具备了电化学氧化污染物的能力。BDD电极的导电性优于 DSA 电极，析氧电势高达 2.8 V，当电极电势达到产生强氧化剂·OH 时，仍难发生析氧副反应，因此，电流效率显著提高。BDD 在强酸性或强碱性电解质中性质稳定。除产生含氧或含氯活性物种(·OH、O_3、OCl^-)外，BDD还可电氧化 SO_4^{2-}产生强氧化性 $SO_4^{\cdot-}$，是电化学氧化污染物的理想电极材料。

5.1.2 电化学还原技术

1. 基本原理

与电化学氧化过程类似，电化学还原过程也分为直接还原和间接还原。直接还原是指目标物在阴极表面直接得电子被还原，而间接还原是指一些非目标物分子首先在电极表面发生电子交换反应生成还原物种，这些还原物种可以进一步还原目标物。

在 POPs 水污染控制中，由于大多数优先控制的 POPs 均为卤代物，因此以分解卤代有机物为例分析电化学还原的基本原理如下。

在直接电化学还原脱卤过程中，电子在阴极表面接触卤代 POPs，通过电子转移完成脱卤，形成烃类产物和卤素离子[式(5-7)]。

$$RCl + H^+ + 2e^- \longrightarrow R\!-\!H + Cl^- \tag{5-7}$$

间接电化学还原脱卤过程中，电子首先在阴极表面参与分解水或还原氢离子反应产生具有强还原性的 H 原子，然后由 H 原子对目标污染物进行还原，其反应过程如下：

$$2H_2O + 2e^- + M \longrightarrow 2\,(H)_{ads}\,M + 2OH^- \tag{5-8}$$

$$(R\!-\!X) + M \longrightarrow (R\!-\!X)_{ads}M \tag{5-9}$$

$$(R\!-\!X)_{ads}M + 2\,(H)_{ads}M \longrightarrow (R\!-\!H)_{ads}M + HX_{ads}M \tag{5-10}$$

$$(R\!-\!H)_{ads}M \longrightarrow (R\!-\!H) + M \tag{5-11}$$

$$HX_{ads}M \longrightarrow HX + M \tag{5-12}$$

式中，M 表示催化剂表面；$(H)_{ads}M$、$(R\!-\!X)_{ads}M$ 和 $(R\!-\!H)_{ads}M$ 分别表示吸附在

阴极表面的 H 原子、卤代污染物及其脱卤产物。

水分解析氢是电化学还原脱卤过程中的竞争反应,式(5-13)至式(5-15)所示的析氢反应的发生降低了电还原 POPs 的电能效率。

$$2H_2O + 2e^- \longrightarrow 2(H)_{ads} + 2OH^- \tag{5-13}$$

$$H_2O + (H)_{ads} + e^- \longrightarrow H_2 + OH^- \tag{5-14}$$

$$(H)_{ads} + (H)_{ads} \longrightarrow H_2 \tag{5-15}$$

电化学还原脱卤性能与电极材料有关,当存在 Pd、Ru 等催化剂时,由于其外层电子结构具有 d 电子和空 d 轨道,水分子电解产生的活性氢原子吸附在催化剂表面形成 M-H 化合物(M 代表金属催化剂),同时金属 Pd 对有机卤化物吸附时可以削弱 C—X(X=F、Cl、Br)键,有利于表面活性 H 攻击 C—X 键,实现电化学还原脱卤。

2. 常用阴极材料

(1)常用金属电极材料包括贵金属(如 Ag、Pd、Pt 等)和过渡金属(如 Cu、Fe、Co、Ni 等)。由于 Pd、Pt、Ru 等贵金属有 d 电子和空 d 轨道,可吸附 H_2O 分子等极性或带电物种,且吸附强度适中,因此更易于在电化学作用下分解水产生吸附态氢原子,具有较高的加氢脱卤活性。但贵金属的地球储量少、价格昂贵,而且分解水产氢的过电势较低,电化学还原分解污染物时大量电能消耗在分解水上,导致电流效率低。过渡金属电极相对于贵金属价格低廉,具有一定的电还原活性,但稳定性差,容易溶出而产生污染。

(2)碳材料电极。碳是一种地球含量丰富的元素,它的价电子层结构为 $2s^2 2p^2$,得电子和失电子都不容易,通常是电子从 s 轨道上激发到 p 轨道上,以 sp、sp^2、sp^3 三种杂化轨道形式成键,正是由于不同的成键形式,碳材料种类繁多且性质差异较大,比较典型的碳材料电极包括掺杂金刚石、石墨、碳纤维、活性炭等。近年来,石墨烯(graphene, Gr)、多级孔碳(hierarchical porous carbon, HPC)、碳纳米管(carbon nanotubes, CNTs)等新型碳材料电极的研究成为电化学领域的热点。

CNTs 是由六边形排列的碳原子构成的单层或多层同轴圆管,层与层之间的间距约为 0.34 nm。CNTs 中碳原子以 sp^2 杂化为主,具有较好的导电性。在电化学还原污染物方面,CNTs 主要通过在其表面修饰金属催化剂制成复合阴极使用,以提高其电催化还原活性,另外 N 掺杂也可提高 CNTs 电还原污染物的活性。

Gr 是二维碳纳米材料,由 sp^2 杂化碳原子呈六边形蜂窝状周期性紧密堆积构成的,具有比表面积(理论值 2630 cm^2/g)大和电荷迁移速率[理论值 2×10^5 $cm^2/(V \cdot s)$]

快等优点。石墨烯的边缘和缺陷常常连接含氧基团,具有更高的电子云密度,可作为催化反应的活性位。Gr 可直接作为阴极电还原污染物,也可以负载金属催化剂后使用。

金刚石晶体中每个碳原子都以 sp^3 杂化轨道和相邻的四个碳原子以共价单键结合构成四面体。常温常压下金刚石非常稳定,耐酸碱腐蚀,具有化学惰性,与大多数化学试剂不发生化学反应。金刚石的禁带宽度约为 5.5 eV,不掺杂时是良好的绝缘体。金刚石经过掺杂后,其物理化学性质会发生很大的变化。前面提到核外电子数小于碳的硼元素掺杂金刚石后,分解水产氧过电势提高,适合作为阳极材料电化学氧化分解污染物。而核外电子多于碳的 N、S 等元素掺杂金刚石后,有望提高分解水产氢的过电势和增强电催化还原活性,适合作为阴极材料电还原降解污染物。

5.1.3 电芬顿技术

1. 电芬顿技术基本原理

电芬顿技术是一种结合了电化学反应与传统芬顿(Fenton)反应的高级氧化技术。在电芬顿过程中,由电极原位产生或外加的 Fe^{2+} 催化 H_2O_2 分解产生具有强氧化能力的 •OH 用于污染物降解。根据 Fe^{2+} 和 H_2O_2 产生方式的不同,可将电芬顿技术分为以下三类。

(1)电化学法产生 Fe^{2+},外加 H_2O_2:Fe^{2+} 通过阳极电化学氧化 Fe 或阴极电还原 Fe^{3+} 产生[式(5-16)和式(5-17)],与外加的 H_2O_2 反应产生 •OH[式(5-18)]。由于外加 H_2O_2 且消耗电能产生 Fe^{2+},该方法的成本相对较高。

$$Fe - 2e^- \longrightarrow Fe^{2+} \tag{5-16}$$

$$Fe^{3+} + e^- \longrightarrow Fe^{2+} \tag{5-17}$$

$$H_2O_2 + H^+ + Fe^{2+} \longrightarrow Fe^{3+} + \bullet OH + OH^- \tag{5-18}$$

(2)原位电化学合成 H_2O_2,外加 Fe^{2+}:H_2O_2 可由两种方法原位电化学合成,一种是阴极两电子 O_2 还原合成 H_2O_2[式(5-19)],其主要竞争反应是四电子 O_2 还原生成 H_2O[式(5-20)],在电芬顿技术中要求电极有较高的 H_2O_2 选择性;另一种是阳极和阴极分别电解水产生 H_2 和 O_2[式(5-21)至式(5-24)],生成的 O_2 和 H_2 在催化剂的作用下合成 H_2O_2[式(5-25)],继而被外加的 Fe^{2+} 催化产生 •OH。例如采用 Pt 为阴极和阳极电解水产生 O_2 与 H_2,二者在 Pd/C 纳米颗粒的催化下反应产生 H_2O_2,通过加入的 Fe^{2+} 催化 H_2O_2 产生 •OH 降解污染物。

$$两电子反应:O_2 + 2H^+ + 2e^- \longrightarrow H_2O_2 \tag{5-19a}$$

$$O_2 + H_2O + 2e^- \longrightarrow HO_2^- + OH^- \tag{5-19b}$$

四电子反应：$O_2 + 4H^+ + 4e^- \longrightarrow 2H_2O \tag{5-20a}$

$$O_2 + 2H_2O + 4e^- \longrightarrow 4OH^- \tag{5-20b}$$

水电解反应：$2H^+ + 2e^- \longrightarrow H_2 \tag{5-21}$

$$2H_2O + 2e^- \longrightarrow H_2 + 2OH^- \tag{5-22}$$

$$2H_2O - 4e^- \longrightarrow O_2 + 4H^+ \tag{5-23}$$

$$4OH^- - 4e^- \longrightarrow O_2 + 2H_2O \tag{5-24}$$

$$H_2 + O_2 \longrightarrow H_2O_2 \tag{5-25}$$

(3) 原位电化学产生 Fe^{2+} 和 H_2O_2：Fe^{2+} 由阳极电化学氧化 Fe 或阴极电还原 Fe^{3+} 产生，H_2O_2 则由阴极两电子 O_2 还原或电解水产生的 H_2 和 O_2 反应合成，电芬顿反应过程中无需外加试剂。

在电芬顿降解污染物的反应过程中，污染物的降解性能受电极材料、电流或电压、溶液 pH 的影响。电极材料和施加的电流或电压是影响 H_2O_2 产率、电流效率和 Fe^{2+} 再生的主要因素。溶液 pH 可以影响 H_2O_2 的产生速率和溶液中 Fe 离子的存在形态，pH 低有利于 H_2O_2 的合成，但是过低的 pH 不利于 Fe^{2+} 催化 H_2O_2 产 •OH，而高的 pH 则会导致 Fe^{3+} 沉淀，影响 Fe^{2+} 的再生。对电芬顿技术而言，最佳的 pH 为 3.0。当铁催化剂固定在电极上时，电芬顿过程成为非均相反应，相比于均相电芬顿反应要求的酸性条件，非均相电芬顿反应可在更宽的 pH 范围内有效降解污染物。

传统的芬顿反应过程中生成的 Fe^{3+} 被 H_2O_2 还原成 Fe^{2+}，使芬顿反应能够持续进行，但是该过程的反应动力学常数低，是芬顿反应的速率控制步骤。而在电芬顿体系中，可通过阴极电子还原 Fe^{3+} 生成 Fe^{2+}，从而加快 Fe^{2+} 的再生速率，提高电芬顿体系对污染物降解的性能。除此之外，相对于传统芬顿技术，电芬顿技术还具有以下优点：①H_2O_2 可通过电化学还原 O_2 在阴极原位产生，避免了 H_2O_2 生产、储存、运输、投加等程序；②反应体系中的 H_2O_2 逐渐产生，避免反应初期过量、后期浓度低的不足，有助于提高污染物的处理效率；③电芬顿过程除了 •OH 降解作用，还存在电吸附、电催化降解等多种作用，有助于提高催化降解效率；④电化学的反应装置动力源是电能，反应过程清洁环境友好；⑤处理设备简单，易于自动化控制。

2. 常用产 H_2O_2 电极材料

在电芬顿体系中，阴极材料对 H_2O_2 产生和 Fe^{2+} 再生性能有重要影响，是电芬顿降解污染物性能的主要影响因素之一。溶液 pH、电流或电压等影响因素都是可调控参数，可见，电芬顿技术的效率主要受限于电催化材料。因此，高活性电催化材料的研究是实现高效电芬顿过程的关键。

目前，用于电还原 O_2 产 H_2O_2 的电极材料主要有两类。一类是金属及其合金，理论计算表明，合金材料中 H_2O_2 选择性和产率较高的包括 Au-Pd 合金、Pd_xAu_{1-x}、Pt-Hg/C、Ag-Hg 和 Pd-Hg 等。迄今，关于实验测试合金材料氧还原产 H_2O_2 速率和电流效率的报道不多。尽管贵金属和合金电极具有高的 H_2O_2 选择性，但是由于价格昂贵和酸性条件下溶出，不适用于电芬顿技术降解有机污染物。另一类是非金属材料，包括蒽醌、石墨、多孔碳、活性炭、CNTs 等的电极材料。为了提高蒽醌产 H_2O_2 的性能，通常将其负载在碳材料或导电聚合物上。碳基材料具有电还原活性，而且价格便宜、无毒、析氢过电位高、化学稳定、抗腐蚀性强、导电性良好等优点，是一种较好的电化学合成 H_2O_2 催化材料。碳基材料氧还原产 H_2O_2 的选择性与其孔结构、缺陷和元素掺杂有关。

电芬顿过程与电氧化和电还原的重要区别是需要气、液、固三相界面反应，气体扩散速率常常是速率限制步骤。构建三维多级孔结构可以提供更广阔的物质扩散通道，有利于 O_2 分子扩散，从而提高 H_2O_2 产生速率。多孔碳是构建三维电极的最佳材料，其孔隙结构丰富，有筒形、球形、锥形、裂缝形等多种形状。根据孔径大小可将多孔碳材料分为以下三类：孔径<2 nm 的为微孔碳，2 nm≤孔径≤50 nm 的为介孔碳，孔径>50 nm 的为大孔碳。含有两种或三种类型孔径的碳材料称为多级孔碳。掺杂可以改变碳材料的电荷分布，提供更多的氧还原产 H_2O_2 的活性位点，加速 H_2O_2 的产生。在多孔碳中掺杂 N 或 S 后，相邻的碳原子具有相对较高的电荷密度，能提供更多的催化活性位点，促进氧还原反应产生 H_2O_2。因此，元素掺杂的三维多孔碳材料是目前电催化氧还原产 H_2O_2 的最佳材料之一，也是电芬顿领域的研究热点。

5.1.4 电增强吸附技术

1. 基本原理

电增强吸附是近年来兴起的一种去除污染物的新技术，是在电极表面发生的诱导吸附，这一过程不涉及电子转移，所需电流仅用于电极/溶液界面的双电层充电，是一种低能耗过程。一方面，通过施加极化电流或极化电势，在电极表面形成双电层，迫使带电离子向带有相反电荷的电极移动，有效提高吸附速率和吸附容量；另一方面可以通过施加反向电位(或撤去电位)的方法实现污染物脱附，再生被污染物饱和了的吸附剂。如果对吸附饱和的电极提高电位，还可以原位电化学降解被吸附的污染物，减少二次污染。

理论模型对研究电吸附过程具有重要指导作用。电极/电解质界面的模型理论是由 Helmholtz 等于 1879 年提出的，随后改进成 Gouy-Chapman-Stern(GCS)模型，1963 年 GCS 模型被进一步修正为 BDM(Bockris-Devanathan-Muller)双电层模型[2]。BDM 模型认为双电层分为紧密层和扩散层，紧密层又称内层或 Stern 层。在紧密层中，特性吸附离子电中心的位置为内亥姆霍兹面(inner Helmholtz plane, IHP)，最近的溶剂化离子中心的位置为外亥姆霍兹面(out Helmholtz plane, OHP)。扩散层是从外亥姆霍兹面延伸至溶液本体。同时，设想在扩散层内部存在一个分界面，在分界面之内，离子伴随带电粒子的运动而发生移动，分界面之外的离子则与本体溶液一致，不随带电粒子移动，这一界面定义为滑动面(slipping plane)，本体溶液与滑动面之间的电位称为 Zeta 电位，是衡量胶体表面电荷特征的一个重要参数。根据双电层模型，在任何导电介质(电极或者溶液)与电解质溶液的界面上都存在一定量的过剩电荷，而整个界面体系呈电中性。

　　双电层模型能很好地解释电增强吸附过程。当电极表面不带电时，主要被水分子覆盖，也有少量其他离子和分子。而当电极通电时，表面电荷被带相反电荷的离子或带电粒子在双电层电解液一侧通过吸附补偿，或通过被富集在外亥姆霍兹面与扩散层富集的相反电荷补偿。离子或带电粒子在电极表面富集浓缩使水中的盐类、胶体颗粒及其他带电物质的浓度大大降低，从而实现水的除盐、去硬和污染物净化。

　　影响电增强吸附的因素主要有两个，第一个因素是吸附质与吸附剂电极之间由于电荷-偶极相互作用(极性有机分子的吸附)和静电作用(带电离子或粒子在相反电荷表面的吸附)产生的双电层容量，此容量受离子浓度与外加电势影响。第二个影响因素是由法拉第反应过程产生的吸附容量，主要受溶液化学特征和电极表面官能团影响，如碳电极表面的羰基和羟基可与溶液中的阳离子态目标物形成化学键而增加吸附量。一般对于碳电极，外加高电势情况下才发生法拉第反应，因此，低电位条件下通常以双电层容量计算总吸附量[3]。

　　当有机分子参加吸附时，根据分子结构不同，电增强吸附条件下污染物与吸附剂之间作用发生变化，进而改变吸附效果。对于在水中溶解度高、可电离化合物，如近年来新型污染物全氟辛基磺酸(PFOS)、全氟辛酸(PFOA)，工业染料甲基橙、亚甲基蓝等，它们在自然水环境中以离子态形式存在，通过施加与污染物极性相反的电位，能有效提高有机分子与吸附剂之间静电吸引作用，使吸附量显著提高。对于水中溶解度较低，并且可极化的有机分子，如苯酚、硝基酚类化合物，内分泌干扰物双酚 A、壬基酚，抗生素类药物磺胺甲噁唑、环丙沙星等，外加极化电位时有机分子与吸附剂之间的电荷-偶极作用发生变化，导致吸附效果提高。特别地，对于结构中含有芳香环或者特征官能团(羰基、羧基等)的化合物，电增强吸附过程的 π 电子极化作用和氢键作用也将发生变化，从而影响吸附效果。

2. 常用电吸附材料

基于双电层理论，电增强吸附量主要取决于电极材料的物理特性。稳定的电吸附材料必须具有高比表面积、良好导电性、可极化性和电化学稳定性。由于碳材料具有高的比表面积、电阻小和极化性能较好的特点，是电吸附技术的理想材料，其中主要包括活性炭、碳纤维、碳气凝胶和碳纳米管等。

1) 活性炭

根据国际纯粹与应用化学联合会(IUPAC)的标准，吸附材料按照孔径尺寸分为以下几类：孔径<0.8 nm 为亚微孔，0.8～2 nm 为微孔，2～50 nm 为介孔，>50 nm为大孔。吸附过程中大孔具有输送吸附质的功能，中孔和微孔则为吸附质提供吸附位点。吸附剂的孔径分布是影响吸附速率和吸附量的重要因素，如果吸附质分子过大，则无法进入比其小的孔内，如果过小则很容易从孔中脱附，因此需要吸附质分子大小和吸附剂孔径大小相匹配才能达到良好的吸附效果。

传统活性炭(AC)包括粉末活性炭(PAC)和颗粒活性炭(GAC)，由天然或人工合成材料经过高温碳化、活化过程制成，具有较大的比表面积(500～1700 m²/g)和较宽的孔径范围。活性炭的吸附量和吸附速率主要受表面物理特性(孔结构、比表面积等)、化学性质(表面官能团)和表面极性(表面电荷属性)影响。电增强吸附过程通过施加极化电位改变活性炭表面电荷属性，进而提高吸附速率和吸附量。

2) 碳纤维

碳纤维(carbon fiber, CF)是继 PAC 和 GAC 之后的第三代碳材料，相对于传统活性炭，具有更大的比表面积(1000～2000 m²/g)，并且具有电化学性质稳定、易导电、耐酸碱、不易沉降等优异性能，在环境保护、食品卫生、化学工业等众多领域得到广泛应用。

CF 区别于传统活性炭的重要性质是没有大孔，其结构中微孔占主导地位，且孔口大部分开在 CF 表面，极大缩短了吸附路径，吸附过程主要取决于吸附质分子的碰撞频率，这就使吸附速率得到极大提高。相比之下，PAC 和 GAC 的吸附过程主要由扩散速率控制，因此吸附效率低于 CF。

3) 碳气凝胶

碳气凝胶由具有微孔结构的相互连接的碳颗粒构成，其比表面积高(400～1100 m²/g)、电阻低(≤40 mΩ·cm)、孔径分布可控(≤50 nm)，是一种优良的电增强吸附材料。与粉末活性炭或者碳纤维的松散结构相比，碳气凝胶的高电导归因于其具有相互连接成共价键的碳颗粒(直径约 12 nm)。其通过共价键碳颗粒内部电荷载流子的迁移以及电荷载流子从导体的一部分传递到另一部分而产生导电现象。

4) 碳纳米管

碳纳米管(CNTs)是由碳原子形成的石墨烯片层卷成的无缝、中空管体，每个管状层由碳六边形构成，其中碳原子以 sp^2 杂化为主，混合有部分 sp^3 杂化。按石墨层数分为单壁碳纳米管和多壁碳纳米管。碳纳米管的表面积一般低于活性炭，但是有机分子在碳纳米管(尤其是单壁碳纳米管)上的吸附效果与活性炭相当甚至更高，主要原因在于碳纳米管平均孔径和孔体积大，另外碳纳米管表面丰富的官能团对吸附量也有重要影响。在范德瓦耳斯力作用下碳纳米管易于团聚形成管束，因此，吸附位点包括碳管的外表面、管与管的间隙以及管孔内壁，其中外表面是常用的吸附位点。采用 HCl 酸化洗脱残留制备 CNTs 过程引入的金属催化剂，或者通过 H_2O_2、硝酸、碱液或者热处理去除无定形碳可提高 CNTs 的开口率，使管内壁也能参与吸附，从而提高吸附量。另外这些化学处理方法也能在碳纳米管表面引入官能团，改变碳纳米管与被吸附物质之间相互作用，提高吸附速率和吸附量。

5.2　新型碳材料电极的制备及其电化学还原脱卤性能

如前所述，电化学还原过程可脱除有机物中的氯、溴、氟等取代基，而脱卤产物的毒性显著降低且可生物降解性显著提高。因此，电化学还原是去除卤代有机物的有效方法。相对于金属、石墨等传统电极，碳纤维、碳纳米管、石墨烯、掺杂金刚石等新型碳材料具有高比表面积、良好的导电性和较高的析氢过电位，有望实现高效、快速的卤代有机物电还原脱卤。

5.2.1　碳纤维载钯电极脱氯性能

碳纤维(CF)由排列成六角形的碳原子平面层组成，这些平面不是完全沿共同的垂直轴排列，而是各层间角位移杂乱地排列，总体上呈螺旋状结构。在活化过程中，石墨微晶之间清除了各种含碳化合物和无序碳，产生形状不同、大小不等的空隙，所以碳层之间堆积疏松却相当牢固。CF 比表面积大($>1000~m^2/g$)、吸附能力强、电子迁移速率快，是电化学还原常用的电极材料。CF 本身不具备催化加氢脱卤的能力，但是作为加氢催化剂的载体，可以提高反应表面积、抑制催化剂团聚、减少催化剂用量。因此，在 CF 表面负载高度分散的纳米 Pd 颗粒，是实现高效加氢脱卤的可行途径。

制备 Pd 负载 CF 阴极的第一步是将商用碳纤维依次置于 NaOH 溶液和 HNO_3 溶液中煮沸以除去表面污物，然后用去离子水清洗、烘干后备用[4]。第二步是将清洗后的 CF 置入 $PdCl_2$ 的 HCl 溶液中长时间恒温振荡，使 Pd 离子吸附到 CF 上。第三步是以吸附 Pd 离子的 CF 作为工作电极，在 0.3 mol/L H_2SO_4 溶液中电还原使 Pd 沉积在 CF 上。BET 结果表明 CF 比表面积为 1335 m^2/g，微孔体积为 0.586 cm^3/g，平均孔径为 2.1 nm。图 5-1 为 CF 和 Pd/CF 样品的扫描电镜图。CF 表面比较平整，电沉积 Pd 后表面出现均匀分散的白点。EDS 显示该样品主要是由 C、O 和 Pd 组成，没有其他杂质元素。CF 的 XRD 谱图中在 2θ=20°～30° 和 2θ=40°～48° 范围内出现 2 个较宽的不规则峰，分别归属于石墨的 (002) 和 (100) 晶面，表明 CF 中存在石墨微晶且不规则排列。Pd/CF 的衍射峰出现在 2θ=39.8°、46.2°、68.1° 和 82.0°，分别对应 Pd 的 (111)、(220)、(200) 和 (311) 晶面，说明 Pd 成功负载在 CF 上。

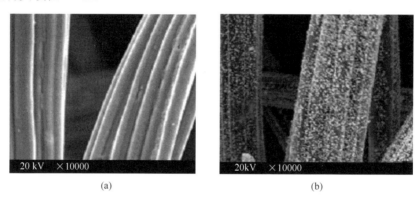

图 5-1　CF(a) 和 Pd(4.2%，质量分数)/CF(b) 的 SEM 图

　　五氯苯酚 (pentachlorophenol, PCP) 是一种典型的多氯代有机污染物，其分子结构如图 5-2 所示。PCP 主要用作木材防腐剂、杀菌剂、除草剂等，已经被大多数国家禁止使用，但早期释放到环境中的 PCP 仍有残留，对人类健康和生态系统产生不良影响。因此，以 PCP 为目标物考察了 Pd/CF 的电化学还原脱卤性能。

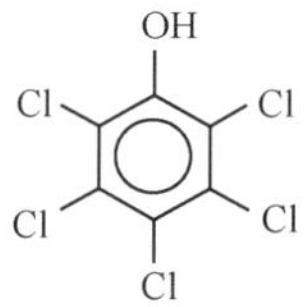

图 5-2　五氯苯酚的分子结构图

　　电还原反应装置示意图见图 5-3，H 型反应器由聚四氟乙烯制成，阴极室和阳极室用阳离子交换膜隔开。Pd/CF 固定于钛网上作为工作电极，Pt 片作为对电极，参比电极为饱和甘汞电极 (saturated calomel electrode，SCE)。采用磁力搅拌对阴极室进行充分搅拌，通过恒电流仪控制工作电极电流，反应器置于恒温水浴中保持恒温。

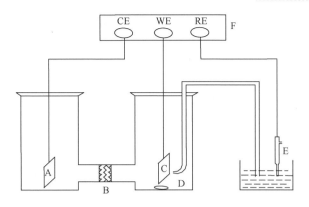

图 5-3　反应器示意图

A—对电极 Pt；B—阳离子交换膜；C—工作电极 Pd/CF；D—磁力转子；E—参比饱和甘汞电极；
F—恒电位仪。CE、WE、RE 分别代表对电极、工作电极和参比电极在恒电位仪上的接入插口

1. CF 的吸附性能

碳材料表面积大，吸附性能不可忽略。取相同质量的 CF 和 Pd/CF，在 250 mL 容量瓶中与 100 mL 浓度为 200 mg/L 的 PCP 溶液混合，摇床中分别振荡 2 h、4 h、6 h、8 h、10 h、17 h、20 h、25 h 后迅速过滤，测定滤液浓度。17 h 以后吸附量趋于平衡，PCP 的吸附动力学符合 Lagergren 吸附动力学模型，CF 的平衡吸附量为 273 mg/g，吸附动力学常数为 0.22 h^{-1}。Pd/CF 对 PCP 吸附速率常数为 0.19 h^{-1}，17 h 后的吸附量可达到 267 mg/g。此结果说明 Pd 的负载对吸附速率没有明显影响。

2. 电流密度、温度和催化剂含量对加氢脱卤的影响

在恒电流模式下，电流密度增加有利于提高 PCP 脱氯效率。如图 5-4(a) 所示，电流密度从 10 mA/cm^2 增加到 25 mA/cm^2 时，PCP 去除率随电流密度的增加明显增加。如电流密度为 10 mA/cm^2 时，PCP 的去除率达到 63.8%；电流密度为 25 mA/cm^2 时，PCP 的去除率达到 94.8%。PCP 脱氯的最终产物是苯酚，图 5-4(b) 显示了苯酚的产率随时间的变化。随着电流密度的提高苯酚的产率也不断升高，对应 10 mA/cm^2 和 25 mA/cm^2 电流密度的苯酚产率分别为 43.5% 和 86.1%。提高电流密度对脱氯反应的影响有正反两个方面，积极的影响是可产生更多活性 H，有利于 PCP 加氢脱氯，不利之处在于电流密度提高的同时偏压必然更负，加剧了析氢副反应，从而降低电流效率。因此，电流密度从 10 mA/cm^2 增加到 25 mA/cm^2 后，产生苯酚的电流效率由 22.1% 下降到 17.4%。温度从 20℃升高到 40℃时，PCP 的去除率明显提高，从 62.3% 增加到 92.2%；温度从 40℃升高到 60℃时，PCP 的去除率没有明显的变化。从去除效果和经济角度考虑，适宜温度为 30~40℃。无催化剂时，PCP 去除率仅为 26.2%。催化剂 Pd 的质量分数从 2.3% 增加到 5.0% 时，

PCP 的去除率明显提高,从 60.2% 增加到 90.2%;Pd 的质量分数从 5.0% 增加到 9.0% 时,PCP 去除率几乎不变。这是因为 Pd 在 PCP 的电催化脱氯反应中提供了催化活性位,Pd 含量的提高导致催化活性位增加,有利于增强对 H 的化学吸附,使 PCP 与 H 在 Pd 表面的浓度提高,从而去除率增加;但催化剂含量过高时,Pd 颗粒团聚,影响催化反应。

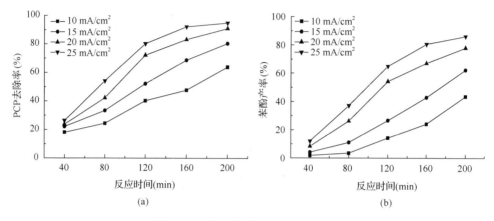

图 5-4   电流密度对 PCP 去除的影响

3. 脱氯反应机理

无负载催化剂时 CF 可去除 26.2% 的 PCP,而负载 5.0 %(质量分数)的 Pd 时,去除率可达 90% 以上。表明 PCP 的电还原降解包括两种机理:一种是直接电还原,PCP 直接在阴极上得到 2 个电子同时脱掉一个 Cl 原子。因芳烃类有机氯化物还原电位比分解水产氢的电位更负,尽管 CF 电极析氢过电位较高也难以避免副反应,因此,PCP 去除率不高。另一种是电催化加氢脱氯,水电解产生的氢原子容易吸附在金属 Pd 表面,形成表面化合物 Pd-H,同时金属 Pd 与有机氯化物中氯元素的 p 电子或含有双键的有机物的 π 电子络合,形成过渡配合物,降低脱氯反应的活化能,削弱 C—Cl 键,有利于表面氢化物 Pd-H 中的活性 H 原子进攻 C—Cl 键中带正电的碳原子,发生亲核取代反应,脱掉 Cl 原子。

测定不同时间段 Pd/CF 电极上 PCP 的中间降解产物,从 GC-MS 的总离子流图中可以看出,原水中只检测到 PCP。反应 40 min 时,水样中检测到四氯苯酚、三氯苯酚、二氯苯酚、一氯苯酚和苯酚;反应 100 min 时,中间产物有一氯苯酚和苯酚;反应 200 min 时,只检测到苯酚和少量的一氯苯酚。据此可推断,PCP 在 Pd/CF 上降解途径如图 5-5 所示,催化剂 Pd 的存在能有效地将 PCP 逐步还原脱氯,最终完全脱氯降解为苯酚。

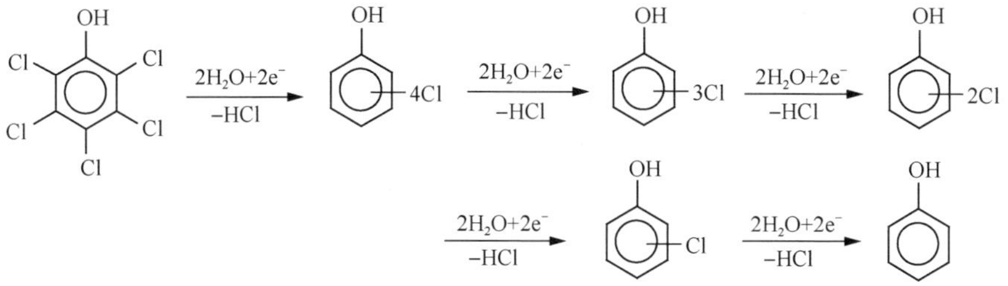

图 5-5　PCP 在 Pd/CF 上电催化降解途径的推测

5.2.2　多壁碳纳米管载钯电极脱氯性能

碳纳米管(carbon nanotubes, CNTs)是一种碳的同素异形体，是由石墨原子层卷成的同心圆筒。直径从零点几纳米到几十纳米，长度可达数微米，长径比较大。按照管壁的层数，CNTs 可分为单壁(SWCNTs)和多壁(MWCNTs)两种类型。CNTs 具有优异的电子传导性、对反应物和产物的特殊吸附及脱附性能、特殊的孔腔空间立体选择性、碳与金属催化剂的相互作用以及由于量子效应而导致的特异催化性能。据报道，与 CF 相比，催化剂在 CNTs 载体上表现出更高的催化加氢活性和选择性。

1. Pd/CNTs 电催化还原五氯苯酚

首先通过化学气相沉积法在石墨片上沉积 MWCNTs 薄膜，然后采用阴极电沉积法在其表面负载 Pd 颗粒作为催化剂[5]。SEM 和 TEM 图显示，化学气相沉积法可在石墨基体上制得 MWCNTs 薄膜。未处理的 MWCNTs 表面[图 5-6(a)、(b)]存在较多无定形碳和催化剂颗粒等杂质；经过 HNO_3 纯化和 HNO_3-H_2SO_4 氧化处理后[图 5-6(c)、(d)]，MWCNTs 的外径和内径分别在 40～60 nm 和 15 nm 左右，顶端开口，管壁光滑，附着少量无定形碳。BET 测试得出经过硝酸纯化后 MWCNTs 的比表面积为 45 m^2/g，经过 HNO_3-H_2SO_4 修饰后比表面积增加到 54 m^2/g。这是因为 HNO_3-H_2SO_4 处理使 MWCNTs 断裂开口，增加了比表面积。EDS 图谱分析表明，未纯化的 MWCNTs 上除了明显的 C 峰外，还检测到 Fe 元素杂质峰，Fe 元素来自制备 CNTs 的催化剂，而经过纯化和 HNO_3-H_2SO_4 处理后的 MWCNTs 的 EDS 图谱只检测到 C 峰和 O 峰，未检测到其他杂质峰，表明纯化过程能有效除去 Fe 催化剂。纯化和 HNO_3-H_2SO_4 处理前后 MWCNTs 的 FTIR 谱图表明，未处理 MWCNTs 的表面几乎没有特征吸收峰，而经过纯化和 HNO_3-H_2SO_4 处理后的 MWCNTs 在波数为 1380～1390 cm^{-1}、1600～1700 cm^{-1}、3300～3600 cm^{-1} 处出现较强的吸收峰，表明 MWCNTs 表面上引入了各种含氧官能团，如磺酸基(—SO_3H)、羰基(C=O)和羟基(—OH)等。这些含氧官能团，不但能有效地提高 CNTs 的亲水性和吸附性，而且可促进金属颗粒成核，限制金属颗粒长大，使其分布更均匀。

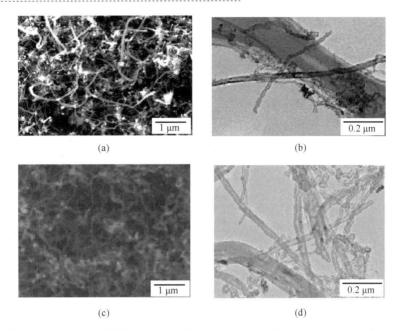

(a)　　　　　　　　　　　　　　(b)

(c)　　　　　　　　　　　　　　(d)

图 5-6　(a) 和 (b) 未纯化 MWCNTs 的 SEM 和 TEM 图，(c) 和 (d) HNO₃ 纯化/
HNO₃-H₂SO₄ 氧化处理后 MWCNTs 的 SEM 和 TEM 图

图 5-7 是石墨基底上 Pd/MWCNTs 的 SEM 图，金属 Pd 粒子比较均匀地分散在 MWCNTs 上，白点为金属 Pd 粒子。MWCNTs/石墨的 XRD 谱图中出现了石墨及 MWCNTs 的 (002)、(100)、(101)、(110) 晶面的衍射峰，而 Pd/MWCNTs/石墨的 XRD 谱图中除了石墨以及 MWCNTs 峰外，在 $2\theta=39.8°$、$46.2°$、$68.1°$ 和 $82.02°$ 处有明显衍射峰，分别归属于 Pd 的 (111)、(220)、(200) 和 (311) 晶面。用 Scherrer 公式计算可得 Pd 在 MWCNTs 上的平均粒径为 13 nm。EDS 结果表明 Pd/MWCNTs/石墨上除了有 C、O 和 Pd 元素以外，不含其他元素。

图 5-7　Pd/MWCNTs/石墨的 SEM 图

Pd/MWCNTs 电还原 PCP 的反应装置与 Pd/CF 电还原 PCP 相同，见图 5-3。Pd/MWCNTs 置于 H 型双池反应器的阴极室，阴极室和阳极室用阳离子交换膜（Nafion 324）隔开，阳极电解质为 H_2SO_4，阴极电解质为 Na_2SO_4。反应温度为 40℃，采用恒电压模式考察阴极电解质浓度对 PCP 去除的影响。电解质浓度从 0.01 mol/L 增加到 0.05 mol/L 时，PCP 的去除率逐步增加。例如电解质浓度为 0.01 mol/L 时去除率为 79%；电解质浓度为 0.05 mol/L 时，去除率可达到 90%；电解质浓度继续增加到 0.07 mol/L 时，PCP 的去除率有所下降。这是因为电化学还原反应是通过电子转移来实现的，而溶液中电解质浓度决定了电子转移的速率和转移的电子数量，所以电解质浓度的提高有利于加快电极反应。但过快的电子转移同时也加快了分解水产氢副反应，所以阴极电解质 Na_2SO_4 的浓度以 0.05 mol/L 为宜。

催化剂含量对反应速率具有重要的影响。因此，在反应温度 40℃、阴极电解质 Na_2SO_4 0.05 mol/L 条件下，考察了催化剂 Pd 含量对 PCP 去除率的影响，结果如图 5-8 所示。从图中可以看出，无催化剂时 PCP 基本不降解。催化剂 Pd 的含量从 0.5 mg/cm^2 增加到 2.0 mg/cm^2 时，PCP 的去除率显著提高。Pd 的含量为 0.5 mg/cm^2 时，去除率为 43%；Pd 的含量为 2.0 mg/cm^2 时，去除率为 91%。Pd 的含量从 2.0 mg/cm^2 继续增加到 3.0 mg/cm^2 时，PCP 去除率变化不大。实验结果证明，MWCNTs 电极没有催化 PCP 脱氯的作用，Pd 提供了脱氯的活性位。随着 Pd 含量提高，可形成更多的催化活化中心，有利于提高 H 原子的化学吸附，所以 PCP 去除率显著提高。但催化剂的量过多时，Pd 微粒趋于团聚，对催化剂活性点增加影响不大，因此对 PCP 去除效率的提高作用不大。

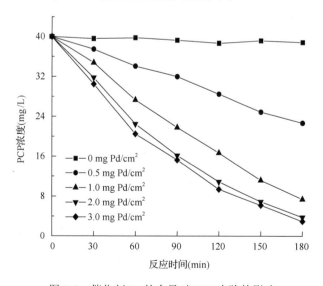

图 5-8　催化剂 Pd 的含量对 PCP 去除的影响

阳极电解质主要功能是增加导电能力、降低槽电压，同时电离出的 H^+ 通过阳离子交换膜到阴极室作为活性氢的来源。而阴极产生活性氢是电还原脱卤的关键步骤，所以阳极电解液中的氢离子浓度是影响 PCP 降解的重要因素。Na_2SO_4 和 NaOH 作为阳极电解质时，阴极溶液的 pH 从 3 迅速升到 8 以上；H_2SO_4 作为阳极电解质时，pH 几乎保持恒定。图 5-9 是不同阳极电解质条件对应的电流，从图中可看出，Na_2SO_4 和 NaOH 作为阳极电解质时电流不断下降，H_2SO_4 作为阳极电解质时，电流在开始的 30 min 内逐渐升高，后来就几乎保持在一定范围内波动。原因是 Na_2SO_4 和 NaOH 作为阳极电解质时，析氢反应使阴极室的氢离子浓度不断降低，从而使溶液的 pH 迅速上升，脱卤反应受到抑制，因此电流逐步降低。H_2SO_4 作为阳极电解质时，H^+ 可通过阳离子膜补充到阴极溶液，使溶液 pH 和电流在一定范围内保持稳定，脱卤反应从而得以顺利进行。

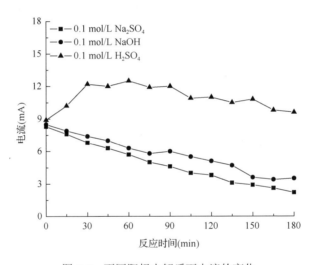

图 5-9　不同阳极电解质下电流的变化

阳极电解质对 PCP 的去除影响如图 5-10 所示。Na_2SO_4 和 NaOH 作为阳极电解质时，PCP 几乎不降解。H_2SO_4 作为阳极电解质时，随着 H_2SO_4 浓度增加，PCP 的去除率呈上升趋势。当 H_2SO_4 浓度为 0.05 mol/L 时，PCP 的去除率为 74%；当 H_2SO_4 浓度为 0.1 mol/L 时，去除率达到 85%；H_2SO_4 浓度增加到 0.2 mol/L 时，反应 180 min 后，去除率可达到 100%，再提高 H_2SO_4 浓度对 PCP 的去除影响不大。以上结果说明，在偏压为 -0.8 V 时，溶液为中性和碱性时难以产生足够的活泼氢使 PCP 还原，而酸性条件下可以产生足够的活泼氢用于 PCP 脱氯。

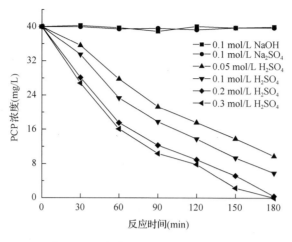

图 5-10　阳极电解质对 PCP 去除的影响

电压对 PCP 脱氯过程起到重要作用，且有可能影响降解途径。直接电还原降解 PCP 时，工作电压必须高于 PCP 的还原电位。电催化加氢还原 PCP 时，工作电压必须高于产生活泼氢的电位，才能使 PCP 高效脱氯。在恒电压模式下，分别以 Na₂SO₄ 和 H₂SO₄ 为阴、阳极电解质，考察工作电压对 PCP 脱氯效率的影响。如图 5-11 所示，工作电压为−0.1 V 时不发生 PCP 脱氯；工作电压从−0.2 V 增加到 −0.8 V 时，PCP 的去除率从 64% 增加到 100%；当偏压升高到−1.0 V 时，PCP 去除率反而降低。PCP 脱卤在−0.2 V 时即可发生，且随着偏压升高而增加，表明阳极室能够提供氢离子有利于 PCP 脱卤。偏压过高后 PCP 去除率开始下降，这是因为增加偏压不但加快了电子转移速度提高活泼氢产量，也导致析氢副反应加速，当析氢反应使溶液中活泼氢减少时，PCP 脱卤效率开始受到抑制。

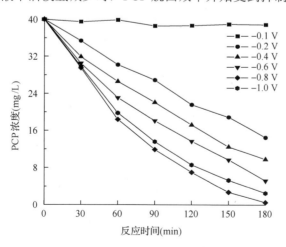

图 5-11　偏压对 PCP 去除的影响

用 GC/MS 分析了不同工作电压电化学还原 PCP 180 min 后的还原产物，结果如图 5-12 所示。PCP 降解产物包括一氯苯酚、二氯苯酚、三氯苯酚、四氯苯酚、苯酚、环己酮。四种氯代苯酚的含量随着工作电压的升高逐渐降低，当工作电压达到–1 V 时氯代苯酚完全消失。相应地，当偏压从–0.2 V 增加到–0.6 V 时，苯酚的含量从 40% 增加到 51%，表明高偏压有利于 PCP 加氢还原成苯酚。当偏压增加到–0.8 V 时，苯酚的含量开始降低(30%)，同时环己酮含量随着电压的升高而增加，说明 Pd/MWCNTs 不但可通过催化加氢使 PCP 完全脱氯，形成苯酚，还可以进一步对苯酚加氢产生环己酮。当偏压为–0.8 V，PCP 还原成苯酚和环己酮的量分别为 39% 和 60%，电流效率可达到 7.4%。

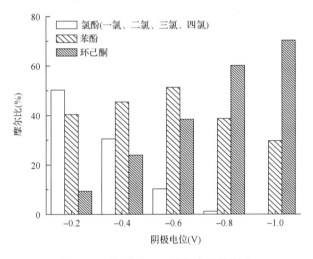

图 5-12　偏压对 PCP 降解产物的影响

阴极电化学还原脱氯过程，既可通过直接电化学还原脱氯，也可通过电催化加氢脱氯得以实现。根据文献报道，只有电极电位负于–1.6 V (*vs.* NHE)[6]时，PCP 才能在电极表面直接得到电子而发生脱氯反应，而四氯苯酚、三氯苯酚、二氯苯酚和一氯苯酚的直接电还原电位分别为–1.8 V、–2.0 V、–2.2 V 和–2.4 V (*vs.* NHE)[7]。因此外加偏压–1.0 V (*vs.* SCE)条件下不可能通过直接电化学还原过程实现完全脱氯。随着 MWCNTs 上 Pd 的负载量增加，PCP 的去除率提高，说明 Pd 的催化作用是关键。因此，可推测 PCP 在 Pd/MWCNTs 电极上降解机理只有电催化加氢脱氯。为验证这个推测，测试了 MWCNTs 电极和 Pd/MWCNTs 电极的线性伏安(*I-V*)曲线，结果如图 5-13 所示。对比 MWCNTs 和 Pd/MWCNTs 在含 PCP 的溶液及不含 PCP 的溶液中的 *I-V* 曲线可以做出以下三个判断：①Pd/MWCNTs 电极在不含 PCP 的水溶液中的 *I-V* 曲线上–0.1 V 至–0.3 V 处出现氢的吸附峰，而 MWCNTs 电极的 *I-V* 曲线上未出现这个峰，表明 Pd 具有吸附氢的能力。②MWCNTs 和 Pd/MWCNTs 电极在无 PCP 的水溶液中的 *I-V* 曲线均从–0.7 V 左右开始出现析氢电流。但前面的降解实验结果表明 MWCNTs 电极不能还原 PCP，而 Pd/MWCNTs 能够还原 PCP。结合析氢电流和降解实验结果可以判断氢气不是 PCP 还原的充分条件。③对于 MWCNTs 电极，有无 PCP 的溶液中的 I-V 曲线没有明显差别，而对于 Pd/MWCNTs 电极，含 PCP 的溶液中得到的 I-V 曲线在–0.1 V 至–0.3 V 处的氢吸附峰明显变小，同时析氢电流增加，但没有出现由 PCP 直接得电子还原峰，说明 PCP 与吸附的氢没有发生直接的电子转移反应。综上可知，Pd/MWCNTs 电化学还原降解 PCP 是通过 Pd 吸附的氢进攻 C—Cl 键实现脱氯的。

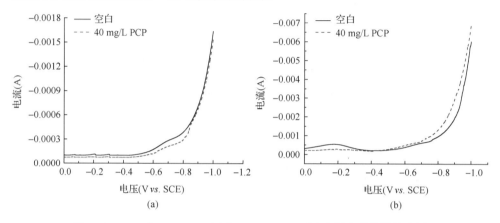

图 5-13　PCP 在 MWCNTs(a) 和 Pd/MWCNTs(b) 电极上的线性伏安图

进一步考察了–0.8 V 电压条件下产物随反应时间的变化。原始样品中只检测出 PCP，电化学还原 90 min 的样品中检测到五氯苯酚、四氯苯酚、三氯苯酚、二氯苯酚、一氯苯酚、苯酚和环己酮；电化学还原 180 min 的样品只检测到苯酚和环己酮以及少量的三氯苯酚。图 5-14 为 PCP 浓度和 Cl⁻浓度随反应时间的变化。随着时间

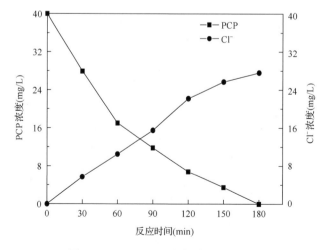

图 5-14　PCP 和 Cl⁻浓度随时间的变化

增加 PCP 浓度不断减少，Cl⁻浓度逐渐增加，反应 180 min 后，PCP 完全降解，脱氯效率达到 100%。反应过程中各降解产物浓度如图 5-15 所示。反应 30 min 后，出现了四氯苯酚、三氯苯酚、二氯苯酚、一氯苯酚、苯酚和环己酮等 6 种主要产物，随反应时间继续增加，四氯苯酚、三氯苯酚、二氯苯酚、一氯苯酚的浓度开始下降，苯酚的含量呈先上升后下降的趋势，环己酮含量不断升高，说明四种氯苯酚和苯酚是中间产物，环己酮是最终产物。

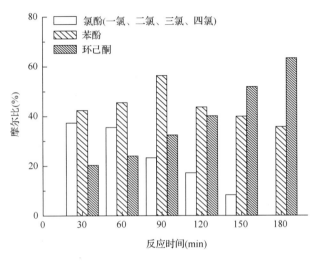

图 5-15　PCP 降解产物随时间的变化

2. Pd/CNTs 阵列电化学还原多氯联苯

由于自由生长的 CNTs 杂乱无章、相互缠绕，限制了电子迁移效率和表面活性点位。而有序 CNTs 阵列取向基本一致，可以充分发挥 CNTs 优异的轴向电荷传输性能。采用化学气相沉积法，以二甲苯为碳源、二茂铁为 Fe 源（催化剂）在金属钛基底上制备了有序 CNTs 阵列[8]。将制备好的有序 CNTs 阵列在空气氛中 400℃热处理可去除 CNTs 中的无定形碳，提高其石墨化程度，同时可增强 CNTs 与钛基底的结合力。将热处理后的 CNTs/Ti 放入 6 mol/L 的盐酸中浸泡 6 h 去除残留的铁颗粒。这样制备的 CNTs 的 SEM 和 TEM 图见图 5-16。

采用直流电沉积法在 CNTs/Ti 电极上负载 Pd 纳米颗粒，获得 Pd/CNTs/Ti。电沉积时的电流密度和沉积时间是影响 Pd/CNTs/Ti 形貌和性能的重要因素。将不同电流密度下制得的 Pd/CNTs 从 Ti 片基底上刮下，图 5-17 是样品的透射电镜图。从图中可以看到，CNTs 的外壁上附着了很多小颗粒，随着电沉积 Pd 的电流密度增加，对应样品的 TEM 图中小颗粒的尺寸逐渐减小。

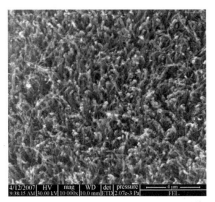
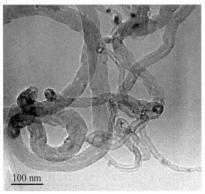

图 5-16　CNTs 的扫描电镜和透射电镜图

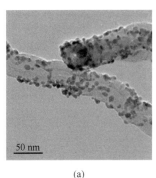
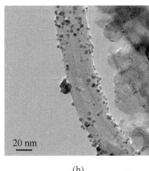
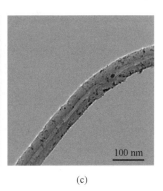

(a)　　　　　　　　　　　(b)　　　　　　　　　　　(c)

图 5-17　不同电流密度下制备的 Pd/CNTs/Ti 电极的 TEM 图

(a) 0.75 mA/cm^2；(b) 1.00 mA/cm^2；(c) 1.25 mA/cm^2

在 1.00 mA/cm^2 的电流密度下分别沉积 2 min、5 min、10 min 和 15 min 制得的 Pd/CNTs/Ti 的 TEM 图见图 5-18。沉积 2 min 时，由于反应时间短，碳纳米管外壁上附着的小颗粒很少，粒径大约为 8 nm。由沉积 5 min 和 10 min 的 TEM 图可以看出，随着沉积时间延长，小颗粒逐渐增多，粒径开始变大。当沉积时间进一步延长至 15 min 时，颗粒团聚严重，整个 CNTs 外壁被包覆。从催化剂数目和分散程度来说，沉积 Pd 时间为 10 min 的样品形貌最佳。

图 5-19 是 Pd/CNTs/Ti、CNTs/Ti 和钛片的循环伏安曲线。从图中可以看出，在 –1.0～–2.0 V 范围内，Pd/CNTs/Ti 的电流密度明显高于其他两个电极，说明其导电性能良好。Pd/CNTs/Ti 电极的析氢电位较小，表明该电极较易产生活性氢原子。

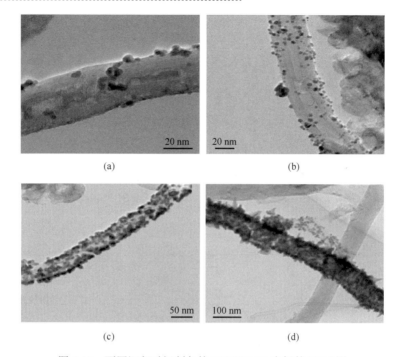

图 5-18　不同沉积时间制备的 Pd/CNTs/Ti 电极的 TEM 图

(a) 2 min；(b) 5 min；(c) 10 min；(d) 15 min

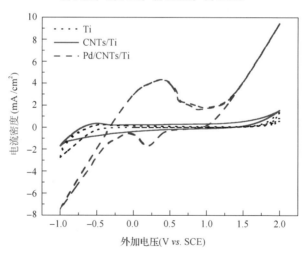

图 5-19　Pd/CNTs/Ti、CNTs/Ti 和 Ti 电极的循环伏安曲线

多氯联苯(PCBs)是一类人工合成的有机氯化物，其分子通式为 $C_{12}H_{10-n}Cl_n$。根据氯原子取代数和取代位置的不同，PCBs 共有 209 种同类物，其分子结构和物理化学性质都很接近。通常情况下 PCBs 非常稳定，不易分解，不与酸、碱、氧化剂等化学物质反应，极难溶于水，但因对脂肪具有很强的亲和性，极易在生物体的脂肪内

富集，因此可危害代谢器官和神经系统。PCBs 可用作热交换剂、润滑剂、变压器和电容器内的绝缘介质、增塑剂、黏合剂、有机稀释剂、杀虫剂、切割油以及阻燃剂，在电力、塑料加工、化工、印刷、制革、电子、农药等领域应用广泛。生产过程及产品使用过程中，大量 PCBs 被释放到环境中。由于其结构稳定、半衰期长、在自然环境中难以降解，必须通过有针对性的处理过程才能分解。去除其毒性或彻底降解PCBs 的关键步骤是脱氯。我国曾大量生产 PCBs，环境残留以 PCB29(2,4,5-三氯联苯) 和 PCB98(2,2′,3′,4,6-五氯联苯) 为主。因此，以 PCB29 为目标物，在单池反应器和三电极体系下，采用恒电压模式考察 Pd/CNTs/Ti 的电还原脱卤性能。

　　Pd/CNTs/Ti 制备条件是脱氯性能的重要影响因素。随着电沉积钯过程中电流密度增大($0.5\ mA/cm^2$、$0.75\ mA/cm^2$、$1.0\ mA/cm^2$ 和 $1.25\ mA/cm^2$)，Pd/CNTs/Ti 电极对 PCB29 的脱氯效率逐渐增加。这是因为电流密度增大时，钯催化剂颗粒在电极上分布越来越均匀，且粒径逐渐减小，增大了催化剂颗粒的比表面积，有利于吸附活性氢原子增强脱氯效果。但是，载钯电流密度为 $1.25\ mA/cm^2$ 的样品进行电催化反应时出现了剧烈的析氢副反应，对 PCB29 的降解效率反而下降。图 5-20 是在 $1.0\ mA/cm^2$ 的电流密度下电沉积钯的时间分别为 2 min、5 min、10 min 和 15 min 时制备的 Pd/CNTs/Ti 电极对 PCB29 的降解曲线，对应的动力学常数分别为 $0.17\ h^{-1}$、$0.25\ h^{-1}$、$0.27\ h^{-1}$ 和 $0.15\ h^{-1}$。从图中可以看出，随着电沉积钯时间的增长，Pd/CNTs/Ti 电极对 PCB29 的降解率先增大，后减小。沉积时间为 2 min 时，CNTs 上的钯催化剂颗粒较少，对活性氢原子的吸附产生和吸附量亦变小，其降解率降低。当沉积时间延长至 5 min 和 10 min 时，电极上的催化剂含量增多，且分布趋于均匀，颗粒大小适中，比表面积增大，使其对活性氢原子和目标物的吸附得到了增强，有利于目标物在电极表面上的加氢脱氯。当沉积时间进一步延长至 15 min 时，催化剂含量继续增多，导致催化剂颗粒的团聚，影响了目标物在电极表面的吸附，降解效果最差。

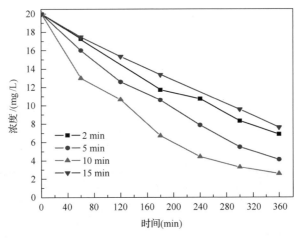

图 5-20　不同载钯时间下制备的 Pd/CNTs/Ti 电极对 PCB29 的降解曲线

溶液中的水分子或者 H⁺要在一定的电压作用下才能产生活性氢原子与目标物反应,达到脱氯的效果。因此,工作电压是电化学还原脱氯的重要影响因素。图 5-21 展示了 Pd/CNTs/Ti 电极在不同工作电压下,对 PCB29 的降解效果。不加电压时,Pd/CNTs 对 PCB29 的吸附去除几乎可以忽略。当电压从–0.4 V 逐渐增大时,Pd/CNTs/Ti 电极对 PCB29 的降解效果先增大,后减小,在–1.0 V时最好。这是因为随着工作电压的逐渐增大,活性氢原子的产生速率加快,有利于目标物在电极表面加氢脱氯,从而提高降解效果。当电压增大至–1.1 V 和–1.2 V 时,析氢副反应加剧,大量氢气的产生降低了电流效率,造成了降解效率的下降。

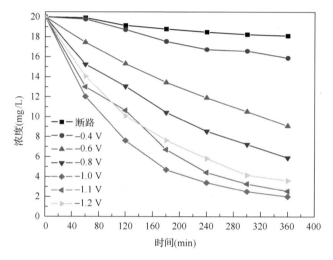

图 5-21　不同工作电压对 PCB29 降解效果的影响

以 CNTs/Ti、Pd/石墨、Pd/Ti 为对照电极,评估 Pd/CNTs/Ti 电极降解 PCB29 的性能。反应条件为 PCB29 初始浓度 20 mg/L、0.05 mol/L 硫酸电解液、–1.0 V 工作电压,结果如图 5-22 所示。从图中可以看出,CNTs/Ti 电极降解效果最差,说明钯催化剂是 PCB29 还原脱氯反应的关键因素。虽然 Pd/石墨和 Pd/Ti 都含有 Pd,但降解 PCB29 的表现明显不如 Pd/CNTs/Ti 电极,说明 CNTs 的高比表面积、良好导电性和吸附性使 Pd 的催化性能得到充分发挥。

高效液相色谱图显示降解前的水样只有溶剂峰和目标物 PCB29 的峰,降解 6 h 后 PCB29 的峰明显减小,并出现了一系列新的产物峰。GC-MS 分析表明这些产物包括一氯联苯、二氯联苯和联苯。离子色谱检测结果表明,溶液中氯离子浓度随着 PCB29 浓度的降低而逐渐升高,证实了 PCB29 经还原脱氯途径降解。

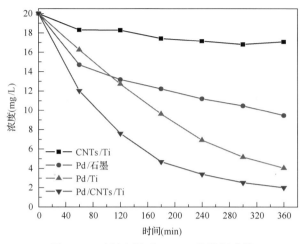

图 5-22　对照电极对 PCB29 的降解曲线

5.2.3　石墨烯载钯电极脱溴性能

石墨烯(graphene, Gr)是由 sp^2 杂化的碳六元环组成的具有二维蜂窝点阵结构的二维碳材料。石墨烯不仅拥有碳材料所有的优点,而且比表面积大(理论值 $2630\ m^2/g$)、载流子迁移速率快[$15000\ cm^2/(V\cdot s)$,室温]、边缘和缺陷处的含氧基团具有催化活性,这些特点使石墨烯在电化学分解污染物方面具有应用潜力,尤其适合作为催化剂的载体。

载钯石墨烯电极的制备分 4 步[9]。首先采用 Hummers 法制备石墨氧化物,然后高温还原得到石墨烯,接着将 Gr 电泳沉积到 Ti 片表面,最后通过煅烧提高 Gr 与基底的连接强度。为研究电极的稳定性及电化学性质,以 0.05 mol/L 硫酸溶液为电解液,分别以 Pt、Ti、Ti/Gr、Ti/Pd 和 Ti/Gr/Pd 为工作电极,以铂片为对电极,饱和甘汞电极为参比电极,在−1.2V 至 0.5V 范围内进行了循环伏安(cyclic voltammetry,CV)测试。结果如图 5-23 所示,Ti 与 Pt 电极的 CV 电流基本没有衰减,电极非常稳定,在同样负电压下 Pt 电极的电流要高于 Ti,说明铂电极分解水的能力要高于钛电极。虽然 Gr 的电子迁移速率最快,但 Ti/Gr 电极的电流响应最小,这可能是 Gr 的疏水性导致界面传质效率低所致。在所有电极中,Ti/Gr/Pd 电极的电流最大,说明 Gr 具有优异的电荷迁移能力,作为 Ti 与 Pd 的电荷迁移通路时不受疏水性的影响。

图 5-24 和图 5-25 分别为 Ti/Gr 和 Ti/Gr/Pd 表面的扫描电镜图。从图 5-24 中可以看出,Ti/Gr 电极表面为多层交叠结构,提高放大倍数可观察到石墨烯如纱状的薄层结构和如云雾状的边缘。图 5-25 显示,石墨烯仍然保持多层次团簇堆积结构,其表面白色亮点为钯颗粒,虽然部分钯颗粒出现团聚现象,但却均匀地分散于 Gr 表面,在下层 Gr 上也可以看到钯颗粒,证明钯颗粒在 Gr 上的分散度较好。

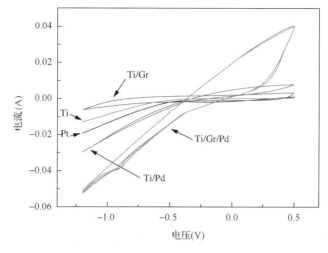

图 5-23　Ti、Pt、Ti/Gr、Ti/Pd、Ti/Gr/Pd 电极的循环伏安曲线

图 5-24　Ti/Gr 电极的扫描电镜图

图 5-25　Ti/Gr/Pd 电极的扫描电镜图

从石墨烯的透射电镜图（图 5-26）中可以看出，此方法制备的石墨烯非常薄，

几近透明，由于热力学原因在表面产生很多褶皱，这与扫描电镜中看到的形貌基本一致。拉曼光谱图中，波数 1340 cm^{-1} 和 1587 cm^{-1} 处有两个明显的峰，为碳材料的标准特征峰 D 峰(无序度，对应边、角和缺陷)和 G 峰(有序度，对应石墨层平面)，G 峰高于 D 峰说明样品的石墨结构有序度较好，符合石墨烯单体较大的特征。而波数 2600 cm^{-1} 处的 2D 峰的出现，证明了石墨烯非常薄，接近单层，这与透射电镜中观察到的半透明现象一致。恒电流电沉积钯后，Gr 的形貌结构没有明显改变，而图中的灰色斑点为沉积在石墨烯上的钯颗粒，从图 5-27 中可以看出钯颗粒的直径不到 10 nm，均匀地分散在石墨烯网状结构上，没有出现团聚现象说明石墨烯作载体能有效限制 Pd 的团聚。

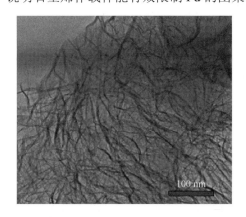 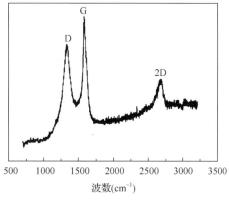

图 5-26　石墨烯的透射电镜图和拉曼光谱

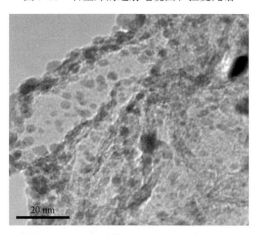

图 5-27　沉积钯后石墨烯的透射电镜图

多溴二苯醚(polybrominated diphenyl ethers, PBDEs)的化学通式为 $C_{12}H_{(0\sim9)}Br_{(1\sim10)}O$，共有 209 种同类物。PBDEs 作为阻燃剂广泛应用于电子、纺织、家具、建材等产品的生产过程中，大量的使用加上生物富集性及难降解性使得

PBDEs 在环境中有明显的残留，而长距离迁移性又使其遍布全球。PBDEs 具有致畸、致癌等效应，可损害人体的免疫、生殖、内分泌及神经系统。危害较大的四溴二苯醚、五溴二苯醚、六溴二苯醚和七溴二苯醚等四类 PBDEs 被列入《斯德哥尔摩公约》，作为典型 POPs 进行优先控制。

进一步以初始浓度为 10 mg/L 的 2, 2′, 4, 4′-四溴二苯醚(BDE47)为目标物，考察 Ti/Gr/Pd 电极的脱卤性能。不施加电压条件下反应 3 h 后，BDE47 的去除率为 10.9%，这归因于石墨烯的吸附作用。电压从-0.3 V 增加到-0.5 V 过程中，BDE47 去除效率由 57.0%增加到 90.4%。此后继续增加电压到-1.0 V，去除率仅提高 5%。0 V、-0.3 V、-0.5 V、-0.8 V、-1.0 V(*vs.* SCE)工作电压对应的 BDE47 去除动力学常数分别为 0.041 h^{-1}、0.33 h^{-1}、0.80 h^{-1}、0.84 h^{-1}、0.94 h^{-1}。说明电压从 0 增加到-0.5 V 时，对提高去除率的作用明显，电压超过-0.5 V 之后，继续增加电压对提高去除率的作用不明显。综合考虑去除率和能耗，-0.5 V 是最佳工作电压。

为了探索 Ti/Gr/Pd 电极对 BDE47 的降解机理，将实验延长至 10 h，通过高效液相色谱测定 BDE47 的浓度。图 5-28 为高效液相色谱测定的 Ti/Gr/Pd 电极对 BDE47 降解曲线。从图中可以看出 10 h 后 BDE47 被全部降解，与图 5-29 中 10 h 的质谱峰一致。样品中检测出四溴、三溴、二溴、一溴二苯醚及没有溴取代的二苯醚。其中，四溴二苯醚的浓度曲线一直下降，在 10 h 后基本消失，而三溴、二溴、一溴二苯醚及二苯醚的浓度曲线则为先上升后下降趋势。其中三溴、二溴、一溴二苯醚的浓度在 4 h 达到最高值后开始下降，二苯醚则在反应进行 1 h 达到最大值后下降。这些数据说明，Ti/Gr/Pd 电极确实对 BDE47 具有电化学还原脱溴作用，且在外加电压-0.5 V 时对 BDE47 的脱溴效果最佳。

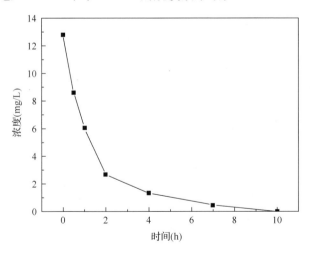

图 5-28　Ti/Gr/Pd 电极降解 BDE47 的降解曲线

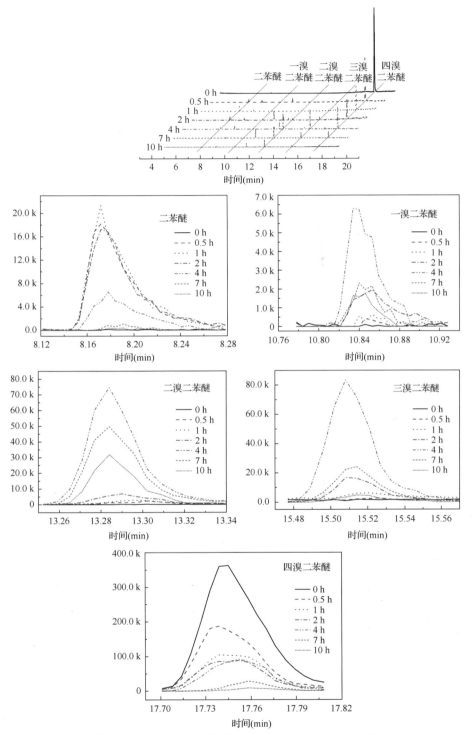

图 5-29　Ti/Gr/Pd 电极降解 BDE47 的中间产物质谱分析

5.2.4　氮掺杂金刚石电极脱溴和脱氟性能

金刚石稳定性好，通过掺杂可以调节其导电性。如 5.1 节所述，外层只有 3 个电子的硼元素掺杂到碳晶格后作为电子受体，使硼掺杂金刚石(BDD)拥有已知材料中最高的分解水产氧过电势，可高效氧化矿化大多数有机污染物。但是，BDD 分解水产氢的过电势较低，电还原污染物时产氢副反应对电能消耗较高，为了抑制产氢副反应，需要提高金刚石电极的产氢过电势。氮元素最外层有 5 个电子，掺入碳晶格后作为电子供体，更倾向于提高析氢电位[10]，有利于提高电还原降解污染物的电流效率。

为了验证这一思路，以硅柱阵列为基底制备了氮掺杂金刚石(nitrogen-doped diamond, NDD)电极。其制备方法如下[11]：①以 p 型 Si 片为基底，900℃热氧化 2 h 在其表面生长一层 SiO_2[图 5-30(a)]；将特定图形的掩模板覆盖在 SiO_2/Si 片上 [图 5-30(b)]对 SiO_2/Si 片进行光刻；用 CF_4 气体刻蚀掉没有被掩模覆盖的 SiO_2 层[图 5-30(c)]；然后 SF_6 和 C_4F_8 气体交替刻蚀暴露出来的 Si，通过控制刻蚀时间调控微米棒高度[图 5-30(d)]；最后用 HF 去除 SiO_2 后得到 Si 微米棒阵列 (Si rod array, Si RA)[图 5-30(e)]。②将制备好的 Si RA 分别置于乙醇和高纯水中超声 10 min；将清洗后的 Si RA 基底放入金刚石微粉的丙酮悬浮液中超声接种 20 min[图 5-30(f)]。③将接种后的 Si RA 基底放入微波等离子设备的玻璃钟罩内，通入 CH_4 和 N_2，并调节压力至 5.6～6.0 kPa，沉积 10 h 得到 NDD/Si RA [图 5-30(g)]。在微波等离子体增强的化学气相沉积过程中，磁控管产生的微波由波导管引入反应室并激发 H_2 产生氢等离子体球，CH_4 和 H_2 在微波等离子体的作用下分解成活性碳基团(CH_x, x=0, 1, 2, 3)和原子氢，二者反应并沉积在 Si RA 基底上，形成无定形碳、石墨化碳或金刚石碳。由于氢等离子体能刻蚀前两者，金刚石碳成核生长形成金刚石薄膜。在此过程中，N_2 被解离，N 原子掺杂到金刚石的晶格内。为了制备 BDD/Si RA 对照电极，将 N_2 换成 B_2H_6，沉积时间缩短至 6 h，其他沉积条件和 NDD/Si RA 电极一致。Pd 薄膜电极采用氯化钯溶液恒电流沉积制备。

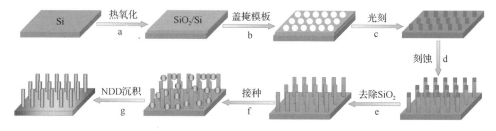

图 5-30　NDD/Si RA 电极的制备流程示意图

1. 氮掺杂纳米金刚石的形貌、结构、组分分析

图 5-31(a) 和 (b) 是 NDD/Si RA 的 SEM 图。NDD/Si 棒的直径约为 6.5 μm，棒与棒之间的距离约为 3.5 μm。而沉积 NDD 前的 Si RA 的 SEM 图[图 5-31(b)]显示 Si 棒的直径和相邻 Si 棒的间距均为 5 μm，表明约 0.75 μm 厚的 NDD 薄膜沉积在 Si RA 基底上。对比 NDD/Si RA 和 Si RA 的 SEM 图可以看出 NDD 薄膜连续、均匀地沉积在 Si RA 上，完全覆盖了 Si RA 基底。单根 NDD/Si 棒的高倍 SEM 图显示 NDD 薄膜是由纳米颗粒构成的[图 5-31(c)]。TEM 图显示 NDD 纳米颗粒尺寸为 30～100 nm[图 5-31(d)]。图 5-32 是 BDD/Si RA 电极的 SEM 图。尽管 BDD 的沉积时间较短，但是其颗粒尺寸明显大于 NDD。BDD 和 NDD 的颗粒尺寸差异说明 N_2 的引入会抑制金刚石晶体的生长，从而导致纳米金刚石的形成。

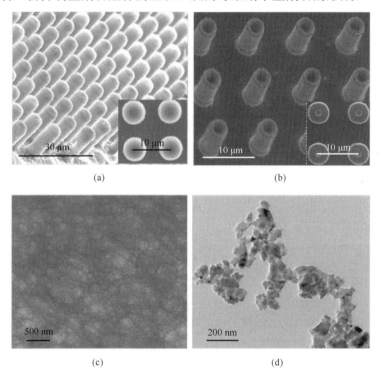

图 5-31　(a)、(c) NDD/Si RA 和 (b) Si RA 的 SEM 图，(d) NDD 纳米晶的 TEM 图

采用 XRD 分析 NDD 的晶型。如图 5-33(a) 所示，2θ=43.9° 和 75.3° 的衍射峰分别对应立方金刚石的 (111) 和 (220) 晶面，表明 NDD 是立方晶金刚石。NDD/Si RA 的 Raman 光谱[图 5-33(b)]有三个峰，其中 1168 cm^{-1} 的峰归属于反式聚乙炔，常形成于纳米金刚石颗粒边界处；1332 cm^{-1} 的峰是金刚石的特征峰；1560 cm^{-1} 的峰来源于石墨碳。根据 Raman 光谱对石墨碳的响应系数是金刚石的 50 多倍且

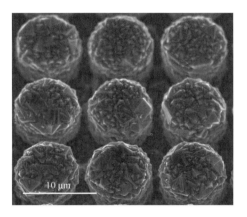

图 5-32　BDD/Si RA 的 SEM 图

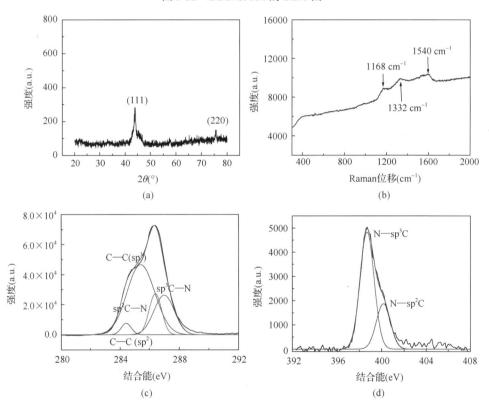

图 5-33　NDD/Si RA 的 (a) XRD、(b) Raman、(c) C 1s XPS 和 (d) N 1s XPS 谱图

图 5-33(b) 中金刚石峰的强度比石墨碳峰稍强，可以推测所制备的 NDD 以金刚石相为主。为了分析 NDD 的组分以及氮元素是否掺杂到金刚石中，对 NDD/Si RA 进行了 XPS 表征。由 C 1s 谱图 [图 5-33(c)] 可以看出 NDD 的主要成分是 sp^3 C—C (285.6 eV)，对应于金刚石碳；在 284.5 eV 的小峰归属于 sp^2 C—C 即石墨碳，表

明 NDD 中存在少量的石墨, 和 Raman 谱图结果一致。其他峰归属于 sp^2 C—N (286.4 eV) 和 sp^3 C—N (287.1 eV), 表明 N 掺杂到金刚石晶格中。图 5-33 (d) 是 N 1s 谱图, 398.6 eV 处的峰是 N—sp^3 C, 399.9 eV 处的峰是 N—sp^2 C, 前者峰面积显著大于后者, 表明掺杂的 N 主要以 N—sp^3 C 形式存在。对 N_2 流量分别为 1.0 sccm、1.5 sccm 和 2.0 sccm 时制备的 NDD/Si RA 进行元素含量分析, 发现它们的 N 掺杂量(原子分数)分别为 1.48%、2.26% 和 2.91%(将它们命名为 NDD1/Si RA、NDD2/Si RA 和 NDD3/Si RA)。

2. 氮掺杂纳米金刚石的电化学性质

图 5-34 显示的是 NDD/Si RA 和 BDD/Si RA 电极在 0.05mol/L H_2SO_4 电解液中的线性扫描伏安曲线。与 BDD/Si RA 电极相比, NDD1/Si RA、NDD2/Si RA 和 NDD3/Si RA 电极的析氢电位都更负; 而在这三个 NDD/Si RA 电极中, 析氢过电位随着掺 N 量的升高而先升高后下降, 其中 NDD2/Si RA 电极的析氢电位最负, 为 –1.5 V (*vs.* Ag/AgCl), 表明 NDD2/Si RA 电极最有利于提高电还原降解污染物的电流效率。

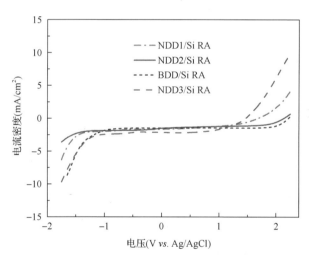

图 5-34　NDD/Si RA 和 BDD/Si RA 电极在 0.05 mol/L H_2SO_4 中的线性扫描伏安曲线

为了考察 NDD2/Si RA 电极对 BDE47 的电还原电压, 测定了 NDD2/Si RA 电极在含有和不含 BDE47 溶液中的线性扫描伏安曲线(图 5-35)。当电压比 –0.38 V 更负时, 含有 BDE47 时的电流密度高于不含 BDE47 的电流密度, 且两者的电流密度差随着电压的负移逐渐升高。这表明 NDD2/Si RA 电极电化学还原 BDE47 的起始电压为 –0.38 V, 且电压越负 BDE47 越容易被电化学还原。伏安曲线上没有观察到还原峰, 可能是由于 NDD2/Si RA 电极电还原 BDE47 的速率控制步骤是表面过程(比如吸附、脱附)或/和电子转移。PBDEs 的溴原子越少, 通常其还原电位越负即越难被还原，为了能将低溴代产物也还原，需要施加较负的电压，而为了避免析氢副反应，所加电压不应比析氢电位更负。因此选择电压范围–0.8～–1.6 V，考察 NDD2/Si RA 电极对 BDE47 的电催化降解性能。

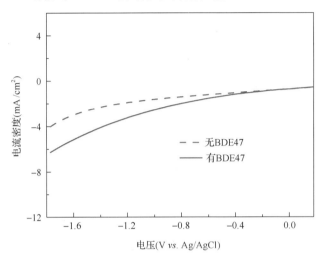

图 5-35　NDD/Si RA 电极在有和没有 BDE47 溶液中的线性扫描伏安曲线

3. NDD 电催化还原降解 BDE47 的性能

电还原降解 BDE47 在室温下、双池反应器(图 5-36)中进行。采用三电极体系，工作电极和对电极之间的距离为 3 cm，工作电极的有效面积为 4 cm^2。阳极室和阴极室用 Nafion 117 膜隔开，阴极室加入 80 mL 含有 0.05 mol/L H$_2$SO$_4$ 电解液的 20 mg/L BDE47 溶液(甲醇为助溶剂)，阳极室加入等体积的 0.05 mol/L H$_2$SO$_4$ 电解液。降解采用恒电压模式，施加的电压为–0.8～–1.6 V。

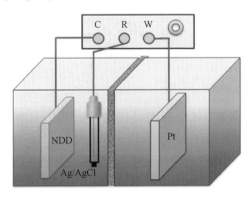

图 5-36　电催化还原降解 BDE47 的双池反应器示意图

图 5-37 是 NDD2/Si RA 电极在电压–0.8～–1.6 V 对初始浓度为 20 mg/L 的

BDE47 的降解曲线。由图可见，即使在–0.8 V 的低电压下 BDE47 也能被大部分降解；在–1.4 V 电催化还原 2 h 后，NDD2/Si RA 能降解 97%以上的 BDE47，表明 NDD2/Si RA 电极具有高催化活性。基于 $\ln(C_0/C_t)$ 和 t（C_0 是 BDE47 的初始浓度，C_t 是 t 时刻 BDE47 的浓度）的线性关系，可知 BDE47 的降解符合准一级动力学反应。表 5-1 列出了不同电压条件对应的动力学常数，该结果显示 NDD2/Si RA 电极对 BDE47 的降解动力学常数随着电压的升高而增大，在–1.4 V 为 1.93 h^{-1}；但是当电压从–1.4 V 升高到–1.6 V，降解动力学常数增长速率减缓，这可能是由于–1.6 V 时开始发生析氢反应（析氢电位为–1.5 V）。

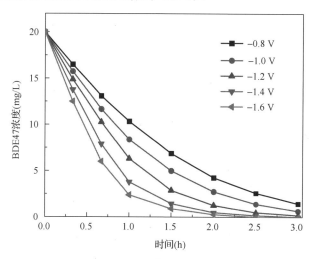

图 5-37　NDD2/Si RA 电极降解 BDE47 时其浓度的变化曲线（–0.8～–1.6 V）

表 5-1　NDD/Si RA 电极在–0.8～–1.6 V 降解 BDE47 的动力学常数

k	–0.8 V	–1.0 V	–1.2 V	–1.4 V	–1.6 V
k_{NDD1} (h^{-1})	0.36	0.55	0.79	1.16	1.48
k_{NDD2} (h^{-1})	0.82	1.07	1.50	1.93	2.15
k_{NDD3} (h^{-1})	0.51	0.81	1.16	1.30	1.42

NDD1/Si RA 和 NDD3/Si RA 电极对 BDE47 的降解曲线显示，在–1.4 V 电催化还原 2 h 后，NDD1/Si RA 和 NDD3/Si RA 电极对 BDE47 的去除率分别为 88.7%和 92.0%，比 NDD2/Si RA 对 BDE47 的去除率低。由表 5-1 的降解动力学常数可知，相同电压下，降解动力学常数先随着 NDD/Si RA 电极 N 含量的增加（≤2.26%，原子分数）而增大，表明 NDD/Si RA 电极的电还原活性随着 N 含量的增加而升高；继续增加电极的 N 含量，降解动力学常数轻微下降。这可能是由于 N 含量高于 2.26%（原子分数）时析氢电位降低，导致更多的电能被分解水产氢副反应所消耗。这个推测可通过测定有效电流密度（即有 BDE47 时伏安曲线测得

的电流密度减去无 BDE47 时的电流密度) 得到证实。图 5-38 是 NDD2/Si RA 和 NDD3/Si RA 电极在不同电压下的有效电流密度。在−0.8～−1.6 V，NDD2/Si RA 电极电还原 BDE47 的有效电流密度比 NDD3/Si RA 电极的大，且随着电压的负移，差距更加显著，说明电还原 BDE47 过程中，NDD2/Si RA 电极比 NDD3/Si RA 电极的电流利用效率更高，导致前者 BDE47 降解的速率更快。

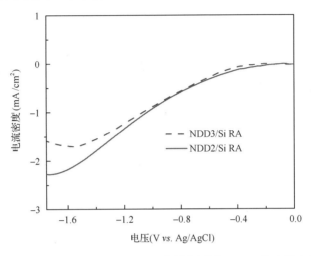

图 5-38　NDD2/Si RA 和 NDD3/Si RA 电极电还原 BDE47 的有效电流密度

作为对照，进一步考察了 BDD/Si RA、石墨、贵金属 Pt 片和 Pd 薄膜电极在同样条件下对 BDE47 的降解性能。如图 5-39 所示，在−1.4 V 时，相同时间内 NDD2/Si RA 电极对 BDE47 的去除率明显高于其他电极；3 h 内 NDD2/Si RA 电极几乎将

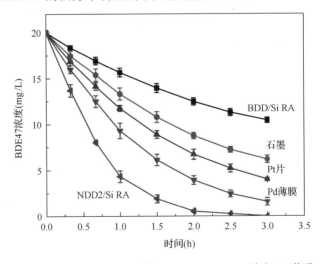

图 5-39　NDD2/Si RA、石墨、BDD/Si RA、Pt 片和 Pd 薄膜
电极降解 BDE47 时其浓度随时间变化曲线(−1.4 V)

BDE47 完全降解，而贵金属 Pd 和 Pt 电极对 BDE47 的降解率分别为 92.0% 和 80%，在石墨和 BDD 电极上，BDE47 的降解率更低，分别为 69.2% 和 47.8%。该结果表明它们对 BDE47 降解的电催化活性从高到低为：NDD2/Si RA＞Pd 薄膜＞Pt 片＞石墨＞BDD/Si RA。采用一级动力学方程对 BDE47 的降解曲线进行拟合，得到的动力学常数如表 5-2 所示，NDD2/Si RA 对 BDE47 降解的动力学常数为 1.93 h^{-1}，分别是石墨、BDD/Si RA、Pt 片和 Pd 薄膜电极的 8.4 倍、4.7 倍、3.5 倍和 2.3 倍。

为了考察上述电极在 BDE47 降解时的电流效率，对比了各个电极在有无 BDE47 的 0.05mol/L H_2SO_4 电解液中的线性扫描伏安曲线。将有 BDE47 时测得的电流密度减去无 BDE47 时的电流密度得到作用在 BDE47 上的有效电流密度。如图 5-40 所示，在电压 –0.8～–1.6 V 时，NDD2/Si RA 电极的有效电流密度高于石墨、BDD/ Si RA、Pt 片和 Pd 薄膜电极，且电压越负时 NDD2/Si RA 有效电流密度的优势越显著，这与 NDD2/Si RA 电极的析氢过电位高是一致的。表 5-2 列出了降解 BDE47 的有效电流密度与总电流密度的比值，NDD2/Si RA 电极的有效电流密度占 43.3%，石墨、BDD/Si RA、Pt 片和 Pd 薄膜电极的分别为 14.6%、15.5%、20.4% 和 25.9%，进一步证实了 NDD2/Si RA 电极的电催化还原性能优于石墨、BDD/Si RA、Pt 片和 Pd 薄膜电极。

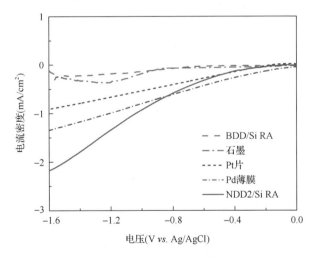

图 5-40　BDD/Si RA、石墨、Pt 片、Pd 薄膜和 NDD2/Si RA 电极
电还原 BDE47 的有效电流密度

表 5-2　各种电极在 –1.4 V 下降解 BDE47 的动力学常数及有效电流比

	NDD2	BDD	石墨	Pt 片	Pd 薄膜
k(h^{-1})	1.93	0.23	0.41	0.55	0.85
有效电流比(%)	43.3	14.6	15.5	20.4	25.9

电极的稳定性是电催化降解污染物时需要考虑的重要因素之一。NDD2/Si RA 电极连续 28 次降解 BDE 47 的速率基本维持不变，证明了 NDD2/Si RA 电极稳定性良好。

NDD2/Si RA 电极高效电还原性能可归因于以下因素：①N 的电负性比 C 强，N 掺杂能引起金刚石表面电荷极化、引入缺陷，从而增加吸附和催化活性位点，降低基元反应势垒；②N 掺杂使 NDD 析氢电位负移，当 N 含量为 2.26%（原子分数）时，NDD 的析氢电位为 –1.5 V，有助于提高电催化反应的电流效率；③N 掺杂提高了金刚石的导电性，促进电催化反应过程中的电子迁移；④NDD 纳米颗粒组成的棒结构提供了电子迁移通路。

NDD2/Si RA 电极在 –1.4 V 降解 BDE47 的产物采用 GC-MS 进行分析。图 5-41 是 GC-MS 测定的降解 0.5 h、1.0 h、2.0 h 和 3.0 h 后的产物浓度。BDE47 降解 0.5 h 时，主要的产物包括 2,4,4′-三溴二苯醚（BDE28），2,2′,4-三溴二苯醚（BDE17），4,4′-二溴二苯醚（BDE15），2,4′-二溴二苯醚（BDE8），2,2′-二溴二苯醚（BDE4）和 4-溴二苯醚（BDE3），其中 BDE28 的浓度最高，其次是 BDE15 和 BDE17；2-溴二苯醚（BDE1）和二苯醚也能检测到，但浓度很低。随着降解时间的延长，三溴二苯醚的浓度开始下降，二溴二苯醚、一溴二苯醚和二苯醚的浓度升高。二溴二苯醚在前 1 h 内浓度逐渐升高，达到最大值后开始下降；而一溴二苯醚（主要是 BDE3）的浓度在前 2 h 内逐渐升高，在 2 h 后浓度也开始下降；完全脱溴的产物二苯醚在整个降解过程中浓度都是逐渐升高的。这些实验结果揭示了 BDE47 的降解是一个逐渐脱溴、最终完全脱溴的过程。

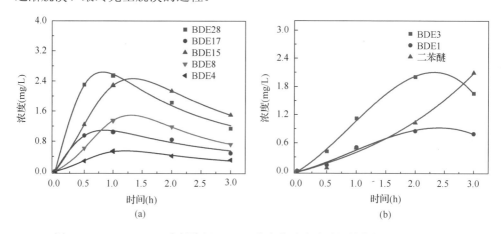

图 5-41 NDD2/Si RA 电极降解 BDE47 的产物浓度随时间的变化曲线（–1.4 V）

降解反应进行 3 h 时，BDE47 的浓度已低于 HPLC 的检测限，但当降解时间从 3 h 延长到 4 h 时，用离子色谱测定发现 Br⁻ 的浓度仍然不断增加，表明 BDE47 降解过程中产生的低溴代产物可被继续还原脱溴。当 BDE47 被电催化降解 3 h 时，脱溴率为 72.3%，和 BDE47 全部被还原为一溴二苯醚时的脱溴率 75.0%接近；当 BDE47 被电催化降解 4 h 时，脱溴率达到 86.5%，表明大部分 BDE47 被完全脱溴转化为二苯醚。

　　基于产物浓度随时间的变化趋势，推测 NDD2/Si RA 电极电催化还原降解 BDE47 的途径如图 5-42 所示。首先 NDD2/Si RA 电极电还原 H^+ 产生活性 H_{ad}，BDE47 的一个 Br 原子被 H_{ad} 取代，生成三溴二苯醚 BDE28 和 BDE17，其中 BDE28 为主要产物；三溴二苯醚继续被电还原，BDE28 转化为 BDE15 和 BDE8，BDE17 转化为 BDE8 和 BDE4，其转化产物以 BDE15 为主，其次为 BDE8；这些中间产物二溴二苯醚会继续被 NDD/Si RA 电极产生的 H_{ad} 取代，还原为一溴二苯醚 BDE3（主要产物）和 BDE1。最后一溴二苯醚完全脱溴转化为二苯醚。

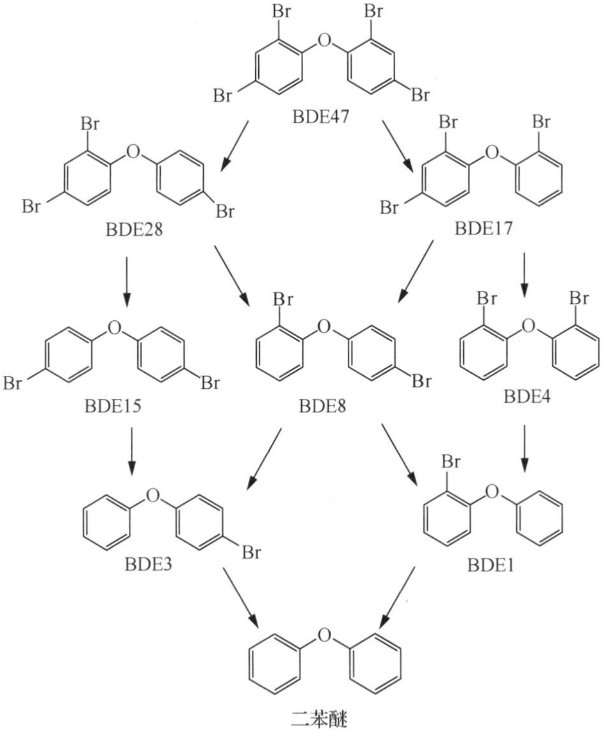

图 5-42　NDD2/Si RA 电极电还原 BDE47 的机理

4. 氮掺杂纳米金刚石电催化还原降解全氟化合物

　　全氟化合物是 F 原子将烷烃中与碳相连的 H 原子全部取代的一类有机化合物。典型全氟化合物主要有全氟辛酸(PFOA)和全氟辛基磺酸(PFOS)，其结构式如图 5-43 所示。由于 PFOS 和 PFOA 的碳链缺乏可进攻的位点，且 C—F 键键能很高

（154 kcal/mol[①]），因此化学性质非常稳定，比 **PBDEs** 更难被电化学还原。这类化合物被广泛用于造纸、灭火剂生产、农药、纺织、包装、皮革等行业，目前已经在海水、地表水、饮用水、土壤、灰尘、生物、人体血清中检出 **PFOS** 和 **PFOA**。由于它们疑似具有免疫毒性、生殖毒性、发育毒性、内分泌干扰效应，联合国环境保护署已于 2009 年将其列入《斯德哥尔摩公约》，作为新增的 9 种优先控制 POPs 之一。

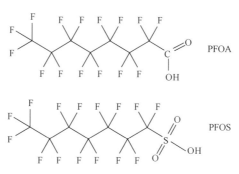

图 5-43　PFOS 和 PFOA 的结构式

以 PFOA 和 PFOS 为目标物，考察了 NDD2/Si RA 电极的脱氟性能。图 5-44 是反应过程中 PFOA 浓度随时间变化曲线。在–1.2 V 至–2.1 V 范围内，PFOA 的去除率随着电压的负移而升高，–1.2 V 时 PFOA 的去除率为 72.4%，–1.5 V 和–1.8 V 对应的去除率分别为 82.6% 和 90.6%，但是电压继续升高到–2.1 V 时，PFOA 的去除率为 94.3%，增加量减小，这可能是因发生了水分解产氢副反应所致。在–1.2 V、–1.5 V、–1.8 V 和–2.1 V 的降解动力学常数分别为 0.33 h^{-1}、0.43 h^{-1}、0.60 h^{-1} 和 0.74 h^{-1}，表明 NDD2/Si RA 电极对 PFOA 具有较好的降解性能。

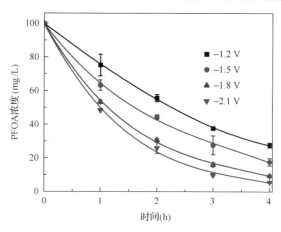

图 5-44　PFOA 在 NDD2/Si RA 电极上浓度随时间的变化曲线

---

① cal 为非法定单位，1 cal = 4.184 J。

图 5-45 是 PFOS 被 NDD2/Si RA 电极降解时的浓度变化曲线。在–1.2 V 至
–2.1 V 时，NDD2/Si RA 电极能将 PFOS 快速降解，PFOS 的去除率随着电压的负移
而升高，–1.2 V 时 PFOS 的去除率为 79.5%，–1.5 V、–1.8 V 对应的去除率依次升高
到 89.6% 和 95.3%。但是，当电压继续升高到–2.1 V 时，PFOS 的去除率为 97.1%，
增速放缓的原因仍为发生了水分解产氢副反应。PFOS 在–1.2 V、–1.5 V、–1.8 V
和–2.1 V 电压下的降解动力学常数分别为 0.40 h^{-1}、0.56 h^{-1}、0.76 h^{-1} 和 0.90 h^{-1}，
表明 NDD2/Si RA 电极能将 PFOS 较快降解。这些结果显示，NDD2/Si RA 电极对
PFOS 的降解效果比 PFOA 稍好，同时也进一步证实了 NDD2/Si RA 电极较好的
电还原脱氟性能。

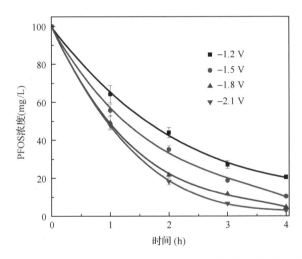

图 5-45　100 mg/L PFOS 在 NDD2/Si RA 电极上浓度随时间的变化曲线

鉴于全氟化合物在环境水体中的浓度水平较低，因此，进一步考察 NDD2/Si RA
电极对初始浓度为 10 mg/L 的 PFOS 降解性能。工作电压分别为–1.5 V 和–1.8 V 条
件下 PFOS 的去除率分别为 82.6% 和 92.5%，对应的降解动力学常数分别为 0.43 h^{-1}
和 0.59 h^{-1}，表明 NDD2/Si RA 电极对低浓度 PFOS 也能较快去除。

通常认为 Pd 是电化学加氢还原性能最好的材料之一。为了更好地衡量
NDD2/Si RA 电极的电还原性能，将 NDD2/Si RA 与 Pd 电极降解 PFOS 的性能进
行对比。在–1.8 V 降解 4 h 后，Pd 电极对 100 mg/L PFOS 的去除率为 89.5%，其
准一级动力学常数为 0.56 h^{-1}。而 PFOS 在 NDD2/Si RA 电极上的去除率为 95.3%，
其准一级动力学常数为 0.76 h^{-1}，说明 NDD2/Si RA 电极分解 PFOS 的性能优于 Pd
电极。为了确定 PFOS 是否是通过电化学还原脱氟被 NDD2/Si RA 电极降解，测
定了 PFOS 降解过程中 F$^-$ 浓度的变化。F$^-$ 浓度随着 PFOS 降解时间的延长而逐渐
升高，100 mg/L PFOS 电还原 4 h 后 F$^-$ 浓度为 40.2 mg/L，占初始 PFOS 中总 F 摩

尔数的 62.2%，表明 NDD2/Si RA 电极能有效地对 PFOS 脱氟，同时也说明 PFOS 的降解机理是电催化还原脱氟。由于 PFOS 的分子结构复杂，具体的有机产物还需进一步鉴定。

5.3　电增强吸附去除 POPs 的原理和方法

5.1.4 节中已述及，电增强吸附不但可在低能耗条件下通过施加极化电位提高吸附污染物的速率和吸附量，还可通过施加反向电位或撤去电位的方法实现吸附材料的再生。基于以上优势，结合 POPs 结构特点及其在水环境污染现状，分别以碳纳米管(CNTs)、碳纤维为吸附材料，研究了电增强吸附参数对去除 POPs 性能的影响规律，以提高 POPs 吸附去除的效率并阐明电增强吸附作用机理，希望为电增强吸附方法在废水处理和水的深度净化方面的应用提供理论依据。

5.3.1　电增强碳纳米管吸附污染物

CNTs 具有大的比表面积、特殊的孔径结构和表面特征官能团，能吸附重金属、无机非金属离子、脂肪烃、芳香烃、有机农药、抗生素、内分泌干扰物、卤代甲烷[12]等多种污染物。依据电增强吸附原理，如果在 CNTs 表面施加外电场，可提高双电层容量，改善 CNTs 与污染物之间的电荷-偶极作用或静电作用，提高吸附速率和吸附量，进而实现污染物有效去除。

1. CNTs 电极的制备和表征

采用电泳沉积法在 Ti 基底上制备多壁碳纳米管(multi-walled carbon nanotubes, MWCNTs) 电极。主要步骤如下：①MWCNTs 的清洗。将粉体 MWCNTs 在氩气保护下 350℃ 热处理 30 min 除去无定形碳，之后置于浓硝酸-浓硫酸(1∶3)溶液中，常温条件下连续超声 16 h 去除 CNTs 中残留的金属催化剂。清洗、干燥后的 MWCNTs 理化参数见表 5-3。②电泳沉积。将 75 mg MWCNTs 加入 300 mL 无水异丙醇，超声振荡 60 min 得到 MWCNTs 分散液，之后在分散液中加入一定量的 $Mg(NO_3)_2 \cdot 6H_2O$ 继续超声 15 min 得到稳定的 Mg^{2+}-MWCNTs 悬浮液。以干净的 Ti 片为阴极、Pt 片为阳极，两极间距 10 mm，160 V 电压电泳 3 min，这一过程能够观察到约 2 mA 的电流。电泳沉积后，得到一层外观均匀致密的 MWCNTs/Ti 电极，将电极置于空气中室温条件下自然风干，称量 Ti 片及 MWCNTs/Ti 的质量，二者之差即为每片电极上 MWCNTs 的质量。采用上述方法得到 MWCNTs 平均质量为 1 mg/片。

表 5-3 氧化 MWCNTs 的部分理化参数

吸附剂	S_{BET}(m²/g)	$D_{average}$ (nm)	V_{total} (cm³/g)	长度(μm)	N (%)	C (%)	H (%)	O (%)
MWCNTs	519	4.51	0.57	<3.0	0.16	89.4	0.35	10.0

在 1 mmol/L Na₂SO₄ 溶液中，MWCNTs 的循环伏安曲线在−1.2～1.2 V 之间没有氧化还原峰，表明此范围内，MWCNTs/Ti 电极表面没有发生化学反应。交流阻抗谱显示，当 Ti 片表面电子传输阻力约为 1700 Ω，负载 MWCNTs 之后，R_{et} 值下降到 4.2 Ω，说明 Ti 片表面负载 MWCNTs 有利于电子传输。

2. 电增强吸附壬基酚

壬基酚聚氧乙烯醚(nonylphenol ethoxylate，NPEO)是主要的商用非离子表面活性剂，广泛应用于纺织、塑料、造纸等工业、农业和日常生活中。随着工业废水及生活废水进入环境的 NPEO 经生物厌氧降解产生壬基酚(NP)的各种同分异构体，其中大多为对位取代的壬基酚(4-壬基酚，4-nonylphenol，4-NP)。尽管在实际水环境中浓度较低，但 NP 是公认的内分泌干扰物，难以生物降解，易于生物富集，因而低浓度的 NP 也会对生态环境造成危害。

4-NP 的特征理化参数见表 5-4。由表可知，4-NP 属于芳香烃类污染物，在水中具有较低的溶解度。4-NP 结构中含有亲水性官能团—OH，当溶液 pH>pK_a(10.7)时，部分发生解离。

表 5-4 目标污染物的选择性理化参数

污染物	分子结构	M_W(g/mol)	pK_a	溶解度(mg/L)	logK_{OW}
4-NP	CH₃—(CH₂)₈—⟨苯环⟩—OH	220.35	10.7	5.4～8.0	4.8～5.3

通过循环伏安测试考察 4-NP 的电化学稳定性。工作电极、对电极和参比电极分别为 MWCNTs、Pt、SCE，电解质为 1 mmol/L Na₂SO₄。4-NP 的电吸附窗口为−1.2～1.2 V，因此，当电压在此范围内变化时，4-NP 不发生化学反应。

考察了极化电压为−0.6 V、−0.3 V、0.3 V 和 0.6 V 时的吸附动力学曲线，并与开路电位和粉体多壁碳纳米管的吸附效果对比。由于不同的动力学特征曲线反映出不同的吸附机理，如传质控制、扩散控制、化学吸附和颗粒间扩散等。分别采用一级动力学模型、二级动力学模型和内扩散模型评价碳纳米管的电增强吸附行为。模型方程如下：

一级动力学方程：

$$\lg(q_e-q_t)=\lg q_e-k_1 \cdot t/2.303 \tag{5-26}$$

二级动力学方程：

$$\frac{t}{q_t} = \frac{1}{k_2 q_e^2} + \frac{1}{q_e}t = \frac{1}{v_0} + \frac{t}{q_e} \tag{5-27}$$

式中，q_e 和 q_t(mmol/g) 分别是达到吸附平衡和 t 时刻污染物在 MWCNTs 的吸附量；k_1(1/h)、k_2[g/(mmol·h)] 分别是一级动力学、二级动力学模型的吸附速率常数；v_0[mmol/(h·g)] 是初始吸附速率。采用以上两个模型拟合得到的动力学曲线分别如图 5-46 所示，不同极化电压下的吸附曲线在 2 h 达到吸附平衡，而粉体 MWCNTs 吸附需要 3 h 达到吸附平衡，说明电增强吸附缩短了吸附平衡时间。模型参数如表 5-5 和表 5-6 所示。二级动力学模型的归一化常数 R^2 更接近于 1，说明 4-NP 的电增强吸附动力学符合该模型，也说明了在吸附过程中存在化学吸附，吸附容量与粉体 MWCNTs 上的吸附位点的数量成比例。

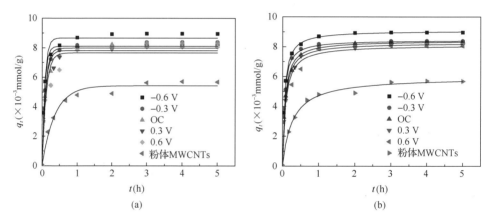

图 5-46　4-NP 在不同条件下的吸附动力学曲线

(a) 一级动力学拟合曲线；(b) 二级动力学拟合曲线

表 5-5　**4-NP 吸附的一级动力学模型参数**

V(V)	一级动力学参数(4-NP)		
	$q_e \times 10^{-3}$(mmol/g)	k_1(1/h)	R^2
−0.6 V	8.7	13.3	0.9821
−0.3 V	8.1	14.1	0.9767
OC	8.0	10.8	0.9642
0.3 V	7.8	10.5	0.9730
0.6 V	7.7	8.8	0.9286
粉体 MWCNTs	5.7	2.7	0.9788

表 5-6　4-NP 吸附的二级动力学模型参数

V(V)	二级动力学参数(4-NP)			
	$q_e \times 10^{-3}$ (mmol/g)	v_0[mmol/(h·g)]	k_2[g/(mmol·h)]	R^2
–0.6 V	9.1	0.182	2197.8	0.9997
–0.3 V	8.5	0.163	2262.4	0.9979
OC	8.5	0.135	1920.0	0.9988
0.3 V	8.3	0.122	1771.8	0.9967
0.6 V	8.2	0.090	1325.6	0.9814
粉体 MWCNTs	5.9	0.023	651.9	0.9924

　　一般情况下，污染物在多孔材料上的吸附过程主要包括三个阶段。第一阶段是外扩散，污染物由本体溶液向吸附材料外表面移动；第二阶段是内扩散，污染物进一步向吸附材料孔内扩散并接近吸附位点；第三个阶段是污染物被吸附位吸附。通常第三个阶段吸附速率比较快，可以忽略，因此吸附速率由前两个阶段中速率慢者控制。

　　将吸附动力学拟合得到的吸附量和吸附速率常数用内扩散模型拟合，模型方程如下：

$$q_t = k_d t^{\frac{1}{2}} \tag{5-28}$$

式中，q_t(mmol/g) 是 t 时刻污染物在 MWCNTs 上的吸附量；k_d[mmol/(g·h$^{1/2}$)] 是吸附速率常数。拟合得到的吸附动力学曲线如图 5-47 所示。如果采用内扩散模型拟合得到的动力学曲线是一条直线并且通过原点，说明吸附过程速率由内扩散控制。由图 5-47 可知，将吸附刚开始的前 1 h 内的数据进行拟合，得到的线性关系并不好，并且通过观察不同极化电压下吸附曲线的变化趋势，发现 2 h 之后曲线接近水平，表明吸附逐渐达到平衡，这也说明在电增强吸附过程中内扩散不是唯一的速控步骤。

　　由表 5-6 数据可以看出，不同条件下 4-NP 的初始吸附速率 v_0 按如下顺序排列：–0.6 V＞–0.3 V＞OC＞0.3 V＞0.6 V＞粉体 MWCNTs。其中，–0.6 V 极化电位下的 v_0 是 OC 条件下的 1.35 倍，是粉体 MWCNTs 吸附的 7.9 倍；平衡吸附量 q_e 按如下顺序排列：–0.6 V＞–0.3 V ＝ OC＞0.3 V＞0.6 V＞粉体 MWCNTs。其中，–0.6 V 极化电位下的吸附容量是 OC 条件下的 1.1 倍，是粉体 MWCNTs 吸附的 1.5 倍，说明电增强吸附能有效提高 4-NP 的 v_0 和 q_e，特别是负极化电压条件下的吸附效果更加显著。

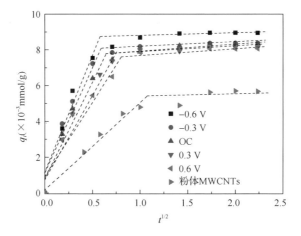

图 5-47　采用内扩散模型拟合 4-NP 在不同条件下的吸附动力学曲线

　　粉体 MWCNTs 对 4-NP 的吸附作用力有如下三个来源：第一，4-NP 分子结构中含有酚羟基和烷基碳链，这些给电子基团使 4-NP 的苯环电子云密度增大，而碳纳米管结构中的石墨层是缺电子区域(碳纳米管的边和缺陷是富电子区域)，在静电引力作用下，4-NP 的苯环结构趋向于与碳纳米管石墨层相互靠近形成更稳定的 π-π 共轭结构，因此增强了碳纳米管吸附 4-NP 的能力。第二，混酸处理过的多壁碳纳米管表面含有羟基和羧基等含氧官能团，能与 4-NP 上的酚羟基形成氢键而吸附。第三，4-NP 上的烷基长碳链是疏水基团，疏水作用也促进了碳纳米管对 4-NP 的吸附。当碳纳米管表面施加负的极化电压时，负电荷堆积导致碳纳米管与 4-NP 之间的 π-π 共轭作用增强，所以–0.6 V 电位下的 v_0 和 q_e 值高于开路(OC)电位和粉体 MWCNTs 条件下的值。值得注意的是，在碳纳米管上施加正极化电压时的吸附速率仍然高于粉体 MWCNTs 的吸附速率，可能原因是碳纳米管表面富集的正电荷与 4-NP 苯环上的 π 电子发生阳离子-π 键作用，促进了 4-NP 的吸附[13,14]。

　　测定了极化电压为–0.6 V 时 4-NP 的电增强吸附等温线，并分别与 OC 和粉体 MWCNTs 条件对比。等温线如图 5-48 所示。将吸附等温线数据分别用 Langmuir 模型和 Freundlich 模型进行拟合，模型方程如下所示，模型参数见表 5-7。

Langmuir 模型：

$$q_e = \frac{b q_m C_e}{1 + b C_e} \tag{5-29}$$

Freundlich 模型：

$$q_e = K_F C_e^n \tag{5-30}$$

式中，C_e(mmol/L) 和 q_e(mmol/g) 分别是达到吸附平衡时污染物在水相和吸附剂上的浓度;K_F 和 n 是与吸附容量和吸附强度有关的 Freundlich 模型常数;q_m(mmol/g) 是最大吸附容量;b 是 Langmuir 模型的吸附平衡常数。由表 5-7 可知,Langmuir 模型拟合的 R^2 较 Freundlich 模型的 R^2 更接近于 1,说明吸附过程以单层吸附为主。此外,三种条件下的最大吸附容量 q_m 按如下顺序排列:-0.6 V > OC > 粉体 MWCNTs,-0.6 V 电位下的 q_m 分别是 OC 电位和粉体 MWCNTs 吸附的 1.5 倍和 1.7 倍,说明电增强吸附提高了 4-NP 在 MWCNTs 上的吸附容量,并且施加负的极化电压有利于提高吸附效果。分析原因,在施加负的极化电压条件下,MWCNTs 与 4-NP 之间的 π-π 堆积作用增强,导致 q_m 的提高。

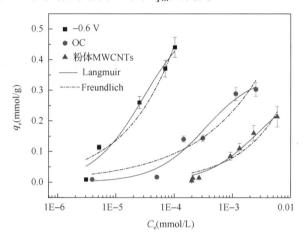

图 5-48 4-NP 在-0.6 V、OC 电位和粉体多壁碳纳米管上的吸附等温线

表 5-7 4-NP 在不同条件下的 Langmuir 和 Freundlich 模型参数

实验条件	Langmuir 常数			Freundlich 常数		
	q_m(mmol/g)	b(L/mmol)	R^2	K_F (mmol$^{(1-n)}$·L^n/g)	n	R^2
-0.6 V	0.55±0.07	3.3E3±0.1E3	0.9740	51.7±51.4	0.52±0.10	0.9505
OC	0.35±0.04	2.9E3±0.1E2	0.9623	3.53±2.15	0.39±0.10	0.9102
粉体 MWCNTs	0.32±0.04	3.7E2±0.1E2	0.9793	5.64±3.19	0.60±0.10	0.9283

3. 电增强碳纳米管吸附全氟化合物

以 PFOA 和 PFOS 为目标污染物,考察了电增强碳纳米管吸附性能。在 0.6 V、0.3 V、-0.6 V 和开路电位条件下,进行了 Ti 基底上 MWCNTs 对 PFOA 和 PFOS 的吸附动力学实验,分析不同极化电压下的吸附特征。如图 5-49(a) 和 (b) 所示,在初始的 30 min 内,施加正或负的极化电压均能使 PFOA 和 PFOS 快速地由溶液向 MWCNTs 表面移动,30 min 之后是 PFOS 和 PFOA 由 MWCNTs 表面区域向孔道内部吸附点扩散的慢过程。PFOA 和 PFOS 达到吸附平衡的时间分别是 3 h 和

2 h。根据图 5-49（c），PFOA 和 PFOS 在粉体多壁碳纳米管上的吸附至少要 8 h 能够达到吸附平衡。

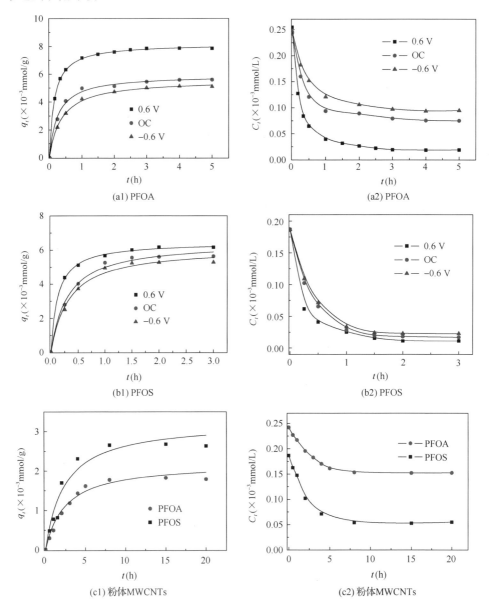

图 5-49　PFOA（a）和 PFOS（b）在 0.6 V、开路电位和–0.6 V 条件下的吸附动力学曲线，
（c）粉体 MWCNTs 的吸附动力学曲线；分别采用二级动力学方程拟合

根据表 5-8 给出的吸附动力学参数，极化电压为 0.6 V 时 PFOA 和 PFOS 的初始吸附速率 v_0 分别为 54.5 μmol/(h·g) 和 53.8 μmol/(h·g)，这一数值是 OC 条件下

的 2.3 倍（PFOA）和 2.5 倍（PFOS），是粉体多壁碳纳米管的 60 倍（PFOA）和 41 倍（PFOS）。这表明，在电增强条件下，PFOA 和 PFOS 的初始吸附速率显著提高。

表 5-8　不同实验条件下 PFOA 和 PFOS 的吸附动力学参数

实验条件	准二级动力学参数（PFOA）				准二级动力学参数（PFOS）			
	$q_e \times 10^{-3}$ (mmol/g)	$v_0 \times 10^{-3}$ [mmol/(h·g)]	k_2[g/(mmol·h)]	R^2	$q_e \times 10^{-3}$ (mmol/g)	$v_0 \times 10^{-3}$ [mmol/(h·g)]	k_2[g/(mmol·h)]	R^2
0.6 V	8.2	54.5	810	0.999	6.5	53.8	1290	0.999
OC	5.9	23.7	680	0.995	6.5	21.5	520	0.993
−0.6 V	5.6	15.1	480	0.998	6.2	19.2	500	0.991
粉体 MWCNTs	2.2	0.9	191	0.977	3.2	1.3	132	0.949

根据吸附动力学实验结果，0.6 V、OC、−0.6 V 条件下污染物的去除率（RE）以及粉体 MWCNTs 吸附去除率如图 5-50 所示。达到吸附平衡后，−0.6 V 下 PFOA 的去除率为 61%，当极化电压增加到 0.6 V 时，去除率提高到 92%，明显高于 OC 条件下的 RE（68%）和粉体 MWCNTs 吸附的 RE（37%）。−0.6 V 时，MWCNTs 电极与 PFOA 阴离子之间存在静电排斥力，但−0.6 V 下获得的污染物去除率和初始吸附速率高于粉体 MWCNTs 吸附。其原因可能是在负的极化电势下碳纳米管首先吸附溶液中的 Na$^+$，通过 Na$^+$ 的桥联作用进一步吸附 PFOA。对于 PFOS 的吸附，由图 5-50 可知，极化电压为 0.6 V 条件下达到吸附平衡时的 RE 值（95%）高于粉体 MWCNTs 吸附的 RE（71%），以及 OC 条件（91%）和−0.6 V 条件下的 RE（89%），其吸附增强幅度弱于 PFOA。这可能由于 PFOS 烷基碳链长于 PFOA，脂肪烃的烷基碳链越长越疏水，在疏水作用和静电作用的共同影响下，PFOS 更容易被碳纳米管吸附，因此施加电场后增强幅度较小。

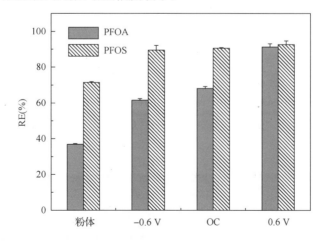

图 5-50　0.6 V、OC、−0.6 V 及粉体条件下 PFOA 和 PFOS 的去除率（RE）

　　PFOA 和 PFOS 的吸附等温线如图 5-51 所示。所有的等温线显示出非线性特征，并分别用 Langmuir 模型和 Freundlich 模型拟合，模型常数如表 5-9 所示。极化电压为 0.6 V 时，Langmuir 模型具有高于 Freundlich 模型的归一化常数 R^2，表明吸附过程中单层吸附起主导作用。由 Langmuir 模型计算得到的最大吸附容量 q_m 分别为 0.98 mmol/g（PFOA）和 0.94 mmol/g（PFOS），比 OC 条件下得到的 q_m 分别提高 1.4 倍（PFOA）和 1.6 倍（PFOS）。尽管与粉体 MWCNTs 相比，MWCNTs 沉积到 Ti 片之后可利用的有效比表面积降低，但从表 5-10 数据发现，0.6 V 极化电位下的 q_m 比粉体 MWCNTs 条件下提高了 150 倍（PFOA）或 94 倍（PFOS）。由于 pH$<$pH$_{pzc}$ 时多壁碳纳米管表面带正电荷，外加正的极化电压时，PFOA、PFOS 的阴离子与电极之间的静电吸引力增强，电极的双电层电容得到提高，导致获得较高的吸附容量。

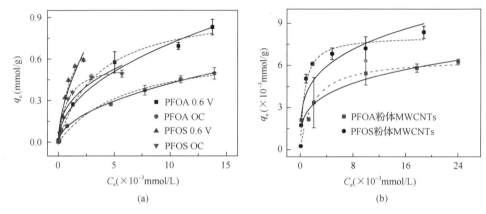

图 5-51　（a）PFOA 和 PFOS 在 0.6 V 和 OC 条件下的吸附等温线，
（b）粉体 MWCNTs 吸附 PFOA 和 PFOS 的吸附等温线
Langmuir 模型拟合（- - -），Freundlich 模型拟合（——）

表 5-9　不同实验条件下的 Langmuir 和 Freundlich 模型参数

被吸附物	实验条件	Langmuir 常数			Freundlich 常数		
		q_m(mmol/g)	b(L/mmol)	R^2	K_F[mmol$^{(1-n)}$·L^n/g]	n	R^2
PFOA	0.6 V	0.98 ± 0.06	286 ± 57	0.993	6.50 ± 1.50	0.48±0.05	0.987
	OC	0.70 ± 0.12	167 ± 83	0.975	4.54 ± 0.79	0.52±0.04	0.992
	粉体 MWCNTs	0.0065 ± 0.0007	526 ± 249	0.853	0.018± 0.003	0.27±0.04	0.951
PFOS	0.6 V	0.94 ± 0.13	1000 ± 300	0.980	19.44± 12.30	0.56±0.10	0.956
	OC	0.57 ± 0.02	1429±163	0.997	4.16 ± 1.95	0.39±0.08	0.930
	粉体 MWCNTs	0.010 ± 0.001	2941 ± 1471	0.907	0.029 ± 0.010	0.24 ± 0.07	0.835

为了证实溶液中 PFOA 和 PFOS 浓度的降低仅是由多壁碳纳米管的吸附而并不是由其他过程引起的化学降解，采用液相色谱-三重串联四极杆质谱(LC-MS/MS)对初始 PFOA 和 PFOS 溶液及 0.6 V 条件下达到电增强吸附平衡时的溶液进行定性分析。对比总离子流图可以发现，电增强吸附后色谱峰降低但没有其他峰出现，表明这一过程没有新物质生成。PFOA 的红外光谱中存在羧基(1700 cm^{-1} 和 1560 cm^{-1})和 C—F 键(1100 cm^{-1})的特征峰，未使用的多壁碳纳米管的红外谱中存在羧基(1560 cm^{-1})的特征峰，电增强吸附平衡后的 MWCNTs/Ti 电极除了存在羧基的信号峰之外，能观察到明显的 C—F 键(1190 cm^{-1} 和 1100 cm^{-1})特征峰，这也证明了在外加电场作用下 PFOA 吸附在多壁碳纳米管电极上。

pH 会影响多壁碳纳米管表面电荷进而影响对解离态 PFOA 和 PFOS 的吸附容量。考察了 pH=2.0、5.6、7.4 和 9.6 时的吸附容量变化，结果见图 5-52。当 pH 由 2.0 升高到 9.6 时，PFOA 的吸附容量由 8.2 μmol/g 降低到 6.7 μmol/g。由于多壁碳纳米管电极的 pH$_{pzc}$ = 7.3，当 pH<pH$_{pzc}$ 时，多壁碳纳米管表面带正电荷能吸引 PFOA，导致吸附容量的提高；当 pH>pH$_{pzc}$，由于多壁碳纳米管表面带负电荷排斥 PFOA，因此吸附容量降低。对于 PFOS，除了静电作用之外，还存在疏水作用。因此，pH 对其电吸附容量的影响并不显著，不同 pH 条件下的平均吸附容量约为 7.0 μmol/g。

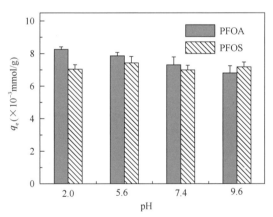

图 5-52　pH 对吸附容量的影响

5.3.2　电增强碳纤维吸附污染物

与常用的颗粒活性炭相比，碳纤维(CF)具有更大的比表面积和吸附容量，吸附质在 CF 内的扩散阻力更小。CF 制品包括碳毡、蜂窝状物、织物、杂乱的短纤维和纤维束等多种形状。这些不同形状使 CF 很容易利用电场增强自身的吸附能力，因此，其在电增强吸附方面具有很好的应用前景。

1. 电增强碳纤维吸附的影响因素

以苯酚为目标污染物考察电场对碳纤维(CF)吸附性能的增强作用[15]。使用前先用蒸馏水洗去 CF 表面的固态杂质；然后在 NaOH 溶液中煮沸 1 h 去除有机物质；接着用大量蒸馏水冲洗后将其置于 HCl 溶液中煮沸 1 h 去除残留的 NaOH 和其他的无机物质；最后用蒸馏水冲洗并煮沸再冲洗至 pH 不变为止。将经过上述预处理的 CF 置于 105℃烘箱中烘干 24 h，然后置于 100 mmol/L 苯酚溶液中，在设定的电位和恒定搅拌速率下进行吸附。

采用循环伏安法确定电吸附电位窗口，当电位负于–0.75 V 和正于 0.725 V 时，电流明显增加，表明溶液或 CF 表面发生了氧化还原反应，因此可确定电位控制在 0 V 到 0.7V 之间没有氧化还原反应只有吸附作用。

选取开路(OC)、0.2 V、0.4 V、0.6 V 和 0.7 V 条件下研究极化电压对吸附速率和吸附量的影响。图 5-53(a)是吸附过程中的苯酚的浓度变化，(b)是吸附量变化，吸附量对时间的变化曲线是 Lagergren 一级吸附动力学速率方程拟合结果，拟合参数列于表 5-10。从图和表中的数据可看出，极化电位越大，CF 吸附苯酚的速率越快、吸附量也越大，例如 0.7 V 下的吸附速率是开路时的 1.71 倍，平衡吸附量增加了 11 倍多。这表明施加正极化电位可以加速苯酚的吸附。根据循环伏安结果，当电位小于 0.7 V 时，苯酚和水都不会被氧化。因此，苯酚吸附速率的加快和吸附量的增加是电极化增强了 CF 表面对苯酚吸附的结果。

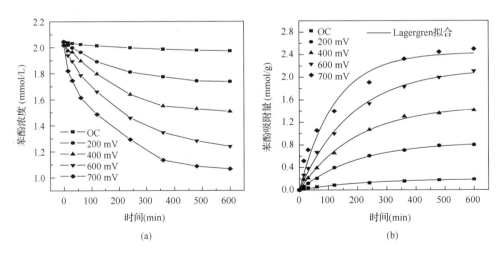

图 5-53　电位对碱性条件下苯酚吸附动力学的影响

(a)浓度随时间变化曲线；(b)吸附量随时间变化曲线

表 5-10　不同电位下苯酚一级吸附动力学模型 **Lagergren** 拟合结果

极化电位(V)	q_e(mmol/g)	$k_i \times 10^3$(min^{-1})	R^2
OC	0.20	4.81	0.991
0.2	0.85	5.12	0.999
0.4	1.50	5.18	0.996
0.6	2.15	5.54	0.995
0.7	2.44	8.24	0.975

图 5-54 给出了对 0.6 V 极化电压下电增强吸附不同初始浓度(0.4 mmol/L、1.0 mmol/L 和 2.0 mmol/L)苯酚的浓度变化。由于初始浓度的增加，浓度梯度也随之加大，从而增加了向 CF 表面转移苯酚的量，因此吸附量随着初始浓度的增加而增大，这与传统的吸附现象一致。三种初始浓度对应的吸附速率常数分别为 3.15×10^{-3} min^{-1}、3.71×10^{-3} min^{-1} 和 4.28×10^{-3} min^{-1}。可见随着初始浓度的增加，苯酚在碱性条件下的吸附速率加快。其主要原因是碱性条件下苯酚以阴离子状态存在，初始浓度越大，苯酚阴离子越多，越容易被阳极极化的 CF 吸附，因此，单位时间内迁移到 CF 表面的苯酚量提高。

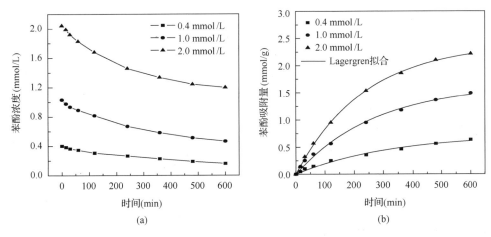

图 5-54　初始浓度对碱性条件下苯酚电吸附动力学的影响
(a)浓度对时间变化曲线；(b)吸附量对时间变化曲线

电解质在电增强吸附过程中起着重要的作用，其浓度影响吸附速率和吸附量。向苯酚初始浓度为 1.0 mol/L，NaOH 浓度为 0.05 mol/L 的溶液中分别添加 0.001 mol/L、0.01 mol/L 和 0.1 mol/L 的 Na$_2$SO$_4$，考察电解质浓度对 0.6 V 下 CF 电极吸附苯酚动力学的影响。结果如图 5-55(a)所示，对应的 Lagergren 一级吸附动力学模型的拟合结果如图 5-55(b) 的实线所示。三种浓度 (0.001 mol/L、0.01 mol/L 和 0.1 mol/L) 下的吸附速率常数分别为 9.35×10^{-3} min^{-1}、1.04×10^{-2} min^{-1} 和 1.11×10^{-2} min^{-1}，随电解质浓度的增加而增加。这主要是由于电解质浓度的增加，增大了溶液的电导率，从而增大了碳纤维表面的电流密度，加速了苯酚向 CF 电极的迁移。另外，随着电解质浓度的增加，CF 电极的吸附量降低。这是由于在正电场作用下，硫酸根负离子容易吸附到电极表面，占据了表面吸附位点，从而降低了苯酚的吸附量。

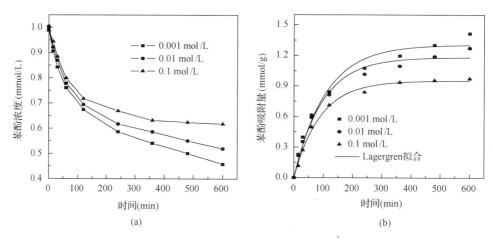

图 5-55　电解质浓度对碱性条件下苯酚的电吸附动力学影响
(a)浓度随时间变化曲线；(b)吸附量随时间变化曲线

2. 连续流电吸附抗生素

抗生素是人类治疗微生物感染的特效药物，在养殖业中也经常使用。进入环境的抗生素类污染物因对人类健康和生态系统具有潜在威胁而引起全球关注。近年来，抗生素在地表水、地下水中常常被检出，虽然浓度不高，但稳定性高且具有生物毒性，难以通过常规技术去除。环境残留的各类抗生素一般以离子形态存在于水体中，适合用电增强吸附技术去除。因此，以典型抗生素磺胺类的磺胺二甲氧嘧啶(sulfadimethoxine, SDM)、喹诺酮类的环丙沙星(ciprofloxacin, CIP)和大环内酯类的克拉霉素(clarithromycin, CLA)为目标污染物，考察连续流条件下电增强 CF 吸附去除水中抗生素的性能[16]。SDM、CIP 和 CLA 的理化参数见表 5-11。

表 5-11 SDM、CIP 和 CLA 的特征理化参数

化合物	结构式	M_W (g/mol)	溶解度 (mg/L)	pK_a	$\log K_{OW}$
SDM		310.33	343	$pK_{a,1}$:2.13 $pK_{a,2}$:6.08	1.5
CIP		331.35	6.19×10^3 (pH= 5.0, 37℃)	$pK_{a,1}$:3.01 $pK_{a,2}$:6.14 $pK_{a,3}$:8.70 $pK_{a,4}$:10.58	0.4
CLA		747.95	90 mg/L (20℃, pH=7)	pK_a:8.99	3.159

连续流电增强 CF 吸附装置的外壳为不锈钢管(内径 50 mm、高度 200 mm)，管内装填吸附芯体。芯体分为三层，厚度 3 mm 的 CF 作阳极、厚度 1 mm 的 CF 作阴极，两片 CF 之间有一层厚度 3 mm 玻璃纤维网绝缘层，三层的长度均为 200 mm，紧密缠绕成圆柱形并装填进不锈钢管内。

在不同极化电压下，考察了水中离子态抗生素浓度变化。实验条件为施加 1.0 V、0.6 V、-0.6 V、-1.0 V 极化电压或开路(OC)、储水槽中溶液体积 4.0 L、一台蠕动泵将储水槽中抗生素初始浓度 50 mg/L、Na_2SO_4 电解质浓度 1 mmol/L 的溶液以

3 m/h 流速泵入管内,溶液流经滤芯后回到储水槽,如此不断循环,间隔一定时间从出水槽中取水样测试抗生素浓度,结果如图 5-56 所示。

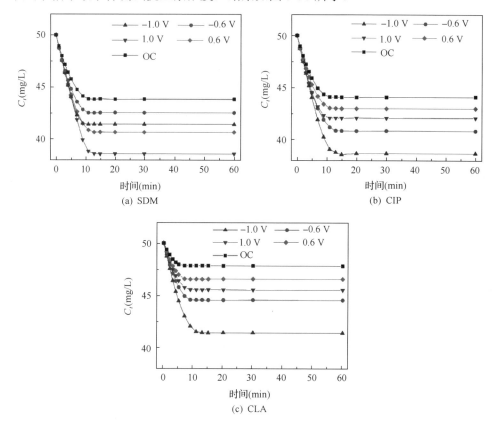

图 5-56 间歇流模式下,极化电压对 CF 吸附抗生素 SDM(a)、CIP(b)和 CLA(c)的影响

开路条件下,循环吸附 10 min 后,储水槽中溶液的 SDM、CIP、CLA 的浓度分别稳定在 43.5 mg/L、44 mg/L、47.8 mg/L,相比于 OC 条件,施加不同极化电压后抗生素的吸附去除率提高了 1.2～3.9 倍。SDM 吸附去除率从高至低为 1.0 V > 0.6 V > −1.0 V > −0.6 V > OC,CIP 和 CLA 的吸附去除率从高到低为 −1.0 V > −0.6 V > 1.0 V > 0.6 V > OC。在 pH 为 6.8(溶液初始 pH)条件下,SDM⁻ 占优势。施加正的极化电压时,SDM⁻ 和 CF 阳极间的静电吸引增大了去除率;施加负的极化电压时,CF 与 SDM⁻ 间存在静电斥力,然而吸附效率仍比 OC 时高,原因是 SDM⁻ 和薄 CF 阴极间存在静电吸引。同样的情况也发生在 CIP⁺ 和 CLA⁺ 吸附实验中,说明采用两片 CF 吸附电极作滤芯对于提高抗生素去除效率是有效的。

抗生素在不同 pH 条件下有不同的解离形态,因此溶液 pH 影响吸附效果。图 5-57 显示了吸附分配系数 K_d 与 pH 的关系。OC 条件下 SDM、CIP 和 CLA 的 K_d 最大值分别出现在 pH 为 6.1、7.4 和 8.0。极化电压为 1.0 V 时,SDM 的 K_d 值在

pH 为 6.1 处增加，这是因为 SDM⁻和 CF 阳极间的静电吸引。同理，1.0 V 条件下，由于 CIP²⁺和去质子化 CF 表面的静电吸引，CIP 的 K_d 值有所增加。但当 pH<3.5，CIP³⁺成为优势阳离子，比 CIP²⁺更亲水[17]，增加的亲水性导致 K_d 值降低。静电吸引和亲水性的联合效应使 pH 为 3 时 K_d 值最大。对于 CLA，极化电压为-1.0 V 时，静电吸引在 pH<8.99 占优势，K_d 值相对较高。另一方面，K_d 值在 pH<6 下降归因于 CLA⁺和 H⁺在带负电的 CF 表面的竞争吸附。

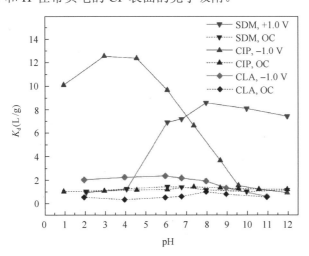

图 5-57　不同极化电压下吸附分配系数 K_d 随 pH 变化曲线

对于连续流电增强吸附，用单位时间流经固定床的水体积与固定床的几何体积之比表示空间流速，床体积数 n 代表单位时间内流过床层的水体积是固定床几何体积的 n 倍，即床体积数越大，流速越快。图 5-58 是出水抗生素浓度随床体积数的变化曲线。通过对床体积变化曲线积分得出的吸附量见表 5-12。在 OC 条件下，床体积数为 60 时出水 SDM 浓度为 100.4 μg/L（进水浓度 10 mg/L），表明 99% 的 SDM 被 CF 吸附。当施加 0.6 V 或 1.0 V 的极化电压时，SDM 去除率上升至 99.9%，出水 SDM 浓度下降至 9.8 μg/L。同时，吸附容量升至 146.1 mg/g（0.6 V）或 202.0 mg/g（1.0 V），比 OC 条件下提高 4 倍。同样，-0.6 V 或-1.0 V 时，CIP 和 CLA 的出水浓度为 OC 条件下的十分之一，吸附容量比 OC 条件下增加 3.2～4.5 倍。如表 5-12 所示，无论是 OC 条件还是施加极化电压，抗生素吸附容量（q_m）顺序为 SDM>CIP>CLA。SDM 和 CIP 都是极性芳香族化合物，在 π 电子极化、静电吸引和疏水作用下被 CF 吸附，q_m 值差别不大。CLA 是非平面脂肪族碳氢化合物，分子尺寸明显大于其他两种抗生素，进入 CF 内部孔的概率减小，而且由于分子结构导致的空间位阻效应，其羟基与 CF 的表面羟基形成氢键的效应也被抑制。这些因素可能是导致 q_m 最小的主要原因。

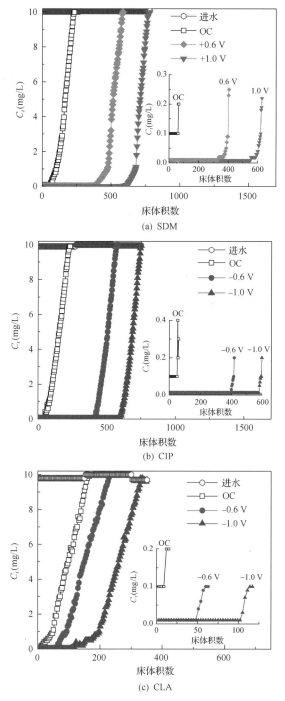

(a) SDM

(b) CIP

(c) CLA

图 5-58　不同极化电压条件下出水抗生素浓度(a) SDM, (b) CIP 和(c) CLA
随不同床体积数(BV)变化曲线

内插图为 C_t 在 0～0.4 mg/L 浓度范围内的放大图

表 5-12　连续流模式下 t 时刻出水浓度 (C_t)，吸附容量 (q_m) 和污染物去除率 (RE)

污染物	极化电势	C_t(μg/L)	q_m(mg/g)	RE(%)
SDM	OC	100	45.5	99.0
	0.6 V	9.8	146	99.9
	1.0 V	9.6	202	99.9
CIP	OC	119	41.5	98.9
	−0.6 V	9.9	140	99.9
	−1.0 V	9.5	191	99.9
CLA	OC	189	13.0	98.1
	−0.6 V	10.1	41.3	99.9
	−1.0 V	9.6	70.9	99.9

3. 吸附材料的电化学再生

对吸附饱和的碳纤维，通过施加反向电压考察抗生素解吸情况，并分析碳纤维再生的可行性。图 5-59 显示了电增强吸附/解吸循环处理过程中出水 SDM 的浓度变化。首先施加 1.0 V 极化电压进行电增强吸附直到吸附床层被穿透。然后施加 −1.0 V 反向电压和 60 m/h 流速反冲洗进行原位再生。每次循环的吸附容量和解吸容量根据浓度−床体积数曲线积分计算得出，结果表明再生效率高达 96.3% ±0.7%（表 5-13）。第五次循环后 CF 对 SDM 的吸附容量为 172.7 mg/g，是第一次吸附容量的 83.6%。相比之下，不施加极化电压的吸附过程第三次再生后的回收率只有 25.3%。这些结果证明高速反冲洗条件下施加反相电压（−1.0 V）可提高 CF 再生效率，连续流单元可在保证抗生素吸附容量的条件下多次再生。

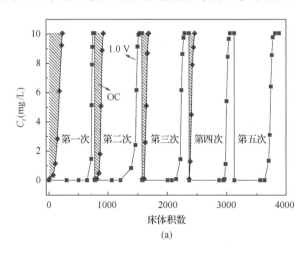

(a)

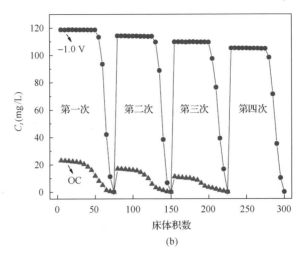

图 5-59　吸附/解吸循环出水浓度随床体积数(BV)变化曲线

(a)吸附；(b)解吸

表 5-13　施加−1.0 V 电压和 OC 条件下 SDM 吸附/解吸容量(q_{ads} 和 q_{des})和解吸效率(DE)

循环次数	极化电位−1.0 V			OC 条件		
	q_{ads}(mg/g)	q_{des}(mg/g)	DE(%)	q_{ads}(mg/g)	q_{des}(mg/g)	DE(%)
1	206.6	198.3	96.0	45.5	29.4	64.6
2	195.4	189.6	97.0	30.1	20.0	66.4
3	189.5	181.8	95.9	19.9	12.4	62.3
4	181.1	173.3	95.7	11.5	—	—
5	172.7	—	—			

为了考察电增强吸附方法对实际地表水中抗生素去除效果，从某水库取水(水质见表 5-14)进行了电增强吸附去除抗生素的试验研究。图 5-60 给出抗生素浓度随床体积变化曲线，电增强提高吸附容量的规律与前面配制水样的结果一致。OC 条件下出水 SDM、CIP 和 CLA 的初始浓度分别为 8.0 ng/L、5.0 ng/L 和 4.0 ng/L，当施加 1.0 V 极化电压时，浓度分别下降至 0.9 ng/L、1.2 ng/L 和 0.4 ng/L，证明电增强吸附过程对该三种抗生素的吸附效率显著高于传统吸附过程。

表 5-14　水库水部分性质

参数	pH	电导率	DOC	SDM	CIP	CLA	Ca^{2+}	Mg^{2+}	K^+
数值与单位	7.2	602 µS/cm	7.23 mg/L	0.58 µg/L	0.39 µg/L	0.36 µg/L	36.1 mg/L	20.1 mg/L	2.771 mg/L

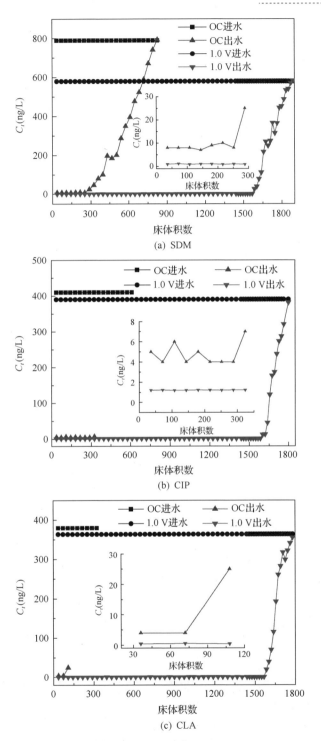

(a) SDM

(b) CIP

(c) CLA

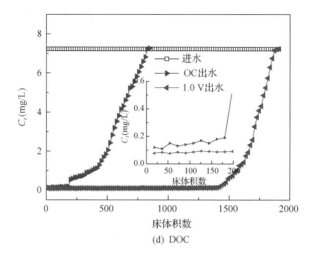

(d) DOC

图 5-60 在开路 OC 条件和施加 1.0 V 极化电压条件下，水库水抗生素 SDM(a)、CIP(b)、
CLA(c)和溶解有机碳(DOC)(d)的出水浓度(C_t)随床体积数(BV)变化曲线

对吸附容量的测试表明，施加 1.0 V 极化电压下，抗生素穿透床的时间比 OC
条件下约提高了 1.3～5.2 倍(表 5-15)。OC 条件下，SDM、CIP 和 CLA 的吸附容
量(q_m)分别是 12.4 μg/g、4.8 μg/g 和 1.6 μg/g；当施加 1.0 V 极化电压时，q_m 分别
增加到 27.8 μg/g、18.5 μg/g 和 16.9 μg/g。pH 为 7.2 条件下，两性分子 $SDM^{+/-}$ 和
阴离子 SDM^- 是优势形态，施加 1.0 V 极化电压产生静电吸引使 SDM^- 向阳极移动
从而提高 SDM 吸附容量。对于 CIP 和 CLA，CIP^+ 和 CLA^+ 分别是优势离子，施加
1.0 V 极化电压使其向阴极移动并且在 CF 阴极上存在竞争吸附。CIP 的吸附容量
高于 CLA 可能是由于 π-π 相互作用、静电引力和分子筛分共同作用的结果。

表 5-15 在 OC 条件和施加 1.0 V 电压条件下，水库水中三种抗生素和 DOC 吸附参数

污染物	SDM		CIP		CLA		DOC	
	OC	1.0 V	OC	1.0 V	OC	1.0 V	OC	1.0 V
进水浓度(ng/L)	790	580	410	390	380	360	$7.23×10^6$	$7.23×10^6$
出水浓度(ng/L)	8.0	0.9	5.0	1.2	4.0	0.4	$1.2×10^5$	$7.8×10^4$
穿透时间(h)	276	630	204	600	96	594	282	636
吸附容量(μg/g)	12.4	27.8	4.8	18.5	1.6	16.9	$8.5×10^4$	$2.6×10^5$

同时，三种抗生素在 1.0 V 极化电压下穿透吸附床的流量接近，均在 1782～
1890 倍床体积范围内。使用 3D 荧光光谱和高效液相质谱分析水库水主要成分，
发现溶解有机碳(DOC)的浓度为 7.23 mg/L，比目标抗生素高四个数量级，因此
DOC 会对 CF 上的介孔点位形成竞争吸附，降低 CF 对抗生素的吸附容量。另外，
污染物穿透吸附床层的时间降序排列为 DOC＞SDM＞CIP＞CLA。DOC 达到吸附

饱和的时间最长,这是因为 CF 对抗生素达到吸附饱和后,部分微孔仍然能为 DOC 中的小分子化合物提供吸附点位。尽管与 DOC 存在竞争吸附,三种抗生素吸附容量在 1.0 V 条件下比 OC 条件下约高 2.3~10.6 倍。在施加 1.0 V 极化电压条件下, DOC 饱和穿透床体积是 OC 条件下的两倍,证明电增强也能提高 DOC 的吸附容量。对该过程的能耗进行测定,结果表明为维持吸附剂极化所需电能仅为 4.3 $\times 10^{-3}$ kW·h/m^3。在低能耗条件下获得显著提高的吸附容量,表明电增强吸附对于高效去除地表水中的微污染物具有很好的应用前景。

5.4　电化学法制备 H_2O_2 及原位电芬顿分解 POPs 的原理和方法

与电还原和电吸附不同,电芬顿过程可将污染物彻底矿化。目前,电化学法制备的 H_2O_2 浓度低和能量效率低是限制电芬顿技术降解污染物性能的主要因素。碳材料价格低廉、导电性好且还原氧气产 H_2O_2 的选择性较高,其中多级孔碳(hierarchical porous carbon, HPC)具有大的比表面积、丰富的孔结构,有利于氧气的吸附和还原,且通过掺杂、引入缺陷等有利于调控产 H_2O_2 的选择性和效率,有望达到快速、高效产 H_2O_2,从而实现电芬顿有效降解污染物。

5.4.1　多孔碳电极的制备及其氧还原产 H_2O_2 的性能

金属有机骨架(MOFs)化合物是由金属中心和有机配体通过配位键或分子间作用形成的具有规则孔道的晶体材料。利用 MOFs 材料高温碳化制备的多级孔碳具有高的比表面积和多级孔(大孔、介孔、微孔)结构,且可通过金属、配体以及碳化条件的改变来调控所制备多孔碳的孔结构,为氧还原产 H_2O_2 反应提供更多电催化活性位点、便捷的物质扩散路径和促进 O_2 的吸附,增强产 H_2O_2 性能。通常 MOFs 碳化制备的多孔碳以 sp^2 杂化为主,如果 MOFs 在 H_2 氛围下碳化,则可在多孔碳中引入缺陷和 sp^3-C,为反应引入催化位点和增强电还原活性,进一步提高产 H_2O_2 性能。

为了考察缺陷和 sp^3-C 的作用,在 H_2 气氛下,高温碳化以 Zn^{2+} 为中心、对苯二甲酸为配体的 MOF-5 制备 HPC[18]。主要步骤如图 5-61 所示。将一定质量的硝酸锌和对苯二甲酸加入 N,N-二甲基甲酰胺中,搅拌均匀后转移到水热反应釜中于 100℃分别水热 12 h、24 h 和 36 h。将水洗烘干后的白色 MOF-5 粉末放在管式炉中 1100℃下碳化 5 h。碳化过程中通入 Ar 或 H_2。将 MOF-5 水热合成 12 h、24 h、36 h 并在 H_2 中碳化得到的多级孔碳分别命名为 HPC-H12、HPC-H24 和 HPC-H36。将 MOF-5 水热合成 24 h 并在 Ar 中碳化得到的多级孔碳命名为 HPC-Ar24。

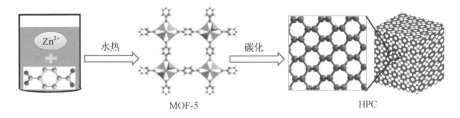

图 5-61　HPC 的制备示意图

通过扫描电子显微镜(SEM)和透射电子显微镜(TEM)观察制备的催化剂，发现 HPC-H24 具有相互连接的介孔和大孔，而 HPC-H12 和 HPC-H36 主要由介孔构成，且 HPC-H24 的表面孔隙率相比于 HPC-H12 和 HPC-H36 更高(图 5-62)。对于 Ar 中碳化的 HPC-Ar24 样品，孔尺寸明显小于 H_2 中碳化的 HPC-H24，表面孔隙率也更低。这些结果表明，HPC 的多孔结构可通过改变 MOF-5 的水热反应时间和碳化时间以及气氛进行调控。

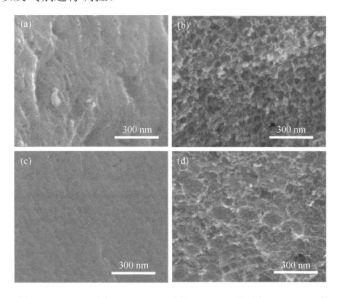

图 5-62　(a) HPC-H12、(b) HPC-H24、(c) HPC-H36 和 (d) HPC-Ar24 的 SEM 图

利用 N_2 吸附-脱附曲线分析 HPC 的比表面积和孔结构。如图 5-63 (a) 所示，四个 HPC 样品的 N_2 吸附量在 $p/p_0 < 0.05$ 时都随相对压力的增大急剧上升，表明存在微孔。HPC-H24 的 N_2 吸附-脱附曲线在相对压力从中间值到较高值区域出现了滞回环，表明含有介孔和大孔。采用 DFT 计算 $0 \sim 20$ nm 范围的孔径分布 [图 5-63 (b)]，发现 HPC-H24 的孔径主要分布于 $1.0 \sim 10$ nm，而 HPC-H12、HPC-H36 和 HPC-Ar24 的孔径主要分布于 $0.85 \sim 3.4$ nm 之间。这些结果进一步证实了 HPC 的多级孔结构。尤其是 HPC-H24 催化剂，同时含有微孔、介孔和大孔。从 N_2

吸附-脱附曲线得到 HPC 的比表面积(表 5-16)，在 H$_2$ 中煅烧的三个样品中比表面积最大的是 HPC-H24(2130 m^2/g)，明显高于在 Ar 中煅烧的 HPC-Ar24(1680 cm^2/g)。HPC-H24 的孔体积为 2.94 cm^3/g，比其他 HPC 催化剂的孔体积(1.45～2.21 cm^3/g)都大。这些结果表明，将适中的水热时间制备的 MOF-5 在 H$_2$ 中碳化可获得介孔或/和大孔的孔体积较高的多孔碳材料。

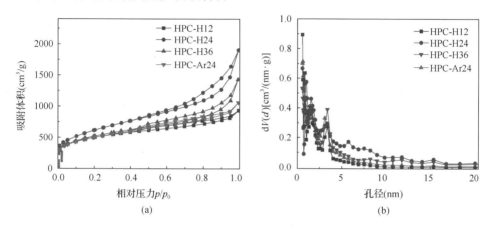

图 5-63　HPC 的 (a) N$_2$ 吸附-脱附曲线 (77 K) 和 (b) DFT 孔径分布曲线

表 5-16　HPC 的 BET 比表面积、总孔体积和微孔体积

样品	比表面积(m^2/g)	总孔体积(cm^3/g)	微孔体积(cm^3/g)
HPC-H12	1635	1.45	0.60
HPC-H24	2130	2.94	0.64
HPC-H36	1746	2.21	0.60
HPC-Ar24	1679	1.64	0.59

为了研究 HPC 的电催化氧还原性能，测试了 pH=1 时，HPC 在 Ar 或 O$_2$ 饱和溶液中的循环伏安曲线，如图 5-64(a)所示。四种 HPC 催化剂在 O$_2$ 饱和溶液中都有明显的还原峰，表明都有较好的电催化氧还原活性。氧还原电压和氧还原电流密度是评价氧还原性能的两个重要指标，氧还原电压越向正方向偏移，电流密度越大，则氧还原性能越好。HPC-H24 的氧还原峰电压为 0.12 V，比 HPC-H12 (0.03 V)、HPC-H36(0.06 V)和 HPC-Ar24(0.07 V)的氧还原峰电压更正。另外，HPC-H24 的氧还原电流密度为 1.68 mA/cm^2，比 HPC-H12(1.18 mA/cm^2)、HPC-H36 (1.40 mA/cm^2)和 HPC-Ar24(0.98 mA/cm^2)的大。这些结果证明，HPC-H24 的氧还原性能比 HPC-H12、HPC-H36 和 HPC-Ar24 更好。考虑到 HPC-H24 和 HPC-Ar24 制备方法的唯一区别是前者在 H$_2$ 中碳化、后者在 Ar 中碳化，推测在 H$_2$ 中碳化导致的结构或化学组成差异可能是 HPC-H24 氧还原性能更好的原因。如图 5-64(b) 和(c)所示，HPC-H24 在 pH 4 和 pH 7 电解液中仍有较高的氧还原活性。

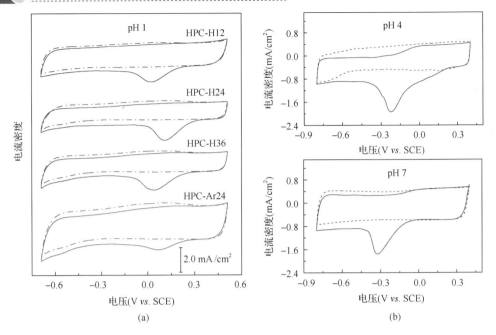

图 5-64　HPC 在 N$_2$ 饱和(虚线)和 O$_2$ 饱和(实线)溶液中、扫描速率 10 mV/s 时的循环伏安曲线
(a) HPC-H12, HPC-H24, HPC-H36 和 HPC-Ar24, pH 1; (b) HPC-H24, pH 4; (c) HPC-H24, pH 7

通过旋转环盘电极实验考察了 HPC-H24 的氧还原反应机制。分别在 O$_2$ 饱和的 pH 1、pH 4 和 pH 7 电解液中，转速 400～2300 r/min 下测定 HPC-H24 极化曲线并计算氧还原过程中的电子转移数。受传质速率的影响，氧还原的电流密度随着转速的增加而增大，根据传质和动力学混合控制区域电压下转速和电流密度的对应关系，对转速平方根的倒数和电流密度的倒数进行线性拟合得到的 Koutecky-Levich 方程

$$J^{-1} = J_k^{-1} + B^{-1}\omega^{-1/2} \tag{5-31}$$

$$B = 0.62nFAv^{-1/6}C_{O_2}D_{O_2}^{2/3} \tag{5-32}$$

式中，J 是测定的电流密度(mA/cm^2)，J_k 是动力学电流密度(mA/cm^2)，ω 是电极旋转的角速率(rad/s)，n 是每个 O$_2$ 分子还原转移的电子数，F 是法拉第常数(C/mol)，v 是 0.1 mol/L KOH 的黏度(cm^2/s)，C_{O_2} 是 O$_2$ 在 0.1 mol/L KOH 中的浓度(mol/cm^3)，D_{O_2} 是 O$_2$ 在 0.1 mol/L KOH 中的扩散系数(cm^2/s)。

在 pH 1、pH 4 和 pH 7 时，HPC-H24 氧还原的电子转移数为分别为 2.10～2.38(对应–0.10～–0.50 V)、2.23～2.32(对应–0.10～–0.50 V)和 2.24～2.61(对应–0.3～–0.6 V)。这些结果说明，HPC-H24 电催化氧还原反应主要按两电子途径进行，生成的主要产物是 H$_2$O$_2$。对 HPC-H24 氧还原产 H$_2$O$_2$ 的选择性进行计算[H$_2$O$_2$%=

$(2-n/2)\times100\%$，n 为电子转移数]，pH=1 时，电压-0.1 V、-0.3 V 和-0.5 V 对应的 H_2O_2 选择性分别为 95.0%、90.1%和 80.8%；pH=4 时，H_2O_2 选择性分别为 93.5%、87.8%和 90.2%，均接近甚至高于 90.0%。在相似条件下，HPC-H24 的 H_2O_2 选择性比报道的催化剂如 Pt-Hg/C、Pd_xAu_{1-x}、Co-C 等更高[19-21]。

图 5-65 为 HPC-H24 在 pH 为 1～7、电压为-0.10～-0.50 V 时产生 H_2O_2 的浓度随氧还原时间的变化曲线。pH=1 氧还原 150 min 后，HPC-H24 在电压-0.1 V、-0.3 V、-0.5 V 时产生的 H_2O_2 浓度分别为 95.8 mmol/L、165.4 mmol/L 和 222.6 mmol/L。表明 HPC-H24 电催化氧还原产 H_2O_2 的产率很高，且电压越大，双氧水产率越高。-0.1 V、-0.3 V 对应的 H_2O_2 产生速率分别为 1302 mg/(L·h)、和 2249 mg/(L·h)，比文献报道的蒽醌/炭黑[22]、N 掺杂多孔碳[11]、蒽醌羧酸酯/XC72[23]等催化剂产 H_2O_2 的速率[3.3～354 mg/(L·h)]高 1～2 个数量级。在 pH 4 和 pH 7 时，HPC-H24 仍有较好的电催化氧还原产 H_2O_2 性能，H_2O_2 的浓度分别为 59～123 mmol/L 和 33～62 mmol/L。当电压相同时，H_2O_2 的产量随着 pH 下降而增加，这可能是由于氧还原产 H_2O_2 反应需要 H^+ 的参与，pH 低的电解液能够提供更多的 H^+ 参与反应。

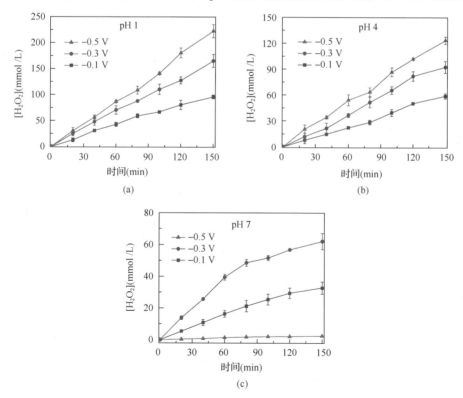

图 5-65　HPC-H24 产生的 H_2O_2 浓度随时间的变化

(a) pH 1，(b) pH 4，(c) pH 7

HPC 的电催化活性从高到低顺序为 HPC-H24＞HPC-H36＞HPC-H12，这与它们的比表面积大小趋势一致。用 BET 面积将它们的氧还原电流归一化，得到非常接近的电流密度（0.12 μA/cm², 0.13 μA/cm² 和 0.13 μA/cm²），表明氢化后的催化剂活性主要和比表面积有关。但是 HPC-Ar24 归一化的电流密度为 0.10 μA/cm²，比 HPC-H24 的小，可以推测还有其他因素贡献于它们的活性。

进一步采用阻抗谱分析它们的电荷迁移电阻，伏安曲线法测定催化剂的电化学活性面积。图 5-66(a) 显示 HPC-H24 的电荷迁移电阻为 71.0 Ω，HPC-Ar24 的电阻为 68.6 Ω，二者相差不多；但是 HPC-H24 在低频区的斜率更大，表明 HPC-H24 比 HPC-Ar24 更有利于反应过程中物质的迁移扩散。由图 5-66(b)～(d) 的伏安曲线算得的 HPC-H24 的比表面积为 1.76 cm²（几何面积 0.071 cm²），是 HPC-Ar24 的 1.53 倍。这些结果表明，HPC-H24 好的产过氧化氢性能可能来源于其高的比表面积和快速传质过程。

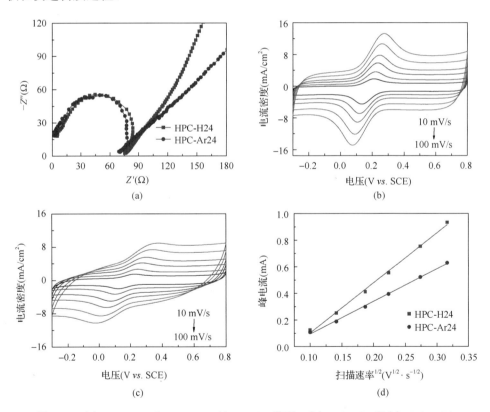

图 5-66　(a) HPC-Ar24 和 HPC-H24 的 Nyquist 谱图，(b) HPC-H24 和 (c) HPC-Ar24 的伏安曲线，(d) HPC-Ar24 和 HPC-H24 的峰电流-扫描速率的曲线

进一步采用 XPS 和 Raman 光谱分析催化剂的高活性来源。如图 5-67(a) 和 (b)

所示,HPC-H24 和 HPC-Ar24 的 C 1s 谱图都能分成 5 个峰,分别归属于 C=C(sp²),
C—C(sp³)、C—OH、C=O 和 O=C—OH。但是 HPC-H24 的 C—C/C=C 比值为
0.63,比 HPC-Ar24(0.25)的高。Raman 光谱[图 5-67(c)]显示 HPC-H24 和 HPC-Ar24
在 1320 cm⁻¹ 和 1585 cm⁻¹ 处都有 Raman 吸收,分别为 D 峰和 G 峰。D 峰是 sp³-C
和缺陷结构的吸收峰,而 G 峰是石墨碳的吸收峰。通过 D 峰和 G 峰的强度比值
(I_D/I_G) 可判断 sp³-C 和缺陷与石墨碳的比例。HPC-H24 的 I_D/I_G 值为 1.17,而
HPC-Ar24 的 I_D/I_G 值为 0.84,说明在 H₂ 中碳化得到的 HPC 的 sp³-C 和缺陷结构含
量比 Ar 中碳化的更高。研究表明,sp³-C 和缺陷在电催化过程中可以充当吸附或
反应位点[24, 25],因此推测 HPC-H24 电催化氧还原产 H₂O₂ 性能较高的原因是 sp³-C
和缺陷含量较高。

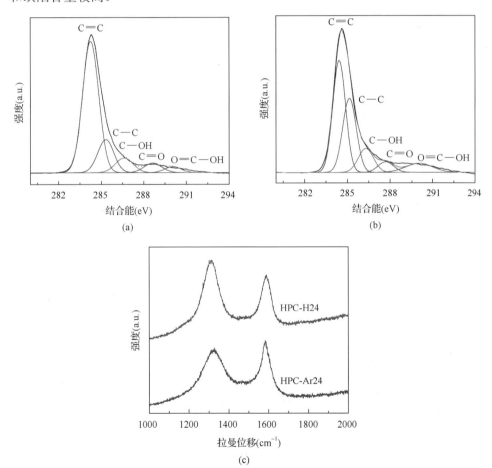

图 5-67　(a)HPC-Ar24 和(b)HPC-H24 的 C 1s XPS 谱图;(c)Raman 谱图

以难降解有机污染物全氟辛酸(PFOA)为目标物[26],考察 HPC 电芬顿去除污

染物的性能。C—F 键能高导致 PFOA 非常稳定，•OH 不能直接将其氧化。但是如果 PFOA 在阳极失去一个电子形成全氟烷基自由基后则可被•OH 氧化，而•OH 来自阴极氧还原产生的 H_2O_2 的分解，因此降解 PFOA 的电芬顿过程应在单池反应器中进行（反应装置如图 5-68 所示）。

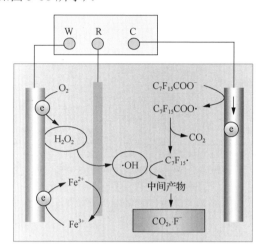

图 5-68　电芬顿反应器示意图

降解结果如图 5-69(a) 所示，以 HPC 为阴极的电芬顿体系能快速地降解 PFOA，3 h 内 PFOA 的去除率为 94.3%，而单独电吸附过程 PFOA 的去除率为 22.0%，电吸附和电催化共同作用时 PFOA 的去除率为 43.4%。相对于电吸附和电催化的去除率，电芬顿对 PFOA 的去除率显著提高，表明电芬顿能有效地降解 PFOA。

为了优化电芬顿降解 PFOA 的反应条件，考察了 Fe^{2+} 浓度、pH 和电压对电芬顿降解 PFOA 的影响。当 Fe^{2+} 浓度从 0.3 mmol/L 逐渐增加到 1.0 mmol/L 时，PFOA 的去除率逐渐升高；而当 Fe^{2+} 浓度继续增加到 1.5 mmol/L 时，PFOA 的去除率增加不显著。基于 $\ln(C_0/C_t)$ 和 t 的线性关系（C_0 是初始的 PFOA 浓度，C_t 是 t 时刻的 PFOA 浓度），可知电芬顿降解 PFOA 反应遵循准一级动力学。当 Fe^{2+} 浓度为 0.3 mmol/L、0.7 mmol/L、1.0 mmol/L 和 1.5 mmol/L 时，电芬顿降解 PFOA 的一级动力学常数分别为 0.70 h^{-1}、0.95 h^{-1}、1.15 h^{-1} 和 1.20 h^{-1}。电芬顿降解 PFOA 的动力学常数在 pH=6 时为 0.69 h^{-1}，在 pH=4 和 pH=2 时分别升高到 0.89 h^{-1} 和 1.15 h^{-1}。PFOA 的去除率随着 pH 的升高而降低，这可能是由于 pH 低有利于 H_2O_2 和•OH 的生成。在 –0.2 V 时，PFOA 的降解动力学常数是 0.77 h^{-1}，在 –0.4 V 和 –0.6 V 分别增加到 1.15 h^{-1} 和 1.62 h^{-1}。PFOA 的降解动力学常数随着电压的负移而增大，这是由于电压负移 H_2O_2 产率增大。

在优化条件下（1.0 mmol/L Fe^{2+}、–0.4 V），考察了电芬顿反应对 PFOA 的矿化

效果。如图 5-69(b)所示，TOC 去除率随着反应时间的延长不断增加。4 h 后，TOC
去除率在 pH=2、4 和 6 时分别为 90.7%、79.5%和 70.4%。这些结果表明，以多孔
碳为阴极的电芬顿体系能在较宽的 pH 范围内有效地矿化 PFOA。

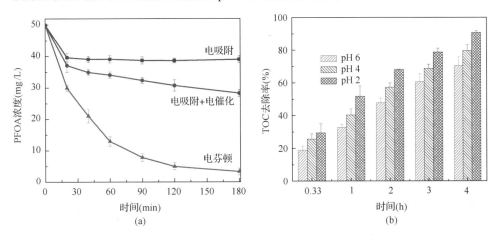

图 5-69 (a)电芬顿反应、电吸附和电催化过程中 PFOA 浓度随时间的变化曲线，
(b)不同 pH 条件下电芬顿降解 PFOA 时 TOC 去除率随时间的变化

利用液相色谱-串联质谱(LC-MS/MS)鉴定电芬顿降解 PFOA($C_7F_{15}COOH$)过
程中的有机中间产物。测试结果表明电芬顿降解 PFOA 的中间产物为短链全氟羧
酸。图 5-70(a)是这些短链全氟羧酸的浓度随时间的变化曲线。在开始的 1.5 h，
检测到的主要中间产物是 $C_6F_{13}COOH$、$C_5F_{11}COOH$ 和 C_4F_9COOH，它们的浓度都
是先升高后降低，其中 $C_6F_{13}COOH$ 的浓度在 1 h 时达到最大值，而 $C_5F_{11}COOH$
和 C_4F_9COOH 的浓度在 2 h 达到最大值，说明 1 h 后部分 $C_6F_{13}COOH$ 转化成了

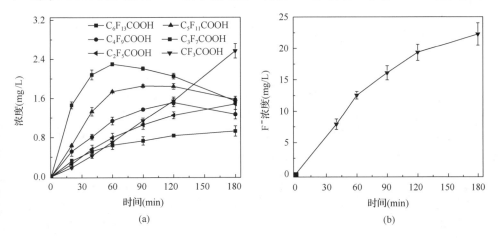

图 5-70 电芬顿降解 PFOA 过程中(a)短链全氟羧酸和(b)氟离子浓度随时间的变化

$C_5F_{11}COOH$ 和 C_4F_9COOH。随着反应时间延长，$C_5F_{11}COOH$ 和 C_4F_9COOH 的浓度开始降低，而 C_3F_7COOH、C_2F_5COOH 和 CF_3COOH 的浓度却逐渐升高。反应1.5 h 之后，CF_3COOH 的浓度比 C_3F_7COOH 和 C_2F_5COOH 的浓度增加更快，在3 h 时，CF_3COOH 是主要的短链全氟羧酸产物。图 5-70(b) 是电芬顿降解 PFOA 时氟离子的浓度变化。氟离子浓度随反应时间的增加而不断升高，在 3 h 时为22.3 mg/L，相当于每个 PFOA 分子能脱掉 10.5 个氟原子。

图 5-71 中氟的回收率随着反应的进行逐渐升高，在 3 h 时回收率为 87.4%，即未被回收的氟(12.6%)小于多孔碳吸附氟的总量(22.0%)，表明多孔碳吸附的 PFOA 在反应后期被逐渐降解。碳的回收率为 92.5%~95.6%，较高的回收率表明 PFOA 降解的主要有机产物都已经被鉴定出来，即主要是上述的短链全氟羧酸(C_1~C_6)。

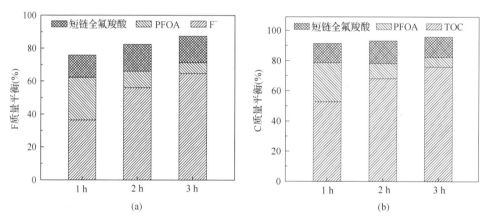

图 5-71　电芬顿降解 PFOA 时的(a)氟和(b)碳质量平衡(–0.4 V, 1.0 mmol/L Fe^{2+}和 pH 2)

为了研究电芬顿降解 PFOA 过程中·OH 的作用，在 PFOA 溶液中加入·OH 捕获剂异丙醇(1 mol/L)，反应 3 h 后，PFOA 的去除率为 48.7%，与电催化和电吸附去除率之和(43.4%)相当。由于不加捕获剂时 PFOA 去除率超过 90%，可推断·OH 在 PFOA 降解过程中起着重要作用。不加 Fe^{2+} 的条件下，体系中的氧化物种是 H_2O_2 和 O_2，经过 3 h 后 PFOA 的去除率为 55.2%，比电催化和电吸附的总去除率 43.4% 略高，但显著低于电芬顿的去除率 94.3%，说明 H_2O_2 和 O_2 也可以缓慢氧化 PFOA 失去一个电子的自由基，但起主要作用的是·OH。

基于上述分析，推测电芬顿降解 PFOA 的主要途径如图 5-72 所示。PFOA 在阳极失去一个电子，随后失去电子的 $C_7F_{15}COO$·发生脱羧反应形成 C_7F_{15}·，生成的 C_7F_{15}·主要和 H_2O_2 分解产生的·OH 反应。由于生成的 $C_7F_{15}OH$ 不稳定，它经历分子内重排、水解后转化为 $C_6F_{13}COO^-$。$C_6F_{13}COO^-$ 发生和 PFOA 同样的反应后

转变为 $C_5F_{11}COO^-$，如此循环最后实现矿化。

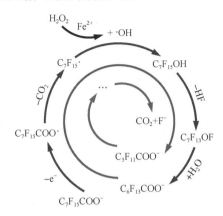

图 5-72　电芬顿降解 PFOA 的主要路径示意图

在优化条件（-0.4 V、pH 2 和 1.0 mmol/L Fe^{2+}）下，算得 HPC 电芬顿降解 PFOA 的电流效率为 1.1%，尽管数值不高，但比已报道的直接电化学氧化法提高了一个数量级。这是由于 PFOA 非常难降解，电化学氧化 PFOA 需要很高的电压或电流密度（3.37 V 或 20.0 mA/cm^2）[27-29]，而在此电芬顿体系中，产 H_2O_2 的电压和电流密度为 -0.4 V 和 4.6 mA/cm^2，这可能是其电流效率显著提高的原因。此外，电芬顿降解 PFOA 的能耗为 0.42 $kW \cdot h/(g\ PFOA)$，比其他方法如光催化、光化学法的能耗[$1.13 \sim 12.5\ kW \cdot h/(g\ PFOA)$][30, 31]低。这些结果表明，以 HPC 为阴极的电芬顿法具有高效和相对经济的特点，具有潜在的应用前景。

5.4.2　元素掺杂提高多孔碳产 H_2O_2 速率的方法

掺杂是改善多孔碳产 H_2O_2 性能的另一种有效方法。氧还原产 H_2O_2 过程中，中间产物 OOH 与催化剂表面的结合能影响氧还原的选择性。当催化剂表面 OOH 的吸附能低时，有利于 OOH 从碳材料表面脱附，从而实现两电子氧还原产生 H_2O_2。氟的掺杂可以降低碳材料与 OOH 的结合能，促进 OOH 的脱附，增强 H_2O_2 的选择性。因此，设计了氟掺杂多孔碳（fluorine-doped porous carbon, FPC）用于电还原 O_2 产 H_2O_2，并通过 F 形态的调控来提高其产 H_2O_2 性能。

为了制备氟掺杂的多孔碳，首先用水热合成由 Al^{3+} 为中心金属、对苯二甲酸为配体的铝基金属有机骨架化合物 MIL-53(Al)，然后高温碳化得到多孔碳，最后经过 HF 处理得到氟掺杂多孔碳[32]。具体的步骤包括：将一定质量的氯化铝和对苯二甲酸溶解到高纯水中，混合均匀后于 220℃水热 24 h 制备 MIL-53(Al)；将洗涤烘干后的粉末放在管式炉中，分别在 700～1100℃的氩气条件下碳化 6 h；得到的黑色粉末加入到 HF 和 H_2SO_4 的混合溶液中持续搅拌 72 h，重复 3 次后洗涤、烘干得到氟掺杂多孔碳材料。作为对比，将煅烧后得到的黑色粉末加入 HNO$_3$ 和 H$_2$SO$_4$ 的混合溶液中制备无氟掺杂的多孔碳。为了便于表述，将没有经过酸洗、未掺杂和氟掺杂多孔碳命名为 Al/C、HPC-x 和 FPC-x，其中"x"代表碳化温度。

SEM 观察显示 FPC 催化剂仍保持 MIL-53(Al) 的规则多面体结构[图 5-73(a)、(b)]，但呈现出粗糙多孔的表面结构[图 5-73(c)]。TEM 进一步证实了 FPC 具有多孔结构[图 5-73(d)]。

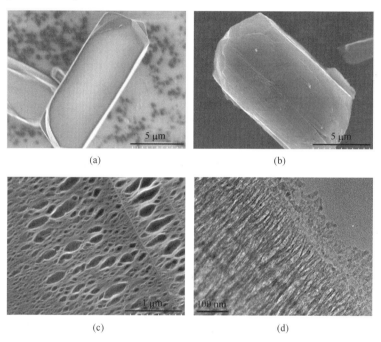

图 5-73　(a) MIL-53(Al) 的 SEM 图；(b)，(c) FPC-800 的 SEM 图；(d) FPC-800 的 TEM 图

通过循环伏安(CV)测试对所制备的 FPC 催化剂的氧还原性能进行了评价。图 5-74(a) 是溶液 pH=1 时，Ar 或 O$_2$ 饱和的溶液中的循环伏安曲线，制备的 FPC 在 O$_2$ 饱和溶液中有明显的还原峰，而在 Ar 饱和溶液中没有还原峰，说明 FPC 催化剂具有电催化氧还原活性。图中还显示 FPC-800 的氧还原起始电位和电流密度都明显优于 FPC-700、FPC-900 和 FPC-1000 催化剂，说明 FPC-800 的氧还原活性最高。对比相同条件下 Al/C-800 和 HPC-800 的循环伏安曲线可以发现，FPC-800 催化剂的氧还原电流密度更高，氧还原起始电位更正。由于 FPC-800 和 HPC-800 在制备过程中只存在是否掺 F 的差别，因此推断 F 掺杂可以提高多孔碳材料电催化还原氧的能力。

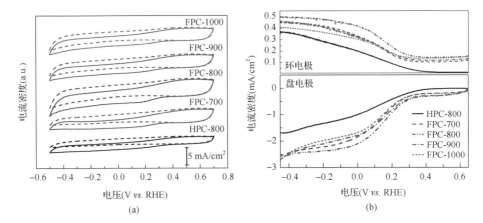

图 5-74 (a) 几种 FPC 和 HPC-800 催化剂的 CV 曲线(虚线代表 Ar 饱和溶液中 CV 曲线, 实线代表 O_2 饱和溶液中 CV 曲线), (b) 几种 FPC 和 HPC-800 催化剂的 RRDE 曲线

通过旋转环盘电极(RRDE)测试进一步考察了 FPC 催化剂的氧还原反应机制。图 5-74(b) 是 FPC 在 pH=1 的 O_2 饱和电解液中的极化曲线, 其中盘电极电流为氧还原电流, 环电极电流为铂环氧化 H_2O_2 所产生的电流。环电极的电流密度越大, 说明催化剂氧还原产 H_2O_2 的选择性越好, 而且通过对盘电流和环电流的分析可以得到该催化剂氧还原过程中转移的电子数。从图中可以发现所有的 F 掺杂催化剂均具有较高的环电流。在电压 0.2~–0.3 V 范围内, FPC-700、FPC-800、FPC-900 和 FPC-1000 平均氧还原转移电子数分别为 2.45、2.15、2.38 和 2.41, 表明 FPC 催化剂电催化氧还原反应基本按两电子途径进行。尽管 HPC-800 催化剂电催化氧还原反应也基本按两电子途径进行, 但 HPC-800 的 H_2O_2 选择性仍明显低于 FPC-800。这一结果说明 F 掺杂可以提高多孔碳材料氧还原产 H_2O_2 的选择性。

在恒电压下对 FPC 电还原 O_2 产 H_2O_2 的性能进行测试(图 5-75)。在电压为–0.1 V 条件下 pH=1 的 O_2 饱和电解液中, 所有 FPC 电催化氧还原产 H_2O_2 浓度均随着反应时间的增加而线性增长。反应 3 h 后, FPC-800 产生的 H_2O_2 浓度为 241.5 mmol/L, 对应的 H_2O_2 产生速率为 80.5 mmol/(L·h), 是没有 F 掺杂的 HPC-800 的 3.9 倍, 且明显高于同样条件下 FPC-700、FPC-900 和 FPC-1000 的 H_2O_2 产生速率。以上结果说明, F 掺杂有利于电催化氧还原产 H_2O_2。在–0.1 V 和 pH=1 条件下, FPC-800 产生 H_2O_2 的浓度高于已报道的产 H_2O_2 性能较高的 Co/C 催化剂和具有缺陷结构的多孔碳催化剂。

考察反应溶液 pH、施加电压和催化剂用量对 FPC-800 催化剂电催化氧还原产 H_2O_2 的影响。实验结果表明, FPC-800 催化剂电催化氧还原产 H_2O_2 的产率随反应溶液 pH 的升高而降低, 这是由于酸性溶液能够提供更多 H^+ 参与 H_2O_2 合成反应, 加快 H_2O_2 合成速率。随着施加电压的升高和催化剂用量的增加, FPC-800 催化剂电合成 H_2O_2 产率逐渐增加。说明 FPC-800 电催化氧还原产 H_2O_2 的选择性不受催化剂用量的影响。

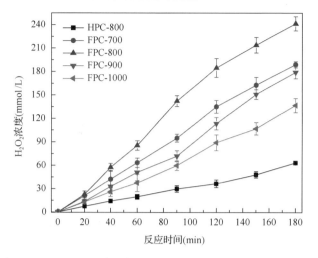

图 5-75　几种 FPC 和 HPC-800 催化剂电催化氧还原生成 H_2O_2 的浓度随时间变化曲线

利用 X 射线光电子能谱(XPS)对所制备的 F 掺杂催化剂的表面结构和组成进行分析(图 5-76)。C 1s XPS 谱含有 $C=C(sp^2)$、$C-C(sp^3)$、$C-F$、CF_2 和 CF_3 五种峰，并且随着碳化温度的升高，sp^3-C 和 sp^2-C 的比值逐渐升高[图 5-76(b)]。这一现象与拉曼测试结果一致，随着碳化温度的升高，I_D/I_G 值从 0.83 增加到 1.09[图 5-76(d)]。一般来讲，当杂原子(N、S、P 等)掺杂到碳材料时，由于电负性的差异会引起区域电荷的重新分布，产生更多的活性位点，增加碳材料的电活性。但是，杂原子的掺杂也会引入缺陷，当杂原子掺杂量过高时，催化剂的活性会降低。因此，杂原子的掺杂存在最佳值。根据 XPS 结果显示，碳化温度从 700℃ 升高到 1000℃，相应的 F 的掺杂含量(原子分数)从 3.10%升高到 7.06%。因此，随碳化温度升高而石墨化程度反而降低这一现象的原因可能是由随碳化温度升高 F 掺杂含量增加引起的。FPC-800 有适中的 F 掺杂含量(3.41%，原子分数)，在电催化还原 O_2 过程中表现出最好的电催化活性。

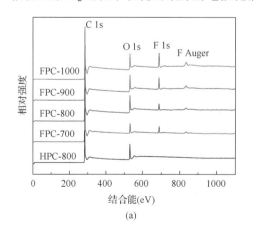

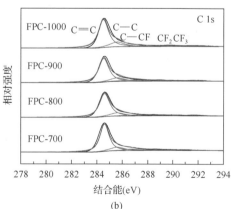

(a)　　　　　　　　　　　　　　(b)

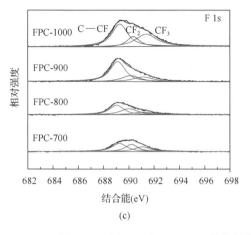
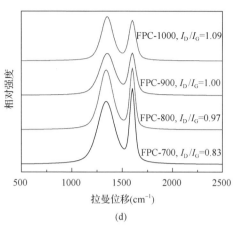

图 5-76　(a) FPC 和 HPC-800 催化剂的 XPS 谱图；(b)，(c) FPC 的高分辨
C 1s 谱和 F 1s 谱；(d) FPC 的 Raman 谱图

催化剂的氧还原活性受掺杂原子的形态影响，FPC 催化剂的高分辨的 F 1s 谱由位于 689.2 eV、690.2 eV 和 691.1 eV 的三个亚峰组成[图 5-76(c)]，分别对应半离子 C-F、共价 CF_2 和共价 CF_3 三种 F 的掺杂形态。构建并优化纯石墨碳(Gr)、含有半离子态 C-F 掺杂的碳(Gr-F)、含有共价 CF_2 掺杂的碳(Gr-F_2)以及含有共价 CF_3 掺杂的碳(Gr-F_3)四种模型。由于电催化氧还原产 H_2O_2 的第一步反应是 O_2 分子的吸附活化，而该反应过程中只有 OOH 一种中间产物，利用高斯软件对 Gr、Gr-F、Gr-F_2 和 Gr-F_3 四种结构表面上 O_2 分子和 OOH 中间产物的吸附能进行计算。计算结果如表 5-17 所示，Gr-F、Gr-F_2 和 Gr-F_3 对 O_2 的吸附能力明显好于 Gr 结构，说明 F 掺杂可以提高多孔碳材料对 O_2 分子的吸附能力，增强催化剂电催化氧还原活性。Gr-F 对 OOH 的吸附能力很强，有利于 OOH 在催化剂表面进一步反应，在电催化氧还原反应中主要以四电子氧还原生成 H_2O 为主，这一结果与之前研究报道的半离子态 C-F 掺杂的 F 有利于四电子氧还原反应一致。Gr-F_2 对中间产物 OOH 的吸附能最弱，Gr-F_3 的 OOH 吸附能与 Gr 相近，而石墨碳材料有利于两电子氧还原反应。因此，OOH 在 Gr-F_2 和 Gr-F_3 表面更容易脱附从而实现两电子氧还原过程产生 H_2O_2。而 FPC-800 催化剂有最高 CF_2 和 CF_3 比例，该计算结果很好地解释了 FPC-800 催化剂优异的电催化氧还原产 H_2O_2 性能。

表 5-17　不同 F 掺杂形态的碳材料对 O_2 分子和中间产物 OOH 的吸附能

E_{ads}(eV)	Gr	Gr-F	Gr-F_2	Gr-F_3
O_2	−0.011	−0.039	−0.023	−0.024
OOH	−0.108	−2.734	−0.023	−0.196

以阿特拉津为目标污染物研究了 FPC 催化剂电芬顿降解有机污染物的性能。

作为对比,考察了通 Ar 条件下阿特拉津的电氧化和电吸附去除情况。从图 5-77(a)可以看到,电芬顿反应 15 min 后,阿特拉津的降解率可以达到 93%,而电氧化和电吸附共同作用 60 min 后,阿特拉津的去除率为 17%。这一结果说明电芬顿能有效地降解阿特拉津。进一步考察了降解过程中电解液 pH、Fe^{2+} 浓度和施加电压对阿特拉津降解的影响,并分析其反应动力学。在不同条件下阿特拉津均可被有效地降解,并且降解反应遵循准一级反应动力学。FPC-800 电芬顿降解阿特拉津的一级动力学常数随 Fe^{2+} 浓度和反应施加电压的升高而升高,随电解液 pH 的升高而降低。尽管 pH 升高,阿特拉津降解速率慢,但是电芬顿反应 60 min 后,阿特拉津的矿化率仍可以达到 49%[图 5-77(b)]。说明 FPC-800 催化剂具有好的降解并矿化阿特拉津的能力。

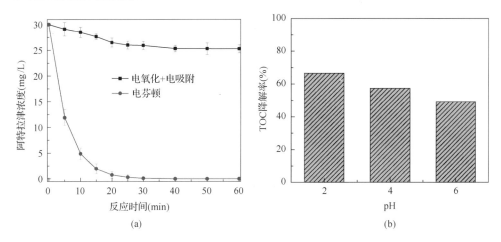

图 5-77　(a)电芬顿和电氧化+电吸附对阿特拉津的降解,(b)电解液 pH 对
阿特拉津矿化的影响

通过电子顺磁共振(EPR)光谱和自由基捕获实验证明,FPC-800 催化剂电芬顿降解阿特拉津过程中主要的活性基团为•OH[图 5-78(a)和(b)]。对 HPC-800 和 FPC-800 电芬顿降解阿特拉津过程中 Fe^{2+}、Fe^{3+} 和总 Fe 的浓度进行测定,结果如图 5-78(c)和(d)所示。HPC-800 和 FPC-800 电芬顿降解阿特拉津过程中总 Fe 浓度基本保持不变,说明在 HPC-800 和 FPC-800 电芬顿体系中 Fe 基本保持溶解态。反应中 Fe^{2+} 的浓度在最初下降明显,这是由于 Fe^{2+} 催化 H_2O_2 生成 Fe^{3+},随着反应的进行,Fe^{2+} 浓度达到平衡保持不变。值得注意的是,FPC-800 催化剂 Fe^{2+} 的平衡浓度比 HPC-800 催化剂 Fe^{2+} 的平衡浓度高,说明 FPC 催化剂更利于 Fe^{3+} 的还原形成 Fe^{2+}。用 FPC-800 催化剂电芬顿降解阿特拉津的实验连续重复 5 次,发现阿特拉津的降解率没有衰减,证明 FPC-800 催化剂具有很好的稳定性。

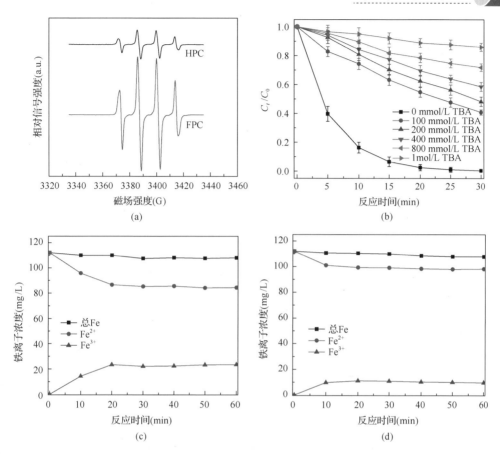

图 5-78　(a) HPC 和 FPC 催化剂的 EPR 图；(b) 不同浓度叔丁醇对阿特拉津降解的影响；(c)，(d) HPC 和 FPC 电芬顿降解阿特拉津过程中 Fe^{2+}、Fe^{3+} 和总 Fe 含量的变化

利用 FPC-800 催化剂对实际炼油废水进行电芬顿处理。废水取自某炼油厂的二级出水，COD 值为 92 mg/L，没有达到 50 mg/L 的《城镇污水处理厂污染物排放标准》(GB 18918—2002)。如图 5-79 所示，经过 60 min 处理，以 FPC-800 为电极的电芬顿体系的 COD 去除率为 52%，处理后的 COD 值为 44 mg/L，达到污染物排放标准。作为对比，考察了通氩气条件下的电氧化和电吸附过程、石墨电极的电芬顿过程和均相电芬顿过程对炼油废水的 COD 去除率，结果如图 5-79 所示，COD 值均不能达到《城镇污水处理厂污染物排放标准》。

5.4.3　基于三维结构碳电极的电芬顿过程

含缺陷、sp^3-C 的多孔碳和 F 掺杂多孔碳催化剂具有高的产 H_2O_2 效率并且在电芬顿中可高效降解 POPs。但是，这些多孔碳材料均为粉体形态，在制备电极的过程中需要使用导电黏结剂。导电黏结剂的使用量对电芬顿反应有一定影响，过

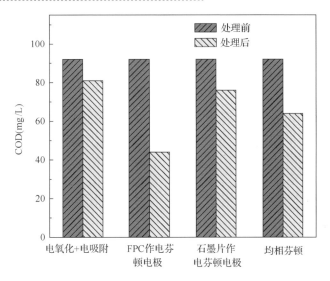

图 5-79　不同处理方法对实际废水的 COD 去除情况

电吸附和电氧化在–0.4 V 电压，pH 为 4，Ar 饱和的电解液中进行；FPC 和石墨电极电芬顿在–0.4 V 电压，2.0 mmol/L Fe^{2+}，pH 为 4，O$_2$ 饱和的电解液中进行；传统芬顿在 70 mmol/L H$_2$O$_2$，2.0 mmol/L Fe^{2+}，pH 为 4 的溶液中进行

多的黏结剂可能带来内部电阻或引起催化剂团聚，而过少则会引起催化剂的脱落，导致电极稳定性下降。自支撑的三维结构电极可以避免导电黏结剂的使用，同时催化剂的三维结构可以增大电极与溶液的接触面积，有利于反应传质，在应用电芬顿技术处理 POPs 过程中具有一定优势。

利用三维结构三聚氰胺泡沫为前驱体，在氩气氛围下进行碳化 5 h 可制得自支撑的氮掺杂碳泡沫(nitrogen-doped carbon foam, NCF)。碳化温度为 650℃、800℃、1000℃得到的样品分别命名为 NCF650、NCF800、NCF1000。利用扫描电子显微镜(SEM)对所制备的三维碳电极的微观形貌进行了表征。如图 5-80 所示，NCF 样品保持了独特的三维结构，并且骨架宽度大约在 1～3 μm。通过能量色散 X 射线光谱(EDS)分析催化剂表面的元素分布情况，表明氮元素成功地掺杂进了样品，并且碳元素和氮元素都分布均匀。

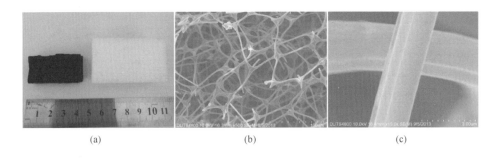

(a)　　　　　　　　　　(b)　　　　　　　　　　(c)

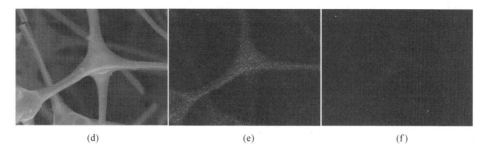

(d)   (e)   (f)

图 5-80 (a) NCF 与三聚氰胺泡沫的照片，(b)～(c) NCF1000 在不同倍数下的 SEM 图，(d) NCF1000 的 EDX 面扫描对应的 SEM 图，(e) 碳元素的 EDS 面扫描图，(f) 氮元素的 EDS 面扫描图

电导率是衡量电极材料性能的重要指标。采用四探针测试系统测得 NCF650、NCF800 和 NCF1000 的电导率分别为 1.18×10^{-6} S/cm、1.09×10^{-4} S/cm 和 1.16×10^{-2} S/cm，NCF1000 的电导率最高，说明热处理温度对电极电导率具有重要影响。

利用 XPS 对 NCF 的表面组成和化合态进行分析 (表 5-18、图 5-81)。由于前驱体三聚氰胺泡沫本身是一种钠盐，制备的 NCF 样品均是由碳、氮、氧、钠四种元素组成，随着碳化温度的升高，N、O 和 Na 的含量逐渐下降。对 NCF 中 N 的存在形态进行分析，发现随着碳化温度的升高，吡咯态氮和氧化态吡啶氮的含量逐渐降低，吡啶态氮和石墨态氮含量上升。这是由于吡咯态氮热稳定性较差，在高温下会向其他形态转化。NCF1000 中仅含石墨态氮和吡啶态氮，并且石墨态氮占据了绝对的主导地位，比例达到了 73.6%。

表 5-18 NCF650、NCF800 和 NCF1000 的各元素含量 (原子个数比)

样品	C	N	O	Na
NCF650	63.6%	7.55%	18.3%	10.4%
NCF800	71.5%	4.99%	15.9%	7.50%
NCF1000	91.4%	2.62%	4.74%	1.16%

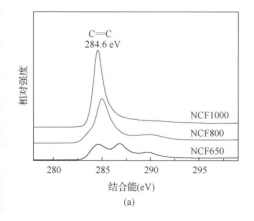

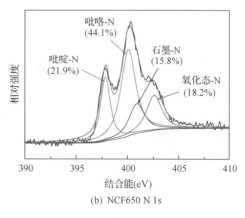

(a)   (b) NCF650 N 1s

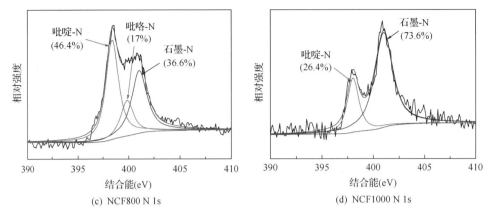

(c) NCF800 N 1s　　　　　　　　(d) NCF1000 N 1s

图 5-81　(a) NCF650、NCF800 和 NCF1000 的高分辨 XPS C 1s 图，(b)～(d) 分别为 NCF650、
NCF800 和 NCF1000 的高分辨 XPS N 1s 图

　　利用循环伏安法 (CV) 测定了三个 NCF 样品的氧还原能力 (图 5-82)。反应在 pH=7 的溶液中进行。与在 N_2 饱和溶液中的 CV 曲线相比，三个样品在 O_2 饱和溶

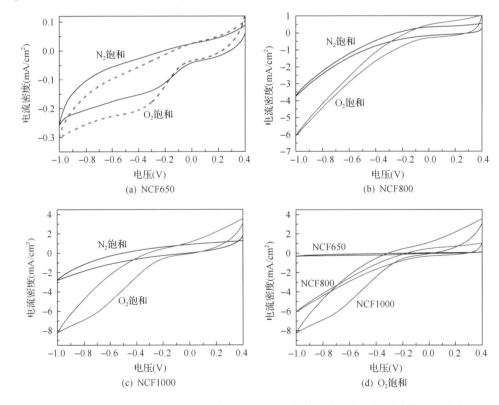

图 5-82　(a)～(c) NCF650、NCF800 和 NCF1000 在氮饱和与氧饱和溶液中的 CV 曲线；
(d) NCF650、NCF800 和 NCF1000 在氧饱和溶液中的 CV 曲线

液中的还原电流密度均显著增大，说明三个样品均具有氧还原活性。对比 NCF 在 O_2 饱和溶液中的 CV 曲线可以看出，NCF650 的电流密度明显小于其他两个样品的电流密度，主要的原因是 NCF650 的导电性差。NCF1000 显示出明显优于其他两个样品的氧还原活性，其氧还原电流密度达到了 NCF800 的 2.1 倍。

为了测定 NCF 电极的氧还原选择性，将 NCF 研磨成粉体并与 Nafion 溶液混合滴涂于旋转环盘电极(RRDE)表面并对其进行了测试，结果见图 5-83。在 pH=6～9 的范围内，NCF1000 与其他两个样品相比具有更高的盘电流密度以及更高的环电流密度，说明 NCF1000 的电催化还原氧活性显著高于 NCF800 和 NCF650。基于 RRDE 结果计算了 NCF1000 和 NCF800 的产 H_2O_2 选择性，结果见表 5-19。在相同条件下，NCF1000 的 H_2O_2 选择性明显高于 NCF800。在-0.6 V 时，NCF1000 催化剂电催化还原产 H_2O_2 选择性最高可以达到 81.9%。虽然随着 pH 升高选择性有所下降，但在 pH=9 时依然可以保持在 76.9%，证明 NCF1000 在 pH 6～9 的范围均具有较好的电催化氧还原产 H_2O_2 选择性。

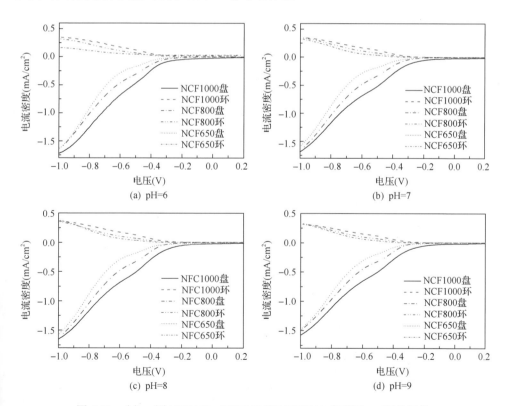

图 5-83　(a)～(d)NCF650、NCF800 和 NCF1000 在不同 pH 下的氧饱和溶液中的 RRDE 测试曲线

表 5-19　NCF800 和 NCF1000 在不同 pH 和不同电压下的 $S_{H_2O_2}$

		−0.4 V	−0.6 V	−0.8 V	−1.0 V
NCF1000	pH=6	77.3%	81.8%	75.6%	71.9%
	pH=7	72.8%	79.8%	77.4%	71.9%
	pH=8	75.7%	81.9%	79.5%	75.0%
	pH=9	71.8%	76.9%	75.4%	70.4%
NCF800	pH=6	71.7%	78.0%	77.4%	70.8%
	pH=7	71.0%	77.0%	76.1%	72.3%
	pH=8	68.3%	74.5%	75.1%	74.1%
	pH=9	69.9%	74.3%	74.8%	75.1%

　　在恒电压条件下测试了 NCF 电催化氧还原产 H_2O_2 的性能。工作电压为 −0.6 V，初始 pH=7，结果如图 5-84 所示。NCF1000 产 H_2O_2 的浓度显著高于 NCF800 和 NCF650。NCF1000 在 5 min、10 min 和 15 min 的电流效率分别为 76.4%、73.7% 和 71.3%，与 RRDE 测试结果接近。NCF800 在三个取样点的电流效率分别为 54.3%、51.2%和 48.3%，与上述 RRDE 测试结果相差较大，而 NCF650 的电流效率仅为 10%～12%。结合 XPS 与导电率测试结果推断，NCF650 和 NCF800 较差的电流效率可能是由这两个样品中碳元素的石墨化程度较低，导电性较差所致。

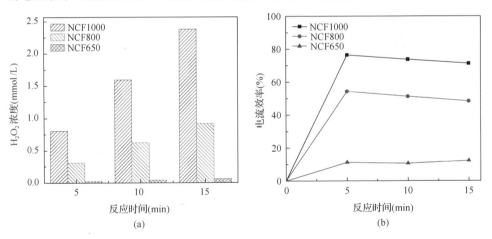

图 5-84　NCF650、NCF800 和 NCF1000 在双池反应器中产 H_2O_2 的(a)产量与(b)电流效率

　　以苯酚为目标污染物，考察了中性条件下基于自支撑电极 NCF1000 的电芬顿过程降解污染物的性能，并与相同条件下石墨电极进行对比。采用 0.5 g/L 的羟基氧化铁（FeOOH）为非均相芬顿催化剂，在中性条件下进行了降解实验，结果如图 5-85 所示。以 NCF1000 作为阴极，在不通入氧气条件下，反应 60 min 后苯酚去除率仅为 30%；而通入氧气，60 min 后苯酚的去除率可达 98%，说明 NCF1000

可作为电芬顿阴极在中性条件下实现对苯酚的快速降解。商业石墨片作为阴极相同条件下对苯酚的去除率仅为 60%，明显低于以自支撑 NCF1000 为电极的电芬顿体系。NCF1000 和石墨片电极电芬顿降解苯酚均符合准一级反应动力学，其动力学常数分别为 0.062 min^{-1} 和 0.015 min^{-1}，前者是后者的 4.1 倍，说明 NCF1000 作为电芬顿阴极具有优于商业石墨片的性能。

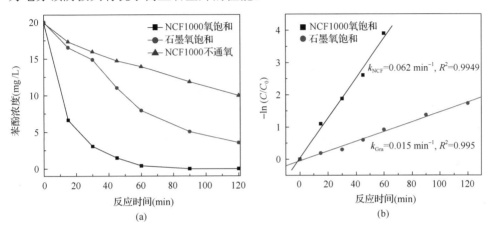

图 5-85　(a) NCF1000 氧饱和、NCF1000 不通氧气和石墨片氧饱和的苯酚降解图，
　　　　　(b) NCF1000 和石墨片在氧饱和下的苯酚降解动力学拟合曲线

　　通过重复降解实验考察了 NCF1000 的稳定性。利用同一个电极重复进行苯酚降解实验 10 次 (结果见图 5-86)，NCF1000 的电芬顿性能未发生明显衰减，证明了其良好的稳定性。

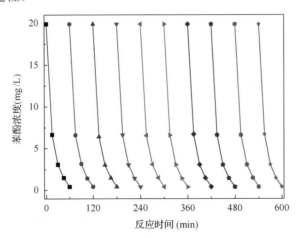

图 5-86　NCF1000 降解苯酚 10 次重复实验

5.5 本章小结

电化学技术是一种高效廉价、可控性强、环境友好的 POPs 治理技术。决定电化学技术性能的关键是电极材料。从本章内容可以归纳出如下结论：

(1) 碳纤维、碳纳米管和石墨烯都可作为电化学还原脱卤催化剂的载体，它们不但可作为催化剂与电源的电子通路，而且能起到增加催化剂分散性、限制催化剂晶粒尺寸、避免催化剂流失的作用。纳米 Pd 颗粒是高效的加氢脱氯催化剂，上述碳材料负载金属 Pd 颗粒后可以高效地完成典型卤代 POPs 的电催化脱卤，其最佳工作电压为 $-0.8 \sim -1.0V$，进一步提高负电压导致大量析氢。析氢电位较高的电极材料(如 N 掺杂金刚石)可在较高的工作电压下进行脱卤反应，高电压有利于提高脱卤速度，甚至实现直接电化学还原脱卤。

(2) 碳纤维、碳纳米管都是合适的电增强吸附材料。无电场作用时，碳纳米管依靠 π 电子极化及疏水作用吸附污染物，其吸附位为缺陷或含氧基团。电场作用下，多壁碳纳米管对典型 POPs 的初始吸附速率 v_0 和最大吸附容量 q_m 相对于无电场条件提高数倍至近百倍。达到吸附饱和后，可通过提高工作电压或施加反向电压的方式分解吸附的污染物或加速其脱附，从而快速彻底地再生吸附材料。

(3) 碳化有机金属骨架结构获得的多孔碳的比表面积大、含有 sp^3-C 和缺陷，在宽 pH 范围内具有较好的氧还原活性、较高的 H_2O_2 选择性和较高的电流效率，其电催化还原 O_2 产 H_2O_2 的速率比常见电催化剂高 $1 \sim 2$ 个数量级。以多孔碳为产 H_2O_2 阴极，添加 Fe^{2+} 后可构建电芬顿体系，分解 POPs 的电流效率比直接电化学氧化提高 1 个数量级。氟掺杂可以提高 sp^3-C 比例，降低碳材料与 OOH 基团的结合能，促进 OOH 脱附，增强 H_2O_2 的选择性。三维多孔碳电极可以改善溶解氧与碳电极表面的接触，从而提高 H_2O_2 产率。

参 考 文 献

[1] Martínez-Huitle C A, Ferro S. Electrochemical oxidation of organic pollutants for the wastewater treatment: Direct and indirect processes. Chemical Society Reviews, 2006, 35: 1324-1340.

[2] Bard A J. Faulkner L R. Electrochemical Methods. New York: Wiley, 1980.

[3] Yang K L, Ying T Y, Yiacoumi S. Electrosorption of ions from aqueous solutions by carbon aerogel: An electrical double-layer model. Langmuir, 2001, 17(6): 1961-1969.

[4] Cui C, Quan X, Chen S, Zhao H. Adsorption and electrocatalytic dechlorination of pentachlorophenol on palladium-loaded activated carbon fibers. Separation and Purification Technology, 2005, 47(1): 73-79.

[5] Cui C, Quan X, Yu H, Han Y, Chen S. Electrocatalytic hydrodehalogenation of pentachloro-phenol at palladized multiwalled carbon nanotubes electrode. Applied Catalysis B: Environmental, 2008, 80(1-2): 122-128.

[6] Lin H C, Tseng S K. Electrochemically reductive dechlorination of pentachlorophenol using a high overpotential zinc electrode. Chemosphere, 1999, 39(13): 2375-2389.

[7] Kulikov S M, Plekhanov V P, Tsyganok A I. Electro-chemical reduction dechlorination of chlororganic compounds on carbon cloth and metal-modified carbon cloth cathodes. Electroc-himcal Acta, 1996, 41(4): 527-531.

[8] Chen S, Qin Z, Quan X, Zhang Y, Zhao H. Electrocatalytic dechlorination of 2,4,5-trichlorobi-phenyl using an aligned carbon nanotubes electrode deposited with palladium nanoparticles. Chinese Science Bulletin, 2010, 55(4): 358-364.

[9] Yu H, Ma B, Chen S, Zhao Q, Quan X, Afzal S. Electrocatalytic debromination of BDE-47 at palladized graphene electrode. Frontiers of Environmental Science and Engineering, 2014, 8(2): 180-187.

[10] Liu Y, Chen S, Quan X, Fan X, Zhao H, Zhao Q, Yu H. Nitrogen-doped nanodiamond rod array electrode with superior performance for electroreductive debromination of polybrominated diphenyl ethers. Applied Catalysis B: Environmental, 2014, 154-155: 206-212.

[11] Foo K Y, Hameed B H. A short review of activated carbon assisted electrosorption process: An overview, current stage and future prospects. Journal of Hazardous Materials, 2009, 170(2-3): 552-559.

[12] Li X, Zhao H, Quan X, Chen S, Zhang Y, Yu H. Adsorption of ionizable organic contaminants on multi-walled carbon nanotubes with different oxygen contents. Journal of Hazardous Materials, 2011, 186(1): 407-415.

[13] Bayram E, Ayranci E. Electrochemically enhanced removal of polycyclic aromatic basic dyes from dilute aqueous solutions by activated carbon cloth electrodes. Environmental Science & Technology, 2010, 44(16): 6331-6336.

[14] Ania C O, Beguin F. Mechanism of adsorption and electrosorption of bentazone on activated carbon cloth in aqueous solutions. Water Research, 2007, 41(15): 3372-3380.

[15] Han Y, Quan X, Chen S, Zhao H, Cui C, Zhao Y. Electrochemically enhanced adsorption of phenol on activated carbon fibers in basic aqueous solution. Journal of Colloid and Interface Science, 2006, 299(2): 766-771.

[16] Wang S, Li X, Zhao H, Quan X, Chen S, Yu H. Enhanced adsorption of ionizable antibiotics on activated carbon fiber under electrochemical assistance in continuous-flow modes. Water Research, 2018, 134: 162-169.

[17] Wu QF, Li Z H, Hong H L, Yin K, Tie L Y. Adsorption and intercalation of ciprofloxacin on montmorillonite. Applied Clay Science, 2010, 50(2): 204-211.

[18] Liu Y, Quan X, Fan X, Wang H, Chen S. High-yield electrosynthesis of hydrogen peroxide from oxygen reduction by hierarchically porous carbon. Angewandte Chemie International Edition, 2015, 54: 1-6.

[19] Jirkovský J S, Panas I, Ahlberg E, Halasa M, Romani S, Schiffrin D J. Single atom hot-spots at Au-Pd nanoalloys for electrocatalytic H_2O_2 production. Journal of the American Chemical Society, 2011, 133(48): 19432-19441.

[20] Siahrostami S, Verdaguer-Casadevall A, Karamad M, Deiana D, Malacrida P, Wickman B, Escudero-Escribano M, Paoli E A, Frydendal R, Hansen T W, Chorkendorff I, Stephens I E L,

Rossmeisl J. Enabling direct H_2O_2 production through rational electrocatalyst design. Nature Materials, 2013, 12: 1137-1143.

[21] Bonakdarpour A, Esau D, Cheng H, Wang A, Gyenge E, Wilkinson D P. Preparation and electrochemical studies of metal-carbon composite catalysts for small-scale electrosynthesis of H_2O_2. Electrochimica Acta, 2011, 56: 9074-9081.

[22] Valim R B, Reis R M, Castro P S, Lim A S, Rocha R S, Bertotti M, Lanza M R V. Electrogeneration of hydrogen peroxide in gas diffusion electrodes modified with *tert*-butyl-anthraquinone on carbon black support. Carbon, 2013, 61: 236-244.

[23] Wang A, Bonakdarpour A, Wilkinson D P, Gyenge E. Novel organic redox catalyst for the electroreduction of oxygen to hydrogen peroxide. Electrochimica Acta, 2012, 66: 222-229.

[24] Zhong G, Wang H, Yu H, Peng F. The effect of edge carbon of carbon nanotubes on the electrocatalytic performance of oxygen reduction reaction. Electrochemistry Communications, 2014, 40: 5-8.

[25] Jia J, Kato D, Kurita R, Sato Y, Maruyama K, Suzuki K, Hirono S, Ando T, Niwa O. Structure and electrochemical properties of carbon films prepared by a electron cyclotron resonance sputtering method. Analytical Chemistry, 2007, 79(1): 98-105.

[26] Liu Y, Chen S, Quan X, Yu H, Zhao H, Zhang Y. Efficient mineralization of perfluorooctanoate by electro-Fenton with H_2O_2 electro-generated on hierarchically porous carbon. Environmental Science & Technology, 2015, 49: 13528-13533.

[27] Zhao H, Gao J, Zhao G, Fan J, Wang Y, Wang Y. Fabrication of novel SnO_2-Sb/carbon aerogel electrode for ultrasonic electrochemical oxidation of perfluorooctanoate with high catalytic efficiency. Applied Catalysis B: Environmental, 2013, 136-137: 278-286.

[28] Niu J, Lin H, Xu J, Wu H, Li Y. Electrochemical mineralization of perfluorocarboxylic acids(PFCAs) by Ce-doped modified porous nanocrystalline PbO_2 film electrode. Environmental Science & Technology, 2012, 46(18): 10191-10198.

[29] Zhuo Q, Deng S, Yang B, Huang J, Yu G. Efficient electrochemical oxidation of perfluorooctanoate using a Ti/SnO_2-Sb-Bi anode. Environmental Science & Technology, 2011, 45(7): 2973-2979.

[30] Qu Y, Zhang C, Li F, Chen J, Zhou Q. Photo-reductive defluorination of perfluorooctanoic acid in water. Water Research, 2010, 44: 2939-2947.

[31] Li X, Zhang P, Jin L, Shao T, Li Z, Cao J. Efficient photocatalytic decomposition of perfluorooctanoic acid by indium oxide and its mechanism. Environmental Science & Technology, 2012, 46(10): 5528-5534.

[32] Zhao K, Su Y, Quan X, Liu Y, Chen S, Yu H. Enhanced H_2O_2 production by selective electrochemical reduction of O_2 on fluorine-doped hierarchically porous carbon. Journal of Catalysis, 2018, 357: 118-126.

第 6 章　光催化技术

本章导读

- 介绍光催化技术降解 POPs 的基本原理、光催化技术面临的关键科学问题及应对策略。
- 从提高光吸收效率、抑制光生电荷复合、强化表面反应等三方面提高光能利用效率的方法。
- 介绍光催化与膜分离技术、光催化与等离子体技术耦合原理及降解 POPs 的性能。

6.1　光催化降解 POPs 概述

早在 1995 年，加州理工学院的 Hoffmann 教授在其发表在 *Chemical Reviews* 上的综述文章[1]中以 TiO_2 为例总结了光催化过程中光生电荷的产生、迁移和复合的基元反应。第一步是光子(用 $h\nu$ 表示)激发 TiO_2，使 TiO_2 价带电子跃迁到导带(e_{cb}^-)，并在价带遗留一个空穴(h_{vb}^+)。这个步骤的时间尺度是飞秒，跃迁到导带的电子和留在价带的空穴就是光生电荷。

$$TiO_2 + h\nu \longrightarrow h_{vb}^+ + e_{cb}^- \tag{6-1}$$

第二步是光生电荷迁移到 TiO_2 表面，并被水化表面四价钛($*Ti^{IV}OH$，*代表表面)捕获。其中光生空穴被捕获的时间尺度是 10 ns，产物是表面束缚羟基自由基($\{*Ti^{IV}OH^\bullet\}^+$)；光生电子可以被水化表面四价钛浅捕获生成水化表面三价钛($*Ti^{III}OH$)，或者被内层的四价钛深捕获生成三价钛，浅捕获和深捕获的时间尺度分别是 100 ps 和 10 ns。光生电子(或空穴)向表面迁移过程中以及被表面捕获后，都可能遇到光生空穴(或电子)而复合。复合过程的时间尺度是 10~100 ns，相对于光生电荷的产生和迁移是慢过程，但相对于水中污染物向光催化材料表面的迁移要快得多，所以必须提高光生电荷分离效率以避免在其遇到污染物之前复合。

$$h_{vb}^+ + {}^*Ti^{IV}OH \longrightarrow \{{}^*Ti^{IV}OH^\cdot\}^+ \tag{6-2}$$

$$e_{cb}^- + {}^*Ti^{IV}OH \longleftrightarrow {}^*Ti^{III}OH \tag{6-3}$$

$$e_{cb}^- + {}^*Ti^{IV} \longrightarrow {}^*Ti^{III} \tag{6-4}$$

$$e_{cb}^- + \{{}^*Ti^{IV}OH^\cdot\}^+ \longrightarrow {}^*Ti^{IV}OH \tag{6-5}$$

$$h_{vb}^+ + {}^*Ti^{III}OH \longrightarrow {}^*Ti^{IV}OH \tag{6-6}$$

第三步是界面反应。光生电子参与的主要界面反应有 3 种：第一种是还原水分子生成氢气，光生电子消耗在产氢上对分解污染物不利，因此属于副反应，应该加以控制；第二种是还原吸附的污染物；第三种是与溶解氧分子及氢离子反应生成各种氧化性自由基，以锐钛矿 TiO_2 为例，在较低 pH，存在足够的 H^+，此时锐钛矿 TiO_2 导带电子还原 O_2 产生 $HO_2^\cdot$；在较高 pH（>5），O_2 被还原成 $O_2^{\cdot-}$，$O_2^{\cdot-}$ 再与 2 个氢离子及 1 个光生电子反应生成 H_2O_2，然后 H_2O_2 与 1 个氢离子及 1 个光生电子生成·OH，这些氧化性物种可以扩散到溶液中，氧化分解催化剂表面附近的污染物。价带空穴参与的界面反应如下：①氧化水分子生成氧气，这对氧化分解污染物不利，属于副反应；②氧化吸附的污染物；③与水分子(酸性和中性条件)或 OH^-(碱性条件)反应生成·OH，进而分解催化剂表面附近的污染物。

·OH 或空穴通过攻击有机物中的 C—C、C—O、C—H、C=C、C≡C 或苯环实现分解有机物。·OH 与饱和烃反应攻击的是 C—C 键，通过亲电加成、脱氢、电子转移等步骤将饱和烃逐步氧化成相应的醇、醛、羟酸，最终分解成 H_2O 和 CO_2。

·OH 与不饱和键(C=C、C≡C)的反应途径是亲电加成达到羟基化，·OH 与构成双键的一个 C 成键形成一个羟基，另一个 C 剩余一个电子呈激发态，反应式如下：$RHC=CR_2 + \cdot OH \longrightarrow RHC(OH)—C(^\cdot)R_2$。不饱和键破坏后的产物按照饱和脂肪醇的分解步骤进行。

·OH 氧化苯环的第一步也是羟基化，例如与苯反应，首先·OH 亲电加成到 1 位，同时对位形成激发态，激发态与空穴或氧气反应失去一个电子形成阳离子态，接着脱掉 1 位的一个氢在对位得到一个电子形成苯酚。苯酚继续与·OH 发生羟基化反应，生成邻二苯酚、间二苯酚或对二苯酚，这三个中间产物不稳定，很容易脱去一个水分子生成苯醌。·OH 继续与苯醌反应，1 位和 2 位间的 C—C 被断开，两个端点均为醛基，然后被·OH 氧化成羧酸，最后按照饱和脂肪酸矿化的路线继续分解。

对于包含除 C、H、O 以外杂原子(主要包括 Cl、Br、I、F、N、P、S)的污染物(大多数 POPs 属于此类情况)，杂原子取代基不但提高了污染物的毒性，而且增加了污染物的化学稳定性使其难以被降解。光催化分解此类污染物的关键步骤是使碳原子与杂原子间的化学键断裂，大多数反应可通过•OH 途径完成，产物是 Cl^-、Br^-、I^-、F^-、NO_3^-、PO_3^-、SO_4^{2-} 等阴离子。例如氯苯中 Cl 的光催化脱除是通过•OH 取代 Cl 产生苯酚和 Cl^-，或者在两个光生电子参与下用 1 个氢离子取代 Cl^-，但后者速率很慢，可通过在光催化材料表面沉积 Pt、Pd 等催化剂，强化对氢离子和污染物的吸附，增加它们接受光生电子及相互反应的机会，从而提高反应速率。脱去 Cl 后的中间产物按照一般有机物的途径继续氧化分解。

1921 年已经有了关于光催化的报道，Baly 等发现溶液中存在氢氧化铁时，CO_2 和水在可见光照射下可先生成甲醛然后转化成糖类；而没有氢氧化铁时，这两步光合成反应必须分别在波长小于 200 nm 和 290 nm 的紫外光照射下才能进行，这说明氢氧化铁起到了光催化剂的作用[2]。光催化分解有机物的早期代表性工作出现在 1955 年，Markham 等研究了氧化锌、氧化钛、氧化锑在紫外光照射下分解苯酚的性能，确定苯酚被氧化的中间产物之一是邻苯二酚，最终产物是 CO_2[3]。光催化技术领域最有影响力的报道发表于 1972 年，Fujishima 在 *Nature* 上发表了用 TiO_2 电极和铂电极光催化分解水分别产生氧气和氢气的工作[4]。这个工作被广泛引用，影响力远高于早期报道，引发了光催化技术的研究热潮。

以 POPs 为降解目标的报道出现在 1976 年，Carey 等报道了 TiO_2 光催化氧化法用于污水中多氯联苯(PCBs)脱氯的研究结果[5]。PCBs 是人工合成的有机物，可用作热载体、电容器、电压器的绝缘油和润滑油等，还可作为添加剂用于树脂、橡胶、结合剂、涂料、复写纸、陶釉、防火剂、农药延效剂、染料分散剂。PCBs 很难自然降解，是典型的 POPs。使用 PCBs 的工厂排出的废弃物是主要污染源。进入环境的 PCBs 可经皮肤、呼吸道、消化道进入人体，主要危害肝脏，具有致癌性和致突变性，严重危及人体健康和生命安全。光催化能够分解污水中 PCBs 的性能使人们意识到该技术在污染控制领域的潜力。1977 年，Bard 等研究了 TiO_2、ZnO、CdS、WO_3、Fe_2O_3 在紫外光下对氰化物的氧化能力，发现前三种半导体催化剂可以氧化分解氰化物，CN^- 被氧化成 OCN^- 的速率是 2.1×10^{-9} mol/min[6]。1986 年，Matthews 等的工作表明，光照条件下 TiO_2 粉末能够矿化苯酸、水杨酸、苯酚、苯二甲酸氢盐、2-氯酚、4-氯酚、氯苯、硝基苯、甲醇、乙醇、丙醇、丙酮、乙酸乙酯、乙酸、甲酸、蔗糖、萘酚、伞形酮、氯仿、三氯乙烯、二氯乙烷等 21 种有机物污染物，其中多种属于 POPs，产生 CO_2 的速率在 $1.95 \times 10^{-6} \sim 8.92 \times 10^{-6}$ mol/min 的范围内[7]。此后，随着光催化技术在灭菌、重金属还原等方面的优异性能相继被报道，该技术在水污染控制领域的应用研究进入了蓬勃发展时期。

为了推动光催化技术的实际应用，人们尝试了各种各样的反应器，例如油水界面反应器、泰勒涡旋反应器、降膜反应器、水钟反应器、光导纤维反应器、旋转盘反应器等，由于处理量小、结构复杂、成本高等缺点，这些反应器很难在水处理领域应用。经过一段时间的努力，人们开始意识到光催化反应的热力学优势很难在实际应用中发挥出来，原因是光能转换效率低、光催化反应动力学常数小，常常需要几个小时的停留时间才能矿化初始浓度只有毫克每升量级的污染物，难以满足处理量较大的实际应用要求。

因此，此后的研究热点由设计反应器转向提高光能利用效率。光催化反应过程包括入射光子激发半导体产生光生电荷、光生电荷向表面迁移、迁移到表面的光生电荷与污染物接触反应等 3 个阶段(图 6-1)。各阶段的光能损失途径分别为入射光的散射、反射、透过，光生电荷迁移过程中的复合以及到达光催化材料表面的光生电荷没有接触到污染物而复合，对应的提高效率途径包括减少散射和反射率、拓展光吸收波长范围(减少透过，增加吸收)、抑制光生电荷在向表面迁移过程中的复合、强化污染物与光生电荷在催化剂表面的接触反应，这些内容将分别在 6.2～6.4 节介绍。

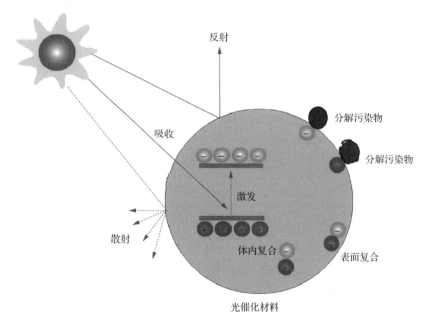

图 6-1　光催化过程示意图

6.2　提高光子吸收效率的方法

6.2.1　纳米阵列结构光催化材料

光吸收是引发光催化反应的关键步骤，高的光吸收效率是保证光催化反应全过程高效率的必要条件。光催化材料表面结构直接影响光的吸收、反射和散射等，最终影响光吸收效率。传统的光催化材料没有针对光的高效吸收进行设计，通常直接采用粉体或薄膜材料，反射和散射损失大，致使光吸收效率低。如图 6-2 所示，平面材料不能利用反射光线，浪费了光能，而有序阵列结构可提高表面的粗糙度，大部分入射光子被散射或反射之后仍然会与光催化材料碰撞，被吸收的机会显著增加，因此可提高光吸收效率。

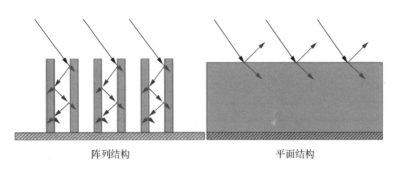

阵列结构   平面结构

图 6-2   阵列结构和平面结构利用反射光线的示意图

已经报道的光催化材料包括 TiO_2、Cu_2O、ZnO、WO_3 等金属氧化物，磷酸盐、铁酸盐、钙钛矿、铋复合盐等化合物，硅、磷、硼、C_3N_4 等非金属，酞菁铜等有机半导体。这些光催化材料大多可被制成阵列结构。例如利用阳极氧化法、等离子体化学气相沉积法、水热合成法可制备出 TiO_2 纳米管阵列[8]、WO_3 纳米带阵列[9]、ZnO 纳米棒阵列[10]等材料 (图 6-3)。对应的紫外可见漫反射光谱表明反射率大幅下降，以阳极氧化的 TiO_2 纳米管阵列为例，对波长 450 nm 左右的光反射率最高仅 18%，非阵列结构的纳米颗粒组成的薄膜最高反射率为 72%，是有序阵列的 4 倍 (图 6-4)。反射率降低的原因是大部分光线在阵列结构内部多次反射，提高了吸收效率。

(a) TiO_2 (b) WO_3 (c) ZnO

图 6-3   三种典型光催化材料的阵列结构

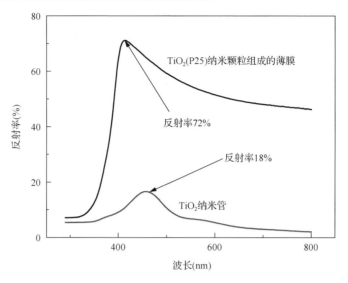

图 6-4   TiO$_2$ 纳米管阵列的反射光谱

光吸收增加后，光催化材料可产生更多的光生电子和空穴，如果用导线将光催化材料与对电极相连，光生电子转移到对电极可形成光电流，因此光电流数大小可衡量阵列结构中光生电荷的分离效率。图 6-5 是阳极氧化 TiO$_2$ 纳米管阵列和溶胶凝胶-水热 TiO$_2$ 薄膜的光电流密度随偏压变化曲线。随偏压增加，两种光电极的光电流均先快速增加然后达到饱和光电流，数值上，TiO$_2$ 纳米管阵列的光电流比平坦的 TiO$_2$ 薄膜高 50% 以上，表明阵列结构有利于光生电荷分离。

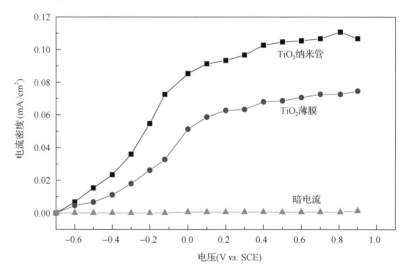

图 6-5   TiO$_2$ 纳米管和 TiO$_2$ 纳米膜的光电流曲线

五氯苯酚(pentachlorophenol，PCP)及其钠盐主要被用作木材、皮革、纺织品和纸张等的防腐剂,甘蔗和稻田等的除草剂,并被用于杀灭真菌、白蚁和钉螺等,曾在世界范围内长期大量使用。PCP 具有生物毒性和诱突变性,可通过接触或食物链富集等方式进入生物体内,即使浓度很低也会对动物、植物和人体造成较大的危害。虽然包括中国在内的许多国家已将 PCP 列入优先控制 POPs 名单禁止继续使用,但其残余效应仍将维持数十年。在曾经使用过 PCP 的地区,PCP 缓慢地从树木、土壤中以阴离子的形式释放出来,污染附近的水体,因此 PCP 是水污染控制方面重要的目标物。

以 PCP 为目标物评价 TiO_2 纳米管光电催化分解 POPs 的性能。PCP 溶液初始浓度为 40 mg/L、pH 为 10、电解质 Na_2SO_4 的浓度为 0.1 mol/L、光源是高压汞灯,在持续搅拌条件下进行光催化反应。图 6-6 是光电催化过程 PCP 浓度和总有机碳(TOC)随时间变化情况。使用 TiO_2 纳米管电极时,PCP 浓度在 60 min 内衰减了90%,而 TiO_2 纳米膜只能分解 65%的 PCP。延长反应时间,PCP 浓度变化不大,而 TOC 继续下降,4 个小时内,70%的 PCP 被矿化。PCP 光电催化降解反应遵守准一级动力学反应模式。PCP 被无序膜电极催化氧化的动力学常数为 0.017 min^{-1},而被有序纳米管电极催化氧化的动力学常数为 0.032 min^{-1},提高了 88%。TiO_2 纳米管降解 PCP 速率更快的原因是其比表面积比薄膜电极大,不仅有利于光能吸收,而且有利于 PCP 的吸附从而加速其光电催化降解和矿化作用。

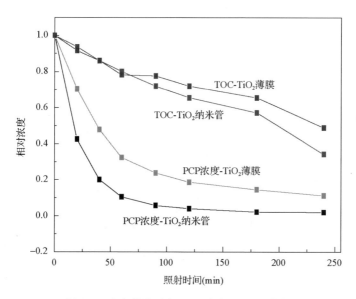

图 6-6　光电催化过程 PCP 浓度和 TOC 变化

6.2.2　利用量子限域效应提高光吸收效率

材料本身的光吸收性质也是影响光吸收效率的重要因素。紫外可见漫反射光谱可以测量光催化材料对特定波长光线的吸收强度。阳极氧化的 TiO_2 纳米管阵列的紫外可见漫反射光谱的吸收带边为 355 nm，相对 TiO_2 薄膜的 380 nm 有明显蓝移（图 6-7），说明禁带变宽。禁带变宽意味着量子限域效应发挥了作用：块体材料由大量原子构成，无数独立的能级混杂在一起形成连续的能带，然而当半导体尺寸小于本征材料玻尔（Bohr）半径时，价电子运动轨道不再相互交叠，一些能级消失导致能级不再连续，如果消失的能级刚好是原有的导带底和价带顶，只能由能量更高的能级充当导带底和价带顶，结果禁带宽度增加。禁带变宽虽然减少了吸收光波长范围，但光生电荷的氧化还原能力更强，且在大多数情况下可提高对高能光子的吸收效率，例如图 6-7 中 TiO_2 纳米管在 250 nm 处的吸收强度比 TiO_2 薄膜提高了 70%。

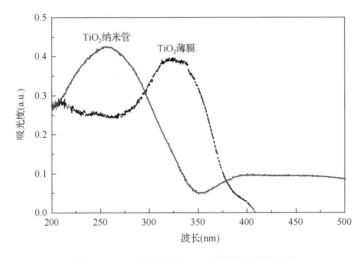

图 6-7　TiO_2 纳米管和 TiO_2 薄膜的吸收光谱

1. Si 掺杂 TiO_2 提高高能光子吸收效率

在 TiO_2 晶格中嵌入硅原子能改善热稳定性、增加比表面积和限制晶粒尺寸增长。颗粒尺寸小到产生量子限域效应时，可使 TiO_2 禁带变宽，相对正常禁带的 TiO_2 纳米管增加了对高能光子的吸收效率。此外，Si 掺杂还有一个优点是提高 TiO_2 的表面亲水性，促进污染物在催化剂表面的传质。

为了考察 Si 掺杂对 TiO_2 纳米管阵列光催化性能的促进作用，以正硅酸乙酯为硅源，氩气作为载气，采用化学气相沉积法在 TiO_2 纳米管阵列上掺杂了 Si[11]。掺杂对 TiO_2 阵列的形貌影响很小，XRD 分析表明硅掺杂可以提高锐钛矿向金红石的转晶温度，未掺杂的 TiO_2 纳米管在 450℃的氧气氛中煅烧后由无定形转变为锐钛矿晶型，650℃时由锐钛矿转变为金红石晶型，而硅掺杂 TiO_2 纳米管阵列在 650℃的高温煅烧后，仍保持锐钛矿相，且峰高增加，说明硅掺杂提高了锐钛矿相的热稳定性。

采用 Scherrer 公式 $[D=k\lambda/(\beta\cos\theta)]$，其中 β 为衍射峰的半高宽，k 为 Scherrer 常

数取 0.89，θ 为 XRD 谱图上的衍射角，λ 为 X 射线波长取 0.154056 nm，D 为平均粒径，可依据 XRD 数据估算晶粒尺寸。450℃煅烧 TiO_2 纳米管的平均粒径为 30 nm，650℃煅烧后的平均粒径为 60 nm，而 650℃煅烧硅掺杂 TiO_2 纳米管的平均粒径仅为 21 nm。硅掺杂明显增强了 TiO_2 纳米管在紫外光区的吸收强度，且吸收边带蓝移了 13 nm。此结果证实了硅掺杂有助于抑制锐钛矿晶粒的生长及相转换。

Si 2p 的 XPS 谱图（图 6-8）仅在 101.8 eV 处有一个峰，比纯 SiO_2 中 Si 2p 的结合能 103.4 eV 小，这是由于硅原子的电负性比钛原子的电负性高，Si—O—Ti 键的形成使得硅原子周围正电荷减小。硅掺杂 TiO_2 纳米管阵列的 XPS 谱图显示 O 1s 谱包括 3 个峰，分别对应 Ti—O 键（530.0 eV）、O—H 键（531.4 eV）和 Si—O 键（532.7 eV）。Si—O—Si 键和 Ti—O—Ti 键中 O 1s 的结合能分别为 533.2 eV 和 530.1 eV，硅掺杂样品的 O 1s 的结合能正好位于 Si—O—Si 和 Ti—O—Ti 两者之间。由于 Si^{4+} 的离子半径为 0.042 nm，小于 Ti^{4+} 的离子半径（0.068 nm），结合 Si 2p 的 XPS 谱，可以推测离子半径小的 Si^{4+} 进入 TiO_2 晶格中，形成 Si—O—Ti 键。根据 Si、Ti 和 O 元素的峰面积，计算得硅掺杂 TiO_2 纳米管的硅含量约为 4%。

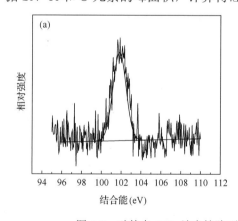 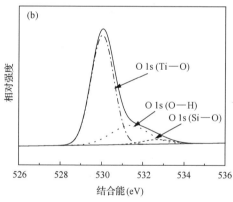

图 6-8 硅掺杂 TiO_2 纳米管阵列的(a)Si 2p 和(b)O 1s 的 XPS 谱图

研究材料亲水性的方法是测量水在材料表面的接触角。图 6-9 为硅掺杂 TiO_2 纳米管阵列和 TiO_2 纳米管阵列的表面水滴在紫外光照射下及停止紫外光照射后的接触角随时间变化曲线。在紫外光下照射 80 min 后，硅掺杂 TiO_2 纳米管阵列膜和 TiO_2 纳米管阵列膜表面水接触角分别从初始的 27.7° 和 39.5° 下降到～0° 和 7.9°。当停止紫外光照射并放置于暗处时，所有样品的水接触角都随时间的增加而逐渐增大，直到 18 天后，水接触角才恢复到初始值。由此可见，在紫外光照射前后，硅掺杂 TiO_2 纳米管阵列膜的表面均具有比未掺杂 TiO_2 纳米管阵列膜表面更好的亲水性能，且硅掺杂 TiO_2 纳米管阵列膜的光致超亲水性能在暗态下维持较长时间。以上结果表明，硅原子嵌入到 TiO_2 晶格中可促使硅掺杂 TiO_2 纳米管阵列展现出优异的光诱导亲水性能，这种亲水性能促进 OH^- 吸附到膜的表面，因此能捕获更多的光生空穴,从而提高光生电子-空穴的分离能力并产生更多的•OH,此外亲水性有利于各种反应物的扩散传质,因此对光催化降解有机污染物有利。

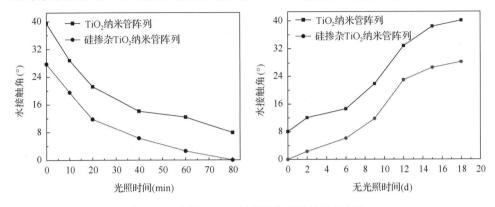

图 6-9　硅掺杂 TiO$_2$ 纳米管阵列的接触角变化

在光强 0.75 mW/cm 的高压汞灯照射下,1 mol/L KOH 电解液中,测试硅掺杂 TiO$_2$ 纳米管阵列的光电流密度。无光照时,暗电流约为 10^{-6} A,表明在测试电压范围内没发生电化学氧化反应。光照时,在较低的电压范围内,两者的光电流都随外加偏压的增加而线性增加;而当外加偏压较高时,由于此时的偏压已经达到或超过了转移光生电子的极限电压,光电流达到饱和状态,因此不再随外加偏压的增加而变化。硅掺杂和未掺杂 TiO$_2$ 纳米管电极的饱和光电流分别为 0.36 mA/cm^2 和 0.23 mA/cm^2,表明硅掺杂 TiO$_2$ 纳米管的光能转换能力更强。

紫外光照下,0.01 mol/L Na$_2$SO$_4$ 水溶液中初始浓度为 20 mg/L 的 PCP 在硅掺杂 TiO$_2$ 纳米管阵列上光电催化分解的动力学常数是 1.22 h^{-1},是光催化过程的 1.7 倍,与未掺杂 TiO$_2$ 纳米管阵列光电催化过程(0.66 h^{-1})相比提高 84%。经过 2 h 的光催化反应后,使用硅掺杂 TiO$_2$ 纳米管阵列和 TiO$_2$ 纳米管阵列时,TOC 去除率分别为 25% 和 20%;而经过 2 h 的紫外光照及 0.2 V 外加偏压下的光电催化反应后,使用硅掺杂 TiO$_2$ 纳米管阵列和 TiO$_2$ 纳米管阵列时的 TOC 去除率分别达到 45% 和 36%。可见,硅掺杂 TiO$_2$ 纳米管阵列的光电催化能力优于未掺杂电极。

2. 构建 CdSe 纳米晶簇提高光能利用效率

由量子限域效应原理可知,纳米颗粒直径越小禁带宽度越大,吸收主波长也会随之变动。如果用不同尺寸的纳米颗粒组成复合结构,内层颗粒尺寸大、外层尺寸小,则高能光子被外层颗粒吸收,透过的低能光子被内层逐级吸收。相对于单一尺寸材料,这种不同尺寸纳米晶构成的多层晶簇结构对入射光子的利用率更高。

为了获得分散性良好的纳米晶簇,以阳极氧化 TiO$_2$ 纳米管阵列为基底,在光照下电沉积了纳米晶簇(CdSe 纳米晶簇/TiO$_2$)[12]。作为对照,在 TiO$_2$ 纳米管阵列基底上电沉积 CdSe 纳米薄膜(CdSe 薄膜/TiO$_2$)。CdSe 薄膜/TiO$_2$ 的形貌如图 6-10(a)所示，TiO$_2$ 纳米管阵列的管状结构保持完好，但部分管腔被掩盖，管径变小，这是由于 CdSe 沉积后，形成的 CdSe 薄膜包覆在 TiO$_2$ 纳米管表面，从而使管壁变厚。EDS 分析显示，CdSe 薄膜/TiO$_2$ 中 CdSe 的含量约为 0.42%(原子分数)。采用光辅助电沉积的方法制备的 CdSe 纳米晶簇/TiO$_2$ 形貌如图 6-10(b)所示，CdSe 以球状结构均匀地分散在 TiO$_2$ 纳米管阵列电极上，球的尺寸约为 60 nm，每个 CdSe球是由很多小尺寸 CdSe 纳米晶粒组装而成，其结构与桑椹类似。图 6-10(c)和(d)分别是正面局部放大图和侧面图，可以看到 TiO$_2$ 纳米管管口开放，管径 80 nm 左右，管长大约 600 nm，有序性很好。CdSe 纳米晶簇不仅负载在 TiO$_2$ 纳米管阵列表面，还在纳米管内部生长，管道空间的限制使管内 CdSe 纳米晶簇直径相对较小。EDS 显示 CdSe 纳米晶簇/TiO$_2$ 中 CdSe 含量约为 0.98%(原子分数)，比直接电沉积 CdSe 薄膜的负载量高，这可能是由于光照促进了沉积过程中 CdSe 晶粒生长。将 CdSe 纳米晶簇/TiO$_2$ 从 Ti 基底上刮下，超声分散后置于透射电镜下观察，图 6-10(e)和(f)为 CdSe 纳米晶簇不同放大倍数的 HRTEM 照片，可以清晰地观察到这些晶粒的晶格间距为 0.351 nm，对应铅锌矿 CdSe 晶粒的(111)晶面。在 CdSe纳米晶簇的边缘区域，可以观察到不同晶格取向的 CdSe 纳米晶粒，其边缘结构清晰可辨，表明簇状结构是由很多纳米晶粒组成的。

图 6-10　(a)电沉积法制备的 CdSe/TiO$_2$ 的 SEM 图，(b)～(d)光辅助沉积制备的 CdSe 纳米晶簇/TiO$_2$的 SEM 图，(b)中插图为桑椹照片，(e)和(f)为光辅助沉积制备的 CdSe 纳米晶簇的 HRTEM 图

CdSe 纳米晶簇/TiO$_2$ 的吸收光谱如图 6-11（A）所示。根据量子限域效应理论，纳米晶尺寸越小，禁带宽度越大，体现在吸收光谱上是带边蓝移。随着沉积 CdSe 纳米晶簇的时间延长，CdSe 纳米晶簇的带边逐渐变化证明了量子尺寸效应的存在。CdSe 纳米晶簇/TiO$_2$ 吸收光谱出现多重激子吸收峰，这是 CdSe 纳米晶簇中不同直径的 CdSe 纳米晶粒的多级光吸收造成的。

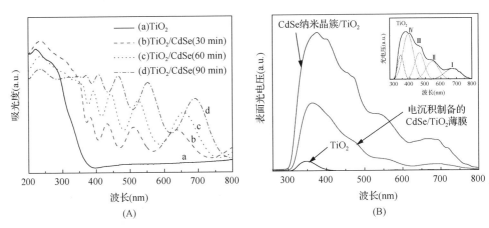

图 6-11　（A）不同沉积时间制备的 CdSe 纳米晶簇负载 TiO$_2$ 纳米管阵列的吸收光谱；（B）表面光电压谱图，插图为采用高斯拟合对 CdSe 纳米晶簇负载 TiO$_2$ 的光电压谱图进行去卷积分

表面光电压（surface photovoltage，SPV）谱是研究表面光电荷分离行为的有效工具。当光活性材料受到光激发后，产生电子跃迁使材料内部电荷重新分配，导致材料表面势垒变化，即为 SPV 信号。图 6-11（B）是样品的 SPV 谱图，TiO$_2$ 纳米管在波长 300～400 nm 范围内有一个小峰，说明 TiO$_2$ 纳米管表面有少量正电荷聚集。负载 CdSe 薄膜后，CdSe 薄膜/TiO$_2$ 中可见光区产生了较强的 SPV 信号，这是由于负载的 CdSe（禁带宽度为 1.74 eV）可以吸收可见光。

光辅助电沉积制备的 CdSe 纳米晶簇/TiO$_2$ 表现出更强的 SPV 信号，这归因于纳米晶簇能够更有效地吸收可见光。进一步观察发现，CdSe 纳米晶簇/TiO$_2$ 呈现出阶梯状的 SPV 信号。SPV 信号与半导体材料受光激发后的电子跃迁有关，主要取决于两个因素：①纳米晶的光学吸收性质；②光生载流子在电场作用下的分离效率。单一尺寸的纳米晶产生较为尖锐的 SPV 信号，而此处产生的是阶梯状信号，说明 CdSe 纳米晶簇包含吸收带边不同的纳米晶粒，也就是说组成晶簇的纳米晶粒尺寸不同，纳米晶粒尺寸变化削弱了 SPV 峰的尖锐特性。为确定 CdSe 纳米晶的吸收跃迁信号，采用高斯（Gaussian）函数对 CdSe 纳米晶簇/TiO$_2$ 的 SPV 谱进行拟合，去卷积分后，可以拟合为四条高斯线，如图 6-11（B）中插图所示。较好的高斯拟合表明 CdSe 纳米晶簇中存在 CdSe 纳米晶尺寸波动，不同尺寸纳米晶的能级分布符合高斯分布，其中最左边的信号为 TiO$_2$ 吸收产生，其余的信号为不同直径的 CdSe 纳米晶吸收所致。随着沉积时间延长，CdSe 纳米晶粒的尺寸不断增大，从而导致 CdSe 纳米晶的带隙逐渐恢复正常，吸收边带逐渐接近 CdSe 本征材料。

根据上述实验结果推测，纳米晶簇是由从外到内越来越大的纳米晶组成的，其结构示意图见图 6-12。纳米晶的这种梯度排列结构能够实现对光的多级吸收：在 CdSe 纳米晶簇外部尺寸较小的纳米晶的禁带较宽，可以吸收太阳光谱中波长较短部分的光，而波长较长的光可以透过外层，被内层尺寸较大的纳米晶吸收，多级吸收使 CdSe 纳米晶簇/TiO$_2$ 可高效利用的波长范围明显变宽。

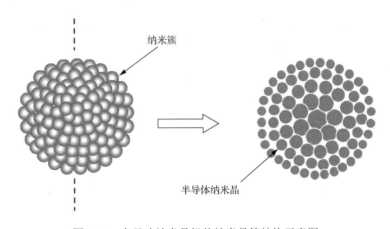

图 6-12　多尺寸纳米晶组装纳米晶簇结构示意图

图 6-13（A）为零偏压及可见光照射下（光强 100 mW/cm^2，波长＞420 nm），TiO$_2$ 纳米管、CdSe 薄膜/TiO$_2$ 和 CdSe 纳米晶簇/TiO$_2$ 的光电流密度-时间曲线。对于 TiO$_2$ 纳米管阵列，由于其禁带较宽，在可见光区几乎没有光响应。经 CdSe 薄膜或纳米晶簇修饰后，样品显示出明显的可见光响应。在有光照和无光照交替循环过程中，光电流均表现出良好的稳定性。CdSe 纳米晶簇/TiO$_2$ 电极的短路光电流密度约达到 16 mA/cm^2，明显高于 CdSe 薄膜/TiO$_2$ 电极（约 1.9 mA/cm^2）。晶粒尺寸梯度排列形成的纳米晶簇不仅通过多级吸收增加了单位电极面积吸收的光子数量，而且提高了光生电子-空穴分离效率。TiO$_2$ 纳米管、CdSe 薄膜/TiO$_2$ 和 CdSe 纳米晶簇/TiO$_2$ 电极的 *I-V* 特性曲线如图 6-13（B）所示。随着正向偏压的不断增加，促进了光生电子的迁移分离，表现为 CdSe/TiO$_2$ 复合电极的光电流密度不断增加。与 CdSe 薄膜/TiO$_2$ 电极相比，CdSe 纳米晶簇/TiO$_2$ 电极光电流密度更大，进一步证实了 CdSe 纳米晶簇构型在增强光电化学性能方面的重要作用。

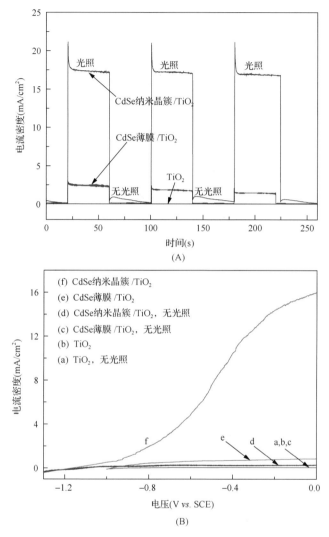

图 6-13　(A)光电流密度-时间曲线和(B)*I-V*特性曲线

6.2.3　利用光子晶体材料提高光吸收效率

　　由介电常数不同的两种介质按一定周期排列的结构称为光子晶体结构，通常简称光子晶体。光子晶体具有光学禁带，波长落在禁带内的光线被完全反射(全反射效应)，而波长不在禁带内的光线则可以顺利透过光子晶体。此时，波长位于禁带边缘的光线处于完全透过和完全反射的过渡状态，其传播速度相对于光速大幅放缓(慢光效应)。TiO₂光子晶体在降解POPs方面的优势就在于充分利用全反射效应和慢光效应。利用慢光效应的关键之处是调控光子晶体尺寸使禁带边缘与构成光子晶体材料的光吸收峰重合。

1. 慢光效应提高吸收效率

光子晶体结构通过放慢光子速度、延长光子与催化剂的作用时间来增加光吸收效率。与半导体能带可以调制电子行为类似，光子晶体的光子禁带可以调制光子的行为。频率落在光子禁带中的光被禁止传播，而在光子带隙的边缘光速度减慢，甚至可以降低至零。光速减慢后，光子与光催化剂的有效接触时间延长，吸收效率增加。

采用重力沉降然后蒸发溶剂法在 Ti 片上沉积聚苯乙烯(polystyrene, PS)微球的蛋白石结构，接着通过电沉积在蛋白石结构的空隙填充 Pt 纳米颗粒，然后煅烧去除 PS 微球，得到 Pt 纳米颗粒组成的反蛋白石结构，最后采用液相沉积法包覆一层 TiO_2 纳米颗粒，得到 TiO_2/Pt 反蛋白石结构[13]。制备流程如图 6-14 所示。

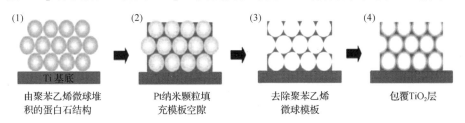

图 6-14 TiO_2/Pt 光子晶体的制备流程示意图

图 6-15 展示了样品的形貌。PS 微球形状规则、尺寸均一，具有很好的单分

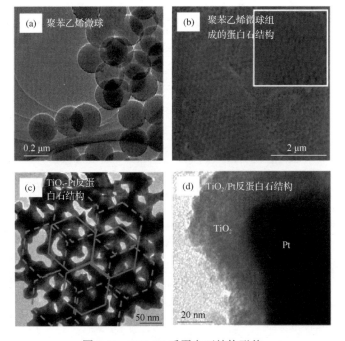

图 6-15 TiO_2/Pt 反蛋白石结构形貌

散性，通过多层密堆积组成有序蛋白石结构。TiO_2 纳米颗粒沉积在 Pt 骨架表面，形成薄膜的厚度约为 25 nm，TiO_2/Pt 具有规则的反蛋白石结构，空气球的平均直径约为 100 nm，为 PS 微球粒径的 71%，这是由于 TiO_2/Pt 在煅烧过程中整体收缩。

禁带中心能级和宽度是决定光子晶体性能的重要参数，由构成光子晶体的两种材料的折射率、体积比以及单元结构的尺寸决定。改变单元尺寸可以方便地调控禁带中心能级和禁带宽度，为了研究禁带变化对慢光效应的影响，使用不同粒径的 PS 微球作为模板，制备出禁带中心位置不同的 TiO_2/Pt 光子晶体。图 6-16 是以粒径分别为 120 nm、140 nm、193 nm、225 nm 的 PS 微球以及混合 PS 微球为模板制备的 Pt 光子晶体。其中混合微球是 120 nm 和 360 nm 的微球以 1∶1 混合而成。混合微球的目的是得到不具备光子晶体特征的 TiO_2/Pt 多孔结构，两种微球的直径差距越大，越容易消除光子晶体特征，所以选用直径 120 nm 和 360 nm 的微球，这样制得的混合样品的表面积应该与各光子晶体样品的表面积基本相当。从图中可以看出，随着模板微球尺寸变大，光子晶体的尺寸也随之变大。分图题中 "mix" 表示以混合微球为模板制备的样品，显示尺寸大小不一的多孔结构。

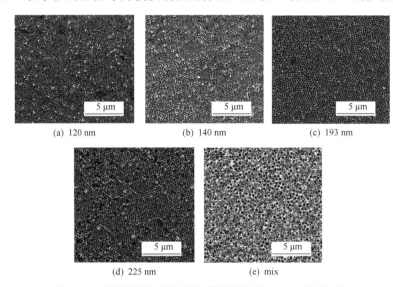

(a) 120 nm (b) 140 nm (c) 193 nm

(d) 225 nm (e) mix

图 6-16　使用不同粒径微球为模板制备的 TiO_2/Pt 光子晶体

用 TiO_2/Pt 光子晶体降解水中的有机污染物时，构成光子禁带的两种物质分别是 TiO_2/Pt 和水溶液，因此在测试光子晶体反射光谱时把 TiO_2/Pt 浸泡在高纯水中，使其孔隙中浸满水，形成由 TiO_2/Pt 与水组成的光子晶体结构再进行测试。图 6-17 是不同尺寸的 TiO_2/Pt 光子晶体的反射光谱。从图中可以看出，所有样品的吸收边带均在 400 nm 附近，这是 TiO_2 的特征吸收。箭头所指为每条曲线的反射增加部分，对应光子晶体的禁带，当入射光波长与光子晶体单元尺寸相当时才会发生布拉格衍射现象，因此随着模板微球粒径的增加，禁带逐渐向长波长方向移动，且有逐渐变宽的趋势。使用粒径分别为 120 nm、140 nm、193 nm 和 225 nm 的 PS 微球为模板，得到的 TiO_2/Pt 光子晶体的禁带中心位置分别为 280 nm、320 nm、450 nm 和 525 nm，记作 TiO_2/Pt-280、TiO_2/Pt-320、TiO_2/Pt-450 和 TiO_2/Pt-525。它们相应的禁带红边缘位置为 320 nm、360 nm、500 nm 和 600 nm。TiO_2/Pt-mix 代表由混合微球模板制备的 TiO_2/Pt 多孔结构，由于不能形成折射率交替变化周期结构，TiO_2/Pt-mix 没有光子晶体特性，其反射谱图与使用液相沉积法在 Ti 基底上沉积一层 TiO_2 纳米颗粒膜（TiO_2-nc）几乎相同。

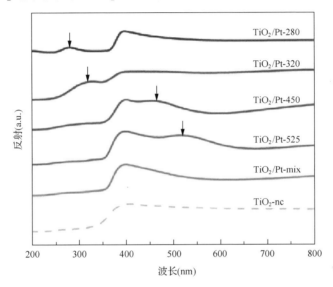

图 6-17　样品的反射谱图，箭头所指位置表示它们的光子禁带中心

使用光子晶体增强 TiO_2 光吸收的关键是使光子晶体的红边缘与 TiO_2 的最大光吸收峰重合。4 种 TiO_2/Pt 光子晶体中，只有 TiO_2/Pt-320 的红边缘在 360 nm 附近，与 TiO_2 的本征吸收峰匹配（图 6-18）。所以只有 TiO_2/Pt-320 可以有效地加强光子与 TiO_2 的相互作用，从而提高光转化效率。

图 6-19 是紫外光照射下（0.75 mW/cm^2），0.01 mol/L Na_2SO_4 溶液中，TiO_2/Pt 光子晶体和 TiO_2-nc 的短路光电流密度曲线。TiO_2-nc 短路光电流密度为 0.02 mA/cm^2，TiO_2/Pt-280、TiO_2/Pt-450、TiO_2/Pt-525 和 TiO_2/Pt-mix 的短路光电流密度值在 0.09～0.11 mA/cm^2 范围，至少比 TiO_2-nc 高出 3.5 倍。这是由于 TiO_2 与 Pt 之间的肖特基势垒抑制了光生电荷复合，另外三维多孔结构使比表面积增加，吸收光子数增加。虽然 TiO_2/Pt-280、TiO_2/Pt-450、TiO_2/Pt-525 是光子晶体，但是由于其红边缘与 TiO_2 吸收峰不匹配，甚至有的不在 TiO_2 的光吸收区域，因此慢光效应无法体现出来，短路光电流强度与 TiO_2/Pt-mix 相差无几。而 TiO_2/Pt-320 的短路光电流强度则具有明显的优势，是 TiO_2-nc 的 7 倍，充分体现出只有光子晶体红边缘与光催化材料的最大光吸收波长匹配才能有效地利用光子晶体的慢光效应。

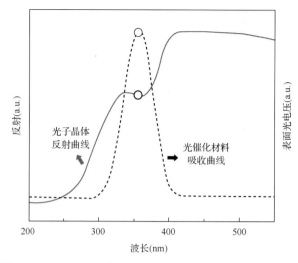

图 6-18　TiO₂/Pt-320 的反射谱和 TiO₂-nc 的表面光电压谱图

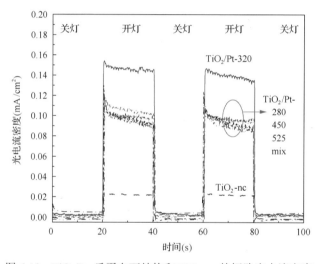

图 6-19　TiO₂/Pt 反蛋白石结构和 TiO₂-nc 的短路光电流密度

　　苯酚主要用于生产酚醛树脂、己内酰胺、双酚 A、己二酸、苯胺、烷基酚、水杨酸等，在合成纤维、合成橡胶、塑料、医药、农药、香料、染料以及涂料等领域应用广泛。美国环境保护署已将苯酚列入"水中优先控制污染物"名单，限制其在自然水体中的浓度。以苯酚为目标物考察光子晶体结构的光催化性能，结果如图 6-20 所示。在无光照条件下向苯酚溶液中投加 TiO₂/Pt-320 进行吸附测试，4 h 后苯酚的去除率仅为 4.2%。有紫外光照无光催化剂的条件下光解 4 h，苯酚去除率接近 40%。TiO₂/Pt-280、TiO₂/Pt-320、TiO₂/Pt-450、TiO₂/Pt-525、TiO₂/Pt-mix、TiO₂/Pt-nc 对苯酚的光催化降解动力学常数分别为 $0.75\ h^{-1}$、$0.99\ h^{-1}$、$0.72\ h^{-1}$、$0.68\ h^{-1}$、$0.64\ h^{-1}$、$0.30\ h^{-1}$。TiO₂/Pt-320 的光催化效率最高，是 TiO₂-nc

的 3.3 倍。这说明充分利用慢光效应后，光子晶体材料降解污染物的速率提高。

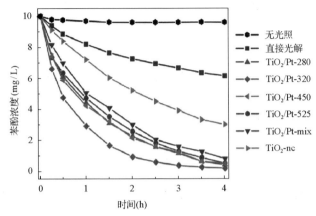

图 6-20　紫外灯照射下苯酚的光催化降解曲线（光强 $I_0 = 2.0 \text{ mW/cm}^2$）

2. 全反射结构设计提高吸收效率

光子晶体用于光催化分解 POPs 的第二个功能是能够完全反射波长在光子禁带范围内的入射光。如果反射光经过禁带宽度合适的光催化材料层，则被吸收的概率增加。为了实现这个目标，制备了下层是 TiO₂ 光子晶体，上层是 TiO₂ 薄膜的双层结构。制备方法包括 3 步，首先使用前面的方法制备出反蛋白结构 TiO₂ 光子晶体，然后采用水热法在其上沉积 TiO₂ 纳米颗粒膜（NP-TiO₂），最后将此 TiO₂ 光子晶体/TiO₂ 薄膜组成的双层结构浸入聚噻吩（P3HT）溶液，获得表面负载聚噻吩的双层 TiO₂ 结构（图 6-21）[14]。通过调整 PS 微球的尺寸将光子晶体的禁带调控在 365～510 nm，使其蓝边缘（365 nm）和红边缘（510 nm）分别对应 TiO₂ 和聚噻吩的吸收峰，以便充分利用慢光效应。而波长在 365～510 nm 间的入射光则被下层的光子晶体全反射到上层 P3HT-TiO₂，使第一次透过上层 P3HT-TiO₂ 没有被吸收的光第二次通过上层，提高了对这部分光的利用率。

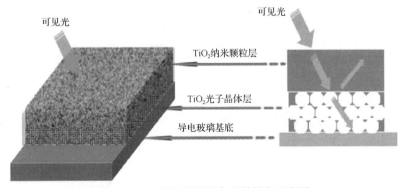

图 6-21　光子晶体利用全反射效应示意图

使用直径192 nm的PS微球制备的TiO$_2$光子晶体结构的形貌如图6-22(a)和(b)所示。光子晶体结构高度有序、孔径均匀，大孔之间由规则排列的小孔相互连通，形成了三维有序的通道网络。孔的直径约为150 nm，比模板PS微球的直径缩小了20%，说明煅烧去除模板过程中，TiO$_2$结构发生收缩。侧面图表明光子晶体结构层的厚度约为2.5～3 μm。TiO$_2$/P3HT 具有明显的双层结构[图6-21(c)]，上层为纳米颗粒层、下层为反蛋白石结构，两层之间结合紧密，总的厚度约为10 μm。

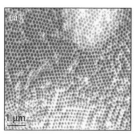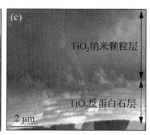

图 6-22　TiO$_2$ 光子晶体俯视图(a)、侧视图(b)和双层 TiO$_2$ 侧视图(c)

受禁带宽度限制，NP-TiO$_2$ 在可见光区域无吸收峰。但是经过 P3HT 修饰之后，NP-TiO$_2$/P3HT 在波长400～650 nm之间显示出了明显的光吸收，这个吸收峰归属于P3HT受可见光激发光生载流子由 π 轨道迁移至 π* 轨道而产生的对可见光的吸收。为了能够充分利用光子晶体的慢光效应，需筛选合适尺寸的模板将光子晶体结构的禁带调到 P3HT 吸收范围且红边缘在 550 nm 附近。图 6-23 是使用不同尺寸 PS 微球模板制备的反蛋白石结构 TiO$_2$ 和使用混合 PS 微球作为模板制备的多孔无序结构 TiO$_2$ 薄膜的透过光谱图。同NP-TiO$_2$相比，模板尺寸 192 nm 或 225 nm 制备的样品均在可见光区域有较强的反射峰，这个反射峰对应光子禁带，表明制备出了光子晶体结构。采用 192 nm 的 PS 微球模板制备的 TiO$_2$ 光子晶体禁带中心波长在 410 nm 左右，红边缘位于 550 nm 左右，满足 P3HT 利用光子晶体的要求。而以直径 225 nm 的 PS 微球为模板制备的 TiO$_2$ 光子晶体禁带中心在 600 nm 左右，红边缘处于近红外区，不符合条件。由于混合 PS 微球模板制备的无序多孔 TiO$_2$ 不具备周期结构，只有 TiO$_2$ 本征峰，没有光子禁带对应的特征峰。虽然没有光子晶体的效应，但这种分级多孔结构表面积大、光吸收性能得到改善，相对于 TiO$_2$ 纳米颗粒薄膜，透过率也有明显下降。

图 6-24 显示了双层 TiO$_2$/P3HT 和 NP-TiO$_2$/P3HT 的光吸收效率。400～650 nm 波长范围内，双层 TiO$_2$/P3HT 的光吸收强度高于 NP-TiO$_2$/P3HT。一方面，光子晶体慢光效应增强了对波长在 550 nm 左右的光子利用率；另一方面，由于光子禁带在 410 nm，波长靠近 410 nm 的光子穿过纳米颗粒层后被光子晶体层全反射，再次通过上层 TiO$_2$ 纳米颗粒层，两次传播会增加 P3HT 与光子作用的概率。以上两个方面共同作用增强了双层 TiO$_2$/P3HT 对 400～650 nm 光的吸收。

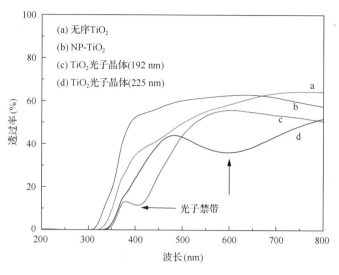

图 6-23 TiO₂ 纳米颗粒膜、无序 TiO₂ 和两种光子晶体的光学透过率曲线

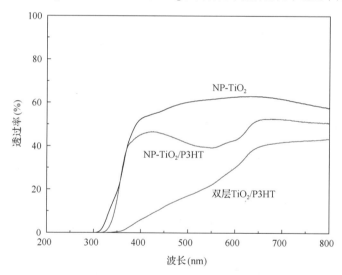

图 6-24 TiO₂ 纳米颗粒膜、P3HT 修饰的 TiO₂ 纳米颗粒膜和双层 TiO₂/P3HT 的光学透过率曲线

在 $\lambda > 400$ nm 的可见光照射下，样品的光电流密度如图 6-25 所示。由于 TiO₂ 禁带较宽，NP-TiO₂ 对可见光没有响应。P3HT 修饰后，波长小于 650 nm 的可见光激发 P3HT 产生的光生电子由 P3HT 的最低未占分子轨道 (LUMO) 迁移到 TiO₂ 的导带，并经外电路到达对电极，因此可形成光电流 (2.71 μA/cm²)。NP-TiO₂/P3HT 层覆盖在 TiO₂ 光子晶体层之上后，在慢光效应及全反射效应共同作用下，双层 TiO₂/P3HT 的光电流密度提高到了 7.5 μA/cm²，是 NP-TiO₂/P3HT 的 2.76 倍。无序多孔 TiO₂/P3HT 的光电流密度为 5.08 μA/cm²，由于光吸收面积增加，因此光电

流密度比 NP-TiO$_2$/P3HT 高出 87%，但是因为没有光子晶体结构，光电流密度明显低于双层 TiO$_2$/P3HT。

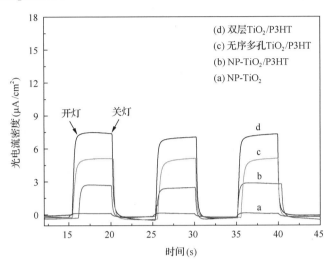

图 6-25　光电流密度-时间曲线

以染料废水中常见的亚甲基蓝(MB)为目标物评价双层 TiO$_2$/P3HT 的光催化能力。在 $\lambda > 400$ nm 的可见光照射下，NP-TiO$_2$、NP-TiO$_2$/P3HT、无序多孔 TiO$_2$/P3HT、双层 TiO$_2$/P3HT 的动力学常数分别为 0.08 h^{-1}、0.14 h^{-1}、0.17 h^{-1}、0.30 h^{-1}。NP-TiO$_2$ 对 MB 的降解率很低，可以忽略。双层 TiO$_2$/P3HT 降解 MB 的动力学常数最高，是 NP-TiO$_2$/P3HT 的 2.08 倍、无序多孔 TiO$_2$/P3HT 的 1.76 倍。此结果证明慢光效应和全反射功能可大幅提高光催化分解污染物的速率。

6.3　可见光光催化材料

6.3.1　掺杂和敏化 TiO$_2$

光催化技术最有战略意义之处是有望直接利用太阳能，但是 TiO$_2$ 禁带较宽，只能利用太阳光中的紫外部分。为了拓展 TiO$_2$ 对太阳光谱中可见光部分的响应，通常会对其进行掺杂或敏化。

已经报道的掺杂金属元素包括 Mo、Mn、Fe、Co、Ni、Cu、Cr、Al、V 等，这些金属掺杂到宽带半导体晶格内后，通常在宽带半导体禁带内靠近导带底的位置形成杂质能级，使禁带宽度减小，实现可见光吸收。尽管可拓展宽带半导体的光响应范围，但金属离子掺杂也会破坏催化剂的稳定性，并且作为复合中心使光生电子和空穴的复合概率增大，从而导致光催化活性降低。

已经报道的非金属掺杂元素包括 C、N、S、F、I 等，非金属掺杂在宽带半导体禁带中靠近价带顶的位置形成一个杂质能级，使可利用的光子拓展到可见光波段。非金属掺杂性质较稳定，能够较好地克服金属元素掺杂存在的问题。

1. 氮元素掺杂拓展光吸收范围

最受关注的非金属掺杂元素是氮，一方面由于氮掺杂可有效拓展响应光谱范围至可见光，另一方面，氮的原子半径与氧接近，对 TiO_2 晶格的破坏较小，所以掺杂 TiO_2 能保持较好的稳定性。

将 TiO_2 纳米管阵列放在管式炉 N_2 气氛中高温处理 3 h，可以得到氮掺杂的 TiO_2 纳米管阵列（N-TiO_2），氮元素掺杂量为 0.6%～0.9%，以原子态和吸附态存在，没有形成 Ti—N 键，掺杂没有改变 TiO_2 纳米管阵列的形貌和晶形[15]。

TiO_2 纳米管阵列电极和相同条件下制备的 N-TiO_2 电极的光吸收特征如图 6-26 所示。二者在 $\lambda < 330$ nm 处的吸收强度基本相同，而在 330 nm $< \lambda <$ 500 nm 的波长范围内 N-TiO_2 光吸收强度高于 TiO_2，TiO_2 纳米管的吸收边带为 375 nm，而 N-TiO_2 的吸收边带红移至 410 nm，对应的禁带宽度为分别为 3.30 eV 和 3.02 eV。

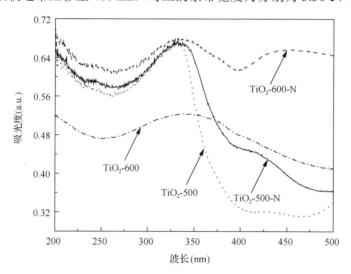

图 6-26　氮掺杂 TiO_2 纳米管的光吸收

降解实验仍以 PCP 为目标物，其初始浓度为 20 mg/L，电解液为 0.01 mol/L Na_2SO_4，光源为 400 W 的"U"形长弧氙灯，通过电化学工作站给工作电极施加 0.6 V 的偏压。用紫外分光光度计扫描 5.0 mg/L PCP，分别在 220 nm、254 nm 及 320 nm 处有 3 个吸收峰，其中 220 nm 处的吸收最大，表明 PCP 溶液在紫外区有强烈的吸收，在可见区光吸收能力相对较弱，因此在可见光照射下不能直接光解。光照 6 h 后，PCP 在 N-TiO_2 上光电催化分解动力学常数为 0.196 h^{-1}，相对未掺杂

的 TiO_2 纳米管提高了 57%。由于光电催化过程的动力学常数高于光催化($0.068\ h^{-1}$)和电化学($0.018\ h^{-1}$)过程中 PCP 的反应动力学常数之和,因此光催化和电化学作用存在协同作用。这是因为偏压加速了光生电子向对电极迁移,有效抑制了与空穴的复合。

2. 硼元素掺杂拓展吸收范围同时提高紫外吸收强度

硼元素是受关注度仅次于氮元素的掺杂元素。B 原子有 3 个最外层电子,比 Ti 少一个,而 N 原子的最外层电子比 Ti 多一个,因此 B 掺杂对 TiO_2 晶格的影响与 N 掺杂有所不同。研究表明,B 原子取代 TiO_2 的 O 原子后以 B^- 的形式存在,B 的氧化态位于 B_2O_3 和 TiB_2 之间,形成了 Ti—B—O 键,可有效地使 B 掺杂 TiO_2 在紫外区的吸收强度增加而且光吸收范围向可见区拓展。

将 TiO_2 纳米管阵列放入管式炉,以硼酸三甲酯为硼源、氮气作为载气,600℃下化学气相沉积 40 min 后制得硼掺杂 TiO_2 纳米管阵列($B\text{-}TiO_2$)。B 掺杂后纳米管阵列的形貌没有变化,仍以锐钛矿相为主但出现了少量金红石相,使用 Scherrer 公式计算得到,组成 TiO_2 纳米管和 $B\text{-}TiO_2$ 的颗粒的尺寸分别为 30 nm 和 40 nm,B 掺杂导致粒径增加了 10 nm。XPS 分析表明样品中含有 Ti、O、B。B 元素以 Ti—B—O 形式存在,硼含量为 7%。XPS 全谱中未发现 N 1s 峰,表明在本研究硼掺杂过程中,氮掺杂量很低,XPS 无法检测到,因此氮掺杂的影响可以忽略[16, 17]。

DRS 结果(图 6-27)显示,掺杂不但使紫外区的吸收强度明显增加,而且带来了 20 nm 左右的光吸收边红移:TiO_2 和 $B\text{-}TiO_2$ 的吸收边带分别为 405 nm 和 385 nm,对应的禁带宽度分别为 3.06 eV 和 3.22 eV。

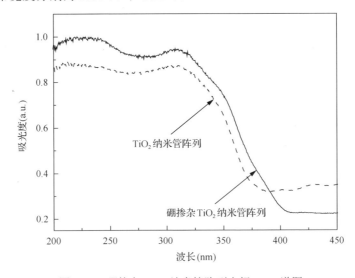

图 6-27　硼掺杂 TiO_2 纳米管阵列电极 DRS 谱图

0.75 mW/cm² 的紫外光照下，1 mol/L KOH 电解液中，TiO_2 纳米管及 $B-TiO_2$ 纳米管的光电流密度随外加偏压的变化曲线及光转化效率如图 6-28 所示。无光照时的电流很小，说明在测试电压范围内电极与水溶液几乎不反应。有光照时，TiO_2 和 $B-TiO_2$ 的光电流变化趋势相似：偏压低于 –0.9 V 时光电流几乎为零；偏压从 –0.9 V 增加至 0 V 时，经过外电路转移至对电极的电子越来越多；电压继续增加时，由于光生电子已经被全部转移，光电流达到了稳定状态，不再随偏压增加而增加。虽然 $B-TiO_2$ 的光电流变化趋势与 TiO_2 类似，但数值明显高于 TiO_2。$B-TiO_2$ 的饱和光电流密度为 0.35 mA/cm²（0 V，相对饱和甘汞参比电极），而 TiO_2 纳米管直到 0.5 V 才达到饱和光电流密度 0.22 mA/cm²[图 6-28（a）]。$B-TiO_2$ 在较低电压下达到饱和电流密度且数值为 TiO_2 纳米管的 1.6 倍，说明 $B-TiO_2$ 对紫外光更敏感，这与 $B-TiO_2$ 在紫外区的吸收较强一致。

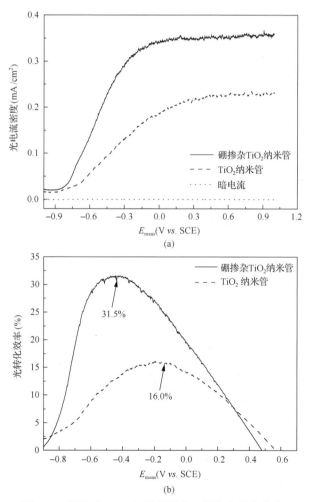

图 6-28　硼掺杂 TiO_2 纳米管的光电流和光转化效率

光能转化为化学能的效率可用于评价光电极活性，其计算方法见式(6-7)[18]：

$$\eta(\%) = \frac{j_{\mathrm{p}}\left(E_{\mathrm{rev}}^{\mathrm{O}} - \left|E_{\mathrm{app}}\right|\right) \times 100}{I_0} \tag{6-7}$$

式中，j_{p} 为光电流密度($\mathrm{mA/cm^2}$)、I_0 为光强($\mathrm{mW/cm^2}$)、$E_{\mathrm{rev}}^{\mathrm{O}}$ 为标准可逆电势(水分解反应为 1.23 V)；$E_{\mathrm{app}} = E_{\mathrm{meas}} - E_{\mathrm{aoc}}$，其中 E_{app} 和 E_{aoc} 分别为施加在工作电极上的电压和开路电压。

由式(6-7)计算得到的光转化效率随外加偏压的变化曲线显示，两种电极光转化效率均随着偏压的增加先升高后降低。在紫外灯照射下，TiO_2 纳米管电极最大光转化效率仅为 16%(−0.2 V)，而 B-TiO_2 电极的最大光转化效率为 31.5%(−0.43 V)，是 TiO_2 纳米管电极的 1.9 倍[图 6-28(b)]。在波长 400~620 nm 的可见光照射下(长弧氙灯+滤光片)，B-TiO_2 光转化效率为 0.27%，为 TiO_2 纳米管电极的 2.7 倍，说明 B-TiO_2 纳米管电极在各个波长的光电化学性能均优于 TiO_2 纳米管电极。

以 PCP 为目标污染物考察 B-TiO_2 电极的光电催化能力。实验条件如下：PCP 初始浓度为 20 mg/L、0.01 mol/L Na_2SO_4 水溶液、0.6 V 的偏压。紫外光照(光强为 0.75 $\mathrm{mW/cm^2}$)下反应 2 h，B-TiO_2 电极对 PCP 的降解率为 82.0%，降解动力学常数为 0.94 $\mathrm{h^{-1}}$，比 TiO_2 电极增加了 43%；可见光照(光强为 7.5 $\mathrm{mW/cm^2}$)下反应 6 h，硼掺杂电极对 PCP 的降解率为 57%，降解动力学常数为 0.16 $\mathrm{h^{-1}}$，比 TiO_2 电极增加了 67%。因此，无论是紫外光照还是可见光照，B-TiO_2 的光电催化活性均高于 TiO_2 纳米管阵列。

TiO_2 纳米管阵列通常采用电化学阳极氧化法制备，所以通过电化学方法实现元素掺杂更方便，而且能更有效地调控掺杂的深度和含量。电化学掺杂过程中，以氟硼化钠为 B 源，加入量分别为 0.625 mmol/L、1.25 mmol/L 和 2.5 mmol/L 时，TiO_2 纳米管中硼的含量(原子分数)分别为 1.5%、3.1% 和 3.8%。当硼掺杂量低于 3.1% 时，氟硼化钠的加入量与硼掺杂量呈线性关系；当硼掺杂量高于 3.1% 后，提高氟硼化钠加入量并不能继续线性提高硼掺杂量。随着硼掺杂量的增加，B 1s 峰从 192.6 eV 逐渐移至 193.4 eV，说明更多 B—O 键在 TiO_2 纳米管中形成(图 6-29)。因为 B_2O_3 中 B 1s 的结合能为 193.1 eV(B—O 键)，TiB_2 中 B 1s 的结合能为 187.5 eV (Ti—B 键)，因此推测硼原子掺杂到 TiO_2 晶格中，部分氧原子被硼原子取代，形成了稳定态。其中，在低硼掺杂量(1.5%)样品中形成 Ti—B—O 键，而在较高硼掺杂量(3.1% 和 3.8%)样品中，硼的化学环境与 B_2O_3 相似。

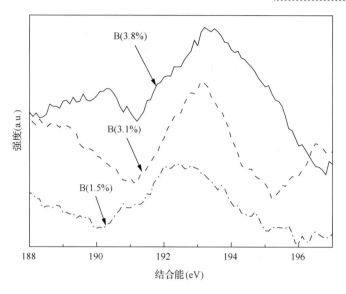

图 6-29 不同硼掺杂量的 B-TiO₂ 的 XPS 谱图

如图 6-30 所示，3 种硼掺杂 TiO₂ 的光吸收均延伸至可见区，其中硼掺杂量为 1.5%和 3.8%的样品吸收边带红移了 20 nm，而硼掺杂量为 3.1%的电极吸收边带红移了 30 nm，表明硼掺杂量为 3.1%时可见光利用范围更大。同时，B-TiO₂ 纳米管阵列电极在紫外光区的吸收强度明显高于 TiO₂ 纳米管电极，硼掺杂量为 3.1%时紫外区吸收强度最高。

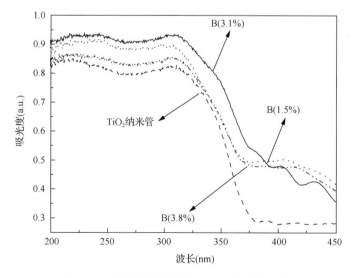

图 6-30 不同硼掺杂量的 B-TiO₂ 的吸收光谱

在氙灯照射下（光强 80 mW/cm²），掺硼 3.1%的 B-TiO₂ 的光电流密度最大，其最大光转化效率为 0.49%(–0.14 V)，分别是掺硼 3.8%、1.5%和未掺杂 TiO_2 纳米管电极的 1.09 倍、1.14 倍和 1.58 倍。紫外灯照射下，掺硼 3.1%电极的饱和光电流密度(0.33 mA/cm^2)和光转化效率(23%，–0.18 V)最高，分别是 TiO_2 纳米管电极的 1.27 倍和 1.64 倍。

阿特拉津(atrazine)是一种广泛使用的除草剂，农田施用后随着地表径流、淋溶、沉降等多种途径进入地表水和地下水，它在水中能抵抗自然的递降分解作用，从而对水生态系统和饮用水源构成威胁，被世界野生动物基金会列为内分泌干扰剂的可疑物质。阿特拉津在我国使用多年，在地下水和地表水中均有检出。以阿特拉津为目标物研究电化学法掺硼的 $B\text{-}TiO_2$ 纳米管的光催化性能。阿特拉津初始浓度为 10 mg/L，氙灯光强为 80 mW/cm^2，偏压 0.6 V。电化学氧化、直接光解、光催化和光电催化过程中阿特拉津的降解动力学常数分别为 0.02 h^{-1}、0.42 h^{-1}、0.70 h^{-1} 和 1.08 h^{-1}。显然，光电催化过程降解阿特拉津的速率最快，高于电化学和光催化的速率之和。TiO_2 纳米管光电催化降解阿特拉津的降解动力学常数为 0.70 h^{-1}，只达到 $B\text{-}TiO_2$ 光电催化降解阿特拉津动力学常数的 65%。这些结果表明硼掺杂和偏压均能提高 TiO_2 的光催化性能。

3. 水杨酸敏化 TiO_2 纳米管

具有可见光响应的分子可作为光敏物质修饰 TiO_2。可见光子激发光敏物质产生的光生电子迁移到 TiO_2，可直接还原 POPs 或捕捉溶解氧分子经过链式反应生 •OH，而光生空穴则迁移到光敏物质表面与污染物接触反应。常用的敏化剂包括聚合物、金属配合物、染料、天然色素等。由于光敏材料的价带底决定空穴的氧化能力，必须选择价带能级大于待处理 POPs 氧化还原电位的敏化剂。此外，由于敏化剂不是晶体，长程有序性不好，载流子迁移速率很低，应尽量减少敏化层厚度，避免光生电荷在长距离迁移过程中复合。文献报道中敏化层厚度一般控制在几个分子层范围内。

TiO_2 的光生空穴与吸附在表面的羟基反应可生成•OH，这是光催化过程的关键步骤，因此在 TiO_2 表面引入更多的羟基将会提高其光催化活性。水杨酸(salicylic acid, SA)是一种具有羟基结构的化合物，修饰 TiO_2 粉体不但能使吸收波长扩展到可见区域，还能提高•OH 产量。

用水杨酸修饰 TiO_2 的方法非常简单，将阳极氧化法制备的 TiO_2 纳米管电极浸渍于 100 mg/L 的水杨酸溶液中，静置 30 min，取出后用去离子水清洗，再于 100℃烘干。水杨酸修饰 TiO_2 纳米管的形貌和晶型没有显著改变，但光吸收边带为 390 nm，相对于 TiO_2 纳米管红移 17 nm[19]。

除草剂、炸药、溶剂和工业化学药剂中含有的对硝基酚(p-nitrophenol, PNP)可溶于水且稳定性高，是工业废水中难治理的污染物之一，被美国环境保护署列为优先控制污染物。以对硝基酚为目标污染物,考察水杨酸修饰 TiO₂ 纳米管阵列的光催化性能。对照实验包括只有偏压(相对饱和甘汞电极 0.8V)没有光照的电化学过程、只有光照(300 W 高压汞灯,光强为 1.0 mW/cm²)没有电极的直接光解过程和有光照也有光电极但没施加偏压的光催化过程。在 PNP 初始浓度为 5 mg/L,电解液为 0.01 mol/L Na₂SO₄ 条件下,电化学、直接光解、光催化及光电催化反应 2 h 后,PNP 的降解率分别为 5%、15%、40% 和 100%。而其他条件相同,仅把紫外灯替换成 500 W 氙灯+400 nm 滤光片(滤掉波长小于 400 nm 紫外光后的可见光光强为 27 mW/cm²),反应 3 h 后 PNP 的降解率分别为 5%、10%、33% 和 100%。该结果说明,单纯 0.8 V 偏压、紫外光解和光催化过程降解 PNP 的效率都不高,而光电催化过程分解效率高于光催化过程和电化学过程降解率的总和(紫外光条件下 45%,可见光条件下 38%)。这说明在光电催化过程中发生了光催化和电化学的协同作用,光生电子和空穴在 0.8 V 电场作用下反向迁移,分离效率提高,因此分解 PNP 的速率加快。

水杨酸修饰前后 TiO₂ 纳米管阵列电极对 PNP 的降解率如图 6-31 所示。紫外光照射 2 h,水杨酸修饰 TiO₂ 纳米管阵列电极对 PNP 的降解率为 100%,而 TiO₂ 纳米管阵列电极对 PNP 的降解率仅为 63%;可见光照射 3 h,水杨酸修饰 TiO₂ 纳米管阵列电极对 PNP 的降解率也达到 100%,而 TiO₂ 纳米管阵列电极对 PNP 的降解率仅为 79%,水杨酸修饰 TiO₂ 纳米管阵列对 PNP 的降解速率是未敏化 TiO₂ 纳米管阵列的 1.5 倍。由此可见,水杨酸修饰 TiO₂ 纳米管阵列电极在紫外和可见区域都具有更高的光电催化活性,这一方面是由于水杨酸修饰 TiO₂ 纳米管阵列电极在紫外和可见区域具有更高的光吸收能力,使得其光电催化活性提高;另一方面,TiO₂ 纳米管阵列电极经水杨酸修饰后,可以在电极表面引入更多的羟基,促进光生空穴生成•OH,从而提高光电催化活性。

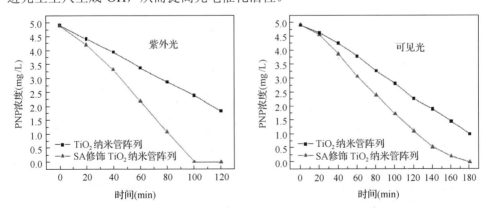

图 6-31　紫外光和可见光照射下水杨酸修饰前后 TiO₂ 纳米管阵列电极降解对硝基酚的性能

降解实验重复 10 次,PNP 降解率在 96%～100% 之间波动,说明水杨酸修饰

TiO$_2$纳米管阵列电极性质稳定。修饰到 TiO$_2$ 表面的水杨酸只有几个分子层厚，光生空穴可以快速地被污染物消除，不会氧化水杨酸，因此其稳定性较好。

6.3.2 局域表面等离子共振

等离子体是自由电荷组成的准中性"气体"，金属表面充满可动电子，这些可动电子的行为与等离子体相似。受电磁干扰时，金属内部电子分布不再均匀，在库仑力作用下，电子在正电荷过剩区域附近往复振荡。如果入射光频率与电子振荡频率匹配，则金属对入射光吸收增强，就会发生局域表面等离子体共振现象。块体金属的等离子振荡频率为 10 THz，属于微米波。对于纳米材料，例如纳米金、银，由于表面增加、电子数量减少、受到的束缚力减弱，因此振荡频率增加，进入可见光波段。此时，可见光即可激发金属的等离子共振，在金属纳米颗粒表面产生大量光生电子。这些光生电子可用于直接还原或间接氧化降解 POPs。

1. 银@氯化银/石墨烯氧化物复合材料（Ag@AgCl/RGO）

Ag@AgCl/RGO 等离子共振光催化剂的制备过程如图 6-32 所示：首先用 Hummer 法制备石墨烯氧化物（GO）；通过沉积-沉淀法制备 AgCl/GO；可见光照射下，在 AgCl/GO 颗粒表面的 Ag$^+$被还原为 Ag^0，同时相邻的 GO 被还原为 RGO，最终得到 Ag@AgCl/RGO[20]。

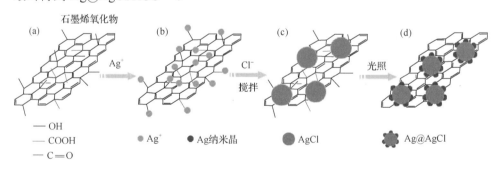

图 6-32　石墨烯组装 Ag@AgCl 制备过程示意图

GO 的 AFM 照片如图 6-33（a）所示，GO 尺寸为几个微米，厚度约为 1.2 nm。与无 GO 时制备的 Ag@AgCl 颗粒[图 6-33（b）]相比，Ag@AgCl/RGO 颗粒的形貌[图 6-33（c）]比较均匀，其直径大约在 0.4～1.1 μm 之间，远小于 Ag@AgCl 颗粒的尺寸。Ag@AgCl/RGO 颗粒的大小可以通过调整反应前驱体溶液中 GO 的浓度进行调节，随着 GO 浓度增加，Ag@AgCl/RGO 颗粒的尺寸逐渐减小，这说明添加 GO 有利于限制 AgCl 长大。TEM 照片[图 6-33（d）]进一步证实了 Ag@AgCl 颗粒生长在 GO 表面。然而，由于 AgCl 在透射电镜的高能电子束作用下容易分解，所以不能用此方法测定 Ag 纳米晶的尺寸大小及分布。

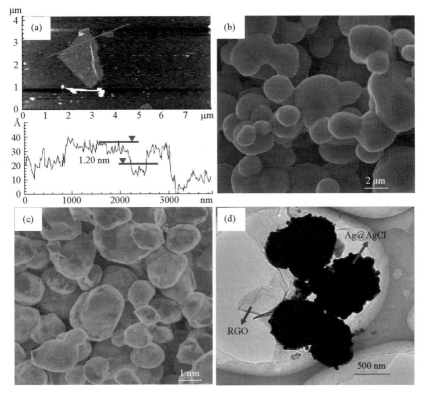

图 6-33　(a) GO 的 AFM 照片，(b) Ag@AgCl 的 SEM 照片，
(c) Ag@AgCl/RGO 的 SEM 照片和 (d) TEM 照片

　　GO 的表面状态及还原程度对其电子性质有重要影响。GO 的 XPS 谱 C 1s 峰可分为 4 个小峰：284.5 eV(C—C)，286.6 eV(C—O)，287.8 eV(C=O) 和 289.0 eV (O=C—O)。经可见光照射后，样品的 XPS 谱中 C—O、C=O、O=C—O 的峰明显减弱，这说明大部分含氧官能团经光照后被去除，GO 被成功还原为 RGO[20]。

　　图 6-34 是光吸收谱图。AgCl 的直接带隙为 5.15 eV(吸收边带 241 nm)，间接带隙为 3.25 eV(吸收边带 382 nm)，仅能吸收紫外区域的光。在 AgCl/GO 体系中，AgCl 的吸收边带并没有改变，但 AgCl/GO 对可见光的吸收增强，这是 GO 的吸收造成的，说明样品中存在 GO。可见光照射下，AgCl 发生光解现象，在其表面生成 Ag^0，随后结晶成 Ag 纳米晶，负载在 AgCl 颗粒表面。吸收光谱中 400～800 nm 区域的可见光吸收为 Ag 纳米晶等离子共振吸收带。在光照过程中，悬浮液颜色从 AgCl/GO 的浅黄色渐变到 Ag@AgCl/RGO 的紫灰色，说明形成了 Ag 纳米晶。

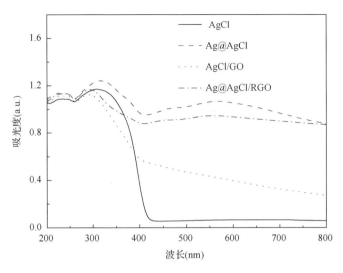

图 6-34 紫外可见漫反射光谱

为了考察 Ag@AgCl/RGO 的光催化活性，向 50 mL 浓度为 10 mg/L 的罗丹明 B（rhodamine B，RhB）中投加 0.05 g Ag@AgCl/RGO，在可见光照射下考察 RhB 的浓度变化，结果如图 6-35 所示。无光照条件下搅拌 30 min，RhB 分子在催化剂表面达到吸附平衡，吸附率低于 20%。可见光照射条件下，仅反应 16 min，RhB 的去除率就接近 100%。而同样条件下，Ag@AgCl 对 RhB 的去除率只有 55%。这说明石墨烯组装的 Ag@AgCl 具有显著增强的光催化活性。RhB 浓度的指数性衰减过程说明其光降解过程遵循准一级动力学反应。对于 Ag@AgCl/RGO 光催化剂，当 RGO 含量（质量分数）为 0.22%、0.44%、1.56% 时，其光降解速率常数分别为 0.23 min^{-1}、0.27 min^{-1}、0.30 min^{-1}，与 Ag@AgCl（0.060 min^{-1}）相比，最多时提高 4 倍。为了考察尺寸效应对 Ag@AgCl 的光催化活性的影响，制备了与 Ag@AgCl/ RGO 尺寸接近的 Ag@AgCl 光催化剂，尽管小尺寸的 Ag@AgCl 展现出了更高的光催化活性（光降解速率常数为 0.093 min^{-1}），但其降解速率常数仍明显低于 Ag@AgCl/RGO 体系。这说明 Ag@AgCl/RGO 增强的光催化活性的原因是增加了 RGO。

为了消除染料分子自身敏化效应对光催化过程的影响，采用 2,4-二氯酚（2,4-dichlorophenol，2,4-DCP）作为目标物考察可见光下 Ag@AgCl/RGO 的光催化活性。结果如图 6-36 所示，Ag@AgCl/RGO 对 2,4-DCP 的光催化降解速率与降解 RhB 类似，且随 RGO 含量的增加而加快。这进一步说明了 Ag@AgCl/RGO 对多种有机污染物均有降解能力。连续多次重复实验中，Ag@AgCl/RGO 对污染物的光催化降解速率没有衰减，证明其光催化性能稳定。

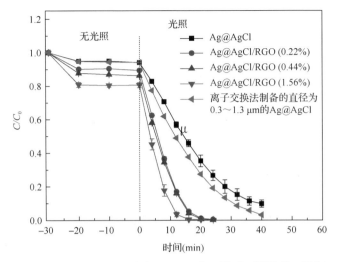

图 6-35　无光照及可见光(λ>400 nm)照射下，罗丹明 B 降解

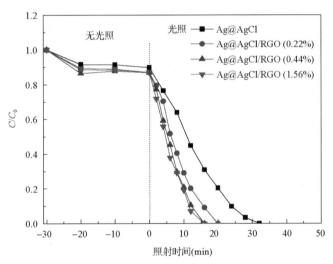

图 6-36　无光照及可见光(λ>400 nm)照射下，2,4-二氯酚(2,4-DCP)在不同光催化剂体系中的浓度变化曲线

Ag/AgCl 和 Ag@AgCl/RGO 中都有 Ag 纳米晶，由于具有局域表面等离子共振效应，在可见光照射下，Ag 纳米晶被激发产生电子-空穴对，在 Ag 与 AgCl 界面处极化场作用下[21]，光生电子远离 Ag/AgCl 界面并在 Ag 纳米晶表面聚集，而光生空穴迁移到 AgCl 颗粒表面将 Cl$^-$氧化为 Cl^0，Cl^{0}具有很强的氧化活性，氧化目标物后自身被还原为 Cl$^-$。对于 Ag@AgCl，光生电子在 Ag 纳米晶表面的聚集抑制了光生电子-空穴对的进一步分离，限制了其光催化效率。而对于 Ag@AgCl/RGO，光生电子可以迅速地从 Ag 纳米晶迁移到 RGO，从而显著增强了光催化效

率(图 6-37)。此外，RGO 对 RhB 的吸附可将 RhB 富集到光催化材料表面，提高了 RhB 被光生电荷捕获的机会，因而降解速率增加。

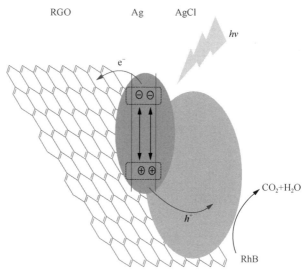

图 6-37 Ag@AgCl/RGO 光催化剂的光催化原理示意图

2. 等离子共振耦合光子晶体

TiO_2 具有紫外光响应、贵金属纳米晶具有等离子共振效应可利用可见光、光子晶体结构可通过慢光效应和全反射效应提高对入射光的利用率，为结合以上优点，可用贵金属纳米晶修饰 TiO_2 光子晶体，耦合等离子共振效应、慢光效应、全反射效应。

TiO_2 光子晶体(TiO_2 PC)仍然采用 PS 微球模板法制备，微球直径 240 nm，为了叙述方便，使用直径 240 nm 微球制备的光子晶体用 TiO_2 240 代表。采用原位水热还原法在 TiO_2 光子晶体内部形成 Au 纳米颗粒[22]。图 6-38 是 TiO_2 PC/Au 的结构示意图和 SEM 图。SEM 图表明反蛋白石结构厚度为 2.5～3 μm，大约由 15 层微球堆积而成。由于煅烧过程导致的收缩，孔径在 228 nm 左右，为模板尺寸的 95%。水热沉积的 Au 纳米颗粒尺寸在 15～20 nm 范围，与 TiO_2 光子晶体紧密连接，分布密度大约为 7.5×10^8 cm^{-2}。改变前驱体 $HAuCl_4$ 浓度可以调控 Au 纳米颗粒的尺寸和负载量。随着 $HAuCl_4$ 浓度的增大(0.1 mmol/L、0.3 mmol/L 和 0.5 mmol/L)，TiO_2 240/Au-0.1、TiO_2 240/Au-0.3 和 TiO_2 240/Au-0.5 中 Au 纳米颗粒的粒径分别为 15 nm、40 nm 和 80 nm(图 6-39)。

为了与光子晶体进行比较，制备了 TiO_2 纳米颗粒薄膜(除了不使用 PS 微球作为模板，其他步骤均与光子晶体材料的制备方法相同)，并将其用 TiO_2 NC 表示。图 6-40 为 TiO_2 NC/Au 的紫外-可见漫反射光谱图。TiO_2 NC 没有可见光吸收，修

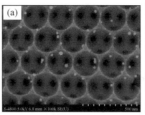
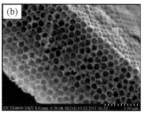

图 6-38　TiO₂ PC/Au 结构示意图和 SEM 图

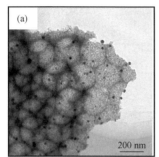

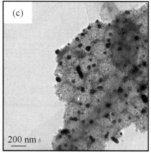

图 6-39　(a) TiO₂ 240/Au-0.1、(b) TiO₂ 240/Au-0.3、(c) TiO₂ 240/Au-0.5 的 TEM 图

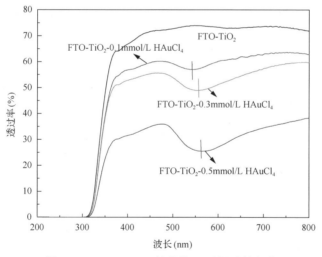

图 6-40　TiO₂ NC/Au 的紫外-可见漫反射光谱

饰 Au 纳米颗粒后,在 450~650 nm 范围内出现了纳米 Au 表面等离子共振吸收峰。随着 Au 纳米颗粒的负载量和粒径增大,吸收峰强度增大,出峰位置红移。为了充分利用慢光效应增强等离子共振,光子晶体的禁带和边缘应尽可能落在纳米 Au 吸光范围内(450~650 nm)。因此,需调控模板尺寸制备合适的 TiO₂ 光子晶体。

图 6-41 是样品的 DRS 谱图。TiO₂ 240 和 TiO₂ 193 都具有明显的光子带隙,其中 TiO₂ 240 的禁带中心位于 560 nm,禁带蓝边缘位于 493 nm,与 TiO₂ NC/Au-0.1 中 Au 纳米颗粒的吸光范围 480~590 nm 相匹配,因此 Au 纳米颗粒在 TiO₂ 240/Au-0.1 中比

在 TiO$_2$ NC/Au-0.1 中光吸收更强。光子禁带中心在 560 nm，因此波长 560 nm 的光线在光子晶体内部被多次反射，使沉积在光子晶体内部的 Au 纳米颗粒得到充分光照。同时，由于慢光效应，与光子禁带蓝边缘 493 nm 匹配的光子传播速度变慢，与 Au 纳米颗粒的相互作用效率提高。而 TiO$_2$ 193 的禁带中心位于 443 nm，禁带蓝边缘位于 400 nm，与 Au 纳米颗粒的光吸收 (480～590 nm) 不匹配。这种失配的光子禁带无法利用光子晶体对光的调控作用来增加 Au 纳米颗粒的光吸收效率。随着水热中使用的 HAuCl$_4$ 浓度的增大，Au 纳米颗粒负载量的增加，造成了光子晶体孔径的相对减小，TiO$_2$ 240/Au-0.1、TiO$_2$ 240/Au-0.3 和 TiO$_2$ 240/Au-0.5 的吸收峰逐渐增强，峰位置蓝移。

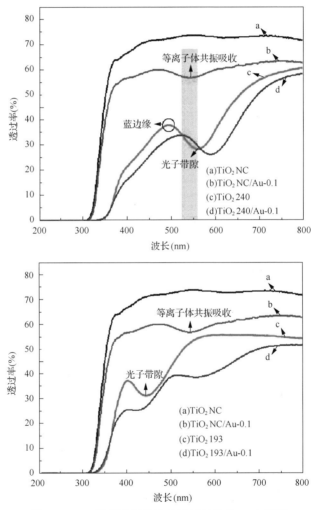

图 6-41　Au 纳米粒子修饰的光子晶体的 DRS 谱图

以 RhB 为目标污染物考察 TiO$_2$ PC/Au 在 $\lambda > 420$ nm 的可见光照射下的光催化能力。由于 TiO$_2$ NC 没有可见光响应，降解 RhB 的速率在所有样品中最慢（$k=$

0.08 h^{-1}）。Au 纳米晶凭借表面等离子共振效应可利用可见光，TiO$_2$ NC/Au-0.1 对 RhB 的降解效率有所提高，动力学常数为 0.15 h^{-1}，为 TiO$_2$ NC 的 1.9 倍。TiO$_2$ 240 和 TiO$_2$ 193 的动力学常数分别为 0.20 h^{-1} 和 0.11 h^{-1}，前者速率更快是由于 560 nm 的光子禁带中心与 RhB 的特征吸收波长 553 nm 接近，落入禁带的光子反复折射激发 RhB 敏化 TiO$_2$ 的机会更多。在所有测试样品中，TiO$_2$ 240/Au-0.1 展示了最高的光催化活性，其动力学常数 0.52 h^{-1}，是 TiO$_2$ NC/Au-0.1 的 3.5 倍。这种新型的三维表面等离子催化剂不仅利用 Au 纳米颗粒的表面等离子共振效应将 TiO$_2$ 的光响应区域拓展到可见光区，还利用光子晶体的禁带散射效应和慢光效应强化 Au 的表面等离子共振吸收，提高光的利用效率。同时，其三维的大孔结构有利于污染物、溶解氧等物质的扩散，提高非均相催化的传质，最终提高光催化活性。TiO$_2$ 193/Au-0.1 的动力学常数仅为 TiO$_2$ 240/Au-0.1 的一半，再次证明了光子禁带与表面等离子共振吸收峰的匹配对于催化剂催化活性的重要性。

采用高效液相色谱检测 RhB 降解的中间产物。图 6-42 显示，RhB 的特征峰强度随反应时间延长逐渐降低，反应进行 120 min 左右完全消失，其 5 个中间产物 N,N-二乙基-N'-乙基罗丹明（DER）、N,N-二乙基罗丹明（DR）、N-乙基-N'-乙基罗丹明（EER）、N-乙基罗丹明（ER）和罗丹明（R）的特征峰从无到有，从弱到强直至最后完全消失。

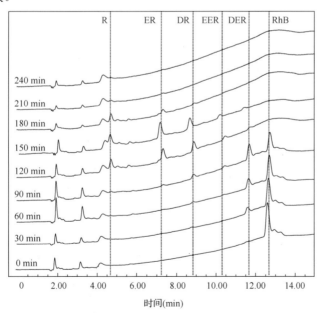

图 6-42　TiO$_2$ 240/Au-0.1 光催化降解 RhB 的中间产物分析

为了考察制备方法的重复性，另外制备了 3 个 TiO$_2$ 240/Au-0.1 催化剂，并分别检测其催化能力，结果表明 3 次反应的动力学常数相差不到 6%，说明 TiO$_2$ 240/Au-0.1 的重复性较好。通过捕获剂实验分析 TiO$_2$ PC/Au 的催化机理，如果空穴主导光催化反应，加入空穴捕获剂(乙酸)后污染物的降解应受到抑制，但实际加入乙酸后 RhB 的降解速率仅略有降低，表明空穴作用不明显。光生电子可直接还原污染物，也可与氧分子、氢离子反应产生•OH。向催化体系通入氧气，RhB 降解速率大大提高，说明分子氧捕获光生电子产生了•OH。加入•OH 捕获剂(叔丁醇)后，RhB 的降解被抑制了，且抑制作用随叔丁醇浓度的增大而增强，证明 TiO₂ PC/Au 对污染物的降解是由电子与氧气反应生成的•OH 主导的。

以 5,5-二甲基-1-吡咯啉-*N*-氧化物(DMPO)为自由基捕获剂，采用电子自旋共振(ESR)谱仪检测反应过程中的•OH 和 O₂•⁻(图 6-43)。

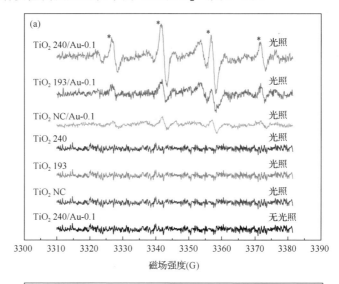

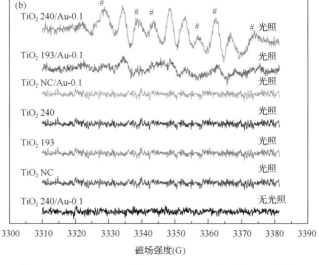

图 6-43　DMPO-•OH(a)和 DMPO-O₂•⁻(b)的 ESR 信号

*和#分别表示 DMPO-•OH 和 DMPO-O₂•⁻的峰

使用 TiO_2 240/Au-0.1 时，出现明显的 DMPO-•OH 和 DMPO-$O_2^{•-}$ 特征峰，而在使用其他催化剂时，DMPO-•OH 和 DMPO-$O_2^{•-}$ 特征峰很弱或者完全没有出现。•OH 信号的强弱程度与光催化能力相符合。

根据上述实验结果，推测 TiO_2 PC/Au 降解污染物的机理。TiO_2 PC/Au 不仅利用 Au 纳米颗粒的表面等离子共振效应将 TiO_2 的光响应区域拓展到可见光区，且利用禁带宽度与 Au 纳米颗粒的表面等离子共振峰相匹配的光子晶体提高 Au 纳米颗粒的光捕获效率，产生更多的光生载流子。可见光照射下，Au 纳米颗粒被激发产生电子，这些电子迁移到 TiO_2 的导带，抑制了光生载流子的复合，后被氧捕获，生成 $O_2^{•-}$，进一步质子化生成主导污染物降解过程的•OH。而氧化态的 Au 纳米颗粒可以从吸附在催化剂表面的水分子或者有机污染物中捕获电子，实现催化剂的再生。

6.3.3　窄带半导体

只有能量大于带隙能的光子才能激发半导体产生电子和空穴，因此带隙能 3.2 eV 的锐钛矿 TiO_2 只能利用波长小于 387.5 nm 的光，这部分光的能量不到太阳能的 5%。窄带半导体带隙能小，通过本征吸收即可利用可见光，比前两节提到的添加外来组分掺杂或敏化更具稳定性。报道的窄带半导体非常多，包括 Fe_2O_3、WO_3、$BiVO_4$、Bi_2WO_6、$CuFeO_4$、Cu_2O、Si、C_3N_4 等，综合考虑稳定性、电荷迁移速率、毒性、光吸收能力等特征，本书仅介绍基于 Si 或 C_3N_4 的光催化材料。

1. 多级孔硅材料

与 Fe_2O_3、WO_3 等窄带金属氧化物半导体光催化剂相比，硅材料具有以下优点：①硅的禁带宽度为 1.12 eV，可吸收波长小于 1100 nm 的光，这个波长范围的光子能量占整个太阳光谱能量的 65%以上；②单晶硅的导带能级为–0.5 eV（相对于标准氢电极），其光生电子的还原能力比绝大多数报道的光催化材料强，有利于还原污染物；③硅材料在电子行业中应用广泛，加工工艺成熟，可以通过简便的方法制备抗反射层从而增进光的吸收；④硅元素在地壳中储量丰富，仅次于氧元素，有望降低光催化材料成本。但是硅材料在水溶液中不稳定，表面会被钝化或者发生溶解，如何避免钝化是硅材料在环境污染控制应用中面临的首要问题。另一方面，硅的价带能级位于 0.62 eV，氧化能力很低，必须增强硅的氧化能力才能满足降解 POPs 的需求。提高价带氧化能级的有效途径是在硅表面制造尺寸小于 5 nm 的纳米孔或量子点，根据量子理论效应和小尺寸效应，在纳米晶量子化后，其禁带变宽，氧化还原能力提高，稳定性也会得到改善。

选用电阻率 2～8 Ω·cm 的 n 型硅片为原材料，阳极氧化制备多孔硅。电流密度以及电解液中的 HF 浓度是影响样品形貌的主要因素：HF 浓度越小，孔隙度越大；电流密度越小，生成多孔硅的孔径越小；当电流密度恒定时，HF 浓度越高，生成的多孔硅速率越快[23]。向刻蚀液中加入乙醇可降低其表面张力，使刻蚀过程中生成的氢气顺利逸出，防止气泡附着在硅片表面影响多孔硅形貌。阳极氧化过程中有无光照对样品形貌的影响非常大，有光照时，制备的样品表面是多级孔硅（nanoporous-macroporous Si, NP-MPSi），无光照时得到大孔硅（macroporous Si, MPSi），但没有纳米孔。

为了制备出能带位置既能保证良好光吸收又有足够氧化能力的多级孔硅，以 HF：C_2H_5OH = 1：1 的溶液为刻蚀液，对电流密度进行优化。如图 6-44（a）所示，在电流密度比较低的情况下，多级孔硅的生长比较慢，在 10 mA/cm^2 的电流密度下，刻蚀时间为 15 min 时，生成的多级孔硅在可见光区依旧保留了硅材料的吸收特征，但是在紫外光区的吸收明显增强。随电流密度增大，可见光区的吸收值不断减少，红边带逐渐蓝移，说明禁带逐渐变宽。当电流增大到 100 mA/cm^2 时，刻蚀反应过于剧烈导致硅表面破损，因此在整个波长范围内吸收值均明显下降。因此选择 50 mA/cm^2 的刻蚀电流进一步研究反应时间的影响，结果如图 6-44（b）所示。反应 5 min 时，硅表面刻蚀程度很低，可见光区依旧表现出单晶 Si 的吸收特征，没有发生蓝移现象。刻蚀时间 15 min 时，多级孔硅的红边带明显蓝移，说明其禁带宽度在增大。当刻蚀时间继续延长到 30 min 时，多级孔硅的红边带相对 15 min 时并没有明显的蓝移，相反其在整个测试范围内的光吸收值发生了明显下降，这是因为长时间刻蚀导致表层结构脱落，因此最佳刻蚀时间为 15 min。

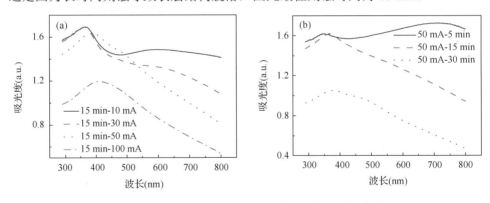

图 6-44   电流密度（a）和刻蚀时间（b）对多级须孔硅光吸收的影响

经过刻蚀电流和刻蚀时间优化后，可以确定制备多级孔硅的实验条件如下：光强为 100 mW/cm^2，刻蚀电流为 50 mA/cm^2，反应时间 15 min，刻蚀液为 HF：C_2H_5OH = 1：1。

采用 HF：C_2H_5OH = 1：4 的刻蚀液，无光照条件下可制备出 MPSi。

多级孔硅 NP-MPSi、大孔硅 MPSi 以及硅片 Si 的反射光谱如图 6-45 所示。硅片的反射率在整个波长范围内均为最高，在 400 nm 的反射率高达 50%。大孔硅的反射率比硅片明显减少,在 400 nm 的反射值降低到 18%,平均反射比降低到约 20%。但是相比硅片,MPSi 的红边带没有明显变化,这说明大孔硅的禁带宽度几乎没有变化。NP-MPSi 的减反射能力进一步提高,在 400 nm 的反射值仅为 5%,平均反射率只有 10%。且红边带相比硅片和 MPSi 发生了明显的蓝移,根据反射曲线,计算出 NP-MPSi 的禁带为 2.12 eV,相对 Si 增大了 1 eV,而 MPSi 的禁带没有增加。

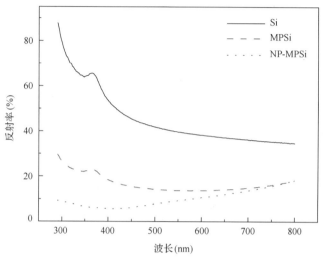

图 6-45　多级孔硅 NP-MPSi、大孔硅 MPSi、硅片 Si 的 DRS 反射光谱

NP-MPSi 和 MPSi 的形貌见图 6-46。NP-MPSi 的大孔均匀地分布在硅基底上 [图 6-46(a)],主孔道生长方向垂直于基底,孔道长约 50 μm,主孔道的直径大约

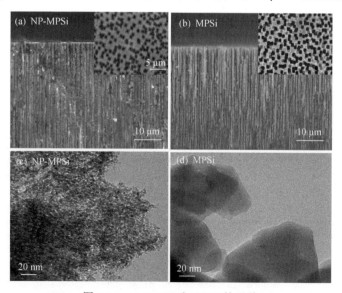

图 6-46　NP-MPSi 和 MPSi 的形貌

为 1200 nm，几乎没有侧孔分布，说明多级孔硅的是沿 (100) 面生长的。MPSi 的大孔结构[图 6-46(b)]和 NP-MPSi 相似，不同之处是表面更为光滑，电镜图像很清晰。进一步用 TEM 观察 NP-MPSi，发现在大孔壁上存在着大量微孔结构，平均孔径为 3～4 nm[图 6-46(c)]，而 MPSi 的孔道结构没有微孔[图 6-46(d)]。

采用氮气吸附-脱附法测试样品的孔径分布（图 6-47）。NP-MPSi 的大部分孔径小于 5 nm，而 MPSi 的孔径主要分布在 30 nm 和 125 nm，没有小于 5 nm 的微孔。根据量子理论，晶粒尺寸小于玻尔半径时，其禁带变宽；有报道证实硅纳米晶的尺寸小于 5 nm 时，禁带宽化。因此，可以推断 NP-MPSi 的吸收边蓝移是由纳米孔尺寸减小到 5 nm 以下带来的量子限域效应引起的。

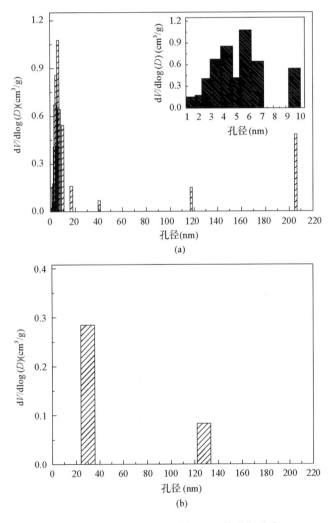

图 6-47　(a)NP-MPSi 和(b)MPSi 的孔径分布

NP-MPSi 禁带宽化可由价带的正移(意味着氧化能力的增强)或/和导带的负移(意味着还原能力的增强)引起。在 pH = 0 的条件下,导带位置近似等于平带电位,因此可以通过测量平带电位估算出导带的位置。图 6-48 是光强为 100 mW/cm^2 的氙灯照射及 pH = 0 的硫酸水溶液条件下进行的莫特-肖特基(Mott-Schottky)测试结果。NP-MPSi 的平带电位即导带位置大约位于–0.55 eV,MPSi 的平带电位即导带位置大约位于–0.57 eV。由禁带宽度加上导带位置可以计算出价带位置:NP-MPSi 的价带位于+1.57 eV,MPSi 的价带位于+0.55 eV。这说明 NP-MPSi 的价带位置相对于单晶 Si 和 MPSi 发生了明显正移,氧化能力明显增强,已经超过了大多数污染物的氧化电位。

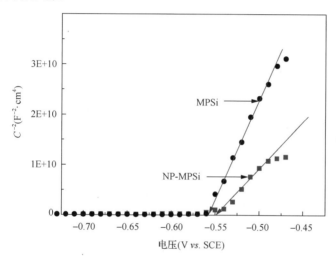

图 6-48　NP-MPSi 和 MPSi 的 Mott-Schottky 测试结果

为了判断样品的光响应强度和稳定性,以氙灯为光源(光强 100 mW/cm^2),在 0.5 mol/L 硫酸中测试 NP-MPSi 的线性扫描伏安曲线[图 6-49(a)]以及 NP-MPSi、MPSi、Si 的循环伏安曲线[图 6-49(b)]。0 V 偏压时,NP-MPSi 的光电流可以达 0.8 mA/cm^2,表明可用短路连接的方式光催化分解污染物。20 圈循环伏安测试中,NP-MPSi 光电流几乎没有衰减,说明光电化学稳定性高,而 MPSi 的光电流明显衰减,20 个循环过程中+1.5 V 处的光电流从 6.0 mA/cm^2 衰减到 1.8 mA/cm^2。MPSi 光电流的衰减是因为 Si 表面被氧化生成绝缘的二氧化硅,随着偏压增加或反应时间延长,二氧化硅层越来越厚,对溶液与硅基底之间的电子传递阻碍越来越大,导致光电流衰减。NP-MPSi 的稳定性主要是由于其孔壁表面附着了一层小于 5 nm 的纳米孔,可以有效地阻止 NP-MPSi 的钝化,其具体机理可以用量子理论加以解释。Si 表面的 SiO$_2$ 中,1 个氧原子与 2 个硅原子连接,形成三角形的稳定结构。对于块体硅材料来说,Si 表面是无限大平面,容易形成三角形结构,也就是说容易被氧化成绝缘的 SiO$_2$；当 Si 材料尺寸小于 5 nm 后，Si 表面相对于硅原子具有曲率，两个硅原子之间的距离和角度发生变化，1 个氧原子难以同时与 2 个硅原子成键，最后只形成 Si—O 单键，没有与氧原子成键的 Si 原子被 H 原子终止，Si—H 键可作为电子迁移通路，因此光生电荷可迁移到表面参与反应。值得注意的是，NP-MPSi 的光电流小于 MPSi 的初始光电流，这是因为 NP-MPSi 的禁带增加到 2.12 eV，只能吸收波长短于 600 nm 的光，相对于 MPSi 的光响应波长范围变窄。

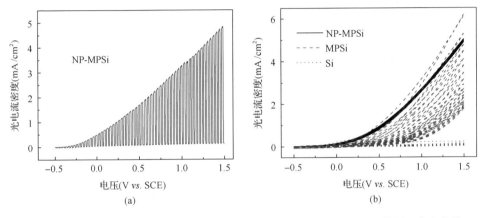

图 6-49　(a)NP-MPSi 的线性扫描伏安曲线，(b)NP-MPSi、MPSi 和 Si 的循环伏安曲线

以苯酚为目标物考察 NP-MPSi 的光催化性能。多级孔硅与铂片短路连接，氙灯光强 100 mW/cm^2，苯酚初始浓度 5 mg/L。反应进行 5 h 后，96%的苯酚被 NP-MPSi 降解(图 6-50)。苯酚的直接光解率为 53%，MPSi 对苯酚的光催化去除率为 54%，与直接光解量几乎一样，这也说明 MPSi 价带能级不足以氧化分解苯酚。而对于 NP-MPSi，减去直接光解的苯酚量，大约有 42%的苯酚被 NP-MPSi 光催化降解。采用 422 nm 滤波片过滤掉短波长的光，发现苯酚在可见光下几乎没有发生光解，而 NP-MPSi 对苯酚的降解率达到 37%，这个数值与全波长光催化 42%

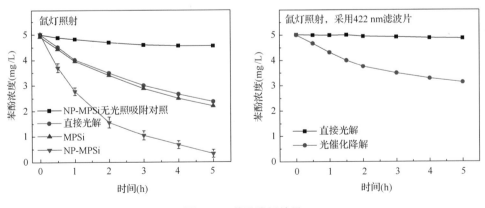

图 6-50　苯酚降解结果

的贡献非常接近，说明可见光是 NP-MPSi 分解苯酚的主要能量来源。反应 3 h 后，NP-MPSi 对苯酚的 TOC 去除率可以达到 19%，而 MPSi 仅有 3%。反应 5 h 后，NP-MPSi 对苯酚的 TOC 去除率达到 45%，说明 NP-MPSi 具有矿化污染物的能力。为了考察材料重复性，用同一块 NP-MPSi 电极连续五次降解苯酚。各次降解率偏差不超过 5%，说明 NP-MPSi 在水溶液中具有良好的稳定性。

2. 单原子层类石墨相 C_3N_4

C_3N_4 是由碳和氮两个高丰度元素构成的共价化合物。理论计算显示 C_3N_4 共有 5 种结构，即 α、β、立方、准立方以及类石墨相。只有类石墨相 C_3N_4(g-C_3N_4) 具有光催化性能，其他四个相都是超硬材料。g-C_3N_4 中 C、N 原子均为 sp^2 杂化，相间排列，以共价键连接成环结构。在层内部由 C_3N_3 环或 C_6N_7 环构成，环之间通过末端的 N 原子相连而形成一层无限扩展的平面。g-C_3N_4 化学性质非常稳定，具有较强的抗光腐蚀能力及耐酸碱能力。

g-C_3N_4 禁带宽度为 2.7 eV，可吸收波长小于 460 nm 的光，密度泛函计算其价带顶和导带底能级分别为 1.53 eV 和 –1.17 eV($vs.$ NHE)，–1.17 eV 是一个相当高的导带底能级，意味着 g-C_3N_4 的光生电子还原能力很强。与 TiO_2、Fe_2O_3、WO_3、$BiVO_4$ 等金属氧化物相比，g-C_3N_4 具有不含金属的优势，而与 Si 相比，g-C_3N_4 的稳定性更好。

热解三聚氰胺是制备粉末 g-C_3N_4 最常用的方法。粉末 g-C_3N_4 不足之处在于表面积小、活性位少、光吸收系数小、电荷迁移率低、光生电荷容易复合、氧化能力不强、反应动力学慢。因此近几年的研究成果集中于通过减小 g-C_3N_4 的尺寸和掺杂其他元素提高 g-C_3N_4 的光催化活性。

由于 g-C_3N_4 层与层之间是以范德瓦耳斯力和氢键结合的，通过加热裂解或肼还原等方式可加大 g-C_3N_4 层间距，直到相互分离得到几纳米厚的 g-C_3N_4 纳米片（g-C_3N_4 nano sheet, g-C_3N_4 NS）。相对于块体结构，这种纳米片比表面积大、光生载流子迁移到表面的路程短，因此光催化效率高。G-C_3N_4 NS 光催化去除苯酚、卤代物等 POPs 都表现出优于块体 C_3N_4 的性能。

超声剥离 g-C_3N_4 NS 可得到单原子层 g-C_3N_4(single layer g-C_3N_4, SL g-C_3N_4)[24]。这种单层结构具有如下优点：①二维平面结构能够提高电荷迁移速率；②光生电荷在材料表面产生，相对体相迁移过程，复合率显著减少；③增加了表面积，暴露出更多的活性位点，强化污染物与催化剂的接触。

图 6-51 是热解三聚氰胺制得的块体 g-C_3N_4 和超声剥离得到的 SL g-C_3N_4 纳米片的 TEM 图。SL g-C_3N_4 的形貌相对于块体材料发生显著变化，具有明显二维片层结构，表面有不规则褶皱，在电子束下具有透明性，说明样品非常薄。

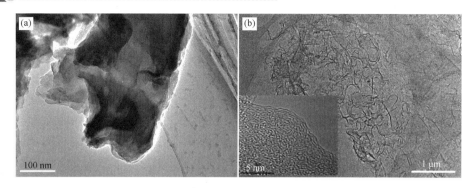

图 6-51 (a)块体 g-C$_3$N$_4$ 和(b) SL g-C$_3$N$_4$ 的 TEM 图

为了确定样品厚度,将样品分散在超平的云母片上进行了 AFM 测试,结果如图 6-52 所示。图 6-52(a)是经过热刻蚀块体 g-C$_3$N$_4$ 得到的 g-C$_3$N$_4$ NS,随机测试了其中两个纳米片的厚度均为 3 nm,约为 9 倍层间距(g-C$_3$N$_4$ 的理论层间距为 0.326 nm)。层间距是指相邻两层原子中心之间的距离,可近似认为是单原子层的厚度,因此测试 g-C$_3$N$_4$ NS 可能由 9 层单原子层组成。图 6-52(b)是超声剥离后的样品,其厚度减小至 0.5 nm,小于两个单原子层的厚度,因此推测样品由单原子层构成。测试值比理论值略高,可能是因为样品与云母片之间吸附了水分子。用同样的方法将单原子层石墨烯(层间距 0.335 nm)分散到云母片上,AFM 测试得到的厚度也是 0.5 nm,说明超声剥离后的样品的确由单原子层构成。

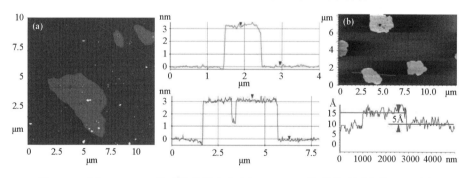

图 6-52 (a) g-C$_3$N$_4$ NS 的形貌及厚度和(b) SL g-C$_3$N$_4$ 的形貌及厚度的 AFM 图

单原子层 g-C$_3$N$_4$ 与块体 g-C$_3$N$_4$ 的 XPS 测试结果见图 6-53。图 6-53(a)是单原子层 g-C$_3$N$_4$ 与块体 g-C$_3$N$_4$ 的 C 1s 谱,均在 284.6 eV 和 288.0 eV 处出现了两个显著的 C 的特征峰,分别对应无定形碳(由测试仪器所使用的碳靶所引入的少量石墨相碳杂质)以及 C—(N)$_3$ 基团(1 个中心碳原子与 3 个氮原子成键),表明材料中的 C 原子均与 N 原子形成共价化学键。图 6-53(b)和(c)分别是单原子层 g-C$_3$N$_4$ 与块体 g-C$_3$N$_4$ 的 N 1s 谱,图中共有 3 个特征峰:398.5 eV 处对应 C—N—C 基团;399.3 eV 处对应 N—(C)$_3$ 基团;400.7 eV 处对应 C—N—H 基团。XPS 测试结果表明,样品的主要化学成分为 C 与 N,且以典型的 C—N 键相连,剥离过程中并没有改变样品的化学成分及各元素的化学状态。

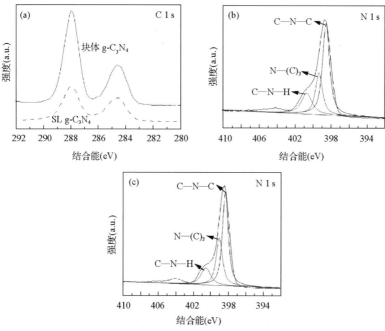

图 6-53　单原子层 g-C₃N₄ 和块体 g-C₃N₄ 的 XPS 谱图

(a) C 1s 谱图；(b) 块体 g-C₃N₄ 的 N 1s 谱图；(c) SL g-C₃N₄ 的 N 1s 谱图

　　块体 g-C₃N₄ 的 XRD 谱中（图 6-54），$2\theta=27.5°$ 处的特征峰对应 g-C₃N₄ 的（002）晶面，是由块体 g-C₃N₄ 的周期性层状结构堆叠所致，$2\theta=13.1°$ 对应了 g-C₃N₄ 的（100）晶面，是由 g-C₃N₄ 层内周期堆叠的三嗪结构所致。由于 SL g-C₃N₄ 失去了层层堆叠的周期结构，因而两个晶面的特征峰强度大幅削弱。

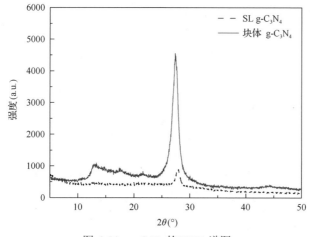

图 6-54　g-C₃N₄ 的 XRD 谱图

根据紫外漫反射吸收光谱，块体 g-C_3N_4 能够吸收波长小于 450 nm 的光，对应禁带宽度约为 2.7 eV。由于量子限域效应，热刻蚀的 g-C_3N_4 NS 吸收带边蓝移至 430 nm 左右，禁带宽度约为 2.85 eV，超声刻蚀的 SL g-C_3N_4 吸收带边进一步蓝移至 420 nm，禁带宽度约为 2.9 eV。禁带宽度变化可能由价带顶降低、导带底升高、价带及导带同时向两端移动等 3 个原因导致，无论哪种变化都会减少可见光的吸收范围，但吸收强度增加，且光生电子和空穴的氧化或还原能力提高，因此能够提高对目标污染物的矿化能力。

可见光照射下（$\lambda > 400$ nm），SL g-C_3N_4 的 0 偏压光电流密度可达 1.8 μA/cm^2，比块体 g-C_3N_4（0.11 μA/cm^2）高 16 倍，表明 SL g-C_3N_4 中光生电子与空穴分离效率相对块体材料大幅提高。推测原因为单原子层结构的光生电荷在材料表面产生，相比于块体材料省去了从体相迁移至催化剂表面的过程，从而降低了光生载流子的复合率。为了证实上述推测，用导电原子力显微镜测量了 3 V 电压作用下不同厚度 g-C_3N_4 的电流值，结果如图 6-55（a）所示。每个样品随机选 64 个点，颜色越深代表电流值越大。SL g-C_3N_4 平均电流值最高，块体 g-C_3N_4 平均电流值最低，即在相同的偏压下，平均电流值随样品厚度减小而增大。图 6-55（b）是通过 AFM 针尖对不同样品施加 $-3 \sim 3$ V 的电压扫描时检测到的电流。块体 g-C_3N_4 和 g-C_3N_4 NS 的电流很小，而 SL g-C_3N_4 在 -3 V 和 3 V 电压下产生了较大的电流值，说明 SL g-C_3N_4 比块体 g-C_3N_4 和 g-C_3N_4 NS 的导电能力更好。

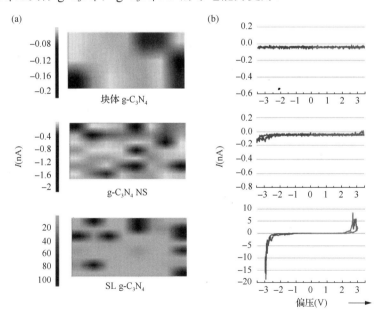

图 6-55　导电原子力显微镜测试结果

进一步通过测试不同厚度样品的交流阻抗分析不同厚度 g-C_3N_4 的电荷迁移性

能，结果见图 6-56。有光照时，两种样品的阻抗弧半径都明显减小，显然光照产生了光生载流子。两者相比，SL g-C$_3$N$_4$ 的阻抗弧半径更小，说明其界面电子传递更快。光生电荷的有效分离不仅取决于载流子的迁移阻力，也会受到电荷密度以及电荷寿命等性质的影响。Mott-Schottky 曲线可比较不同厚度样品的电荷密度，样品表面的电荷密度与曲线斜率成反比例，图 6-57 表明 SL g-C$_3$N$_4$ 的曲线斜率最小，也就是电荷密度最大，是块体材料的 4.8 倍。Mott-Schottky 曲线直线部分的反向延长线与横轴的交点对应该样品的平带电位，而 n 型半导体的平带电位接近导带。从图中可看出，SL g-C$_3$N$_4$ 的平带电位相对块体材料负移约 0.2 V，所以 SL g-C$_3$N$_4$ 禁带宽度增加是由导带负移所致。

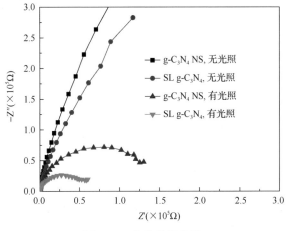

图 6-56　电化学阻抗谱

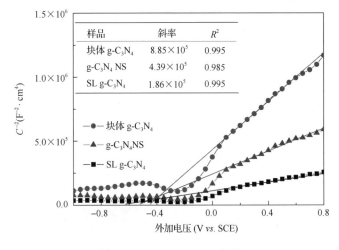

图 6-57　Mott-Schottky 曲线

光生电荷的寿命越长表明其分离性能越好，越有利于光催化反应。测试了样品的时间分辨光致发光光谱并进行双指数拟合计算得到长寿命及短寿命的光生电荷百分比,进而计算平均电荷寿命,结果如表 6-1 所示,随着样品厚度减小,电荷平均寿命增加。SL g-C$_3$N$_4$ 的光生电荷平均寿命为 1.12 ns,是块体材料的 3.6 倍。

表 6-1　光生电荷寿命

样品	短寿命 (ns)	百分比 (%)	长寿命 (ns)	百分比 (%)	平均寿命 (ns)
块体 g-C$_3$N$_4$	0.07	92.5	3.32	7.5	0.31
g-C$_3$N$_4$ NS	0.21	89.4	4.64	10.6	0.68
SL g-C$_3$N$_4$	0.25	85.1	6.11	14.9	1.12

以上结果证实了单原子层 g-C$_3$N$_4$ 电荷密度高、寿命长、迁移阻力小。这些因素综合起来导致 SL g-C$_3$N$_4$ 具有较高的光生电子-空穴分离能力,从而提高光催化效率。

以 RhB 为目标物考察 SL g-C$_3$N$_4$ 的光催化性能,结果如图 6-58(a)所示。前 30 min 为无光照有光催化材料的吸附过程,所有样品都能在 30 min 内对 RhB 达到吸附平衡,SL g-C$_3$N$_4$ 对 RhB 的吸附率接近 20%,高于 g-C$_3$N$_4$ NS(10%)及块体 g-C$_3$N$_4$(7%)。三者的比表面积分别为 384 m^2/g、230 m^2/g 和 10 m^2/g,因此比表面积大是 SL g-C$_3$N$_4$ 吸附量大的主要原因。由于光催化以界面反应为主,因此吸附目标物对提高光催化反应效率有利。达到吸附平衡后对反应体系进行光照($\lambda >$ 400 nm),SL g-C$_3$N$_4$ 在 80 min 内几乎将污染物完全分解,而 g-C$_3$N$_4$ NS 与块体 g-C$_3$N$_4$ 分别降解了 70% 和 30%。可见,三者中 SL g-C$_3$N$_4$ 光催化能力最强。为了将 SL g-C$_3$N$_4$ 的光催化效率与常见光催化材料进行横向比较,考察了相同条件 N-TiO$_2$、CdS 和 BiVO$_4$ 及 P25 等催化剂的表现,结果如图 6-58(b)所示。SL g-C$_3$N$_4$ 的准一级动力学常数为 1.9 h^{-1},分别是 g-C$_3$N$_4$ NS、CdS、块体 g-C$_3$N$_4$、N-TiO$_2$、P25 和 BiVO$_4$ 的 3.0 倍、8.8 倍、10.2 倍、16.4 倍、37.1 倍和 93.8 倍。这一结果表明 SL g-C$_3$N$_4$ 的可见光催化效率明显优于另外几种光催化材料。连续进行 10 次 RhB 降解实验评估 SL g-C$_3$N$_4$ 的稳定性,结果显示其光催化效率基本保持稳定。

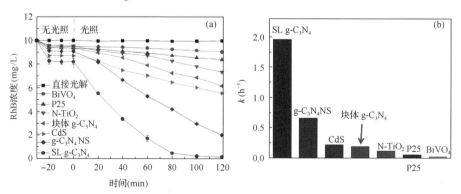

图 6-58　RhB 的光催化降解

为了识别光催化反应中的活性基团，研究了各种自由基捕获剂对 RhB 降解的影响，结果如图 6-59(a)所示。当向光催化反应体系中添加三乙醇胺(TBA，空穴 h^+ 捕获剂)后，RhB 的降解几乎被完全抑制，说明 h^+ 是降解 RhB 的主要活性物种。向光催化反应体系中添加了叔丁醇(TEOA，•OH 捕获剂)，结果显示光催化反应速率几乎与不加•OH 捕获剂时一致，说明•OH 不是光催化过程中的活性物种，从而说明 SL g-C$_3$N$_4$ 光催化降解 RhB 的机理是 h^+ 直接氧化 RhB 分子。g-C$_3$N$_4$ 的价带为 1.53 V，其氧化能力不足以氧化水产生•OH，而对 RhB 的循环伏安测试显示其氧化电位为 1.43 V，刚好低于 g-C$_3$N$_4$ 价带中产生的 h^+ 的氧化电位(1.53 V)，因此可以确定 RhB 被 h^+ 直接氧化。为了观察 RhB 降解中间产物的浓度变化，比较了降解过程不同时间水样的液相色谱峰[图 6-59(b)]。原水样保留时间 7.3 min 的峰归属 RhB，此外在 5.8 min 处有一个较弱的峰，对应的物质是 N,N-二乙基-N'-乙基罗丹明(DER)[25]，说明 RhB 中含有少量的 DER 杂质。随着光催化降解过程的进行，RhB 的特征峰强度逐渐降低，在 120 min 左右完全消失，而中间产物 DER 的特征峰在前 40 min 内逐渐增强，在 40~120 min 时间段逐渐减弱直至完全消失。这说明催化剂对 RhB 的降解机制是先将其氧化为中间产物 DER，然后矿化 DER。

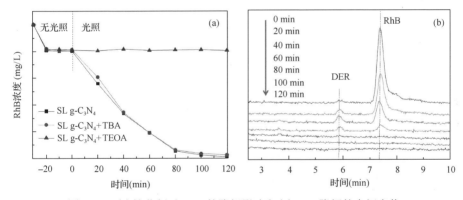

图 6-59　(a)捕获剂对 RhB 的降解影响和(b) RhB 降解的中间产物

为了排除染料敏化作用的影响，以不吸收可见光的苯酚作为另一种目标污染物考察了 SL g-C$_3$N$_4$ 的光催化能力，结果在可见光照射下，相比于 P25 以及块体 g-C$_3$N$_4$ 和 g-C$_3$N$_4$ NS 等催化剂，SL g-C$_3$N$_4$ 对苯酚的分解速率仍然最快，说明敏化作用不是 RhB 降解的主要机制。

6.4　促进光生电荷分离的方法

6.4.1　施加偏压

光生电荷只有扩散到催化剂表面才能参与分解污染物的反应，在扩散过程中一部分空穴与光生电子碰撞复合，这是导致光催化过程光能转换效率低的主要原因。外加偏压可驱动光生电子和空穴反向迁移，是提高光生电荷分离效率的有效方法。

1. 偏压对紫外光响应催化剂性能的影响

为了施加电压，光催化材料必须负载在导电的基体上制成电极。以 Ti 基底上的 TiO₂ 颗粒薄膜为例，其制备方法非常简单：将经过砂纸打磨、超声清洗和酸刻蚀的清洁 Ti 片放入马弗炉，空气氛中高温处理 2 h，即制得 TiO₂/Ti。XRD 测试表明热处理温度 500℃、600℃和 700℃的样品均为金红石晶型，温度越高结晶度越好。用 Scherrer 公式计算 TiO₂ 平均粒径为 40 nm。SEM 观察到 TiO₂/Ti 的表面由颗粒组成，比较平坦。

为了证明偏压抑制了光生载流子的复合，测试了薄膜光阳极的光电流。图 6-60 是 TiO₂/Ti 的 I-V 曲线[26]。无光照时，暗电流很小；用紫外光照射电极表面，由于光生电子被偏压驱动经外电路迁移到对电极，出现了明显的光电流，且随偏压增加而增加。当偏压达到 0.6 V 后，光电流增幅迅速减小，继续增加偏压，光电流趋于饱和，光生空穴与电子的分离效率已达最大。此外，由于结晶度提高减少了缺陷等复合中心，光生载流子复合受到抑制，因此在一定范围内样品光电流随煅烧温度升高而增加。

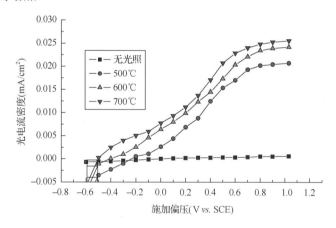

图 6-60　光电流密度随施加偏压变化曲线

以五氯苯酚(PCP)为目标物考察 TiO₂/Ti 的光催化性能。反应条件为：PCP 初始浓度 5mg/L、电解液包含 0.1 mol/L Na₂SO₄、反应时间 3 h，通氮气排除氧气。无催化剂条件下直接光解、施加 0.6 V 偏压(PCP 氧化电位为 1.25 V)但无光照的电氧化、TiO₂/Ti 光催化等过程对 PCP 的降解率分别为 68%、2%和 83%。既有偏压又有光照时，TiO₂/Ti 光电催化对 PCP 的降解率几乎为 100%，明显高于光催化及电化学作用下 PCP 的降解率之和(85%)。直接光解、光催化、光电催化降解 PCP 过程符合准一级动力学，光电催化过程动力学常数为 0.025 min^{-1}，大于光催化 (0.013 min^{-1})和电化学(0.008 min^{-1})速率常数之和，说明光催化和电化学作用间存在协同作用。为了确定 PCP 的矿化程度，测定了反应过程中 TOC 变化。PCP 初始浓度为 40 mg/L，对应 TOC 为 10.8 mg/L。反应 4 h 矿化率为 44%，证明了 TiO_2/Ti 光电催化具有矿化 POPs 的能力。为了考察稳定性，使用 TiO_2/Ti 连续光催化 2 h，冲洗后再次使用，共进行 15 次重复实验。光阳极使用 30 h 后外观没有变化，降解 PCP 性能保持稳定，说明这种方法制备的 TiO_2 电极稳定性好。

2. 偏压对可见光响应催化剂性能的影响

可见光催化剂也可以通过施加偏压促进光生电荷分离。氧化物半导体的价带一般由 O 2p 轨道构成，而铋复合盐的价带由 Bi 6s 和 O 2p 轨道杂化而成。Bi 6s 的参与使铋复合盐价带比氧化物半导体更负，因此禁带较窄，例如文献报道的单斜晶型 $BiVO_4$ 禁带宽度一般在 2.4 eV 左右，能够利用波长小于 516 nm 的光，是一种可见光响应光催化材料。受能带位置影响，$BiVO_4$ 的氧化能力较强，还原能力较弱。将其作为光阳极使用，利用外加偏压驱动光生电子从 $BiVO_4$ 迁移到导电基底，然后经外电路到达对电极，这个过程不但促进了光生电子和空穴分离，而且光生电子叠加了外加偏压的能量，提升了还原能力。以导电玻璃(FTO)为基底，采用旋转涂膜加高温煅烧法制备了 $BiVO_4$ 纳米膜。煅烧温度为 500℃ 条件下制备的 $BiVO_4$ 膜表面最为均匀，颗粒较小。XRD 谱图显示样品为单斜晶型，计算得样品粒径 31 nm。

图 6-61 为 $BiVO_4$ 薄膜的形貌。膜表面比较均匀，由粒径为 200～300 nm 的颗粒组成，膜厚 660 nm。TEM 显示大颗粒是由粒径约为 10 nm 的单晶颗粒构成的，晶格间距为 0.3099 nm，符合单斜晶 $BiVO_4$ 的(121)晶面。

图 6-61　$BiVO_4$ 薄膜的形貌

$BiVO_4$ 薄膜的光电流以及光电转换效率(IPCE)与波长的关系如图 6-62 所示。相同波长下，IPCE 随着偏压的增加而增大；相同偏压下，IPCE 随着波长的增大

而减小。BiVO$_4$薄膜的最大 IPCE 为 48.1%，此时外加偏压为 1.2 V，入射光波长
400 nm。以苯酚为目标物评估 BiVO$_4$ 的光电催化性能。反应进行 8 h 后，光解和
电解过程的苯酚去除率分别为 2.8%和 3.0%，去除效果不明显。反应 8 h 后，光催
化过程的苯酚去除率为 10.4%，而光电催化过程中苯酚去除率为 95.6%。光催化
和光电催化过程的动力学常数分别为 0.0137 h^{-1} 和 0.371 h^{-1}，后者是前者的 27.1
倍。其主要原因是 BiVO$_4$ 在可见光激发下产生的光生电子在外加偏压的作用下迁
移至外电路，抑制了光生电子和空穴的复合，从而提高了 BiVO$_4$ 薄膜光电催化去
除苯酚的速率。随着反应时间的增加，TOC 的去除率也不断地增加，反应 8 h 后
TOC 的去除率为 58%，说明光电催化可矿化苯酚。连续五次实验苯酚的去除率分
别为：98.0%、95.6%、93.6%、94.6%和 94.6%，说明 BiVO$_4$薄膜性能稳定。

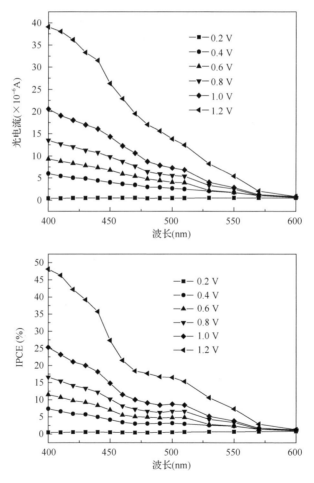

图 6-62　不同偏压条件下 BiVO$_4$薄膜的光电流-波长关系曲线
和不同偏压下 BiVO$_4$薄膜的 IPCE-波长曲线

3. 电辅助光催化性能的影响因素

外加电压、电解质浓度、电解液 pH 和光催化层厚度是影响电辅助光催化效率的主要因素。在低电压阶段，外加电压升高对光催化反应的促进作用明显，一方面外加电压越大光生电子空穴分离越快，越有利于分解 POPs，另一方面对带负电荷污染物(例如卤代酚)的吸附得到强化。当电势升高到某一特定值，电子和空穴的复合率降至最低，继续增加电势不会促进光催化反应。如果电压超过水中 POPs 的氧化电位，开始发生直接电解污染物的反应，这种情况下可以观察到电流密度随污染物浓度增加而变大。此时光催化和电化学作用均使阳极表面产生氧化性物种，光催化产生空穴和•OH。电化学过程产生的是电极金属的高价态，在电化学作用下，POPs 分子与高价态金属反应在电极表面失电子，产生处于激发态或被氧化的中间产物，相对于 POPs 分子更容易被光催化过程产生的空穴和•OH 分解。因此，施加偏压后 POPs 分解更快，矿化程度更高。进一步提高电压会引起水分解反应，此时电化学过程可能产生•OH 和氧气，氧气又能捕捉光生电子经过链式反应生成 H_2O_2，POPs 可被•OH 和 H_2O_2 氧化。高电势下还能发生其他反应，例如氧化溶液中一些基团或离子产生 O_3、Cl_2、H_2O_2、水合电子、•OH、$O_2^{\bullet-}$、$HO_2^{\bullet}$ 等氧化物种，间接氧化 POPs。间接氧化生成的氧化物种在水中易于扩散，且寿命长。这种情况下，电催化反应将占主导地位，光催化反应的影响被弱化。外加偏压超过一定数值后电极被破坏，催化能力开始减弱。

电解液的性质是另一个重要的影响因素。光电催化过程一般选用强电解质，但是应回避暗电流大或者能参与反应的电解质。含氯离子的电解质如 NaCl，在光电催化过程中容易生成 ClO_4^-，导致暗电流增加，氧化 POPs 的能量效率降低。Na_2SO_4 则更稳定，暗电流低，因此更适合作为光电催化的电解质。电解质浓度增加，意味着电解液导电能力的增加，同样电压下的电流密度提高，电荷转移加速，捕获光生空穴的能力提高，有利于加速光电催化反应。例如，4-氯酚在 Na_2SO_4 溶液中的降解率随着电解质的浓度($0.05\sim0.2$ mol/L)增加而增加。若溶液电导率过低，为了维持一定的电流密度，确保较高的电荷传递速率，需要提高外加偏压，从而导致能量消耗较高。实际污水一般含有各种离子，具有一定电导率，电解液对光电催化的影响规律仅用于预测是否适合用光电催化。

溶液 pH 对光电催化的影响需要考虑两个方面。一是催化剂等电点和承受的电压综合作用下表面电荷的电势。TiO_2 的等电点约为 6.0，pH 等于等电点时，TiO_2 表面呈现中性，当电解液 pH>6.0 时，TiO_2 表面呈现负电荷，当 pH<6.0 时，TiO_2 表面呈现正电荷。当正偏压足够大时，TiO_2 表面一定带正电荷，而偏压较小时，pH 就会在一定程度上影响 TiO_2 的表面电荷。POPs 在不同 pH 的溶液中存在的形态不同，电极对 POPs 的吸附强度也不同。以五氯苯酚(PCP)为例，在水中可以解

离成 H⁺ 和失去 H⁺ 的 PCP 负一价离子,其解离常数 $pK_a = 4.70 (25℃)$。当 pH 与 pK_a 相等时,溶液中分子态和解离成负离子的 PCP 物质的量相等,pH 低于 pK_a 时,以分子态 PCP 为主,pH 高于 pK_a 时,以负离子态为主。综合电极电势和 PCP 电荷,理论上,pH 在 4.7~6.0 之间有利于带正电的电极吸附 PCP 负离子。使用 TiO_2/Ti 光电极电辅助光催化分解 PCP 的实验中,3.5、4.92、7.01、9.35 和 10.4 等 5 个 pH 条件下的降解结果显示,PCP 降解最快的 pH 是 4.92,其动力学常数为 $0.025\ min^{-1}$,pH 3.5 对应的是 $0.018\ min^{-1}$,其他 3 个高 pH 对应的动力学常数在 $0.013~0.016\ min^{-1}$ 之间。

光催化层要有一定厚度,以充分吸收入射光,但过厚则会产生一系列弊端,包括①由于光催化层导电性不好,过厚导致表层光电子向导电基底迁移和内层光生空穴向表面迁移的阻力增加,电荷分离效率下降;②超过入射光穿透深度后,下层光催化材料无法接受光照;③超过空穴最大迁移距离后,空穴无法到达表面,例如光生空穴 TiO_2 晶体内的最大迁移距离为 100 nm,所以尺寸小于 100 nm 的纳米颗粒表现出比块体高得多的光催化活性,因此光催化层厚度存在最佳值。偏压能在半导体光催化材料中产生电势降,其方向为由溶液指向导电基底,因此可增加有效光催化层厚度。

6.4.2 构建异质结光催化材料

异质结是半导体物理学的概念,其定义是两种不同半导体相互接触形成的界面区域。界面区域具有内建电场,光照异质结产生的光生电子和空穴将在内建电场的作用下反向迁移,因此可以抑制复合。依据构成异质结材料的导电类型,异质结的种类包括 pn 结、nn 结和肖特基(Schottky)结,还有相同材料不同的晶面或晶形构成的晶面结或相结,模仿光合作用由 PS I、PS II 和电子介体构成的 Z 型异质结等。下面仅以最常见的 pn 结为例说明内建电场促进光生电荷分离的作用机制。

理解异质结内建电场的作用首先要了解半导体有三种载流子:一种固定电荷,两种可动电荷。p 型半导体有固定的负电荷,为了保持电中性,可动电荷中带正电的空穴多于带负电的电子;n 型半导体有固定的正电荷,可动的电子多于空穴。当 p 型半导体和同质 n 型半导体接触时[27](图 6-63),界面两侧的可动载流子存在浓度差,p 区空穴多于 n 区,n 区电子多于 p 区,因此 n 区电子和 p 区空穴在浓度差驱动下分别向 p 区和 n 区扩散。n 区电子离开后,留下固定的正电荷,同理 p 区留下固定的负电荷,可动载流子耗尽的区域称作空间电荷区。由于没有可动电荷,固定电荷形成从 n 区指向 p 区的电场,称为内建电场。内建电场抑制浓度差驱动的扩散运动,当抑制作用与扩散作用达到动态平衡时,pn 结就形成了。

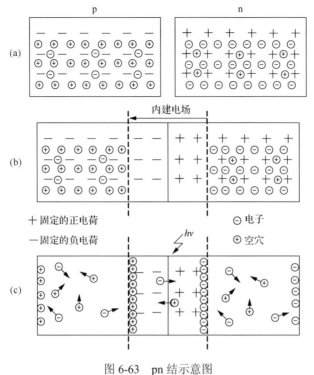

图 6-63 pn 结示意图

(a) 单独的半导体；(b) 形成 pn 结；(c) 光照时 pn 结的电荷迁移

当能量大于半导体禁带宽度的光子照射 pn 结时，可激发出光生电荷，内建电场驱动光生电子和空穴向相反方向迁移：p 区光生电子向 n 区方向运动，n 区空穴向 p 区方向运动，这样就实现了光生电荷的分离。单独的半导体在光照下也能被激发，但由于没有内建电场，光生电荷随机运动，容易复合。

上述过程也可以用能带理论表达。在能带理论中，半导体都有导带底(E_c)、价带顶(E_v)和费米能级(E_F)。E_v 以下充满价电子，E_c 以上只有空轨道，当温度高于绝对零度时，价带电子可通过随机热运动跃迁到导带，电子出现概率 50% 的地方就是 E_F，所以 E_F 仅具有统计学意义，用来说明电子分布密度。p 型半导体的 E_F 低于同质 n 型半导体，意味着 p 型半导体的电子浓度低于 n 型半导体，相互接触后，在浓度差的作用下电子由 n 型半导体流向 p 型半导体，直到界面处 E_F 持平，伴随着电子迁移过程，p 型半导体的能带整体向上移动，n 型半导体的能带整体向下移动。在这一过程中形成的能带差就是内建电场的场强。光照内建电场区，光生电子聚集在 n 型半导体一侧，空穴聚集在 p 型半导体一侧，使费米能级不再相等，其差值就是光生电势差。

光照方式是影响异质结光吸收的重要因素。如图 6-64(a)所示，光源从宽带半导体一侧入射，宽带半导体只能被能量大于带隙能的紫外光激发，而窄带半导体被透过的可见光激发。受内建电场作用，光生电子从窄带半导体导带迁移到宽带半导体导带，空穴从宽带半导体价带迁移到窄带半导体价带。迁移的结果是电子和空穴分别聚集在宽带半导体导带和窄带半导体价带。对于光源从窄带半导体一侧入射的情况[图 6-64(b)]，能量大于窄带半导体带隙能的光都被窄带半导体吸收，宽带半导体不能被激发。窄带半导体的导带电子迁移到宽带半导体的导带，价带空穴留在原地。当仅用可见光照射异质结时，无论从哪一侧入射都只有窄带半导体能被激发，异质结利用的都是窄带半导体的价带空穴和迁移到宽带半导体导带的电子[图 6-64(c)]。

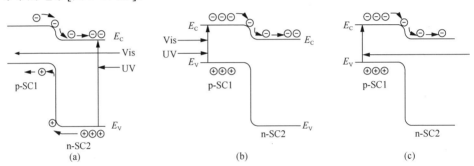

图 6-64　不同照射方式的半导体结的光致电荷迁移，SC1 和 SC2 代表两种不同的半导体

由于内建电场只能直接作用在空间电荷区，空间电荷区以外的光生电荷必须扩散到空间电荷区才能被有效分离，因此远离空间电荷区的光生电荷需要扩散很长的距离才能被内建电场分离，发生复合的概率变大；同时半导体对入射光的吸收导致入射光强随深度下降，因而光生电荷也随入射深度显著减少。以上两个原因决定了异质结的上层半导体存在最佳厚度，超过这一厚度时内建电场的作用被削弱，而低于最佳厚度时由于可动载流子太少，空间电荷层很薄甚至无法形成，对光生载流子的分离作用有限。

1. pn 结和 nn 结

pn 结和 nn 结是最常见的异质结，前面已经说明了其电荷迁移机制，下面通过 3 个具体异质结的例子来说明此类异质结促进电荷分离及光催化分解 POPs 的性能。

1）BiVO$_4$-TiO$_2$ 异质结

BiVO$_4${110}晶面的导带底和价带顶分别比其{010}晶面的导带底和价带顶高 0.42 eV 和 0.37 eV[28]，TiO$_2$ 导带能级介于 BiVO$_4${110}晶面导带和 BiVO$_4${010}晶面导带之间，因此 BiVO$_4${110}晶面光生电子很容易迁移到 TiO$_2$ 导带，而 BiVO$_4${010}晶面光生电子则无法自发迁移到 TiO$_2$ 导带。所以 TiO$_2$ 与 BiVO$_4${110}

晶面接触构成的异质结（BiVO$_4$-110-TiO$_2$）比 TiO$_2$ 与 BiVO$_4${010}晶面接触构成的异质结（BiVO$_4$-010-TiO$_2$）的光生电荷分离效率更高。

　　BiVO$_4$-110-TiO$_2$ 和 BiVO$_4$-010-TiO$_2$ 的制备过程如图 6-65 所示[29]。首先以氢氟酸作为其晶面保护剂，在 pH 约为 1.8 的条件下进行水热反应制备 BiVO$_4$。这样制备的 BiVO$_4$ 为规则的单晶块体[图 6-66（a）]，主要暴露晶面为{010}晶面和{110}晶面。XRD 谱图[图 6-66（b）]符合单斜晶型 BiVO$_4$（PDF#14-0688），2θ=18.67° 和 18.99° 处的衍射峰对应（110）晶面，2θ=30.55° 处的衍射峰对应（010）晶面。

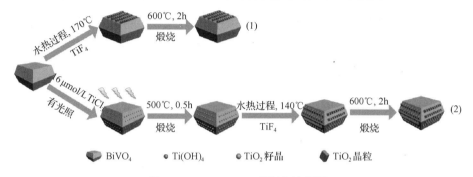

图 6-65　BiVO$_4$-TiO$_2$ 的制备流程图
（1）BiVO$_4$-010-TiO$_2$ 异质结；（2）BiVO$_4$-110-TiO$_2$ 异质结

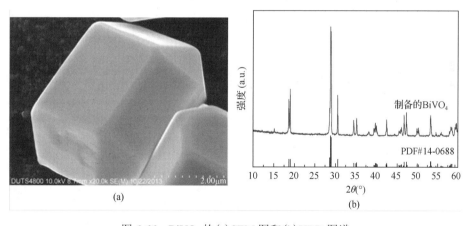

图 6-66　BiVO$_4$ 的（a）SEM 图和（b）XRD 图谱

　　然后以 TiF$_4$ 为 Ti 源，采用水热法使 TiO$_2$ 选择性地生长在 BiVO$_4${010}晶面上。水热过程中，由于 BiVO$_4${010}晶面上的低配位键氧原子以及悬挂键氧原子为 Ti^{4+}提供了足够的结合位点，再加上 TiO$_2$ 与 BiVO$_4${010}晶面间晶格失配度小（≤10%），TiO$_2$ 晶体选择性地生长在 BiVO$_4$ 的{010}晶面上，产物是 BiVO$_4$-010-TiO$_2$ 异质结[图 6-67（a）和（b）]。

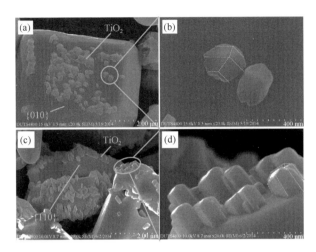

图 6-67　(a)BiVO₄-010-TiO₂ 异质结的 SEM 图，(b)生长于 BiVO₄{010}晶面的 TiO₂，
(c)BiVO₄-110-TiO₂ 异质结和(d)生长于 BiVO₄{110}晶面的 TiO₂ 的 SEM 图

为了获得 TiO₂ 生长于 BiVO₄{110}晶面的 BiVO₄-110-TiO₂ 异质结，首先以 TiCl₃ 为前驱体，在 BiVO₄ 的{110}晶面上光催化生长 TiO₂ 的籽晶。由于{110}晶面在光催化过程中作为氧化反应位点而{010}晶面是作为还原反应位点，Ti³⁺主要在{110}晶面上被氧化为 Ti⁴⁺并形成 Ti(OH)₄ 沉积；之后，在马弗炉中 500℃条件下煅烧 30 min 形成 TiO₂ 籽晶；最后通过水热法使 TiO₂ 籽晶长大。水热温度影响 TiO₂ 籽晶长大过程：当水热温度为 120℃时，没有 TiO₂ 晶体出现，说明此时的温度太低，不足以使 TiO₂ 前驱体分解生长为 TiO₂ 晶体；水热温度升高到 140℃时，TiO₂ 的籽晶已经可以长大成为 TiO₂ 晶体。因此，选择 140℃为 BiVO₄-110-TiO₂ 异质结的合成温度，并且通过控制前驱体浓度使得 BiVO₄-110-TiO₂ 异质结中的 TiO₂ 大小生长到与 BiVO₄-010-TiO₂ 中 TiO₂ 一致，约为 200～300 nm，如图 6-67(c)和(d)所示。

图 6-68(a)为 BiVO₄、BiVO₄-010-TiO₂ 异质结和 BiVO₄-110-TiO₂ 异质结的 XPS 全谱。两种异质结都是由 Bi、V、Ti 和 O 四种元素组成，说明材料中无其他杂质元素。从 Ti 元素 XPS 图谱[图 6-68(b)和(c)]可知，Ti 在 BiVO₄-010-TiO₂ 异质结和 BiVO₄-110-TiO₂ 异质结中的结合能相同，均为 458.1 eV，说明两种异质结中的 Ti 元素都是以 TiO₂ 的形式沉积于 BiVO₄ 的{010}晶面和{110}晶面。另外，XPS 的测试结果表明，在 BiVO₄-010-TiO₂ 和 BiVO₄-110-TiO₂ 两种异质结中，Ti/Bi 的元素比例分别为 4.42%和 4.61%，即两种异质结中 TiO₂ 的含量较为接近，排除了 TiO₂ 含量对两种异质结光生载流子分离性能的影响。

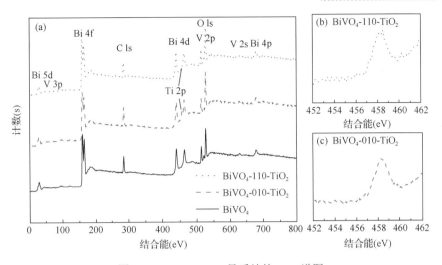

图 6-68　BiVO₄-TiO₂ 异质结的 XPS 谱图

(a) 总元素谱图；(b) BiVO₄-110-TiO₂ 异质结中 Ti 元素的谱图；(c) BiVO₄-010-TiO₂ 异质结中 Ti 元素的谱图

进一步用 TEM 观察异质结中 TiO_2 的晶格，如图 6-69 所示，BiVO₄-110-TiO₂ 异质结和 BiVO₄-010-TiO₂ 异质结中 TiO_2 的晶格间距分别为 0.353 nm 和 0.356 nm，表明是锐钛矿 TiO_2 {101} 晶面（标准晶格间距 0.352 nm）。结合 TEM 图及 XPS 数据，可判断两种异质结中的 TiO_2 均为锐钛矿，暴露晶面一致。因此，界面处能带势垒的不同仅由 $BiVO_4$ 能带差异所致。

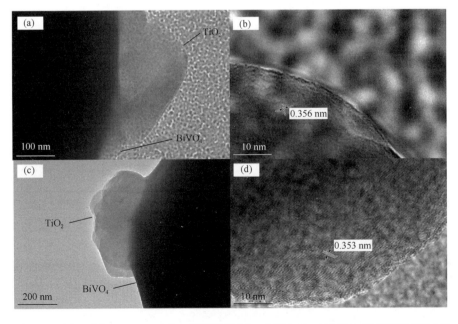

图 6-69　(a)、(b) BiVO₄-010-TiO₂ 异质结和 (c)、(d) BiVO₄-110-TiO₂ 异质结的 TEM 图

为了获得 BiVO₄ 的能带结构数据，需要测试并计算出导带能级、价带能级以及费米能级。其中费米能级接近平带电位，近似等于 Mott-Schottky 曲线的切线在 X 轴的截距。在三电极系统中测试了 BiVO₄ 的 Mott-Schottky 曲线，工作电极、对电极和参比电极分别是沉积了 BiVO₄ 的导电玻璃、Pt 片和饱和甘汞电极(SCE)，其他实验条件为：以 0.1 mol/L Na₂SO₄ 为电解液，扫描频率为 1 kHz，测试时温度为 12℃。结果如图 6-70 所示，BiVO₄ 平带电位为–0.108 V，考虑到 SCE 在 12℃相对于标准氢电极(NHE)的电极电位为 0.252 V，可得 BiVO₄ 相对于标准氢电极的费米能级为 0.144 V。

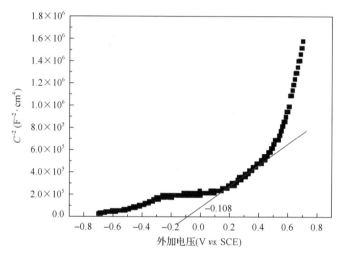

图 6-70　BiVO₄ 的 Mott-Schottky 曲线

通过扫描 0～20 eV 的 X 射线光电子能谱获得费米能级与价带顶的结合能 E_{vf}。如图 6-71(a)所示，E_{vf} 为 1.96 eV，因此 BiVO₄ 的价带顶位置为 $E_F + E_{vf} = 2.104$ eV (vs. NHE)。由于 BiVO₄ {110}晶面的价带高于{010}晶面的价带，可以认为 2.104 eV 为{110}晶面的价带顶。{010}晶面的价带顶比{110}晶面的价带顶更正，差值为 0.37 eV[28]，因此{010}晶面的价带顶能级为 2.474 eV，又由于{010}晶面的导带底比{110}晶面的导带底正 0.42 eV[28]，因此{010}晶面的禁带小于{110}晶面，测试包含{010}晶面和{110}晶面的 BiVO₄ 的禁带宽度应与{010}晶面的禁带一致。为了得到禁带宽度数据，测试了样品的吸收光谱，如图 6-71(b)所示，BiVO₄ 的吸收边带为 520 nm，对应禁带宽度约为 2.40 eV。用{010}晶面的价带顶 2.474 eV 减去禁带宽度 2.40 eV，可得 BiVO₄ 的{010}晶面的导带底位置 0.074 eV，用{010}晶面的导带底位置 0.074 eV 减去 0.42 eV，即获得{110}晶面的导带底位置–0.346 eV。

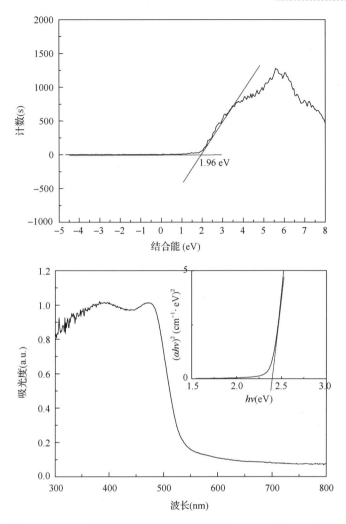

图 6-71　BiVO$_4$ 的费米能级与价带的结合能、BiVO$_4$ 的 DRS 图谱

根据以上数据，BiVO$_4${110}晶面能带结构、BiVO$_4${010}晶面能带结构和 TiO$_2$ 的相对能带位置如图 6-72(a)所示。当 TiO$_2$ 分别沉积在 BiVO$_4$ 的{110}晶面和{010}晶面上形成异质结后，BiVO$_4$-010-TiO$_2$ 异质结和 BiVO$_4$-110-TiO$_2$ 异质结在界面处的能带弯曲分别如图 6-72(b)和图 6-72(c)所示。由于 BiVO$_4${010}晶面导带更高，与 TiO$_2$ 相接触达到电荷平衡以后，两者导带之间形成了势垒，这种情况会限制 BiVO$_4$ 上的光生电子传递到 TiO$_2$ 的导带，即减弱了异质结对光生电子和光生空穴的分离能力。而 BiVO$_4$ 的{110}晶面和 TiO$_2$ 没有势垒，{110}晶面上的光生电子可自发地迁移到 TiO$_2$ 导带，因此 BiVO$_4$-110-TiO$_2$ 异质结有望表现出比 BiVO$_4$-010-TiO$_2$ 异质结更高的载流子分离效率及光催化能力。

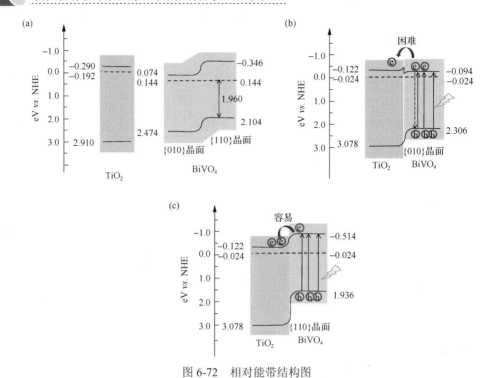

图 6-72　相对能带结构图

(a)BiVO₄ 晶面结与 TiO₂；(b) 暴露(010)晶面的 BiVO₄ 与 TiO₂；(c) 暴露(110)晶面的 BiVO₄ 与 TiO₂

  BiVO₄ 和两种 BiVO₄-TiO₂ 异质结的紫外-可见吸收光谱几乎重合，说明两种异质结的光吸收性质不会引起二者在光催化性能上出现较大差异，其光催化活性的差异仅由载流子分离性能决定。为了考察两种异质结的载流子分离性能，测试了 BiVO₄ 和两种异质结的光电流密度，结果如图 6-73 所示。在相同的光谱吸收前提下，由于异质结的内建电场作用，两种异质结表现出了比 BiVO₄ 更高的光电流密度；

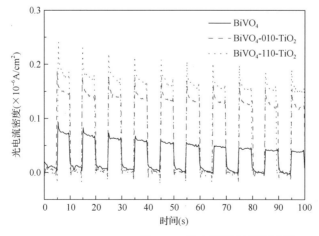

图 6-73　光电流密度-时间曲线

并且 BiVO$_4$-110-TiO$_2$ 异质结在可见光下的光电流密度(0.18 μA/cm^2)比 BiVO$_4$-010-TiO$_2$ 异质结(0.14 μA/cm^2)更高。由于在可见光下 TiO$_2$ 并不能被激发,光电流仅由 BiVO$_4$ 的光生载流子引起,两种异质结的光电流差异说明 BiVO$_4$ {110}晶面上的光生载流子更容易得到分离。

以 RhB 为目标物评价 BiVO$_4$-TiO$_2$ 异质结的光催化活性。RhB 在可见光照下几乎不发生光解,两种 BiVO$_4$-TiO$_2$ 异质结光催化降解 RhB 的速率均大于 BiVO$_4$,这是由于异质结内建电场加强了 BiVO$_4$ 上的载流子在界面处的分离效率从而提供了更多的电子和空穴参与催化反应。对比两种异质结,罗丹明 B 在 BiVO$_4$-110-TiO$_2$ 异质结上分解的动力学常数为 1.19 h^{-1},比 BiVO$_4$-010-TiO$_2$ 异质结上的 0.98 h^{-1} 提高 21%,说明前者光生电荷分离效率更高。检测了 RhB 在 BiVO$_4$-110-TiO$_2$ 异质结上的降解中间产物,结果如图 6-74 和图 6-75 所示。降解过程中出现了 5 种中

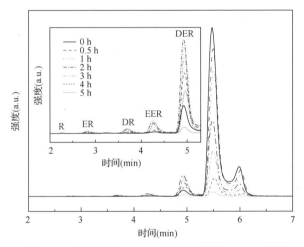

图 6-74　光催化降解 RhB 过程中水样的 HPLC 谱图

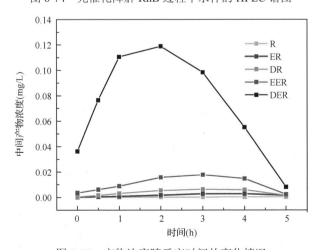

图 6-75　产物浓度随反应时间的变化情况

间产物, 分别为 *N,N*-二乙基-*N'*-乙基罗丹明 (DER)、*N,N*-二乙基罗丹明 (DR)、*N*-乙基-*N'*-乙基罗丹明 (EER)、*N*-乙基罗丹明 (ER) 和罗丹明 (R)。它们的浓度随着反应时间增加先增加后降低。其中最主要的中间产物 DER 在反应 2 h 时达到最大值, 而其他的中间产物则在反应 3 h 时达到最大值。这些结果表明, 罗丹明 B 在可见光催化过程中是通过脱乙基的过程完成降解的。

为了排除染料敏化作用对光催化性能的影响, 进一步考察了 $BiVO_4$-TiO_2 异质结对在可见光区没有吸收的 4-壬基酚的光催化性能。4-壬基酚的初始浓度为 1×10^{-4} mol/L。对照实验表明, 4-壬基酚的直接光解缓慢, 可忽略不计。在 $\lambda \geqslant 420$ nm 的可见光照射下 (100 mW/cm^2), $BiVO_4$-110-TiO_2 异质结对 4-壬基酚的降解动力学常数为 3.07 h^{-1}, 分别是在 $BiVO_4$ 和 $BiVO_4$-010-TiO_2 表面降解速率的 4.1 倍和 1.3 倍。根据前面的能带分析可知两种异质结光催化效果的差异源于界面势垒不同。$BiVO_4$-110-TiO_2 异质结界面处较小的导带能垒保证了更多的 $BiVO_4$ 光生电子快速传递到 TiO_2 表面, 从而使其表现出更高的载流子分离效率。

在光催化剂和光照作用下, 氯铂酸能被光生电子还原为 Pt 颗粒, Pt 颗粒的沉积位置即为光生电子的累积位置。在可见光照射下光催化还原氯铂酸, 对于 $BiVO_4$-110-TiO_2 异质结, Pt 颗粒选择性地沉积在 TiO_2 表面, 而在 $BiVO_4$-010-TiO_2 异质结中, 绝大部分 Pt 颗粒则沉积在 $BiVO_4$ 的 {010} 晶面上, 验证了在 $BiVO_4$-110-TiO_2 异质结中, 光生电子顺利迁移到 TiO_2 表面; 而 $BiVO_4$-010-TiO_2 异质结中, 光生电子更容易积累在 $BiVO_4$ 的 {010} 晶面上。

2) 硅纳米线/TiO_2 异质结

硅是一种有潜力的窄带半导体光催化材料, 近几年对其污染控制性能的研究越来越广泛。在硅材料表面包覆对可见光透明的宽带半导体保护层形成异质结, 不但可切断硅与外界的接触避免其氧化, 还可形成异质结通过内建电场的作用促进电荷分离。

用化学气相沉积 (chemical vapor deposition, CVD) 法在 SiNW 上沉积 TiO_2 保护层, 制备出 SiNW/TiO_2 异质结[30,31], 太阳光从 TiO_2 层入射, 紫外部分被 TiO_2 吸收, 透过的可见光被 SiNW 吸收, 这种异质结叠加了 TiO_2 和 SiNW 的光响应, 能够有效利用更大范围的太阳光谱。

TiO_2 是 n 型半导体, 使用 n 型硅片制得的 SiNW 和 TiO_2 组成 SiNW/TiO_2 异质结为 n-n 结。图 6-76 (a) 和 (b) 是包覆 TiO_2 前后 n-SiNW 阵列的 SEM 图。包覆前, SiNW 的长径比很大, 顶端聚集, 构成很多碗状结构。由于 SiNW 不垂直于基底, 这样的三维结构使 SiNW 的表面更容易被 TiO_2 包覆, 也使有效受光面积增加、传质更容易。包覆 TiO_2 后, SiNW 顶端沉积的 TiO_2 较为集中, 顶端以下的 SiNW 也被均匀包覆。包覆并没有破坏 SiNW 原有的形貌, 仍然保持阵列结构。TiO_2 直接沉积到 n 型硅片上的形貌如图 6-76 (c) 所示, 主要是直径 2 μm 的球形聚集体。图 6-76(d) 是单根 SiNW 的 TEM 图，这根纳米线的直径约为 200 nm, 插图是沉积 TiO₂ 后的 TEM。纳米线直径扩大到约为 400 nm，SiNW 和 TiO₂ 外层之间有明显的分界线。SiNW/TiO₂ 的 EDS 分析表明，纳米线含有 Si、Ti、O 等元素，其中 Ti 与 O 的比例约为 1∶2，说明壳层为 TiO₂。图 6-76(f) 是 TiO₂ 层的高分辨 TEM，从图中能够看到明显的晶格，其间距为 0.351 nm, 对应锐钛矿相 TiO₂ 的 (101) 面。每次沉积 TiO₂ 前称 SiNW 的质量，沉积 TiO₂ 后再称 SiNW/TiO₂ 的质量，两者作差，再除以 Si 片面积，可得 TiO₂ 在 SiNW 上的单位面积负载量为 0.93 μg。

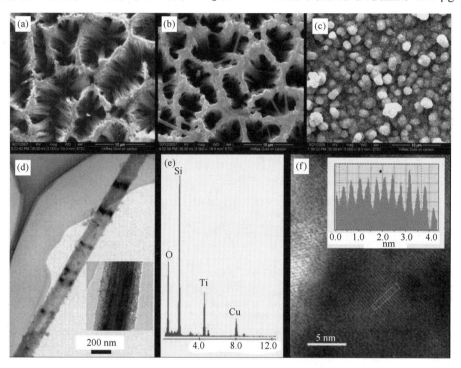

图 6-76　n-SiNW(a)、n-SiNW/TiO₂(b) 和 n-Si/TiO₂(c) 的扫描电镜图；(d) SiNW 的 TEM 图，插图是 n-SiNW/TiO₂ 的 TEM 图；(e) n-SiNW/TiO₂ 的 EDS；(f) TiO₂ 层的高分辨 TEM 图

在 n-Si/TiO₂ 的 XRD 谱图上，$2\theta=28.4°$ 处的衍射峰归属于 Si(111) 面，$2\theta=25.3°$、$48.1°$ 处的衍射峰分别是锐钛矿相 TiO₂ 的 (101) 面和 (200) 面的特征峰。与 Si/TiO₂ 相比，SiNW/TiO₂ 的 XRD 峰位置没有变化，但强度变化较大。由于 SiNW 比表面积大于 Si 片，同样的 TiO₂ 沉积在 SiNW 阵列上所得的 TiO₂ 膜比沉积在 Si 片上的 TiO₂ 膜薄，因此 SiNW/TiO₂ 样品的 Si(111) 面的峰强度显著增加。同样，因为 SiNW 阵列上的 TiO₂ 层比 Si 片上的薄，SiNW/TiO₂ 样品的 TiO₂ 的 XRD 峰强度明显小于 Si/TiO₂ 样品。根据 Scherrer 公式计算 Si/TiO₂ 和 SiNW/TiO₂ 中的 TiO₂ 颗粒平均直径分别为 31.8 nm 和 25.4 nm，说明 SiNW 阵列结构具有限制 TiO₂ 纳米颗粒聚集

长大的功能。

以 0.01 mol/L Na$_2$SO$_4$ 为电解液,以氙灯为光源(用滤波片滤除波长小于 400 nm 的光),测试了 n-SiNW/TiO$_2$ 的光电化学性质。如图 6-77(a)所示,对于 n-SiNW/TiO$_2$ 和 n-Si/TiO$_2$ 样品,在测试电压范围内光电流都随外加偏压增加,但是 n-SiNW/TiO$_2$ 的光电流均高于 n-Si/TiO$_2$。当偏压低于 1.7 V(*vs.* SCE)时,两种样品都没有可见光响应,从 1.7 V(*vs.* SCE)开始,随着偏压增加,n-SiNW/TiO$_2$ 表现出明显的可见光响应,总光电流也随着可见光电流的增加而增加,说明 TiO$_2$ 和 SiNW 分别吸收了紫外和可见部分并输出了光电流。外加偏压为 3.0 V(*vs.* SCE)时,n-SiNW/TiO$_2$ 的总光电流密度达到 1.44 mA/cm^2,是 n-Si/TiO$_2$ 的 2.9 倍。SiNW/TiO$_2$ 的光电流比 Si/TiO$_2$ 大得多是因为它的比表面积大,减反射能力强,电荷传输路径顺畅。Si/TiO$_2$ 没有可见光响应是因为沉积在 Si 片上的 TiO$_2$ 层比沉积在 SiNW 阵列上的 TiO$_2$ 层厚得多,阻挡了入射光到达底层的 Si 片。对于平的叠层结构异质结,上层宽带半导体厚度必须接近载流子在这种半导体中的扩散长度,才能使上下两层半导体都能高效地利用合适波长的光。如果上层半导体太厚,能够激发 TiO$_2$ 的光都被表层 TiO$_2$ 吸收,内层 TiO$_2$ 不能被激发,并且因被内建电场分离的光生载流子传输到表面的距离太远,复合机会就增加了。

图 6-77(b)和(c)是可见光照射下 n-SiNW 和 n-SiNW/TiO$_2$ 在 0.01 mol/L Na$_2$SO$_4$ 溶液中的循环伏安曲线。n-SiNW 的起始光电流很大,但随着扫描次数增加,光电流越来越小,扫描 10 圈后,在 3.0 V(*vs.* SCE)处的电流锐减到 0.34 mA/cm^2。而 n-SiNW/TiO$_2$ 的光电流却非常稳定,虽然起始电流比 n-SiNW 的小,但扫描 10 圈后仍然保持在 0.90 mA/cm^2。这些结果说明 n-SiNW/TiO$_2$ 的光电流在 0.01 mol/L Na$_2$SO$_4$ 中能够稳定存在。n-SiNW 自身有可见光响应能力,但是在溶液中稳定性不好,Si 电极表面形成氧化层,阻止光电子传递。TiO$_2$ 包覆层在一定程度上减小

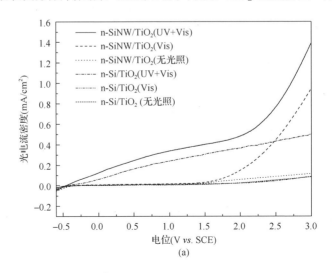

(a)

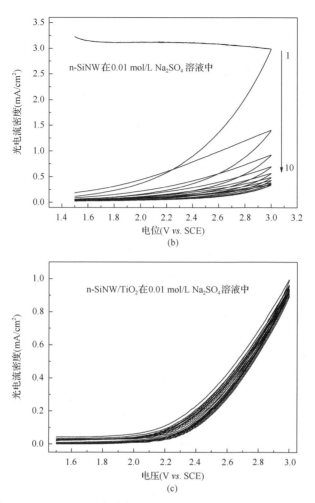

图 6-77 (a) 0.01 mol/L Na$_2$SO$_4$ 溶液中的光电化学性质，可见光照射下 (b) n-SiNW 和
(c) n-SiNW/TiO$_2$ 在 0.01 mol/L Na$_2$SO$_4$ 溶液中的循环伏安曲线

了 SiNW 的可见光响应，但能够避免 SiNW 直接与电解液接触，使光电流稳定。在 0.01 mol/L Na$_2$SO$_4$ 电解液中水氧化是阳极方向唯一的反应，标准析氧电位是 1.23 V (vs. NHE)，而 n-SiNW/TiO$_2$ 的光电流起点是 2.1 V (vs. SCE)，NHE 与 SCE 的电位差按 0.28 V 计算，析氧过电位约为 1.15 V。较高的析氧过电位可以抑制水分解反应，对氧化分解污染物有利。

用表面光电压谱仪考察了 n-Si、n-SiNW、n-Si/TiO$_2$ 和 n-SiNW/TiO$_2$ 的表面光电压 (SPV) 响应，结果如图 6-78 所示。n-Si 片在所有测试波长下都有响应，并且在 400 nm 到 800 nm 之间的可见光部分的光伏比紫外部分大，说明硅具有优异的可见光转化能力。n-SiNW 的 SPV 形状与 n-Si 类似，但强度较高，这是因为 n-SiNW 的减反射能力较强。沉积 TiO$_2$ 后，n-Si/TiO$_2$ 的光伏响应主要在紫外部分，来源于

TiO₂。而 n-SiNW/TiO₂ 与之不同，在紫外部分展示 TiO₂ 的信号，在可见光部分展示 Si 的信号。这说明 n-SiNW/TiO₂ 能够同时利用 SiNW 和 TiO₂ 的光响应能力，而 n-Si/TiO₂ 不能利用 Si 的可见光响应能力。值得注意的是，即使是在紫外部分，n-SiNW/TiO₂ 的 SPV 强度仍然高于 n-Si/TiO₂。

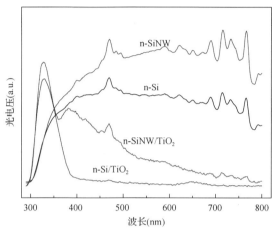

图 6-78　n-Si、n-SiNW、n-Si/TiO₂ 和 n-SiNW/TiO₂ 的光伏响应

异质结类型对可见光响应能力的影响很大，使用 p 型硅片制得的 SiNW 和 TiO₂ 组成 SiNW/TiO₂ 异质结为 p-n 结。图 6-79 是 p-SiNW/TiO₂ 和 p-Si/TiO₂ 的光电流曲线。它们的光电流也都随偏压增加而增加。p-SiNW/TiO₂ 的光电流在测试范围内均高于 p-Si/TiO₂。当电压高于 2.0 V（*vs.* SCE）时，p-SiNW/TiO₂ 的暗电流急剧增加，可见光照射得到的光电流几乎与暗电流重合，说明 p-SiNW/TiO₂ 可见光响应非常低。

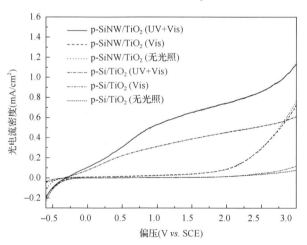

图 6-79　p-SiNW/TiO₂ 在 0.01 mol/L Na₂SO₄ 溶液中的光电化学性质

SiNW 的直径约为 200 nm，这个尺寸不能影响带隙，因此 SiNW 的能带位置

与块体 Si 一致。TiO_2 是典型的 n 型半导体，它的费米能级接近导带，比 n-SiNW 的费米能级更正。当 TiO_2 与 n-SiNW 接触后，电子从 n-SiNW 导带越过界面扩散到 TiO_2 导带，由于电子是 TiO_2 的多数载流子，从 n-SiNW 扩散来的电子只能聚集在界面附近 TiO_2 一侧。当界面两侧的费米能级相等后，电荷扩散停止。在这个过程中，n-SiNW 的能带随费米能级向下移动，而 TiO_2 的能带随费米能级向上移动，导致价带差值（ΔE_v）减少。ΔE_v 是光生空穴从 n-SiNW 注入 TiO_2 的势垒，一旦外加偏压超过这个势垒，可见光激发 n-SiNW 产生的空穴将注入 TiO_2，与紫外光激发 TiO_2 产生的空穴一起参与氧化反应。对于 p-SiNW，由于它的费米能级比 TiO_2 更正，接触后，p-SiNW 的能带上移而 TiO_2 的能带下移，导致ΔE_v 增加。克服这个势垒所需的偏压比 n-SiNW/TiO_2 的大。但是，施加偏压超过 2.0 V 后，暗电流迅速增加，此时即使有光电流也被遮盖了。

图 6-80 是 n-SiNW/TiO_2 和 p-SiNW/TiO_2 在不同条件下的开路电压。对于 n-SiNW/

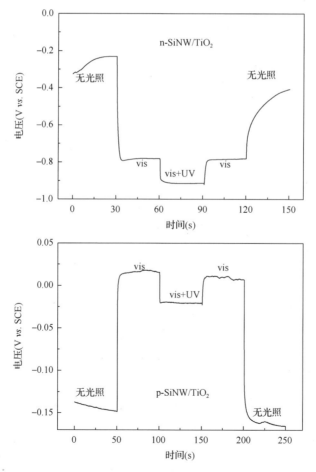

图 6-80　n-SiNW/TiO_2 和 p-SiNW/TiO_2 的开路电压

TiO$_2$，光照时的开路电压相对于暗态开路电压向负方向变化，且可见光开路电压和紫外光开路电压的变化方向一致，即能够叠加 SiNW 和 TiO$_2$ 的光响应。对于 p-SiNW/TiO$_2$，光照时的开路电压相对于暗态开路电压向正方向变化，且可见光开路电压和紫外光开路电压的变化方向相反，因此不能叠加 SiNW 和 TiO$_2$ 的光响应。

为了评价 n-SiNW/TiO$_2$ 的光电催化能力，以苯酚为目标物，以氙灯为光源（100 mW/cm^2），3.0 V 偏压条件下，对比使用了 n-SiNW/TiO$_2$ 电解（EC）、光催化（DP）、光电催化（PEC）过程及使用 n-Si/TiO$_2$ 光电催化的苯酚降解率。结果如图 6-81（a）所示，电解 3 h 后，33.9% 的苯酚被降解，光催化降解率是 40.5%。使用 n-SiNW/TiO$_2$ 的光电催化过程，3 h 后苯酚的降解率高达 99%，而使用 n-Si/TiO$_2$ 时为 85%。其准一级动力学常数分别为 0.017 min^{-1} 和 0.010 min^{-1}，n-SiNW/TiO$_2$ 降解苯酚的速率是 n-Si/TiO$_2$ 的 1.7 倍。光电催化降解苯酚 3 h 后，n-SiNW/TiO$_2$ 对应的 TOC 去除

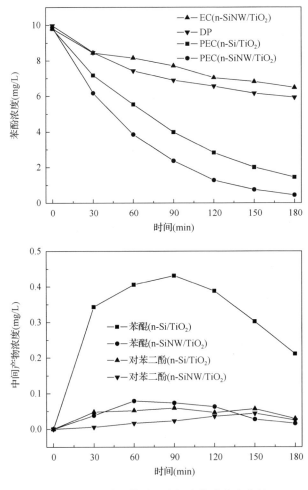

图 6-81　降解过程苯酚及中间产物浓度变化情况

率为 66%，是 n-Si/TiO$_2$(33%) 的 2 倍。苯酚降解过程的主要中间产物是苯醌和对苯二酚，中间产物浓度变化见图 6-81(b)，使用 n-Si/TiO$_2$ 时，苯醌浓度增加很快，在反应 90 min 时达到最大值，约为 0.42 mg/L。然后随反应时间增加而下降，3 h 反应结束后，浓度仍高达 0.21 mg/L。使用 n-SiNW/TiO$_2$ 时，苯醌浓度最高值为 0.085 mg/L，出现在 60 min 处，反应结束时苯醌浓度为 0.015 mg/L，不到使用 n-Si/TiO$_2$ 时的 8%。对苯二酚的浓度变化也有同样的规律，只是总体浓度较低。很明显中间产物能够被 n-SiNW/TiO$_2$ 快速氧化，但是使用 n-Si/TiO$_2$ 则发生积累。

　　p 型 SiNW 与 TiO$_2$ 构成的异质结阵列在阳极偏压作用下不能利用 SiNW 的可见光响应能力，但是作为阴极使用时，则具有很大优势。图 6-82 是不同 TiO$_2$ 沉积时间的 p-Si/TiO$_2$ 和 p-SiNW/TiO$_2$ 的光伏响应曲线。与 n-SiNW/TiO$_2$ 类似，p-SiNW/TiO$_2$ 的光伏信号分成两部分，短波部分的吸收边波长为 378 nm，带隙能大约在 3.2 eV，对应于 TiO$_2$。TiO$_2$ 的光响应随 TiO$_2$ 沉积时间增加，这是由于 TiO$_2$ 厚度增加，能够吸收更多的紫外光。长波部分的强烈信号说明 p-SiNW/TiO$_2$ 对可见光部分(包括波长大于 600 nm 的光)都有响应，这部分信号来自 SiNW。SiNW 的光伏响应随 TiO$_2$ 沉积时间增加而减少，这说明 TiO$_2$ 层厚度增加对可见光的透过有阻碍作用。这种阻碍来源于越来越多的可见光被逐渐变厚的 TiO$_2$ 层中的颗粒表面折射，照射到 SiNW 上的可见光减少。p-Si/TiO$_2$ 的光伏信号也分两部分，紫外部分对应 TiO$_2$，强度随着 TiO$_2$ 层变厚先增加后减少，这是因为 TiO$_2$ 层厚度小于载流子扩散长度时，增加 TiO$_2$ 有利于吸收更多的紫外光，但是当厚度超过载流子扩散长度后，电荷分离效率降低。在可见光区域，只有沉积 TiO$_2$ 时间最短的样品能够观察到 Si 的光伏信号，同样说明厚的 TiO$_2$ 层削弱了照射到 SiNW 上的可见光。虽然 TiO$_2$ 层越薄光伏响应越强，但是 TiO$_2$ 层必须足够厚以便保护 Si。综合考虑这些因素，制备 p-SiNW/TiO$_2$ 用于阴极时，TiO$_2$ 层的沉积时间一般为 5 min。

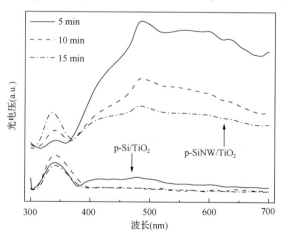

图 6-82　TiO$_2$ 沉积时间不同时 p-Si/TiO$_2$ 和 p-SiNW/TiO$_2$ 的光伏响应曲线

为了研究 SiNW 电阻率对异质结光电化学能力的影响，用低电阻率 (low resistivity, LR, 0.05～0.5 Ω·cm, 空穴浓度 10^{17} cm^{-3})、中等电阻率 (moderate resistivity, MR, 3～8 Ω·cm, 空穴浓度 10^{15} cm^{-3}) 和高电阻率 (high resistivity, HR, > 1000 Ω·cm, 空穴浓度 10^{13} cm^{-3}) 的硅片为原料制备了 3 种 SiNW。使用这些 SiNW 制备的 SiNW/TiO$_2$ 异质结分别被标记为 p-SiNW$_{LR}$/TiO$_2$、p-SiNW$_{MR}$/TiO$_2$ 和 p-SiNW$_{HR}$/TiO$_2$。图 6-83 是这些样品在 0.01 mol/L Na$_2$SO$_4$ 中的光电化学性质。对比 3 个系列的光电化学表现，发现 p-Si/TiO$_2$ 和 p-SiNW/TiO$_2$ 的暗电流都随着电阻率减少 (载流子浓度增加) 而增加，尽管 SiNW 表面的 TiO$_2$ 是 n 型半导体，但是所有样品都表现 p 型特征 (光电流随负偏压增加)，说明底层硅材料的光响应决定总电流。SiNW/TiO$_2$ 的光响应都高于相应的 Si/TiO$_2$，使用了中等电阻率的 SiNW 的 p-SiNW$_{MR}$/TiO$_2$ 的光电流最大。

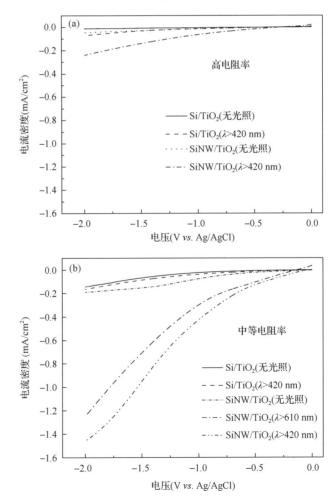

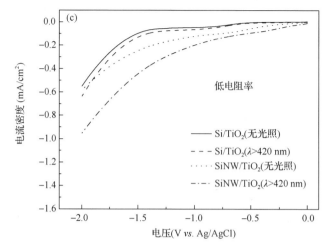

图 6-83　使用不同电阻率的 SiNW 制备的 p-SiNW/TiO₂ 光电化学表现

　　由于空间电荷层的阻碍作用，pn 结通常具有整流性，p-SiNW/TiO₂ 异质结在负偏压下的暗电流应该接近于 0，但是当电阻率较低时，SiNW 具有很高的载流子浓度，因此 p-SiNW$_{LR}$/TiO₂ 的空间电荷层很薄，载流子可以隧穿薄的空间电荷层使暗电流增大。而 p-SiNW$_{HR}$/TiO₂ 的载流子浓度较小，空间电荷层很厚，内建电场的阻碍作用较大，因此暗电流最小。SiNW 电阻率对异质结的光电流也有影响。SiNW$_{HR}$ 的载流子浓度最低，因此空间电荷层最厚，内建电场的电荷分离能力最强，但是同样由于载流子浓度低，光致电荷的传输能力最弱。与之类似，尽管 SiNW$_{LR}$ 拥有很强的电荷传输能力，但它的电荷分离能力最弱。异质结的光电流受电荷分离与传输能力中较弱的一个控制，使用了中等电阻率的 SiNW 的 p-SiNW$_{MR}$/TiO₂ 异质结具有匹配的电荷分离和传输能力，因而光电流最大。用滤光片滤去氙灯光中波长小于 610 nm 的部分，在这样的光照下，p-SiNW$_{MR}$/TiO₂ 异质结的光电流与用波长大于 420 nm 的光照射获得的光电流相比并没有大幅减小，说明 p-SiNW$_{MR}$/TiO₂ 异质结对于波长大于 610 nm 的长波光响应能力也很强。

　　使用电阻率为 3～8 Ω·cm 的 p 型 Si 片制成 p-SiNW，TiO₂ 沉积时间 5 min。图 6-84(a) 是 p-SiNW 阵列的俯视图和剖面图，SiNW 总体上垂直于硅基底，顶端聚集在一起形成束状，每根 SiNW 的直径约为 200 nm，长度超过 20 μm。图 6-84(b) 是 p-SiNW/TiO₂ 阵列的俯视图和剖面图，TiO₂ 在 SiNW 束的表面均匀沉积，包覆后看不到 SiNW，样品呈柱状阵列。通过称量初始 SiNW 和沉积 TiO₂ 后的 SiNW/TiO₂ 的重量可得 TiO₂ 负载量是 0.42 mg/cm²。图 6-84(c) 是 p-Si/TiO₂ 的 SEM 图，TiO₂ 膜较平坦，颗粒密度很大。图 6-84(d) 是一根 p-SiNW/TiO₂ 的 TEM 图，表明沉积 5 min 的 TiO₂ 层厚度大约为 25 nm。

图 6-84　p-SiNW/TiO$_2$ 形貌

(a) SiNW 阵列的扫描电镜图，插图是侧面；(b) SiNW/TiO$_2$ 阵列的扫描电镜图，插图是侧视图；(c) Si/TiO$_2$ 的扫描电镜图，插图是局部放大图；(d) 一根 SiNW/TiO$_2$ 的透射电镜图

以苯酚为目标物评估 p-SiNW/TiO$_2$ 的催化能力，结果见图 6-85。图 6-85(a)对比了电化学降解、直接光解、光催化和光电催化等过程中苯酚浓度的变化(光源为 150 W 氙灯，光强 100 mW/cm^2，滤掉波长小于 420 nm 的部分)。在直接光解过程苯酚浓度没有变化说明苯酚在可见光下非常稳定。在溶液中放置 p-SiNW/TiO$_2$ 的光催化过程中，苯酚浓度仍然没有明显的变化，这是因为 n 型半导体 TiO$_2$ 与电解液接触时能带向上弯曲，光生电子在这个势垒阻挡下不能到达电极表面。电化学过程中，苯酚的浓度随反应时间略有下降。光电催化过程的苯酚降解速率最快。这是由于负偏压消除了 TiO$_2$ 与电解液界面势垒，使光生电子能够到达电极表面，参与降解苯酚。反应 100 min 后，电化学和光催化过程苯酚的降解率分别为 19.8% 和 2.61%，而光电催化过程为 80.7%，存在明显的协同效应。

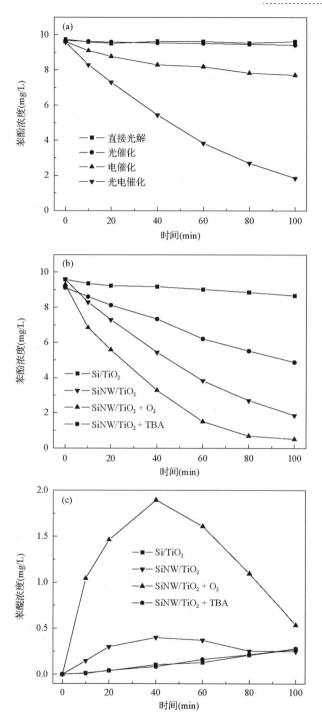

图 6-85　(a) 和 (b) 苯酚在各种降解过程中的浓度随时间变化情况，(c) 是与 (b) 对应的苯醌浓度变化情况

为了研究光生电子和•OH 在降解苯酚中的作用，在使用 p-SiNW/TiO$_2$ 阴极光电催化降解苯酚过程中分别添加了 O$_2$ 消耗光生电子或叔丁醇（TBA）消耗•OH。这些过程苯酚浓度的变化见图 6-85（b），其变化规律降解符合准一级动力学，p-Si/TiO$_2$、p-SiNW/TiO$_2$、p-SiNW/TiO$_2$+氧气、p-SiNW/TiO$_2$+TBA 的动力学常数分别为 0.0523 h^{-1}、0.983 h^{-1}、1.84 h^{-1}、0.381h^{-1}。p-SiNW/TiO$_2$ 的动力学常数是 p-Si/TiO$_2$ 阴极的 18.7 倍，说明 p-SiNW/TiO$_2$ 的光电催化降解苯酚的能力强于 p-Si/TiO$_2$。氧鼓泡条件下，p-SiNW/TiO$_2$ 光催化降解苯酚的速率常数变大，而添加 TBA 后动力学常数变小，说明光生电子与氧分子反应生成的•OH 是降解苯酚的主要氧化剂。

醌类是主要的苯酚氧化中间产物，为了解苯酚降解的途径，图 6-85（c）给出了各个过程的苯醌浓度变化。使用 p-Si/TiO$_2$ 电极时，苯醌浓度一直增加，但总量很少，反应结束时达到 0.27 mg/L。而使用 p-SiNW/TiO$_2$，苯醌浓度先增加后减少，在 40 min 左右达到最大值，为 0.4 mg/L。使用 p-SiNW/TiO$_2$ 的同时向溶液中通氧，苯醌浓度也是先增加后减少，峰值为 1.91 mg/L，明显高于其他过程，反应结束时，苯醌浓度降到 0.5 mg/L。这些结果说明通 O$_2$ 能显著促进氧化反应，同时说明 p-SiNW/TiO$_2$ 对中间产物的降解能力也很高。在使用 p-SiNW/TiO$_2$ 的同时向溶液中添加自由基捕捉剂 TBA，相对于仅使用 p-SiNW/TiO$_2$ 的情况，它的降解率变小，同时氧化产物浓度降低，说明苯酚降解是由羟基自由基完成的。而相对于 p-Si/TiO$_2$，两者在整个反应过程中氧化产物苯醌的浓度相似，但添加 TBA 过程的苯酚降解率较高，说明光生电子也可能直接还原苯酚。

p-SiNW/TiO$_2$ 在波长大于 600 nm 光照条件下的降解能力和在较弱强度光照条件下的降解能力如图 6-86 所示。氙灯光强 100 mW/cm^2 时，波长大于 420 nm 部分的光强为 94.5 mW/cm^2，波长大于 600 nm 部分的光强为 79.2 mW/cm^2。在波长大于 600 nm 的光照下，100 min 后苯酚的降解率为 69.4%，这个效率约为使用 $\lambda >$ 420 nm 光时效率的 80%，说明 p-SiNW/TiO$_2$ 对波长大于 600 nm 的光的利用效率很高。使用 100 mW/cm^2 的光强是为了便于与其他文献中的光催化材料对比，我国大部分地区的太阳光强达不到 100 mW/cm^2。大连地区夏季晴天的实测光强为 34.5 mW/cm^2，经过 422 nm 的滤光片滤光后，光强为 33.1 mW/cm^2，在这样的光照条件下，经过 100 min 反应，51% 的苯酚被降解，此结果说明即使在接近实际光强的光照下，p-SiNW/TiO$_2$ 仍具有较高的降解能力。经过 6 个小时的降解反应，TOC 去除率超过 62%，说明 p-SiNW/TiO$_2$ 具有较高的矿化能力。为了考察光电极的稳定性，光电催化降解苯酚实验被重复了 5 次，每次 100 min。每次实验结束后，用去离子水冲洗光电极，氮气吹干后立即进行下一次实验，前四次实验连续进行，第四次实验结束后，电极在暗处放置 16 h，然后进行第五次实验。苯酚降解率在 82.7%～86.1% 间波动，电极放置一段时间后性能恢复得更好。这些结果说明

p-SiNW/TiO₂ 光电极性能比较稳定。

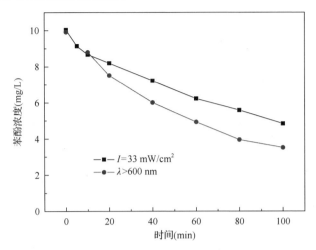

图 6-86　照射条件分别为波长大于 600 nm 和光强等于 33 mW/cm² 时 p-SiNW/TiO₂
光阴极的光电催化降解苯酚能力

图 6-87 是可见光照射及负偏压条件下，p-SiNW/TiO₂ 降解苯酚的电荷传递模拟图，p-SiNW/TiO₂ 浸入溶液后，整个体系有两种结，一种是 SiNW 和 TiO₂ 构成的异质结，另一种是 TiO₂ 和电解液构成的固液结。在 SiNW 和 TiO₂ 的界面处，内建电场方向由 TiO₂ 指向 SiNW，而在固液界面处，电场方向正好相反。可见光激发 SiNW，光生电子从 SiNW 导带迁移到 TiO₂ 导带，但是受固液界面电场的阻

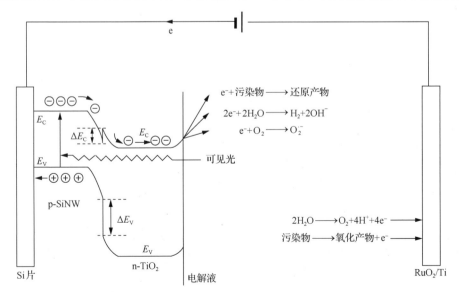

图 6-87　苯酚降解路线和电荷传递路线模拟图

碍不能到达电极表面，因此 SiNW/TiO$_2$ 不能光催化降解苯酚。施加负偏压后，光电催化降解苯酚的速率很快。这是因为负偏压与 SiNW 和 TiO$_2$ 界面处的电场方向相同，能够增加这个电场对光生电子空穴的分离作用，同时，负偏压与固液界面处的电场方向相反，消除了界面势垒，抑制了这个电场对光生电子的阻碍作用。负偏压的第三个作用是提高了对电极的氧化能力。因为 SiNW 的价带能量不能氧化水或苯酚，若没有负偏压，电荷传递则无法进行。

SiNW 的光生空穴能量不足以氧化苯酚，在负偏压的作用下，达到电极表面的光生电子被电子受体(例如溶解氧)捕获，将生成超氧自由基($O_2^{\cdot-}$)，然后经过一系列反应得到 H$_2$O$_2$。H$_2$O$_2$ 有足够的氧化势氧化苯酚。同时 H$_2$O$_2$ 也可能在光照条件下分裂成•OH，同样具有氧化苯酚的能力。添加•OH 捕捉剂 TBA 后，苯酚降解速率显著减少，伴随着氧化产物也减少。这说明苯酚的氧化是由•OH 完成的。到达表面的光生电子也可能直接还原苯酚和水分子，这两个过程是苯酚氧化的竞争反应，向体系中通氧，能够捕获光生电子产生•OH 并且抑制竞争反应，因此苯酚氧化速率提高。在对电极表面，水和污染物都可能被直接氧化，并向电极提供电子。这些电子经外电路迁移到 Si 基底，与来自 SiNW 价带的空穴复合，完成整个电荷循环。

3) g-C$_3$N$_4$/SiNW 异质结降解苯酚的性能

g-C$_3$N$_4$ 禁带宽度 2.7 eV，能够利用波长小于 460 nm 的光，可与 Si 构成不含金属的异质结。如果块体 g-C$_3$N$_4$ 的厚度较大，阻挡入射光照射到底层的 Si，因此选择厚度只有几纳米的纳米片或直径小于 2 nm 的量子点与 SiNW 构成异质结。

以三聚氰胺为前驱体，采用两步煅烧法制备 g-C$_3$N$_4$ 纳米片(g-C$_3$N$_4$ nanosheet, g-C$_3$N$_4$ NS)[32]。g-C$_3$N$_4$ NS 尺寸约为 4 μm×8 μm，厚度约为 1.1 nm，呈褶皱和卷曲结构。将 g-C$_3$N$_4$ 电泳沉积在 SiNW 表面制备出 g-C$_3$N$_4$ NS/SiNW 异质结，制备步骤示意图和样品的 SEM 图见图 6-88。图 6-89 显示，在氙灯光照射下，g-C$_3$N$_4$ NS/SiNW 异质结电极在 10 圈循环伏安测试中光电流保持稳定，1.0 V 处的光电流为 0.28 mA/cm^2。而裸露 SiNW 阵列电极 10 圈测试之后 1.0 V 处的光电流衰减到 0.12 mA/cm^2，而且还在继续衰减。氙灯下光电催化降解苯酚的实验结果表明，在 1.0 V 偏压下，g-C$_3$N$_4$ NS/SiNW 异质结电极在 180 min 内对苯酚的去除率达 90%，动力学常数为 0.010 min^{-1}，是 SiNW 阵列电极(0.003 min^{-1})的 3.33 倍。光电流和降解效率提高的原因包括以下三点：①g-C$_3$N$_4$ 纳米片可以阻止 SiNW 与水溶液的接触，达到保护硅的效果；②二者之间形成的内建电场能促进光生电荷的分离；③入射光先经过外层的 g-C$_3$N$_4$，波长小于 460 nm 的光被吸收，透过 g-C$_3$N$_4$ 的低能光子可以激发 SiNW，这种窗口效应提高了光能利用效率。

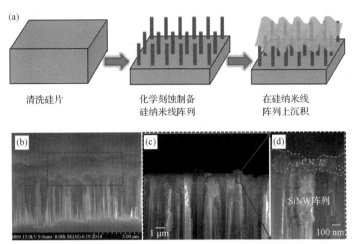

图 6-88　(a) g-C₃N₄ NS/SiNW 异质结制备步骤，(b)～(d) g-C₃N₄ NS/SiNW 阵列侧面依次放大图

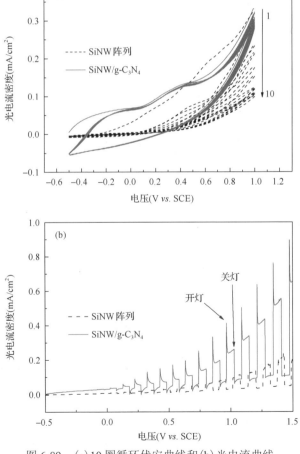

图 6-89　(a) 10 圈循环伏安曲线和 (b) 光电流曲线

纳米片作为保护层只能覆盖 SiNW 阵列的顶面，不能严密地覆盖每一根纳米线。纳米线根部暴露的部分仍然会被氧化，损失降解污染物的有效催化面积。为了紧密覆盖 SiNW 的所有暴露部分，仍以三聚氰胺为原料，直接热聚合制备 g-C_3N_4，然后通过酸剥离、水热法、超声振荡等逐步剥离成 g-C_3N_4 量子点 (g-C_3N_4 quantum dot, g-C_3N_4 QD)[33]，采用浸渍沉积法制备得到 SiNW@g-C_3N_4 QD 光催化剂，制备步骤如图 6-90(a) 所示。TEM 图[图 6-90(b)～(d)]显示 g-C_3N_4 量子点直径在 0.33 nm 左右，尺寸均匀；SiNW 的表面分布着纳米孔；g-C_3N_4 QD 均匀密集地包覆在 SiNW 表面形成保护层。纳米线长度随刻蚀时间增加，刻蚀时间为 3 min、5 min、10 min、20 min 对应的 SiNW 长度分别为 500 nm、2 μm、4 μm、7 μm，在图 6-90(e) 中分别用 SiNW-0.5、SiNW-2、SiNW-4、SiNW-7 表示不同长度的 SiNW。刻蚀时间为 5 min 时 SiNW 长 2 μm，用 SiNW-2 制成的 SiNW@g-C_3N_4 QD 的光电流稳定，−1.5 V (*vs.* SCE) 处电流密度为 6.7 mA/cm^2，是 SiNW 的 1.6 倍。

光电催化降解 4-氯酚的实验结果表明，可见光照射下，偏压为−1.2 V (*vs.* SCE) 时，在 120 min 内 SiNW@g-C_3N_4 QD 催化降解 4-氯酚的效率可达到 85.1%，裸 SiNW 仅为 52.0%。SiNW@g-C_3N_4 QD 的光电催化反应动力学常数为 0.870 h^{-1}，是 SiNW 的 2.3 倍[图 6-90(f)]。5 次重复实验表明，SiNW@g-C_3N_4 QD 是稳定的 [图 6-90(g)]。

2. 肖特基结

金属与半导体构成的异质结称为肖特基结。文献中最常见的是金属与 n 型半导体接触构成的肖特基结。理想状态下，当 n 型半导体费米能级高于金属费米能级时，界面处电子由半导体向金属流动，达到平衡后形成的内建电场方向由半导体指向金属。光照条件下，界面处半导体的光生电荷在内建电场的作用下定向迁移，分离效率提高。与两种半导体构成的异质结不同，肖特基结中光生电子从半导体越过界面进入金属后并不发生积累，而是直接形成漂移电流流走 (pn 结光生电荷到达空间电荷区边界后，必须积累，然后靠扩散运动向表面传递)。即肖特基结不但具有光生电荷分离能力，而且能够快速把被分离的电子迁移走，促进空穴参与的光催化反应。

1) Pt/TiO_2 异质结

TiO_2 是最受关注的光催化材料，但其光生电子和空穴容易复合，降低了光催化量子效率。将 Pt、Ag、Au、Pd 等贵金属沉积在 TiO_2 颗粒表面，可以通过肖特基势垒提高 TiO_2 的光催化效率。但是使用这种方法，光生电子迁移到贵金属颗粒

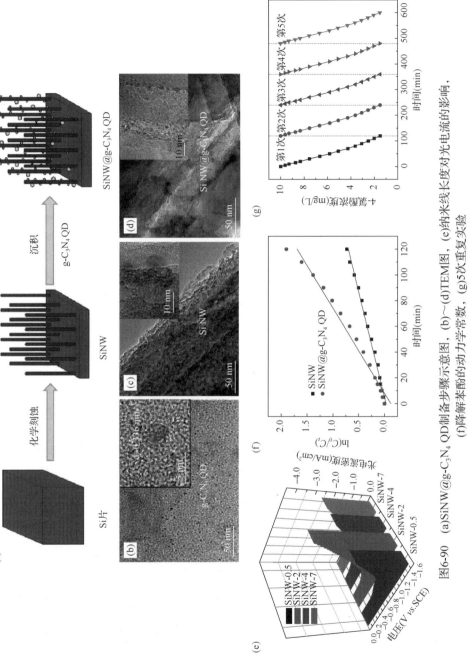

图6-90　(a)SiNW@g-C$_3$N$_4$ QD制备步骤示意图, (b)~(d)TEM图, (e)纳米线长度对光电流的影响, (f)降解苯酚的动力学常数, (g)5次重复实验

之后无法导出，只能在贵金属颗粒内部发生累积，削弱内建电场的作用。同时，沉积在表面的贵金属挡光、占据氧化反应的有效面积。因此，必须避免这些缺点才能更好地发挥肖特基结的作用。

TiO$_2$ 包覆 Pt 形成的同轴纳米管结构能够很好地解决上述问题。TiO$_2$ 的表面完全暴露，里层的 Pt 纳米管与 Ti 基底相连，不但能够收集光生电子而且可作为通路使光生电子汇集到导电基底，经外电路流出，确保肖特基势垒能够持续为光生电子和空穴的分离提供动力。

制备 TiO$_2$/Pt 同轴纳米管阵列分四步[34]：①在氧化铝（AAO）模板的一侧真空蒸镀一层 Ag 膜作为导电基底；②采用电沉积法在 AAO 的孔内壁上生长一层 Pt 纳米管；③去除 AAO 得到 Ag 膜上的 Pt 纳米管阵列；④采用化学气相沉积法在 Pt 阵列外壁沉积一层 TiO$_2$ 纳米薄膜。

图 6-91 是样品的 SEM 图，去除模板后的 Pt 纳米管垂直于基底生长、紧密地排列在一起，长约 3 μm，外径约为 100～150 nm，管口近似于圆形。包覆 TiO$_2$ 之后依旧维持着良好阵列性，每根纳米管的直径略有变粗，最明显的变化是 Pt 纳米管口被 TiO$_2$ 封闭，形成了内部中空、顶端封口的 TiO$_2$/Pt 纳米管结构。

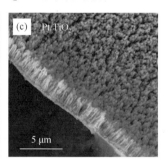

图 6-91　Pt 纳米管和 TiO$_2$/Pt 纳米管的 SEM 照片

观察 Pt 纳米管和 TiO$_2$/Pt 的 TEM 照片（图 6-92），Pt 纳米管壁厚在 20 nm 左右，管壁光滑；TiO$_2$ 层厚度约 40 nm，由 TiO$_2$ 颗粒紧密堆积而成。在 TiO$_2$ 膜的外表面可以看到一些稀疏分布的 TiO$_2$ 颗粒，粒径在 10 nm 左右，高分辨 TEM 图显示其晶格间距为 0.35 nm，符合锐钛矿相(101)面。为了更直观地表示出 TiO$_2$/Pt 同轴纳米管的形貌及元素构成，分别对 Ti 元素和 Pt 元素进行了元素面扫描分析[图 6-92(c)]。图中可见一根完整的 TiO$_2$/Pt 同轴纳米管的顶部，Pt 纳米管直径为 100 nm 左右，一层约 40 nm 厚的 TiO$_2$ 层包覆着 Pt 纳米管，并且将 Pt 纳米管的开口封闭，形成了一个有弧度的凸起。对图中方框区域进行元素面扫描，图中亮度与元素含量正相关。Pt 元素面扫描结果在管壁处较亮，而在管中心处则较暗，外侧 TiO$_2$ 不含 Pt 元素所以完全消失。这表明 TiO$_2$/Pt 样品内部是 Pt 纳米管。Ti 元素面扫描结果显示外侧亮度大，而内部 Pt 纳米管处较暗，尤其 Pt 纳米管壁处最暗，这是由于管壁处较厚，阻碍了 EDS 分析时电子的穿透。

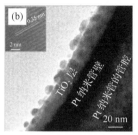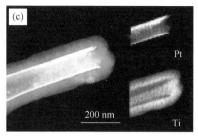

图 6-92　Pt 纳米管和 TiO$_2$/Pt 同轴纳米管的 TEM 照片

为了测试 Pt 与 Ti 基底、Pt 与 TiO$_2$ 之间的电荷迁移情况，使用手动探针半导体参数测试仪测量了 TiO$_2$/Pt-Ti 和 Pt-Ti 的 *I-V* 曲线。测量时为了避免探针刺入碳纳米管阵列与钛基底接触，用铜片盖在测试样品上，然后用探针接触铜片进行测量（另一探针接触 Ti 基底）。测量方法示意图见图 6-93。结果表明，Pt-Ti 的电流随电压的增加呈近似线性增加，在正、负偏压方向具有很强的对称性，这种线性关系说明 Pt 纳米管与 Ti 片形成了欧姆接触。TiO$_2$/Pt-Ti 的电流则显著不同，在负电压方向保持接近零，在正电压方向随电压增大呈近似指数增加。当负方向电压为 3 V 时，电流仅为 0.004 mA，而当正方向电压为 3 V 时，电流达到了 0.015 mA，这种不对称性说明 TiO$_2$ 与 Pt 形成了整流接触，证实存在肖特基势垒。

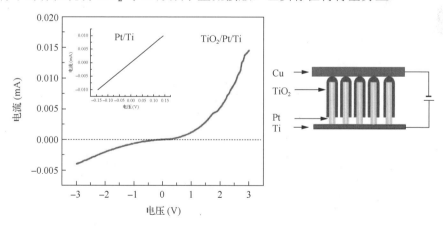

图 6-93　TiO$_2$/Pt-Ti 的电流-电压特性和测试方法示意图

为了评估异质结的光生电荷分离能力，分别测量了 TiO$_2$/Pt-Ti 的表面光电压和电解液中的光电流。图 6-94 是 TiO$_2$/Pt-Ti、TiO$_2$-Ti 和 Pt-Ti 的光电压谱。Pt-Ti

在测量的波长范围内没有任何光响应，TiO$_2$-Ti 表现出一定强度的光响应，禁带宽度约为 3.0 eV。与 TiO$_2$-Ti 相比，TiO$_2$/Pt-Ti 虽然禁带宽度同样为 3.0 eV，但是光电压信号却强得多。光电压信号越强意味着有效分离的光生电子和空穴越多。TiO$_2$/Pt-Ti 的光电压最大表明肖特基势垒有效抑制了空穴和电子的复合。

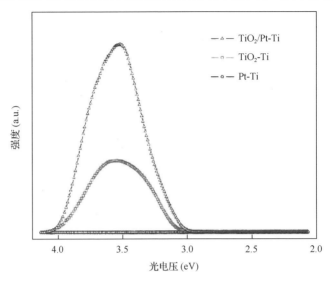

图 6-94　TiO$_2$/Pt-Ti 的光电压谱

光电化学测试中，TiO$_2$-Ti 的光电流随着偏压增加而持续增加，但 TiO$_2$/Pt-Ti 的光电流并不是始终随偏压增大而增大，而是在零偏压附近出现一个最大值，然后随偏压增大而减小(图 6-95)。TiO$_2$-Ti 中 TiO$_2$ 的光生电子是在外加电场驱动下定向移动而与空穴分离的。TiO$_2$/Pt-Ti 中 TiO$_2$ 的光生电子被肖特基内建电场驱动，负偏压与内建电场的作用方向一致，因此光电流在内外电场作用下不断增加，而正偏压与内建电场方向相反，削弱了肖特基结的作用，导致光电流下降。光电流最大值出现在 0.1 V，说明沉积在 Pt 纳米管上的 TiO$_2$ 层要大于空间电荷层厚度，不受内建电场作用的部分需要外电场驱动光生电荷分离。比较零偏压时 TiO$_2$/Pt 和 TiO$_2$ 的光电流，二者暗电流几乎相同，而 TiO$_2$/Pt-Ti 的光电流约为 TiO$_2$-Ti 光电流的 6 倍。这是因为当紫外光照射到 TiO$_2$-Ti 上时，激发出电子-空穴对，这些高能量的载流子会向四处作随机运动，导致很多电子和空穴发生了复合，仅有少部分的电子能够传递到 Ti 基底上。而 TiO$_2$/Pt-Ti 则不同，由于 TiO$_2$ 与 Pt 之间的肖特基势垒能够及时地俘获 TiO$_2$ 中的光生电子，抑制了电荷复合，所以 TiO$_2$/Pt-Ti 表现出更强的光电流。

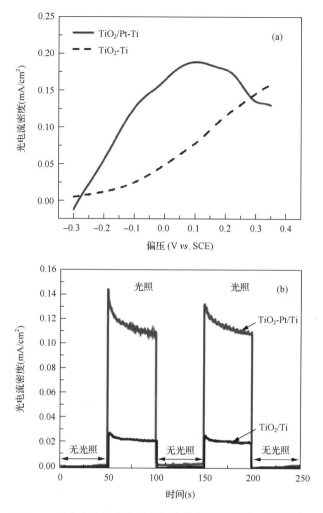

图 6-95 (a)光电流密度随偏压变化曲线和(b)短路光电流

以苯酚为目标污染物测试 TiO$_2$/Pt 短路(用一根导线将同轴纳米管电极与铂片连接以实现电子在外电路的传递)条件下的光催化性能。苯酚初始浓度 5mg/L，电解液为 0.01 mol/L Na$_2$SO$_4$，光源为 300 W 高压汞灯，入射光强 2 mW/cm^2。反应 4 h 后，TiO$_2$/Pt-Ti 和 TiO$_2$-Ti 对苯酚的降解率分别为 87 %和 55.6%，动力学常数分别为 0.501 h^{-1} 和 0.210 h^{-1}，前者是后者的 2.3 倍。

2)CNTs/TiO$_2$ 异质结

CNTs 具有大比表面积、高稳定性以及良好导电性，可替换贵金属与半导体构成肖特基结。采用化学气相沉积法，以二茂铁和二甲苯为原料在 Ti 片上生成了 CNTs 阵列，然后接着化学气相沉积 TiO$_2$ 层，制成 CNTs/TiO$_2$ 异质结阵列[35]，其形貌如图 6-96 所示。观察 CNTs 的 TEM 图[图 6-96(b)和(c)]，CNTs 的管壁管腔非常清晰，管径 30～60 nm，部分管口开放。CNTs 的管壁由石墨片层组成，石墨晶格非常清晰，表面光滑，杂质和缺陷很少，说明 CNTs 沉积温度和空气氧化温度都达到了最优。图 6-96(e)插图为包覆 TiO_2 的 CNTs，管径变粗，表面是密集的颗粒，被包覆部分的管腔管壁等细节被掩盖。大图是插图方框部分的放大，一段CNTs 从包覆的 TiO_2 层中露出，这段 CNTs 是 TiO_2 层包覆的 CNTs 的延伸，具有清晰的管腔管壁。包覆在 CNTs 表面的颗粒晶格清晰可见，间距为 0.35 nm，对应锐钛矿 TiO_2 的(101)面。

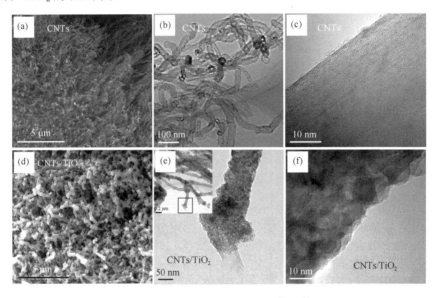

图 6-96　CNTs 和 CNTs/TiO_2 的形貌

图 6-97 是 Ti 片、Ti 片上 CNTs 阵列和 Ti 片上 TiO_2 包覆 CNTs 阵列的 XRD 图和拉曼(Raman)谱。Ti 基底的 XRD 图上有 3 个 Ti 的峰，生长了 CNTs 后，这3 个峰的强度减弱了，新出现了来自 CNTs 的 C 峰和 TiC 的峰，其中最强的两个峰对应石墨的(002)面和 TiC 的(111)面。CNTs 化学气相沉积的温度超过了 800℃，根据 Ti-C 相图，此时 C 和 Ti 可生成 TiC。在 CNTs 和 Ti 基底接触处形成的 TiC一方面提高了 CNTs 与 Ti 的接触强度，另一方面降低了接触势垒，使电子从 CNTs向 Ti 基底的传递更容易。包覆了 TiO_2 后，TiC、C 和 Ti 基底的峰减弱了。出现的新峰对应锐钛矿 TiO_2 的(101)面，证明包覆的 TiO_2 是锐钛矿。为了进一步证明 XRD结果，使用拉曼光谱仪对样品进行了分析。CNTs 样品在 1332 cm^{-1}(D 峰)、1584cm^{-1}(G 峰)和 2665 cm^{-1}(G'峰)处出现了 CNTs 的 3 个典型的拉曼光谱峰。沉积 TiO_2 后，3 个 Raman 峰依然存在，在 145 cm^{-1}(E_g)、395 cm^{-1}(B_{1g})、515 cm^{-1}(B_{2g})和 637 cm^{-1}(E_g)波数出现锐钛矿相 TiO_2 的 4 个主要 Raman 峰。这个结果与 XRD结果相互支持。

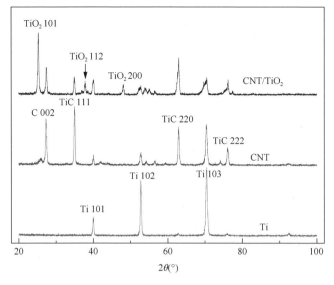

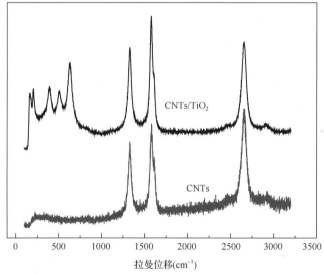

图 6-97 Ti 片、Ti 片上的 CNTs 和 CNTs/TiO₂ 的 XRD 与拉曼光谱

为了验证这种连续 CVD 法制备的 CNTs/TiO₂ 阵列是否具有整流性, 研究了 CNTs/TiO₂ 阵列的电学性质与单纯半导体 TiO₂ 的差异, 使用手动探针半导体参数测试仪考察了 TiO₂ 纳米管阵列、CNTs 阵列和 TiO₂ 包覆 CNTs 阵列的 I-V 特性。测量结果见图 6-98, 插图是测量方法示意图。在测试电压范围内 TiO₂ 纳米管的电流几乎是零, 说明 TiO₂ 层的导电能力很差; Ti 片上 CNTs 的电流随电压增加呈近似线性增加, 在正负电压方向上对称性很强, 说明 CNTs 底部与 Ti 片反应生成的 TiC 层消除了接触势垒, 使 CNTs 与 Ti 片欧姆接触; TiO₂ 包覆 CNTs 的电流则与

前两者显著不同，在负电压方向电流为零，在正电压方向电流随电压增大呈近似指数增加，这种不对称性说明 TiO_2 与 CNTs 形成了整流接触，具有异质结特性。

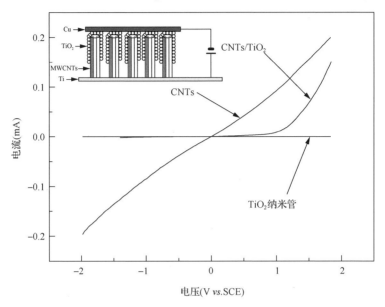

图 6-98　用手动探针半导体参数测试仪获得的 CNTs、CNTs/TiO_2 和 TiO_2 纳米管伏安特性

在 0.01 mol/L Na_2SO_4 电解液中研究了异质结的光电性质，并与 TiO_2 纳米管作了对比。在 $-0.5\sim0.8$ V 偏压范围内，TiO_2 纳米管的暗电流总是接近 0 μA，而异质结的暗电流随正偏压增加而迅速增加。为了清楚地了解异质结在光照时的电化学性质，用纯光电流(光照时的总电流减去暗电流)对偏压作图，见图 6-99。纯光电流代表单位时间传递到外电路的光生电子数量，其数值受两个因素影响：能够被激发的电子空穴数量和被激发后电子空穴的复合率。可被激发的 TiO_2 越多意味着光生电子空穴数量越多，纯光电流就可能越大；光生电子空穴的复合率越低，光电流就可能越大。TiO_2 纳米管的纯光电流在偏压大于 0.6 V 后大于异质结的最大光电流，说明异质结中 TiO_2 层比 TiO_2 纳米管薄，光生电子空穴少于 TiO_2 纳米管。TiO_2 的纯光电流随着偏压增加而增加，异质结的光电流却在零偏压附近出现最大值，然后随偏压增大而减小。出现这样的差异是因为光生电子空穴的复合机理不同。TiO_2 纳米管中，光生电子需要经过很长距离的迁移才能达到集电极(基底)，外加电场能够使光生电子定向移动，因而减少了复合。对于异质结，TiO_2 位于空间电荷层，内建电场推动光生电子空穴反向移动，由于距离 CNTs 很近，所以几乎所有的光生电子都能迁移到外电路；而外加电场能使空间电荷区变薄，削弱了分离电子空穴的内建电场，因此在零偏压附近出现最大值。由于异质结具有这样的优势，其在零偏压的纯光电流密度甚至大于 TiO_2 纳米管加 0.2 V 偏压的光电流密度。

I-t 曲线可避免电荷积累对 I-V 曲线的影响。如图 6-99（b）所示，异质结和 TiO$_2$ 纳米管的暗电流几乎相等，异质结在零偏压时的光电流大于 0.17 mA/cm^2，而 TiO$_2$ 纳米管在零偏压时的光电流小于 0.03 mA/cm^2，不到异质结的 1/5。对 TiO$_2$ 纳米管施加 0.2 V 偏压，光电流增加到 0.1 mA/cm^2，仍然小于异质结在零偏压时的光电流。

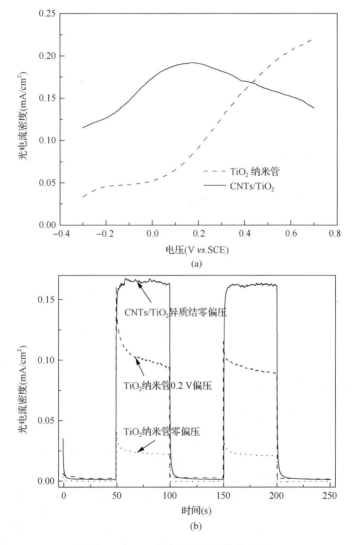

图 6-99　*I-V* 曲线（a）和 *I-t* 曲线（b）

上述分析说明 CNTs/TiO$_2$ 异质结具有与单一 TiO$_2$ 不同的电荷分离和电子传递方式（图 6-100）。在一个 TiO$_2$ 纳米管中，大多数 TiO$_2$ 远离集电极，这部分 TiO$_2$ 的光生电子需要经过长距离迁移才能到达集电极后传递到外电路，由于迁移距离长，光生电子和空穴的复合概率增加。而在异质结阵列中，Ti 片上的 CNTs 阵列充当了集电极，包覆在 CNTs 上的所有 TiO_2 都位于空间电荷层，光生电子空穴被内建电场分离后，经很短的距离就能传递到 CNTs，避免了复合。

图 6-100　TiO_2 纳米管(a)和 CNTs/TiO_2 异质结(b)的电子传递方式模拟图

为了研究 TiO_2 层厚度对光电流的影响，调控 TiO_2 的沉积时间，得到的样品如图 6-101 所示。图 6-101(a)～(d)随着沉积时间增加，有序结构没有被破坏，但纳米管外径越来越大，管间距越来越小，沉积 TiO_2 20 min 后管与管之间的空隙完全被填满。沉积 5 min 后[图 6-101(f)]TiO_2 层约为 10 nm，TEM 可以很容易区分 TiO_2 层、CNTs 的管壁和管腔。沉积时间 10 min 时，由于 TiO_2 层变厚，TEM 的电子束不能穿透样品，只能观察到样品表面形貌。用高倍数 SEM 研究了沉积时间为 10 min 的样品上的一个裂缝[图 6-101(g)]，TiO_2 包覆 CNTs 的外径约为 250 nm，被包覆的 CNTs 外径约为 50 nm，因此 TiO_2 包覆层约为 100 nm[(250 nm – 50 nm)/2]。沉积时间大于 15 min 时，只能看到密集的 TiO_2[图 6-101(h)]。

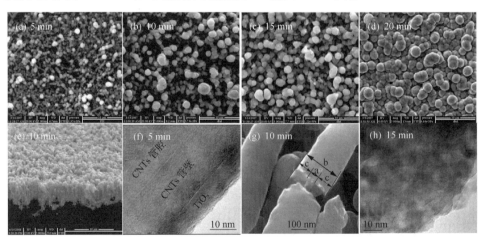

图 6-101　CNT/TiO_2 形貌

图(g)中的 b 为 TiO_2 包覆 CNTs 的总直径，a 为 CNTs 的直径，c 为 TiO_2 层的厚度

CNTs/TiO$_2$ 阵列中的光生电子空穴能否有效分离取决于内建电场的范围和强度，因此 TiO$_2$ 层厚度是电荷分离效率的重要影响因素。为此考察了不同 TiO$_2$ 层厚度的异质结在紫外光照下的交流阻抗，结果见图 6-102(a)。单独 CNTs 的阻抗几乎是一条直线，与实轴夹角很大，说明 CNTs 的光响应很小。包覆 TiO$_2$ 后，异质结的阻抗均为弧形，且阻抗弧半径随沉积时间先减小后增加。阻抗弧半径越小表明界面电荷传递速度越快。对于 TiO$_2$ 沉积时间是 5 min 的样品，TiO$_2$ 层厚度只有 10 nm，能够被光激发的电子空穴较少，因此阻抗弧较大。而沉积时间为 15 min 和 20 min 时，TiO$_2$ 层厚度超过了空间电荷层的厚度，一方面增加了外层 TiO$_2$ 的光致电子向 CNTs 迁移的距离，同时削弱了内层 TiO$_2$ 得到的光照强度，另一方面使内建电场对被分离光致电子的驱动作用减弱，因此光生电荷复合率提高，进而导致阻抗弧再次变大。沉积 10 min 的样品阻抗弧半径最小，说明 100 nm 厚的 TiO$_2$ 对光生电荷分离最有利。图 6-102(b) 是 TiO$_2$ 层厚度为 100 nm 的 CNTs/TiO$_2$ 异质结和 TiO$_2$ 纳米管的阻抗图，无光照时两个样品的阻抗弧都很大，说明此时通过电极/电解液界面的电子很少。光照条件下，用异质结的阻抗弧要比 TiO$_2$ 纳米管小得多，说明更多的电子通过了异质结电极/电解液界面。

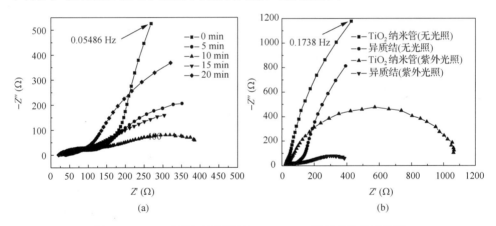

图 6-102 TiO$_2$ 沉积时间不同的 CNTs/TiO$_2$ 异质结的能斯特图

表面光电压谱是研究光活性材料的表面/界面光生电荷行为的常用方法。表面光电压是固体表面的光生伏特效应，反映光照前后材料表面势垒的变化。而材料表面势垒决定于光催化剂光生电子–空穴的分离和累积，光生电子-空穴对的分离效果越好，在材料表面电子或空穴的积累量越多，表面光电压越强。图 6-103 是 CNTs/TiO$_2$ 阵列和 TiO$_2$ 纳米管阵列的光电压谱。CNTs/TiO$_2$ 在波长为 550 nm 到 300 nm 范围内有光电压响应，说明样品表面有正电荷聚集。TiO$_2$ 纳米管的光电压响应范围比 CNTs/TiO$_2$ 小，强度也弱，说明 TiO$_2$ 纳米管表面积累的正电荷较少。这种现象可以解释为 TiO$_2$ 纳米管的电荷分离能力来源于 TiO$_2$/空气界面，而

CNTs/TiO$_2$ 的电荷分离能力还有一个来源，就是 CNTs/TiO$_2$ 界面的异质结。对比这两个数据，说明异质结能够提高光生电荷分离能力。

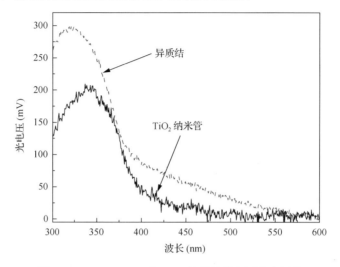

图 6-103　CNTs/TiO$_2$ 和 TiO$_2$ 纳米管的表面光电压谱

用苯酚作为目标物考察了短路形式(异质结与铂电极用导线相连)CNTs/TiO$_2$ 异质结阵列的光催化能力。图 6-104(a)中的 ─■─ 线是无光照时苯酚溶液的降解曲线，苯酚浓度几乎没有变化说明吸附和短路形式电化学过程对苯酚的去除作用不明显。─▲─ 线是短路光催化对苯酚溶液的降解曲线，反应 4 h 后苯酚降解率为 99.1%。用 TiO$_2$ 纳米管替换异质结后的光催化曲线为 ─●─ 曲线，苯酚的降解率为 78.7%。苯酚降解符合准一级动力学，使用异质结和 TiO$_2$ 纳米管时的动力学常数分别为 0.75 h^{-1}($R^2 = 0.983$) 和 0.39 h^{-1}($R^2 = 0.995$)，前者是后者的 1.92 倍。在开始阶段，无论使用异质结还是 TiO$_2$ 纳米管，苯酚溶液的颜色逐渐变黄，一般认为黄色是由苯酚降解的中间产物苯醌引起的。随着反应时间的增加，使用异质结的溶液黄颜色逐渐褪去，直至反应结束后溶液无色；而使用 TiO$_2$ 纳米管的溶液黄颜色越来越深，反应结束后接近棕色。这一现象表明苯酚降解的中间产物也被异质结快速降解了，而使用 TiO$_2$ 纳米管时则产生积累。苯酚降解过程中的中间产物分析见图 6-104(b)，浓度变化规律与颜色变化一致。为了进一步研究异质结的矿化能力，测量了经过 4 h 光催化后的溶液的 TOC。使用异质结时 TOC 去除率为 53.7%，而使用 TiO$_2$ 纳米管时 TOC 去除率只有 16.7%，说明异质结的光催化能力优于 TiO$_2$ 纳米管。

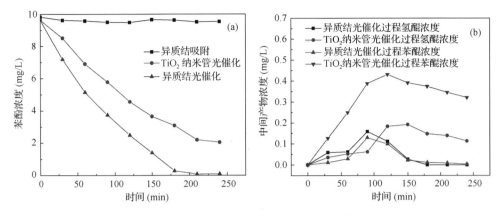

图 6-104　光催化过程苯酚及中间产物的浓度变化

3) 大孔硅/Gr 异质结分解多溴二苯醚

碳材料一般具有良好的导电性，是常见的电子受体，可作为硅的保护层，并与硅构成肖特基结。光激发硅产生光生电子和空穴，在碳材料与硅界面处内建电场的作用下，空穴向硅内部迁移，电子迁移到碳层。由于碳材料电子迁移率高，光生电子在碳层快速迁移，与污染物发生反应而不会聚集，因此光能利用效率高。在碳材料中，层状的石墨烯化学性质稳定、电子迁移速率最高、光学透明性好（每层对白光的阻挡仅 2%），非常适合与 Si 材料构成异质结。结合 Si 材料和 Gr 的优点，设计了大孔硅(macroporous silicon, MPSi)/Gr 异质结。Gr 保护层避免了 MPSi 的钝化，使 MPSi/Gr 能够充分利用 Si 的光吸收性能，依靠 Gr 保护层减少光在 Si 表面的反射以及利用 Gr 与 Si 形成的异质结抑制光生电荷复合，全方位避免光催化过程能量损失。

分两步完成 MPSi/Gr 的制备，第一步是在硅片上沉积 Gr 制备 Si/Gr，优化制备条件，然后再制备 MPSi 并沉积 Gr 制备 MPSi/Gr。

首先在硅片上电泳沉积 Gr，然后在惰性气体保护下煅烧制备 Si/Gr[36]。电泳沉积时间和煅烧温度是影响异质结性能的主要因素。沉积时间为 5 s、10 s、20 s、30 s 的 4 个 Si/Gr 样品的表面光电压谱如图 6-105(a) 图所示。Si 片的表面光电压谱如图中实线所示。Si/Gr 的光电压强度普遍高于 Si 片，这是由于 Gr 与 Si 形成的异质结促进了光生电荷分离。Gr 沉积时间影响 Si/Gr 的光电压谱：光电压最高的样品 Gr 沉积时间为 10 s；更短的沉积时间，Gr 较薄，可能没有完全覆盖 Si 基底，形成异质结的面积较小，因此光电压不高；更长的沉积时间，Gr 层变厚，其对光的遮挡作用开始显现，导致光电压降低。选择 250～450℃之间的 5 个温度，通过考察样品在 0.05 mol/L H$_2$SO$_4$ 溶液中、氙灯照射条件下的 20 圈循环伏安曲线，研究煅烧温度对样品稳定性的影响。结果如图 6-105(b) 图所示。对于电泳之后没有经过煅烧处理的样品，–1.2V 处的光电流密度不足–0.5mA/cm^2，而且光电流随循环次数逐渐衰减。经过 250℃煅烧后，光电流密度增加到约 0.7 mA/cm²，但是衰减依然很明显。继续提高煅烧温度，光电流逐渐增加，而且衰减逐渐受到抑制。煅烧温度是 350℃和 400℃时，样品的光电流均几乎不衰减，区别是 400℃煅烧的光电流密度更高。煅烧温度提高到 450℃后，光电流急剧减小，甚至小于没有煅烧的样品，而且光电流随循环次数又开始出现衰减。用扫描电镜观察，Gr 层严重开裂，Si 基底裸露，这可能是光电流衰减的原因。

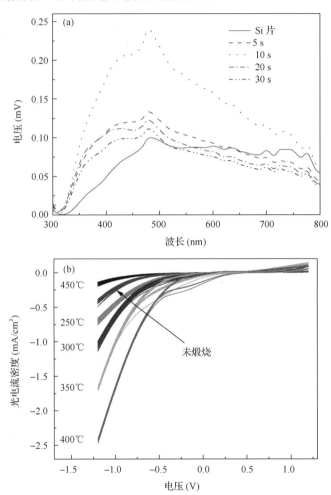

图 6-105 (a)不同沉积时间 Gr/Si 的表面光电压谱和(b)不同煅烧温度 Gr/Si 的 20 圈光照循环伏安曲线

为了查明煅烧温度对光电流大小和 Gr/Si 稳定性影响的原因，使用 XPS 检测了不同煅烧温度的样品。结果如图 6-106 和图 6-107 所示。煅烧温度低于 400℃时，样品的 Si 2p XPS 谱图与未煅烧样品的谱图类似。煅烧温度达到 400℃时，

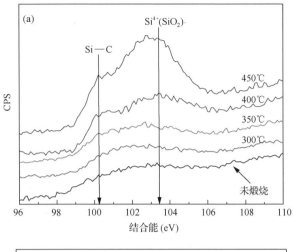

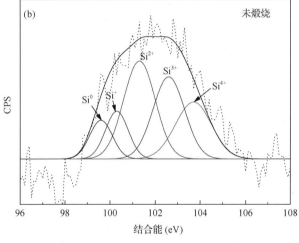

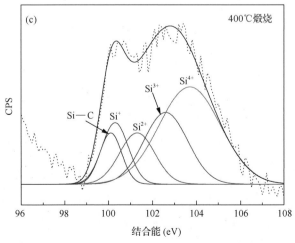

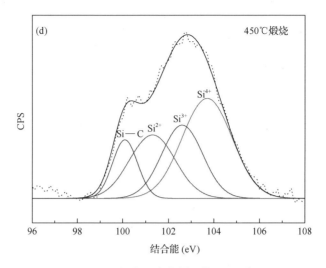

图 6-106　不同煅烧温度的样品的 XPS 谱：Si 2p

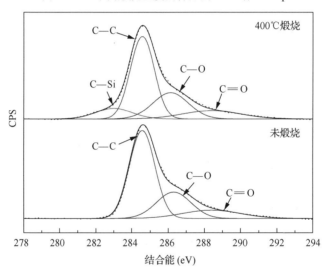

图 6-107　不同煅烧温度的样品的 XPS 谱：C 1s

图 6-106(a)上 100.1 eV 和 103.7 eV 处出现两个峰，分别对应 Si-C 和 Si^{4+}(SiO_2)。温度继续升高到 450℃，这两个峰尤其是对应 SiO_2 的峰显著增强。采用高斯拟合将 Si 2p 谱分成 5 个峰[图 6-106(b)]，位于 99.6 eV、100.3 eV、101.3 eV、102.6 eV 和 103.7 eV，分别对应 Si^0、Si^+、Si^{2+}、Si^{3+} 和 Si^{4+}。Si^0 来源于硅基底，其他的硅化学态来自自然氧化层。这些峰中，最高的是 Si^{2+}，Si^{4+} 的强度低于 Si^{2+} 和 Si^{3+}。对于经过 400℃煅烧的样品[图 6-106(c)]，位于 99.6 eV 的 Si^0 信号完全消失了，而 Si^{4+} 成为最强的。这说明煅烧过程促进了表面 SiO_2 的生成。此外 100.1eV 处出现的 Si—C 信号说明 Gr—Si 界面形成了 Si—C 键，这有利于增强 Gr 与 Si 的界

面接触，改善电荷迁移。因此，煅烧温度为 400℃时，Si/Gr 的光电流增强而且稳定性最好。继续提高煅烧温度至 450℃，Si$^+$信号开始消失，Si^{4+}信号进一步增强[图 6-106(d)]。这说明大部分低于计量比的 Si—O 键都转化成 SiO$_2$ 了，这层 SiO$_2$ 完全阻断了 Gr 与 Si 界面的电荷迁移，导致光电流剧烈衰减。

煅烧前后 Gr/Si 的 C 1s XPS 谱被分成 3 个峰，位于 284.6 eV、286.4 eV 和 288.4 eV 峰分别对应 C—C、C—O 和 C≡O(图 6-107)。400℃煅烧后，这 3 个峰没有明显变化，但是 283.1 eV 处新出现了 C—Si 键的峰，这个结果与 Si 2p XPS 谱一致。

对于 Gr 电泳沉积时间 10 s，煅烧温度 450℃的样品，使用扫描电镜、透射电镜和 Raman 光谱仪表征其形貌和组成。结果如图 6-108 所示。TEM 图显示 Gr 非常薄，表面有褶皱；Si/Gr 的 SEM 图表明 Gr 在 Si 上分布均匀，Si 表面被完全覆盖。Si/Gr 的 Raman 谱上一共可以观察到 5 个峰，分别位于 521 cm^{-1}、974 cm^{-1}、

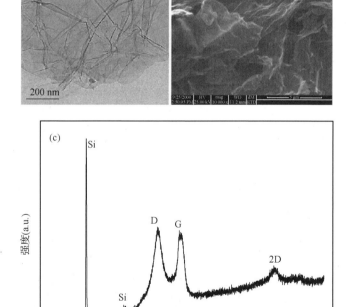

图 6-108　(a) Gr 的 TEM 图，(b) Si/Gr 的 SEM 图，(c) Si/Gr 的 Raman 谱

1324 cm^{-1}、1596 cm^{-1} 和 2634 cm^{-1}。最强峰(521 cm^{-1})和位于 974 cm^{-1} 处的峰为硅基底的特征峰。位于 1324 cm^{-1}、1596 cm^{-1} 和 2634 cm^{-1} 处的峰分别为石墨烯的 D 峰、G 峰和 2D 峰，D 峰和 G 峰分别由碳的 sp^3 和 sp^2 杂化引起，出现 2D 峰表明石墨烯仅由几层石墨层构成。

由于硅片在溶液中不稳定，在正向偏压时易被氧化成 SiO$_2$，在负向偏压下易被溶解而产氢。因此，它的光电流随着扫描次数增加而减小。为了评估 Si/Gr 的光响应能力，测量了硅片及 Si/Gr 第一次扫描线性伏安曲线，结果如图 6-109 所示。由图可见，与硅片相比，相同电压下，制备的 Si/Gr 光电极在暗态和光照态下均有更强的电流响应。这种增强可以归因于石墨烯的高电子迁移率及 Si/Gr 异质结有效的光生电荷分离。

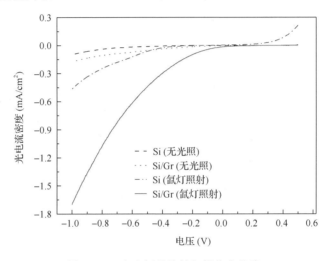

图 6-109　光电极的线性扫描伏安曲线

Si/Gr 的能带结构和光生电荷传输机制如图 6-110 所示。由图 6-110(a)可见，石墨烯的费米能级(狄拉克点)为 0 V(参比标准氢电极)，这一数值负于硅的费米能级。因此，在石墨烯与硅结合后，如图 6-110(b)所示，电子由石墨烯向硅移动，形成内建电场，直至二者费米能级相等，此时硅的能带向正向弯曲。当硅受光激发后，如图 6-110(c)所示，电子向导带跃迁，产生光生空穴-电子对，电子和空穴在异质结内建电场的作用下反向移动。当光电极在稀 H$_2$SO$_4$ 溶液中时，如图 6-110(d)所示，光生电子在溶液中与 H$_2$O 结合，放出 O$_2$。同时，由于石墨烯的费米能级高于 H$_2$O 的氧化还原电势，大量的电子向石墨烯转移，使石墨烯的费米能级负向移动，直到足以进行 H$^+$ 的还原反应，放出 H$_2$。

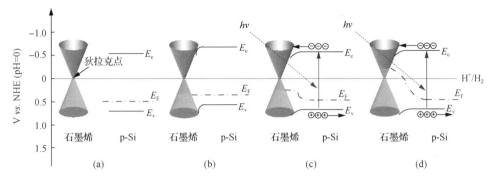

图 6-110 (a)石墨烯与硅各自的能带结构；(b)光电极在暗态条件的能带结构；(c)光电极在光照条件下的能带结构；(d)光照条件下，光电极在溶液中的能带结构

为了提高异质结光电极的光转化效率，换用电化学刻蚀法制备的大孔硅（MPSi）为底层，仍然用电泳沉积法在 MPSi 上覆盖石墨烯层[37]。优化后的沉积时间和煅烧温度分别为 10 s 和 400℃。由 AFM 测试确定裂解法制备的石墨烯厚度大约为 1.5 nm，相当于 3 层石墨烯的厚度。石墨烯的尺寸大小在几个微米左右，与 MPSi 的大孔表面积相当，能够很好地与 MPSi 复合。MPSi 的 SEM[图 6-111(a)、(b)]显示，大孔的尺寸在 10 μm×10 μm，方形结构，分布均匀。负载了石墨烯之后的 MPSi/Gr[图 6-111(c)、(d)]基本保持了原有的形貌，但是表面结构出现多层石墨烯层叠产生的褶皱，这种结构可以很好地减少入射光反射，增加光吸收。

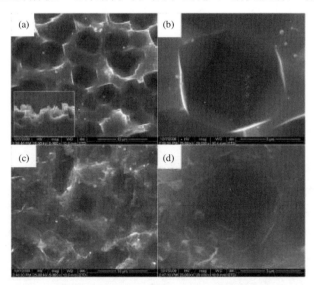

图 6-111 MPSi 的 SEM(a)和(b)以及 MPSi/Gr(c)和(d)的 SEM 图

对比 MPSi/C 以及 MPSi/Gr 的 Raman 光谱(图 6-112)，MPSi/Gr 的硅峰更明显，说明石墨烯层比无定形碳层薄，这样有利于增大光的通透性。比较紫外可见漫反

射光谱，Si 在整个波长上的反射率均为最高，而 MPSi 的多孔结构降低了反射率。用碳膜包覆大孔硅后反射率进一步下降。相比之下，MPSi/Gr 的减反射能力更为明显，根据 SEM 图可知石墨烯的褶皱增大了材料表面的粗糙度，增强了抗反射性能。以 400 nm 处的反射率为例，MPSi/Gr 的反射率为 21%，相对于 MPSi/C、MPSi、Si 的反射率，分别下降了 12%、27%、52%。反射率下降可以改善光吸收效率，有利于后续光催化分解污染物的反应。

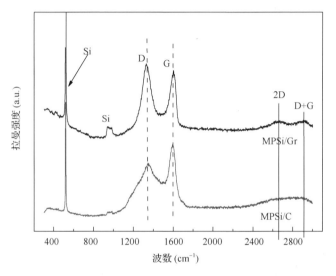

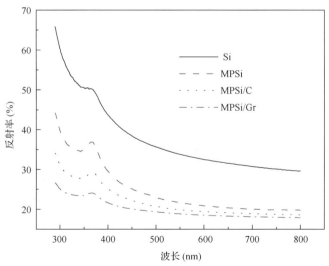

图 6-112　Raman 光谱及 DRS 曲线

MPSi 和 MPSi/Gr 的循环伏安测试在 0.01 mol/L Na$_2$SO$_4$ 溶液中进行，入射光强为 100 mW/cm^2。经过 20 个循环，MPSi 电流响应值由 1.75 mA/cm^2 衰减为

1.25 mA/cm²，且存在继续衰减的趋势。这是由于在水溶液中硅被钝化生成二氧化硅，而二氧化硅本身不导电，隔绝了溶液与硅材料之间的电荷传递，导致了光电流的衰减。沉积无定形 C 膜或 Gr 之后，由于碳层隔绝了溶液与硅的接触，避免了钝化，保持了硅的光响应活性，因此 MPSi/C 和 MPSi/Gr 理应保持稳定的光电流。但实测电泳沉积得到的 MPSi/Gr 的光电流在 20 圈循环中由 4.25 mA/cm² 衰减为 1.45 mA/cm²[图 6-113(a)]，电泳后煅烧的 MPSi/Gr 则保持了稳定。由前面的 XPS 分析可知，煅烧形成了界面层，使 Si 与 Gr 的接触强度提高，避免了电解液渗入，因此电化学表现更稳定。界面层还能使电荷迁移更流畅，在 Si 和 Gr 界面处形成异质结构，因此，光电流相对于 MPSi 提高了 1.4 倍(1.5 V 处)。MPSi/C 的光电流也很稳定，但 1.5 V 处只有 2.0 mA/cm²，根据 DRS 反射谱，反射造成入射光的损失是其主要原因之一。另外，无定形碳材料的电荷迁移率比石墨烯低也是光电流密度低的可能原因之一。

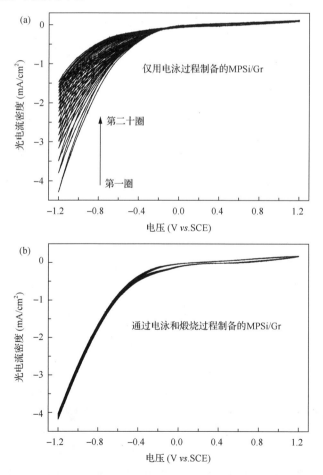

图 6-113　未经煅烧的(a)和经过煅烧的(b)MPSi/Gr 的 20 次循环伏安曲线

多溴二苯醚(polybrominated diphenyl ethers, PBDEs)是一种溴代阻燃剂，其潜在的内分泌干扰效应，神经毒性和生殖毒性正在引起社会的广泛关注。尽管大部分的 PBDEs 已经被禁止使用，但是 PBDEs 由于其自然降解的半衰期很长，仍将在环境中长久存在。PBDEs 有四溴二苯醚、五溴二苯醚、六溴二苯醚、八溴二苯醚、十溴二苯醚等 209 种同类物，其商品多溴二苯醚是一组溴原子数不同的二苯醚混合物，主要单体为 BDE47、BDE99、BDE153、BDE183 和 BDE209。其中四溴和五溴同类物是《斯德哥尔摩公约》优先控制污染物，典型的五溴二苯醚 BDE47 是 BDE209 的自然分解产物，不但在自然界分布更广泛，而且更难以被生物体或化学降解，自然半衰期达到了 BDE209 的 500 多倍[38]。以 BDE47(2, 2′, 4, 4′-四溴二苯醚)为目标物，考察了 MPSi/Gr 电极的光催化性能[39]，结果如图 6-114 和图 6-115 所示。经过 3 h 反应，在光电催化条件下，MPSi/Gr 对 BDE47 的去除率达到 100%，其中可见光贡献为 84%。而单纯的光催化反应以及电催化反应对 BDE47 的去除率仅为 48%和 33%，这是因为单纯的电极不能有效地分离电子和空穴，在消耗电子

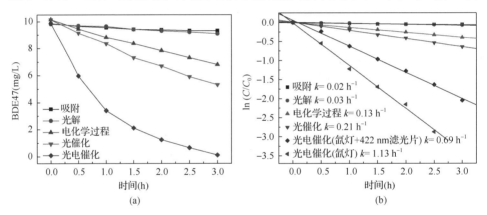

图 6-114　MPSi/Gr 在不同条件下对 BDE47 的降解(a)及其降解动力学常数(b)

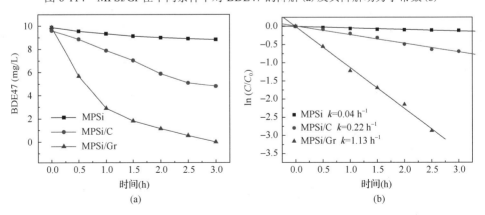

图 6-115　MPSi、MPSi/C、MPSi/Gr 对 BDE47 的降解(a)及其动力学常数(b)

的过程中空穴的积累导致硅自身被钝化，反应停止。而偏压促进了电子-空穴的分离，因此降解 PBDEs 的速率更高。在对比实验中，MPSi/C 在 3 h 后对 BDE47 的去除率仅为 53%，对应的降解动力学常数为 0.22 h⁻¹。MPSi/Gr 的动力学常数 1.13 h⁻¹ 是 MPSi/C 的 5 倍多，这主要是因为形成的 MPSi/Gr 异质结具有较高的电子迁移率、良好的透光性和光吸收性能。

采用气相色谱-质谱联用技术（GC-MS）研究了 BDE47 的降解中间产物，结果如图 6-116 所示。由质谱的总离子流图[（图 6-116（a）]可以看出，随着 BDE47 不断降解，出现三溴代产物、二溴代产物和一溴代产物，这些产物的浓度也在不断变化。GC-MS 的放大谱图[图 6-116（b）]表明，脱溴产物如 BDE28、BDE15、BDE3 的浓度都随反应时间延长而先上升后下降，完全脱溴产物的浓度变化趋势相对于溴代产物有一定延迟，说明发生了逐步还原脱溴反应。由于降解体系中含有·OH 捕获剂甲醇，因此，采用电子自旋共振重点考察了氧化性基团 $O_2^{\cdot-}$ 是否存在。在 MPSi/Gr 光催化的情况下没有检测到 $O_2^{\cdot-}$ 的产生，意味着在光催化降解 BDE47 过程中反应全部是电子参与反应过程。但当施加-1.0 V 的偏压时，有少量的 $O_2^{\cdot-}$ 产生。这是由于施加偏压会激发大量的电子跃迁，使得参与反应的电子处于过饱和状态，这样少量电子会与溶解氧结合，生成 $O_2^{\cdot-}$。由于这是还原反应的副反应，只有在电子过饱和时才会发生，说明整个过程是电子主导的还原脱溴过程。

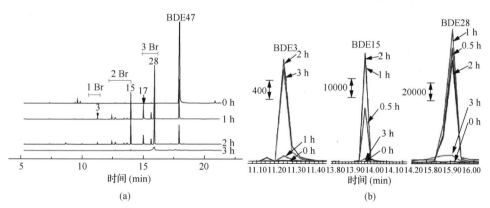

图 6-116　BDE47 降解产物分析
(a)GC-MS 总离子流图；(b)典型中间产物分析

4）SiNW/Ag 异质结分解氯酚

将贵金属如 Pt、Au、Pd、Ag 和过渡金属 Cu、Ni 等沉积在硅材料表面可以加强氧化还原反应的速率。除了隔绝氧气或水对硅的腐蚀之外，具有良好的电子传输特性和抗氧化性能的贵金属还能有效捕集光生电子，使硅材料表面电子传输效率提高。

Ag 是无电刻蚀法制备硅纳米线的原材料，一般需要用酸清洗掉才能得到干净的硅纳米线。如果保留 Ag 纳米颗粒，也能起到保护硅纳米线的作用。将这种包覆了 Ag 的硅纳米线生长在微米直径的硅柱阵列上，使硅纳米线形成三维有序阵列，可以进一步提高有效表面积[40]。样品形貌如图 6-117 所示，硅柱/SiNW/Ag 异质结的一级结构是直径为 5 μm、高 20 μm 的微米柱（silicon micropillar, SiMP）阵列；二级结构是在 SiMP 表面刻蚀出的直径为 50 nm，长度可控的 SiNW 阵列；三级结构是在 SiNW 表面负载 Ag 纳米颗粒。由于使用 AgNO₃ 辅助在硅片上无电刻蚀出 SiNW 的过程中会在 SiNW 表面均匀分布 Ag 纳米颗粒，所以 SiNW-Ag 可以一步完成。三级结构增加了表面粗糙度，光学反射率低于 5%。

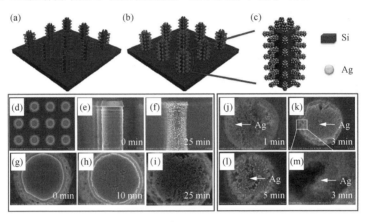

图 6-117　(a)～(c) 结构示意图：(a) SiNW/SiMP、(b) Ag/SiNW/SiMP、(c) Ag/SiNW/SiMP 局部放大；(d)～(m) 样品形貌扫描电镜图：(d) SiMP 阵列俯视图、(e) SiMP 侧面、(f) SiNW/SiMP 侧面、(g) SiMP 顶面、(h) SiMP 刻蚀 10 min、(i) SiMP 刻蚀 25 min、(j) SiNW/SiMP 沉积 Ag 1 min、(k) SiNW/SiMP 沉积 Ag 3 min、(l) SiNW/SiMP 沉积 Ag 5 min、(m) SiNW/SiMP 沉积 Ag 3 min 的局部放大

样品的光电化学性能和光催化能力测试结果如图 6-118 所示。SiNW/SiMP 在水溶液中不稳定，光电流随时间衰减，这是由于硅被水和溶解氧氧化成绝缘的 SiO₂ 所致。随着沉积 Ag 时间的延长，光电流先增加后减小，电化学稳定性显著改善。沉积时间为 3 min 的 Ag/SiNW/SiMP 样品在 10 个循环中光电流保持不变，为 -37.5 mA/cm²，超过 3 min 后，由于 Ag 阻碍了硅对入射光的吸收，虽然光电流仍然稳定，但是数值小于 3 min 的样品。以 4-氯酚为目标物评估 Ag/SiNW/SiMP 在水溶液中光电催化脱卤性能，反应 1 h 后，光电催化过程脱氯效率达到 95%，分别是电催化过程（38%）和光催化过程（66%）的 2.4 倍和 1.4 倍。Ag/SiNW/SiMP 降解 4-氯酚的动力学常数为 0.104 min⁻¹，分别是 SiNW/SiMP 电极（0.033 min⁻¹）和 SiMP 电极（0.013 min⁻¹）的 3.2 倍和 8 倍，表现出优良的光电催化还原脱氯性能。这是由于 Ag 与硅界面处的内建电场促进了光生电子与空穴的分离，使更多的光生电子参与到脱氯的反应中去，从而提高光电催化脱氯的效果。

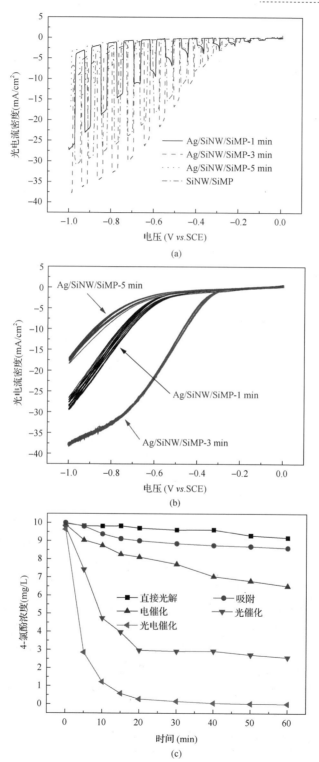

(a)

(b)

(c)

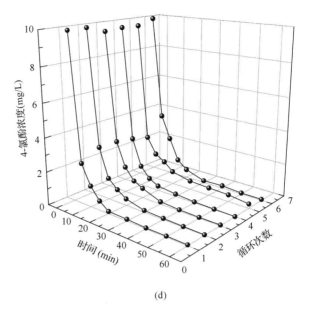

(d)

图 6-118　不同沉积 Ag 时间的 Ag/SiNW/SiMP 样品的 *I-V*(a) 和 CV(b) 曲线，(c)4-氯酚降解曲线(偏压–0.6 V，0.05 mol/L H$_2$SO$_4$，100 mW/cm^2)，(d)6 次连续降解曲线

3. Z 体系光催化材料

上述例子表明异质结内建电场能够加速光生电荷分离。然而，内建电场只能促进光电荷从高能级向低能级迁移，动力学优势的代价是热力学损失，而 Z 体系则可以在保持光生电荷位于高氧化还原能级的条件下促进其分离。

Z 体系通常由光还原系统(PS Ⅰ)与光氧化系统(PS Ⅱ)以及电子传递体构成。光照 Z 体系时，光氧化系统上的电子通过电子传递体传递到光还原系统，与后者的光生空穴复合，而保留了光氧化系统上具有较强氧化能力的空穴和光还原系统上具有较强还原能力的电子。这种电子传递机制使得 Z 体系同时具有较高的氧化能力和较高的还原能力，对降解 POPs 具有重要意义。

电子传递体是 Z 体系的重要组成部分，Au、Ag、石墨烯等是常见的 Z 体系电子传递体。根据能带理论，电子传递体与两种光催化系统相接触时，电子从费米能级较高的材料向费米能级较低的材料流动直至两者达到平衡，因此形成能带弯曲。当电子传递体的费米能级分别介于、高于或低于 PS Ⅰ 和 PS Ⅱ 的费米能级时，可形成 3 种不同能带弯曲，如图 6-119 所示。必须区分各种能带关系的电荷迁移机制，才能确定如何构建 Z 体系有利于分解 POPs。

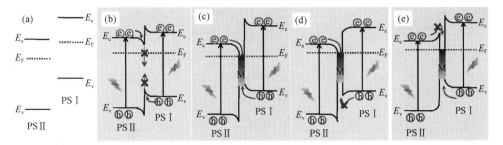

图 6-119 （a）PS II 和 PS I 的能带结构；（b）无电子传递体、电子传递体的费米能级 (c) 介于、
（d）高于、（e）低于 PS II 和 PS I 的费米能级时形成异质结的能带弯曲及界面电子行为

1）金属电子传递体费米能级对于 Z 体系电荷迁移路径的影响

为了构建 3 种能带结构的 Z 体系，选择常用作光氧化系统的 WO_3 与常用作光还原系统的 g-C_3N_4 分别作为 PS II 和 PS I，选择费米能级分别高于、介于以及低于两种半导体费米能级的 Au、Cu、Ag 材料作为电子传递体[41]。采用阳极氧化金属钨片的方法制备 WO_3，制备的 WO_3 表面是均匀有序的小孔，孔径约为 70 nm，WO_3 层厚度为 560 nm。通过恒电位法在 WO_3 上分别沉积 Cu、Ag 或 Au 纳米颗粒，最后通过电泳沉积法在 WO_3/M（M=Cu、Ag 或 Au）上沉积 g-C_3N_4。

采用电化学方法测定半导体的费米能级。从 Mott-Schottky 曲线可以看出 WO_3 和 g-C_3N_4 的平带电位分别为 0.32 V 和 –0.60 V（vs. SCE），相对于标准氢电极分别为 0.57 eV 和 –0.35 eV。通过扫描 0～20 eV 的 X 射线光电子能谱，获得了 WO_3 和 g-C_3N_4 费米能级与价带的结合能（E_{vF}）分别为 2.45 eV 和 1.78 eV。用两种半导体的费米能级分别加上各自的 E_{vF}，得出 WO_3 和 g-C_3N_4 的价带顶分别为 3.02 eV 和 1.43 eV。测试 WO_3 和 g-C_3N_4 样品的紫外-可见吸收边带分别为 425 nm 和 440 nm，对应禁带宽度分别为 2.92 eV 和 2.80 eV。利用 WO_3 和 g-C_3N_4 价带顶能级 3.02 eV 和 1.43 eV 减去各自的禁带宽度，可得两者的导带底能级分别为 0.10 eV 和 –1.37 eV。具体的能带结构如图 6-120 所示。当 WO_3 和 g-C_3N_4 两种半导体相接触时，电子由费米能级相对较高的 g-C_3N_4 向费米能级相对较低的 WO_3 迁移，造成界面处 WO_3 一侧电子累积（能带下弯）；而 g-C_3N_4 一侧电子耗尽（能带上弯）。这种能带弯曲有利于 WO_3 内的光生电子与 g-C_3N_4 内的光生空穴同时向两者的接触界面处迁移，然而无中间电子传递体存在时，两者很难穿越禁带复合，从而难以实现 Z 体系。

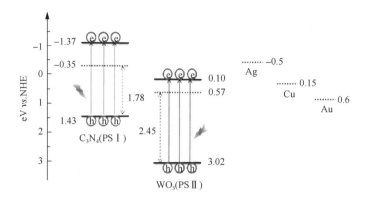

图 6-120　WO$_3$、g-C$_3$N$_4$ 的相对能带结构以及金属 Ag、Cu、Au 的费米能级位置

根据 WO$_3$ 和 g-C$_3$N$_4$ 两种半导体的能带结构，分别选择了 Ag、Cu、Au 3 种金属作为 Z 体系的中间电子传递体，这 3 种金属的费米能级依次为 4.0 eV±0.15 eV、4.65 eV±0.05 eV 和 5.1 eV±0.1 eV（相对真空能级）[42]，与两种半导体费米能级的相对位置关系分别为：同时高于两种半导体费米能级、位于两种半导体费米能级中间、同时低于两种半导体的费米能级。当 Cu 作为 WO$_3$ 和 g-C$_3$N$_4$ 之间的电子传递体时，WO$_3$ 和 g-C$_3$N$_4$ 分别在 WO$_3$-Cu 和 Cu-g-C$_3$N$_4$ 接触界面上形成能带下弯和能带上弯。这种能带弯曲与无电子传递体时相同，有利于 WO$_3$（PS Ⅱ）内的光生电子与 g-C$_3$N$_4$（PS Ⅰ）内的光生空穴同时向两者的接触界面处迁移，不同之处在于，Cu 的存在促进了 WO$_3$ 内的光生电子与 g-C$_3$N$_4$ 内的光生空穴在界面处的传递和复合，即促进了 Z 体系机制的载流子行为。而当中间电子传递体分别为 Ag 和 Au 时，形成的带弯作用正好相反，前者有利于 WO$_3$ 光电子向界面处迁移，但不利于 g-C$_3$N$_4$ 光生空穴向金属迁移；后者有利于 g-C$_3$N$_4$ 空穴向界面迁移，但 WO$_3$ 一侧的能带势垒阻挡了 WO$_3$ 光生电子向金属迁移。以上两种情况都不利于 Z 体系机制的载流子行为。因此可以推测，以 3 种金属分别作为电子传递体时，只有 WO$_3$-Cu-g-C$_3$N$_4$ 会表现出 Z 体系机制，并由此产生较高的氧化性和较高的还原性。

制备 Z 体系过程中，采用电化学沉积法在 WO$_3$ 材料表面分别沉积了 Ag、Cu、Au 纳米颗粒作为电子传递体。由于 Z 体系的形成需要两种半导体 PS Ⅰ 和 PS Ⅱ 在空间上分离，且需要二者分别和中间电子传递体相接触，即形成 "PS Ⅱ-电子传递体-PS Ⅰ" 结构。因此，中间电子传递体需要足够大的直径使其能够隔离两种光催化材料，而太大或太密集的金属颗粒又会阻挡光吸收，因此必须优化电子传递体的尺寸和分布。电沉积过程中，沉积电压越负，金属颗粒尺寸越大；沉积时间越长，金属颗粒在 WO$_3$ 表面的分布密度越大。对于 Cu 而言，优化后的沉积电压是 -1.1 V，沉积时间 60 s。Ag 和 Au 的沉积电压选为 -0.55 V，沉积时间在 60～120 s 内进行调节，此条件下制备的 Ag 和 Au 的颗粒大小与 Cu 颗粒的尺寸一致，分布密度也相近。用 XPS 测定结果表明，此条件下制备的 3 种样品金属含量非常接近(表 6-2)，光催化性能方面的差异不是金属含量引起的。Ag、Au 的 XPS 谱及 Cu 的 XPS 谱和俄歇谱表明，沉积的金属都是零价。最后，电泳沉积 g-C$_3$N$_4$ 得到了 WO$_3$-g-C$_3$N$_4$ 和 WO$_3$-M-g-C$_3$N$_4$ (M = Cu、Ag、Au) 异质结材料。制备样品的形貌如图 6-121 所示，金属变化对形貌影响不明显。

表 6-2　在 WO$_3$ 表面电化学沉积金属 Cu、Ag、Au 后各元素的含量

样品	元素原子分数(%)			
	W	C	O	Cu/Ag/Au
WO$_3$-Cu	11.79	25.32	50.93	11.96
WO$_3$-Ag	11.27	33.01	44.38	11.34
WO$_3$-Au	10.09	38.71	40.77	10.43

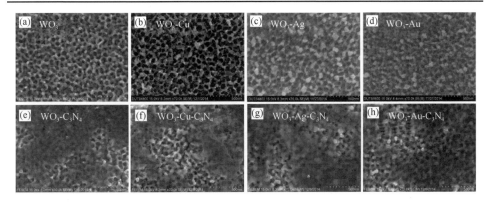

图 6-121　样品形貌

图 6-122 为 3 种 Z 体系的横截面 SEM 图。阳极氧化法得到纳米孔 WO$_3$ 厚度约为 300 nm，依次沉积金属颗粒和 g-C$_3$N$_4$ 以后，由于约 50 nm 的 Cu 均匀分散在整个 WO$_3$ 材料表面，阻止了 WO$_3$ 和 g-C$_3$N$_4$ 的直接接触，形成了 Z 型结构。由于制备方法相同，WO$_3$-Ag-g-C$_3$N$_4$ 和 WO$_3$-Au-g-C$_3$N$_4$ 材料也具有与 WO$_3$-Cu-g-C$_3$N$_4$ 相同的结构。这种结构避免了电子在 WO$_3$ 与 g-C$_3$N$_4$ 之间进行直接传递，能够实现快速分离并利用高能光电荷。

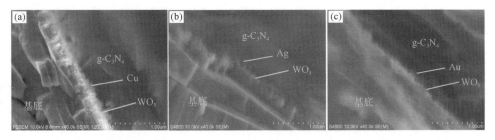

图 6-122　WO$_3$-M-g-C$_3$N$_4$ (M = Cu, Ag, Au) 的横截面 SEM 图

WO$_3$、g-C$_3$N$_4$、WO$_3$-g-C$_3$N$_4$ 和 WO$_3$-M-g-C$_3$N$_4$ 材料的紫外-可见吸收测试结果如图 6-123 所示。WO$_3$ 在≤430 nm 的紫外-可见光区域表现出了较强的吸收；g-C$_3$N$_4$ 粉末在 300～400 nm 范围内展现了较高的吸收，而在 200～300 nm 范围内吸收能力较弱。3 种 Z 体系的光吸收非常相似，都是 WO$_3$ 和 g-C$_3$N$_4$ 两种材料的吸收叠加的特征。此外，虽然 3 种 Z 体系中包含金属纳米颗粒，但均未表现出明显的等离子共振吸收峰。

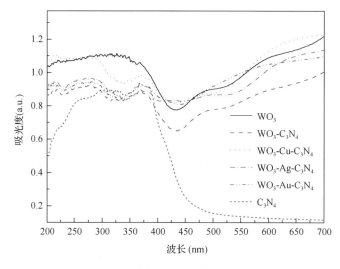

图 6-123　DRS 谱图

如图 6-124 所示，若载流子以 p-n 结机理进行电荷分离和传递，则会导致氧化还原能力降低，若载流子迁移按 Z 体系机制进行，则保留较高的氧化还原能力。因此，通过考察复合材料电子的还原能力和空穴的氧化能力可推测出载流子转移机理。具体到 WO$_3$-M-g-C$_3$N$_4$ 体系，由于 WO$_3$ 的导带底能级为 0.10 eV（本段能级数值均相对标准氢电极），还原能力不足，捕获剂消除空穴的影响后，只有 g-C$_3$N$_4$（导带底能级 –1.37 eV）的光生电子可还原溶液中的 O$_2$ 为 O$_2^{\cdot-}$ $[E^{\ominus}(O_2/O_2^{\cdot-}) = -0.046\ V^{[43]}]$，然后与 H$^+$ 和 H$_2$O 反应生成·OH。同理，由于 g-C$_3$N$_4$ 价带顶能级为 1.43 eV，氧化能力不足，用电子捕获剂或者超氧自由基捕获剂屏蔽电子作用后，只有 WO$_3$ 价带空穴（价带顶能级 3.02 eV）具有足够正的电位氧化水分子产生·OH $[E^{\ominus}(\cdot OH/H_2O) = 2.38\ V^{[43]}]$。因此，分别在空穴捕获剂和 O$_2^{\cdot-}$ 捕获剂存在条件下检测溶液中·OH 的产生，可以预测 WO$_3$-M-g-C$_3$N$_4$ 表面电子的还原能力和空穴的氧化能力，从而推测出光生电子和空穴传递方向。

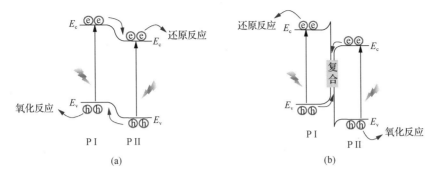

图 6-124　(a) pn 结和 (b) Z 体系的载流子转移途径和氧化还原能力比较

对苯二甲酸能够与•OH 反应产生高荧光物质 2-羟基对苯二甲酸，其在 425 nm 处的荧光信号强度与溶液中•OH 的含量呈正比，因此可用对苯二甲酸为探针的荧光技术检测•OH。图 6-125 (a) 显示，当加入空穴捕获剂 EDTA-2Na 后，可见光照 15 min 没有出现 2-羟基对苯二甲酸的峰，证明导带底低于 $O_2/O_2^{\bullet-}$ 的氧化还原电位的 WO_3 不能通过电子途径产生•OH。相反，当使用 g-C_3N_4 进行以上反应时，可以观察到明显的 2-羟基对苯二甲酸荧光信号，这是由于 g-C_3N_4 材料的导带底位置较负，使得材料表面的光生电子具有较高的还原能力，从而还原 O_2 产生 $O_2^{\bullet-}$ 进而产生•OH。当加入的材料为 WO_3-g-C_3N_4 时，2-羟基对苯二甲酸的荧光信号比只有 g-C_3N_4 时弱，说明 WO_3 和 g-C_3N_4 间的电子传递遵循 pn 结机理，即电子和空穴都从能级较高的能带转移到能级较低的能带，损失了高氧化还原能力的载流子。当 WO_3 和 g-C_3N_4 的界面出现 Cu 纳米颗粒时，产生的荧光信号强于 WO_3-g-C_3N_4，表明加入 Cu 后 WO_3-Cu-g-C_3N_4 体系按 Z 体系机制传递，这与前面能带理论的推测一致。由于 Ag 或 Au 的费米能级位置不合适，WO_3-Ag (或 Au)-g-C_3N_4 的荧光强度不到 WO_3-Cu-g-C_3N_4 的一半。当仅用 480~560 nm 的光照射 WO_3-M-g-C_3N_4 材料时，没有检测到 2-羟基对苯二甲酸，表明金属的等离子共振效应非常弱，引起的电荷转移可忽略不计。向溶液中加入对苯醌 ($O_2^{\bullet-}$ 捕获剂) 考察 WO_3-M-g-C_3N_4 表面空穴的氧化能力，结果如图 6-125 (b) 所示。对比图 (a) 和 (b) 发现由于溶液环境的改变，荧光发射峰位置从 425 nm 红移到 440 nm，但仍处于 2-羟基对苯二甲酸的荧光发射波长范围。在光生电子被捕获的情况下，g-C_3N_4 表面不能形成•OH 而 WO_3 正好相反。光生空穴的氧化能力测试表明，只有 WO_3-Cu-g-C_3N_4 材料表现出了比单纯 WO_3 更强的荧光信号，证明了只有 Cu 有利于载流子以 Z 体系机制传递，这与图 (a) 结果一致。WO_3-g-C_3N_4 没有 2-羟基对苯二甲酸的荧光峰，进一步证实了没有电子传递体时，WO_3-g-C_3N_4 不能发生按 Z 体系机制的电子转移，从而导致其•OH 的产生量很少。

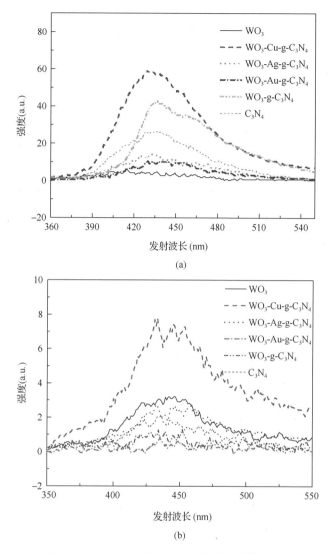

图 6-125 WO$_3$-g-C$_3$N$_4$ 和 WO$_3$-M-g-C$_3$N$_4$ 系统中加入 (a) 空穴捕获剂和 (b) O$_2^-$ 捕获剂后产生的 •OH 荧光信号

为了解 WO$_3$-M-g-C$_3$N$_4$ 中光生载流子的分离性能，测试了材料的光电流密度，结果如图 6-126 所示。在偏压为 0 V *vs.* SCE 时，纳米孔 WO$_3$ 的光电流密度为 3.3 µA/cm^2；而 WO$_3$-g-C$_3$N$_4$ 异质结光电流密度增加，约为 5.0 µA/cm^2。这是由于异质结包含了两种材料的光吸收，增加了光谱的利用范围，且异质结中内建电场的存在促进了光生载流子在界面处的分离。由于 Ag 和 Au 两种金属与半导体能带结构不匹配造成了界面势垒，阻碍了载流子以 pn 结或 Z 体系机制传递，所以 WO$_3$-Ag-g-C$_3$N$_4$ 和 WO$_3$-Au-g-C$_3$N$_4$ 的光电流密度都低于 WO$_3$。而 WO$_3$-Cu-g-C$_3$N$_4$

的光电流密度高达 11.5 μA/cm²，证明 WO₃-Cu-g-C₃N₄ 中更多的光生载流子被分离。•OH 产量增加和光电流密度提高表明了在 WO₃-Cu-g-C₃N₄ 中载流子以 Z 体系机制迁移。

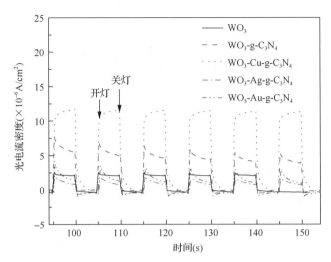

图 6-126　WO₃、WO₃-g-C₃N₄ 和 WO₃-M-g-C₃N₄（M = Cu, Ag, Au）的光电流密度-时间曲线
（偏压：0 V *vs.* SCE，电解质：0.1 mol/L Na₂SO₄）

选择内分泌干扰物 4-壬基酚作为目标污染物评价了 WO₃-M-g-C₃N₄ 异质结的光催化性能，对照催化剂为相似比表面积的 g-C₃N₄、WO₃-g-C₃N₄，结果如图 6-127 所示。直接光解过程 4-壬基酚的浓度几乎不变，证明了它自身较稳定，不易光解。4-壬基酚在 g-C₃N₄ 和 WO₃-g-C₃N₄ 上的光催化降解动力学常数分别为 0.044 h⁻¹ 和 0.067 h⁻¹。WO₃-g-C₃N₄ 比 g-C₃N₄ 催化活性高是因为两种半导体光吸收叠加及异质结内建电场促进了光生电荷分离。4-壬基酚在 WO₃-Ag-g-C₃N₄ 和 WO₃-Au-g-C₃N₄ 上的光催化分解动力学常数分别为 0.083 h⁻¹ 和 0.079 h⁻¹，比在 WO₃-g-C₃N₄ 表面的降解速率稍有提高，但是提高幅度不大。这是由于 Ag 和 Au 的费米能级决定了两者不能促进光生电子和空穴以传统异质结的机理分离，也不能显著促进其以 Z 体系机制迁移。WO₃-Cu-g-C₃N₄ 光催化降解 4-壬基酚的速率常数为 0.78 h⁻¹，是 WO₃-g-C₃N₄ 的 11.6 倍。该结果与光电流实验和•OH 测量结果一致，证明了在 Z 体系机制作用下，WO₃-Cu-g-C₃N₄ 产生了大量具有高还原能力的电子和高氧化能力的空穴。考虑到纳米孔 WO₃ 的比表面积比上述具有 g-C₃N₄ 覆盖层的材料高，采用水热法制备了粉体 WO₃ 和 WO₃-Cu-g-C₃N₄，并对比了二者的光催化性能，结果如图 6-127(b) 所示。4-壬基酚在粉体 WO₃-Cu-g-C₃N₄ 表面的降解速率常数为 0.90 h⁻¹，为 WO₃ 的催化速率常数(0.15 h⁻¹)的 6.0 倍。光催化实验的结果证明了

Cu 是一种适用于 WO$_3$ 和 g-C$_3$N$_4$ 的电子传递体，在 Cu 的作用下，载流子在 WO$_3$ 和 g-C$_3$N$_4$ 之间以 Z 体系机制传递，从而保证了较高的光催化性能。降解实验重复五次，WO$_3$-Cu-g-C$_3$N$_4$ 催化活性没有降低，证明其稳定性较好。进一步考察其在碱性条件下的稳定性。将 WO$_3$-Cu-g-C$_3$N$_4$ 材料分别浸渍于 pH 为 9.5 和 11.5 的碱性溶液中，取出清洗烘干后，测试其光吸收性质变化，结果如图 6-128 所示，当溶液的 pH 为 9.5 时，WO$_3$-Cu-g-C$_3$N$_4$ 和 WO$_3$ 在 NaOH 溶液中浸渍 6 h 后光吸收性质稳定，当溶液的碱性增强至 pH 为 11.5 时，纳米孔 WO$_3$ 的光学吸收表现出了明显的降低，而 WO$_3$-Cu-g-C$_3$N$_4$ 没有明显变化，说明 g-C$_3$N$_4$ 层能够保护内部 WO$_3$ 材料，避免其受到碱液的腐蚀。

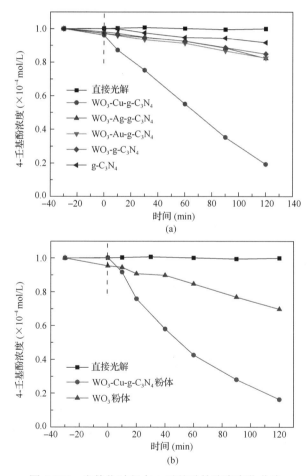

图 6-127　光催化过程中 4-壬基酚的浓度变化曲线

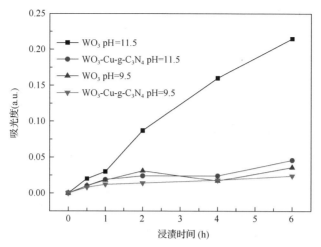

图 6-128　WO_3 和 WO_3-Cu-g-C_3N_4 的光学吸收-碱液中浸渍时间曲线 ($\lambda = 370$ nm)

2) 铁电材料作为电子传递体的 Z 体系

利用铁电材料形成极化的电场也可促进光生电荷分离。在一定的温度范围内，铁电材料晶胞的结构使正负电荷重心不重合而出现电偶极矩，形成自发极化电场，而施加外电场可以提高铁电材料的极化程度(图 6-129)。若在 PS I 和 PS II 的接触界面处插入铁电材料中间层，通过预极化改变其极化电场的方向，有望增强 Z 体系中电子的分离和转移。

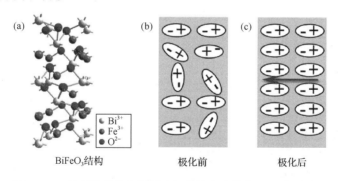

BiFeO₃结构　　　　　　极化前　　　　　　极化后

图 6-129　(a) $BiFeO_3$ 的晶体结构和材料内部的铁电畴排布；(b) 极化前；(c) 极化后

以铁电材料 $BiFeO_3$ 作为电子传递体，$BiVO_4$ 和 $CuInS_2$ 分别为 PS II 和 PS I 可构建 $BiVO_4$-$BiFeO_3$-$CuInS_2$ 铁电 Z 体系[44]。制备步骤如下：采用旋转涂膜法在导电玻璃上沉积 $BiVO_4$ 层，然后在 $BiVO_4$ 上化学沉积 $BiFeO_3$ 层，将沉积了 $BiVO_4$ 和 $BiFeO_3$ 的导电玻璃平放于直径 6 cm 的容器底部，将异丙醇分散液加入到容器中，在 80℃的条件下蒸发异丙醇，得到 $BiVO_4$-$BiFeO_3$-$CuInS_2$ 薄膜。三层材料分别为单斜晶型 $BiVO_4$、六方相 $BiFeO_3$ 和立方相 $CuInS_2$，厚度分别为 100 nm、

70 nm 和 1 μm。

紫外漫反射吸收光谱测试结果表明，$BiVO_4$、$BiFeO_3$ 和 $CuInS_2$ 的吸收边带分别为 500 nm、550 nm 和 850 nm，对应的禁带宽度分别为 2.69 eV、2.33 eV 和 1.48 eV。结合 Mott-Schottky 曲线及 XPS 能谱获得 $BiVO_4$、$BiFeO_3$ 和 $CuInS_2$ 的价带顶能级分别为 2.36eV、2.10 eV 和 1.01 eV。分别用三者的价带顶能级减去禁带宽度，可得导带底能级分别为 –0.33 eV、–0.23 eV 和 –0.47 eV。

由于 $BiVO_4$、$BiFeO_3$ 和 $CuInS_2$ 三者的禁带宽度依次变窄，理论上可实现窗口效应。当光源从 $BiVO_4$ 一侧入射时，能量超过 $BiVO_4$ 带隙能的光子被 $BiVO_4$ 吸收，能量在 $BiVO_4$ 与 $BiFeO_3$ 带隙能之间的光子透过 $BiVO_4$ 层被 $BiFeO_3$ 吸收，同理，能量在 $BiFeO_3$ 和 $CuInS_2$ 带隙能之间的光子透过 $BiFeO_3$ 层被 $CuInS_2$ 吸收，即从导电玻璃的背面进行光照，可使三层材料都能被光激发。导电玻璃上只沉积一层 $CuInS_2$ 层，依次沉积 $BiVO_4$ 和 $CuInS_2$，依次沉积 $BiVO_4$、$BiFeO_3$、$CuInS_2$ 等三层的 DRS 测试结果（图 6-130）显示，入射光从导电玻璃背面照射时（FTO 导电玻璃的特征吸收波长≤350 nm），$CuInS_2$ 在波长 350~800nm 的范围内表现出了较强的吸收，由于其吸收带边在 850 nm，在测试范围内只能看到导电玻璃的吸收带边特征；相对于 $CuInS_2$，$BiVO_4$-$CuInS_2$ 的 DRS 曲线出现了 $BiVO_4$ 的吸收带边，由于叠加了两种材料的光吸收，对波长 350~450 nm 的光吸收明显增强；进一步增加 $BiFeO_3$ 层后，$BiVO_4$-$BiFeO_3$-$CuInS_2$ 表现出 $BiVO_4$、$BiFeO_3$、$CuInS_2$ 三种材料的吸收特点。DRS 谱证实了 $BiVO_4$-$BiFeO_3$-$CuInS_2$ 材料可实现窗口效应，三层材料均可被入射光激发。

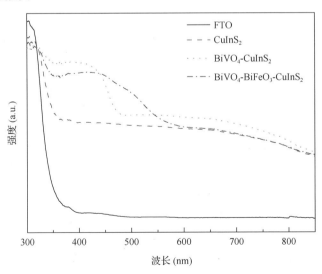

图 6-130　$CuInS_2$、$BiVO_4$-$CuInS_2$ 和 $BiVO_4$-$BiFeO_3$-$CuInS_2$ 异质结的 DRS 图谱

根据以上 3 种半导体的能带结构，$BiVO_4$-$BiFeO_3$-$CuInS_2$ 异质结能带弯曲如图 6-131(a)所示。有光照条件下，内建电场驱动 $BiVO_4$ 的光生电子迁移到 $BiFeO_3$ 的导带，受 $BiFeO_3$ 和 $CuInS_2$ 界面处内建电场的阻碍，聚集在该界面，同时 $CuInS_2$ 的空穴聚集在 $BiFeO_3$ 和 $CuInS_2$ 界面。这种迁移方式不但无助于电荷分离，而且由于光生空穴大量聚集还提高了与 $CuInS_2$ 光生电子的复合率，削弱了光催化能力。

如果对材料进行极化，赋予 $BiFeO_3$ 层如图 6-131(b)所示的极化电场，则存在于 $BiFeO_3$ 导带上的电子可以在极化电场的作用下隧穿到 $CuInS_2$ 材料的价带，从而与 $CuInS_2$ 材料的光生空穴复合，保留了 $CuInS_2$ 材料表面具有较高还原性的光生电子。此时，光生电荷迁移以 Z 体系方式进行，有效分离的光生电子数量多于非极化的 $BiVO_4$-$BiFeO_3$-$CuInS_2$ 异质结或单独的 $CuInS_2$。如果对异质结进行相反方向的极化，能带结构如图 6-131(c)所示，此时的异质结材料抑制了 $CuInS_2$ 半导体上的光生载流子分离，光生电子数量将进一步降低。

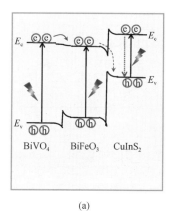 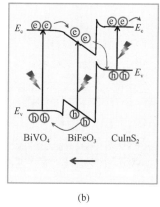 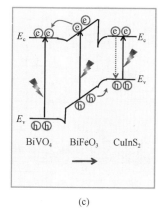

图 6-131　$BiVO_4$-$BiFeO_3$-$CuInS_2$ 异质结的载流子流动

(a)未受到极化；(b)、(c)受到不同方向的极化

为了比较极化电场方向的影响，进行如下 3 种处理：①将 $BiVO_4$-$BiFeO_3$-$CuInS_2$ 作为正极、导电玻璃负极，在 100 V 电压下极化 0.5 h；②对调正负极，在相同电压下进行相同时间的反向极化；③不极化。未极化及正、反极化样品的光电流如图 6-132 所示，施加相对于标准氢电极为 0 V 的偏压时，$CuInS_2$、$BiVO_4$-$CuInS_2$ 和未极化的 $BiVO_4$-$BiFeO_3$-$CuInS_2$ 的光电流分别为 -0.07 mA/cm^2、-0.005 mA/cm^2 和 -0.01 mA/cm^2，两种异质结的光电流较低是由于界面势垒不利于光生电子和空穴的分离。正极极化形成图 6-131(b)所示的极化电场后，材料的光电流提高到 -0.15 mA/cm^2（图 6-132 中用 $BiVO_4$-$BiFeO_3$-$CuInS_2$+表示），为 $CuInS_2$ 的两倍。根据图 6-131(b)的能带结构，光电流的增强是由于极化电场促进了 Z 体

系机制的电子传递，即 BiFeO$_3$ 导带上的电子可以在极化电场的作用下，传递到 CuInS$_2$ 材料的价带并与 CuInS$_2$ 材料的光生空穴复合，因此，保证了更多 CuInS$_2$ 材料表面的光生电子传递到溶液中形成更高的光电流。对于反向极化的样品（图 6-132 中用 BiVO$_4$-BiFeO$_3$-CuInS$_2$–表示），其能带结构如图 6-131(c) 所示，由于光生空穴从内部材料传递到 CuInS$_2$ 材料并与后者表面的光生电子进行复合，BiVO$_4$-BiFeO$_3$-CuInS$_2$ 异质结的光电流被进一步削弱，因此其光电流甚至小于 CuInS$_2$。由以上分析可知，极化电场在调控载流子传递方面发挥着重要作用。

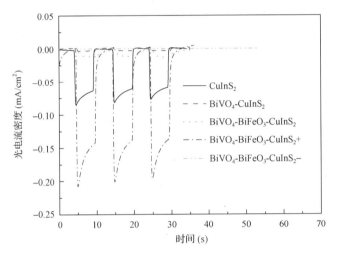

图 6-132　BiVO$_4$-BiFeO$_3$-CuInS$_2$ 异质结的光电流密度-时间曲线

实验条件：0 V *vs.* NHE, 0.1 mol/L Na$_2$SO$_4$, $\lambda \geqslant 420$ nm

为证实 BiVO$_4$-BiFeO$_3$-CuInS$_2$ 的电荷迁移机制，使用电子顺磁共振(EPR)仪测试了 O$_2^{\cdot-}$ 和 •OH 的相对强度。外层 CuInS$_2$ 导带能级较高，理论上其导带电子可还原水溶液中的 O$_2$ 为 O$_2^{\cdot-}$，然而图 6-133(a) 中 DMPO- O$_2^{\cdot-}$ 加合物的 EPR 峰非常弱，表明 CuInS$_2$ 产生的 O$_2^{\cdot-}$ 较少，这可能是由于材料表面光生电子和空穴的复合率较高所致。对于正极极化的 BiVO$_4$-BiFeO$_3$-CuInS$_2$+，EPR 谱图中 DMPO-O$_2^{\cdot-}$ 加合物的特征峰明显地加强，证明从 CuInS$_2$ 指向 BiVO$_4$ 的极化电场使光生电子保留在还原能级最高的 CuInS$_2$ 导带，进而促进了 O$_2^{\cdot-}$ 的生成。图 6-133(b) 显示，当 BiVO$_4$-BiFeO$_3$-CuInS$_2$+存在时，EPR 谱中出现了强度比例为 1：2：2：1 的四重峰，证实存在 DMPO-•OH，由于 CuInS$_2$ 价带空穴没有足够的氧化能力，所以•OH 应该是由 O$_2^{\cdot-}$ 转化而来。BiVO$_4$-BiFeO$_3$-CuInS$_2$+存在条件下，O$_2^{\cdot-}$ 和•OH 的产生与光电流的结果一致，证明了 Z 体系机制有利于保持材料较高的电子还原性和空穴氧化性。相反，当 BiVO$_4$-CuInS$_2$ 和 BiVO$_4$-BiFeO$_3$-CuInS$_2$ 存在时，两种自由基都没有被检测到，说明这两种材料不能促进电子以 Z 体系机制传递。以上结果证实，由 CuInS$_2$ 指向 BiVO$_4$ 的极化电场在 Z 体系电子传递过程中起到重要作用。

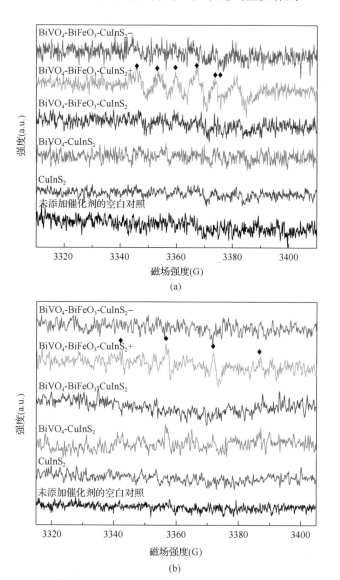

图 6-133 光照 25 min 后生成的 (a) DMPO-O$_2^{\cdot-}$ 和 (b) DMPO-•OH 的 EPR 图谱 ($\lambda \geqslant 420$ nm)

为了研究极化电场厚度对光生载流子迁移性能的影响，通过改变旋转涂膜机转速获得不同 BiFeO$_3$ 层厚度的样品。涂膜机转速 300 r/min、450 r/min 和 600 r/min

对应的膜厚分别为 250 nm、90 nm 和 70 nm。提高转速至 1200 r/min 时，由于更多的前驱体液体被甩出，无法得到连续膜，只有 30 nm 厚的分散 BiFeO₃ 片。分别对具有不同厚度 BiFeO₃ 的 BiVO₄-BiFeO₃-CuInS₂ 异质结进行极化（根据极化电场的方向，仍然在催化剂名称后以"+"号表示），并对比了它们产生的光电流大小，结果如图 6-134 所示。导电玻璃上仅沉积一层 CuInS₂ 的光电流约为–0.07 mA/cm²。BiFeO₃ 层厚度为 30 nm 的 BiVO₄-BiFeO₃-CuInS₂+ 的光电流仅比 CuInS₂ 的光电流高出约–0.01 mA/cm²，这可能是由于 30 nm 的 BiFeO₃ 层并未形成连续膜，使得异质结中存在 BiVO₄-CuInS₂ 结构，从而削弱了 BiVO₄-BiFeO₃-CuInS₂+ 的光电流。而当极化层 BiFeO₃ 的厚度提高到 70 nm 时，光电流达到约–0.15 mA/cm²，证明了此时 BiFeO₃ 层形成了连续薄膜结构，被极化以后具有均匀的极化电场，从而促进了载流子的定向迁移。当继续提高 BiFeO₃ 层的厚度至 90 nm 和 250 nm 时，光电流分别减小到–0.10 mA/cm² 和–0.05 mA/cm²，这是由于在极化电压固定的情况下，BiFeO₃ 层越厚越不容易达到极化饱和，从而导致极化电场强度较低，促进载流子迁移能力也较低。

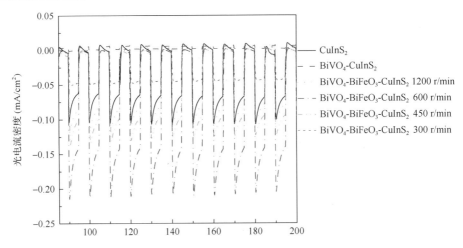

图 6-134 BiFeO₃ 材料的厚度对 BiVO₄-BiFeO₃-CuInS₂ 异质结可见光光电流的影响

实验条件：0 V *vs.* NHE，0.1 mol/L Na₂SO₄，λ≥420 nm

选择对硝基酚作为目标污染物评价了 BiVO₄-BiFeO₃-CuInS₂ 复合材料的光催化性能。有光照无催化剂时，对硝基酚的直接光解反应速率很慢。以 CuInS₂ 作光催化剂时，降解动力学常数为 0.43 h⁻¹。BiVO₄-CuInS₂ 和 BiVO₄-BiFeO₃-CuInS₂ 在相同条件下光催化降解对硝基酚的速率常数分别为 0.07 h⁻¹ 和 0.38 h⁻¹。后两种材料较弱的光催化效果与前面分析的载流子传递机制结果一致：无极化电场时，BiVO₄ 和 CuInS₂ 两种材料之间的能带势垒影响了载流子的转移，抑制了光催化性能。极化处理后，BiVO₄-BiFeO₃-CuInS₂+对对硝基酚的催化降解速率常数为 1.19 h⁻¹，分别是 CuInS$_2$ 和 BiVO$_4$-CuInS$_2$ 的 2.8 倍和 16.9 倍。采用高效液相色谱分析中间产物,发现反应过程中出现了两种物质,其中出峰位置为 2.1 min 的物质为氨基酚类中间产物,在 237 nm 表现出了最大吸收;而出峰时间为 12.3 min 的另一种产物的浓度随反应时间延长先增大后减小,说明被逐步降解。以上实验结果证实了由于与污染物接触的 CuInS$_2$ 材料价带上空穴的氧化能力较弱,材料表面的对硝基酚是通过被光生电子还原为对氨基酚而进一步降解。污染物的降解途径证明了 BiVO$_4$-BiFeO$_3$-CuInS$_2$+复合催化剂较高的催化效果是由于 CuInS$_2$ 材料上更多的光生电子参与了对硝基酚的还原反应,即 BiFeO$_3$ 的极化电场能够促进光生载流子以 Z 体系机制传递,从而保留了 CuInS$_2$ 材料表面的光生电子,提高了其对污染物的催化降解速率。

进一步考察 BiVO$_4$-BiFeO$_3$-CuInS$_2$ 对 2,4-二氯酚 (2,4-DCP) 的光催化性能。可见光对 2,4-DCP 的直接光解作用可忽略不计。BiVO$_4$-BiFeO$_3$-CuInS$_2$+对 2,4-DCP 的光催化速率常数为 2.24 h^{-1},在测试催化剂中最高,分别是 CuInS$_2$ 和 BiVO$_4$-CuInS$_2$ 的 1.58 倍和 3.44 倍。未极化的 BiVO$_4$-BiFeO$_3$-CuInS$_2$ 动力学常数仅为 1.11 h^{-1},不到 BiVO$_4$-BiFeO$_3$-CuInS$_2$+的 50%。这一实验结果与载流子的迁移机理相符合,进一步表明 BiFeO$_3$ 极化层促进了载流子在 BiVO$_4$-BiFeO$_3$-CuInS$_2$+材料内以 Z 体系机制传递,从而提高了该催化剂的氧化还原能力。

通过在光催化反应体系中添加自由基捕获剂考察了反应过程中的活性物种,还考察了 TOC 的变化情况,结果分别如图 6-135(a) 和 (b) 所示。从图 6-135(a) 中可以看出,将•OH 捕获剂正丁醇添加到溶液中后,2,4-二氯酚的降解速率并未发生明显的变化。这表明•OH 对 2,4-二氯酚的降解贡献不大。当 h$^+$ 的捕获剂乙二胺四乙酸钠和 O$_2^{•-}$ 的捕获剂对苯醌加入溶液中后,2,4-二氯酚的降解速率有很大程度的降低,表明 h$^+$ 和 O$_2^{•-}$ 是该光催化实验过程中起主要作用的活性物种。活性物种测试实验结果进一步表明,BiVO$_4$-BiFeO$_3$-CuInS$_2$+较高的催化性能主要得益于该催化剂 Z 体系机制的电子迁移,其导致了光生电子在 CuInS$_2$ 材料表面累积。TOC 去除结果如图 6-135(b) 所示,即使 CuInS$_2$ 能够在 2 h 内催化降解 95% 的 2,4-二氯酚,在以 CuInS$_2$ 和 BiVO$_4$-CuInS$_2$ 为催化剂的反应体系中,反应 2 h 后 2,4-二氯酚的矿化率却很低。这是由于 CuInS$_2$ 光生空穴的氧化能力太弱。而在以 BiVO$_4$-BiFeO$_3$-CuInS$_2$+为催化剂的反应体系中,反应 2 h 后 2,4-二氯酚的矿化率能够达到 36%,这是由于该催化剂内 Z 体系机制的电子迁移行为保留了 BiVO$_4$ 表面具有强氧化性的空穴以及在 CuInS$_2$ 表面产生了高反应活性的 O$_2^{•-}$。根据以上分析,2,4-二氯酚的光催化降解机理如图 6-136 所示。

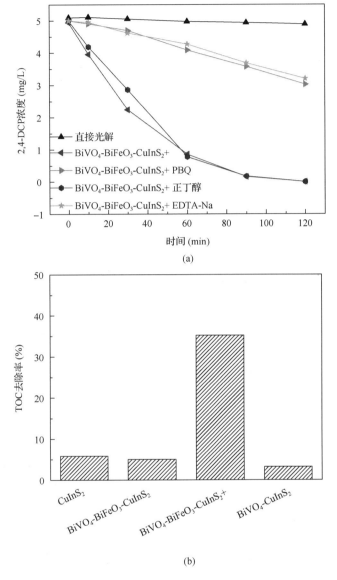

图 6-135 （a）不同捕获剂存在时 2,4-二氯酚的浓度-时间曲线和（b）反应 2 h 后 TOC 的去除率

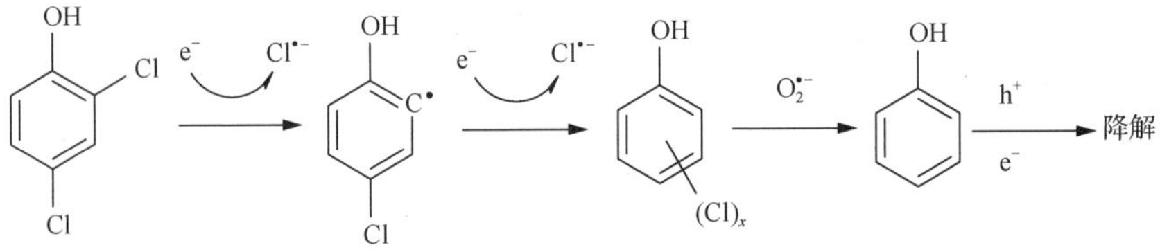

图 6-136 BiVO$_4$-BiFeO$_3$-CuInS$_2$+光催化降解 2,4-二氯酚的途径

3) 结合晶面效应的 Z 体系

不同晶面之间的电子排列和能带结构存在差异，可形成内部电场促进光生电子-空穴实现空间分离。构建 Z 体系光催化剂时充分发挥晶面效应将会进一步增强电荷分离性能。$BiVO_4$ 是一种典型的具有晶面效应的光催化剂，由于其{110}晶面的导带底和价带顶分别比{010}晶面的导带底和价带顶高 0.42 eV 和 0.37 eV，$BiVO_4$ 的光生电子和空穴分别累积到{010}晶面和{110}晶面。对于以 $BiVO_4$、Au 和 CdS 为 PS II、电子传递体、PSI 的 Z 体系光催化材料，由于 $BiVO_4$ 光生电子选择性地累积到{010}晶面，因此可以利用光还原法在{010}晶面上沉积 Au 纳米颗粒（Au NPs）。通过改变反应时间来控制 Au NPs 的沉积量，反应 1 h、2 h 和 3 h 的样品记为 $BiVO_4$-Au-1、$BiVO_4$-Au-2 和 $BiVO_4$-Au-3。为了对照，利用化学还原法将 Au NPs 随机沉积至{010}晶面和{110}晶面上，标记为 c-$BiVO_4$-Au-2。由于单质 S 与 Au 间存在化学键的作用，利用光还原法在 $BiVO_4${101}-Au 上沉积 CdS 时，CdS 选择性地沉积在 Au 表面，与 $BiVO_4$-Au-2 和 c-$BiVO_4$-Au-2 对应的样品分别标记为 $BiVO_4$-Au@CdS-2 和 c-$BiVO_4$-Au@CdS-2。Z 体系材料的制备过程如图 6-137 所示[45]。

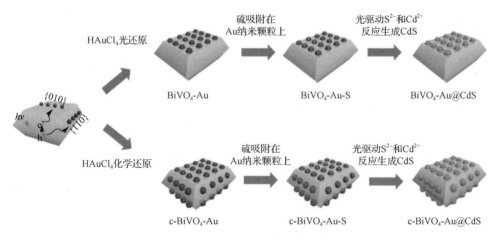

图 6-137　$BiVO_4$-Au@CdS 和 c-$BiVO_4$-Au@CdS 光催化剂的制备流程图

样品形貌如图 6-138 所示。$BiVO_4$ 晶体结构完整，{010}晶面和{110}晶面清晰可见，晶面平坦无起伏[图 6-138(a)]。Au 纳米颗粒选择性沉积在 $BiVO_4$ 的{010}晶面上[图 6-138(b)]，而{110}晶面上完全没有 Au 颗粒。图 6-138(c)显示，沉积 CdS 后，{010}晶面上的颗粒尺寸从 25 nm 增加到了 37 nm。CdS 直接沉积 $BiVO_4$ 的{010}晶面的样品形貌见图 6-138(d)。上述 4 个 SEM 图表明成功构建了晶面 Z 体系。使用 TEM 观察 $BiVO_4$-Au 和 $BiVO_4$-Au@CdS 样品中{010}晶面上沉积的 Au 和 Au@CdS，间距 0.235 nm 的晶格与 Au（111）晶面相吻合，间距 0.34 nm 的晶格与 CdS(111) 晶面相符。XPS 结果显示 BiVO$_4$-Au@CdS-2 由 Bi、V、O、Au、Cd 和 S 6 种元素组成的，说明材料制备的过程中未引入其他杂质元素。沉积了 CdS 之后，由于被 CdS 覆盖，Au 的特征峰强度明显减弱。根据 Cd 元素的高分辨 XPS 图谱，405.25 eV 和 412.0 eV 的峰与 Cd 3d$_{5/2}$ 和 3d$_{3/2}$ 轨道的结合能一致，以上结果证明 Z 体系光催化剂存在 CdS。

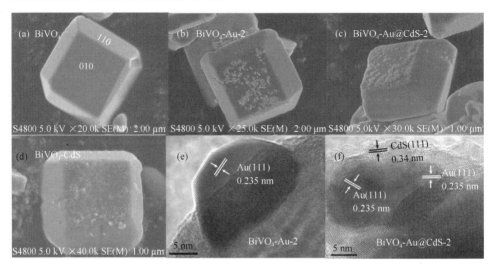

图 6-138　样品形貌

图 6-139(a) 为 BiVO$_4$，BiVO$_4$-Au，BiVO$_4$-Au@CdS-1、2、3 和 BiVO$_4$-CdS 等的紫外-可见吸收光谱。从图中可以看出，Au 沉积于 BiVO$_4${010} 晶面后，在 620 nm 处出现了明显的可见光吸收峰，这与 Au 的特征吸收峰位置相符合。沉积 CdS 后，BiVO$_4$-Au@CdS-x 在可见光部分的光吸收强度呈现出先升高后降低的趋势，BiVO$_4$-Au@CdS-2 的光吸收强度最高。该现象说明构建 Z 体系光催化剂可以增强催化剂的光吸收性能进而提高其光催化性能。为了考察上述光催化剂的载流子分离性能，测试了可见光下的光电流强度[图 6-139(c)]。在相同的光谱吸收前提下，由于金属和半导体之间存在肖特基结，半导体和半导体之间存在异质结的作用，BiVO$_4$-Au 和 BiVO$_4$-CdS 都表现出了比 BiVO$_4$ 更强的光电流响应。由于存在晶面诱导电荷分离和异质结内建电场共同作用，3 种 Z 体系光催化剂 BiVO$_4$-Au@CdS-1、2、3 界面处电荷分离效率明显提高，表现出比 BiVO$_4$-Au 和 BiVO$_4$-CdS 更高的光电流。其中 BiVO$_4$-Au@CdS-2 拥有最高的光电流响应，这与荧光发射光谱结果一致[图 6-139(b)]，证明了 BiVO$_4$-Au@CdS-2 具有最优的电子-空穴分离效果。

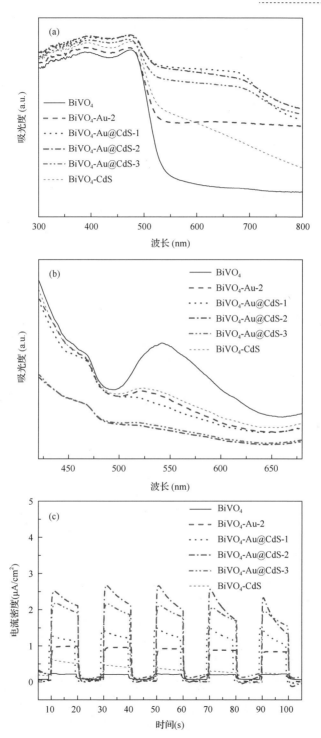

图 6-139　七种催化剂的(a)紫外-可见吸收光谱，(b)光致发光谱和(c)电流-时间曲线图

以 RhB 为目标物评价 BiVO$_4$-Au@CdS 光催化剂的催化活性。RhB 在可见光照射下几乎不分解，而投加光催化剂后，BiVO$_4$-Au@CdS-2 对 RhB 降解的速率常数为 0.013 min^{-1}，在所有光催化剂中是最大的，分别是 BiVO$_4$(0.0021 min^{-1})、BiVO$_4$-Au-2(0.0043 min^{-1}) 和 BiVO$_4$-CdS(0.0044 min^{-1}) 的 6.11 倍、3.03 倍和 2.95 倍。为了研究 RhB 的降解机理，用液质联用检测了 RhB 在光催化降解过程中出现的 5 种中间产物，分别为 *N,N*-二乙基-*N'*-乙基罗丹明(DER)、*N,N*-二乙基罗丹明(DR)、*N*-乙基-*N'*-乙基罗丹明(EER)、*N*-乙基罗丹明(ER) 和罗丹明(R)。它们的浓度随着反应时间的延长先增加后降低。其中主要的中间产物在反应 1 h 时达到最大值，随后逐渐降低，3 h 后基本消失，说明 RhB 通过脱乙基过程完成降解。BiVO$_4$-Au@CdS-2 光催化分解 RhB 反应进行 4 h 后，化学需氧量(COD) 由 27 mg/L 下降到 18.2 mg/L，去除率 33%，表明 BiVO$_4$-Au@CdS-2 光催化过程可以矿化污染物。

为了消除染料的光敏化作用对光催化降解性能的影响，以内分泌干扰物 4-壬基酚作为目标物再次评估催化剂性能。结果显示 4-壬基酚的降解趋势与 RhB 降解趋势相符，其中 BiVO$_4$-Au@CdS-2 分解 4-壬基酚的动力学常数最高，为 0.043 min^{-1}，分别为 BiVO$_4$-Au-2、BiVO$_4$-CdS 和 BiVO$_4$ 的 1.3 倍、1.7 倍和 2.4 倍。BiVO$_4$-Au@CdS 催化剂连续使用 4 次，对 4-壬基酚的降解能力保持稳定。

为了阐明晶面效应结合 Z 体系的电荷传递机制，用 EPR 检测了各种催化剂光催化反应体系中产生的自由基类型。图 6-140(a) 给出了 •OH 的 EPR 谱图。由于

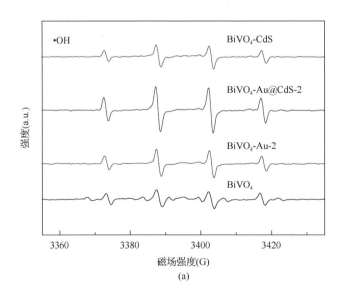

(a)

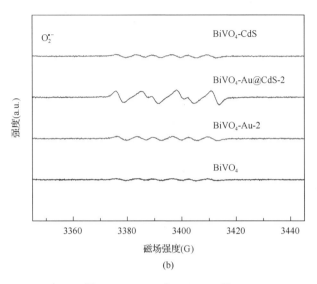

图 6-140 •OH 和 $O_2^{•-}$ EPR 谱

$BiVO_4$ 的价带位置足够正，可以氧化水产生•OH，因此，$BiVO_4$-Au@CdS-2、$BiVO_4$-Au-2、$BiVO_4$-CdS 和 $BiVO_4$ 均有•OH 信号，其中具有 Z 体系结构 $BiVO_4$-Au@CdS-2 的•OH 信号最强，表明产生的光生空穴最多。图 6-140 (b) 显示出 $O_2^{•-}$ 的 EPR 谱图。只有 $BiVO_4$-Au@CdS-2 体系中检测到比较强的 $O_2^{•-}$ 的信号，由于 $BiVO_4$ 的 {010} 晶面不具备活化分子氧的能力，说明只有包含 CdS 的 Z 体系才有足够的还原能力活化 O_2 产生 $O_2^{•-}$ 自由基。以上结果表明，具有 Z 体系结构的 $BiVO_4$-Au@CdS-2 能够同时产生•OH 和 $O_2^{•-}$。

为了证明晶面效应在 Z 体系中发挥重要作用，制备了非选择性沉积 c-$BiVO_4$-Au@CdS-2 作为对照，Au 纳米颗粒随机分布在 $BiVO_4$ 整个表面，CdS 沉积在 Au 纳米颗粒上。根据电感耦合等离子体原子发射光谱仪测试结果，$BiVO_4$-Au 和 c-$BiVO_4$-Au 中 Au 的质量分数分别为 0.497% 和 0.492%，与最初投加量 0.5% 相符；类似的，$BiVO_4$-Au@CdS-2 和 c-$BiVO_4$-Au@CdS-2 中 CdS 的含量分别为 0.0437% 和 0.0465%，二者非常接近，因此可排除 Au 和 CdS 沉积量的差别对光催化性能的影响。光电流强度测试和降解 4-NP 结果均显示 $BiVO_4$-Au@CdS-2 性能最好，c-$BiVO_4$-Au@CdS-2 的性能甚至低于 $BiVO_4$-Au-2。这是由于晶面效应作用下，{110} 晶面上积累空穴，c-$BiVO_4$-Au@CdS-2 中部分 Au 颗粒沉积在 {110} 晶面上，导致 Au 上的电子和空穴复合概率增加。

6.5 强化界面反应的方法

6.5.1 活性晶面优势暴露材料

晶体具有不同取向的平面组成的多面体外形，构成多面体的平面称为晶面[46]。晶面由原子阵点组成，原子排列密度的差别对晶体的性能有直接影响。首先晶面原子排布变化导致表面截止原子不同，如果截止原子的电负性不同则对吸附及产物的脱附能力也不同，导致不同晶面的催化活性有差别[47]；其次，不同晶面的配位原子数量不同，配位键使反应物以解离形式而非分子形式吸附于活性位点，从而提高催化剂的反应活性。例如，锐钛矿 TiO_2 的{101}面拥有 50%的五重配位钛原子 $Ti_{(5C)}$，而{001}面则拥有 100%的五重配位钛原子 $Ti_{(5C)}$，后者表现出比前者更好的光催化活性[48]；最后，部分晶面的原子排布可能还会导致晶格通道的形成，这些通道可以使一些小分子物质进入或者通过，因而增加了光催化的表面活性位点，提高光催化活性。

WO_3 具有良好的光电化学特性，其禁带宽度为 2.5～3.0 eV，对应的吸收波长为 410～500 nm，比 TiO_2 利用太阳光谱更宽。以 WO_3 为例，研究了暴露不同晶面对光催化活性的影响。

以钨片为原料，在 0.2%(质量分数)NaF 和 0.3% HF 等体积混合的电解液中，施加 60 V 电压阳极氧化 30 min，接着降低电压到 40 V 继续氧化 30 min，得到无定形自组装纳米孔 WO_3[49]，然后通氧气在 450 ℃热处理 4 h，提高结晶度。作为对照，在 60 V 电压下连续氧化 60 min 得到无序纳米孔结构的 WO_3 薄膜、在 30 V 电压下氧化 30 min 得到无孔的 WO_3 薄膜，两个对照样品也经过了同样的煅烧过程。3 种 WO_3 的形貌如图 6-141 所示，只有 2 步阳极氧化的样品表面出现有序纳米孔。TEM 图显示自组装纳米孔 WO_3 的孔基本呈圆形，孔径大约在 50～70 nm，孔壁厚约为 10～20 nm，晶格清晰，间距为 0.367 nm。

为了确定晶格间距为 0.367 nm 的晶面，用 XRD 分析了样品的精细结构（图 6-142），3 个样品中强度较高的 3 个衍射峰均来自基底金属钨，其他峰归属单斜晶系 WO_3，但并不完全相同。WO_3 薄膜的其他衍射峰符合 JCPDS 卡 No.24-0747，a = 7.297 Å、b = 7.539 Å、c = 7.688 Å、β = 90.91°；纳米孔 WO_3 符合 JCPDS 卡 No.83-0951，a = 7.301 Å、b = 7.538 Å、c = 7.689 Å、β = 90.89°；自组装纳米孔

WO₃ 符合 JCPDS 卡 No.72-1465，$a = 7.300$ Å、$b = 7.532$ Å、$c = 7.680$ Å、$\beta = 90.90°$。在局部放大图，WO₃ 薄膜、纳米孔 WO₃ 和自组装纳米孔 WO₃ 的最强峰分别是 $2\theta = 23.38°$、$24.38°$ 和 $23.14°$，这 3 个峰分别对应于单斜晶系 WO₃ 的 (020) 晶面、(200) 晶面和 (002) 晶面，由此可以判断这 3 个样品分别是沿 [020]、[200] 和 [002] 方向择优生长的。(002) 晶面间距 0.376nm，与 TEM 相符，证明了自组装纳米孔 WO₃ 是以 [002] 方向择优生长的。

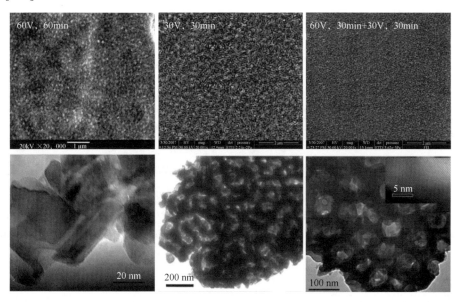

图 6-141　WO₃ 样品的 SEM 图

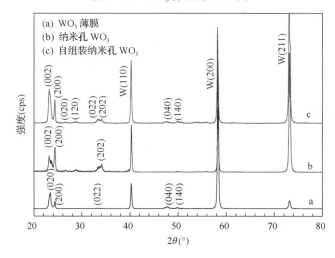

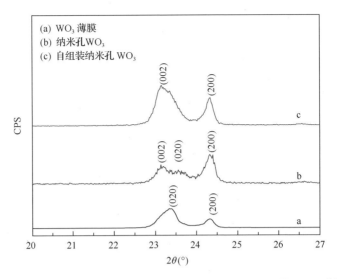

图 6-142　WO₃ 薄膜、纳米孔 WO₃ 和自组装纳米孔 WO₃ 的 XRD 谱图

根据光吸收谱(图 6-143)，WO₃ 薄膜、纳米孔 WO₃ 和自组装纳米孔 WO₃ 吸收带边分别是 380 nm、425 nm 和 420 nm，对应的禁带宽度分别为 3.15 eV、2.90 eV 和 2.94 eV。纳米孔 WO₃ 和自组装纳米孔 WO₃ 的吸收带边进入可见光区。在紫外光区，3 个样品的吸光度差别较大，自组装纳米孔 WO₃ 的吸光度值分别是 WO₃ 薄膜和纳米孔 WO₃ 的 2 倍和 1.2 倍以上。

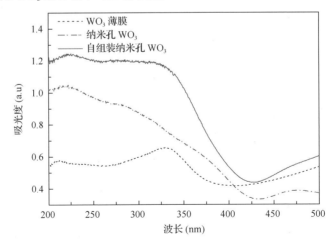

图 6-143　WO₃ 薄膜、纳米孔 WO₃ 和自组装纳米孔 WO₃ 的 UV-Vis 吸收光谱

以 500 W 氙灯为光源(光强 30 mW/cm²)测试 WO₃ 的光电流，由于只能吸收波长小于 380 nm 的光，WO₃ 薄膜光电流很微弱，可以忽略不计。纳米孔 WO₃ 在 0 V 偏压下的光电流密度为 1.61～1.93 μA/cm²，在 0.7 V 偏压下的光电流密度为

58～61 μA/cm²，是 0 V 偏压时的 31 倍以上。自组装纳米孔 WO₃ 在 0 V 偏压下的光电流密度为 1.61～2.05 μA/cm²，在 0.7 V 偏压下的光电流密度为 85～90 μA/cm²，是纳米孔 WO₃ 的 1.4 倍以上，比 0 V 偏压时的光电流提高了 44 倍以上(图 6-144)。由于二者唯一的区别是暴露晶面不同，因此可推测(002)晶面的优势暴露是自组装纳米孔 WO₃ 光电流高的原因。

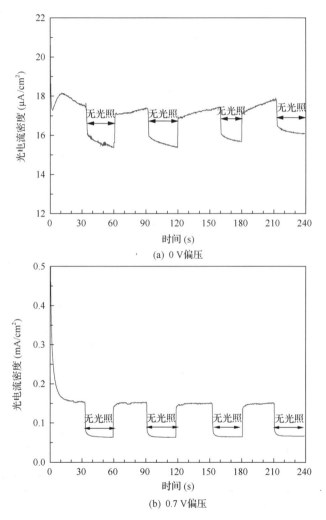

图 6-144　自组装纳米孔 WO₃ 光电流-时间曲线

以 20.0 mg/L PCP 为目标物评估自组装纳米孔 WO₃ 的光催化性能，高压汞灯为光源，入射光强为 0.5 mW/cm²。如图 6-145(a)所示，自然光解的 PCP 可以忽略不计，而在紫外光照射下 61.2% 的 PCP 被直接光解。在相同时间内，97.3% 的 PCP 被自组装纳米孔 WO₃ 催化剂降解，而 WO₃ 薄膜和 TiO₂ 纳米管阵列催化剂对

PCP 的降解率分别为 66.0% 和 73.1%。自组装纳米孔 WO$_3$、WO$_3$ 薄膜和 TiO$_2$ 纳米管阵列催化剂分解 PCP 的动力学常数分别为 0.77 h^{-1}、0.23 h^{-1}、0.27 h^{-1}，自组装纳米孔 WO$_3$ 的动力学常数分别是 WO$_3$ 薄膜和 TiO$_2$ 纳米管阵列的 3.3 倍和 2.8 倍。

为了进一步评估利用太阳能的可能性，以氙灯为光源（光强 20.0 mW/cm^2），考察自组装纳米孔 WO$_3$ 光催化分解 PCP 的效果，结果如图 6-145（b）所示。氙灯照射下，8.1% 的 PCP 发生光解。采用自组装纳米孔 WO$_3$ 和 WO$_3$ 薄膜的光催化过程对 PCP 的降解效率分别为 33.8% 和 13.4%，自组装纳米孔 WO$_3$ 降解 PCP 的效率是 WO$_3$ 薄膜的 2.52 倍。

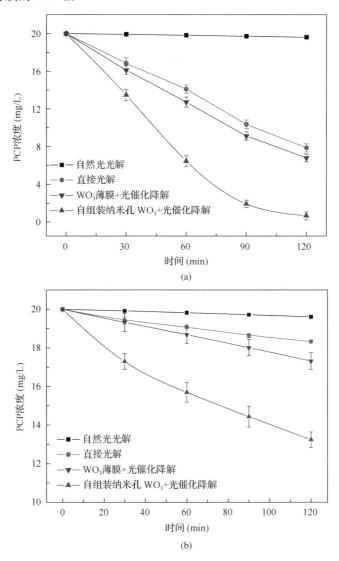

图 6-145　自组装纳米孔 WO$_3$ 在紫外灯 (a) 和氙灯 (b) 照射下降解 PCP

6.5.2　分子印迹聚合物修饰 TiO₂ 纳米管

吸附是光催化反应的前提条件，是衡量光电催化反应效率的重要影响因素。因此，改善光催化材料对目标物的选择吸附能力是提高光催化效果的关键。

基于分子印迹技术制备的分子印迹聚合物(molecular imprinting polymer, MIP)能够选择性吸附带有特定基团的污染物，且稳定性好、使用寿命长，因此可采用 MIP 修饰 TiO₂ 纳米管(MIP-TiO₂)增强对水溶液中特定结构污染物的吸附，从而提高 TiO₂ 电极的光电催化效率。

分子印迹是指对特定目标分子具有特异选择性的聚合物的制备过程。其基本操作步骤如图 6-146 所示。基于分子印迹技术制备的 MIP 具有特异识别性，且稳定性好、使用寿命长，因此 MIP 修饰可提高 TiO₂ 催化剂对目标污染物的吸附选择性。

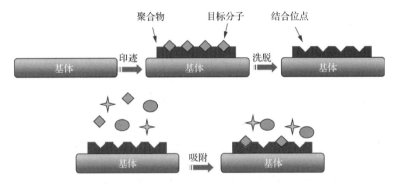

图 6-146　分子印迹选择性吸附目标物示意图

抗生素是临床上广泛使用的药物，具有水溶性较好、体内代谢后大部分以原形排出、难以生物降解等特点，容易在水环境中蓄积。近几年，工业废水处理厂和城市污水处理厂的出水、地表水甚至居民饮用水中常常检测到各类抗生素，说明此类污染物难以通过混凝、沉淀、吸附、过滤等物化方法和微生物方法从水中去除。考虑到其对生态安全和人体健康的危害，开发有效处理此类污染物的技术成为水污染治理领域研究重点之一。以典型抗生素四环素(tetracycline, TCH)为目标物(其分子结构如图 6-147 所示)，考察 MIP-TiO₂ 的光催化分解 POPs 的性能。

利用自由基聚合的方法制备了分子印迹聚合物，将其修饰在 TiO₂ 纳米管阵列电极表面[50, 51]。修饰聚合物后，滴加到电极表面的混合液会沿着纳米管内壁渗透，使 TiO₂ 纳米管的平均孔径从 80 nm 减小到 50 nm，部分管甚至被完全填满，表面形貌发生明显变化(图 6-148)。增加 MIP 层厚度，电极表面几乎全部被聚合物覆盖，纳米管被严重阻塞。MIP 修饰后，样品的 XRD 峰强度有所减弱。TiO₂ 纳米管的吸收边带为 378 nm，而 MIP-TiO₂ 的吸收边带红移至 403 nm。在 350 nm$< \lambda <$

500 nm 波长范围内，MIP-TiO$_2$ 的吸收强度高于 TiO$_2$ 纳米管电极，但在紫外区（λ<350 nm）的吸收强度明显下降（图 6-149）。

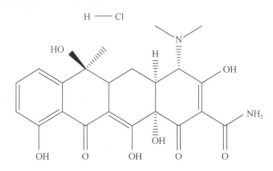

图 6-147　盐酸四环素的分子结构图

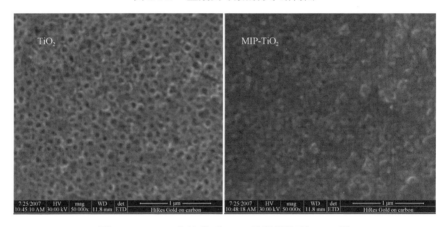

图 6-148　MIP 修饰前后 TiO$_2$ 纳米管阵列 SEM 图

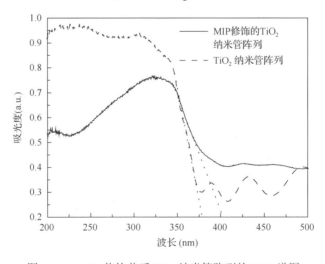

图 6-149　MIP 修饰前后 TiO$_2$ 纳米管阵列的 DRS 谱图

比较了 MIP-TiO$_2$ 和 TiO$_2$ 纳米管阵列对不同浓度四环素的吸附能力，结果如图 6-150 所示。两种材料对四环素的吸附量变化趋势相同，即在四环素的浓度低于 100 mg/L 时，吸附量随四环素初始浓度增加而线性增加；继续提高四环素的初始浓度则吸附接近饱和而不再明显增加。达到吸附平衡时，MIP-TiO$_2$ 最大吸附量为 34 ng，是 TiO$_2$ 纳米管阵列电极的 1.5 倍，这是因为 TiO$_2$ 纳米管壁及管内壁形成的有效印迹识别位促进了 TiO$_2$ 电极对四环素的选择。

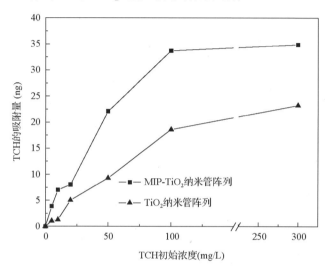

图 6-150　MIP 修饰前后 TiO$_2$ 纳米管阵列电极对 TCH 的吸附量

对初始浓度 5mg/L 的四环素的降解实验结果表明，四环素在可见光照下发生直接光解，光照 2 h 后去除率为 33%。四环素在 TiO$_2$ 纳米管阵列及修饰了 MIP 的 TiO$_2$ 纳米管阵列上的光催化去除率均接近 50%，没有明显差别。尽管 MIP-TiO$_2$ 吸附能力优于 TiO$_2$，有利于光催化反应的进行，但是 MIP 修饰阻挡了部分入射光，因此其光催化活性和 TiO$_2$ 相当。在施加相对于饱和甘汞电极 0.4 V 偏压的光电催化反应中，MIP-TiO$_2$ 对四环素的去除率为 73.4%，而 TiO$_2$ 电极上的去除率为 65.8%。由于外电场的作用，光生电子和空穴被有效分离，更多的空穴参与生成•OH 的反应，使吸附在 MIP-TiO$_2$ 表面的四环素被不断降解，从而促进溶液中的四环素持续吸附到电极的表面，因而提高了四环素的去除率。上述光解、光催化、光电催化和未修饰的 TiO$_2$ 光电催化的动力学常数分别为 0.21 h^{-1}、0.35 h^{-1}、0.67 h^{-1}、0.55 h^{-1}。MIP 修饰使动力学常数提高了 20%。TOC 去除率测试结果表明，反应 2 h 后，MIP-TiO$_2$ 的 TOC 去除率为 46%，是 TiO$_2$ 电极的 1.5 倍。因此，分子印迹修饰能够同时提高四环素的光电催化去除率和矿化率，有效改善 TiO$_2$ 纳米管电极的可见光催化活性。

作为对照，测试了非印迹聚合物(nonimprinted polymer, NIP)修饰的 TiO$_2$ 及不

同厚度 MIP 修饰的 TiO_2 光电催化分解四环素的性能。由于 NIP 对四环素的吸附性能差，四环素在 NIP 修饰的 TiO_2 纳米管电极的光电催化活性低于 MIP-TiO_2，反应过程对应的动力学常数为 $0.32\ h^{-1}$。四环素在厚分子印迹膜修饰的 TiO_2 电极的光电催化降解动力学常数为 $0.44\ h^{-1}$。MIP-TiO_2 光电催化分解四环素的动力学常数分别为 NIP-TiO_2 和厚 MIP-TiO_2 的 2 倍和 1.5 倍，说明厚分子印迹聚合物对光的衰减程度更深，不利于光电催化反应的进行。

6.6　光催化与其他技术的耦合

传质条件也是限制光催化性能的主要因素。6.1 节中已经说明光生空穴转化成的•OH 只能在催化剂表面附近存在，所以把污染物富集在光催化剂表面有利于 POPs 与空穴或•OH 的接触反应。将光催化与膜分离或等离子体技术结合是实现这个目标有效途径。

6.6.1　光催化与膜分离技术的耦合

光催化与膜分离技术的主要结合形式有三种。第一种方式是将膜分离单元放在悬浮泥浆式光催化反应器中，起到回收粉末催化剂的作用，这种方式没有协同效应。第二种是在分离膜表面负载光催化材料，污染物被截留在膜表面，有足够的停留时间与光催化产生的活性基团接触反应。污染物被分解后膜污染得到缓解，有利于维持高通量，可产生协同效应。这种光催化耦合膜分离过程最常用的光催化材料是 TiO_2，光照 TiO_2 会导致 Ti^{4+} 转化成 Ti^{3+}，有利于吸附水中的游离氢氧根离子，改善膜表面的亲水性，这个性质可加速污染物分解并提高膜通量。例如，SiO_2/TiO_2 光催化层在光照条件下水接触角在 80 min 内由初始的 72° 逐渐减小到 5°，同时纯水通量增加了 $7\ L/(m^2 \cdot h)$。光催化功能层产生的氧化性基团可以扩散到催化剂表面附近的水中分解不能被膜孔截留的小分子污染物。例如，Si 掺杂 TiO_2 超滤膜对尺寸小于膜孔的活性红染料分子的去除率仅为 20%，而在光照条件下可提高到 40%，TOC 的去除率比膜分离过程有明显提高。第三种是膜表面和基体都用光催化材料制备，表面层脱落后露出的仍然是光催化材料，有利于长期保持高效分解功能。

以上三种结合方式中第二种是近几年研究的重点，影响此类光催化分离膜性能的主要因素包括光催化层厚度、进水中污染物浓度、光强和跨膜压力。

光催化层需要一定厚度才能完全吸收入射光，因此，当光催化层很薄时，随着催化剂负载量的增大光催化性能提高。但光催化层厚度增加使分离膜的孔径和孔隙率相应减小，导致阻力增大、通量下降，这就要求提高外加压力，增大了运行成本与能耗。因此，调控光催化层厚度需综合考虑光催化性能和通量，寻找二者的最佳平衡点。

进水污染物浓度较小时，即使污染物都被膜截留，光催化功能层也有能力立即分解这些污染物。当进水污染物浓度不断增加，超出了光催化分解能力时，被截留的污染物不能被及时分解，膜通量开始下降。

入射光强对光催化耦合分离膜性能的影响主要表现在对光催化功能的影响。随着入射光强的增大，污染物的去除率呈线性增加，而当入射光强超过一定值时，光催化反应速率的增加幅度减缓，继续提高入射光强并不能显著提高水体中活性氧物种的总数和浓度。

跨膜压力是影响光催化耦合分离膜性能的重要因素。在光催化耦合膜分离工艺中，提高跨膜压力可增加膜通量，促进吸附和传质有利于光催化，但也加速浓差极化和膜污染，而且由于流速增加导致光催化反应不能充分降解被截留、吸附和经过膜孔的污染物。随着跨膜压力的不断提高，耦合过程的主导者从光催化逐渐转变为膜分离，因此必须调控跨膜压力使二者均衡才能发挥协同作用。

1. Si-TiO$_2$/Al$_2$O$_3$ 光催化分离膜

6.2 节中论述了 Si 掺杂可抑制 TiO$_2$ 从锐钛矿相向金红石相转换、抑制 TiO$_2$ 晶粒的生长、增加亲水性等多种功能。这些优点对光催化分离膜具有重要意义：抑制相转换可以提高煅烧温度增加光催化功能层和分离膜载体的接触强度，提高耦合膜机械稳定性；光催化材料的晶粒小有利于获得更均匀的膜孔径；亲水性有利于抑制膜污染、提高膜通量。

以平均孔径为 200 nm 的 α-Al$_2$O$_3$ 微滤膜片作为载体，用溶胶-凝胶工艺将 Si 掺杂 TiO$_2$ 涂敷在 Al$_2$O$_3$ 上制成分离膜[52, 53]。图 6-151(a) 是 Si-TiO$_2$/Al$_2$O$_3$ 膜的表面形貌。为了观察 Si-TiO$_2$ 的微观结构，将复合分离膜固定在一片滤纸上，然后浸入 6 mol/L NaOH 溶液中溶解去除 Al$_2$O$_3$ 载体，清洗干燥后暴露出 Si-TiO$_2$ 纳米管，其 SEM 图像[图 6-151(b)]显示 Si-TiO$_2$ 纳米管分立有序，管径均匀，外管径与 Al$_2$O$_3$ 载体膜的孔径(200 nm)相当。Si-TiO$_2$ 纳米管的 TEM 图[图 6-151(c)]显示纳米管外径大约为 200 nm，内径大约为 90 nm，管壁由 Si-TiO$_2$ 粒子堆积而成。

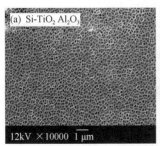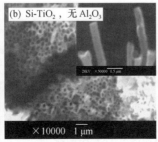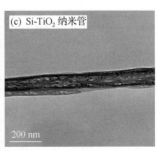

图 6-151 Si-TiO$_2$/Al$_2$O$_3$ 复合分离膜的形貌

根据 XPS 的 O 1s、Ti 2p 和 Si 2p 谱图分析 O、Ti、Si 的元素比例分别为 64.45%、15.03%和 4.03%（其他 16.49%为碳）。Si 和 Ti 在 Si-TiO$_2$ 中的元素比例为 1：3.7。XRD 谱显示未掺杂 Si 的样品 400℃煅烧 2 h 后出现 TiO$_2$ 金红石相、锐钛矿相和板钛矿相。而 Si 掺杂 TiO$_2$ 在 400℃下煅烧 2 h 后得到的只有 TiO$_2$ 的锐钛矿相，即使提高煅烧温度到 700℃，TiO$_2$ 仍是锐钛矿相，没有出现金红石和板钛矿。这证实 Si 掺杂提高了锐钛矿的热稳定性，阻止了向金红石相的转换。用 Scherrer 公式计算颗粒尺寸，未掺杂 Si 的 TiO$_2$ 粒径为 23 nm，Si 掺杂后降低到 7.0 nm。对于掺 Si 量为 20%的样品，煅烧温度从 100℃增加到 700℃，TiO$_2$ 粒子的晶粒尺寸从 5.5 nm 变化到 9.3 nm。以上结果说明，Si 掺杂可抑制 TiO$_2$ 晶粒的生长。

N$_2$ 吸附-脱附测试结果显示 Si-TiO$_2$ 比表面积为 16.91 m^2/g，95%的膜孔位于 1.4~10 nm 之间。DRS 吸收光谱显示 Al$_2$O$_3$ 载体膜在波长 300~600nm 范围内几乎没有吸收，而 Si-TiO$_2$/Al$_2$O$_3$ 分离膜和 TiO$_2$/Al$_2$O$_3$ 分离膜的吸收边缘分别为 365nm 和 410 nm。Si-TiO$_2$/Al$_2$O$_3$ 分离膜的吸收边蓝移了 45 nm，这是由于 Si 掺杂抑制了晶粒长大，几纳米粒径的晶粒尺寸产生了量子效应，因此使 TiO$_2$ 的禁带变宽。

通过测试水接触角判断 Si-TiO$_2$/Al$_2$O$_3$ 的表面亲水性。图 6-152 是接触角随时间变化曲线，紫外光照射 80 min，TiO$_2$/Al$_2$O$_3$ 分离膜和 Si-TiO$_2$/Al$_2$O$_3$ 分离膜表面水接触角分别从初始的 72°和 62°下降到 17°和 5°。停止光照后水接触角随时间增大，大约 50 min 后，恢复到初始值。Si 掺杂分离膜表面优异的光致亲水性得益于 Si—OH 基团，这些基团比 TiO$_2$ 表面的 Ti—OH 基团更稳定，更有利于吸附空气中的 H$_2$O，从而表现出亲水性能，对预防膜污染和提高膜通量具有重要的意义。

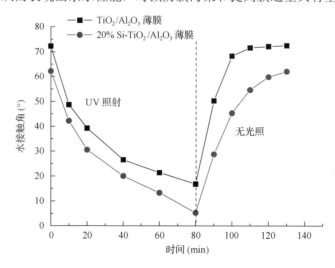

图 6-152　TiO$_2$/Al$_2$O$_3$ 和 Si-TiO$_2$/Al$_2$O$_3$ 表面水接触角随时间变化曲线

为考察掺 Si 量对光催化性能的影响，研究了掺 Si 量不同的 TiO_2/Al_2O_3 分离膜仅作为光催化材料降解直接黑 168 的性能。直接黑 168 是一种阴离子型染料，在中性溶液中容易被表面带正电荷的 $Si-TiO_2$ 吸附。光催化反应进行 100 min 后，掺 Si 比例为 0、11%、20%、33%、50% 的 TiO_2/Al_2O_3 对染料的去除率分别为 46%、64%、67%、65%、59%，呈现出先增加后减少的趋势，掺杂 20% Si 的分离膜光催化性能最高。产生这种现象是因为 Si 掺杂后分离膜中 TiO_2 晶粒生长受到抑制，产生量子效应提高了紫外吸收强度和空穴氧化能级，因此 Si 掺杂分离膜的光催化活性提高。Si 掺杂后 TiO_2 晶粒直径都在 7.0 nm 左右，所以掺杂量 11%～33% 范围内催化活性相差不多。当 Si 掺杂量过高时，可能出现无定形 SiO_2 包围 TiO_2 的情况，阻碍光生电荷与污染物接触，抑制了光催化活性。

利用不同分子量聚乙二醇(polyethylene glycol, PEG)测定 $Si-TiO_2/Al_2O_3$ 分离膜的截留性能，运行 60 min 后截留稳定，对 PEG 6000、10000 和 20000 的截留率分别为 36%、65% 和 89%。以十二烷基苯磺酸钠(sodium dodecyl benzene sulfonate, SDBS)为目标污染物进一步评价 $Si-TiO_2/Al_2O_3$ 分离膜的截留性能。在 25℃、操作压力为 0.05 MPa、流量为 12.7 L/h 和 pH 为 3.5 的条件下，分离膜的稳定渗透通量为 47 L/$(m^2 \cdot h)$。运行 100 min 后，分离膜的稳态截留率为 74%。

$Si-TiO_2/Al_2O_3$ 光催化耦合膜去除污染物的性能如图 6-153 所示。直接光解过程对直接黑 168 的去除率很低，可以忽略。无光照条件下，分离膜对直接黑 168 的吸附去除率为 7%；吸附和机械截留共同作用对染料的去除率为 73%。光照条件下，$Si-TiO_2/Al_2O_3$ 作为光催化剂使用反应 100 min 后染料的去除率为 66%；而

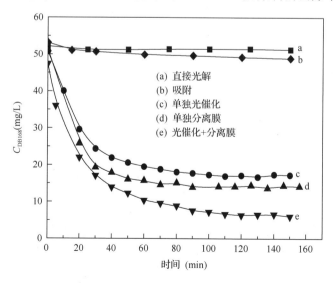

图 6-153　光催化分离膜对直接黑 168 的去除性能

光催化和膜分离同时发挥作用时，运行 100 min 后染料的去除率 85%，明显比单独光催化或单独膜分离快。COD 去除测试也显示了类似规律。运行 200 min 后，通过单独光催化、单独膜分离以及耦合两种技术工艺对染料溶液的 COD 去除率分别为 68%、74%和 89%。这些结果说明 Si-TiO$_2$/Al$_2$O$_3$ 分离膜可在同一单元上实现光催化和膜分离两种功能。这种多功能分离膜不但可以通过强化污染物与光催化材料的接触提高污染物降解效率，还可以解决传统方法中粉末光催化剂容易流失的问题。

为了查明光催化作用对膜通量的影响，对比了有无光照时稳态渗透通量。运行 60 min 后分离膜的渗透通量达到稳定状态。没有 UV 光时，去离子水的膜通量为 64 L/(m^2·h)，直接黑 168 溶液的稳态通量下降到 44 L/(m^2·h)，这是因为截留的染料堵塞了部分膜孔，增大了过滤阻力。而 UV 光照条件下，光催化分解作用和光致亲水性减轻了膜污染，提高了膜通量，直接黑 168 溶液在膜上的稳态通量上升到 53 L/(m^2·h)。为了考察 Si-TiO$_2$/Al$_2$O$_3$ 分离膜稳定性，连续进行 10 次重复实验，每次运行 150 min。分离膜重复使用 3 次后，染料去除率下降了 15%，继续增加重复使用次数，染料去除保持稳定。用 SEM 观察重复使用 10 次后的 Si-TiO$_2$/Al$_2$O$_3$，分离膜的孔结构没有破坏。结合以上两个实验结果可知分离膜具有良好的稳定性。

与平板分离膜相比，商用管式陶瓷膜单位膜面占用的空间小、机械强度高，作为基底可制备出满足应用要求的光催化分离膜。以市售 Al$_2$O$_3$ 管式超滤膜为支撑体(外管径为 80 mm、内径为 60 mm、管长为 250 mm、膜面面积为 0.188 m^2/m、平均孔径 200 nm、适用 pH 范围为 0~14)，采用溶胶凝胶法涂覆了 Si-TiO$_2$ 光催化层，然后煅烧制得管式光催化分离膜[54]。XRD 分析表明 500℃煅烧的 TiO$_2$ 是金红石晶型，而 Si 掺杂 TiO$_2$ 为锐钛矿。用 Scherrer 公式计算 TiO$_2$ 粒子的平均粒径为 21 nm，而 Si 掺杂后 TiO$_2$ 晶粒平均尺寸仅为 8.0 nm。如图 6-154(a) 所示，Si-TiO$_2$/Al$_2$O$_3$ 管式膜与 Al$_2$O$_3$ 膜基体的形貌并无显著差别，均为管式单通道超滤膜。膜的横断面包括 Al$_2$O$_3$ 大孔支撑层、微孔中间层和 Si 掺杂 TiO$_2$ 纳米多孔表层[图 6-154(b)]。其中，大孔支撑层主要为陶瓷膜提供足够的机械强度，平均厚度约 50 μm 的微孔中间层主要用于阻止膜表层小颗粒堵塞支撑层大孔，厚度约为 800 nm 的 Si-TiO$_2$ 纳米多孔表层担负分离功能，这种管式超滤膜的组件及设备照片见图 6-154(c)。

光催化分离膜的光催化层厚度影响膜的通量和截留率。Al$_2$O$_3$ 管式膜基底在 Si-TiO$_2$ 溶胶中的浸渍时间延长导致膜孔隙率下降，进而使通量随之下降，但分离膜对 PEG 2000~20000 的截留率均在 3%~10%，没有显著变化。由于 PEG 2000~20000 的分子尺寸为 2~12 nm，因此推测膜孔远大于 12 nm，不能有效截留 PEG 分子。相对于浸渍时间，涂膜次数对膜面孔隙率影响更显著。随着涂膜次数的增

图 6-154　(a)Si-TiO$_2$/Al$_2$O$_3$ 管式膜照片，(b)膜剖面 SEM 图和(c) 组件和设备照片

多，光催化膜层厚度逐渐增加，膜的孔隙率显著降低，纯水通量明显下降，对有机物分子的截留率随之逐渐提高。通过 10 次重复涂膜工艺，对 PEG 2000～20000 的截留性能发生明显变化，可确定截留分子质量约为 20000 Da，因此推测涂膜 10 次后的膜孔径约为 12 nm。当使用紫外光照射光催化分离膜后，无论涂膜次数的多少，膜的纯水通量都显著提高，幅度均超过 7 L/(m^2·h)以上(图 6-155)，这是由于 Si-TiO$_2$/Al$_2$O$_3$ 复合膜的光致亲水性所致。骤冷骤热法和高频超声振动法常用于评估催化剂与载体间的结合力。无论是热振实验或还是超声振动测试，涂膜次数 1～4 次的 Si-TiO$_2$/Al$_2$O$_3$ 膜功能层重量损失率都不到 10%，说明溶胶凝胶法制备的 Si-TiO$_2$ 与 Al$_2$O$_3$ 膜基体黏结力很强，机械性能比较稳定。

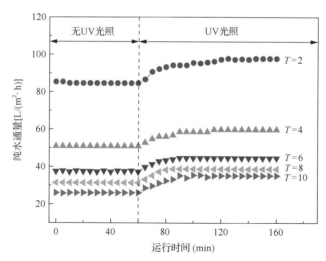

图 6-155　紫外光照对不同涂膜次数的管式超滤膜纯水通量的影响

由于活性红 ED-2B 含有单偶氮键和一氯均三嗪的稳定结构，因此难以通过生化法降解，结构式中的磺酸基表明其水溶性极强(图 6-156)。以染料活性红 ED-2B 为目标物评价光催化分离膜去除污染物的性能，结果见图 6-157。染料的初始浓度为 50 mg/L，直接光解对染料去除率仅为 5%，膜分离对染料的去除率在 80 min

以后即趋于稳定，约为 20%。光催化和膜分离耦合时去除率达到 40%，大于光解和膜分离之和，而且出水通量比单独膜分离高出 71.3%，充分说明光催化和膜分离具有协同效应。

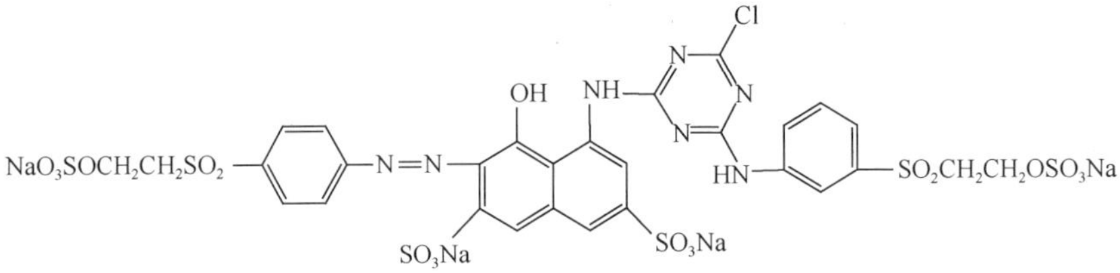

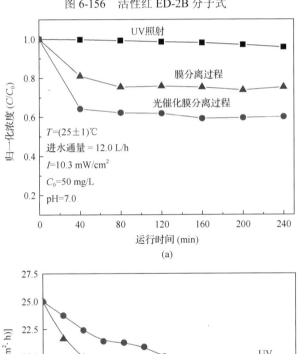

图 6-156　活性红 ED-2B 分子式

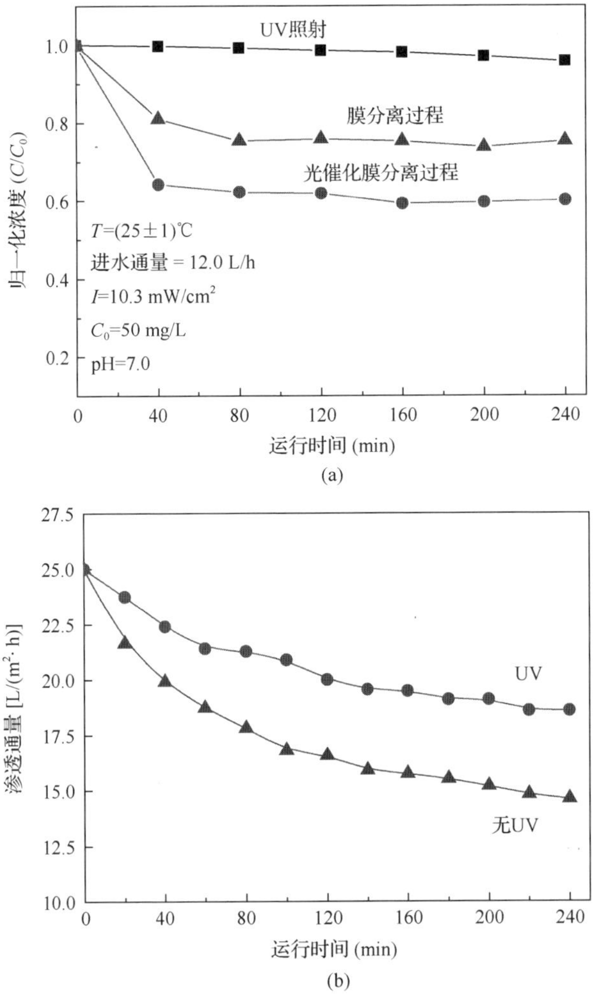

图 6-157　Si-TiO$_2$/Al$_2$O$_3$ 复合膜的(a)光催化膜分离耦合行为和(b)抗污染性能

2. CNTs-TiO$_2$/Al$_2$O$_3$ 异质结光催化分离膜

抑制光生电荷复合是提高光催化效率的有效方法，构建异质结能提高光生电荷的分离效率，从而提高光催化分解 POPs 的能力。碳纳米管(carbon nanotubes, CNTs)是与光催化材料构成肖特基结的常用材料，在 Al$_2$O$_3$ 无机陶瓷膜基底上通过真空抽滤负载一层 CNTs，然后用浸渍提拉法在 CNTs 周围包裹一层 TiO$_2$ 即可制备出 CNTs-TiO$_2$/Al$_2$O$_3$ 异质结光催化分离膜[55]。

纯水通量和截留能力是评价膜性能的重要指标，在光催化膜的制备过程中，CNTs 在功能层中的含量以及涂膜次数对光催化膜的纯水通量与截留率具有重要影响。随着涂膜次数由 4 次增加到 10 次，光催化复合膜的截留率(使用不同分子量的 PEG)由 50%增加到 85%，增加了 35%。同时，纯水通量由 1280 L/(m^2·h)下降到 860 L/(m^2·h)，下降了约 33%。涂膜次数增加导致了膜孔径不断减小，因此截留率增加比例与纯水通量下降比例非常接近。综合考虑截留率和通量，确定最佳涂膜次数为 8 次。CNTs 含量由 0 增加到 4%的过程中，截留率由不足 10%增加到 70%，提高了 6 倍，而纯水通量仅仅下降了 10 L/(m^2·h)。这是由于 CNTs 比表面积大、吸附能力强，通过吸附提高截留率，因此，仅以很小的通量损失为代价即可显著提高截留能力。综合考虑纯水通量与截留能力，选择 CNTs 含量为 1%。

涂膜 8 次、CNTs 含量 1%条件下制备的样品形貌如图 6-158(a)所示。负载功能层后膜表面依然平整光滑，无开裂现象，相对于 Al$_2$O$_3$ 基底，膜表面形貌没有明显变化，说明负载层较薄且在基底上均匀分布。图 6-158(b)是 CNTs-TiO$_2$/Al$_2$O$_3$ 复合膜的表面形貌，其插图是剖面形貌，从剖面图可见下部为 Al$_2$O$_3$ 支撑体，支撑体表面有一层厚度约为 200 nm 的功能层。提高放大倍数可以清晰地分辨出表面功能层中均匀分散着 CNTs。图 6-158(c)为 TEM 图，展示了光催化功能层中 CNTs 的形貌。插图是功能层中的一根 CNT，其表面被粒径 20～30 nm 的 TiO$_2$ 纳米粒子包覆。

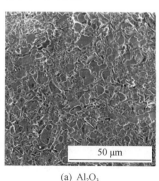  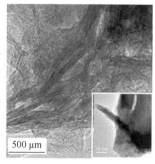

(a) Al$_2$O$_3$　　　　　(b) CNTs-TiO$_2$/Al$_2$O$_3$　　　　　(c) CNTs-TiO$_2$

图 6-158　样品的 SEM(a 和 b)和 TEM 图(c)

碳纳米管具有较高的电荷迁移能力，是良好的电子受体，根据 6.4 节的分析，CNTs 与 TiO_2 可形成异质结促进光生电荷分离，分离效率越高，光电流越大。不同 CNTs 含量样品的光电流密度如图 6-159 所示。随着 CNTs 含量由 0 增加到 1%，样品的光电流密度不断增大，提高了 5 倍。当继续增加 CNTs 含量至 2% 时，光电流密度有所减小，这是由于 CNTs 过量阻碍了 TiO_2 的光吸收。

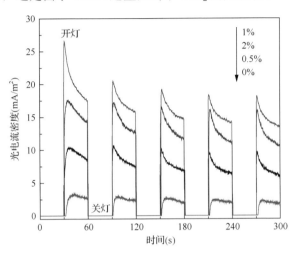

图 6-159　不同 CNTs 掺杂量下的光电流密度

地表水中的天然有机物(natural organic matter, NOM)不仅是产生消毒副产物(disinfection by-products, DBPs)的前驱体和滋生细菌的营养源，同时也是造成膜污染的主要物质。腐殖酸(humic acid, HA)是 NOM 中的重要组成部分，在天然水体中的浓度通常约为 0.5~20 mg/L，选择浓度为 10 mg/L 的 HA 溶液作为目标物考察光催化分离膜的水处理性能。结果如图 6-160 所示，CNTs-TiO_2/Al_2O_3 复合膜在膜分离耦合光催化作用下 20 min 内对 HA 的去除率即可达到 80%，而单独光催化和单独膜分离相同时间内对 HA 的去除率分别为 20% 和 40%，耦合工艺的去除率大于二者之和，这说明耦合工艺具有协同效应。随着反应时间延长，单独的膜分离工艺对 HA 的去除率逐渐提高，这是由于 HA 分子不断被截留吸附在膜表面，造成膜孔堵塞并形成滤饼，从而使截留能力提高。与 TiO_2/Al_2O_3 膜相比，CNTs-TiO_2/Al_2O_3 复合膜对 HA 的去除率提高了约 10%。其原因是 CNTs 不但提高了复合膜的截留能力而且促进了光生电子-空穴对的分离。

膜污染现象是制约膜分离技术应用的主要原因，为了证实光催化作用缓解膜污染能力，考察了复合膜在连续运行过程中的渗透通量。运行稳定后，单独膜分离过程对 HA 溶液的渗透通量为 100 L/(m^2·h)。而光催化分离膜的通量则稳定在 300 L/(m^2·h)，是单独膜分离的 3 倍。这一结果表明光催化作用有效地分解了污染物，减少膜孔堵塞。

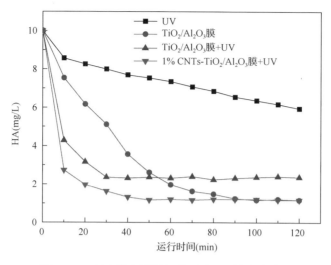

图 6-160　复合膜在不同条件下对 HA 的去除效果

　　图 6-161(a) 是光催化分离膜组件的结构示意图。处于膜组件轴心的是功率为 300 W 的高压汞灯，四周环绕 10 根管式光催化陶瓷膜，每个膜组件的有效膜面积为 867 cm^2。膜组件的外壁由玻璃钢制成，具有较强耐腐蚀能力。采用外压运行方式，污水在外压的作用下由多功能陶瓷膜的外壁渗透进入，从陶瓷管内壁渗出，每根陶瓷膜产出的清水汇聚后从膜组件下端的出水口排出。图 6-161(b) 展示了没有玻璃钢外壳的滤芯部分，该膜组件具有拆装操作容易、清洗方便等优点。通过在外部连接压力表、流量计和阀门等配件后形成了光催化分离膜水处理设备单体，如图 6-161(c) 所示。将光催化膜水处理设备单体通过并联方式连接，形成了具有 10 m^3/d 清水通量的水处理设备 [图 6-161(d)]。

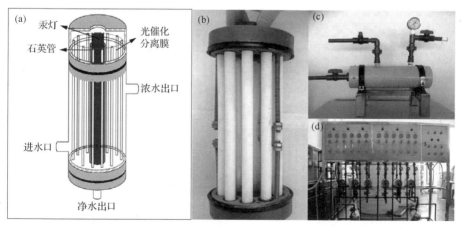

图 6-161　光催化分离膜组件的结构图 (a) 和膜组件 (b)、反应器 (c) 和中试设备 (d) 照片

以某净水厂絮凝沉淀出水为原水，考察了光催化分离膜的水处理性能。该净水厂处理工艺包括加药絮凝、沉淀和液氯消毒。用光催化分离膜水处理设备代替净水厂原有的液氯消毒环节，进行后续的水处理。絮凝过程可以去除水体中的大部分胶体、悬浮颗粒及部分有机污染物，对这类物质的有效去除可以减轻光催化分离膜的水处理负担，避免严重的膜污染。对于絮凝过程中没有被有效除去的小分子有机污染物，可以在光催化分离膜处理过程中通过光催化作用被有效降解。此外，膜分离过程可以通过物理截留有效去除水中的菌类，同时降低了因投加液氯而产生 DBPs 的风险。因此，将光催化膜处理工艺置于絮凝沉淀工艺后代替液氯消毒环节不仅可以灭菌、避免 DBPs 的产生，而且，可以分解水中残留的有机污染物，全面提高出水水质。该水厂絮凝沉淀出水水质如表 6-3 所示。

表 6-3　光催化分离膜原水的水质指标

水质指标	数值
高锰酸盐指数(COD_{Mn})(mg/L)	2.4
TOC(mg/L)	14.9
细菌总数(CFU/L)	10^5
UV_{254}(cm^{-1})	0.084
浊度(NTU)	2.6
电导率(μS/cm)	2330
pH	7.13

膜分离工艺运行 120 min 后，出水中无细菌检出，而光催化耦合膜分离工艺运行 60 min 后即可彻底除去水体中的细菌。TOC 和 COD_{Mn} 均是对水中有机污染物含量的评价指标，UV_{254} 是反映水中以 HA 为代表的 NOM 含量的指标，这 3 项指标共同反映了有机物污染水平。光催化分离膜工艺对这 3 项指标的去除结果如图 6-162 所示。经过单纯的膜分离处理，TOC、COD_{Mn} 和 UV_{254} 的去除率分别仅为 15%、30% 和 60%。而在光催化与膜分离耦合工艺下，以上 3 种指标的去除率分别达到 38%、67% 和 90%，去除率分别提高了 1.5 倍、1.2 倍和 0.5 倍，表明光催化作用有效地分解水中的有机污染物。

在光催化分离膜的水处理过程中，考察了在紫外光照条件下和暗态情况下光催化分离膜的渗透通量。由于膜污染，随着反应时间延长，膜的渗透通量逐渐降低。单独膜分离反应 4 h 后，渗透通量稳定在 250 L/(m^2·h·bar)，而光催化耦合膜分离通量可维持在 400 L/(m^2·h·bar)，较单独的膜分离工艺提高了约 150 L/(m^2·h·bar)。这说明在光催化作用辅助下，有效缓解了膜污染，有利于提高系统的产水能力。

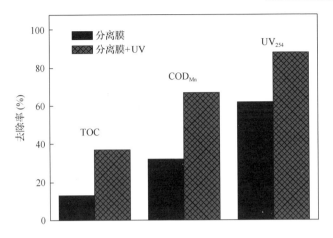

图 6-162 光催化分离膜对 TOC、COD_{Mn} 和 UV_{254} 的去除率

3. Ag-TiO₂/HAP/Al₂O₃ 异质结光催化分离膜

利用异质结材料制备的光催化分离膜有效提高了光生电荷分离效率，在此基础上，向膜结构中添加抗菌材料可以提高分离膜抗微生物污染性能，避免微生物挡光，更好地发挥光催化功能层的作用。

羟基磷灰石 [$Ca_{10}(PO_4)_6(OH)_2$, hydroxyapatite, HAP] 是一种活性生物材料，人工合成的纳米 HAP 对大分子蛋白和细菌等表现出很大的生物吸附容量，在分离膜表面加入 HAP 是提高抗菌性的有效方法。以平均孔径为 0.9 μm 的 α-Al₂O₃ 平板式陶瓷膜片作为复合膜的支撑体，采用两步溶胶-凝胶工艺通过浸渍法制备了 Ag-TiO₂/HAP/Al₂O₃ 板式复合微滤膜[56, 57]。Ag 与 TiO₂ 构成肖特基结，提高光生载流子分离能力，HAP 可提高分离膜抗菌性能，二者结合后可提高复合膜对实际水的处理性能。图 6-163 为 TiO₂、Ag 占 Ag-TiO₂ 质量比 1% 和 5% 的光催化薄膜的表面光电压（SPV）谱。含 1% Ag 的 TiO₂ 薄膜样品 SPV 最强，表明光生电子和空穴分离效率最高。1% Ag-TiO₂ 光催化薄膜除了对波长小于 400 nm 的紫外光产生光伏响应外，在 470 nm 附近的可见区域还有一个峰，这可能是 Ag 纳米颗粒的等离子共振效应引起的。插图是光伏信号的相图，相角大于 0 代表表面聚集正电荷，小于 0 说明表面聚集负电荷。根据相角的正负号可知 TiO₂ 在紫外区表面电荷为正，说明光生空穴聚集在表面，激发光波长大于 400 nm 后，只有噪声没有平稳的相角信号。负载 1% Ag 后，激发波长大于 400 nm 时，相角出现负值，说明表面聚集负电荷。400 nm 的光不能激发 TiO₂，所以负电荷可能来自 Ag 的等离子共振过程。增加 Ag 负载量，表面负电荷在 360 nm 就出现，结合肖特基结电荷分离原理，负电荷来自 TiO₂ 的光生电子。1% 负载量时也能捕获一些光生电子，不过由于占据的表面积较小，没有 TiO₂ 表面的空穴对表面电荷的贡献大。

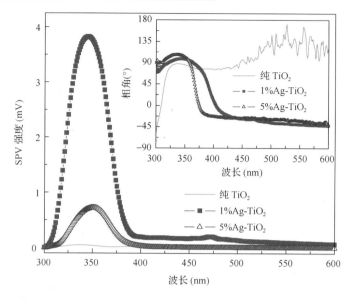

图 6-163 纯 TiO₂, 1% Ag-TiO₂ 与 5% Ag-TiO₂ 光催化薄膜 300～600 nm 的 SPV 光谱

　　制备 Ag-TiO₂ 过程中，投加 Ag 离子的浓度对产物中 Ag 元素具有重要影响。Ag 含量较低时，Ag 离子的迁移和扩散起主要作用，此时 Ag 可作为掺杂剂抑制锐钛矿 TiO₂ 颗粒长大和相变。当 Ag 离子含量较高时，Ag 离子同时发生迁移、扩散和还原，此时除了掺杂，Ag⁰ 可作为负载材料参与构成异质结抑制光生电子和空穴复合。继续增加 Ag 离子浓度，Ag⁰ 覆盖 TiO₂ 遮挡了入射光，Ag 颗粒的尺寸越来越大，等离子共振效应衰减，抑制了光催化反应效率。图 6-164（A）是 Ag 含量变化样品的反射光谱。所有的曲线在紫外区的反射均很弱，掺 Ag 的样品在 400 nm 处有一个反射谷，这两处分别是由 TiO₂ 和 Ag 的光吸收引起的。图 6-164（B）是 Ag 含量变化样品的吸收光谱。在 3 种被测样品中，具有由 TiO₂ 引起的紫外区光吸收，随着 Ag 掺杂量增加，400 nm 处的吸收越来越强，复合膜材料的边带吸收位置朝可见区域移动，这主要是由 Ag 纳米颗粒的等离子体谐振作用导致［图 6-164（B）］。

　　Ag-TiO₂/HAP/Al₂O₃ 膜的形貌如图 6-165 所示。Al₂O₃ 膜基体是由 5～10 μm 的 α-Al₂O₃ 陶瓷粒子堆积而成，膜基体表面平整均匀。经过 HAP 溶胶涂膜后的 HAP/Al₂O₃ 复合膜面形貌没有明显改变。Ag-TiO₂/Al₂O₃ 膜的正面形貌与膜基体也没有区别，说明 Ag-TiO₂ 薄膜很薄。剖面图可以看到 HAP 层和 Ag-TiO₂/HAP 复合层，厚度均为 10 μm。Ag-TiO₂/HAP 包覆的 α-Al₂O₃ 陶瓷颗粒表面略显光滑，且与膜基体紧密结合。TEM 观察发现 HAP 粒子结晶度较高，晶格间距清晰可见。EDS 分析表明，其中 Ca、P 与 O 的元素比例符合 HAP 的化学计量比。从图（f）插图可见一层 Ag-TiO₂ 薄膜部分覆盖在 HAP 粒子上，层厚约为 10～30 nm。

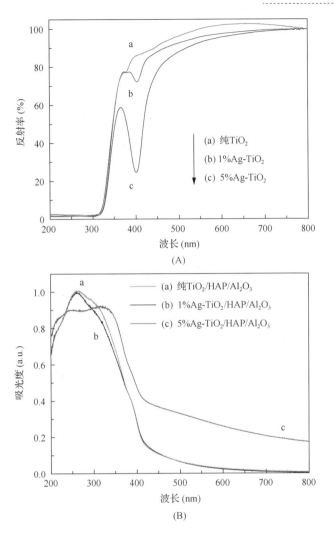

图 6-164　紫外可见漫反射光谱

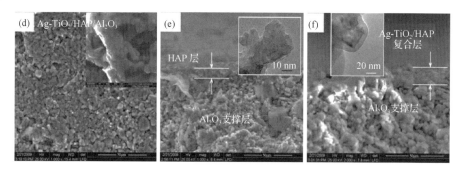

图 6-165　样品形貌，除(e)、(f)的插图为透射电镜图外均为扫描电镜图

Ag-TiO₂/HAP/Al₂O₃ 复合膜的纯水通量随各功能层厚度的增加而下降。Al₂O₃ 基底的通量是 1000 L/(m²·h)，涂覆 1～3 层 HAP 的膜通量分别为 950 L/(m²·h)、920 L/(m²·h)、900L/(m²·h)，在 3 层 HAP 上接着涂覆 1～3 层 Ag-TiO₂ 得到的 Ag-TiO₂/HAP/Al₂O₃ 复合膜的通量分别为 820 L/(m²·h)、790 L/(m²·h)、750 L/(m²·h)。涂覆 6 层的膜相对于基底保持了 75%的通量。这是由于 HAP 的多孔性使膜面没有死孔和堵塞现象，而 Ag-TiO₂ 复合薄膜很薄，因此不会对膜孔径分布造成显著改变。利用聚乙烯微球溶质截留法测定 Al₂O₃ 膜基体和 Ag-TiO₂/HAP/Al₂O₃ 复合分离膜的平均孔径分别为 955 nm 和 825 nm，说明两步溶胶-凝胶法制备的 Ag-TiO₂/HAP/Al₂O₃ 复合分离膜通量没有发生显著下降。

　　通过测试灭菌效果考察 Ag-TiO₂/HAP/Al₂O₃ 分离膜的光催化性能。图 6-166(a) 对比了 Al₂O₃ 膜基体与 HAP/Al₂O₃ 分离膜的灭菌性能。HAP/Al₂O₃ 分离膜对大肠杆菌的去除比 Al₂O₃ 膜基体提高了约 1 个 log 单位。由于多孔结构的纳米 HAP 吸附性能优异，可认为 HAP/Al₂O₃ 分离膜对大肠杆菌去除归因于膜截留和膜面吸附。Al₂O₃ 膜基体与 HAP/Al₂O₃ 分离膜的孔径和孔隙率没有明显差别，二者对大肠杆菌的截留表现应该接近，因此灭菌效率提高 1 个 log 单位可归因于 HAP/Al₂O₃ 分离膜中 HAP 表层对大肠杆菌的吸附。图 6-166(b) 为 Ag-TiO₂/Al₂O₃ 分离膜在黑暗和紫外光照时的灭菌性能。Ag-TiO₂/Al₂O₃ 分离膜光照时对微生物的去除率比无光照时提高约 1 个 log 单位。这是由于 Ag-TiO₂ 中 TiO₂ 被紫外光激发产生的 •OH 氧化破坏了微生物，Ag 起到两个作用，一方面捕获光生电子提高 TiO₂ 空穴的数量，另一方面 Ag 本身具有杀菌性能。图 6-166(c) 为 Ag-TiO₂/HAP/Al₂O₃ 分离膜灭菌性能。光照条件下，Ag-TiO₂/HAP/Al₂O₃ 分离膜具有光催化、膜分离以及吸附等多种功能，因此，比无光时只靠膜功能的灭菌效率提高约 2 个 log 单位。图 6-166(d) 为 Ag-TiO₂/HAP/Al₂O₃ 分离膜紫外光照下和暗态条件下出水通量。运行 10 min 内膜通量急剧下降，这是由于 HAP 膜层对大肠杆菌的强烈吸附导致膜表面大肠杆菌的累积，阻碍了水流通过。10 min 后通量下降趋势减缓，由于光催化分解膜表面的污染物，光催化耦合膜分离过程的通量比单独膜分离过程降低缓慢，说明该过程有效减缓了膜污染。

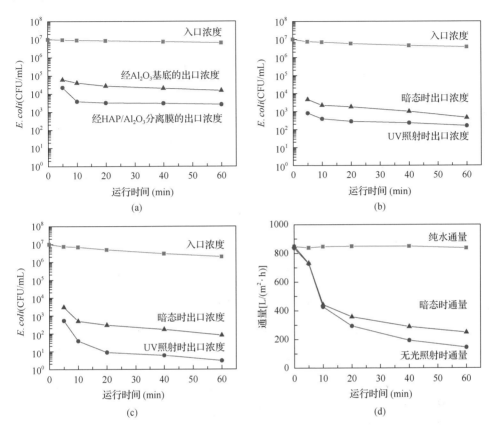

图 6-166　(a) Al_2O_3 膜基体与 HAP/Al_2O_3 复合分离膜灭菌性能对比；(b) $Ag-TiO_2/Al_2O_3$ 复合分离膜在紫外光照下和暗态条件下灭菌性能对比；(c) $Ag-TiO_2/HAP/Al_2O_3$ 复合分离膜在紫外光照下和暗态条件下灭菌性能对比；(d) $Ag-TiO_2/HAP/Al_2O_3$ 复合分离膜在紫外光照下和暗态条件下膜出水通量对比

过膜压力 0.1 MPa，进水流速 26 L/h

HAP 和 $Ag-TiO_2/HAP$ 光催化机理不同。对于 HAP，PO_4^{3-} 能够利用紫外光和水中的游离氧生成 $O_2^{\cdot-}$。对于 $Ag-TiO_2/HAP$，可通过 3 种途径产生自由基：①$Ag-TiO_2$ 光生空穴与水反应产生·OH；②HAP 与溶解氧反应生成 $O_2^{\cdot-}$；③Ag 夺得 TiO_2 的光生电子或者通过等离子共振产生光电子与溶解氧反应生成 $O_2^{\cdot-}$。后两步产生的 $O_2^{\cdot-}$ 可继续转换成 H_2O_2 和·OH，多途径形成·OH 保证了吸附的微生物和有机物被迅速分解。由此可见，同时具有光催化分解功能、膜分离截留功能及吸附功能的分离膜具有较强的抗污染能力。

$Ag-TiO_2/HAP/Al_2O_3$ 分离膜耦合光催化工艺对腐殖酸溶液的分解效率和通量变化情况如图 6-167(a) 所示。光照条件下，腐殖酸和 TOC 浓度仅轻微下降，说明腐殖酸光解速率很慢。由于膜的截留作用，膜分离过程出水中腐殖酸和 TOC 浓度均逐渐降低，截留腐殖酸导致膜孔尺寸减小，因此对腐殖酸分子的截留率越来越高。光催化耦合膜分离出水中腐殖酸和 TOC 浓度均显著降低，去除率高于光解和膜分离两种单独工艺之和，表明存在协同效应。图 6-167(b) 显示了通量变化情况。复合膜的纯水通量保持不变，腐殖酸溶液通量显著下降，表明膜表面吸附或截留了腐殖酸分子，导致孔径减小，因而通量下降。由于膜面光催化功能快速分解截留和吸附的污染物，光催化耦合膜分离的通量比单独膜分离提高 1 倍左右。

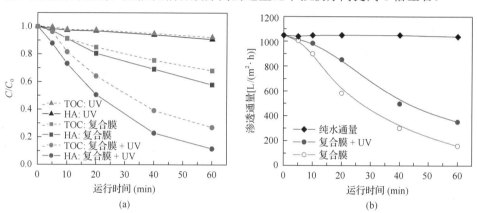

图 6-167　Ag-TiO$_2$/HAP/Al$_2$O$_3$ 复合膜在耦合工艺下对腐殖酸溶液的处理效果和抗污染行为
进水 TOC = 15 mg/L, TMP = 0.1 MPa, 光强 = 2.5 mW/cm^2

为了考察功能膜层设计结构的合理性，在 Al$_2$O$_3$ 上先涂覆 Ag-TiO$_2$ 然后再涂覆 HAP，得到 HAP/Ag-TiO$_2$/Al$_2$O$_3$ 分离膜。对比两种分离膜对大肠杆菌悬浊液的处理效果显示，HAP/Ag-TiO$_2$/Al$_2$O$_3$ 分离膜无论有无光照都比 Ag-TiO$_2$/HAP/Al$_2$O$_3$ 分离膜的灭菌效率高。无光条件下，由于纳米 HAP 对细菌和蛋白质等生物大分子均具有较好的吸附能力，因此 HAP 在外层比在内层对大肠杆菌的去除率高 0.5 个 log 单位。0.3 mW/cm^2 紫外光照射时，HAP/Ag-TiO$_2$/Al$_2$O$_3$ 分离膜表层 HAP 通过吸附和过滤两种方式截留微生物，然后内层 Ag-TiO$_2$ 产生的•OH 氧化分解微生物。而 Ag-TiO$_2$/HAP/Al$_2$O$_3$ 分离膜主要靠截留并氧化微生物，因此灭菌性能较弱。以 15 mg/L 的腐殖酸作为目标污染物，评估了用两种膜去除污染物的性能。两种分离膜对腐殖酸溶液处理效果见图 6-168。紫外光照时 HAP/Ag-TiO$_2$/Al$_2$O$_3$ 膜对腐殖酸的降解效率略低于 Ag-TiO$_2$/HAP/Al$_2$O$_3$ 膜，无光照时情况正好相反。这是由于 HAP 仅对细菌和蛋白质等生物大分子具有更好的选择性吸附性能，而对于腐殖酸分子的吸附能力相对较弱。由于在 Ag-TiO$_2$/HAP/Al$_2$O$_3$ 复合膜表层中最外层的 Ag-TiO$_2$ 光催化膜层直接吸收紫外光，所以其光催化活性比 HAP/Ag-TiO$_2$/Al$_2$O$_3$ 复合膜高。无光照时，多孔结构 HAP 使 HAP/Ag-TiO$_2$/Al$_2$O$_3$ 膜截留与分离性能优于 Ag-TiO₂/HAP/Al₂O₃ 膜。用硝酸调节高纯水 pH 至 5.5 作为过滤水，使用两种分离膜进行过滤，运行相同时间后收集水样进行测试。由于外层 HAP 膜层对内层 Ag-TiO₂ 的保护作用，HAP/Ag-TiO₂/Al₂O₃ 分离膜出水中 Ag⁺浓度保持在 20 μg/L 以下。Ag-TiO₂/HAP/Al₂O₃ 分离膜中的 Ag-TiO₂ 直接与水接触，运行 10 min 时，出水中 Ag⁺最高达到 86 μg/L，继续运行出水 Ag⁺浓度下降到 20 μg/L 以下。两种膜的 Ag⁺析出均不超过美国环境保护署(EPA)规定的二类饮用水中 Ag 含量限值 (100 μg/L)。

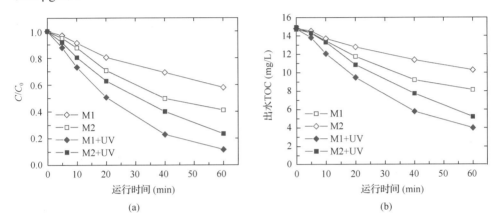

图 6-168　Ag-TiO₂/HAP/Al₂O₃ (M1) 与 HAP/Ag-TiO₂/Al₂O₃(M2) 复合分离膜在相同操作条件下的水处理特性

(a)两种复合分离膜在紫外光照和暗态条件下对水中腐殖酸的去除率；(b)两种复合分离膜在紫外光照和暗态条件下对水中腐殖酸 TOC 的去除率(光强 2.5 mW/cm²；过膜压力 0.1 MPa；进水流量 26 L/h)

进水腐殖酸浓度、入射光强和过膜压力是影响耦合工艺处理效果的主要因素。图 6-169 为耦合工艺与单独膜分离工艺中不同的进水浓度对 TOC 去除率的影响。在 TOC 1～30 mg/L 变化范围内，耦合工艺稳态 TOC 去除率均为 60%以上，其中进水 TOC 15 mg/L 时去除率最高(85%)。膜分离过程的 TOC 去除率随进水浓度增加而增加，在进水 TOC 为 30 mg/L 时，去除率为 59%。对于光催化耦合膜分离过程，当进水 TOC 浓度从 1 mg/L 增大到 15 mg/L 时，截留的腐殖酸可被光催化过程及时分解，所以 TOC 去除率逐渐升高。当进水 TOC 浓度超过 15 mg/L 后，膜面截留污染物的增加量超过了光催化的分解速率，污染物开始累积，一旦达到阻挡入射光的厚度，光催化作用减弱，因此 TOC 去除率开始下降。当进水 TOC 浓度为 30 mg/L 后，膜分离起主导作用，截留的污染物减小了孔径，提高了对 TOC 的截留率，因此相对于进水 TOC 为 20mg/L 的情况，去除率有所增加。

入射光强从 0 增加到 2.5 mW/cm² 时，耦合工艺对 TOC 去除率从 25%逐渐提高到 85%，每 1 mW/cm² 贡献的 TOC 去除率是 24%。继续增加光强到 5 mW/cm²，TOC 去除率增加到 87%，即每增加 1 mW/cm² 去除的 TOC 仅增加 0.8%。从能量的利用效率方面考虑，2.5 mW/cm² 是合适的选择。

提高过膜压力可增加通量，但也会加速浓差极化和膜污染。对于膜分离过程，随跨膜压力从 0.025 MPa 增加到 0.125 MPa，TOC 去除率从 6% 增加到 25%。光催化耦合膜分离过程的 TOC 去除率在各个压力下均高于单独膜分离，且随跨膜压力增加呈现先增加后减小的规律。0.025 MPa 时 TOC 去除率只有 18%，在 0.1 MPa 时达到最高值为 85%，继续提高膜压到 0.125 MPa，TOC 去除率下降到 37%。快速下降是由于高过膜压力使截留在膜表面的污染物增速超出光催化的分解能力，遮挡了入射光导致光催化效率减弱。

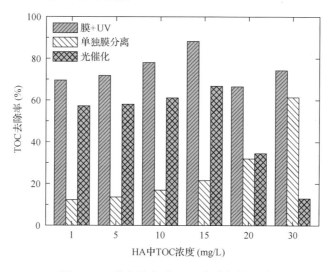

图 6-169　进水浓度对 TOC 去除率的影响

图 6-170(a)、(b) 分别显示了膜分离和光催化耦合膜分离过程膜阻抗相对于过滤体积的变化。耦合工艺的膜阻抗明显小于膜分离。相同过滤体积下，进水 TOC 越低，差值越大。进水 TOC 为 30 mg/L 时，膜分离过滤 400 mL 水的膜阻抗是耦合工艺的 4 倍。进水 TOC 浓度为 5 mg/L 时，膜分离过滤 1000 mL 水的膜阻抗是耦合工艺的 50 倍。进水 TOC 不变时，过滤体积越小，膜阻抗的差值越大。例如 TOC 为 15 mg/L 时，过滤体积 400 mL 时膜阻抗是耦合工艺的 20 倍。过滤体积 700 mL 时，膜阻抗是耦合工艺的 7 倍。当固定膜压为 0.1 MPa，在 0～5.0 mW/cm² 范围内改变紫外光强，膜污染阻抗从 5.2×10^{12} m⁻¹ 逐渐降低到 2.9×10^{12} m⁻¹。膜过滤体积也随入射光强的提高而增加，但增幅趋缓，尤其是入射光强为 2.5 mW/cm² 和 5.0 mW/cm² 下的曲线十分类似。由此可见，当入射光强超过 2.5 mW/cm² 时，继续增加入射光强对减缓膜污染作用不大。不同膜压(0.025～0.125 MPa)与不同光强的膜污染阻抗行为截然不同，如图 6-170(d) 所示。在相同的入射光强(2.5 mW/cm²)时，除了膜压为 0.125 MPa，其他膜压下的膜污染行为曲线十分接近。当膜压为 0.125 MPa

时，随着膜过滤体积相比其他情况下显著减少，膜污染阻抗急剧增大。这表明在较高的膜压下，光催化过程不能充分降解被截留和被吸附的膜表面腐殖酸分子，从而导致浓差极化现象和更多的污染物在膜表面积累，引起膜污染阻抗显著上升，因此当膜压从 0.1 MPa 提高到 0.125 MPa 时，耦合工艺中的主导反应从光催化反应转变为膜分离反应。

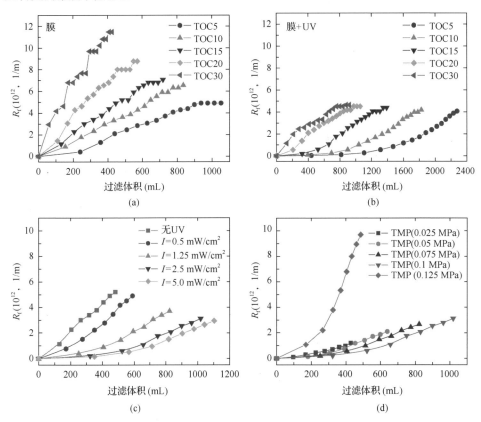

图 6-170　不同运行条件下膜阻抗对应过滤体积的变化情况

(a) 单独膜分离工艺下不同的进水 TOC 浓度；(b) 光催化与膜分离耦合工艺下不同的进水 TOC 浓度；
(c) 光催化与膜分离耦合工艺下不同的紫外光强（TOC = 15 mg/L；TMP = 0.1 MPa）；
(d) 光催化与膜分离耦合工艺下不同的过膜压力（TOC = 15 mg/L；光强 = 2.5 mW/cm^2）

采用光催化耦合膜分离技术对某水库水进行处理，以评价其处理性能，该水库的水质如表 6-4 所示。为保证耦合工艺处理水库水时以光催化反应为主导，选取入射光强为 5.0 mW/cm^2，膜压为 0.1 MPa 作为系统工艺参数。以 UVA$_{254}$ 的去除效率评价工艺性能，单纯膜分离的 UVA$_{254}$ 去除率是 16.8%，耦合工艺约为 35.4%，是前者的 2 倍以上 [图 6-171(a)]。两种工艺的通量在最初的 2 h 均下降明显，随后均趋于稳定 [图 6-171(b)]。光催化耦合膜分离的稳定通量是单纯膜分离的 3 倍以上。

表 6-4　某水库源水水质分析结果

水质指标	指标值
pH	7.95
浊度（NTU）	2.10
总有机碳（TOC, mg/L）	29.9
溶解总固体（TDS, mg/L）	2390
254nm 处的紫外吸收（UVA$_{254}$, cm^{-1}）	0.125
UVA$_{254}$/TOC［SUVA, L/(mg·m)］	0.418
电导率（μS/cm）	2270
Cl$^-$（mg/L）	82.4
NO$_3^-$（mg/L）	5.80
SO$_4^{2-}$（mg/L）	97.5
硬度（mg/L）（以 CaCO$_3$ 计）	188.4
细菌总数（CFU/mL）	～900

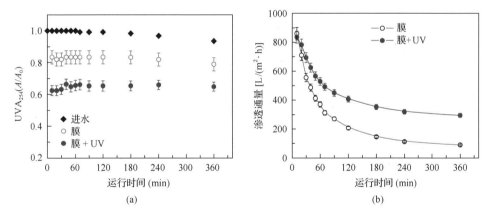

图 6-171　单独膜分离工艺和光催化膜分离耦合工艺下处理水源水效果对比

(a)UVA$_{254}$ 在处理过程中的变化趋势；(b)膜通量变化

图 6-172 为使用后的分离膜 SEM 图。膜分离工艺用过的膜被 NOM 中胶体和腐殖酸覆盖，而耦合工艺的膜表层仅有少量胶体和腐殖酸。电镜观察发现，用过的膜表面有大量的钩虫、贾第鞭毛虫和隐孢子虫等致病微生物的尸体。这些微生物都是已知容易产生传染性疾病的微生物。这些致病微生物的死亡主要是由于紫外照射下的活性氧物种(•OH、O$_2^{•-}$ 和 H$_2$O$_2$ 等)对致病微生物的迅速杀灭。

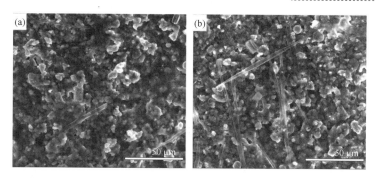

图 6-172　Ag-TiO$_2$/HAP/Al$_2$O$_3$ 复合分离膜污染后的扫描电镜照片
(a)单独膜分离工艺；(b)膜分离与光催化耦合工艺

如图 6-173 所示，耦合工艺对于水源水浊度、TOC、SUVA(特征紫外吸光度，表示溶液在 254 nm 下的吸光度与其溶解有机碳含量的比值)和细菌总数的去除率均高于单独膜分离工艺。TOC 和 SUVA 的去除率比 UVA$_{254}$ 的去除率略低，表明了 NOM 中可以吸收 254 nm 波长部分的有机物能够被光催化优先降解。耦合工艺对于水源水的 TDS 去除效率低于单独膜分离去除率，可能由于在耦合工艺中大部分藻类、细菌、病毒以及其他致病微生物迅速被灭活从而导致这些致病微的大部分蛋白、核酸和包括 K$^+$、Ca^{2+} 和 Na$^+$ 等构成细胞代谢必需的无机盐离子从细胞体内溢出和泄漏。单独膜分离工艺和耦合工艺出水的电导率分别为 2254 μS/cm 和 5560 μS/cm。通过高效液相色谱在水源水中检测到了具有内分泌效应的壬基酚和双酚 A 两种酚类污染物，气相色谱-质谱联用仪发现水源水中含有微量的丁二酸、正十八烷、正二十烷、正二十二烷和正二十四烷等小分子酸和长链烷烃。尽管这些有机物分子的尺寸小于微滤膜孔径，但由于吸附作用，单独膜分离工艺对它们仍有一定程度的去除效果。对比单独膜分离工艺，耦合工艺对这些痕量有机污染物的去除率均有提高，说明光催化过程可以降解这些有机污染物。

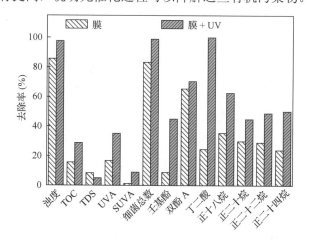

图 6-173　耦合工艺水处理性能

分别采用紫外光照和气水混合反冲洗两种方式对复合膜再生，两种再生方式的效果如图 6-174 所示。由图(a)可见，紫外辐照再生能力较弱，通量恢复不明显；而气水混合反冲洗再生工艺对膜通量恢复能力较强，这是由于紫外辐照仅能去除膜表面的污染，无法解决膜孔内部的污染和堵塞；然而气水反冲洗再生方式不仅能去除膜表面污染，而且能够有效去除膜孔内部的污染。图(b)显示了两种再生方式对水中 UVA$_{254}$ 的去除率，采用紫外辐照再生的膜工艺对 UVA$_{254}$ 的去除一直高于 30%。而采用气水反冲洗再生的工艺对 UVA$_{254}$ 的去除越来越少，这可能是部分膜面光催化剂在冲洗过程中脱落，因而使得光催化与膜分离耦合作用降低。因此，控制气水反冲洗强度和时间并将气水反冲洗与紫外再生工艺联用，可能获得更好的再生效果。

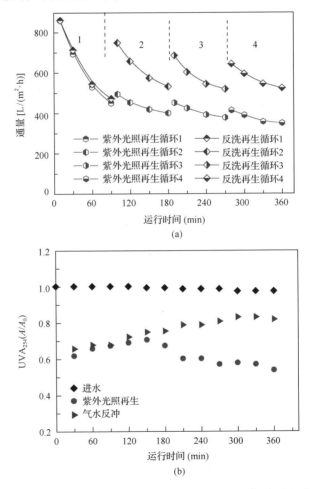

图 6-174　分离膜再生效果，其中紫外辐照的光强为 5.0 mW/cm^2，气水混合反冲洗强度为 4～5 L/(m^2·s)，气水比约为 1.5

(a)紫外光照再生和气水混合反冲洗再生对通量的影响，循环 4 次，单次运行时间 90 min，再生时间 10 min；
(b)紫外光照再生和气水混合反冲洗再生对 UVA$_{254}$ 去除的影响，连续运行 6 h

4. g-C₃N₄ NS/还原石墨烯氧化物可见光响应分离膜

大多光催化分离膜的光催化功能层由 TiO₂ 构成，TiO₂ 只能利用波长小于 385 nm 的紫外光，这部分光仅占太阳光谱能量的 5%。为了抗紫外老化延长使用寿命，只能以无机陶瓷膜作为分离层，这导致光催化分离膜的制造成本增加。g-C₃N₄ 纳米片是一种高效的可见光催化剂，可被波长小于 460 nm 的光激发，作为光催化分离膜的功能层，有直接利用太阳光的潜力。由于不使用紫外灯，廉价的有机膜也可作为支撑体，使光催化膜的制备成本降低。另外，异质结构能够促进光生电荷分离。因此使用 g-C₃N₄ 制作光催化功能层对促进光催化分离膜在去除水中 POPs 方面的应用具有重要意义。

设计了以 g-C₃N₄ 纳米片(g-C₃N₄ NS)-还原石墨烯氧化物(RGO)异质结为光催化功能层、以商品化的醋酸纤维膜(CA 膜，膜孔径 0.45 μm)为分离层的光催化分离膜[58]。g-C₃N₄ NS 可高效利用可见光，RGO 具有较高的电荷迁移速率，是良好的电子受体。将两者结合构建异质结材料不但可以利用可见光，而且 RGO 可捕获 g-C₃N₄ NS 导带电子，通过促进光生电荷提高光催化效率。该异质结分离膜的制备方法如下：将 g-C₃N₄ NS 加入 GO 水溶液，置于 500 W 氙灯下照射 4 h 即可还原 GO 并使其与 g-C₃N₄ NS 连接在一起。采用真空抽滤法将 g-C₃N₄ NS/RGO 粉体催化剂负载于 CA 膜表面。然后，将负载 g-C₃N₄ NS/RGO 光催化剂后的 CA 膜置于不锈钢膜组件中，利用高压 N₂ 气(0.5 MPa)固定 30 min，在 40℃下烘干 4 h 得到 g-C₃N₄ NS/RGO/CA 复合光催化膜。

图 6-175(a)是 g-C₃N₄ NS/RGO 复合光催化剂的 SEM 图。样品呈现片状结构，纳米片带有许多弯曲的结构，纳米片堆叠在一起后这些弯曲结构形成了微米级的孔道。这些孔道将成为纳米片组装成光催化膜后水的传输通道。N₂ 吸附-脱附曲线结果表明 g-C₃N₄ NS/RGO 的孔径分布范围是 2～30 nm，峰值为 3.8 nm，是典型的介孔结构。这些介孔可以截留或吸附尺寸小于其膜孔径的小分子，提高光催化分离膜的处理能力。图 6-175(b)显示二维纳米片的尺寸约为几个微米，具有丝绸状或烟雾状的褶皱形貌，与 SEM 图片中的弯曲特点一致。其在电子束下具有透明性，表明纳米片厚度极小。为了进一步区分样品中 g-C₃N₄ NS 与 RGO 的不同形貌，对样品进行了高倍 TEM 的观察[图 6-175(c)]，从高分辨图片中可以清晰地区分出 g-C₃N₄ NS 与 RGO。G-C₃N₄ NS 的尺寸小于 RGO，因此形成了 g-C₃N₄ NS 分散于 RGO 表面的结构，有利于 g-C₃N₄ NS 导带光生电子迅速迁移至 RGO 促进光生电荷分离。图 6-175(d)是 g-C₃N₄ NS/RGO 复合物的 AFM 图片。RGO 的尺寸为几个微米，而 g-C₃N₄ NS 不足 1 μm，与 TEM 图一致。AFM 测出 g-C₃N₄ NS 厚度约为 0.8 nm，接近其理论层间距值(0.326 nm)的 2 倍，因此可推断纳米片由 2 个原子层构成。RGO 厚度约为 0.9 nm，所以 g-C₃N₄ NS/RGO 纳米片的总厚度约为 1.8 nm，

这种超薄结构使 g-C$_3$N$_4$ NS 与 RGO 之间形成了原子级的异质结,可以显著地缩短电子迁移路径,有利于促进光生电荷分离,从而提高材料的光催化效率。

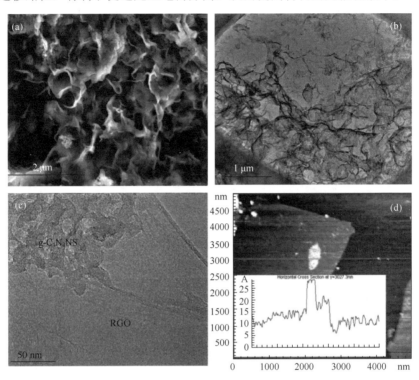

图 6-175　g-C$_3$N$_4$ NS/RGO 复合光催化剂的形貌
(a) SEM 图;(b) TEM 图;(c) 高倍 TEM 图;(d) AFM 图

g-C$_3$N$_4$ NS/RGO/CA 复合光催化膜的光吸收性能如图 6-176 所示。CA 膜在 300～800 nm 范围内无光吸收;负载 g-C$_3$N$_4$ NS 后,由于 g-C$_3$N$_4$ NS 对可见光的响应,g-C$_3$N$_4$ NS/CA 能够吸收波长小于 430 nm 的光;添加 RGO 后,g-C$_3$N$_4$ NS/RGO/CA 复合膜在紫外及可见光部分的吸收强度均得到了明显的增强,这些结果表明 RGO 促进了复合材料对光的吸收能力。

g-C$_3$N$_4$ NS/RGO 异质结厚度仅为 1.8 nm,这种超薄结构具有优异的电荷分离能力。首先,与常见的同轴型、核壳型异质结相比,由于 g-C$_3$N$_4$ NS 与 RGO 均为二维材料,当两者复合后具有更大的接触面积,为电子迁移提供了更多的传输通道,因此更有利于光生电荷的分离。其次,与 g-C$_3$N$_4$ NS/RGO 结构类似的常规叠层型异质结厚度较大,光生电荷从体相扩散至异质结界面的过程中不可避免地发生复合;而 g-C$_3$N$_4$ NS/RGO 的超薄尺寸使其光生电荷的扩散距离极大地缩短,避免了扩散过程中的复合。最后,只有处于内建电场作用范围内的光生电荷才可以被有效分离，这种超薄的异质结材料完全处于内建电场的作用范围内，所有光生电荷均可以得到有效分离。基于以上 3 点原因，g-C$_3$N$_4$ NS/RGO 能够展示出良好的电荷分离特性，这一特性有利于提高其光催化效率。

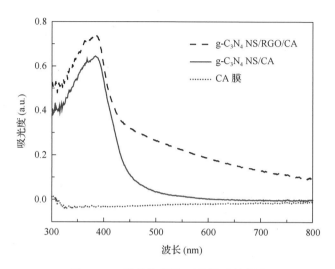

图 6-176　样品的紫外-可见漫反射光谱

功能层的光催化效率及膜的渗透性是评价光催化分离膜性能的两个重要指标。RGO 用量是影响复合膜光催化效率的重要因素，用量较小会导致其作为电子受体分离电荷的能力不足，用量过多时会阻碍 g-C$_3$N$_4$ NS 的光吸收，使光生电荷数量减少，同样不利于光催化反应。因此，以 RhB 为目标污染物，考察了制备过程 GO 投加量为 0.5%、0.75%、1.0%、1.5%时制备的 g-C$_3$N$_4$ NS/RGO 的光催化效率，结果表明投加量为 1% GO 时，g-C$_3$N$_4$ NS/RGO 展示出最高的光催化效率。

渗透性是评价膜性能的重要参数。对于 g-C$_3$N$_4$ NS/RGO/CA 复合光催化膜，功能层负载量是渗透性的重要影响因素，图 6-177 显示了 g-C$_3$N$_4$ NS/RGO 的负载量对复合光催化膜纯水通量的影响。对于 g-C$_3$N$_4$ NS/RGO/CA 膜及 g-C$_3$N$_4$ NS/CA 膜，随着催化剂负载量的增加，纯水通量逐渐减小，当负载量达到 25 mg 后，继续增加负载量对纯水通量无明显影响。由于 g-C$_3$N$_4$ NS 的尺寸(几个微米)大于 CA 膜的孔径(0.45 μm)，因此可完全包覆在 CA 膜表面而不陷入膜孔造成堵塞。又由于 RGO 和 g-C$_3$N$_4$ 的褶皱弯曲形成的孔道作为膜孔，光催化层覆盖 CA 膜表面后纯水通量并没有明显下降。功能层厚度过大容易引起表面开裂、增加过水阻力。作为对照的 P25/CA 膜的纯水通量随 P25 负载量的增加迅速下降。这是由于 P25 颗粒尺寸约为 20 nm，小于 CA 膜的膜孔径，因此在抽滤过程中会堵塞 CA 膜的孔。

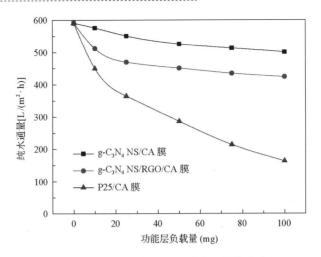

图 6-177　催化剂负载量对纯水通量的影响

g-C$_3$N$_4$ NS/RGO/CA 复合膜表面的形貌如图 6-178(a)所示。催化剂均匀地沉积在 CA 膜表面，并将其完全覆盖，膜表面平整光滑，没有开裂。图 6-178(b)中展示了 g-C$_3$N$_4$ NS/RGO/CA 复合膜的实物照片。g-C$_3$N$_4$ NS/RGO 复合膜具有良好的柔韧性，可以较大的角度弯曲而不开裂，这是由于 RGO 在复合物中起到了良好地连接 g-C$_3$N$_4$ NS 的作用，从而避免了开裂。

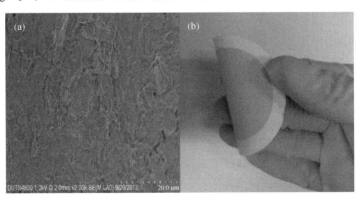

图 6-178　(a) 复合膜表面的形貌，(b) g-C$_3$N$_4$ NS/RGO 复合膜的照片

纯水通量与截留率是评价膜性能的重要参数。通过自制小型光催化分离膜水处理设备测试了 g-C$_3$N$_4$ NS/RGO/CA 复合膜的纯水通量，结果如图 6-179 所示。优化后的 g-C$_3$N$_4$ NS/RGO/CA 膜的纯水通量可以达到 957 L/(m^2·h·bar)，相比于 P25/CA 膜提高了近 35%，仅比单纯的 CA 膜减少了 10%。这是由于 g-C$_3$N$_4$ NS/RGO 复合物具有大量弯曲与褶皱，从而形成了有利于水渗透通过的孔道。此外，从测试结果可以看出 g-C$_3$N$_4$ NS/RGO/CA 膜的纯水通量在随膜面压力升高而增加的过

程中呈现出了良好的线性关系。这一现象说明 g-C$_3$N$_4$ NS/RGO/CA 复合膜由于弯曲和褶皱而形成的孔道具有不可压缩性，即使压力达到 0.3 MPa 也不会导致孔道的压缩变形。这一现象说明复合膜具有较好的机械强度。通过测试复合光催化膜对直径为 90 nm、190 nm、370 nm 和 430 nm 4 种尺寸的单分散聚苯乙烯(polystyrene，PS)微球的截留率，评价了其截留能力，结果如图 6-179 所示。随着 PS 微球尺寸的增加，复合光催化膜对 PS 微球的截留率不断提高。对于直径为 370 nm 的微球，截留率约为 55%，当 PS 微球的直径增加至 430 nm 时，截留率达到 94%，据此评估复合膜的有效截留粒径约为 430 nm，制备的 g-C$_3$N$_4$ NS/RGO/CA 复合膜属于微滤类型的分离膜。

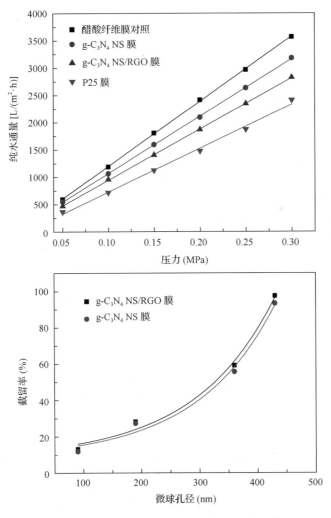

图 6-179　膜的纯水通量和对 PS 微球的截留率

以 RhB 为目标物评估 g-C$_3$N$_4$ NS/RGO/CA 复合膜的光催化性能，结果如图 6-180 所示。图中上半部分的 3 张图从左至右分别对应着滴有 5 μL 浓度为 5 mg/L RhB 标记的 g-C$_3$N$_4$ NS/RGO/CA 膜、g-C$_3$N$_4$ NS/CA 膜和 P25/CA 膜。将上述 3 种膜置于 500 W 氙灯下经滤光片过滤掉 λ<400 nm 部分的紫外光照射 60 s 得到了图 6-180 下半部分的 3 张图。可以观察到，经过 60 s 的短暂照射，P25/CA 膜表面的 RhB 标记并没有明显的变化，g-C$_3$N$_4$ NS/CA 膜表面的 RhB 标记出现了明显的褪色现象，而 g-C$_3$N$_4$ NS/RGO/CA 膜表面的 RhB 标记则完全消失。这一测试结果表明 g-C$_3$N$_4$ NS/RGO/CA 膜具有较高的光催化效率，可以在短时间内完成对污染物的有效分解，不但可提高水处理量而且有利于缓解膜污染。

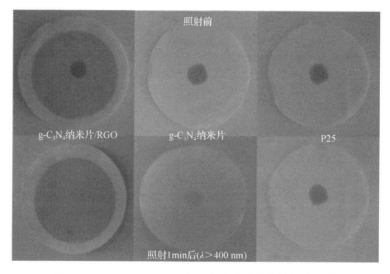

图 6-180　g-C$_3$N$_4$ NS/RGO/CA 复合膜光催化性能的评价

g-C$_3$N$_4$ NS/RGO/CA 光催化分离膜具有较强的光催化能力以及多级孔结构，即使目标污染物的尺寸小于膜孔径，也可通过介孔吸附或光催化分解有效去除。RhB 的分子尺寸为 1.44 nm×1.09 nm×0.64 nm[59]，远小于 g-C$_3$N$_4$ NS/RGO/CA 光催化分离膜的孔径(430 nm)，但与膜的二级介孔 3.8 nm 相当。以 RhB 为目标物考察了膜对含有小分子有机污染物废水的处理效果，结果如图 6-181 所示。

由于其孔径远大于 RhB 的分子尺寸，因此截留能力非常有限，对基于 P25/CA、g-C$_3$N$_4$ NS /CA 或 g-C$_3$N$_4$ NS/RGO/CA 的膜分离过程，开始阶段 RhB 的去除率随处理时间的延长而提高，在 30 min 后趋于稳定，这符合吸附逐渐达到平衡的特征，因此可以推测这一阶段不是以机械截留为主而是靠吸附作用去除 RhB。P25/CA 膜对 RhB 的去除率仅为 10%；g-C$_3$N$_4$ NS/RGO/CA 膜具有多级孔结构，吸附能力更强，因此对 RhB 的截留能力可以提高至 15%。对于膜分离与光催化的耦合过程，由于光催化作用对 RhB 的降解，复合膜均展示出了更高的去除率。P25 膜和 g-C$_3$N$_4$

NS/CA 膜在耦合工艺作用下对 RhB 的去除率分别达到 35%和 42%，而 g-C$_3$N$_4$ NS/RGO/CA 复合膜由于具有较高的光催化效率，因此去除率达到 60%，是单独的膜分离过程去除率的 4 倍。以上结果表明，在光催化作用的辅助下，复合膜对于小分子有机污染物的去除能力显著提高。

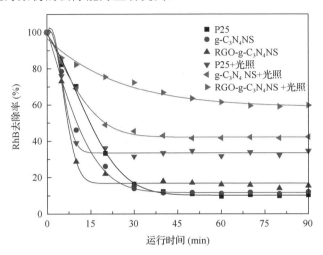

图 6-181　不同条件下对 RhB 的去除效果

　　光催化对污染物的有效分解不但使光催化分离膜具有优异的污染物去除性能，而且表现出减缓膜污染的能力。为了考察复合膜在运行过程中光催化作用对缓解膜污染的贡献，分别测试了复合膜在暗态下运行和可见光照射下运行处理 *E. coli* 菌液时的渗透通量情况，结果如图 6-182 所示。无光照情况下，复合膜的渗透通

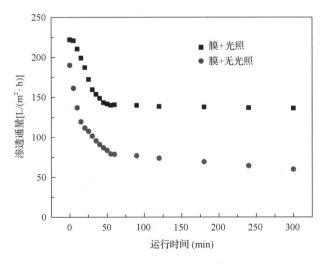

图 6-182　复合膜在暗态及可见光照射下渗透通量

量在运行初期快速由 190 L/(m²·h) 衰减到 75 L/(m²·h)，运行 1 h 后，渗透通量衰减速率减缓，经过 5 h 的运行，衰减至 60 L/(m²·h)。光照条件下，复合膜运行 1 h 后渗透通量不再衰减，并稳定地维持在 150 L/(m²·h)，是无光照情况下的 2.5 倍。这一结果表明在光催化的辅助下，复合膜展示出了良好的抗膜污染能力，能始终维持较高的渗透通量。

5. g-C$_3$N$_4$/CNTs/Al$_2$O$_3$ 光电催化分离膜

虽然 g-C$_3$N$_4$ 具有可见光响应，但其光生电子和空穴容易复合，导致对 420～460 nm 的可见光的量子效率只有 0.1%[60]。因此，提高 g-C$_3$N$_4$ 的光生电荷分离效率对光催化分离膜的性能至关重要。根据前面的分析，施加电压可以驱动光生电子定向移动，限制其与空穴复合。用在膜分离上，施加电压还能促进对带电污染物的吸附或排斥，或快速氧化分解与膜接触的污染物，起到活化再生作用。为此，设计了 g-C$_3$N$_4$/CNTs/Al$_2$O$_3$ 多功能复合膜。其中 Al$_2$O$_3$ 作为基体，起到支撑层的作用；g-C$_3$N$_4$ 作为光催化剂，而 CNTs 作为中间层，起到导电和增强电荷分离的作用[61]。其制备方法如下：将含有 5% 聚丙烯腈黏结剂的 CNTs 混合溶液真空抽滤负载在 Al$_2$O$_3$ 基底上，氩气保护下 1000℃ 保温 2 h 碳化，作为导电层，之后通过浸渍提拉方法在 CNTs 周围包裹一层 g-C$_3$N$_4$。

g-C$_3$N$_4$ 的负载量不但影响着多功能膜的光吸收能力及光生电子的传递能力，还影响膜的孔径分布、膜通量、孔隙率等膜的性能。提拉次数对 g-C$_3$N$_4$ 在膜上的负载量影响较小，因此，主要优化了混合液中 g-C$_3$N$_4$ 的浓度。提拉液中 g-C$_3$N$_4$ 浓度分别为 10 mmol/L、30 mmol/L、50 mmol/L、70 mmol/L、90 mmol/L 时，膜的各性能参数如表 6-5 所示。对比孔径分布及其他参数，提拉液浓度为 50 mmol/L 时得到的 g-C$_3$N$_4$/CNTs/Al$_2$O$_3$ 多功能膜的孔径分布、电导率及纯水通量最优。

表 6-5　不同 g-C$_3$N$_4$ 负载量的膜的性能参数

g-C$_3$N$_4$ 溶胶的浓度 (mmol/L)	电导率 (S/cm)	孔隙率 (%)	平均孔径 (nm)	通量 [L/(m²·h·bar)]
10	11.10	42.0	370	750
30	10.13	41.5	335	612
50	9.10	39.8	297	524
70	8.17	39.2	170	213
90	7.55	38.6	157	92

用扫描电镜观察样品形貌，Al$_2$O$_3$ 陶瓷基底由粒径 1～10 μm 的小颗粒组成，

表面平整没有裂痕，平均孔径为 504 nm；CNTs/Al$_2$O$_3$ 膜由直径为 40～60 nm 的 CNTs 无规则堆叠而成，平均孔径为 384 nm。检测电导率、孔隙率、孔径分布等参数，结果如表 6-6 所示。用重量法测得 Al$_2$O$_3$ 陶瓷基底的孔隙率为 44.7%，通量为 1756 L/(m$^2 \cdot$h$\cdot$bar)，不导电；CNTs/Al$_2$O$_3$ 膜的孔隙率为 42.5%，通量为 793 L/(m$^2 \cdot$h$\cdot$bar)，通过四探针测得电导率为 11.27 S/cm。g-C$_3$N$_4$/CNTs/Al$_2$O$_3$ 的 CNTs 被 g-C$_3$N$_4$ 包裹且 CNTs 之间呈胶联状态，平均孔径为 297 nm，孔隙率为 39.8%，纯水通量为 524 L/(m$^2 \cdot$h$\cdot$bar)，电导率为 9.1 S/cm。

表 6-6　g-C$_3$N$_4$/CNTs/Al$_2$O$_3$ 分离膜及对照样品的基本信息

膜的类型	电导率(S/cm)	孔径(nm)	孔隙率(%)	纯水通量[L/(m$^2 \cdot$h$\cdot$bar)]
Al$_2$O$_3$ 陶瓷基底	绝缘体	504	44.7	1756
CNTs/Al$_2$O$_3$ 膜	11.27	384	42.5	793
g-C$_3$N$_4$/CNTs/Al$_2$O$_3$	9.10	297	39.8	524

由于 CNTs 的石墨化程度较高，CNTs/Al$_2$O$_3$ 膜的电导率高达 11.27 S/cm，有利于光生电荷的传递。对 g-C$_3$N$_4$/CNTs/Al$_2$O$_3$ 膜施加偏压测试其光电流的变化，当外加偏压为 0 V、0.5 V、1.0 V、1.5 V、2.0 V(vs. SCE)时，净光电流分别为 0.06 mA/cm^2、0.07 mA/cm^2、0.09 mA/cm^2、0.17 mA/cm^2、0.12 mA/cm^2，呈现先增加后减小的规律，最大值 0.17 mA/cm^2 出现在 1.5 V，是 0 V 时光电流的近 3 倍，说明外加电压可促进 g-C$_3$N$_4$/CNTs/Al$_2$O$_3$ 膜的光生电荷分离。以 g-C$_3$N$_4$/CNTs/Al$_2$O$_3$ 膜为工作电极、铂片为对电极、SCE 为参比电极进行了循环伏安测试，经过 10 个循环后，g-C$_3$N$_4$/CNTs/Al$_2$O$_3$ 膜在水中没有出现明显的光电流衰减的现象，表明 g-C$_3$N$_4$/CNTs/Al$_2$O$_3$ 膜在水溶液中具有很好的稳定性。测试了 g-C$_3$N$_4$/CNTs/Al$_2$O$_3$ 膜在膜分离过程、施加 1 V 电压的膜分离过程(简称电催化膜分离过程)、可见光照射的膜分离(光催化膜分离过程)和既有偏压又有光照的膜分离过程(简称光电催化膜分离过程)的通量，结果分别为 524 L/(m$^2 \cdot$h$\cdot$bar)、596 L/(m$^2 \cdot$h$\cdot$bar)、634 L/(m$^2 \cdot$h$\cdot$bar)、818 L/(m$^2 \cdot$h$\cdot$bar)，说明对 g-C$_3$N$_4$/CNTs/ Al$_2$O$_3$ 膜施加偏压或光照均可提高通量。

以苯酚为目标物，采用死端过滤系统测试 g-C$_3$N$_4$/CNTs/Al$_2$O$_3$ 膜的水处理性能。测试系统由光电催化膜反应池、300 W 氙灯光源(光强 100 mW/cm^2)、400 nm 滤波片、稳压直流电源、蠕动泵、流量计及压力表组成，如图 6-183 所示。g-C$_3$N$_4$/ CNTs/Al$_2$O$_3$ 多功能膜作为阳极，钛网作为阴极固定在膜反应器内，阴极和阳极的距离为 6 mm。

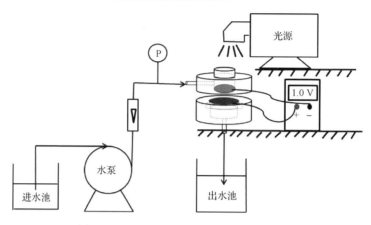

图 6-183　光电催化膜分离反应系统示意图

　　为了考察 g-C$_3$N$_4$/CNTs/Al$_2$O$_3$ 膜对苯酚的去除效果，测试了可见光光解、膜分离过程、光催化膜分离过程、电催化膜分离过程和光电催化膜分离过程中苯酚的浓度变化。结果表明，可见光照射 60 min 后，苯酚浓度几乎没有变化（初始浓度为 5 mg/L），表明苯酚在可见光照射下不易发生光解。在膜分离过程中，只有 7% 的苯酚被去除，说明单纯膜分离过程很难将苯酚小分子去除（苯酚的分子尺寸约 0.6 nm，远小于膜孔径），少量的苯酚去除主要归因于膜对苯酚的吸附。光催化膜分离和电催化膜分离过程中运行 60 min 后苯酚的平均去除率分别为 23% 和 34%。当在膜上同时加 100 mW/cm^2 可见光和 1.0 V 的电压构成光电催化膜分离过程时，苯酚的去除率达到 64%，大于单独的光催化膜过程和电催化膜过程之和，表现出一定的协同作用。

　　地表水中的腐殖酸是消毒副产物前体和细菌营养源，也是造成膜污染的主要物质。以初始浓度 20 mg/L 的腐殖酸为目标物考察了 g-C$_3$N$_4$/CNTs/Al$_2$O$_3$ 膜的性能。如图 6-184(a) 所示，腐殖酸分子尺寸为 78.8 nm，小于膜的孔径，所以膜分离过程中 TOC 的去除以吸附为主，运行 60 min 后，TOC 去除率为 38%。电催化膜分离和光催化膜分离过程运行 60 min 后，TOC 去除率分别达到 55% 和 63%。在光电催化膜分离过程中，TOC 的去除率显著提高，对应 0.5 V、1.0 V、1.5 V 电压的 TOC 去除率分别为 72%、76% 和 84%，对天然有机物的去除能力增强。除了提高污染物去除效率，光电催化膜还能提高水处理通量。g-C$_3$N$_4$/CNTs/Al$_2$O$_3$ 多功能膜的通量变化如图 6-184(b) 所示。由于腐殖酸对膜面造成污染，单独膜分离过程的通量最小，只有 81 L/(m^2·h·bar)。由于电化学排斥和光催化分解作用，电催化膜和光催化膜的稳定通量明显提高，分别为 110 L/(m^2·h·bar) 和 175 L/(m^2·h·bar)。对于光电催化膜，随着外加电压的升高(0.5 V、1.0 V 和 1.5 V)，水的通量相对于光催化膜逐渐升高，分别保持 179 L/(m^2·h·bar)、188 L/(m^2·h·bar) 和 239L/(m^2·h·bar)。外加电压为 1.0 V 的光电催化膜分离过程的通量分别是光催化膜分离和单独膜分离

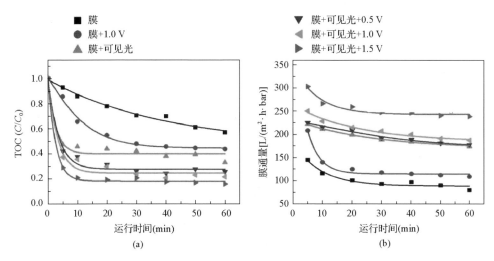

图 6-184　(a)不同运行条件下 TOC 的去除效果随时间变化及
(b) g-C$_3$N$_4$/CNTs/Al$_2$O$_3$ 膜的抗污染性能

过程的 1.1 倍和 2.3 倍。外加电压为 1.5 V 时，光电催化膜分离过程的通量分别是光催化膜分离和单独膜分离过程的 1.4 倍和 2.2 倍。以上结果表明，施加电压可显著提高 g-C$_3$N$_4$/CNTs/Al$_2$O$_3$ 膜的光催化及膜分离性能。用 SEM 观察光电催化膜过程用过的 g-C$_3$N$_4$/CNTs/Al$_2$O$_3$ 表面，相对于新制的膜变化不大，而单独膜分离过程用过的 g-C$_3$N$_4$/CNTs/Al$_2$O$_3$ 表面有明显的腐殖酸沉积，说明光电催化分解污染物可以减缓膜污染。

　　采用 g-C$_3$N$_4$/CNTs/Al$_2$O$_3$ 光电催化膜分离系统对某水库地表水进行处理。该水库水质指标如下：浊度 3.9、pH 7.73、TOC 9.78 mg/L、UV$_{254}$ 0.083 mg/L、细菌数 1000 CFU/L。单独的膜分离、光催化膜分离、电催化膜分离以及光电催化膜分离过程出水水质指标结果及通量变化如图 6-185 所示。与其他三种运行模式相比，光电催化膜过程对 TOC、UV$_{254}$、浊度和大肠杆菌都表现出较高的去除效果。浊度和大肠杆菌在光电催化膜过程中几乎被全部去除。TOC 和 UV$_{254}$ 的去除率分别为 70% 和 85%。此外，在 180 min 内，光电催化膜分离过程的通量一直高于其他 3 种过程的通量，例如第 180 min，电催化膜分离及单独的膜分离过程的通量分别为 50 L/(m^2·h·bar) 和 40 L/(m^2·h·bar)，光催化膜分离的通量为 100 L/(m^2·h·bar)，相对单独膜分离提高了 1.5 倍，而光电催化分离膜的通量在 160 L/(m^2·h·bar) 左右，相对于单独膜分离提高了 3 倍，而且大于光催化膜分离和电催化膜分离过程的通量总和，表现出协同作用。

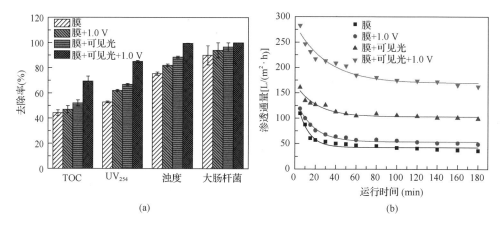

图 6-185 　(a) 不同运行条件下 g-C$_3$N$_4$/CNTs/Al$_2$O 多功能膜对地表水中污染物的去除效果及 (b) 膜通量在水处理过程中随时间的变化曲线

6.6.2　光催化耦合等离子体技术

等离子体由大量自由电子、离子、原子、分子或自由基等粒子组成，整体上呈近似电中性的物质状态。由于包含的各种带电粒子具有氧化还原能力，因此可用于分解 POPs。环境领域常用反应条件温和的电晕放电产生等离子体，放电过程一般在水气混合界面上进行，放电过程中混合水气被高能电子击穿，产生•OH、•H、•O、•HO$_2$ 等多种自由基和 O$_3$、H$_2$O$_2$ 等氧化还原活性物种。等离子体技术就是通过这些物种分解 POPs 的。除了产生高能电子，放电过程还以高温、高压、冲击波、空化效应、超声波、脉冲流光等途径释放能量。其中释放能量最多的方式是流光中的紫外光辐射，这导致等离子体技术的能量效率较低。向等离子体系投加光催化剂，可利用辐射的紫外光产生•OH，不但能够有效提高等离子体的能量效率，而且由于紫外光能够达到的空间比放电通路大得多，产生的•OH 更容易与污染物接触反应，对实现高效降解污染物具有重要意义。

以玻璃珠为载体，采用浸渍提拉工艺涂覆 TiO$_2$ 光催化层，然后用流化床的方式置于等离子体系中，即可实现等离子体与光催化的结合[62]。如图 6-186 所示，反应溶液由蠕动泵循环，从反应器底部进入，上部流出。实验过程中固定脉冲电源参数为：24 kV 脉冲电压峰值，50 Hz 脉冲频率，4 nF 电容。有机玻璃圆筒反应器尺寸为 Φ75 mm×100 mm。高压电极由 7 根不锈钢针组成，针裸露部分长 1 mm；板电极为直径 40 mm 的不锈钢板，气体从反应器底部经过板电极上 0.5 mm 的微孔鼓入反应体系中，放电电极与接地电极间距为 15 mm。为了充分利用脉冲放电流光诱导 TiO$_2$ 的光催化活性，在多针-板电极之间安置一个直径为 40 mm，长度为 60 mm 的塑料圆筒，将 TiO$_2$ 包覆玻璃珠放于其中。

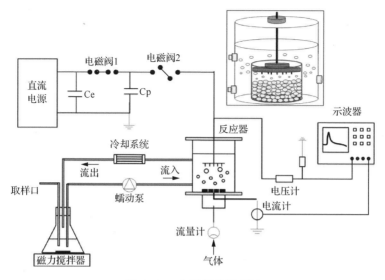

图 6-186　实验系统示意图

　　玻璃珠和催化剂的加入可以提高脉冲放电等离子体体系对污染物的降解效果。以 100 mg/L 苯酚溶液为处理对象,在脉冲放电等离子体体系中加入负载型 TiO_2 光催化剂,放电处理 60 min 后,苯酚的浓度降至 24.4 mg/L,对应的降解率为 75.6%;而等离子体体系在经过相同的放电处理后,苯酚的浓度为 51.9 mg/L,苯酚降解率仅为 48.1%,比等离子体-光催化体系降低了 27.5%。两种反应体系中苯酚降解均符合准一级反应动力学,等离子体-光催化体系中苯酚降解的动力学常数为 2.4×10^{-2} min^{-1},是单独等离子体的 2.4 倍。这一结果表明等离子体与光催化对苯酚降解有协同作用。连续使用 5 次后,玻璃珠上的 TiO_2 膜仍然具有光催化活性,苯酚降解的速率常数由第一次的 2.4×10^{-2} min^{-1} 降至 1.9×10^{-2} min^{-1}。用 SEM 观察使用 5 次的 TiO_2,发现第 5 次放电后 TiO_2 表面出现了轻微刻蚀,这可能是速率常数下降的原因。

　　氢醌(hydroquinone,HQ)和苯醌(benzoquinone,BQ)是苯酚降解过程的主要中间产物,它们比苯酚难降解且毒性比更强。为了说明等离子体与光催化的协同作用效果,考察了等离子体、等离子体-玻璃珠以及等离子体-光催化体系中 HQ 和 BQ 浓度随时间的变化规律,结果如图 6-187 所示。苯酚降解过程中 HQ 和 BQ 的浓度变化规律相似;加入玻璃珠和催化剂都能提高苯酚降解率,反应初期光催化生成 HQ 和 BQ 的速率最快,但反应 30 min 后,光催化过程 HQ 和 BQ 的浓度增量放缓,总浓度低于只加玻璃珠的过程。等离子体、等离子体-玻璃珠和等离子体-光催化 3 个过程的 TOC 去除率分别为 10.9%、22.1% 和 28.4%,说明光催化过程 HQ 和 BQ 浓度增量放慢是由于其被分解成小分子甚至矿化的结果。

　　为了阐明等离子体耦合光催化的作用机制,考察了载气种类、初始 pH、自由基捕获剂和辐射功率对苯酚降解速率、中间产物生成、能量效率及 H_2O_2 浓度的影响。等离子体降解有机物依靠·OH、·O、·H、O_3 和 H_2O_2 等氧化性物种，放电过程载气种类会影响这些氧化性物种的种类和数量：以空气为载气的脉冲放电等离子体中除了生成·OH、·O 和·H 之外，还有·N 及少量的 O_3 生成；以 O_2 作为载气的脉冲放电系统中会有大量的 O_3 生成；而鼓入 Ar 的脉冲放电系统中则会有活性更强的·Ar 产生。载气为空气、氧气或氩气时，等离子体耦合光催化体系的电压和电流波形如图 6-188 所示。以 Ar 为载气的等离子体耦合光催化体系中的电压、电流波形图与以空气和 O_2 为载气体系区别明显，说明载气种类影响等离子体-光催化协同体系的放电特性。

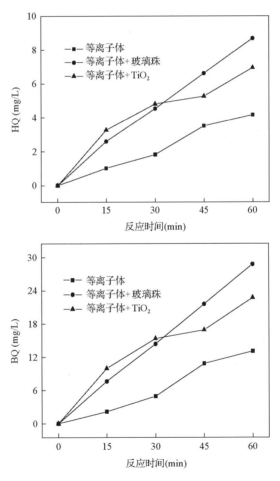

图 6-187　苯酚降解过程中主要中间产物的浓度变化

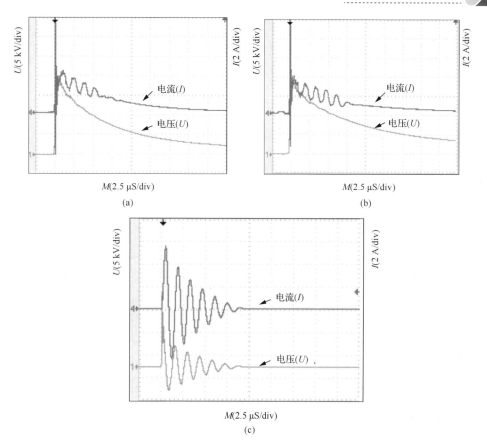

图 6-188　脉冲放电等离子体-流光光催化体系中载气种类对放电特性的影响

(a) 空气；(b) O₂；(c) Ar

空气、O₂ 和 Ar 作载气的条件下，单独等离子体和等离子体-光催化协同体系中苯酚的降解动力学常数见表 6-7。向空气和 O₂ 作载气的离子体中加入包覆 TiO₂的玻璃珠可明显提高苯酚降解率，反应 30 min 的增加量分别为 14%和 38%。而以Ar 作载气时，向单独等离子体中加入 TiO₂ 后苯酚降解速率没有明显增加。

表 6-7　不同载气条件苯酚氧化的动力学参数和 G_{50} 值

反应体系	$k(\text{min}^{-1})$	R	$G_{50}(\text{mol/J})$
空气，单独脉冲放电等离子体	1.4×10^{-2}	0.984	6.7×10^{-9}
空气，等离子体＋TiO₂	2.0×10^{-2}	0.994	9.0×10^{-9}
O₂，单独脉冲放电等离子体	2.4×10^{-2}	0.985	11.6×10^{-9}
O₂，等离子体＋TiO₂	6.1×10^{-2}	0.986	27.3×10^{-9}
Ar，单独脉冲放电等离子体	9.3×10^{-2}	0.965	44.4×10^{-9}
Ar，等离子体＋TiO₂	11.4×10^{-2}	0.952	50.8×10^{-9}

表 6-7 中的 G_{50} 是指 50%苯酚转化的能耗[63]，用于评估加入催化剂对提高反应体系能量效率的作用。G_{50} 计算公式如下：

$$G_{50} = \frac{0.5 \cdot C_0 \cdot V_{ol}}{E_p \cdot f \cdot t_{50}}$$

式中，G_{50} 为 50%苯酚转化的能耗(mol/J)；C_0 为苯酚溶液的初始浓度(mmol)；V_{ol} 为溶液相体积(mL)；E_p 为脉冲能量(mJ)；f 为脉冲频率(Hz)；t_{50} 为反应体系中转化 50%苯酚所需的时间(min)。

pH 是影响有机物降解的主要因素。因此，考察了不同溶液初始 pH 条件下苯酚的降解效率。表 6-8 和表 6-9 分别是以空气和氧气为载气，3 种初始 pH(3.6、5.4 和 9.8)条件下，等离子体体系和等离子体-光催化协同体系的苯酚降解动力学参数和 G_{50} 值。

表 6-8　苯酚氧化的动力学参数和 G_{50} 值(空气)

pH	反应体系	$k(\text{min}^{-1})$	R	$G_{50}(\text{mol/J})$
3.6	单独脉冲放电等离子体	1.4×10^{-2}	0.991	6.5×10^{-9}
3.6	等离子体＋TiO₂	2.6×10^{-2}	0.989	11.4×10^{-9}
5.4	单独脉冲放电等离子体	1.1×10^{-2}	0.968	5.1×10^{-9}
5.4	等离子体＋TiO₂	2.1×10^{-2}	0.992	9.4×10^{-9}
9.8	单独脉冲放电等离子体	0.9×10^{-2}	0.939	4.4×10^{-9}
9.8	等离子体＋TiO₂	1.3×10^{-2}	0.972	5.9×10^{-9}

表 6-9　苯酚氧化的动力学参数和 G_{50} 值(O_2)

pH	反应体系	$k(\text{min}^{-1})$	R	$G_{50}(\text{mol/J})$
3.6	单独脉冲放电等离子体	2.4×10^{-2}	0.995	11.4×10^{-9}
3.6	等离子体＋TiO₂	4.8×10^{-2}	0.985	21.2×10^{-9}
5.4	单独脉冲放电等离子体	2.0×10^{-2}	0.992	9.6×10^{-9}
5.4	等离子体＋TiO₂	2.6×10^{-2}	0.988	11.6×10^{-9}
9.8	单独脉冲放电等离子体	1.2×10^{-2}	0.983	5.5×10^{-9}
9.8	等离子体＋TiO₂	1.4×10^{-2}	0.980	6.0×10^{-9}

在各种载气种类和初始 pH 条件下，等离子体-光催化协同体系中苯酚的降解率均高于等离子体体系。初始溶液偏酸性的苯酚降解率最高，偏碱性时最低。比较加入 TiO₂ 前后苯酚氧化的动力学常数可以看出，酸性溶液条件下，加入催化剂以后苯酚氧化速率常数增量(2 倍)比中性(1.3 倍)和碱性(1.1 倍)的增量大。同样，加入 TiO₂ 后酸性溶液中苯酚降解的 G_{50} 值较高。等离子体-光催化体系中•OH 是主要的氧化性物质，在碱性溶液中，溶液中有机物的氧化降解过程会生成 CO_3^{2-} 捕捉•OH，影响了有机物的降解率，所以碱性溶液中苯酚降解率最低。

为了证明•OH 在等离子体体系和等离子-光催化协同体系中的重要作用，考察了等离子体体系中不同浓度的•OH 捕获剂对苯酚降解动力学参数和 G_{50} 值的影响。以碳酸钠或正丁醇为自由基捕获剂的实验结果见表 6-10。正丁醇体系中苯酚溶液的初始电导率为 100 μS/cm。当正丁醇的浓度达到 5.0 mmol/L 时，等离子体-光催化体系和单独等离子体系降解苯酚的动力学常数基本一致，说明此时反应溶液中正丁醇的量可以将反应体系中的•OH 全部捕获。同样，随着反应溶液中正丁醇浓度的升高，苯酚的降解动力学常数和 G_{50} 值都降低。这一结果同样证明了等离子体-光催化协同体系中生成比单独等离子体体系更多的•OH，说明脉冲放电流光激发 TiO_2 促进•OH 的生成。

表 6-10　不同反应体系中苯酚氧化的动力学参数和 G_{50} 值

		浓度 (mmol/L)	$k\,(\mathrm{min}^{-1})$	R	$G_{50}\,(\mathrm{mol/J})$
空气	等离子体	0	1.4×10^{-2}	0.984	6.7×10^{-9}
		0.1	1.2×10^{-2}	0.984	5.8×10^{-9}
		0.5	1.1×10^{-2}	0.984	5.5×10^{-9}
		1.0	1.0×10^{-2}	0.981	4.9×10^{-9}
		5.0	0.9×10^{-2}	0.982	4.3×10^{-9}
	等离子体+TiO_2	0	2.0×10^{-2}	0.994	9.0×10^{-9}
		0.1	1.7×10^{-2}	0.992	7.4×10^{-9}
		0.5	1.1×10^{-2}	0.984	6.9×10^{-9}
		1.0	1.4×10^{-2}	0.982	6.0×10^{-9}
		5.0	1.0×10^{-2}	0.984	4.4×10^{-9}
氧气	等离子体	0	2.4×10^{-2}	0.985	11.6×10^{-9}
		0.1	1.8×10^{-2}	0.959	8.6×10^{-9}
		0.5	1.5×10^{-2}	0.944	7.1×10^{-9}
		1.0	1.2×10^{-2}	0.959	5.8×10^{-9}
		5.0	1.0×10^{-2}	0.992	4.8×10^{-9}
	等离子体+TiO_2	0	6.1×10^{-2}	0.986	27.3×10^{-9}
		0.1	3.2×10^{-2}	0.971	14.2×10^{-9}
		0.5	3.0×10^{-2}	0.962	13.6×10^{-9}
		1.0	2.5×10^{-2}	0.970	11.1×10^{-9}
		5.0	1.0×10^{-2}	0.952	4.6×10^{-9}

6.7 本 章 小 结

光催化技术是去除 POPs 的颇具发展前景的技术之一，但能量效率低制约了该技术的实际应用。本章针对"如何提高能量效率"这一关键科学问题，围绕光催化反应中影响能量效率的"光能吸收、光生电荷分离、界面反应"三个关键环节阐述了提高光吸收效率、抑制光生电荷复合、强化表面反应的原理和方法，并分析了光催化技术与膜分离、等离子体等其他技术的耦合原理及降解 POPs 的性能。总结本章内容，可得到如下结论：

(1) 纳米尺度的结构调控是提高光吸收效率的有效途径。对于周期结构单元尺寸在几百纳米的光子晶体结构，当组成光子晶体材料的吸收主波长位于光子晶体结构禁带边缘时，入射光子的传播速度减缓，与光催化剂的作用时间延长，光吸收效率提高。对于单体直径几十纳米的一维有序阵列结构，当入射光线不平行于一维单体时，可在阵列结构中多次反射，增加被吸收的概率。对于尺寸进入量子限域效应范围(通常小于 5 nm)的材料，尺寸越小禁带越宽，光吸收的主波长越短，此时构建由外向内粒径越来越大(吸收波长范围越来越宽)的多级结构可通过窗口效应实现对连续波长入射光的逐段高效吸收，从而使光吸收效率显著提高。以上途径组合使用可进一步提升光吸收效率。

(2) 构建异质结形成的内建电场和施加偏压带来的外电场均可使光生电子和空穴反方向定向迁移，从而实现较高的分离效率。内建电场的相互作用规律由构成异质结的半导体性质和构型决定：pn 结强化电荷分离速率；Schottky 结不但能够加快电荷分离速率，还可以保持价带空穴的氧化能力；nn 结可叠加两种半导体的氧化电势；Z 体系异质结既可以强化反应速率，又可充分利用氧化能力较高的空穴和还原能力较高的电子实现对共存多种污染物的氧化分解和还原去除。外加电场对电荷分离和污染物降解的作用规律由偏压大小决定：较弱偏压能够促进光生电荷分离；偏压超过污染物分解电压时，不但促进光生电荷分离，还可直接电解污染物；偏压超过水分解电压后，外电场不仅能够促进光生电荷的分离、直接电解污染物，还能利用电解水产生的各种活性自由基进一步促进 POPs 分解。内建和外加电场叠加时，二者作用方向必须一致才能起到协同作用。

(3) 高活性晶面择优暴露材料可有效强化界面反应。不同晶面的原子排列顺序和原子距离不同导致表面自由能不同，因此不同晶面的催化性能差异很大。通过调控阳极氧化反应过程中金属氧化物的生长速率和溶解速率，可控制材料表面暴露晶面的种类和数量，例如自由生长的 WO₃ 材料优势晶面是(020)，而在调控条件下可得到高催化活性的(002)晶面择优生长的 WO₃ 自组装纳米孔结构。由于高活性晶面提供了更多高活性点位，因此提高了界面反应速率且分解 POPs 更彻底。

（4）将光催化技术与膜分离、等离子体等技术耦合，可结合多种技术优势形成对污染物分解和净化的协同效应，从而提高总能量效率，拓展光催化技术的实用化途径。将光催化材料负载于分离膜表面可制成具有光催化功能的分离膜组件，截留在膜表面的污染物在光催化作用下分解，使光催化分离膜具有过滤、分解污染物、灭菌、减缓膜污染等多重功能，显著提高对 POPs 等难降解污染物的去除效率。将光催化材料置于等离子体反应体系中，可实现光催化与等离子体技术的耦合。此时，等离子体作用与放电过程中的流光所引发光催化相互作用，产生协同效应，显著提高能量效率。

参 考 文 献

[1] Hoffmann M R, Martin S T, Choi W, Bahnemann D W. Environmental applications of semiconductor photocatalysis. Chemical Reviews, 1995, 95(1): 69-96.

[2] Baly E C C, Heilbron I M, Barker W F. CX.—Photocatalysis. Part I. The synthesis of formaldehyde and carbohydrates from carbon dioxide and water. Journal of the Chemical Society, Transactions, 1921, 119: 1025-1035.

[3] Markham M C. Photocatalytic properties of oxides. Journal of Chemical Education, 1955, 32 (10): 540-543.

[4] Fujishima A, Honda K. Electrochemical photolysis of water at a semiconductor electrode. Nature, 1972, 238: 37-38.

[5] Carey J H, Lawremce J, Tosine H M. Photodechlorination of PCB's in the presence of titanium dioxide in aqueous suspensions. Bulletin of Environmental Contamination and Toxicology, 1976, 16(6): 697-701.

[6] Frank S N, Bard A J. Heterogeneous photocatalytic oxidation of cyanlde and sulfite in aqueous solutions at semiconductor powders. The Journal of Physical Chemistry, 1977, 81(15): 303-304.

[7] Matthews R W. Photooxidation of organic material in aqueous suspensions of titanium dioxide. Water Research, 1986, 20(5): 569-578.

[8] Quan X, Yang S, Ruan X, Zhao H. Preparation of titania nanotubes and their environmental applications as electrode. Environmental Science & Technology. 2005, 39: 3770-3775.

[9] Wang H, Quan X, Zhang Y B, Chen S. Direct growth and photoelectrochemical properties of tungsten oxide nanobelt arrays. Nanotechnology, 2008, 19: 065704.

[10] Zhang H M, Quan X, Chen S, Zhao H M. Fabrication of needle-like ZnO nanorods arrays by a low-temperature seed-layer growth approach in solution. Applied Physics A: Materials Science and Processing, 2007, 89(3): 673-679.

[11] Su Y, Chen S, Quan X, Zhao H, Zhang Y. A silicon-doped TiO_2 nanotube arrays electrode with enhanced photoelectrocatalytic activity. Applied Surface Science, 2008, 255: 2167-2172.

[12] Zhang H, Quan X, Chen S, Yu H, Ma N. "Mulberry-like" CdSe nanoclusters anchored on TiO_2 nanotube arrays: A novel architecture with remarkable photoelectrochemical performance. Chemistry of Materials, 2009, 21: 3090-3095.

[13] Chen H, Chen S, Quan X, Yu H, Zhao H, Zhang Y. Structuring a TiO$_2$-based photonic crystal photocatalyst with Schottky junction for efficient photocatalysis. Environmental Science & Technology, 2010, 44: 451-455.

[14] Liao G, Chen S, Quan X, Chen H, Zhang Y. Photonic crystal coupled TiO$_2$/polymer hybrid for efficient photocatalysis under visible light irradiation. Environmental Science & Technology, 2010, 44: 3481-3485.

[15] Lu N, Zhao H, Quan X, Yu H, Chen S. Fabrication of nitrogen-doped titania nanotube-like arrays electrode and its photoelectrocatalytic activity under visible light. Journal of Functional Materials and Devices, 2008, 14: 65-69.

[16] Lu N, Quan X, Li J, Chen S, Yu H, Chen G. Fabrication of boron-doped TiO$_2$ nanotube array electrode and investigation of its photoelectrochemical capability. The Journal of Physical Chemistry C, 2007, 111: 11836-11842.

[17] Lu N, Zhao H, Li J, Quan X, Chen S. Characterization of boron-doped TiO$_2$ nanotube arrays prepared by electrochemical method and its visible light activity. Separation and Purification Technology, 2008, 62: 670-675.

[18] Khan S U M, Al-Shahry M, Ingler W B. Efficient photochemical water splitting by a chemical modified n-TiO$_2$. Science, 2002, 297(5590): 2243-2245.

[19] Wang X, Zhao H, Quan X, Zhao Y, Chen S. Visible light photoelectrocatalysis with salicylic acid-modified TiO$_2$ nanotube array electrode for p-nitrophenol degradation. Journal of Hazardous Materials, 2009, 166(1), 547-552.

[20] Zhang H, Fan X, Quan X, Chen S, Yu H. Graphene sheets grafted Ag@AgCl hybrid with enhanced plasmonic photocatalytic activity. Environmental Science & Technology, 2011, 45(13), 5731-5736.

[21] Torimoto T, Ito S, Kuwabata S. Effects of adsorbents used as supports for titanium dioxide loading on photocatalytic degradation of propyzamide. Environmental Science & Technology, 1996, 30(4): 1275-1281.

[22] Lu Y, Yu H, Chen S, Quan X, Zhao H. Integrating plasmonic nanoparticles with TiO$_2$ photonic crystal for enhancement of visible-light-driven photocatalysis. Environmental Science & Technology, 2012, 46(3): 1724-1730.

[23] Su J, Yu H, Quan X, Chen S, Wang H. Hierarchically porous silicon with significantly improved photocatalytic oxidation capability for phenol degradation. Applied Catalysis B: Environmental, 2013, 138-139: 427-433.

[24] Zhao H, Yu H, Quan X. Atomic single layer graphite-C$_3$N$_4$: Fabrication and its high photocatalytic performance under visible light irradiation. RSC Advances, 2014, 4: 624-628.

[25] Zhao X, Zhu Y F. Synergetic degradation of rhodamine B at a porous ZnWO$_4$ film electrode by combined electro-oxidation and photocatalysis. Environmental Science & Technology, 2006, 40: 3367-3372.

[26] Yang S, Quan X, Li X, Sun C. Photoelectrocatalytic treatment of pentachlorophenol in aqueous solution using a rutile nanotube-like TiO$_2$/Ti electrode. Photochemical & Photobiological Science, 2006, 5: 808-814.

[27] 于洪涛, 全燮. 纳米异质结光催化材料在环境污染控制领域的研究进展. 化学进展, 2009, 21 (2/3): 406-419.

[28] Li R, Zhang F, Wang D, Yang J, Li M, Zhu J, Zhou X, Han H, Li C. Spatial separation of photogenerated electrons and holes among {010} and {110} crystal facets of BiVO$_4$. Nature Communications, 2013, 4: 1432.

[29] Li H, Yu H, Quan X, Chen S, Zhao H. Improved photocatalytic performance of heterojunction by controlling the contact facet: High electron transfer capacity between TiO$_2$ and the {110} facet of BiVO$_4$ caused by suitable energy band alignment. Advanced Functional Materials, 2015, 25: 3074-3080.

[30] Yu H, Chen S, Quan X, Zhao H, Zhang Y. Silicon nanowire/TiO$_2$ heterojunction arrays for effective photoelectrocatalysis under simulated solar light irradiation. Applied Catalysis B: Environmental, 2009, 90: 242-248.

[31] Yu H, Li X, Quan X, Chen S, Zhang Y. Effective utilization of visible light (including $\lambda > 600$ nm) in phenol degradation with p-silicon nanowire/TiO$_2$ core/shell heterojunction array cathode. Environmental Science & Technology, 2009, 43(20): 7849-7855.

[32] Wang B, Yu H, Quan X, Chen S. Ultra-thin g-C$_3$N$_4$ nanosheets wrapped silicon nanowire array for improved chemical stability and enhanced photoresponse. Materials Research Bulletin, 2014, 59: 179-184.

[33] Su Y, Sun B, Chen S, Yu H, Liu J. Fabrication of graphitic C$_3$N$_4$ quantum dots coated silicon nanowire array as a photoelectrode for vigorous degradation of 4-chlorophenol. RSC Advances, 2017, 7: 14832.

[34] Chen H, Chen S, Quan X, Yu H, Zhao H, Zhang Y. Fabrication of TiO$_2$-Pt coaxial nanotube array schottky structures for enhanced photocatalytic degradation of phenol in aqueous solution. The Journal of Physical Chemistry C, 2008, 112: 9285-9290.

[35] Yu H, Quan X, Chen S, Zhao H. TiO$_2$-multiwalled carbon nanotube heterojunction arrays and their charge separation capability. The Journal of Physical Chemistry C, 2007, 111: 12987-12991.

[36] Wu K, Quan W, Yu H, Zhao H, Chen S. Graphene/silicon photoelectrode with high and stable photoelectrochemical response in aqueous solution. Applied Surface Science, 2011, 257: 7714-7718.

[37] Yu H, Chen S, Fan X, Quan X, Zhao H, Li X, Zhang Y. A structured macroporous silicon/graphene heterojunction for efficient photoconversion. Angewandte Chemie-International Edition, 2010, 49: 5106-5109.

[38] Eriksson J, Green N, Marsh G, Bergman A. Photochemical decomposition of 15 polybrominated diphenyl ether congeners in methanol/water. Environmental Science & Technology, 2004, 38(11): 3119-3125.

[39] Su J, Yu H, Chen S, Quan X, Zhao Q. Visible-light-driven photocatalytic and photoelectrocatalytic debromination of BDE-47 on a macroporous silicon/graphene heterostructure. Separation & Purification Technology, 2012, 96:154-160.

[40] Yu H, Fan F, Wu S, Zhang H, Lu N, Quan X, Chen S, Li H. Decoration of Si-nanowires-grafted Si micropillar array with Ag nanoparticles for photoelectrocatalytic dechlorination of 4-chlorophenol. RSC Advances, 2016, 6 (82): 78564-78569.

[41] Li H, Yu H, Quan X, Chen S, Zhang Y. Uncovering the key role of Fermi level of electron mediator in Z-scheme photocatalyst by detecting charge carrier transfer process of WO$_3$-metal-gC$_3$N$_4$ (metal = Cu, Ag, Au). ACS Applied Materials & Interfaces, 2016, 8: 2111-2119.

[42] Eastman D E. Photoelectric work functions of transition, rare-earth, and noble metals. Physical Review B, 1970, 2(1): 1.

[43] Bard A J, Parsons R, Jordan J. Standard potentials in aqueous solution. New York: Marcel Dekker, 1985: 62-63.

[44] Li H, Quan X, Yu H, Chen S. Ferroelectric enhanced Z-schematic electron transfer in $BiVO_4$-$BiFeO_3$-$CuInS_2$ for efficient photocatalytic pollutant degradation, Applied Catalysis B: Environmental, 2017, 209: 591-599.

[45] Ye F, Li H, Yu H, Chen S, Quan X. Constructing $BiVO_4$-Au@CdS photocatalyst with energic charge-carrier-separation capacity derived from facet induction and Z-scheme bridge for degradation of organic pollutants. Applied Catalysis B: Environmental, 2018, 227: 258-265.

[46] 李恒德. 现代材料科学与工程辞典. 济南: 山东科学技术出版社, 2001: 108.

[47] Liu G, Yu J C, Lu G Q, Cheng H M. Crystal facet engineering of semiconductor photocatalysts: Motivations, advances and unique properties. Chemical Communications, 2011, 47(24): 6763-6783.

[48] Selloni A. Crystal growth—Anatase shows its reactive side. Nature Materials, 2008, 7(8): 613-615.

[49] Guo Y, Quan X, Lu N, Zhao H, Chen S. High photocatalytic capability of self-assembled nanoporous WO_3 with preferential orientation of (002) planes. Environmental Science & Technology, 2007, 41(12): 4422-4427.

[50] Lu N, Chen S, Wang H, Quan X, Zhao H. Synthesis of molecular imprinted polymer modified TiO_2 nanotube array electrode and their photoelectrocatalytic activity. Journal of Solid State Chemistry, 2008, 181(10): 2852-2858.

[51] Wang H, Wu X, Zhao H, Quan X. Enhanced photocatalytic degradation of tetracycline hydrochloride by molecular imprinted film modified TiO_2 nanotubes. Chinese Science Bulletin, 2012, 57(6): 601-605.

[52] Zhang H, Quan X, Chen S, Zhao H. Fabrication and characterization of silica/titania nanotubes composite membrane with photocatalytic capability. Environmental Science & Technology, 2006, 40(19): 6104-6109.

[53] Zhang H, Quan X, Chen S, Zhao H, Zhao Y. The removal of sodium dodecylbenzene sulfonate surfactant from water using silica/titania nanorods/nanotubes composite membrane with photocatalytic capability. Applied Surface Science, 2006, 252(24): 8598-8604.

[54] Ma N, Quan X, Zhang Y, Chen S, Zhao H. Integration of separation and photocatalysis using an inorganic membrane modified with Si-doped TiO_2 for water purification. Journal of Membrane Science, 2009, 335: 58-67.

[55] Zhao H, Li H, Yu H, Chang Hg, Quan X, Chen S. CNTs-TiO_2/Al_2O_3 composite membrane with a photocatalytic function: Fabrication and energetic performance in water treatment. Separation & Purification Technology, 2013, 116: 360-365.

[56] Ma N, Zhang Y, Quan X, Fan X, Zhao H. Performing a microfiltration integrated with photocatalysis using an Ag-TiO_2/HAP/Al_2O_3 composite membrane for water treatment: Evaluating effectiveness for humic acid removal and anti-fouling properties. Water Research, 2010, 44: 6104-6114.

[57] Ma N, Fan X, Quan X, Zhang Y. Ag-TiO$_2$/HAP/Al$_2$O$_3$ bioceramic composite membrane: Fabrication, characterization and bactericidal activity. Journal of Membrane Science, 2009, 336: 109-117.

[58] Zhao H, Chen S, Quan X, Yu H, Zhao H. Integration of microfiltration and visible-light-driven photocatalysison g-C$_3$N$_4$ nanosheet/reduced graphene oxide membrane for enhanced water treatment. Applied Catalysis B: Environmental, 2016, 194: 134-140.

[59] Huang J H, Huang K L, Liu S Q. Adsorption of rhodamine B and methyl orange on a hypercrosslinked polymeric adsorbent in aqueous solution. Colloids and Surfaces A: Physicochemical and Engineering Aspects, 2008, 330: 55-61.

[60] Wang X, Maeda K, Thomas A. A metal-free polymeric photocatalyst for hydrogen production from water under visible light. Nature Materials, 2009, 8(1): 76-80.

[61] Wang X, Wang G, Chen S, Fan X, Quan X, Yu H. Integration of membrane filtration and photoelectrocatalysis on g-C$_3$N$_4$/CNTs/Al$_2$O$_3$ membranes with visible-light response for enhanced water treatment. Journal of Membrane Science, 2017, 541: 153-161.

[62] Wang H, Li J, Quan X, Wu Y. Enhanced generation of oxidative species and phenol degradation in a discharge plasma system coupled with TiO$_2$ photocatalysis. Applied Catalysis B: Environmental, 2008, 83(1-2): 72-77.

[63] Hoeben W F L M, van Veldhuizen E M, Rutgers W R. Gas phase corona discharges for oxidation of phenol in an aqueous solution. Journal of Physics D: Applied Physics, 1999, 32(24): L133-137.

附录 缩略语(英汉对照)

AC	activated carbon,活性炭
AOTs	advanced oxidation technologies,高级氧化技术
ATR-FTIR	attenuated total reflection Fourier transformed infrared spectroscopy,衰减全反射傅里叶变换红外光谱
BDD	boron-doped diamond,硼掺杂金刚石
BMPO	5-*tert*-butoxycarbonyl-5-methyl-1-pyrroline-*N*-oxide,5-叔丁氧羰基-5-甲基-1-吡咯啉-*N*-氧化物
BQ	benzoquinone,苯醌
CF	carbon fiber,碳纤维
CIP	ciprofloxacin,环丙沙星
CLA	clarithromycin,克拉霉素
CNF	carbon nanofiber,碳纳米纤维
CNTs	carbon nanotubes,碳纳米管
4-CP	4-chlorophenol,4-氯酚
CV	cyclic voltammetry,循环伏安
CVD	chemical vapor deposition,化学气相沉积
DBPs	disinfection by-products,消毒副产物
2,4-DCP	2,4-dichlorophenol,2,4-二氯酚
DMPO	5,5-dimethyl-1-pyrroline-*N*-oxide,5,5-二甲基-1-吡咯啉-*N*-氧化物
DSA	dimensionally stable anode,形稳型阳极
EDCs	endocrine disrupting chemicals,内分泌干扰物
EDS	energy dispersive X-ray spectroscopy,能量色散 X 射线光谱
EPR	electron paramagnetic resonance,电子顺磁共振
FPC	fluorine-doped porous carbon,氟掺杂多孔碳

g-C$_3$N$_4$ QD	g-C$_3$N$_4$ quantum dot，g-C$_3$N$_4$ 量子点
GO	graphene oxide，石墨烯氧化物
Gr	graphene，石墨烯
HA	humic acid，腐殖酸
HAP	hydroxyapatite，羟基磷灰石，Ca$_{10}$(PO$_4$)$_6$(OH)$_2$
HCB	hexachlorobenzene，六氯苯
HPC	hierarchical porous carbon，多级孔碳
HQ	hydroquinone，氢醌
ICP	inductively coupled plasma，电感耦合等离子体
IHP	inner Helmholtz plane，内亥姆霍兹面
LSV	linear sweep voltammetry，线性扫描伏安法
MB	methylene blue，亚甲基蓝
MIP	molecular imprinting polymer，分子印迹聚合物
MOFs	metal-organic frameworks，金属有机骨架
MPSi	macroporous Si，大孔硅
MWCNTs	multi-walled carbon nanotubes，多壁碳纳米管
NCF	nitrogen-doped carbon foam，氮掺杂碳泡沫
NDD	nitrogen-doped diamond，氮掺杂金刚石
NIP	nonimprinted polymer，非印迹聚合物
NOM	natural organic matter，天然有机物
4-NP	4-nonylphenol，4-壬基酚
NPC	nitrogen-doped porous carbon，氮掺杂多孔碳
NPEO	nonylphenol ethoxylate，壬基酚聚氧乙烯醚
NP-MPSi	nanoporous-macroporous Si，多级孔硅
OHP	out Helmholtz plane，外亥姆霍兹面
PBDEs	polybrominated diphenyl ethers，多溴二苯醚
PCP	pentachlorophenol，五氯苯酚
PDS	peroxydisulfate，过二硫酸盐

PEG	polyethylene glycol，聚乙二醇
PFOA	perfluorooctanoic acid，全氟辛酸
PFOS	perfluorooctane sulfonic acid，全氟辛基磺酸
PMS	peroxymonosulfate，过一硫酸盐
PPCPs	pharmaceuticals and personal care products，药物与个人护理品
PTS	persistent toxic substance，持久性有毒物质
rGO	reduced graphene oxide，还原氧化石墨烯
RhB	rhodamine B，罗丹明 B
ROS	reactive oxygen species，活性氧物种
SA	salicylic，水杨酸
SCE	saturated calomel electrode，饱和甘汞电极
SDBS	sodium dodecyl benzene sulfonate，十二烷基苯磺酸钠
SDM	sulfadimethoxine，磺胺二甲氧嘧啶
SEM	scanning electron microscope，扫描电子显微镜
SMX	sulfamethoxazole，磺胺甲噁唑
SPV	surface photovoltage，表面光电压
SWCNTs	single-walled carbon nanotubes，单壁碳纳米管
TBA	*tert*-butanol，叔丁醇
TEM	transmission electron microscope，透射电子显微镜
TEMP	2,2,6,6-tetramethylpiperidine，2,2,6,6-四甲基哌啶胺
TGA	thermogravimetric analysis，热重分析
TOC	total organic carbon，总有机碳
XPS	X-ray photoelectron spectroscopy，X 射线光电子能谱
XRD	X-ray diffraction，X 射线衍射

索　引

彩　　图

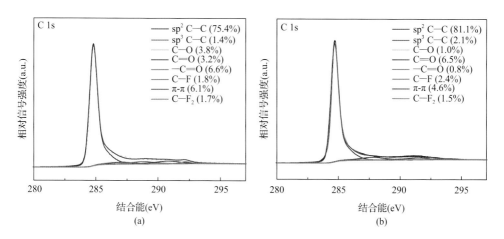

图 2-26　F-CNTs-0.45 的 C 1s 谱图

(a) F-CNTs-0.45 反应后；(b) 反应后的 F-CNTs-0.45 热处理后

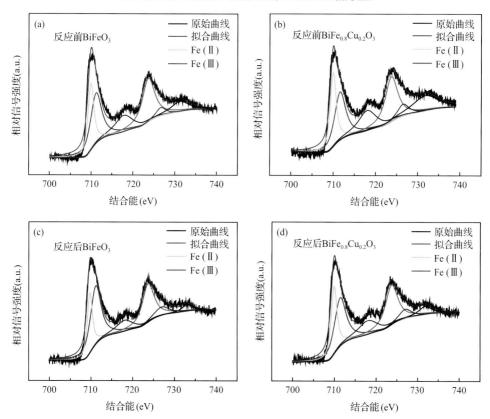

图 3-19　(a) 反应前 BiFeO$_3$ 的 Fe 2p 的 XPS 谱图，(b) 反应前 BiFe$_{0.8}$Cu$_{0.2}$O$_3$ 的 Fe 2p 的 XPS 谱图，
(c) 反应后 BiFeO$_3$ 的 Fe 2p 的 XPS 谱图，(d) 反应后的 BiFe$_{0.8}$Cu$_{0.2}$O$_3$ 的 Fe 2p 的 XPS 谱图

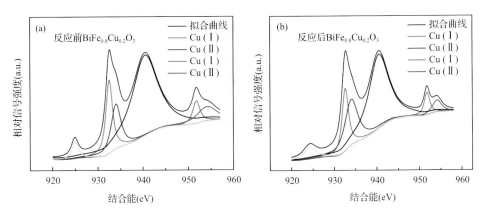

图 3-20 (a) 反应前 BiFe$_{0.8}$Cu$_{0.2}$O$_3$ 的 Cu 2p 的 XPS 谱图，(b) 反应后 BiFe$_{0.8}$Cu$_{0.2}$O$_3$ 的 Cu 2p 的 XPS 谱图

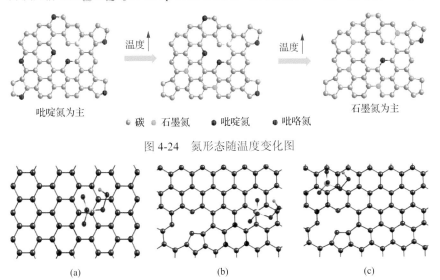

图 4-24 氮形态随温度变化图

图 4-38 DFT 计算：PMS 吸附在(a)碳平面；(b)邻近石墨氮的碳；(c)邻近吡啶氮/吡咯氮的碳
黑色、蓝色、红色、绿色和黄色分别代表 C、N、O、H 和 S 原子

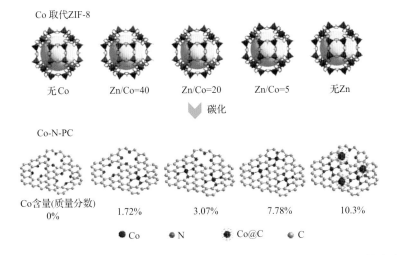

图 4-39 以钴取代的 ZIF-8 为前驱体构建的不同钴含量(ICP 测定)的钴、氮共掺杂多孔碳

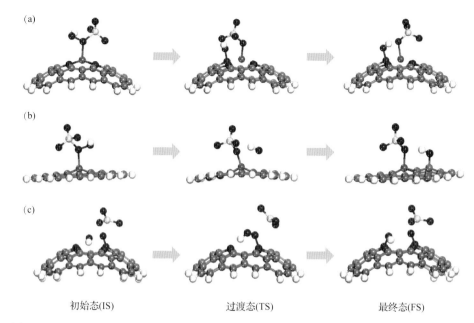

图 4-51　DFT 计算：PMS 在(a)钴、氮共掺杂碳，(b)钴掺杂碳及(c)氮掺杂碳上的活化原理

灰色、浅蓝色、深蓝色、红色、黄色、白色分别代表 C、Co、N、O、S 及 H 原子

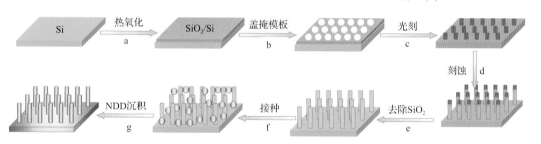

图 5-30　NDD/Si RA 电极的制备流程示意图

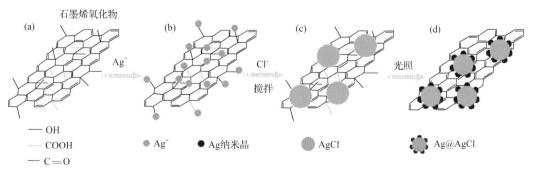

图 6-32　石墨烯组装 Ag@AgCl 制备过程示意图

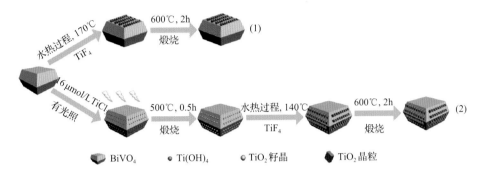

图 6-65　BiVO₄-TiO₂ 的制备流程图

(1)BiVO₄-010-TiO₂ 异质结；(2)BiVO₄-110-TiO₂ 异质结

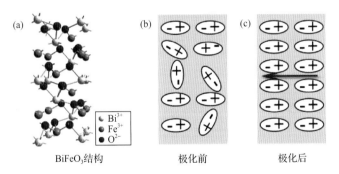

图 6-129　(a) BiFeO₃ 的晶体结构和材料内部的铁电畴排布；(b)极化前；(c)极化后